Ferdinand Rosenberger

Isaac Newton
und seine Physikalischen Principien

Ferdinand Rosenberger

Isaac Newton
und seine Physikalischen Principien

Ein Hauptstück
aus der Entwickelungsgeschichte
der modernen Physik

Wissenschaftliche Buchgesellschaft
Darmstadt

Unveränderter reprographischer Nachdruck
der 1895 bei Johann Ambrosius Barth (Arthur Meiner), Leipzig,
erschienenen Ausgabe.

Die Vorlage für den Nachdruck stellte uns freundlicherweise
die Hessische Landes- und Hochschulbibliothek, Darmstadt, zur Verfügung.

CIP-Kurztitelaufnahme der Deutschen Bibliothek

Rosenberger, Ferdinand:
Isaac Newton und seine Physikalischen Principien:
e. Hauptstück aus d. Entwickelungsgeschichte d.
modernen Physik / Ferdinand Rosenberger. –
Unveränd. reprograph. Nachdr. d. Ausg. Leipzig,
Barth, 1895. – Darmstadt: Wissenschaftliche
Buchgesellschaft, 1987.
ISBN 3-534-04363-4

12345

Bestellnummer 04363-4

Druck und Einband: Wissenschaftliche Buchgesellschaft, Darmstadt
Printed in Germany

ISBN 3-534-04363-4

Inhaltsverzeichniss.

Einleitung.

Die Geschichte der exacten Wissenschaften hat wenige Gestalten zu verzeichnen, die so stark, so allgemein und so nachhaltig auf die Entwickelung dieser Wissenschaften eingewirkt oder vielmehr dieselben so vollständig beherrscht und ihnen den Stempel ihres Geistes aufgedrückt haben wie NEWTON; vielleicht dürfen wir in dieser Hinsicht nur den griechischen Geisteshelden ARISTOTELES ihm an die Seite setzen und jedenfalls kann sich kein anderer Lehrer auf naturwissenschaftlichem Gebiete gleich zahlreicher und gleich begeisterter Anhänger rühmen wie diese beiden Männer.

Beide zeichnet gleichmässig die unangreifbare Geschlossenheit ihres wissenschaftlichen Systems wie die schulebildende Kraft ihrer Persönlichkeit aus. Mit beiden glaubten die Schüler und Nachfolger eine vollständig abgeschlossene, vollkommen gesicherte Naturanschauung erreicht zu haben, die an keiner Stelle eine Abweichung als wünschenswerth, einen siegreichen Angriff als möglich erscheinen liess. Die wissenschaftlichen Methoden beider wurden von den Nachfolgern als die endgültig sicheren, die ausschliesslich wahren, als die in der Wissenschaft allein selig machenden verkündet. Und wenn der Heide ARISTOTELES schliesslich selbst in der christlichen Wissenschaft göttergleiche Autorität erlangte, so feierten die Anhänger NEWTON's ihren Meister nicht geringer als ein donum coeli, als einen Gottgesandten, bestimmt die Menschheit aus Nacht zum Licht zu führen.

Eine solche Vergötterung einzelner Menschen wird den späteren Geschlechtern, die deren Weltanschauungen längst entwachsen sind, immer als unreifer, jugendlich thörichter Enthusiasmus erscheinen, wie weit auch die Genialität des Vergötterten das gewöhnliche menschliche Maass übersteigen mag. Trotzdem aber darf man nicht verkennen, dass ein solcher Enthusiasmus selbst in seiner Uebertreibung noch eine gewisse natürliche Berechtigung hat und bis zu einem gewissen Grade der Entwickelung der Wissenschaften selbst förderlich ist. Jedenfalls zeigt es mindestens von der gleichen geistigen Unreife, einen genialen Beherrscher der

Wissenschaft nach seinem Sturze in seinem Werthe völlig zu verkennen, wie ihn während der Herrschaft seines Systems über alles menschliche Maass hinaus zu verehren.

Wie in der politischen, so geschieht allerdings auch in der wissenschaftlichen Welt jeder wahrhaft bedeutende Fortschritt nicht sowohl durch die That eines einzelnen übermächtigen Genies, als durch die zusammenwirkende Arbeit vieler Einzelkräfte, deren Früchte nur von der bewussten Kraft eines Geisteshelden geerntet und verwerthet werden. Die sachliche Grundlage jeder wissenschaftlichen Entwickelung bildet das Wachsthum unserer empirischen Kenntnisse, das Wachsthum der Erfahrung. Diese Erfahrung kann nicht die eines Einzelnen sein, sonst würde der neuen Theorie die Objectivität mangeln und dieselbe der Reihe der Geheimwissenschaften zuzuzählen sein. Jeder, auch der grösste wissenschaftliche Entdecker, ist in zweifacher Weise auf die Gesammtheit angewiesen. Einestheils insofern, als er die Erfahrungen derselben berücksichtigen und auf ihnen seine neue Doctrin aufbauen muss; anderentheils insofern, als auch er die Anerkennung von der Gesammtheit verlangt, die wissenschaftlich sicher nur so erfolgen kann, dass jeder Gelehrte für sich selbstthätig prüft, ob die neue Theorie die Erfahrungen, und zwar nicht bloss die vorhandenen, sondern auch die weiter zu erlangenden, richtig zu umfassen vermag. Erst durch eine solche allgemeine Verification der Theorie wird dieselbe zur objectiven, wirklichen Wissenschaft. Ob aber die Mitwelt geneigt ist, diese Arbeit zu übernehmen, dieser selbstthätigen Prüfung sich zu unterziehen, das hängt in den meisten Fällen ebensosehr von dem Zutrauen und dem Ansehen ab, das der Urheber der Theorie in den wissenschaftlichen Kreisen persönlich geniesst, wie von dem rein wissenschaftlichen Werthe der Theorie selbst. Gerade die fruchtbarsten und reformkräftigsten Theorien haben sich meist bis dahin nur langsam ausgebreitet, wo endlich ein Kreis von enthusiastischen Schülern die Fundamente der Theorien des Meisters mit dogmatischer Sicherheit lehrte.

Das Interesse der Wissenschaft erfordert auch nicht bloss ein Fortschreiten zu neuen umfassenderen, den fortgeschrittenen Erfahrungen immer besser entsprechenden Theorien. Es verlangt im Gegensatz hierzu auch ein gewisses Beharren der einmal anerkannten Doctrinen, ein vollständiges Ausleben derselben, ein erschöpfendes Ansammeln aller Erfahrungen, welche auf Grund derselben erklärt werden können, und gerade hierbei ist wieder die möglichst hohe autoritative Geltung ihres ersten Begründers von grösster Wichtigkeit. Die wissenschaftliche Erfahrung bedarf zu ihrem Werden wie zu ihrer Mittheilung gewisser allgemeiner Verstandesbegriffe, die wohl im Laufe der Zeit nach der wachsenden

Erfahrung modificirt werden können, die aber für ihre Zeit doch eine allgemein anerkannte Bedeutung haben müssen. Ohne feststehende bestimmte Definitionen von Materie, Kraft u. s. w. könnte die exacte Naturwissenschaft wohl ein Chaos von einzelnen Beobachtungen, aber doch keine systematische Wissenschaft werden.

Das Verhältniss dieser Begriffe zu den empirischen Wissenschaften hat immer seine besonderen Schwierigkeiten; sie müssen den einzelnen Erfahrungen entsprechend gebildet werden, und können doch niemals Produkte der einzelnen Erfahrungswissenschaften allein sein. Alle diese Wissenschaften und noch mehr die einzelnen Disciplinen derselben setzen solche Allgemeinbegriffe als Axiome, Postulate u. s. w. offen ausgesprochen oder als selbstverständlich in einer gewissen zur Zeit anerkannten Bedeutung voraus und bauen darauf als einer sicheren widerspruchsfreien Grundlage ihre Theorien auf. Dabei aber hiesse es doch, die Entwickelung der empirischen Wissenschaft vollständig unmöglich machen, wollte man in jedem Momente die axiomatischen und begrifflichen Grundlagen derselben anzugreifen oder auch nur kritisch anzuzweifeln sich erlauben und so die Wissenschaft zwingen, ihre Entwickelung immer ab ovo zu beginnen. Jede empirische Wissenschaft muss in Bezug auf ihre Fundamente dogmatisch sein und darf diesen Dogmatismus erst aufgeben, wenn die eigene Erfahrung ihr zeigt, dass auf diesen Grundlagen keine Theorie mehr aufgebaut werden kann, die dem jeweiligen Stande der Erfahrung in vollständiger Weise zu genügen vermag.

Ein solcher Dogmatismus kann im einzelnen Falle das Ergebniss einer sorgfältigen kritischen Prüfung der Möglichkeit einer empirischen Wissenschaft sein, im Allgemeinen aber wird er sich wohl überwiegend auf die Autorität anerkannter genialer Lehrer und Beherrscher der Wissenschaft stützen und in allen Fällen wird seine Sicherheit durch eine solche autoritative Begründung ausserordentlich wachsen. Leider hat diese letztere Art von Dogmatismus, den wir zum Unterschied von dem ersteren, dem kritischen, als den autoritativen Dogmatismus bezeichnen können, zu allen Zeiten eine bedenkliche Neigung zur Umwandlung in den reinen Scholasticismus gezeigt, der aus der anerkannten menschlichen Autorität eine unfehlbare göttliche machen möchte. Allerdings erreicht ein solcher scholastischer Dogmatismus ein nützliches Ziel, die Sicherung der Grundlagen der Wissenschaft und dadurch dieser selbst, in vollkommenster Weise, doch aber muss er sich in seiner einseitigen Ausbildung endlich nach zwei Seiten hin als unwahr und unmöglich erweisen.

Unwahr muss der reine Scholasticismus werden, weil er seiner Natur nach eine jede Vielheit origineller wissenschaftlicher Autoritäten ausschliesst. Ist erst das Haupt der Schule in den Augen der Schüler unfehlbar geworden, dann ist neben ihm auf ihrem Gebiete keine andere freie Autorität mehr möglich, dann kann in der Wissenschaft nur als gesichert betrachtet werden, was von der einen Autorität abhängig und in ihr begründet ist, dann hat die Wissenschaft nur noch Raum für den einen Gott und seine Propheten. In dieser Beziehung wird die Scholastik in erster Linie durch die Geschichte der Wissenschaft widerlegt, welche die Abhängigkeit des vergötterten Hauptes der Schule von den Vorgängern, seine Begrenzung durch zeitliche Mitarbeiter und endlich seine Correctur und Ergänzung durch geniale Nachfolger unwiderleglich nachweist.

Unmöglich aber muss sich der Scholasticismus weiter, in den empirischen Wissenschaften wenigstens, zeigen, weil er mit der Idee der fortschreitenden Entwickelung im letzten Grunde unvereinbar ist. Die menschliche Erfahrung ist in einem steten Wachsthum begriffen, welches keine immer dauernde Annahme einer unveränderlichen Autorität verträgt. Mag das errichtete systematische Gebäude auch noch so fest sein, endlich wird doch einmal die Wissenschaft aus ihm herauswachsen und sein Abbruch unvermeidlich werden. Je länger dieser Fall künstlich verzögert wird, je mehr man die wankenden Grundlagen durch eine übermenschliche Autorität des Bauherrn zu decken sucht, desto stärker wird der Rückschlag werden, und um so mehr wird der früher verehrte Gott in den Augen der nicht historisch geschulten Nachwelt als ein werthloses, ja schädliches Götzenbild erscheinen.

Das beste Beispiel für eine solche Entwickelung bietet der Wandel, welchen die Verehrung des Aristoteles im Laufe der Jahrhunderte erfahren hat; aber auch die allmähliche Veränderung in der Werthschätzung Newton's seit dem Anfange dieses Jahrhunderts lässt alle die angedeuteten Züge deutlich erkennen, obgleich die Entwickelung hier noch nicht abgeschlossen und ein vollständig objectiver Standpunkt in unserer Zeit noch kaum zu erreichen ist.

Die Newton'sche Physik trieb nach Ziel und Methode darauf hin, alle Naturerscheinungen im letzten Grunde aus elementaren Kräften zu erklären, welche gemäss dem Willen des Weltenschöpfers zwischen aller Materie nach einem bestimmten Verhältniss der Entfernung wirken, gleichgültig ob die Räume mit Materie erfüllt sind oder nicht. Diese einfache Vorstellung complicirte sich im Laufe der Entwickelung dadurch, dass man nicht alle Naturkräfte auf eine einzige Kraft zurückzuführen vermochte und darnach verschiedene elementare Materien annehmen musste, denen verschiedene primitive Kräfte anerschaffen sein sollten.

Trotzdem aber kam man besonders im gegenwärtigen Jahrhundert zu der Ueberzeugung, dass die Verbreitung gewisser

Wirkungen von einem Körper zum anderen sich leichter und natürlicher aus der mittelbaren Fortpflanzung von Bewegungen in einem Zwischenmedium als aus unmittelbaren momentanen Fernwirkungen erklären lasse. Dem Newton'schen Kraftprincip setzte sich so ein anderes ebenso einfaches und weittragendes entgegen, das kinetische nämlich, nach dem alle Naturerscheinungen im letzten Grunde nicht aus Kräften, sondern aus Bewegungen erklärt werden sollen, die, der Materie vom Schöpfer einmal eingeprägt, ebenso unzerstörbar sind wie die Materie selbst. Lassen wir die Behauptung eines unmittelbar göttlichen Ursprungs der Kraft und die Frage nach der letzten Ursache der Dinge, die doch bei der Begrenztheit der menschlichen Erkenntniss ohne Bedeutung sind, bei Seite, so schliessen sich die beiden Principien keineswegs aus; und in der That bestehen auch die beiden Erklärungsprincipien in verschiedenen Gebieten der heutigen Physik noch ganz unersetzlich neben einander. Nur dadurch werden die sogenannte dynamische und kinetische Physik in einen vernichtenden Gegensatz gebracht, dass man für jedes der beiden Principien, Kraft und Bewegung, eine ganz allgemeine, ausschliessliche Geltung beansprucht und jedes derselben in den betreffenden Schulen für einen letzten oder primitiven Erklärungsgrund aller Naturerscheinungen ausgiebt. Da man aber zu jeder Bewegung eine Kraft und umgekehrt auch zu jeder Kraftwirkung eine Bewegung als Ursache annehmen kann, so ist durch naturphilosophische Kritik der Streit zwischen Kinetik und Dynamik nicht zu entscheiden. Ebensowenig kann dies durch die Erfahrung geschehen, weil keine Kraft und keine Bewegung ein Merkzeichen einer primitiven Natur oder des Unbedingten an sich trägt, und somit muss der fragliche Gegensatz vorerst wenigstens ungelöst bleiben.

In solchen Lagen haben sich die streitenden Parteien allezeit gern auf Autoritäten, besonders auf die Ansichten der Begründer der herrschenden Theorie berufen, und so sind auch in unserer Zeit die Dynamiker wie die Kinetiker gleichmässig bestrebt gewesen, die Entscheidung Newton's für ihre Meinung in Anspruch zu nehmen. Offenbar zeigen die Schriften Newton's, dass dieser grosse Physiker sich lange Zeit mit grösstem Ernste und tiefstem Nachdenken mit der Untersuchung der streitigen Frage und zwar nach beiden gegensätzlichen Seiten hin in ganz moderner Weise beschäftigt hat. Leider hat er seine dabei erhaltenen endgültigen Resultate nie so klar, so bestimmt und so offen ausgesprochen, dass man nicht über den Sinn dieser Aussprüche selbst wieder entgegengesetzter Ansicht sein könnte; vielmehr zeigte sich bei ihm überall das Bestreben, seine axiomatischen Voraussetzungen so allgemein zu halten und das Wesen der Erscheinungen so weit ausser Spiel zu lassen, dass auch fundamental ganz entgegengesetzte Anschauungen über dieses Wesen mit seinen Theorien noch vereinbar wären. Newton liebte es, sich zu diesem Zwecke als reinen Mathematiker darzustellen, der sich nur mit den räumlichen und zeitlichen Verhältnissen der Erscheinungen und der Verknüpfung von Raum und Zeit in den natürlichen Bewegungen zu beschäftigen habe. Die weitere Untersuchung der physikalischen Ursachen dieser Verknüpfung, des Wesens der Materie und ihrer Kräfte, überwies er zur weiteren Verfolgung den Physikern, deren Entscheid zwischen den darüber aufgestellten Antithesen er nicht vorgreifen wollte und deren Urtheil seine Theorien auch nicht weiter berühre.

Indessen hatte Newton doch selbst zu viel physikalisches Interesse, als dass er diese seine vorsätzliche Enthaltsamkeit wirklich genau hätte durchführen und die in den officiellen Auslassungen proclamirte Neutralität auch in vollem Ernste hätte wahren sollen. Er hielt es vielmehr mit der letzteren ganz wohl für vereinbar, in besonderen Scholien zu seinen Lehrsätzen einzelne ihm widerstrebende Meinungen über das Wesen der Materie und der Kraft entscheidend zu widerlegen und fügte schliesslich seiner Optik, wenn auch nur in fragender Form, directe Untersuchungen über das Wesen der physikalischen Grundvorstellungen an, die in das hypothetisch-physikalische Gebiet sicher ebenso weit eindrangen, als das nur je ein Physiker oder Philosoph gewagt hat. Dazu liess er noch durch seine Schüler und Anhänger die ihm sympathischen Ansichten über das Wesen der Erscheinungen mit grösster Bestimmtheit und in vollkommen dogmatischer Form verkünden, ohne dass er jemals diese mit seiner Autorität gedeckten und vielfach, besonders von gegnerischer Seite, ihm selbst zugeschriebenen Aeusserungen von sich abgewiesen oder auch nur seine eigenen Meinungen in unzweifelhafter Weise klar gestellt hätte.

Darum genügt es nicht, wenn wir Newton's wahre Meinungen über die letzten Gründe der Erscheinungen erkennen wollen, dieselben darnach zu beurtheilen, wie er sie in seinen Werken letzter Hand mitgetheilt hat; vielmehr müssen wir fast noch mehr als seine kanonischen Schriften seine ersten Abhandlungen, seine fragmentarischen Aufsätze und seine Briefe an wissenschaftliche Freunde und Körperschaften studiren, und dürfen nicht unterlassen nachzusehen, wie Newton's Lehren in den Schriften seiner Freunde sowohl als seiner Feinde sich abspiegeln. Nur durch eine solche allgemeine Betrachtung lässt sich dem Genie eines Mannes wie Newton vollkommen gerecht werden, und nur eine solche allgemeine Untersuchung kann die Grundlage für die Kritik der physikalischen Principien bilden, die Newton seiner Zeit zur allgemeinen Anerkennung brachte und die zum grossen Theile noch heute in Geltung sind. Gerade aus diesem letzteren Umstande habe ich mir das Recht abgeleitet, nicht bloss die wissenschaftlichen Arbeiten, sondern auch die persönlichen Verhältnisse NEWTON's und die vielen wissenschaftlichen Kämpfe, die sein Leben erfüllen, einer genauen Beleuchtung zu unterwerfen.

Es mag sein, dass die menschliche Schwäche unseres Helden nie mehr hervortritt als in diesen nicht immer mit der Gemüthsruhe eines Olympiers geführten Kämpfen. Doch aber zeigt sich auch die geistige Schärfe und die Alles überragende geistige Gewalt des seltenen Mannes nie glänzender als in der Leichtigkeit, mit der er seine, zu keiner Zeit geringe Anzahl von wissenschaftlichen Gegnern niederhielt und meistens bis zur Vernichtung schlug. Muss man zugeben, dass seine Natur eine despotische war, die die Herrschaft mit keinem Ebenbürtigen theilen konnte, so darf man daneben nicht verkennen, dass er in den meisten Fällen das wissenschaftliche Recht wenigstens auf seiner Seite hatte und dass auch die objectivere Nachwelt meist seinen Ansichten sich angeschlossen hat. Und wenn man das gerade für seinen letzten, heftigsten Kampf, den Streit über die Analysis des Unendlichen, am allerwenigsten zugeben kann, so darf man auch nicht vergessen, hierfür den Einfluss des an Spannkraft verlierenden und in geistiger Höhe vereinsamenden Alters erklärend und entschuldigend in Betracht zu ziehen. Ich hoffe, dass die nachfolgende Darstellung in der Kritik der Anschauungen und des persönlichen Verhaltens von NEWTON überall die richtige Art getroffen und das richtige Maass gehalten hat.

NEWTON hat niemals daran gedacht, gleich seinem grossen Antagonisten DESCARTES, ein System der Physik aufzustellen, in das sich alle physikalischen Erscheinungen einordnen liessen, und noch weniger hat er eine solche Einordnung, eine Erklärung aller Naturerscheinungen nach seinen Anschauungen in Wirklichkeit versucht. Seine eigenen physikalischen Arbeiten betreffen direct nur die Erscheinungen der Brechung und Zurückwerfung des Lichtes, sowie die Mechanik der Himmelsbewegungen, aus welch letzterer dann allerdings eine ganze mechanische Physik hervorging. NEWTON selbst deutete nur in wenigen Hinweisen den allgemeinen Einfluss an, den seine Begriffe auf alle physikalischen Disciplinen ausüben mussten. Erst seine Schule hat dann in ihrem Enthusiasmus für die NEWTON'schen Anschauungen, oder wie sie selbst sagte, für die NEWTON'sche Methode, den Umbau der gesammten Physik nach NEWTON'schen Mustern so lange gefördert, bis schliesslich die gesammte Physik zur Schule NEWTON's sich bekannte.

Die ersten originellen Arbeiten NEWTON's sind seine optischen, die wir mit voller Sicherheit vom Ende der sechziger Jahre des siebzehnten Jahrhunderts datiren dürfen. Ihnen folgten nach einer gewissen Vollendungsstufe die mechanischen, welche zugleich die mathematischen mit anregten, bis sie schliesslich in ihren Erfolgen für lange Zeit alles Interesse absorbirten. Sie dauerten in derselben Art und in unverminderter Stärke bis zu der Zeit, wo NEWTON sein Amt als Königlicher Münzmeister antrat, bei dem vorerst nur seine chemischen und alchemistischen Studien, die er neben allen anderen Arbeiten immer eifrig betrieben, Verwendung fanden. Von dieser Zeit an, mit deren Schilderung wir das zweite Buch unseres Werkes beginnen, hat NEWTON sich nicht mehr eigentlich schöpferisch an der Entwickelung der Mathematik und Physik betheiligt, sondern die ihm neben seiner Amtsthätigkeit bleibende Zeit nur der weiteren Vervollkommnung der früher verfassten Werke, sowie der Systematisirung und Verallgemeinerung seiner physikalischen Ideen gewidmet, deren weitere öffentliche Verbreitung er aber fast ganz seinen Schülern überliess.

Wir beginnen demgemäss unsere Schilderung der NEWTON'schen Physik mit der Betrachtung seiner optischen Entdeckungen, der wir zur Orientirung nur eine kurze Schilderung der physikalischen Optik vor NEWTON vorausschicken.

I. Buch.

Die schöpferische Periode Newton's.

1642—1690.

I. Theil. Die ersten optischen Arbeiten Newton's.

I. Kapitel. Der Zustand der physikalischen Optik vor Newton.

Mit der empirischen Feststellung der geradlinigen Fortpflanzung des Lichtes, sowie der Gesetzmässigkeit ihrer Richtungsänderung bei der Spiegelung und der Brechung, war die geometrische Optik, bis zur ersten Hälfte des 17. Jahrhunderts, physikalisch so weit begründet, dass die Theorie der optischen Instrumente, wie überhaupt die Bestimmung der Wege der Lichtstrahlen scheinbar nur noch mathematische Schwierigkeiten und Aufgaben bot. Zwar wurden noch um die Mitte des genannten Jahrhunderts Erscheinungen wie die Beugung und die Doppelbrechung des Lichtes beobachtet, welche die ganz allgemeine Gültigkeit jener empirischen Gesetze mehr als in Frage stellten, aber das Abnorme dieser Erscheinungen liess ihre theoretische Bedeutung lange nicht zur Geltung kommen. Jedenfalls empfand man von dieser Seite her wenig Veranlassung sich weiter mit dem Begriffe des Lichtstrahls selbst zu beschäftigen, und wen nicht eine besondere philosophisch-physikalische Neigung trieb, der liess hier, wo die Thatsachen so deutlich sprachen, eine fundamentale Begründung gern ausser Frage. Auch waren die Erfolge vereinzelter Bemühungen nicht sehr verlockend.

Nur ein uraltes Räthsel regte immer wieder die Untersuchungen über das Wesen des Lichtes an; das war das auffallende Problem der Farben und die Frage nach der Möglichkeit einer Mehrheit unendlich verschiedener farbiger Modificationen der scheinbar so homogenen, einfachen Lichtstrahlen. Die mathematischen Optiker hatte zwar auch diese Frage noch kalt gelassen, weil den damaligen Messungsmethoden gegenüber die verschiedenfarbigen Lichtstrahlen selbst bei der Brechung noch ein vollkommen gleiches Verhalten zeigten und weil darnach alle geometrisch-optischen Untersuchungsresultate für gefärbtes wie ungefärbtes Licht in gleicher Weise gültig erschienen. Dagegen konnten Physiker wie Philosophen zu keiner Zeit dem Verlangen nach einer Erklärung der augenfälligsten Lichterscheinungen, der Farben, ausweichen, und der Versuch einer solchen Erklärung musste nothwendig auf eine Entscheidung über das Wesen des Lichtes führen. Dass die Farben an der Natur des Lichtes theilnehmen, dass farbige Strahlen auch Lichtstrahlen sind, darüber war niemals ein Zweifel; dann aber blieben immer die drei Fragen zu beantworten: Sind die Farben nur in irgend einer Weise modificirtes Licht, oder sind sie Verbindungen von Licht und etwas Anderem, oder sind sie vielleicht Zusammensetzungen aus verschiedenem einfachen Licht? Und hinter diesen erhoben sich wieder die anderen Fragen: Wie ist entweder das Wesen des Lichtes und seiner farbigen Modificationen, oder wie ist das Licht und das Andere, das mit ihm zu Farben sich verbindet, oder wie sind endlich die Naturen der verschiedenen einfachen Lichter und ihrer farbigen Zusammensetzungen zu denken?

Zu diesen rein physikalischen Fragen, die sich vielfach mit einander complicirten, gesellten sich noch physiologische Hypothesen, die sich mit dem Einfluss unseres Auges auf die Lichtempfindung und dem Antheil desselben an der Erzeugung der Farben beschäftigten, und so wurde aus der physikalischen Optik allmählich ein Chaos, das trotz aller Farben in absolutem Dunkel lag. Auch konnte in dieses Chaos kein Lichtstrahl dringen, so lange man für die Unterschiede der Farben immer nur auf das Empfindungsorgan, also auf physikalisch unfassbare Sinnesqualitäten angewiesen war. Hier konnte die Physik erst klärend eingreifen, wenn die Beobachtung und die Experimentirkunst physikalische Kennzeichen gegeben und physikalische Unterschiede in den Farben constatirt hatte. Dieser Nachweis einer rein physikalischen Verschiedenheit der einzelnen Farben, das ist die Grossthat, welche Newton der Optik leistete und durch welche er eine physikalische Theorie der Farben erst möglich machte.

Obgleich mit dem Anfange des 17. Jahrhunderts der Sturz des Aristoteles besiegelt war, so blieben doch vereinzelte seiner Theorien aus Mangel an besseren noch lange gültig. Zu diesen zählte mit Recht auch seine Theorie der Farben; denn gehört auch die Definition des Lichtes bei Aristoteles zu dem Dunkelsten und Vieldeutigsten, was er geschrieben, so erscheint doch seine Farbenlehre mit als das Einfachste und Plausibelste, was man ohne eine fortgeschrittene Experimentirkunst über das Räthsel der Farben ausmachen konnte. Nach der Abhandlung über die Seele (De anima, Buch II, Cap. 7) beruht das Licht vor allem auf dem Wesen des Durchsichtigen, d. i. des Mediums, in welchem das Licht sich fortpflanzen kann. Ein solches Medium ist entweder actuell oder nur potentiell durchsichtig; je nachdem es, populär ausgedrückt, erleuchtet ist oder nicht. Die Actualität des Durchsichtigen ist eben das Licht und das nicht actuell, sondern nur potentiell Durchsichtige liegt in Finsterniss. Die Actualität des Durchsichtigen ist von derselben Natur wie diejenige, welche den Himmelskörpern innewohnt, und wird erzeugt durch die Einwirkung des Feuers oder eines Himmelskörpers, dem dieselbe Wirkung zukommt, auf das Durchsichtige. Das Licht ist also nicht das Feuer selbst, auch kein Körper, oder der Ausfluss eines Körpers, sondern nur eine Wirkung oder Erregung des Durchsichtigen, die von dem Feuer oder den Himmelskörpern momentan durch das Durchsichtige sich verbreitet. Das Fehlen dieser Erregung im Durchsichtigen, oder anders ausgedrückt, die Privation des Durchsichtigen von seiner Actualität ist die Finsterniss. Auf diesen Gegensatz von Licht und Finsterniss wird dann in der Abhandlung von den Sinnen (De sensu, Cap. III)[1] eine sehr einfache Farbentheorie aufgebaut. Die Körper nehmen alle an der Natur des Durchsichtigen, je nachdem dieses in den Körpern in grösserer oder geringerer Menge enthalten, auch mehr oder weniger Theil; dadurch stossen Licht und Finsterniss direct an einander oder fliessen vielmehr in einander und aus dieser Mischung geht eben die Farbe hervor. Licht und Finsterniss erscheinen an den Körpern, in denen sie doch nicht als absolute Gegensätze auftreten, als Weiss und Schwarz. Wo diese so zusammengestellt sind, dass sie wegen der Kleinheit nicht mehr einzeln, sondern nur als Mischung empfunden werden, da müssen mittlere Farben erscheinen, deren Natur von dem Zahlenverhältniss der Mischung abhängt.

Diese Mischungsmethode der Farbentheorie ist bis auf Newton bei dem grössten Theile der Optiker in Geltung geblieben. Noch Kepler, der mächtige Förderer der mathematischen Optik, drückt sich in seinem optischen Werke von 1609[2] über das Wesen des Lichtes und die Entstehung der Farben in ganz ähnlicher Weise wie Aristoteles aus. „Farbe, so sagt er, ist Licht der Möglichkeit nach; Licht, begraben in die Materie des Durchsichtigen, so lange dies ausserhalb der Lichtstrahlen betrachtet wird.[3] Die Verschiedenheit der Farben (aber) wird bewirkt durch eine verschiedene Disposition der Materie des Durchsichtigen zum Licht oder zur Dunkelheit je nach ihrer Dichte oder Dünne und durch verschiedene Grade der Dunkelheit, welche der Materie anhaften.“[4]

---

[1] De sensu ist die erste der kleinen Abhandlungen des Aristoteles, die unter dem Namen Parva Naturalia zusammengefasst werden. Aristoteles bezeichnet dieselben im ersten Kapitel von De sensu selbst als Fortsetzungen zu der Schrift De anima.

[2] Ad Vitellionem Paralipomena, Frankfurt a. Main 1604. In Joannis Kepleri Opera omnia, ed. Frisch, vol. II, p. 119—398.

[3] Si jam extra visionem consideretur.

[4] Kepl. Op. omn., ed. Frisch, vol. II, p. 134.

Diese Worte zeigen, dass man sich damals schon der Schwierigkeiten bewusst war, welche die negative Natur des Begriffs der Finsterniss gerade für die Theorie der Farben bietet. Selbst Aristoteles hatte wohl den dunklen Begriff der Privation nicht als eine reine Negation gedacht, und Kepler stellt ausdrücklich die Finsterniss mit der Kälte zusammen, die ja auch eine Privation sei und doch in Beziehung auf die Materie als eine active Qualität angesehen werden müsse.

Die Betonung einer verschiedengradigen natürlichen Dunkelheit des Körperlichen ist das wichtigste Moment in den vornewtonschen Farbentheorien. Die irdische körperliche Materie erscheint darnach ihrer Natur nach absolut dunkel. Diese Dunkelheit kann durch das Durchsichtige, auch wenn es actuell, d. h. hell wird, nie ganz aufgehoben werden, und das Licht kann sich also, wenn es auf die Körper fällt, nur mit der elementaren Dunkelheit derselben mischen. Diese Mischungen, die weder reines Licht, noch reine Finsterniss sind, erscheinen eben als Farben. Der alte ethische Gegensatz von Licht und Finsterniss erhielt damit eine physikalische Grundlage in der Unterscheidung zwischen einer himmlischen Lichtmaterie und einer irdischen dunklen Körperwelt. Das reine weisse Himmelslicht mischte sich bei seinem Niedersteigen auf die Erde mit der sündigen schwarzen Dunkelheit der irdischen Materie und hierdurch entstand die gleissende, verführerische Welt der Farben. Das farbige Licht wurde, dem Charakter der mittelalterlichen Vorstellungsweise entsprechend, zu degenerirtem Himmelslicht.

Zwei Jahre nach dem Erscheinen des Kepler'schen Werkes versuchte Antonio de Dominis dieser Farbenerklärung sogar mathematische Bestimmtheit zu verleihen. Er sagt zu dem Zwecke in seiner berühmten optischen Schrift vom Jahre 1611[1] ganz deutlich: „Wenn in einem Körper reines Licht sich befindet, wie in den Sternen und dem Feuer, und er verliert aus irgend einer Ursache sein Funkeln, so erscheint uns ein solcher Körper weiss. Mischt man dem Licht irgend etwas Dunkles hinzu, wodurch jedoch nicht das ganze Licht verhindert oder ausgelöscht wird, so entstehen die Farben dazwischen. Denn deshalb wird unser Feuer roth, weil es Rauch bei sich führt, der es verdunkelt. Deshalb auch röthen sich die Sonne und die Gestirne nahe am Horizont, weil die dazwischen tretenden Dünste solche verdunkeln. Und solcher mittleren Farben können wir eigentlich drei zählen. Die erste Beimischung des Dunklen, welche das Weisse einigermaassen verdunkelt, macht das Licht roth, und die rothe Farbe

---

[1] De radiis visus et lucis in vitris perspectivis et iride Tractatus Marci Antonii de Dominis, Venedig 1611.

ist die leuchtendste der Mittelfarben zwischen den beiden Enden, dem Weissen und Schwarzen, wie man es deutlich in dem länglichen dreikantigen Glase sieht.[1] Der Sonnenstrahl nämlich, der das Glas bei dem Winkel durchdringt, wo die geringste Dicke ist und also auch die geringste Dunkelheit, tritt hochroth heraus; zunächst folgt das Grün, bei zunehmender Dicke; endlich das Violette, bei noch grösserer Dicke, und so nimmt nach Verhältniss der Stärke des Glases auch die Verdunkelung zu oder ab. Eine etwas grössere Dunkelheit bringt, wie gesagt, das Grüne hervor. Wächst die Dunkelheit, so wird die Farbe blau oder violett, welche die dunkelste ist aus allen Mittelfarben. Wächst nun die Dunkelheit noch mehr, so löscht sie das ganze Licht aus, und das Schwarze bleibt, obgleich das Schwarze mehr eine Beraubung des Lichts, als eine wirkliche Farbe ist, weswegen auch das Auge die Finsterniss selbst und sehr schwarze Körper für eins hält. Alle übrigen Farben sind aus diesen zusammengesetzt."

Dieser Theorie der prismatischen Farben widersprach indessen sehr deutlich der Umstand, dass das Licht beim Durchgange durch Glasplatten mit parallelen Begrenzungsflächen nicht gefärbt wird, mögen diese Glasplatten auch noch so dick sein; vielmehr zeigte sich für die Färbung immer ein Unparallelismus der Flächen in unerklärbarer Weise nöthig. Dies letztere veranlasste wohl den vor NEWTON erfolgreichsten Beobachter der prismatischen Lichterscheinung, MARCUS MARCI DE KRONLAND, um das Jahr 1648[2] eine ganz eigenthümlich künstliche Theorie der Farben aufzustellen, die ganz neu und der ungenügenden und falschen alten Theorie ganz unähnlich sein sollte, und die doch bei genauerer Betrachtung deutlich wieder die Aristotelischen Züge zeigt. Man hatte MARCUS MARCI mehrfach als einen directen Vorläufer NEWTON's bezeichnet, der mehrere Sätze von dessen Farbentheorie schon anticipirt habe. Bei näherer Betrachtung zeigt sich indessen, dass die Aehnlichkeit seiner Sätze mit denen NEWTON's eine mehr äussere als innere ist, dass MARCUS MARCI allerdings in seinen mit unleugbarem Geschick angestellten Experimenten den NEWTON'schen Entdeckungen der Farbenzerstreuungen sich stark annähert, dass aber die theoretischen Deutungen seiner Beobachtungen noch ganz auf altem Boden stehen.

---

[1] De radiis visus et lucis, p. 9: Ut patet manifesti in vitro oblongo triangulari. Radius enim solis, qui penetrat vitrum prope angulos, ubi minima est crassities et consequenter minima opacitas, puniceus egreditur; proxime sequitur viridis ex majori crassitie; ultimus purpureus, quam pavonaceum vocamus, ex majori adhuc crassitie; nam pro quantitate crassitiei opacitas intenditur et remittitur.

[2] THAUMANTIAS, Liber de Arcu coelesti deque Colorum Apparentium natura, ortu et causis. Autore JOANNE MARCO MARCI. Prag 1648.

Für das Studium der prismatischen Farben giebt MARCI zuerst die wichtige, aber durch die Construction der Camera obscura schon klar angezeigte Vorschrift, dass man die prismatischen Farben an einem dunklen und schattigen Orte beobachten solle, auf den kein directes Licht auffalle;[1] denn das directe Sonnenlicht sei dem Farbenbilde feindlich und lösche dasselbe aus, wenn man es durch einen Spiegel oder auf andere Weise auf das Farbenbild werfe. Ob freilich MARCI seinen Beobachtungsraum ganz der dunklen Kammer nachgebildet und das Licht nur durch eine enge Oeffnung eingelassen hat, das bleibt bei dem Fehlen einer weiteren Beschreibung zweifelhaft; den folgenden genauen Beobachtungen nach dürfte man es vermuthen. MARCI beschreibt nämlich vollkommen bestimmt die Dispersion der Lichtstrahlen nach dem Durchgange durch das Prisma, indem er in dem XXXIV. seiner Lehrsätze constatirt: „Die farbigen Strahlen divergiren stärker beim Austritt aus dem Prisma als vorher, denn je weiter wir die Auffangebene vom Prisma entfernen, desto breiter wird das Farbenbild.“[2] Diese Ausbreitung des Lichtes bringt MARCI dann auch, ganz wie NEWTON, in einen innigen, ja ursächlichen Zusammenhang mit der Entstehung der Farben. Das Licht, so beobachtet MARCI, wird nur durch eine gewisse Brechung in einem dichteren Mittel in Farben umgewandelt, und die verschiedenen Arten der Farben sind Theile verschiedener Brechungen.[3] Weder kann dieselbe Farbe durch verschiedene Brechungen erzeugt werden, noch können von einer Brechung mehrere Farben herrühren.[4] Eine Reflexion des gefärbten Lichtstrahles ändert die Farbe desselben nicht; aber auch eine spätere Brechung des schon gefärbten Lichtstrahles kann die Art der Farbe nicht mehr umwandeln.[5] In dem prismatischen Farbenbilde sind nur die Farben der von den äusseren Rändern der Sonne ausgehenden Strahlen ungemischt, die übrigen mischen sich mit einander zu mehr oder weniger reinem Weiss.[6]

Mit diesen überraschenden Beobachtungsresultaten ist jedoch die Aehnlichkeit zwischen den Errungenschaften des MARCUS MARCI

---

[1] THAUMANTIAS, p. 95:

[2] Ibid., p. 121: Radii colorati in egressu Trigoni magis divergunt. Constat experientia.

[3] Ibid., p. 83: Lux non nisi refractione certa in medio denso mutatur in colores: diversaeque colorum species sunt partes refractionum diversarum.

[4] Ibid., p. 99: Neque idem color a diversa refractione, neque ab eadem plures colores esse possunt.

[5] Ibid., p. 100: Reflexio superveniens radio colorato non mutat rationem coloris. Refractio superveniens radio colorato non mutat speciem coloris.

[6] Ibid., p. 123: Radiorum deferentium colorem soli extremi sunt impermixti; reliqui omnes inter se miscentur.

und der Farbentheorie Newton's zu Ende. Zur Definition einer bestimmten Farbe durch eine bestimmte Grösse der Brechung, die den Angelpunkt von Newton's optischem System bildet, konnte es bei Marci nicht kommen; entweder weil er das Brechungsgesetz, das Descartes doch schon geraume Zeit vor dem Erscheinen seines Werkes veröffentlicht hatte, gar nicht kannte, oder weil er dasselbe nicht richtig anzuwenden vermochte. Die Thatsache, dass Marci in seinem Buche selbst bei der Theorie des Regenbogens Descartes nicht erwähnt, spricht für die erstere Annahme, obwohl sie wunderbar genug bleibt. Jedenfalls leitet Marci überall da, wo er die Grösse der Brechungen betrachtet, speciell bei dem Beweise des wichtigen Satzes, dass grössere Einfallswinkel auch grössere Brechungen (Ablenkungen) bedingen,[1] die zusammengehörigen Winkel nur aus den Tabellen ab, die Vitello und Kepler für die Brechungen gegeben, von einer Berechnung der Brechung nach einem Brechungsgesetz ist niemals die Rede.

Dieser Mangel einer Kenntniss des Brechungsgesetzes ist ein ganz zureichender Grund dafür, dass Marci den Zusammenhang zwischen Farbe und Brechung in ganz anderer Weise als Newton, nämlich viel zu speciell und darum vollständig unrichtig fasste. Bei Newton wird jeder einzelne Strahl weissen Lichtes, der durch das Prisma hindurchgeht, in alle möglichen Farben zerlegt; bei Marci aber ist jeder Strahl weissen Lichtes einfach und elementar und also durchaus unzerlegbar. Jeder einzelne Strahl erzeugt darum auch bei der Brechung nicht verschiedene Farben, sondern wird bei der Brechung in eine ganz bestimmte einzelne Farbe umgefärbt. Welche Farbe dabei entsteht, das hängt von der Grösse des Einfallswinkels und dem dadurch bedingten Brechungswinkel ab. Ein kleinerer Einfallswinkel erzeugt roth, ein grösserer blau; parallel auffallende Strahlen erleiden dieselbe Brechung und erhalten alle die gleiche Farbe. Die verschiedenen Farben entstehen also nicht in einem Lichtstrahl, der von einem Punkte des leuchtenden Körpers herrührt, sondern von den verschiedenen Strahlen, die von den verschiedenen Punkten des Sonnenkörpers ausgehen und unter verschiedenen Einfallswinkeln auf die Prismenfläche auffallen. Marci berechnet, dass die Einfallswinkel der von den extremen Punkten der Sonnenscheibe ausgehenden Strahlen mit den Flächen eines symmetrisch zu ihnen aufgestellten Prismas zwischen $59^{0}\ 45'$ und $60^{0}\ 15'$ schwanken, und bemerkt dazu ausdrücklich, dass diese geringe Verschiedenheit von $^{1}/_{2}$ Grad in den Einfallswinkeln genügt, um alle Farben hervorzubringen.[2]

Die behauptete Umwandlung des weissen Lichtes in farbiges

---

[1] Thaumantias, p. 75 u. 104.
[2] Ibid., p. 97.

schafft für Marci die schwierige Aufgabe, diese Umwandlung ihrer Natur nach genauer auseinander zu setzen. In dieser Auseinandersetzung lenkt er dann ganz auf die alten Vorstellungen von der Mischung der Farben aus Licht und Schatten zurück. Merkwürdiger Weise sieht er dabei von seiner Entdeckung einer Ausbreitung des Spectrums, aus welcher man auf eine Verdünnung des Lichtes im Farbenspectrum schliessen sollte, gänzlich ab und behauptet eine Condensation des Lichtes, wenigstens bei der Brechung des Lichtes aus dem dünneren in das dichtere Mittel. Die Beobachtung, dass der Lichtstrahl beim Uebergange aus dem dünneren in das dichtere Mittel nach dem Einfallslothe hin gebrochen wird, lässt nach ihm eine Verkleinerung der Winkelöffnung eines Lichtkegels (s. d. nebenst. Fig.) bei einer solchen Brechung und damit eine gewisse Condensation des Lichtes als plausibel erscheinen, und er führt dafür aus den von Vitello und Kepler gegebenen Tabellen noch einen förmlichen Beweis. Um dann weiter aus dieser Condensation des Lichtes die Entstehung der Farben abzuleiten, macht er darauf aufmerksam, dass die Farben von Tinkturen durch Zumischen von adstringirenden Stoffen, wie Galläpfelauszügen oder Alaunlösungen, bedeutend dunkler werden, ja dass bei Calchantumlösung die Farbe sogar der Art nach durch allmähliches Zumischen von immer grösseren Mengen von Gelb bis Grün verdunkelt werden kann.[1] Er hält darnach für erwiesen, dass eine Condensation das Licht nicht sowohl intensiver mache, als vielmehr dasselbe der Art oder der Farbe nach verändere, und dass eben die bei der Brechung constatirte Condensation die Ursache der prismatischen Farben sei. Intensio und condensatio seien am Lichte wohl zu unterscheiden und in ihren Veränderungen ganz unabhängig von einander. Die Erhöhung der Intensität des Lichtes lasse das Licht in seiner Qualität, d. h. der Farbe nach, vollkommen unberührt, wie man bei der Betrachtung des intensivsten Lichtes, des weissen Sonnenlichtes, bemerken könne. Die Condensation des Lichtes aber, wie sie bei der Brechung einträte, wandle immer die Farbe der Grösse der Condensation entsprechend um, und darum müsse zu jeder besonderen Brechung nach ihrer besonderen Condensation auch eine andere besondere Farbe gehören.

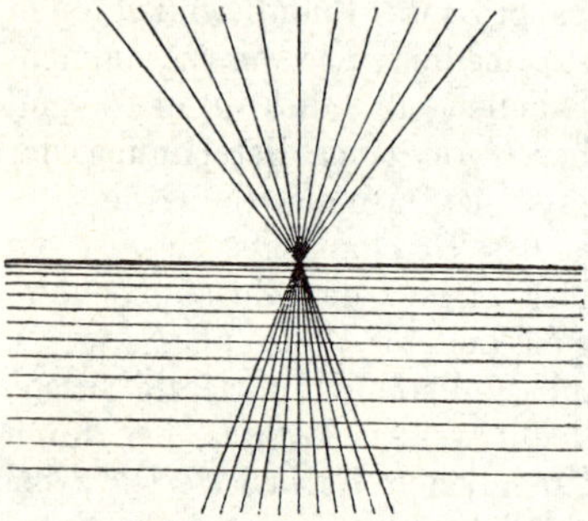

Fig. 1.

[1] Thaumantias, p. 7.

MARCI denkt sich jedenfalls, daſs die geschilderte Condensation des Lichtes in einer inneren Verdichtung des Lichtes besteht, durch welche dieses an der vollen Entwickelung seines Glanzes, an dem Leuchten selbst gehindert, in sich verdunkelt und so modificirt wird, dass es für unser Empfindungsorgan den Eindruck hervorbringt, den wir Farbe nennen. Das geht aus seiner Bezeichnung der Condensation als einer Undurchsichtigkeit oder Dunkelheit des Lichtes und aus der Charakterisirung der Farben als geschwächter oder verdunkelter Lichter hervor.[1] Diese Bezeichnung aber lässt, worauf wir schon vorher aufmerksam gemacht haben, erkennen, dass MARCI, trotzdem er ausdrücklich die KEPLER'sche Ableitung der Farben aus Licht und Schatten durchaus verwarf,[2] doch der aristotelischen Anschauungsweise noch näher war, als er selbst zugestand, und von der NEWTON'schen Entdeckung noch weiter entfernt, als man bis jetzt immer von ihm behauptet hat.

Diejenigen Optiker, welche an der stofflichen Natur des Lichtes festhalten wollten und denen doch der Begriff der Dunkelheit zu negativ erschien, um aus ihm die Entstehung der Farben abzuleiten, befanden sich stets in der schwierigen Lage, dass ihnen das Verhältniss der Farben zum Lichte scheinbar für immer ein unklares bleiben musste. Denn nahmen sie das Licht als das Primäre und die Farben nur als Modificationen an, so war über die Art wie über die Möglichkeit solcher Modificationen nichts Begreifliches und Wahrscheinliches auszumachen. Die Farben aber umgekehrt als das Primäre hinzustellen und die Entstehung des weissen Lichtes ganz in unsere Empfindung zu verlegen, das erschien der gewöhnlichen Erfahrung so ganz zuwider, dass bis auf NEWTON Niemand diesen Gedanken auch nur anzudeuten gewagt hat.

Unter solchen Umständen musste man ganz nothwendigerweise nach und nach dazu kommen die starre Stofftheorie des Lichtes wenigstens anzuzweifeln und es mit einer Bewegungstheorie, specieller mit einer Wellentheorie, zu versuchen, um das Verhältniss von Licht und Farben durch die Analogie des Schalles und der Töne doch einigermassen erläutern zu können, ein Versuch, dessen Gelingen allerdings für längere Zeit noch kaum in Frage kommen konnte.

Man hat nicht ohne Erfolg versucht die Wurzeln aller in

---

[1] THAUMANTIAS, p. 98: Condensatio est veluti quaedam opacitas lucis viaque ad colorationem: color est lux defectuosa.

[2] Ibid., p. 84: Verum haec sententia (KEPLER's) nulla ratione sustineri potest in vera Philosophia: quae non entia pro entibus, negationem pro affirmatione, privationem pro habitu inducit: iisdem veras ac reales actiones tribuit.

der Physik neu auftauchenden Ideen schon in den Schriften der griechischen Naturphilosophen nachzuweisen. Bei der Undulationstheorie des Lichtes dürfte das seine besonderen Schwierigkeiten haben, weil die Wellenbewegung selbst den Alten zu unbekannt war. ARISTOTELES spricht allerdings von einer Bewegung in dem Durchsichtigen, er sagt ausdrücklich, dass jede Farbe fähig sei das actuell (erleuchtete) Durchsichtige zu bewegen, ja dass darin das Wesen der Farbe bestehe; aber in welcher Art das geschehen soll, und wie er selbst diese Bewegung sich gedacht hat, darüber lässt er weiter nichts verlauten.[1]

Nach LIBRI soll die Idee einer Analogie der Lichtausbreitung mit der des Schalles und der Fortpflanzung der Wasserwellen zuerst von LEONARDO DA VINCI ausgesprochen worden sein, aber dessen Aeusserungen blieben in seinen Manuscripten unbekannt vergraben, und über die Ausbildung der Idee können wir darum nicht weiter urtheilen.[2] Manche Physiker schreiben GALILEI die erste Anregung einer Undulationstheorie des Lichtes zu, jedoch mit geringem Recht. GALILEI macht allerdings in seinen „Unterredungen über zwei neue Wissenschaften" von 1638 darauf aufmerksam, dass die Wirkungen des Lichtes nicht ohne Bewegung zu denken seien. Er erinnert daran, dass die Sonnenstrahlen durch Brennspiegel Metalle schmelzen und manche Körper sogar verflüchtigen können, dass das Feuer im Pulver colossale Bewegungen hervorbringt, und er mag darnach selbst für das reinste Licht nicht annehmen, dass dessen Wirkungen ohne jede Bewegung zu Stande kämen. In wie weit aber GALILEI hierbei an eine Wellenbewegung, also eine Bewegung am Ort, oder nur an eine Fortpflanzungsbewegung des Lichtstoffes denkt, lässt sich eben so wenig wie bei ARISTOTELES erkennen. Nach der Fortsetzung jener Unterhaltung, die den berühmten Vorschlag zur Messung der Lichtgeschwindigkeit mit Hülfe von Blendlaternen enthält, sollte man auf das Letztere schliessen. Doch müssen wir dem gegenüber auch die vielleicht anders zu deutende und an die Analogie zwischen Schall und Licht erinnernde Aeusserung ausdrücklich anmerken, dass die ziemlich rasche Fortpflanzung des Schalles nur eine sehr schnelle des Lichtes voraussetzen lasse.[3]

---

[1] De anima, lib. II. cap. VII.

[2] LIBRI, Histoire des Sciences Mathématiques en Italie, Paris 1840, Tom. III, p. 43, note 3. Derjenige Theil der Schriften LEONARDO's, welchen die Ambrosianische Bibliothek in Mailand unter dem Titel Codex atlanticus aufbewahrt, wird jetzt von der Königlichen Akademie dei Lincei herausgegeben. Das erste Fascikel ist im Jahre 1894 erschienen, enthält aber der Inhaltsangabe nach nichts über die Wellenbewegung.

[3] GALILEO GALILEI, Discorsi e dimostrazione matematiche intorno a due nuove scienze, Leyden 1638. Deutsche Uebersetzung in OSTWALD's Klassikern, Leipzig 1890, No. 11, p. 38—40.

Der erste, der mit voller Sicherheit und in einem allgemein bekannten und allgemein anerkannten Werke, den Principien der Philosophie von 1664, die antike Emissionstheorie verliess, war Descartes; doch war auch die von ihm proclamirte Theorie des Lichtes noch keine eigentliche Undulationstheorie. Descartes konnte aus zweierlei Gründen mit einer materiellen Emissionstheorie des Lichtes nicht einverstanden sein. Erstens glaubte er noch mit den meisten seiner Zeitgenossen eine momentane Verbreitung des Lichtes durch alle Räume annehmen zu müssen, und zweitens vertrug sich die Annahme eines besonderen Lichtstoffes auf keine Weise mit seiner Anschauung von der Materie als einer ursprünglich einheitlichen, homogenen, alle Räume gleichmässig erfüllenden Substanz, in der nur durch verschiedene Bewegungen Differentiirungen und Artunterschiede auftreten können. Beiden Bedenken entsprach er durch eine neue, ganz originelle Lichttheorie in sehr geschickter Weise. Durch die unaufhörliche Bewegung haben sich aus der ursprünglich homogenen Materie drei Elementarmaterien herausgebildet, nämlich ein erstes Element, aus den feinsten, länglich gestalteten Theilchen bestehend; ein zweites Element, lauter gleich grosse kugelförmige Theilchen enthaltend, von denen die Theilchen des ersten Elements sich abgerieben haben, und endlich ein drittes Element aus grösseren gröberen Massen bestehend, welche aus den Theilchen des ersten Elements sich zusammengefilzt haben. In jedem leuchtenden Körper sind die feinen, flüssigen Theilchen des ersten Elements in heftigster Bewegung und üben auf die Kügelchen des zweiten Elements, zwischen denen sie liegen, einen starken Druck nach aussen aus. Dieser Druck kann zwar der continuirlichen Raumerfüllung wegen keine Bewegung der Kügelchen hervorbringen, wohl aber muss er sich durch die einander berührenden Kügelchen als eine Tendenz zur Bewegung vom leuchtenden Körper aus nach allen Seiten hin momentan bis in alle Entfernungen fortpflanzen. Dieser Druck oder Antrieb zur Bewegung ist es, der beim Auftreffen auf unser Auge die Empfindung des Lichtes erregt.

Diese Druckhypothese des Lichtes ist gleich nach ihrer Entstehung von vielen Seiten heftig bekämpft worden und hat auch kaum einen weiteren Einfluss auf die Entwickelung der Optik ausgeübt, sie interessirt uns hier nicht weiter. Dagegen ist die Art bemerkenswerth, wie Descartes mehr in Andeutungen als in systematischer Entwickelung die Erklärung der Farben mit seiner Lichthypothese verbindet. Der Antrieb zur Bewegung oder der Druck folgt in seiner Verbreitung bei Descartes denselben Gesetzen wie die Bewegung selbst; man kann also auch statt des Druckes die Bewegung, wenigstens eine sehr kleine, denken.

Fällt nun ein Lichtstrahl schief auf die Grenzfläche zweier verschieden dichten optischen Medien, so werden die auftreffenden Lichtkügelchen (S. d. nebenst. Fig. 2) auf ihrer einen Seite, die zuerst auf die Grenzfläche trifft, eher in ihrer Bewegung gehindert als an der anderen Seite. Hierdurch, sowie durch eine Art von Reibung des Lichtstrahles an der umgebenden dunklen Materie, erhalten die Lichtkügelchen eine Rotationsbewegung um ihre Achse. Diese Bewegungen sind für die verschiedenen Theile des Lichtstrahles verschieden. Geht der Lichtstrahl in das optisch dichtere Mittel über, so werden die Rotationen an der Seite des Lichtstrahles am schnellsten, die zuerst auf das dichtere Medium trifft. Hier übertrifft ihre Geschwindigkeit die translatorische Geschwindigkeit der Theilchen; in der Mitte des Strahles werden die beiden gleich, und an der anderen Seite des Lichtstrahles ist die Rotationsgeschwindigkeit der Kügelchen kleiner als ihre translatorische Geschwindigkeit. Das Auge empfindet beim Auftreffen eines Lichtstrahles auf die Netzhaut nicht bloss den Druck der Kügelchen als Licht, sondern auch die Rotationsbewegung derselben als Farbe. Die grösste Rotationsgeschwindigkeit bedingt die Empfindung der rothen, die kleinste die der violetten Farbe; die mittlere Rotationsgeschwindigkeit, welche der translatorischen Geschwindigkeit der Kügelchen gleich ist, scheidet die Farbenreihe in zwei Hälften.[1]

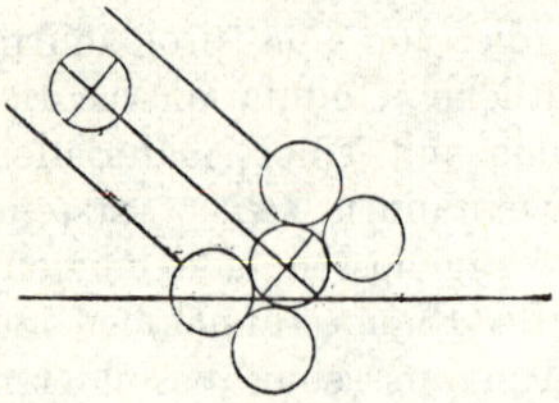

Fig. 2. Oeuvres de Descartes, T. I, Pl. VII, Fig. 21.

Auch diese Farbenhypothese ist physikalisch nicht sehr wahrscheinlich und doch ist die mehr angedeutete, als ausgeführte Idee vielfältiger beachtet und geschätzt worden, als manche andere, weit ausgesponnene Theorie. Alle namhaften Optiker der Folgezeit haben sich mit ihr auseinander gesetzt und auch so strenge Experimentalphysiker, wie Boyle und Newton, kommen mehrfach auf dieselbe zurück. Sie hat auch vor Allem insofern nicht geringe Wichtigkeit, als sie zum ersten Male auf Grund einer Bewegungstheorie zeigte, wie alle Lichtstrahlen, bei sonst gleichen

[1] Die Lichttheorie Descartes' ist enthalten in seiner Dioptrique und den Météores von 1638, in den Principia philosophiae von 1644 und in dem posthum erschienenen Mundus, sive Dissertatio de Lumine (R. Descartes, Opuscula posthuma, Physica et Mathematica, Amsterdam 1701). Die Farbentheorie ist aber, abgesehen von einer Andeutung in der Dioptrique (Oeuvres de Descartes, publ. par V. Cousin, Tome V, p. 15), nur auseinander gesetzt bei der Erklärung der Regenbogenfarben in den Météores (Oeuvres de Descartes, Tome V, p. 268—275).

geometrischen Eigenschaften, doch ganz verschiedenfarbige Eindrücke hervorbringen, und wie alle farbigen Lichtstrahlen ebenso einfach und elementar gedacht werden können, als die weissen Lichtstrahlen selbst.

In der That empfand man um diese Zeit immer mehr den leisen Druck, mit dem alle Untersuchungen über die Natur der Farben zu einer kinetischen Erklärung trieben, und versuchte darnach häufiger, wenigstens die Analogie zwischen Farben und Tönen fruchtbarer zu verwerthen. So bemühte sich De La Chambre im Jahre 1657[1] den Unterschied zwischen einer quantitativen und qualitativen Veränderung des Lichtes, wie ihn Marcus Marci in seiner intensio und condensatio angenommen, aber vergeblich zu erklären versucht hatte, durch den Vergleich mit den Tönen zu erleuchten. Er betonte, dass eine Schwächung des Lichtes auf zweierlei Weise eintreten und bewirkt werden könne, nämlich quantitativ durch eine Entfernung von der Lichtquelle, wobei die Intensität vermindert werde, oder auch qualitativ durch eine ähnliche Veränderung, wie sie ein Ton erleide, der von der Tiefe zur Höhe übergehe. Diese letztere Schwächung des Lichtes sei es, welche uns als ein Farbigwerden desselben erscheine, und die Farben seien mithin nichts Anderes, als weniger lebhaftes, weniger glänzendes oder geschwächtes Licht.[2]

Wie schwer es aber selbst den Anhängern einer Bewegungstheorie des Lichtes wurde, diese Bewegung als eine Wellenbewegung zu specialisiren, ersieht man aus dem sehr bekannten und theilweise über Gebühr gewürdigten Werke De lucis natura, das Isaac Voss im Jahre 1662 veröffentlichte. Nach diesem Werke kann das Licht kein Körper sein, weil sonst niemals mehrere oder gar viele Lichtstrahlen durch einen Punkt, wie den Brennpunkt eines Hohlspiegels, hindurchgehen könnten. Die Ursache und das Subject des Lichtes ist das Feuer, das aber auch nichts Körperliches an sich hat und nichts weiter ist, als eine intensive Wärme, welche durch die heftigen Erschütterungen der festen Körper hervorgebracht wird. Das Feuer ist also kein Element, ist aber auch nicht das Licht selbst, sondern nur der Actus dissolvens corpora.[3] Die Meinung der Cartesianer muss darnach ebenso verworfen werden, wie die der Gassendisten, welche die Lichtstrahlen aus kleinen Corpuskeln oder länglichen Zweiglein oder Ruthen zusammengesetzt denken.

Doch hat das Licht, obgleich es unkörperlich ist, reale Existenz, gleichwie auch die Töne, die Seele, die Gerüche, die

---

[1] La lumière, par le Sieur De La Chambre, Paris 1657.

[2] Nach Goethe, Materialien zur Geschichte der Farbenlehre, Art. De la Chambre.

[3] De lucis natura, Amsterdam 1662, p. 3.

magnetische Kraft u. s. w. physikalisch reale Dinge sind.[1] Sogar im leeren Raume muss das Licht noch als existent gedacht werden; doch durchläuft es denselben unsichtbar und instantan und wird erst in den Körpern wieder umsomehr sichtbar, je mehr diese solid (fest, ohne Poren) sind. In den Körpern wird das Licht gebrochen, und zwar hat der gebrochene Strahl zu dem einfallenden bei denselben Medien ein festes Verhältniss. Der leere Raum ist vollkommen durchsichtig; die Körper sind es nur mehr oder weniger, je nach ihrem geringeren oder grösseren Gehalt an Farbe.[2] Die Ursache der Farbe ist der Schwefel,[3] der in allen Körpern enthalten ist, und der je nach dem Grade des Feuers oder des Verbrennens andere Farben annimmt. Der natürliche Schwefel, so lange er weder Wärme noch Feuer erfahren hat, ist durchsichtig; wird er geschmolzen, so nimmt er verschiedene Farben an. Und zwar erscheint er zuerst grün, dann gelb, sodann roth, dann purpurfarben, und zuletzt wird er schwarz. Ist aller Schwefel erschöpft und verzehrt, dann bleibt nichts als eine weisse oder durchsichtige Asche; und so ist das Weisse der Anfang aller Farben und das Schwarze das Ende. Das Weisse ist am wenigsten Farbe, das Schwarze hingegen am meisten.

Verwickelt und schwer zu beantworten ist die Frage nach dem Ursprung der sogenannten apparenten, von ihren Körpern gewissermassen abgesondert erscheinenden Farben, wie der Farben des Regenbogens, der Morgenröthe und derjenigen, welche durch gläserne Prismen sich ausbreiten. Doch erhellt zu ihrer Erklärung genugsam, dass die Flamme jederzeit der Farbe des Schwefels folgt und alle Farben zulässt, ausser dem Schwarzen und dem völlig Weissen. Denn der Schwefel enthält wohl die beiden Farben, aber eigentlich in der Flamme können sie nicht sein. Wie nun die Farbe des Schwefels in der verbrennlichen Materie, so ist auch die Farbe der Flammen, und wie die Flamme, so ist auch das Licht, das von ihr ausgebreitet wird. Da aber die Flamme alle Farben enthält und begreift, so ist nothwendig, dass das Licht dieselbe Eigenschaft habe; deswegen sind auch in dem Licht alle Farben, obgleich nicht immer sichtbar. Ob also auch in dem reinen Licht keine Farben erscheinen, so sind sie dessen ungeachtet wahrhaft in dem Licht enthalten, nur ver-

---

[1] De lucis natura, Amsterdam 1662, p. 29: Sed lux, sonus, anima, odor, vis magnetica, quamvis incorporea, sunt tamen aliquid. Ut itaque fatemur non posse moveri corpus, nisi corpus praesens sit, ita vicissim censemus res incorporeas, sive illae e potentia corporis procedant, sive sua sponte subsistant, posse moveri in vacuo.

[2] Ibid., p. 59.

[3] Ibid., p. 60, Cap. XXV. Colorum materiam esse a qualitate sulphuris.

hindert uns das helle weisse Licht, daneben das farbige, verdunkelte Licht zu sehen.[1] Sowie aber das weisse Licht beim Durchgange durch ein gläsernes Prisma geschwächt wird, so treten auch die farbigen Lichter für uns sichtbar auf. Das Licht ist eine Form und ein Bild des Feuers, von welchem es nach allen Seiten hinstrahlt, ebenso sind auch die Farben, die das Licht mitbringt, Formen und Bilder der Farben, welche wahrhaft und auf eine materielle Weise sich in dem Feuer befinden, von dem das Licht umhergesendet wird. Darum kann man auch eben so wenig, als es unter den Flammen vollkommen schwarze oder weisse giebt, vollkommen schwarze oder weisse apparente Farben finden; sondern so wie bei der Flamme, so sind auch im Lichte das Gelbe und Blaue die Grenzen der apparenten Farben.

Hieraus ergiebt sich deutlich, sowohl was die wahren, permanenten und fixen Farben der Körper, als auch was die vergänglichen, unstäten apparenten Farben des Lichtes eigentlich vorstellen. Denn die wahre Farbe ist ein Grad, eine Art der Verbrennung in irgend einem Körper; die apparente Farbe aber ist ein Bild einer wahren Farbe, das man ausser seiner Stelle sieht. Wie man aber auch die wahren Farben mit den apparenten zusammenhalten und vergleichen will, so werden sie sich immer wie Ursache zu Ursache und wie Wirkung zu Wirkung verhalten, und was den fixen Farben begegnet, wird auch den Bildern, welche von denselben erzeugt werden, geschehen.

Diese Sätze haben dem Verfasser nachträglich vielen Ruhm eingetragen, weil man dieselben direct mit der NEWTON'schen Theorie der Zusammensetzung des weissen Lichtes identificirte. Vielfach hat man darnach direct ausgesprochen, dass VOSS zuerst und noch vor NEWTON die Mannigfaltigkeit der Farben, nicht den Körpern, sondern dem Licht selbst zugeschrieben habe, und BREWSTER schloss sich noch in seiner Biographie NEWTON's

---

[1] De lucis natura, p. 64: Nempe ut flamma intensa alba et unicolor adparet, eadem si per nebulam aut aliud densum corpus spectatur, varios induit colores; pari quoque ratione lux licet invisibilis aut alba, ut sic dicam, si per prisma vitreum, aut per aerem roridum transeat, similiter varios induit colores. Quod igitur in luce pura nulli compareant colores, id minime obstat quominus illi revera insint lumini. Nempe ut major lux officit minori, ita quoque lumen purum impedimento est ut videatur lumen offuscatum. Omnem tamen lucem secum colores deferre ex eo colligi potest, quod si per lentem vitream . . . lumen in obscurum admittatur cubiculum, in muro aut linteo remotiore manifeste omnes videantur colores, cum tamen in punctis decussationis radiorum et locis nimium lenti vicinis, nullus color sed purum tantum compareat lumen. Jam vero ut lumen est forma et imago ignis, extra ignem quaqua versum radians, ita quoque colores qui a lumine deferantur, sunt formae et imagines colorum qui vere et materialiter insunt in illo igne a quo lumen spargitur.

von 1855 dieser Ansicht dem Sinne nach an.[1] Wir halten das für eine falsche Auffassung, die nur möglich ist, wenn man sich mehr an den Wortlaut als an den historischen Sinn der Sätze hält. Denn bei Voss sind nicht wie bei NEWTON Licht und Farben vollkommen identisch und ist nicht das weisse Licht nur eine Zusammensetzung aus allem möglichen farbigen Licht; vielmehr unterscheidet Voss ganz bestimmt das reine Licht von den Farben, die es nur als Bilder der Flamme mit sich führt, und diese Farben sind nicht constitutive Bestandtheile des reinen Lichtes, sondern höchstens von den Körpern herrührende Nebenbestandtheile, die meistens durch das reine Licht überstrahlt und verdunkelt werden. So zeigt sich auch schliesslich bei Voss wieder mehr eine Anlehnung an die alte Anschauung der Farben als geschwächter Lichter, als eine Vorausnahme NEWTON'scher Vorstellungen von der Zusammensetzung des weissen Lichtes.

Die Lichttheorie von Voss giebt sich als eine Bewegungstheorie, ist dabei aber von einer solchen Unbestimmtheit, dass es ziemlich gleichgültig erscheint, in welcher Weise das Wesen des Lichtes gefasst wird. Bedeutender und in jeder Beziehung weiter entwickelt ist die etwas später veröffentlichte, aber doch wahrscheinlich schon früher vollendete optische Schrift des Jesuitenpaters FRANCESCO GRIMALDI.[2] Zwar ist auch in dieser ein Schwanken nach allen Seiten, eine Unsicherheit und Unbestimmtheit in jeder Erklärung noch die Regel; ja GRIMALDI scheint prinzipiell seine Meinung unter Aufzählung aller übrigen Möglichkeiten nur anzudeuten und überall die Entscheidung für die Neuerungen dem Leser zu überlassen. Doch aber lässt sich nicht verkennen, dass seine Betrachtungen überall auf der Vorstellung einer Undulationstheorie des Lichtes beruhen, und dass er bemüht ist, von diesem Fundament aus den Zusammenhang seiner Erfahrungen zu erkennen. Und wenn er auch über die Art und Gesetze der Wellenbewegungen selbst absolut nichts Bestimmtes aussagen kann, so sind doch seine Experimente, die er ihrer Art und ihren Grössenverhältnissen nach genau und deutlich beschreibt, überall durch den Gedanken an die kinetische Theorie des Lichtes befruchtet und in ihrer Neuheit und Originalität wohl geeignet den Fortschritt der Theorie in der bestimmten Richtung zu fordern. Leider ist das Werk durch das Versteckenspielen mit den theoretischen Ansichten, durch die

---

[1] Memoirs of the Life . . . of Sir J. NEWTON von D. BREWSTER, Edinburgh 1855, I. Band, p. 39.

[2] Physico-Mathesis de lumine, coloribus et iride, aliisque adnexis libri duo. Auctore P. FRANC. MARIA GRIMALDI Societatis Jesu. Op. posth. Bologna 1665.

ewigen Wiederholungen, durch die weitschweifigen Widerlegungen alter längst verworfener philosophischer Speculationen, wie der Accidentalität des Lichtes, der ein ziemlicher Theil des Werkes gewidmet ist, so langweilig, so dunkel und schwer lesbar geworden, dass der directe Einfluss desselben bei aller Neuheit seiner Ideen ein viel geringerer wurde, als er es hätte sein sollen. Trotzdem finden wir bei den bedeutendsten Geistern seiner Zeit, wie vor allem bei HOOKE und NEWTON sehr wohl die häufigen Spuren GRIMALDI'scher directer Anregungen, wenn auch die beiden Gelehrten diese Anregungen in ihren Schriften nicht überall registriren.

GRIMALDI beschreibt im Anfange seines Werkes in vollkommenerer Weise diejenige Methode zur Beobachtung der apparenten Farben, welche MARCI in seinem Werke immer angedeutet hatte und die fürderhin besonders von NEWTON mit so grossem Erfolge angewendet wurde, nämlich das Einlassen eines einzelnen Lichtstrahles durch eine sehr kleine Oeffnung in ein verdunkeltes Zimmer und das Auffangen des entstehenden Bildes auf einem weissen Schirm oder einer weissen Wand. Auch kam er durch diese Methode sogleich zu einem sorgfältig ausgeführten und klar beschriebenen Experimente, durch das er eine neue, bis dahin nicht geahnte Eigenschaft des Lichtes und eine ganz neue, vollkommen überraschende Entstehungsweise der Farben aufdeckte. Wenn man, so sagt er gleich auf der zweiten Seite seines Werkes, durch eine sehr kleine Oeffnung *AB* (Fig. 3) in ein sonst dunkles Zimmer das Sonnenlicht bei heiterm Himmel einfallen lässt, in den Kegel, in den es sich ausbreitet, einen undurchsichtigen Gegenstand *EF* bringt und das Licht zugleich mit dem Schatten *GH* dieses Gegenstandes mit einer weissen, auf dem Fussboden ausgebreiteten Ebene auffängt, so wird man finden, dass, wenn auch der Schatten *GH* zu beiden Seiten einen Halbschatten *GI* und *HL* neben sich haben muss, der ganze Schatten dennoch bedeutend grösser ist, als er es unter der Annahme, dass sich das Licht durch die Oeffnung geradlinig fortpflanzt, sein sollte; wie ich mich hiervon durch wiederholte Beobachtungen und Rechnungen überzeugt habe. Statt des aus den Durchmessern von *AB* und *EF*, den Ent-

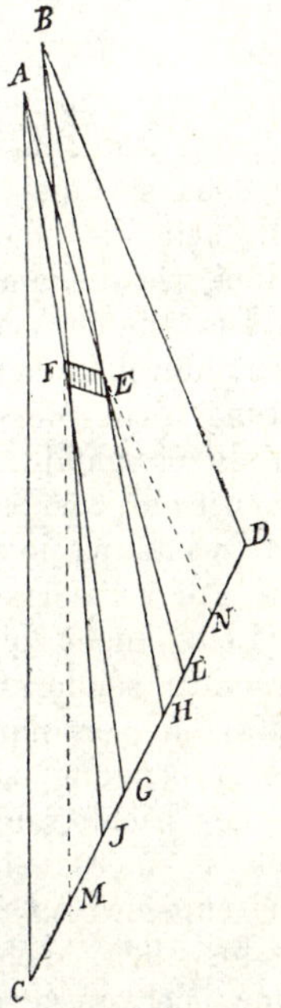

Fig. 3. (GRIMALDI, p. 2.)

fernungen BE und BI und den übrigen Bestimmungsstücken berechneten Schattens IL sieht man den grösseren MN.[1]

Auf den Theilen MC und ND der stark erleuchteten Grundfläche lassen sich überdies gewisse Streifen eines gefärbten Lichtes unterscheiden, so dass in der Mitte eines jeden Streifens zwar ein sehr reines Licht, an den Rändern aber eine Farbe sichtbar wird, nämlich die blaue nach M und N, die rothe nach C und D hin. Die breitesten unter diesen Streifen sind die an M und N zunächst gelegenen; schmaler ist der zweite, und noch schmaler der dritte; mehr als drei gelang es niemals zu sehen. Die einzelnen Streifen werden um so breiter, je entfernter sie hinter dem dunklen Körper, welcher den Schatten wirft, aufgefangen werden und je schräger man die auffangende Ebene gegen das einfallende Licht hält.[2] Die Streifen sind mit dem Schatten des dunklen Körpers parallel, also gerade, wenn die Grenze des in den hellen Kegel hineingeschobenen Körpers gerade ist, und krumm, wenn sie krumm ist. Bei sehr lebhaftem Sonnenlichte sah ich die farbigen Streifen auch in dem Schatten selbst bald in grösserer, bald in geringerer Zahl entstehen;[3] mindestens waren es ihrer zwei, doch erschienen sie auch zu viert oder zu sechst, immer aber in gerader Zahl, weil die eine Seite des dunklen Gegenstandes ebensoviele Streifen wie die andere erzeugt.[4]

Dem ersten Versuche lässt Grimaldi dann noch einen zweiten folgen, durch welchen gezeigt wird, dass die beobachtete Ausbreitung nicht bloss hinter der Oeffnung, durch welche das Sonnenlicht direct einfällt, sondern auch später noch statt hat, wenn der Sonnenstrahl, der sich schon ausgebreitet, nochmals durch eine zweite Oeffnung in's Dunkle eingelassen wird.[5] Damit hält dann Grimaldi seine erste Proposition für erwiesen, nämlich, dass sich das Licht nicht bloss direct oder durch Reflexion oder durch Refraction, sondern noch auf eine vierte Art fortpflanzt und ausbreitet, die er nun Diffraction des Lichtes nennt.[6] Um aber diese Abbeugung oder Diffraction des Lichtes, die den alten Begriff des Lichtstrahles vollständig aufhebt, zu erklären, fügt er gleich in einer zweiten Proposition die Hypothese hinzu, dass das Licht ein gewisses Fluidum zu sein scheine, welches sehr schnell und bisweilen auch undulirend durch die durchsichtige Materie ströme oder ausgegossen werde.[7] Er hält ganz im Allgemeinen

---

[1] Physico-Mathesis, p. 2.
[2] Ibid., p. 3.
[3] Ibid., p. 4.
[4] Ibid., p. 5.
[5] Ibid., p. 9.
[6] Ibid., p. 1.
[7] Ibid., p. 12: Prop. II. Lumen videtur esse quid fluidum perquam celerrime et saltem aliquando etiam undulatim fusum per corpora diaphana.

dafür, dass das Wesen der Flüssigkeit dem des Lichtes nicht widerspreche und dass auch die Eigenthümlichkeiten der Flüssigkeiten dem Lichte nicht fehlen. Die Zurückwerfung geschehe in der Flüssigkeit wie im Lichte, ebenso die Diffraction, d. h. die Ausbreitung der Bewegung um ein Hinderniss herum, und ebenso die Undulation, d. i. eine grössere oder geringere Anhäufung an verschiedenen Stellen, wie sie für das Licht die vorhergehenden Streifen zeigen. „So wie sich," sagt er in Bezug auf die letztere Erscheinung, „wenn man einen Stein in's Wasser wirft, um diesen wie um einen Mittelpunkt kreisförmige Erhöhungen des Wassers bilden, gerade so entstehen um den Schatten des undurchsichtigen Gegenstandes jene glänzenden Streifen, die sich nach Verschiedenheit der Gestalt des letzteren entweder in die Länge ausbreiten, oder gekrümmt erscheinen. Und so wie jene kreisförmigen Wellen nichts Anderes sind, als angehäuftes Wasser, um welches sich an beiden Seiten eine Furche hinzieht, so sind auch die glänzenden Streifen nichts Anderes, als das Licht selbst, das durch eine heftige Zerstreuung ungleichmässig vertheilt und durch schattige Intervalle getrennt wird.[1] Denn so wie endlich die kreisförmigen Wasserwellen breiter werden, wenn sie sich mehr von der Quelle ihrer Erregung entfernen, ebenso bemerken wir dasselbe an den glänzenden Streifen, je weiter sie von dem Anfange ihrer Erregung abstechen. Dieser Anfang aber ist die Diffraction und das Anstossen des Lichtstoffes, sowohl bei dem Eintritt in die kleine Oeffnung des Fensterladens, als auch besonders an den Enden des undurchsichtigen Gegenstandes, der in den Lichtkegel gebracht wird." Daraus aber, meint GRIMALDI, müsse man schliessen, dass das Licht durch eben dieselbe Wellenbewegung verbreitet werde, wie sie den Flüssigkeiten eigenthümlich sei.[2]

Die besondere Erklärung der Lichtstreifen im Schatten der Körper erscheint darnach leicht. Da, wo der letzte Strahl nämlich an dem Schatten werfenden Körper vorübergeht, ist er nach einer Seite unbegrenzt und unbehindert durch andere Lichtstrahlen. Hier beginnt er also abzuschweifen und in den Schatten einzubiegen, und da nun wieder dadurch an anderen Stellen das Licht verdünnt wird, so entstehen naturgemäss helle und dunkle Streifen.[3]

Dass aber zu den Seiten des Schattens immer drei und nur drei Farbenstreifen sich zeigen, dafür liegt die Ursache in der dreifachen Lage der Lichtstrahlen in der Oeffnung und zu den Rändern derselben; denn während die mittleren Lichtstrahlen frei

[1] Physico-Mathesis, p. 18.
[2] Ibid., ibid.
[3] Ibid., p. 19.

durch die Oeffnung gehen, stossen die einen seitlicher rechts an den einen Rand und die anderen seitlicher links an den anderen Rand der Oeffnung an.[1] Im Uebrigen kann die beobachtete Diffraction des Lichtes die geradlinige Fortpflanzung der Lichtstrahlen und die Geltung der betreffenden optischen Gesetze nicht weiter empfindlich stören; denn sie wirkt nur da, wo die Lichtstrahlen auf einen dunklen Körper stossen und nur auf kleine Entfernungen hin; mithin auch nur auf die äussersten Ränder begrenzter Lichtstrahlen und niemals im freien Lichte.[2]

Auch im Weiteren zeigt sich die Idee des Lichtes als eines äusserst feinen und schnellen flüssigen Stoffes den Erscheinungen angemessen. Wenn das Licht ein flüssiger Stoff ist, so kann es auch einen durchsichtigen Körper nicht in seiner ganzen Ausdehnung, sondern nur in den Poren durchdringen. Dementsprechend wird, wie die nebenstehende Figur zeigt, das Licht an jeder durchsichtigen Oberfläche nicht ganz durchgelassen, sondern theilweise zurückgeworfen; ja die Zurückwerfung hängt nicht bloss von der Oberfläche, sondern von dem ganzen folgenden Medium und der Art seiner Poren ab, so dass z. B. die Zurückwerfung stärker ist, wenn Luft auf Glas, als wenn auf Glas Wasser folgt.[3]

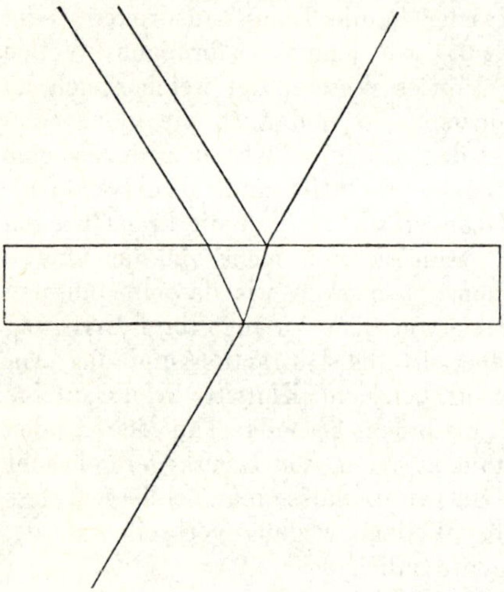

Fig. 4. (Physico-Mathesis, p. 25).

Durchsichtig sind die Körper, deren Poren so zahlreich und so geordnet sind, dass die zarte und flüssigste Substanz des Lichtes in geraden Linien durch sie hindurch zu gehen scheint. Die Luft kann viel mehr und grössere Poren haben und also durchsichtiger sein als das Wasser, und doch können in dem Glase und dem Wasser wegen der gleichen Dichte die Mündungen der Poren mehr auf einander stimmen als in Glas und Luft, und das Licht kann eher aus Glas in Wasser als aus Glas in Luft

[1] Physico-Mathesis, p. 22.
[2] Ibid., p. 23.
[3] Ibid., p. 27.

übergehen.[1] Die Durchsichtigkeit der Körper ist aber darnach noch immer auf eine zweifache Art möglich; sie kann bei einer Flüssigkeit durch eine gegenseitige Mischung mit dem Lichtstoff und einer darauf folgenden Entmischung, oder sie kann bei Flüssigkeiten wie bei festen Körpern durch einen wirklichen Durchgang des Lichtstoffes durch die Poren des Körpers geschehen.[2] Die erstere Fortpflanzungsart des Lichtes durch den durchsichtigen Körper ist die vollkommenste; die zweite muss der festen Theile wegen immer mit Reflexion verbunden sein. Undurchsichtig sind die nicht flüssigen Körper, welche keine Poren haben, oder deren Poren so angeordnet sind, dass das Licht nicht frei und geradlinig durch sie hindurch gehen kann. Ueberhaupt kann die Durchsichtigkeit der Körper durch eine andere Anordnung ihrer Theile, durch äussere und innere Kräfte, welche auf diese wirken, wie die Viscosität der Flüssigkeiten, die Capillarität u. s. w. ganz umgeändert werden.

Die Fortpflanzung des Lichtes ist jedenfalls viel schneller als die des Schalles und geschieht in unmessbarer Zeit, braucht aber deshalb doch nicht momentan zu sein. Allerdings spricht auch die geradlinige Bewegung des Lichtes für eine sehr schnelle Bewegung, denn die Körper halten um so mehr die gerade Linie ein, je schneller sie sind.[3] Da das Licht ein Stoff ist, so muss es beim Auftreffen auf die festen Theile der Körper den Stossgesetzen gemäss unter gleichen Winkeln zurückgeworfen werden, hierdurch wird das Reflexionsgesetz erklärt. Dagegen ist der Grund der Brechung des Lichtes noch nicht genügend angegeben worden. Viele meinen, die Brechung des Lichtes bei dem Uebergange von einem Medium zum anderen rühre davon her, dass der Lichtstrahl in dem zweiten Medium seine Bewegung nicht in allen seinen Theilen oder allen seinen Radien mit gleicher Geschwindigkeit fortsetzen könne.

Nach diesem kommt Grimaldi wieder auf eine neue merkwürdige Lichterscheinung, die vor ihm noch Niemand bemerkt und die beweisen soll, dass die Mittheilung von Licht auf eine schon erleuchtete Fläche dieselbe nicht unter allen Umständen

---

[1] Physico-Mathesis, p. 32.

[2] Hier folgt eine ziemlich weitläufige Untersuchung der Porosität und Theilbarkeit der Materie, die in der damals beliebten Weise auch durch theologische Beispiele recht merkwürdig illustrirt wird. „Penetrationem“, so heisst es an einer Stelle, „mutuam corporum esse supra vires naturae probatur . . . Auctoritate communissima Philosophorum ac Theologorum, agnoscentium pro miraculosa penetrationem aliquam factam a Corpore Christi Domini, cum exiit a sepulchro, cum intravit coenaculum januis clausis, cum egressus est ab utero Intemeratae ac Sanctissimae Virginis Matris suae . . . (Physico-Mathesis, p. 38).

[3] Physico-Mathesis, p. 158.

heller, sondern bisweilen auch dunkler mache.[1] Man bringe nämlich in dem Fensterladen eines dunklen Zimmers nahe bei einander zwei kreisrunde Löcher an und fange die hindurchgehenden Sonnenstrahlen auf einer weissen Karte auf. Jeder der beiden entstehenden Lichtkegel für sich aufgefangen, giebt eine weisse Scheibe, die in der Mitte heller ist als am Rande; der Rand selbst erscheint schattirt, bei genauerer Betrachtung in röthlicher Farbe. Fängt man beide Kegel zugleich auf und in solchem Abstande, dass sie in einander übergreifen, so sieht man, dass die Mitte des von den übergreifenden Rändern eingeschlossenen Raumes heller ist, als der übrige Theil der Kreisflächen und dass die Bogenstücke, welche diesen Raum begrenzen, auffallend dunkel sind.

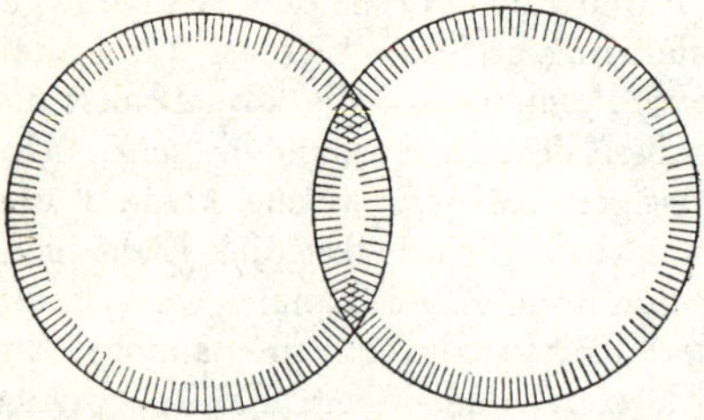

Fig. 5. (Physico-Mathesis, p. 187.)

Auch zur Erklärung dieser Erscheinung hält GRIMALDI die Ableitung der Farben aus einer gewissen Wellenbewegung für nöthig; denn die Verdunkelung sei jedenfalls nichts als eine Färbung, da die rothen Bögen doch nur im Vergleich zum reinen Lichte dunkel erschienen.

Jedenfalls existire kein triftiger Grund, warum man nicht eine gewisse Aehnlichkeit zwischen dem Licht und dem Ton annehmen sollte, so dass ebenso wie der Ton durch ein gewisses Zittern und Stossen des tönenden Körpers erzeugt und durch die Luft bis zu unserem Ohr fortgepflanzt wird, auch das Licht durch eine Agitation der oben erwähnten sehr feinen Substanz durch das durchsichtige Medium bis in unser Auge gelangt.[2] Diese Analogie zeige sich denn auch sehr günstig für die Erklärung der Farben, welche darnach leicht als Lichter von verschiedenen, aber bestimmten Bewegungen definirt werden können, die entweder durch eine eigene Diffusionskraft des Lichtstoffes oder durch eine Abstossungskraft des leuchtenden Körpers von diesem in's

[1] Physico-Mathesis, p. 187: Prop. XXII. Lumen aliquando per sui communicationem reddit obscuriorem superficiem corporis aliunde prius illustratam.

[2] Ibid., p. 209: Neque est cur objiciatur aliqua paritas inter sonum et lumen, quasi vero sicut in aure sentitur sonus posito praecise tremore ex percussione corporis sonantis continuato per totum medium usque ad aurem illum audientis, ita in oculo lumen sentiatur per visum posita praecise agitatione supradictae substantiae per medium diaphanum diffusae . . . Motus non sentitur, nisi quatenus sentitur ipsum mobile.

Auge gesandt werden und je nach Art der Agitation dasselbe verschieden erregen und den Eindruck verschiedener Farben erzeugen.[1]

Die Arten aber und die Ursachen der Umwandlung des weissen Lichtes in farbiges, heisst es weiter, sind ebenso vielfältig wie die Aenderungen der Agitationen des Lichtes.[2] So kann das Licht ohne Aenderung des Mediums und ohne Brechung allein durch Reflexion gefärbt werden, wenn es von Körpern, deren Oberfläche sehr fein geritzt ist, im dunklen Raume auf eine weisse Tafel zurückgeworfen wird.[3] Ebenso kann das Licht ohne Reflexion allein durch Refraction gefärbt werden. Setzt man nämlich hinter die Lichtöffnung im dunklen Zimmer ein Prisma und fängt den durchgegangenen Lichtstrahl auf einer weissen Tafel auf, so sieht man das Bild der Oeffnung nicht blos um so stärker vergrössert, je weiter die Tafel von der Oeffnung abgerückt wird[4], sondern es erscheint auch farbig. Endlich wird das Licht farbig ohne Zurückwerfung und ohne Brechung nur durch Beugung. In allen diesen Erscheinungen zeigt sich, dass die Farben nicht, wie Viele glauben, dem Licht von den durchsichtigen Körpern beigemischt werden, sondern dass sie durch eine innere Veränderung im Lichte selbst entstehen.[5] Dafür spricht auch besonders die Beobachtung, dass die prismatischen Farben unverändert bleiben, mag der Lichtstrahl durch den dünneren oder dickeren Theil des Prismas geschickt werden.

Das Licht wird bei der Brechung wie bei der Beugung ausgebreitet; auch das weist auf die flüssige Natur des Lichtes hin. Doch kann die Farbe weder aus dieser Dissipation noch aus einer Condensation des Lichts erklärt werden. Die Farbe ist an keine bestimmte Intensität oder Dichte des Lichtes gebunden; denn man kann durch Brechung das farbige Licht noch weiter sondern, oder durch Hohlspiegel wieder mehr condensiren, ohne dass die Farbe oder die Brechung noch weiter verändert wird.[6]

Die Ursachen der permanenten Farben sind dieselben, wie die der scheinbaren, nämlich eine grössere oder geringere Discontinuität im Innern, eine besondere Grösse der Partikel und der Poren, wodurch das Licht gerade in die Agitation versetzt wird,

---

[1] Physico-Mathesis, p. 230.

[2] Ibid., p. 230: Est autem multiplex modus et causa praedictae colorationis in lumine, prout multipliciter potest in eo fieri mutatio agitationis.

[3] Ibid., p. 231. Auch das ist eine originelle Entdeckung Grimaldi's, die ihrer Zeit viel Aufsehen erregte und natürlich ohne Erfolg zu erklären versucht wurde.

[4] Ibid., p. 235.

[5] Ibid., p. 247.

[6] Ibid., p. 275.

die der betreffenden Farbe entspricht.[1] In letzter Linie hängt die Verschiedenheit der Farben in den Körpern vielleicht von den verschiedenen Flüssigkeitsgraden der in den Poren der Körper enthaltenen subtilen Materie ab, und die verschiedene Undulation des Lichts in verschiedenen Körpern ist vielleicht proportional der verschiedenen Dichte jener Flüssigkeit in den Körpern. Um dabei zu begreifen, wie es so viele verschiedene, den vielen Farben entsprechende Undulationen geben kann, braucht man nur an die verschiedenen charakteristischen Formen in der Handschrift der einzelnen Menschen zu denken.[2]

Am meisten beweisend für die Entstehung der Farben aus einer verschiedenen Fluitation hält GRIMALDI die farbige Zurückwerfung des Lichts an geritzten Oberflächen, weil bei der Zurückwerfung des Lichts an den zu einander geneigten Flächen am ersten eine Veränderung der Undulation zu erwarten sei.[3] Mit der Farbentheorie von DESCARTES ist er soweit einverstanden, als sie eine Bewegungstheorie ist und die Farben durch eine besondere Bewegung, eine Rotation der Lichtkügelchen erklärt; doch tadelt er die Annahme besonderer Grundfarben. Endlich weist er noch den Einwurf gegen die Undulationstheorie, dass man die Undulationen im Auge doch nicht fühle, mit dem Hinweis auf das Ohr zurück, das auch die Tonschwingungen niemals gewahr werde.

Die positive Summe der Lichttheorie GRIMALDI's ist sehr gering, sie enthält im Grunde genommen nur den Satz, dass das Licht in der Wellenbewegung einer sehr feinen Flüssigkeit besteht, und dass die Farben sich nur durch die Arten und besonders durch die Geschwindigkeiten der Wellenbewegungen unterscheiden. Irgend ein Versuch zur weiteren Beschreibung dieser Wellenbewegung, oder gar zu einer bestimmten Angabe der die Farben charakterisirenden Bewegungen ist nicht vorhanden, selbst eine Erklärung über das Verhältniss des farbigen zum sogenannten reinen Licht fehlt absolut. An eine Zusammensetzung des weissen Lichts aus farbigem hat GRIMALDI wohl nie gedacht; meist spricht er direct von einem Farbigwerden, einer Coloration des weissen Lichts durch eine Veränderung der Bewegung. Nach dieser Richtung war für NEWTON kaum mehr zu lernen, als dass man die Farben ohne jede Mithilfe der Finsterniss durch innere Eigenthümlichkeiten der Lichtstrahlen erklären und anschaulich

[1] Physico-Mathesis, pag. 321. Unter vielen Beispielen führt GRIMALDI hier auch die Farben der Seifenblasen an, die er durch verschiedene Zurückwerfungen und Brechungen des Lichtes erklärt und die nach ihm augenscheinlich von der Dicke der Seifenhäutchen abhängen.

[2] Ibid., p. 347.

[3] Ibid., p. 353.

unterscheiden könne. Das Hauptverdienst GRIMALDI's besteht in der genialen Erfindung und sorgfältigen Beschreibung neuer überraschender Experimente, sowie in der scharfsinnigen Hervorhebung aller Momente, welche das Ungenügen der alten optischen Theorien zeigten und zu einer kinetischen Theorie des Lichts drängten.

Vollkommen sicher und bestimmt in der Behauptung des Lichts als einer Wellenbewegung war um diese Zeit der englische Physiker ROBERT HOOKE, der auch schon die Art der Schwingungen, welche die verschiedenen Farben erzeugen, näher zu bestimmen versuchte, freilich ohne damit der Wirklichkeit näher zu kommen. Das betreffende Werk HOOKE's, die Micrographia,[1] erschien zuerst im Jahre 1665 und gleich darauf noch einmal im Jahre 1667, allerdings nur in einer vom Verleger besorgten Titelauflage, wie BREWSTER angiebt.[2] Es bleibt darnach zweifelhaft, ob HOOKE durch das Werk GRIMALDI's beeinflusst ist; er selbst erwähnt nichts davon. Die Micrographia enthält nur den Anfang der optischen Arbeiten HOOKE's, doch begrenzen wir uns hier auf diese Schrift, weil nur sie den ersten NEWTON'schen Arbeiten voranging. HOOKE ist in dem Werke durchaus Kinetiker.[3] Er erklärt mit seinem Landsmanne FRANCIS BACON die Wärme für eine

---

[1] Micrographia or some Physiological Descriptions of minute Bodies, by R. HOOKE. London, 1667.

[2] BREWSTER, Memoirs of the Life of Sir ISAAC NEWTON, Edinburgh 1855, vol. I, p. 156.

[3] HOOKE hat seine kinetische Theorie der Materie am schärfsten in seinen Lectures de Potentia Restitutiva von 1678 auseinander gesetzt (enthalten in Lectiones Cutlerianae or a collection of Lectures by ROBERT HOOKE, London 1679). Ich nehme an, sagt er darin, dass die beobachtbare Welt aus Materie und Bewegung besteht. Unter Materie verstehe ich etwas, das Bewegung aufnehmen kann. Materie und Bewegung vertreten einander, so dass eine grössere Bewegung eine geringere Materie ausgleicht und umgekehrt; vielleicht sind sie beide identisch. Wenn eine dünne Eisenplatte von 1 Quadratfuss Fläche sich in einer Länge von 1 Fuss schnell hin- und herbewegt, so erfüllt sie einen Raum von 1 Kubikfuss. Ich nehme deshalb an, dass die Partikel, welche die Materie zusammensetzen, den grössten Theil ihrer reellen oder potentiellen Ausdehnung ihrer Vibrationsbewegung verdanken (De Pot. Rest., p. 8). Die Bewegung der Partikel wird mitgetheilt und erhalten durch eine äusserst feine Materie, welche alle Körper durchdringt und in der alle Körper schwimmen. Erhalten mehrere benachbarte Partikel ganz gleiche, aber von den übrigen verschiedene Vibrationen, so bilden sie grössere Partikel, und in letzter Zusammensetzung endlich einen Körper (p. 9). Feste Körper sind solche, deren Theilchen einander berühren, d. h. bei den Vibrationen unmittelbar zusammenstossen. Flüssige Körper enthalten in sich so viel von der subtilen Materie, dass ihre Partikel auch bei den Vibrationen nicht auf einander treffen (p. 10—12). Alle festen Körper an der Erdoberfläche würden sich verflüssigen, und alle flüssigen würden sich verflüchtigen, wenn die verschiedenen Bewegungen der umgebenden Materien das nicht verhinderten. Verschiedene Bewegungen,

Bewegungserscheinung: er leitet die Aggregatzustände, vor allem den flüssigen, aus Bewegungen der Partikel ab; er führt die Elasticität auf Eigenschaften der Bewegungen zurück und kommt schliesslich bei der Betrachtung der Farben dünner Glimmerblättchen zu einer offenen Undulationstheorie des Lichts. Spaltet man (so heisst es in der IX. Observation der Micrographia[1]) Muscovy-glass[2] weiter und weiter, so erscheinen bei einer gewissen Dicke bestimmte Farben, während vorher die Platten durchsichtig waren. Spaltet man eine dicke Platte so, dass die Theile zu klaffen beginnen, und bringt zwischen sie ein durchsichtiges Medium, so zeigen sich verschiedene Regenbogen oder gefärbte Linien, deren Farben den Dicken der Theile der Platten entsprechen. Presst man endlich zwei kleine, gut polirte Stücke Spiegelglas von der Dicke eines Schillings mit Daumen und Zeigefinger an einander, so zeigen sie dieselben Erscheinungen wie die Glimmerblättchen, und die entstandenen Farben wechseln mit der Veränderung des Drucks. Bringt man zwischen die Gläser Flüssigkeiten oder durchsichtige Körper von anderer brechender Kraft, so behalten die Erscheinungen ihren Charakter, nur werden die Farben lebhafter. Sehr dünn geblasenes Glas, angelassener Stahl, überhaupt sehr dünne durchsichtige Körper, die auf reflectirenden Körpern von anderer brechender Kraft liegen, bringen dieselben Farben hervor.

Sind die Platten in den vorigen Versuchen nicht überall gleich dick, so erscheinen verschiedene Farben und zwar von der dünnsten Stelle aus in der Reihenfolge Roth, Gelb, Grün u. s. w. Es ist auch kein bestimmtes Licht zu den Versuchen nöthig, vielmehr zeigt alles Licht dieselben Eigenthümlichkeiten.

Die Erklärung dieser Erscheinungen giebt Hooke in folgender Weise. Kein leuchtender Körper existirt, dessen Theilchen nicht in grösserer oder geringerer Bewegung wären. Stahlfunken, faules Holz oder Fleisch leuchten nur, wenn sie in gährender Bewegung sind; der Bologneser Stein leuchtet nach dem Erwärmen und der Diamant wird durch Stoss oder Reibung leuchtend. Man muss darnach annehmen, dass das Licht in einer sehr kleinen Vibrationsbewegung besteht und dass nur diejenigen Körper durch-

---

die von aussen auf die Körper treffen, werden geradlinig durch diese weiter verbreitet, wenn sie senkrecht auf die Oberfläche stossen, im anderen Falle werden sie von ihrer Richtung abgelenkt. Jedes Partikel hat durch seine Bewegung einen bestimmten Wirkungskreis, von dem es die anderen durch seine Bewegungen ausschliesst. Kommen aber Theilchen zusammen von gleicher Art und gleichen Bewegungen, so vereinigen sie sich zu einem festen Körper, der allerdings noch immer grössere oder geringere Mengen der subtilen Materie einschliesst (p. 13) u. s. f.

[1] Micrographia, London 1667, p. 50 u. f.

[2] D. i. Glimmer.

sichtig sind, welche diese Bewegung aufnehmen und fortleiten können und zwar in der denkbar kürzesten Zeit auf die denkbar weiteste Entfernung.

Alle durchsichtigen Körper müssen zwar jeder in sich selbst homogen sein, aber doch nicht alle unter einander. Wenn das Licht von einem durchsichtigen Körper in einen andern übergeht, wird es darin von seinem Wege abgelenkt werden, und mit dem scharfsinnigen und ausgezeichneten Philosophen Descartes dürfen wir annehmen, das dabei der Sinus des Einfalls- zu dem des Brechungswinkel sich verhält wie die Dichte des ersten Mediums zu der des zweiten, wobei aber die Dichte nicht in Bezug auf die Schwere, sondern nur in Bezug auf die optische Kraft verstanden werden darf.[1]

In einem homogenen Medium verbreitet sich die Lichtbewegung in geraden Linien vom Centrum aus, und da die Verbreitung überall mit gleicher Schnelligkeit geschieht, so muss jeder Stoss oder jede Vibration des leuchtenden Körpers eine Sphäre erzeugen, die unaufhörlich wächst. Diese Verbreitungsart ändert sich aber, so wie die Wellenfläche schief auf ein anderes optisches Medium trifft. Zur Erläuterung diene die nebenstehende Figur. Hier seien $ACFD$ ein physischer und ABC und DEF zwei mathematische Lichtstrahlen, die sich in dem homogenen Medium LL fortpflanzen. EB und FC seien kleine Stücke von kreisförmigen Wellen aus demselben Centrum, die darum die Strahlen AC und DG in rechten Winkeln schneiden. Fallen nun diese Strahlen auf die Oberfläche NO eines Mediums, MM, das dem Lichte einen, z. B. um ein Drittheil leichteren Durchgang gewährt, so wird der Punkt C der Wellenfläche FC gegen H hin in derselben Zeit viermal einen Raum durchlaufen, den der Punkt F gegen G hin in der Zeit nur dreimal durchläuft. Da nun auch in diesem Falle die Strahlen nach dem Einfallsloth hin gebrochen werden, so muss die Oberfläche GH der gebrochenen

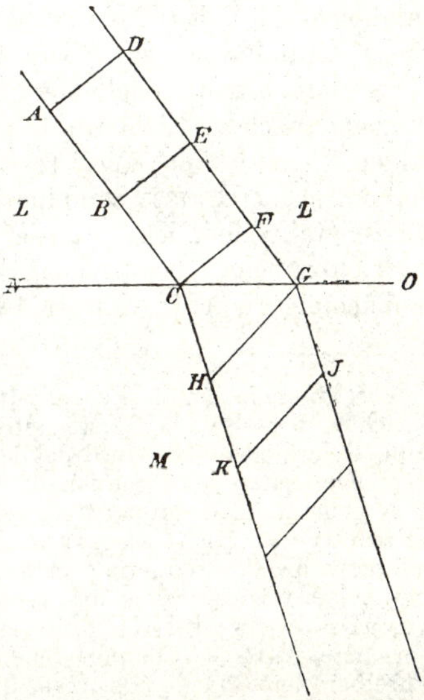

Fig. 6. (Micrographia, Schem. VI, Fig. 1.)

[1] Micrographia, p. 54—57.

Welle schief zur Richtung der Strahlen und der Winkel *CHG* muss ein spitzer werden, und so muss es im Medium *MM* auch weiter bleiben.[1] Eine solche Schiefe der Wellen, nur in umgekehrter Weise, muss auch eintreten, wenn die Brechung umgekehrt aus einem Mittel geschieht, welches dem Lichte einen leichteren Durchgang als das folgende gewährt. Jedenfalls muss bei jeder Brechung des Lichtes eine Schiefe der Wellenfläche und zwar in der Weise eintreten, dass fortan der Theil der Wellenfläche vorangeht, gegen welchen hin die Brechung geschieht.[2]

Man könnte nun erwarten, dass HOOKE weiterhin die Farben von dem Grade der angeblich erwiesenen Schiefe der Lichtwellen und damit von der Grösse der Brechung abhängig machte und so zu einer scharfen physikalischen Bestimmung der Eigenthümlichkeiten unendlich vieler verschiedener Farben käme. Doch springt er plötzlich von diesem Wege ab und steuert, vielleicht weil er doch noch in alter Weise den Einfluss der angrenzenden Dunkelheit auf den Lichtstrahl in Gedanken hat, auf eine Doctrin zweier Grundfarben zu. Nun könnte auch dazu schon die letzte Figur mit ihrem, nach der Brechung nach beiden Seiten hin unsymmetrischen Lichtstrahle dienen, wenn HOOKE nur diesen beiden Seiten ohne Weiteres verschiedene Farben zuschreiben wollte. Aber HOOKE complicirt die Sache noch bedeutend mehr; höchst wahrscheinlich, weil er durch seine Theorie der Farben zugleich zu einer bequemen Erklärung der von ihm so erfolgreich beobachteten Farben dünner Platten gelangen will.

---

[1] In einem am 15. Februar 1672 an die Royal Society erstatteten Berichte über NEWTON's erste optische Abhandlung charakterisirt HOOKE seine Lichttheorie mit ausdrücklichem Verweis auf die Micrographie in folgendem Satze: The motion of light in an uniform medium, in which it is generated, is propagated by simple and uniform pulses or waves, which are at right angles with the line of direction; but falling obliquely on the refracting medium, it receives another impression or motion etc. Diese Stelle des vielgelesenen, in BIRCH's History of the Royal Society, vol. III, p. 10—15, abgedruckten Berichts hat nach dem Vorgange ARAGO's (Comptes rendus XV, p. 936) die meisten Geschichtschreiber der Physik (POGGENDORFF, Biograph.-litter. Handwörterbuch I, p. 1138, sowie Geschichte der Physik, p. 588; HELLER, Gesch. der Phys. II, p. 304; auch ROSENBERGER, Gesch. der Phys. II, p. 170 u. s. w.) veranlasst, trotz des Ausdrucks or waves, der dem Ausdruck pulses beigefügt ist, die erste Idee der Transversalität der Lichtschwingungen HOOKE zuzuschreiben und theilweise sinnige Betrachtungen über das gänzliche Vergessen dieser Idee anzuknüpfen. Die obenstehenden Ausführungen, wie die weiter folgenden, vor Allem auch die beigefügte Figur zeigen, dass HOOKE nicht die Transversalität der Lichtschwingungen, sondern nur den Satz von der Perpendicularität der Wellenfläche auf der Fortpflanzungsrichtung, der für Wasserwellen anschaulich klar ist, ausgesprochen hat.

[2] Micrographia, p. 57—58.

Nimmt man[1], so sagt er, ein ungefähr 2 Fuss langes Glas von der Form wie in der Figur, füllt es mit Wasser fast vollständig und lässt dann durch eine enge Oeffnung *a b* eines undurchsichtigen Deckels die Sonnenstrahlen schief auf die Oberfläche des Wassers fallen, so sieht man am Grund *c d e f* alle Regenbogenfarben, die sich aus zwei Hauptfarben zusammensetzen: nämlich Scharlach bei *c d*, das gegen *d* hin in Gelb übergeht, und tiefes Blau bei *e f*, welches gegen *e* hin in bleiches Blau ausgeht und die beide zwischen *e* und *d* zu Grün sich mischen. Der Grund der Erscheinung scheint in der Schiefe der kreisförmigen Wellen gegen die Richtung der Strahlen zu liegen. Die beiden Strahlen nämlich, welche von den äussersten Enden der Sonne ausgehen und auf die Oeffnung *a b* fallen, sind nach der Brechung noch die äussersten und schliessen das Licht gegen die Dunkelheit ab; dadurch aber erhalten diese beiden Strahlen, in denen sonst die Wellenflächen gleichmässig schief gegen die Fortpflanzungsrichtung gerichtet sind, etwas von einander Verschiedenes. Die Strahlen müssen nämlich in ihren Schwingungen da besonders geschwächt und gehemmt werden, wo sie an dunkle, ruhende Medien grenzen; während diese Hemmung und Schwächung an der inneren Seite, da, wo sie die zwischen ihnen liegenden Lichtstrahlen berühren, die mit ihnen sich bewegen, nur gering sein kann. Nach der Figur trifft aber die Hemmung und Schwächung bei dem blauen Strahle *e f* die vorangehenden und bei dem rothen Strahle *d c* die nachfolgenden Theile der schiefen Wellenbogen. Das muss nicht blos die Ursache dieser Farben, sondern auch der Grund sein, aus dem alle anderen entstehen.[2]

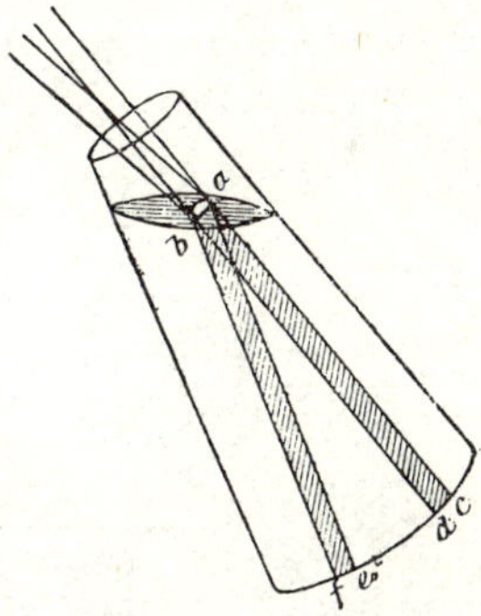

Fig. 7. (Micrographia., Schem. VI, Fig. 2.)

Jeder Strahl, dessen Wellenfläche senkrecht zur Fortpflanzungsrichtung ist, zeigt ein rein weisses Licht; jeder andere, dessen Wellenflächen durch Brechung schief zur Fortpflanzungsrichtung geworden sind, trägt in sich die Fähigkeit der Färbung, die aber erst hervortritt, wenn derselbe nicht inmitten des Lichtes sich bewegt, sondern an einer Seite durch Dunkelheit begrenzt ist. Das Letztere ist jedenfalls der Fall, wenn die Lichtstrahlen durch die Pupille in das Auge eintreten. Die beiden mit verschiedenen Seiten an die Dunkelheit grenzenden Strahlen müssen dann auf der Netzhaut einen verschiedenen Eindruck hervorbringen. Durch

[1] Micrographia, p. 58.
[2] Ibid., p. 59.

die brechenden Kräfte des Auges werden nämlich die Lichtstrahlen convergent und kommen in einem Punkte der Netzhaut zusammen. Dabei treffen aber die verschiedenen Theile der schiefen Wellenbogen auf die Netzhaut nicht gleichzeitig, sondern in allerdings unmerkbaren Zwischenräumen nach einander auf, und je nachdem der eine oder der andere Theil des Bogens vorangeht, nachdem muss die Empfindung eine andere werden. Daraus ergeben sich leicht für die zwei Grundfarben die folgenden Definitionen. Blau ist der Eindruck, welchen ein schiefer Wellenbogen auf der Netzhaut hervorruft, dessen (durch die Reibung an der dunkeln Materie)

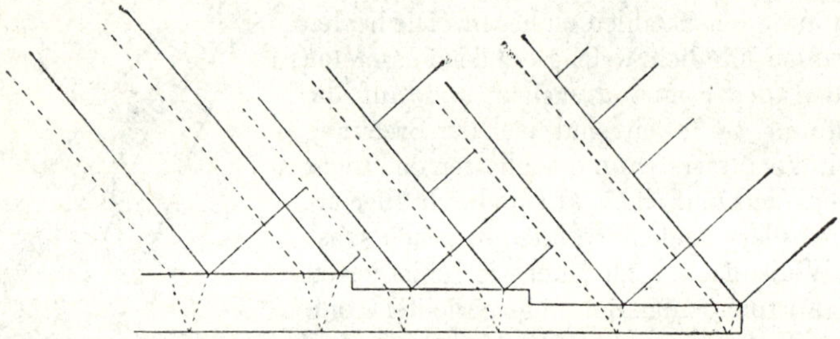

Fig. 8. (Micrographia, Schem. VI, Fig. 6.)

geschwächter Theil vorangeht und dessen stärkerer Theil folgt; Roth aber ist der Eindruck, welchen ein Wellenbogen auf der Netzhaut hervorruft, bei dem der stärkere Theil vorangeht und der schwächere folgt.[1]

Aus diesen Definitionen, die allerdings mehr gekünstelt als wahrscheinlich sind, folgt nun in geistreicher und einfacher Weise die Theorie der Farben dünner Platten.[2] Fällt ein Lichtstrahl schief auf eine dünne, durchsichtige Platte, so wird ein Theil desselben gleich an der ersten Oberfläche zurückgeworfen, ein anderer Theil aber geht durch diese Oberfläche hindurch, wird zum grössten Theil an der zweiten Oberfläche reflectirt und tritt dann abermals gebrochen durch die erste Oberfläche parallel dem zuerst reflectirten Theile, nur stark geschwächt durch den doppelten Weg zwischen den beiden Oberflächen wieder aus (s. die obenst. Fig.) Da das Licht zur Fortpflanzung Zeit gebraucht, so werden die beiden Theile des ursprünglichen Lichtstrahles nicht gleichzeitig von der ersten Oberfläche aus zurückgehen können, vielmehr wird der erste stärkere Theil vorangehen und der schwächere zweite Theil erst nach einiger Zeit folgen. Ist nun die Platte dünn genug, dass dieses Zeitintervall dem Empfindungsorgane nicht merkbar ist, so müssen die beiden Theile

[1] Micrographia, p. 64. Die Definitionen zeigen, dass auch bei der Farbentheorie von Hooke noch die Dunkelheit ihre wichtige Rolle spielt.

[2] Ibid., p. 65—66.

den Eindruck eines Lichtstrahles hervorbringen, dessen stärkerer Theil vorangeht, und somit auf der Netzhaut den Eindruck von Roth oder Gelb erzeugen. Ist die Platte dicker, so dass die beiden Theile des einen Lichtstrahles nicht mehr als ein Strahl empfunden werden können, so muss bei wachsender Dicke der an der hinteren Fläche der Platte reflectirte Strahl mit einem nachfolgenden, an der vorderen Fläche zurückgeworfenen Strahle zeitlich zusammenfallen. Dabei aber geht nun der schwächere Theil voran, und der einheitlich empfundene Lichtstrahl wird die Empfindung von Blau oder Grün hervorbringen. Darnach ist leicht zu sehen, wie eine keilförmige Platte eine Reihenfolge von Farben erzeugen muss, die vom Roth bis zum Blau alle dazwischen liegenden Abstufungen durchlaufen, und wie sich diese Farbenfolgen so lange wiederholen müssen als der immer schwächer werdende, an der hinteren Fläche der Platte reflectirte Strahl mit dem an der vorderen Fläche zurückgeworfenen im Auge noch zu einem Strahle vereinigt werden kann.

Merkwürdigerweise konnte Hooke eins nicht erreichen, was er doch selbst von höchster Wichtigkeit hielt, nämlich die Bestimmung der Dicke der Platten, welche einer bestimmten Farbe entspricht. Er selbst sagt über diesen Mangel: Eins, was von grösster Wichtigkeit für diese Hypothese zu sein scheint, nämlich die Bestimmung der grössten und kleinsten Dicke der Platten, welche für das Eintreten jener Farbeneffecte nothwendig ist, habe ich vielfach vergeblich auszuführen versucht. So ausserordentlich dünn sind jene gefärbten Platten und so unvollkommen unsere Mikroskope, dass alle meine Mühen in dieser Beziehung erfolglos gewesen sind. Doch hoffe ich in der Zukunft dem wissbegierigen Leser noch einiges mehr hierüber melden zu können.

Hooke's Theorie der Farben dünner Platten beruht auf einem genialen, ausserordentlich glücklichen Gedanken. Ja, das Fundament der Hooke'schen Theorie, dass die Farben der dünnen Blättchen durch Interferenz zweier an den Oberflächen der Platten reflectirten Lichtstrahlen entstehen, ist in die heute geltende Theorie ohne Veränderung übernommen worden. Indessen ist mit diesem Satze auch das Gute zu Ende. Die Farbentheorie Hooke's mit ihrer zur Fortpflanzungsrichtung des Lichtes schiefen Wellenfläche ist eine künstliche Hypothese ohne jede innere Wahrscheinlichkeit und hat die Entwicklung der Undulationstheorie eher gehindert als gefördert.

Man könnte sich billig darüber verwundern, dass Hooke noch weniger als Descartes an eine eigentlich kinetische Erklärung der Farben gedacht, und dass er, der zweifellose Anhänger einer Undulationstheorie des Lichtes, nicht die Farben ohne Weiteres gleich den Tönen von der Schwingungsanzahl abhängig gemacht hat. Doch war damals, wie wir später noch weiter ausführen werden, die Theorie der Tonschwingungen selbst noch zu wenig ausgebildet, als dass man von ihr für die Farbentheorie viel Nutzen hätte ziehen können, und ausserdem blieb dabei noch immer die Schwierigkeit, dass man zu dem sogenannten reinen weissen Lichte kein Analogon bei den Tönen finden konnte.

Wenn aber auch die Undulationstheorie nicht im Stande war, eine entscheidende Lösung des Problems der Farben zu geben, so erschien sie vorläufig noch als eine nicht weiter ausgezeichnete Theorie unter vielen und trug damit mehr zur Verwirrung als zur Klärung bei. Ein vorsichtiger, nicht genial wagemuthiger Charakter, der nicht den Ehrgeiz hatte, der Theorie neue Wege zu weisen, sondern nur bestrebt war, neue Erfahrungen zur Construction besserer Theorien zu sammeln, zählte darum am bequemsten alle bestehenden Ansichten über das Wesen der Farben und des Lichtes auf und überliess es dem geneigten Leser, die ihm am meisten zusagende daraus auszuwählen. In solcher Weise verfuhr ausgesprochener Maassen der berühmte Experimentalphysiker Robert Boyle in seinen Experimenta et considerationes de coloribus von 1665 und wir wollen seine Worte, die er in Form von Briefen an einen Freund Pyrophilus giebt, weil sie für die Lage characteristisch sind, hierhersetzen.

„Es giebt, so lauten dieselben, wie du weisst[1], mein Pyrophilus, ausser jenen veralteten Meinungen von den Farben, die man schon längst verworfen hat, gar verschiedene Theorien, deren jede zur Zeit von bedeutenden Männern in Schutz genommen wird. Die peripatetischen Schulen, ob sie gleich wegen der besonderen Farben unter sich nicht ganz eins sind, kommen doch alle darin überein, dass die Farben einwohnende und wirkliche Eigenschaften seien, welche das Licht in den Körpern nur offenbare, nicht aber hervorbringe. Alsdann giebt es unter den Neueren einige, die mit geringer Veränderung die Meinung Platons annehmen. Wie er die Farbe für eine Art von Flamme hielt, die aus den kleinsten Körperchen besteht, welche von dem Object gleichsam ins Auge geschleudert werden und deren Figur mit den Poren des Auges sich in Uebereinstimmung befindet, so lehren sie, dass die Farbe ein inneres Licht der helleren Theile des Gegenstandes sei, welches durch die verschiedenen Mischungen mit den weniger leuchtenden Theilen verdunkelt und verändert wird. Neben diesen giebt es andere Physiker, welche einigen der alten Atomisten nachfolgen und die Farbe zwar nicht für eine leuchtende Emanation, aber doch für einen körperlichen Ausfluss

[1] Robert Boyle, Opera varia, Genevae 1680: Experimenta et considerationes de coloribus, et speciatim de natura albedinis, cum observationibus de adamante in tenebris lucente, p. 32—35.

halten, der aus dem gefärbten Körper hervortritt. Aber die Gelehrteren unter ihnen haben neulich ihre Hypothese verbessert, indem sie anerkannten und hinzufügten, es sei etwas äusseres Licht nöthig, um diese Farbenkörperchen zu reizen und anzuregen und sie zum Auge zu bringen. Eine bedeutendere Meinung der neueren Philosophen ist sodann auch, dass die Farben aus einer Mischung des Lichtes und der Finsterniss oder vielmehr des Lichtes und der Schatten entspringen, und diese Meinung liesse sich dann wohl mit der vorhergehenden vereinigen. Was die Chemiker betrifft, so schreibt die Menge derselben den Ursprung der Farben dem Princip des Schwefels in den Körpern zu, ob ich gleich finde, dass einige ihrer Anführer die Farben mehr vom Salz als vom Schwefel herleiten, ja andere sogar von dem dritten Elementarprincip, dem Merkur. Von des Cartesius Nachfolgern endlich brauch' ich dir nicht zu sagen, dass sie behaupten, die Empfindung des Lichtes werde von einem Anstoss hervorgebracht, welcher auf die Organe des Sehens von sehr kleinen und festen Kügelchen gewirkt wird, welche durch die Poren der Luft und anderer durchsichtiger Körper durchdringen können. Daraus versuchen sie dann auch die Verschiedenheit der Farben zu erklären, indem sie die verschiedenen Bewegungen dieser Kügelchen und die Proportion der Bewegung zu der Rotation um ihren Mittelpunkt beachten, wodurch sie nämlich geschickt werden sollen, den optischen Nerven auf mancherlei Weise zu treffen, so dass man dadurch verschiedene Farben gewahr werden könne.

Zwar gestehe ich dir zuerst, dass ich, obgleich die Anhänger der gedachten verschiedenen Hypothesen durch eine jede besonders und ausschliesslich die Farben erklären und hiezu weiter keine Beihülfe annehmen wollen, was mich betrifft, zweifle, ob irgend eine dieser Hypothesen, wenn man alle anderen ausschliesst, der Sache genugthue. Denn mir ist wahrscheinlich, dass man das Weisse und das Schwarze durch die blosse Reflexion, ohne Refraction anzunehmen, erklären könne. Da ich aber nicht habe finden können, dass durch irgend eine Mischung des Weissen und wahrhaft Schwarzen je daraus Blau, Gelb, Roth, geschweige denn die übrigen Farben könnten erzeugt werden, da wir ferner sehen, dass diese Farben durch Prismen und andere durchsichtige Körper hervorzubringen sind mit Beihülfe der Brechung, so scheint es, man müsse die Brechung auch zu Hülfe nehmen um einige Farben zu erklären, zu deren Entstehung sie beiträgt, weil sie auf eine oder die andere Weise den Schatten mit dem gebrochenen Lichte verbindet oder auf eine Art, die wir gegenwärtig nicht abhandeln können. Scheint es nun Einigen wahrscheinlich, dass die Poren der Luft und anderer durchsichtiger Körper durchaus mit solchen Kügelchen angefüllt sind, wie die Cartesianer voraussetzen, und dass zugleich die verschiedenen Bewegungsarten dieser Kügelchen in vielen Fällen von Bedeutung sind, um das verschiedene Gewahrwerden der Farbe bei uns zu bewirken, so lässt sich auch ohne diese Kügelchen, die man nicht so leicht beweisen kann, vorauszusetzen, überhaupt mit Wahrscheinlichkeit annehmen, das Auge könne mannigfaltig afficirt werden nicht allein von ganzen Lichtstrahlen, die darauf fallen und zwar als solchen, sondern auch von der Ordnung derselben und dem Grade der Geschwindigkeit und, dass ich mich kurz fasse, nach der Art und Weise, wie die Theilchen, woraus die einzelnen Strahlen bestehen, zu dem Sinn gelangen, dergestalt, dass (welche Figur auch jene kleinen Körper haben, aus denen die Lichtstrahlen bestehen) sie nicht allein durch ihre Geschwindigkeit oder Langsamkeit der Entwicklung oder Rotation im Fortschreiten, sondern noch mehr durch ihre absolute Schnelligkeit, ihre directe oder wogende Bewegung und andere Zufälligkeiten, welche ihren Stoss auf's Auge begleiten können, geschickt sind, verschiedenartige Eindrücke zu erregen.

Deswegen habe ich denn unter meine Versuche diejenigen in grösserer Zahl aufgenommen, welche dir zeigen mögen, dass ich jener Meinung geneigt bin, welche behauptet, die Farbe sei eine Modification des Lichtes. Ob aber diese Modification des Lichtes geschehe, indem es mit den Schatten gemischt wird, oder durch ein verschiedenes Verhältniss der Bewegung und Rotation der Kügelchen des Cartesius oder auf irgend eine andere Weise, dies unterstehe ich mich nicht, hier auszumachen. Viel weniger unterstehe ich mich, eine vollkommene Theorie des Sehens und der Farben zu überliefern. Denn erstlich, um dergleichen zu unternehmen, müsste ich zuvor einsehen, was das Licht sei, und wenn es ein Körper ist, und das scheint es wohl oder doch die Bewegung eines Körpers zu sein, aus was für einer Art von Körperchen nach Grösse und Figur es bestehe, mit welcher Geschwindigkeit sie vorschreiten und sich um ihre Mittelpunkte bewegen; hiernach möchte ich die Natur der Brechung erkennen, welche von den geheimsten ist (wenn du sie nicht scheinbar, sondern gründlich erklären willst), die ich nur in der Naturlehre gefunden habe. Dann möchte ich wissen, welche Art und welcher Grad der Vermischung der Finsterniss oder der Schatten bei Refractionen und Reflexionen oder durch beide geschehe auf den oberflächlichen Theilen der Körper, welche erleuchtet immer nur eine Farbe zeigen, die blaue, gelbe, rothe. Dann wünscht' ich unterrichtet zu sein, warum die Verbindung des Lichtes und Schattens, welche z. B. von dem Häutchen einer reifen Kirsche gewirkt wird, eine rothe Farbe zeige, nicht aber eine grüne, und das Blatt desselben Baumes mehr eine grüne als eine rothe Farbe.

Zuletzt auch, warum das Licht, das zu solchen Farben modificirt ist, wenn es nur aus Körperchen besteht, welche gegen die Retina oder das Mark der optischen Nerven bewegt werden, nicht blos ein Stechen, sondern eine Farbe hervorbringe, da doch die Nadel, wenn sie das Auge verwundet, keine Farbe, sondern einen Schmerz hervorbringen würde. Ich stimme Scaligern bei, wenn er, von der Natur der Farbe handelnd, spricht: die Natur verbirgt diese, sowie andere Erscheinungen in die tiefste Dunkelheit des menschlichen Unwissens."[1]

Diese Aengstlichkeit Boyle's sich für eine Hypothese sicher zu entscheiden, die Vorliebe für Versuche, die mehr kritisch als aufklärend wirken, die scheinbare Umgänglichkeit, die in der Erklärung der Versuche mit allen Hypothesen auskommen oder alle vereinigen möchte, sie sind sehr charakteristisch nicht blos für Boyle, sondern überhaupt für den Charakter der Epoche als einer Uebergangszeit, in der das Ungenügen der alten herrschenden Anschauungen und Theorien zwar erkannt, eine neue genügende, alle Erscheinungen umfassende Doctrin aber noch nicht gefunden ist.

---

2. Kapitel. Newton's optische Arbeiten bis zu seiner grössten Annäherung an die Undulationstheorie.

1670—1679.

Isaac Newton wurde am 5. Dezember 1642 (a. St.) in dem Dorfe Woolsthorpe, nahe bei dem Städtchen Grantham in der Grafschaft Lincoln, geboren, wo sein Vater ein kleines Landgut besass. Der Letztere starb noch vor der Geburt des Sohnes; so war der kleine, sehr schwächliche Knabe von Anfang an auf die Fürsorge der Mutter angewiesen. Diese entschloss sich nach drei Jahren zu einer zweiten Ehe mit dem Rev. Barnabas Smith in North Witham, wahrscheinlich mit aus Rücksicht auf ihren Sohn, denn der Stiefvater musste demselben bei der Verheirathung ein Stück Land aussetzen, dessen Ertrag sich nun mit dem des väterlichen Erbgutes zusammen auf ungefähr 80 £ jährlich belief. Der kleine Newton ging übrigens nicht mit der Mutter nach Witham, sondern blieb in Woolsthorpe unter der Obhut der Grossmutter zurück, wo er erst spät in der Dorfschule nothdürftig lesen, schreiben und rechnen lernte. Zur weiteren Ausbildung besuchte er dann von 1655 an die Stadtschule in dem

---

[1] Die Uebersetzung nach Goethe, Materialien zur Geschichte der Farbenlehre, Art. Boyle.

benachbarten Städtchen Grantham, kehrte aber schon im nächsten Jahre, nachdem seine Mutter zum zweiten male verwittwet war, nach Woolsthorpe zurück, um dort unter Beihülfe und Aufsicht seiner Mutter die Verwaltung des Landgütchens in eigene Hände zu nehmen. Wie lange diese Berufsthätigkeit als Landwirth gedauert hat, ist nicht sicher festgestellt, sehr intensiv wird dieselbe nicht gewesen sein, denn bei seinen Fahrten zum Markte in Grantham soll der junge Gutsbesitzer sich weniger um den Verkauf seines Weizens als um die Bücher des Apothekers in dem Städtchen bekümmert haben. So war es jedenfalls eine Erlösung, als man auf Anrathen eines Onkels, des Pfarrers AYSCOUGH in Burton Coggles, dem schlichten Landmann erlaubte, sich in einen genialen Gelehrten umzuwandeln. Vielleicht im Jahre 1658, jedenfalls vor 1660, wandte sich also NEWTON zum zweiten Male, nunmehr über 16 Jahre alt, zur Stadtschule in Grantham, um sich dort so schleunig als möglich für den Besuch des Trinity-College in Cambridge vorzubereiten.

Auch über sein Verhalten und seine Entwickelung während dieses Aufenthaltes ist kaum Sicheres bekannt. Er soll dort für eine gleichalterige Dame Miss STOREY, eine spätere Mrs. VINCENT, stark geschwärmt haben, was in ähnlicher Weise bei ihm nicht wieder vorgekommen zu sein scheint. Von dieser Dame stammen wohl die Nachrichten, dass sich NEWTON schon in Grantham mit kleinen mechanischen Arbeiten, wie der Verfertigung von Windmühlen, Sonnen- und Wasseruhren etc. abgegeben, aber auch nach der für Papierdrachen günstigsten Form zur Durchschneidung der Luft gesucht habe.[1] Er selbst erzählte später seinem angeheiratheten Neffen CONDUITT, dass er sein erstes physikalisches Experiment im Todesjahre CROMWELL's, also im Jahre 1658 gemacht, nämlich die Kraft eines heftigen Sturmes dadurch bestimmt habe, dass er seine Sprungweite gegen und mit dem Wind gemessen. Er erinnerte sich dabei auch, dass er sich damals im Versemachen (vielleicht den lateinischen Schulversen) ausgezeichnet, wovon ebenfalls später keine Spur wieder zu entdecken gewesen ist.[2]

Auch der zweite Aufenthalt NEWTON's in Grantham kann verhältnissmässig nur kurze Zeit gewährt haben, denn schon am 5. Juni 1661 melden ihn die Protokolle der Hochschule in Cambridge und am 8. Juli d. J. wurde er förmlich immatriculirt.

---

[1] BREWSTER, Life of Newton, Edinburgh 1855, p. 15.

[2] Diese Erzählungen entstammen zum grössten Theile dem Material, das Mr. CONDUITT nach dem Tode NEWTON's sammelte, und das er FONTENELLE für die Eloge Newton's überliess, sowie einem Berichte, den Dr. STUCKELY, ein Einwohner von Grantham und Bekannter NEWTON's, im Todesjahre des letzteren niederschrieb. Vergl. Biographie universelle, Art. NEWTON (v. BIOT), T. XXX, p. 367.

Dort ging er dann in der gewöhnlichen Weise in ungefähr sechs Jahren durch die englischen Universitätsgrade hindurch. Am 28. April 1664 wurde er nach einem Examen in die Scholarship vom Trinity-College aufgenommen; im Januar 1665 erhielt er den Grad eines Bachelor of Arts. Am 1. Oktober 1667 endlich erfolgte seine Wahl als Minor fellow und am 16. März 1668 auch als Mayor fellow des Trinity-College,[1] mit welcher Würde ihm nicht blos Wohnung im College, sondern auch ein Einkommen gewährt wurde, das zeitweilig bis zur Höhe von 40 £ stieg. Diese Wohnung, wie das Einkommen, behielt er bis zu seiner Uebersiedelung nach London und der Annahme einer Stelle an der königlichen Münze im Jahre 1696 bei.

Seine akademischen Studienjahre schloss NEWTON am 7. Juli 1668 mit der Erlangung der Würde eines Master of Arts ab, und schon am 29. Oktober 1669 übernahm er von ISAAC BARROW, der sich nun ganz der Theologie widmete und um diese Zeit Kaplan des Königs KARL II., 1675 auch Kanzler der Universität Cambridge wurde, die Lucasian Professorship. Mit diesem Amte war die Verpflichtung verbunden, wöchentlich einmal eine Vorlesung über Geometrie, Arithmetik, Astronomie, Geographie, Optik, Statik oder irgend eine andere mathematische Disciplin zu halten und zweimal wöchentlich während zweier Stunden zur Auskunftsertheilung über Fragen, die in jene Fächer schlugen, bereit zu sein. Diese nicht sehr schweren amtlichen Pflichten sind die einzigen gewesen, die NEWTON in Cambridge bis zu seinem Abgange von dort übertragen worden sind.

Um das Jugendleben der meisten volksthümlichen Helden schlingen sich zahlreiche Mythen, die wenn sie überhaupt eine reelle Grundlage haben, doch jedenfalls von bewunderndem Enthusiasmus oder mit voller Absicht zur Erhöhung der Wirkung stark übertrieben und nur mit Vorsicht zu verwenden sind. Selbst wenn sie auf eigene Erzählungen des Gefeierten aus späteren Lebensjahren zurückgeführt werden, kann man ihre Sicherheit nicht allzu hoch schätzen, denn was der hochbetagte Greis von seinen Jugenderinnerungen seiner vertrauten Umgebung erzählte, das dürfte man wohl im Sinne unseres GOETHE als „Dichtung und Wahrheit" nicht mit Unrecht bezeichnen. Mag aber ihr Gehalt an thatsächlicher Einzelwahrheit auch noch so gering sein, für das Verständniss der Persönlichkeit haben sie doch einen bedeutenden Werth und geben zur Beurtheilung des Charakters vielfach wichtige Momente. Von diesem Gesichtspunkte aus muss man auch die nicht wenigen Anekdoten beurtheilen, die sich an

---

[1] EDLESTONE, Correspondence of Sir Is. NEWTON, London 1850, p. XXII.

die Gestalt NEWTON's angeheftet haben. Sie schildern uns diesen übereinstimmend als einen Charakter, der fast unabhängig von seiner Umgebung, ja oft im Gegensatz zu dieser sich entwickelte, der im Gefühle seiner Kraft die Entwickelungsstufen gewöhnlicher Geister sprungweise zu nehmen versuchte, und der endlich in dieser einsamen Entwickelung auch eine Einsamkeit des Standpunktes erreichte, welche den Verkehr und das Verständniss zwischen ihm und der Allgemeinheit zum Theil verhinderte, zum Theil wenigstens erschwerte. Mag nun ein solcher Endpunkt der Entwickelung jedem wissenschaftlichen und künstlerischen Genie mehr oder weniger nahe liegen, so traten doch bei NEWTON eine Menge äusserer Umstände hinzu, die das Zuspitzen dieser Entwickelung besonders begünstigten.

Die Grossmutter, die in dem einsamen Dorfe während des ersten Jahrzehnts allein die Erziehung des Knaben leitete, scheint geistigen Einfluss nicht ausgeübt zu haben, wenigstens hat NEWTON selbst nie etwas derartiges angedeutet. In der Dorfschule, die er erst spät aufsuchte, hat er wohl kaum anregende, oder ihm geistig auch nur nahe stehende Gefährten gefunden. Von einer Leitung seiner Charakterentwickelung, von einer Unterstützung und Richtung seiner geistigen Ausbildung kann also bei NEWTON bis zu seinem dreizehnten Jahre kaum die Rede sein. An dieser Lage der Dinge hat, so viel wir wissen, auch die Rückkehr seiner Mutter nach Woolsthorpe nichts geändert, zudem richtete sich nun die Aufmerksamkeit seiner Umgebung doch mehr auf seine landwirthschaftliche Ausbildung, als auf etwaige Beschäftigungen mit mechanischen und naturwissenschaftlichen Dingen, die man jedenfalls als Allotria ansah, und bei denen ihm höchstens die kleine Bibliothek des Apothekers in Grantham Hülfe gewähren konnte und gewährt zu haben scheint. Der Bruder seiner Mutter, der Pfarrer von Burton Coggles endlich, der für das Studium des Neffen auf Trinity-College entschied, wohnte 32 englische Meilen von Woolsthorpe entfernt, jedenfalls zu weit für die geistigen Bedürfnisse des Knaben. Er schenkte dem jungen Scholar die Logik SAUNDERSON's, die im College den betreffenden Vorlesungen zu Grunde gelegt wurde; für seine specielle Ausbildung konnte er wohl nichts weiter thun.

Die Schule in Grantham erfüllte die Aufgabe, den schon alten Schüler möglichst schnell philologisch für die Aufnahme in das Trinity-College zurecht zu machen, mehr wurde wohl nicht verlangt und mehr hat sie jedenfalls nicht geleistet. Als NEWTON dann neunzehnjährig in die Hochschule wirklich eintrat, da waren dem jungen Adler die Schwingen schon zu weit gewachsen, als dass er sich mehr als äusserlich dem Studiengange der Schule gefügt hätte. Die elementaren Lehrbücher genügten ihm nicht, die

Weitläufigkeit ihrer Auseinandersetzungen erschien ihm komisch, die Langsamkeit ihres Fortschritts langweilig; er griff direct zu den Meisterwerken der Wissenschaft, begann das mathematische Studium mit den Werken von KEPLER und DESCARTES, die dem Kundigen die grössten Schwierigkeiten bereiteten, und musste dann öfters, wenn er erst so weit war, um die Räthsel zu begreifen, zu den elementaren Büchern, wie zu den Elementen des Euklid zurückkehren, um sie dann erst richtig würdigen zu lernen. Den Vorlesungen der Tutors wurden nach damaliger Sitte meist bestimmte Bücher zu Grunde gelegt; NEWTON studirte diese Bücher für die angekündigten Vorlesungen im Voraus, um dann zu erfahren, dass seine Lehrer ihm kaum noch etwas Brauchbares bieten und jedenfalls seinem strebenden Geiste nicht genügen konnten. So blieb NEWTON auch in Cambridge, inmitten zahlreicher Lehrer und Schüler, was er vorher immer gewesen war, ein Autodidakt.

Sichtbaren und bleibenden Einfluss hat unter seinen Lehrern in Cambridge wohl nur BARROW auf ihn ausgeübt; denn an dessen optische Vorlesungen knüpfen direct die ersten wissenschaftlichen, die optischen Arbeiten NEWTON's an, und die ersten Anfänge der NEWTON'schen Fluxionsrechnung lassen den Einfluss entsprechender BARROW'scher Untersuchungen deutlich erkennen. Auch unter seinen Confellows scheint Niemand gewesen zu sein, der eine früh eintretende wissenschaftliche Vereinzelung NEWTON's hätte verhindern können. Von NEWTON's Zeit- und Fachgenossen im Trinity-College ist kaum einer anders als durch NEWTON selbst auf die Nachwelt gekommen; seine wenigen Freunde, so weit wir sie kennen, gehören anderen Facultäten als der mathematisch-naturwissenschaftlichen an. Seine späteren Gehülfen und Anhänger, wie DAV. GREGORY, HALLEY, COTES, KEILL u. s .w., standen im Alter weit von ihm ab; sie haben nie den Anspruch erhoben ebenbürtige Mitarbeiter oder gar Freunde zu sein, und haben nur ihren Stolz darein gesetzt, würdige Schüler des Meisters zu heissen. Selbst an ebenbürtigen Gegnern scheint es NEWTON in der Zeit seiner Entwickelung in Cambridge gefehlt zu haben, und mit anderen Gelehrten ausserhalb des College konnte er bei der fast klösterlichen Einrichtung der englischen Schulen, bevor er mit fertigen Arbeiten direct an die Oeffentlichkeit trat, kaum in Berührung kommen. So erklärt es sich, dass NEWTON, als er nun schon 30jährig im Jahre 1672 in die Royal Society aufgenommen wurde und dort eine scharfe Beurtheilung seiner Arbeiten fand, eine mehr als gewöhnliche Empfindlichkeit zeigte. Leider verhinderte die Entfernung zwischen Cambridge und London eine häufigere persönliche Anwesenheit NEWTON's bei den Sitzungen der Royal Society und damit eine persönliche Aussprache und freundliche Ausgleichung der wissenschaftlichen Differenzen, so dass dieselben, anstatt ihn an regeren Verkehr zu gewöhnen, seine Abgeschlossenheit nur vermehrten.

Alle Zeugnisse der Zeitgenossen stimmen darin überein, dass NEWTON niemals ein redseliger Gesellschafter war, und bis in sein höchstes Alter hat er selbst in den Kreisen seiner Vertrauten über die Entwickelung seines Geistes im Allgemeinen, wie über das Werden seiner einzelnen Werke, soweit es sich nicht um die Wahrung von Prioritätsansprüchen handelte, wenig verlauten lassen. Selbst darnach aber erscheint das fast vollständige Schweigen NEWTON's über die Einflüsse, welche Lehrer und Freunde auf das Werden seiner wissenschaftlichen Vorstellungen ausübten, noch wunderbar und wirft auf das Ursprüngliche, Selbstständige, aber darum vielfach auch Einseitige seines Werdens und Seins ein helles Licht.

Ob diese Vereinzelung NEWTON's auf seine wissenschaftliche Entwickelung günstig oder ungünstig eingewirkt hat, wie weit sie überhaupt bei einem Genie von dem Range NEWTON's bei der geistigen Sonderstellung, die er seiner geistigen Kraft nach nun einmal einnehmen musste, natürlich oder gar nothwendig war, darüber wollen wir nicht weiter entscheiden. Jedenfalls ist es NEWTON durch diese lebenslängliche Vereinzelung allezeit schwer geworden, in die Gedankenkreise anderer Forscher sich hineinzudenken, Anderer Ideen auf ihre Zulässigkeit und Fruchtbarkeit zu prüfen, den Werth seiner eigenen Resultate an denen Anderer abzuschätzen, die Berechtigung fremder Forschungen, Erfahrungen und Vorstellungen zu begreifen, endlich die originelle geistige Kraft ihm entgegenstehender Gelehrten überhaupt anzuerkennen. Das aber muss bei der Darstellung der Entwickelung der NEWTON'schen Naturphilosophie, wie besonders bei der Beurtheilung seines Verhaltens in den vielfachen wissenschaftlichen Kämpfen, in die er hineingezogen wurde oder zu denen er Veranlassung gegeben hatte, wohl in Betracht gezogen und für alle Punkte wohl im Gedächtniss behalten werden.

Einen Nutzen, das darf nicht unerwähnt bleiben, haben die klösterlichen Einrichtungen des College in Cambridge jedenfalls für die Entwickelung NEWTON's gehabt, sie haben ihm in den politischen Stürmen der Zeit einen geschützten Zufluchtsort geboten und eine ruhige, tiefernste Arbeit für die Wissenschaft ermöglicht. Von der Restauration der Stuarts, ihrem Sturze durch Wilhelm von Oranien, von den Kämpfen des englischen Parlaments um die persönliche Freiheit der Bürger, von der Thronbesteigung des hannöverschen Hauses merken wir kaum einen Einfluss, ja sehen wir kaum eine Spur in dem wissenschaftlichen wie in dem bürgerlichen Leben NEWTON's. Er hat in den Zeiten der Reaction unter Jacob II. die Freiheiten der Universität mit vertheidigen helfen, er hat für die Universität als Vertreter im Parlament gesessen; von einem politischen Einfluss NEWTON's, ja nur von einem Verlangen nach solchem, finden wir keine Nachricht. Man hat allerdings versucht, den angeblich geringen Erfolg der NEWTON'schen wissenschaftlichen Entdeckungen in ihrem Anfange auf politische Gegnerschaften zurückzuführen, doch fehlt dazu offenbar jeder triftige Grund.

Gehen wir nach diesen nothwendigen allgemeinen Erinnerungen zur speciellen Betrachtung der ersten Entwickelung der NEWTON'schen Optik über.

Collectaneenbücher NEWTON's aus den Jahren 1663 und 64 zeigen, dass sich der junge, einundzwanzigjährige Student schon in diesem Alter lebhaft mit den mathematischen und physikalischen Fragen beschäftigte, die damals das Interesse der wissenschaftlichen Welt, speciell der Lehrer und Schüler in Cambridge erregten, und dass er früh bestrebt war, selbstthätig in der Untersuchung dieser Fragen vorzugehen. Die Bemerkungen in diesen Büchern betreffen die Winkeltheilung, die Quadratur der Curven, eine Aufzählung von Curven, welche quadrirbar sind, geometrische Lehrsätze aus den Lehrbüchern von VIETA und SCHOOTEN, Anmerkungen aus der Arithmetik von WALLIS über das Unendlichkleine, ferner Beobachtungen über die Brechung des Lichtes, Vorschriften über das Schleifen von optischen Gläsern und Untersuchungen über die Fehler der Linsen, wie die Methoden ihrer Verbesserung. Anfang des Jahres 1666 kaufte NEWTON sich Glasprismen, um selbst die Spectralfarben zu studiren; und für 1667 enthält das Collectaneenbuch einen Eintrag über den Ankauf von 4 Unzen Zinkoxyd, das zum Schleifen der Linsen gebraucht wurde. Dementsprechend bezeichnet auch NEWTON gleich bei der Veröffentlichung seiner ersten optischen Abhandlung im Jahre 1672 ausdrücklich das Jahr 1666 als dasjenige, in welchem er mit den Beobachtungen der prismatischen Farben im dunklen Zimmer begonnen habe.

Doch kann nach NEWTON's Biographen BREWSTER dessen eigene Farbentheorie bis zum Ende des Jahres 1668 nur sehr wenig originell entwickelt gewesen sein,[1] denn BARROW's Optical Lectures, die 1669 erschienen und bei deren abschliessender Durchsicht und Correctur NEWTON geholfen und in die selbst eigene Zusätze von NEWTON aufgenommen worden waren, zeigen in der Farbentheorie noch ganz den alten Standpunkt, erklären das Roth, ähnlich wie MARCUS MARCI im Jahre 1648, als stark verdichtetes Licht, das Violett als stark verdünntes u. s. w. Solche Abweichungen aber von seiner Theorie unbeanstandet und un-

---

[1] BREWSTER, Life of Newton, Edinburgh 1855, vol. I, p. 29.

bekämpft zu lassen, das hätte NEWTON seiner ganzen Natur nach wohl niemals fertig gebracht, wenn er eben damals schon über seine Theorie klar und dieselbe schon fertig entwickelt gewesen wäre. NEWTON mag selbstständige optische Studien in den Jahren 1664—1666 begonnen und fortgeführt haben, einen eigenen, von dem bisherigen ganz abweichenden Weg nahmen dieselben wohl erst mit dem Jahre 1668.

Für das Eintreten des Wendepunktes in NEWTON's optischen Anschauungen während des Jahres 1668 sprechen auch NEWTON's eigene Aeusserungen über die Zeit seiner berühmtesten optischen Erfindung, der des Spiegeltelescops.

Seit man sich in den letzten Jahrzehnten immer mehr und mehr daran gewöhnt hatte, die Fernrohre in der Astronomie nicht bloss als vergrössernde und verdeutlichende Hülfsmittel des Sehens, sondern auch als genaue Messinstrumente zu gebrauchen, war die Undeutlichkeit der Bilder in denselben immer schwerer und schwerer empfunden worden. Damals schrieb man dieselbe noch allein der sogenannten sphärischen Abweichung zu und bemühte sich, diese Abweichung durch besondere, nicht sphärische Formirung der Linsen zu vermeiden. Leider wollte dann wieder beim Glasschleifen die genaue Herstellung solcher Formen nicht gelingen. Auch NEWTON machte zuerst, wie die vorhin erwähnten Collectaneenbücher zeigen und wie er selbst bezeugt, in dieser Richtung vergebliche Versuche, kam aber bald zu der Einsicht, dass auch nach einer gänzlichen Aufhebung der sphärischen Aberration die Bilder der Fernrohre doch immer undeutlich und verschwommen bleiben würden, weil diese Undeutlichkeit weniger von der sphärischen Abweichung, als von den Farbensäumen herrühre, die alle durch Brechung erzeugten Bilder an den Rändern der abgebildeten Gegenstände zeigen. Er gab darnach alle Versuche einer Verbesserung der Linsenfernrohre auf und wandte sich direct zur Benutzung von Spiegeln für die Herstellung von Telescopen.

NEWTON hatte bis Ende 1668 den zu einem solchen Instrument nöthigen Metallspiegel so weit verbessert, dass das Instrument nun die vier Jupitertrabanten und auch die mondähnlichen Phasen der Venus, wenn auch nicht ganz deutlich und scharf, zeigte. Doch erlangte damals die Sache keine weitere Verbreitung, vielleicht deshalb, weil das Instrument, vor allem der Spiegel desselben noch nicht den NEWTON'schen Anforderungen entsprach und die übernommene Professur, wie auch die weitere Untersuchung der Dispersion des Lichtes, NEWTON vorläufig an einer weiteren Vollendung hinderten. Erst als NEWTON im Herbst 1671 ein zweites, dem ersten ähnliches, aber doch wohl verbessertes Instrument angefertigt und zur Ansicht des Königs nach London gesendet hatte, kam dasselbe zu allgemeinerer Kenntniss.[1] Der König, wie die vornehmsten Mitglieder der Royal Society in London, BROUNKER, MORAY, NEILLE, CHRISTOPHER WREN und HOOKE stimmten in der Anerkennung des Instrumentes überein, und die Royal Society beschloss auf Anregung dieser Mitglieder in einer Sitzung am 6. Januar 1672 sich selbst der Erfindung anzunehmen, damit nicht, wie es häufig vorkomme, unberechtigte Bewerber den Erfinder des verdienten Ruhmes beraubten.[2] Eine Beschreibung des Instruments wurde deshalb in den Schriften der Royal Society, den Philosophical Transactions vom März 1672[3] veröffentlicht, und noch vorher, im Januar 1672 hatte man eine solche auch HUYGENS, dem damals berühmtesten physikalischen Mitgliede der Pariser Akademie, übersandt. Der Erfinder selbst war schon am 21. December 1671 von SETH WARD, dem hochgeachteten früheren Astronomen in Oxford und jetzigen Bischof von Salisbury, in der Royal Society als Mitglied vorgeschlagen[4] und in der nächsten Sitzung am 11. Januar 1672 als solches wirklich erwählt worden.[5] NEWTON dankte dem Secretair der Gesellschaft, HEINRICH OLDENBURG, der durch einen Brief vom 2. Januar 1672 den Verkehr mit ihm eröffnet und ihm die gute Aufnahme des Telescops mitgetheilt hatte, am 6. Januar[6] in bescheidener, würdiger Weise. Er sei erstaunt, sagt er im Eingang des Briefes, zu sehen, welche Mühe die Gesellschaft sich gäbe, ihm den Ruhm einer Erfindung zu sichern, der er selbst erst grösseren Werth beilege, seit die Royal Society sich ihrer angenommen, und die er ohne die directe Aufforderung noch länger für sich behalten haben möchte, wie er das schon für einige Jahre gethan. Am Schlusse versichert er, dass er sich der Ehre wohl bewusst sei, die ihm der Bischof von Salisbury durch seine Empfehlung zum Mitglied der Royal Society erwiesen; wenn

---

[1] The Philosophical Transactions to the End of the Year 1700, abridged and disposed under General HEADS, by J. LOWTHORP. 5. Edition, London 1749; vol. I, p. 203 bis 204.

[2] BIRCH, The History of the Royal Society, vol. III, p. 1. — Man rechnete in England damals noch das neue Jahr vom 25. März an; der 6. Januar 1671 nach damaliger Bezeichnung ist also nach unserer Jahresrechnung der 6. Januar 1672. Wir schreiben fortan die ursprünglichen Data nach dieser Weise um.

[3] The Philosophical Transactions to the End of the Year 1700, abridged, 5. edit., London 1749, vol. I, p. 204; aus Philosophical Transactions, no. 82, p. 4004, März 1672.

[4] BIRCH, History, vol. II, p. 501.

[5] Ibid., vol. III, p. 1.

[6] EDLESTONE, Correspondence of Sir I. Newton, London 1850, p. XLVI; ohne den Eingang auch Isaaci Newtoni Opera, herausg. von S. HORSLEY, vol. IV, p. 271 bis 273.

seine Wahl, wie er hoffte, wirklich erfolgen sollte, so werde er versuchen seine Dankbarkeit durch Mittheilung alles dessen zu erweisen, was seine geringen und einsamen Arbeiten zur Förderung der wissenschaftlichen Ziele der Gesellschaft beitragen könnten.

Trotz der guten Aufnahme der ersten Erfindung Newton's in der Royal Society sollten derselben doch Angriffe keineswegs erspart bleiben. Der kleine Krieg, der sich an dieselbe knüpfte, bildet gewissermaassen das Vorspiel für die grossen Kämpfe, ohne die keine der späteren Entdeckungen Newton's sich Geltung verschaffen konnte. Kaum waren in mehreren kleinen Artikeln in den Philosophical Transactions die Einrichtung des Telescops beschrieben und die Vortheile desselben vor dem Linsenfernrohre auseinander gesetzt,[1] als innerhalb sowie auch ausserhalb der Royal Society mehrfache Bedenken gegen diese Aeusserungen, wie gegen das Instrument selbst, erhoben wurden. Diese Einwände kamen vor allem darauf hinaus, dass die Metallspiegel doch nicht so vollkommen hergestellt werden könnten, dass sie nicht einen bedeutend geringeren Procentsatz von Licht reflectirten, als er durch klare Glaslinsen hindurch gelassen werde, und dass auf der anderen Seite Newton's gänzliche Verwerfung der Refractoren doch eine zu schnelle und wohl voreilige sei. Die bekannten Beobachtungen an der camera obscura lehrten ja schon, dass man durch Linsen doch recht scharfe und deutliche objective Bilder erhalten und also die chromatische Aberration nicht so störend sein könne, wie Newton sie annehme. Ja eine Stimme stellte sogar für die Refractoren einen steten Vorzug vor den Reflectoren daher fest, dass bei der Brechung allzeit die sphärische Abweichung geringer sei als bei der Spiegelung.[2]

Newton antwortet in Briefen, die in den Transactions der Royal Society gedruckt wurden, auf den ersten Theil der geäusserten Bedenken mit ziemlicher Behutsamkeit. Sein Instrument zeige jedenfalls, dass der Spiegel auf einen genügenden Grad von Politur gebracht werden könnte, um deutliche Bilder zu geben. Es sei auch die Hoffnung nicht ausgeschlossen, dass man Metallmischungen erfände, die eine bessere Politur erlaubten und sich länger glänzend erhielten, als die jetzt angewandte Legirung, er selbst habe auch in dieser Beziehung schon Fortschritte gemacht. Jedenfalls sei die Politur, wenn der Staub oder das saure Gas der Atmosphäre den Spiegel mit einer dünnen blinden Schicht überzogen hätten, leicht immer wieder herzustellen, und wenn schliesslich, was er zugebe, das Metall einen geringeren Procentsatz des Lichtes zurückwerfe, als ihn das Glas durchlasse,

---

[1] Phil. Trans. abridged, vol. I, p. 203 u. f.
[2] Ibid., p. 210.

so könnte man darum die Oeffnung des Fernrohres um so grösser nehmen.[1]

In der That war Vorsicht hier geboten, denn die erwartete Verbesserung der Spiegel liess lange auf sich warten. Vor der Hand scheiterte der Londoner Optiker, dem die Royal Society zur Anfertigung eines grösseren Instrumentes Auftrag gegeben, gänzlich an der Herstellung des Spiegels. Ein brauchbares grösseres Spiegeltelescop vermochte erst JOHN HADLEY im Jahre 1720 wieder herzustellen, und wirkliche Dienste haben diese Instrumente doch erst in den Händen von HERSCHEL und ROSS geleistet.

Schärfer ging NEWTON gegen diejenigen Einwände vor, welche die Bedeutung der chromatischen Aberration und damit die behauptete Inferiorität der Refractoren in Frage stellten. Er habe, so erwiedert NEWTON[2] auf die diesbezüglichen Ausstellungen ROBERT HOOKE's, bei seiner gänzlichen Verwerfung der Refractoren nur an Refractoren der dermaligen Construction und an die Absichten gedacht, diese Instrumente durch Umformung der Linsengläser zu verbessern. Wenn sich aber derjenige, welcher ihm zu schnelle Verneinung der Verbesserungsfähigkeit der Refractoren vorwerfe, privatim bei ihm erkundigt hätte, so würde er ihm gezeigt haben, dass er selbst sich sehr wohl mit dieser Verbesserungsfähigkeit beschäftigt, aber weniger gefunden habe, als er anfänglich erwartet, und als jener vielleicht noch gegenwärtig hoffe. Von vorn herein wäre es ja nicht unmöglich, dass, obgleich aufeinander folgende Brechungen, welche alle nach derselben Richtung geschehen, nothwendigerweise ihre charakteristischen Abweichungen nur vermehren, doch entgegengesetzte Brechungen ihre farbigen Ungleichheiten gegenseitig aufheben könnten, und dann wären für die Verbesserung der Refractoren keine weiteren Schwierigkeiten vorhanden. Mit solchen Ideen habe er auch nicht nur Zusammensetzungen von Gläsern allein, sondern auch von verschiedenen Medien, wie zwei oder mehr Gläsern, mit Wasser und andern Flüssigkeiten zwischen ihnen, welche zusammen wie ein Glas wirkten und also direct als Objectiv eines Fernrohres dienen könnten, geprüft.

Mit diesen Worten bricht merkwürdigerweise die Erörterung dieses Punktes in dem Berichte ab, der 1705 in den Auszügen

[1] Phil. Trans. abr., vol. I, p. 209.

[2] Die hier folgenden Sätze bilden einen Theil des Briefes an OLDENBURG vom 11. Juli 1672, worin sich NEWTON gegen die Ausstellungen vertheidigt, die HOOKE in einem Berichte an die Royal Society über die optischen Entdeckungen NEWTON's gemacht hatte. Der Brief ist abgedruckt in Newtoni Opera, vol. IV, p. 322—342; die obige Stelle auch in Phil. Trans. abr., vol. I, p. 209.

aus den Philosophical Transactions unter ausdrücklicher Billigung Newton's erschien, während der Brief vom 11. Juli 1672 die Sache ganz richtig mit dem Satze abschloss: „Was die theoretischen und experimentellen Resultate dieser Untersuchungen betrifft, so findet sich vielleicht später bessere Gelegenheit, dieselben vorzubringen". Newton hat, und das ist vielleicht der Grund dieser Auslassung, jene Resultate im Zusammenhange mit der Frage nach der Möglichkeit achromatischer Linsen niemals wieder berührt und überhaupt über diese Möglichkeit sich nicht wieder ausgelassen. Wahrscheinlich sind die oben angedeuteten Experimente identisch mit denjenigen, die Newton, ohne den Streit über die Fernrohre zu erwähnen, in seiner Optik von 1704 (lib. I, pt. II, Exp. VIII) mitgetheilt. Darnach hat er ein prismatisches Gefäss aus Glas mit Wasser gefüllt, in dieses ein Glasprisma eingelegt und durch dieses Prismensystem Lichtstrahlen bei verschiedenen Neigungen der brechenden Flächen gesendet. Aus den Beobachtungsresultaten glaubte er allgemein schliessen zu dürfen, dass weisses Licht beim Durchgange durch verschieden brechende Medien nur dann ungefärbt wieder austritt, wenn die austretenden Lichtstrahlen den ausfallenden parallel sind, dass aber mit einer bleibenden Ablenkung auch immer eine Farbenzerstreuung verbunden ist.[1]

Newton gab sich mit diesem die Möglichkeit achromatischer Prismen und Linsensysteme thatsächlich ausschliessenden Resultate zufrieden, obgleich die experimentelle Grundlage desselben doch recht ungenügend erscheint. Er kam auf diese Experimente auch nicht zurück, als ihm einige Jahre nach der ersten Ausführung derselben in dem Streite um seine Farbentheorie Beobachtungen entgegengehalten wurden, die ihn sehr wohl zur Prüfung verschiedener Glassorten in Bezug auf das Verhältniss zwischen Brechung und Farbenzerstreuung hätten veranlassen können.

Die weiter gegen die Spiegeltelescope vorgebrachten Bedenken beseitigte Newton in schnellerer, leichterer Weise. Wenn man behaupte, dass bei brechenden Convexflächen die Abweichungen geringer seien als bei reflectirenden Convexflächen, so lehre die Erfahrung gerade das Gegentheil, wie man aus den, auf einer beigefügten Tafel zusammengestellten Messungen ersehen könne. Wenn man aber die deutlichen Bilder der von Linsen im dunklen Zimmer erzeugten Bilder ihm entgegenhalte, so müsse er seinen Gegner darauf aufmerksam machen, dass eine solche Deutlichkeit der Bilder nur bei grosser Stärke des auf die Linse fallenden Lichts und im dunklen Zimmer, aber nicht bei der schwachen

---

[1] Optice, lat. Uebersetzung von Clarke, Lausanne u. Genf 1740, p. 92.

Helligkeit der Bilder im Fernrohr zu erhalten sei. Bei hellem Licht würden nämlich, wie leicht zu sehen, die störenden, von den Randstrahlen herrührenden Bilder durch die Bilder, welche von den Mittelstrahlen erzeugt und deren Fehler gering seien, gänzlich überstrahlt und unmerklich gemacht. Man möge nur einmal die ganze Linse bis auf eine kleine Oeffnung am Rande völlig verdecken, dann werde man sehen, welch breite Farbensäume die Ränder der entstehenden Bilder verwischten und verdunkelten.[1]

Neben diesem kleinen Streit um den Werth des Spiegeltelescops im allgemeinen entwickelten sich aber noch weitere Differenzen über den Werth der Newton'schen Construction im besondern, dem sich dann, damit das bei keiner Newton'schen Entdeckung fehle, noch Meinungsverschiedenheiten über die Priorität der Erfindung anschlossen. Die Vertheidigungsart Newton's gegen diese Angriffe ist methodisch ebenso virtuos, wie seine wissenschaftliche Arbeit.

Die Beschreibung von Newton's Telescop, die man für Huygens nach Paris gesandt hatte, war dort im Journal des Sçavans abgedruckt worden. Gleich darauf erschien dann in diesem Journal, wie auch in den Philosophical Transactions,[2] die Beschreibung eines andern Spiegeltelescops von Cassegrain, für das dieser bedeutende Vorzüge vor dem Newton'schen in Anspruch nahm. In Newton's Instrument werden bekanntlich die von dem grossen sphärischen Hohlspiegel entworfenen Bilder durch einen kleinen ebenen Spiegel, der auf der Achse 45^0 gegen dieselbe geneigt steht, gegen die Seitenwand des Rohres reflectirt und dort durch das Ocularglas betrachtet. Cassegrain aber stellte statt des ebenen Spiegels senkrecht zur Achse einen kleinen convexen Spiegel auf, der das Bild gegen den Hohlspiegel auf ein Ocularglas zurückwarf, das in das Centrum des Hohlspiegels selbst eingesetzt war. Dadurch meinte er für sein Telescop drei Vortheile über das Newton'sche errungen zu haben; nämlich dass erstens die Oeffnung des Rohres viel grösser gemacht werden könne, dass zweitens die Reflexion der Strahlen viel natürlicher, nämlich in der Richtung der Achse geschehe, und dass endlich drittens die Beobachtung und das Auffinden der Objecte viel bequemer sei. Newton bemerkte in einer Erwiderung,[3] dass die vermeintlichen Vortheile des von Cassegrain geplanten Instruments, vor allem der Gebrauch des convexen, statt des ebenen

---

[1] Phil. Trans. abr., vol. I, p. 211. Es war der berühmte Huygens, der den hier behandelten Einwand erhoben hatte.

[2] Ibid., vol. I, p. 212.

[3] Brief an Oldenburg vom 4. Mai 1672; abgedruckt in Phil. Trans. abr., vol. I, p. 212, aus Phil. Trans., no. 83, p. 4057, Mai 1672; auch in Horsley, Newtoni Opera, vol. IV, p. 281.

Spiegels nur Nachtheile bedeuteten. Es seien auch ihm solche Constitutionen vorher nicht unbekannt gewesen; denn gleich bei seinen ersten Untersuchungen über die Vortheile der Reflexion vor der Refraction für Fernrohre wäre ihm Gregory's Optica promota von 1663 in die Hände gefallen, worin ein Spiegeltelescop ganz ähnlich dem Cassegrain'schen beschrieben sei. Seine Versuche aber hätten ihm eben die Nachtheile dieser und die Vortheile seiner Construction gezeigt. Die Apertur könne bei den andern Telescopen nicht grösser sein als bei dem seinigen, die Objecte würden in dem Convexspiegelchen confus und dunkel gesehen und seien gerade darum schwer aufzufinden, und schliesslich könne er jedenfalls nicht einsehen, warum die Reflexion in der Richtung der Achse natürlicher sein sollte als senkrecht zu derselben. Er hätte gewünscht, dass M. Cassegrain seinen Plan erst ausprobirt hätte, bevor er denselben bekannt gemacht. Wenn es demselben aber gefallen sollte, zu seiner besseren Befriedigung den Gedanken noch nachträglich auszuführen, so zweifle er nicht, dass der Erfolg lehren werde, wie wenig Werth solche Pläne in sich trügen, die nicht erst in der Praxis durchgeprüft wären. Gregory habe in seiner Schrift von 1663 selbst bekannt, dass seine Versuche zur Herstellung eines Spiegeltelescops, weil er ungeübt in solchen Constructionen gewesen, nicht gelungen seien, aber wie er höre, hätte auch ein so geschickter Optiker wie Reive sich vor 7 bis 8 Jahren vergebens um die Anfertigung eines solchen Spiegelfernrohres bemüht.

Durch die letzten Sätze fühlte sich nun wieder James Gregory verstimmt, und er meinte seinen Plan doch darum noch vorziehen zu müssen, weil ein nach demselben angefertigtes Instrument eine directe Durchsicht gewähre und die Objecte jedenfalls leichter auffinden lasse. Newton hielt dem gegenüber an der von ihm angegebenen schiefen Stellung des Spiegels vor allem darum fest, weil der Procentsatz des reflectirten Lichts bei schiefer Incidenz viel grösser sei als bei senkrechter, nahm aber schliesslich für sein Fernrohr nur den Ruhm der ersten Ausführung in Anspruch. Er schloss den betreffenden, vom 10. December 1672[1] datirten Brief mit den ausnahmsweise weit entgegenkommenden Worten: „Ich zweifle nicht, dass Mr. Gregory, als er seine Optica promota schrieb, mehrere Arten dieser Telescope hätte angeben, ja dass er vielleicht alle möglichen Formen hätte durchlaufen können, wenn er es der Mühe für werth gehalten hätte. Nur weil Mr. Cassegrain seine vermeintliche Erfindung so grossartig darstellte, so hielt ich es für richtig zu zeigen, dass diese Erfindung nicht die seinige und auch nicht so vortheilhaft sei, als

[1] Horsley, Newtoni Opera, vol. IV, p. 283—289.

er sich einbilde. Ich sende Euch[1] jetzt diese weiteren Betrachtungen von MR. GREGORY's Antwort nur darum, damit Ihr sehen könnt, dass ich zuerst den leichtesten und ausführbarsten Weg zur Ausführung wählte."

NEWTON war um die Zeit, als er die Erfindung seines Spiegeltelescops bekannt gab, sehr vielfach beschäftigt. Neben seinen Vorlesungen als Lucasian Professor in Cambridge nahmen ihn zeitraubende chemische Studien über Metallreductionen und Metalllegirungen in Anspruch, die wohl hauptsächlich seinen Bemühungen um die Verbesserungen der Metallspiegel dienten. Schwierige Arbeiten ersten Ranges über die Benutzung unendlicher Reihen zur Untersuchung mechanischer, d. s. solcher Curven, deren Gleichungen nicht durch algebraische Functionen darstellbar sind, hatten damals gute Erfolge. Endlich aber gelangten eben auch um die Jahreswende von 1671 und 72 seine Arbeiten und Versuche über die Dispersion des Lichts und damit seine Farbentheorie zu einem gewissen Abschluss, der sie zur Veröffentlichnng reif erscheinen liess. Besonders diesem letzteren, von ihm in seiner Bedeutung ganz klar erkannten Erfolge gegenüber mag ihm die Angelegenheit seines Spiegeltelescops wohl nur als eine minder wichtige Episode erschienen sein, an der ihm die Abwägung der verschiedenen persönlichen Prioritätsansprüche nicht allzu interessant schien.

Für den Werth, den NEWTON selbst seiner Entdeckung der Farbenzerstreuung beilegte, sprechen deutlich die Worte, mit denen er am 18. Januar 1672, also nur acht Tage nach seiner Aufnahme in die Royal Society, dem Secretär derselben, HEINRICH OLDENBURG, die Uebersendung der betreffenden Arbeit in Aussicht stellte. Ich möchte, so sagt er,[2] dass Sie mich in Ihrem nächsten Briefe benachrichtigten, wie lange noch die Gesellschaft ihre wöchentlichen Versammlungen fortsetzt, weil ich beabsichtige, der königlichen Gesellschaft einen Bericht über eine physikalische Entdeckung zur Prüfung vorzulegen, die mich (erst) auf die Verfertigung des Telescops geleitet hat. Ich zweifle nicht, dass dieser Bericht sich viel angenehmer erweisen wird als die Mittheilung jenes Instruments; denn meinem Urtheil nach betrifft er die seltsamste, wenn nicht die wichtigste Entdeckung, welche bisher über die Wirkungen der Natur gemacht worden ist.

Die betreffende Abhandlung A new Theory about Light and Colours wurde der Royal Society am 6. Februar d. J.

---

[1] Dieser Abschnitt des grossen für COLLINS bestimmten Briefes ist an OLDENBURG gerichtet.

[2] BIRCH, History of the Royal Society, vol. III, p. 4—5; HORSLEY, Newtoni Opera, vol. IV, p. 273—274.

übersandt, in der Sitzung der Gesellschaft am 8. d. M. unter vielem Beifall gelesen und sogleich unter dem Datum vom 19. Februar in no. 80, pag. 3075, der Philosophical Transactions gedruckt:[1] eines Theils, wie es in den Protocollen heisst,[2] um eine schnelle und gründliche Prüfung der Theorie zu ermöglichen, anderentheils um die wichtige Entdeckung für den Autor gegen die Anmassungen Anderer zu sichern. Wir geben die für diese Periode von Newton's Arbeiten ganz charakteristische Abhandlung, bis auf einige unwesentliche Auslassungen, im Folgenden ziemlich unverkürzt wieder.

In dem Jahre 1666, so beginnt Newton, als ich mich mit dem Schleifen von Linsengläsern von anderer als Kugelform beschäftigte, verschaffte ich mir auch ein dreiseitiges Glasprisma, um damit die berühmten Farbenerscheinungen zu untersuchen. Zu dem Zwecke verdunkelte ich mein Zimmer, schnitt zum Einlassen einer passenden Menge Sonnenlichts, eine kleine kreisrunde Oeffnung in den Fensterladen und setzte mein Prisma so hinter die Oeffnung, dass das Licht nach der gegenüber liegenden Wand gebrochen wurde. Es war zuerst eine angenehme Belustigung, die lebhaften und intensiven Farben zu betrachten, welche dadurch hervorgebracht wurden; als ich sie aber nach einiger Zeit sorgfältiger beobachtete, erstaunte ich, ihre Form länglich zu finden, während diese nach dem angenommenen Brechungsgesetz doch eine kreisförmige hätte sein sollen. Die Farben waren an den langen Seiten von geraden Linien begrenzt; an den Enden nahm das Licht so allmählich ab, dass es schwer hielt, die Figur des Bildes zu bestimmen, doch schien dieselbe hier halbkreisförmig zu sein. Beim Vergleichen der Länge dieses farbigen Spectrums mit seiner Breite, fand ich die erstere fünfmal grösser als die letztere, ein so starkes Missverhältniss, dass mich das äusserst lebhafte Verlangen überkam, die Ursache desselben zu erforschen.

Zwar durfte ich kaum annehmen, dass die verschiedene Dicke des Glases oder die Begrenzung des Lichtes durch den Schatten und die Dunkelheit solche Wirkungen auf das Licht haben könnte, doch hielt ich es für richtig zuerst diese Umstände zu prüfen. Ich beobachtete deshalb die Erscheinungen so, dass ich das Licht durch Theile des Glases von verschiedener Dicke, oder durch Oeffnungen im Fenster von verschiedener Grösse hindurch gehen liess, oder indem ich das Prisma vor die Oeffnung setzte, so dass das Licht gebrochen wurde, bevor es durch diese Oeffnung begrenzt wurde, doch fand ich keinen von

---

[1] Phil. Trans. abr., vol. I, p. 134; auch Horsley, Newtoni Opera, vol. IV, p. 295.

[2] Birch, History, vol. III, p. 9.

diesen Umständen wesentlich. Die Gestalt der Farben war in allen Fällen dieselbe.

Darnach blieb ich im Zweifel, ob nicht das Auseinanderziehen der Farben von einer Ungleichheit des Glases, oder einer anderen zufälligen Unregelmässigkeit desselben herrühre. Um das zu entscheiden, setzte ich ein anderes, dem ersten ganz gleiches Prisma so hinter dieses, dass das Licht in beiden in entgegengesetzter Weise gebrochen und durch das letztere also in die Richtung zurückgelenkt wurde, aus welcher es von ersterem abgelenkt worden war: ich dachte, dass bei dieser Veranstaltung die regulären Wirkungen des ersten Prisma durch das zweite aufgehoben, die unregelmässigen aber vermehrt werden müssten. Das Ergebniss war, dass das Licht, welches durch das erste Prisma in eine längliche Form auseinander gezogen worden war, von dem zweiten auf die kreisförmige zurückgeführt wurde, als wenn das Licht überhaupt nicht durch ein Prisma gegangen sei; so dass also, was auch die Ursache der Verlängerung sein mochte, dieselbe doch keine zufällige Unregelmässigkeit des Glases sein konnte.

Ich ging dann dazu über genauer zu prüfen, wie weit die verschiedene Neigung der von den verschiedenen Theilen der Sonne kommenden Strahlen auf die Verlängerung des Bildes einwirken möge und mass zu dem Zwecke die verschiedenen Linien und Winkel, die zu dem Bilde gehörten. Seine Entfernung von der Oeffnung oder dem Prisma war 22 Fuss, seine grösste Länge $13^1/_4$ Zoll, seine Breite $2^5/_8$, der Durchmesser der Oeffnung $^1/_4$ Zoll. Der Winkel, welchen die Strahlen nach der Mitte des Bildes mit den ungebrochenen Strahlen machten, war $44^0 56'$, der Vertikalwinkel des Prismas $63^0 12'$.[1] Die Brechungen an beiden Seiten des Prismas d. i. der einfallenden und der austretenden Strahlen, waren nahezu, soweit ich es bewirken konnte, gleich und folglich ungefähr $54^0 4'$. Die austretenden Lichtstrahlen fielen senkrecht auf die auffangende Wand. Subtrahiren wir nun den Durchmesser der Oeffnung von der Länge und Breite des Bildes, so bleiben 13 Zoll für die Länge und $2^3/_8$ für die Breite des Bildes der Strahlen, die nun sämmtlich durch den Mittelpunkt der Oeffnung gehen. Zu dieser Breite als Sehne gehört aber ein Centriwinkel aus der Oeffnung von 31 Minuten, genau entsprechend dem Durchmesser der Sonne, während der Winkel, welcher zur Länge des Bildes gehört, einem mehr als fünfmal so grossen Sonnendurchmesser, nämlich 2 Grad 49 Minuten, entsprechen würde.

---

[1] Der Brechungsexponent aus Luft in Glas war darnach für die mittleren Strahlen $n = 1{,}5453$.

Aus diesen Beobachtungen berechnete ich zuerst die brechende Kraft des Glases und fand sie durch das Verhältniss der Sinus gemessen gleich 20:31. Mittelst dieses Verhältnisses berechnete ich dann die Brechungen zweier Strahlen, welche von entgegengesetzten Seiten der Sonnenscheibe ausgehen und die also in ihren Einfallswinkeln um 31 Minuten differiren, und fand, dass die austretenden Strahlen noch um ganz dieselben Winkel von einander abweichen müssen. Aber weil diese Berechnung auf das Brechungsgesetz gegründet war, das allerdings meiner eigenen Erfahrung nach nicht so falsch sein konnte, dass es einen Winkel von 31 Minuten ergeben hätte, wo derselbe in Wirklichkeit sich 2^0 und 49 Minuten gross erwies, so griff ich doch noch einmal zu meinem Prisma, setzte es wie zuerst an die Oeffnung im Laden und drehte es ein wenig um seine Achse hin und her. Obgleich dådurch die Einfallswinkel der Lichtstrahlen um mehr als 4 bis 5 Grad sich änderten, so wurden doch die Farben kaum bemerkbar von ihrem Ort an der Wand bewegt und folglich auch die Quantitäten der Brechungen nicht merklich verändert. Hierdurch wie durch die vorigen Berechnungen wurde es evident, dass die verschiedenen Einfallswinkel der Strahlen, welche von verschiedenen Theilen der Sonne ausgehen, die Divergenz der Strahlen nach dem Durchgang durch das Prisma nicht empfindlich grösser machen können, als sie vor dem Durchgange war. Und da diese Divergenz vor dem Durchgange höchstens 31 Minuten betrug, so blieb noch immer die wirkliche Ursache zu finden, welche dieselbe auf 2^0 49 Minuten brachte.

Darnach begann ich zu argwöhnen, ob nicht die Lichtstrahlen nach ihrem Durchgange durch das Prisma sich in krummen Linien bewegen und je nach ihrer geringeren oder grösseren Krümmung nach verschiedenen Theilen der Wand hinlaufen möchten. Auch wurde dieser Argwohn dadurch vergrössert, dass ich mich erinnerte, wie nach meiner vielfältigen Beobachtung ein Tennis-Ball, der mit einem schiefen Racket getroffen wird, immer eine solche krumme Linie beschreibt. Denn da dem Ball durch den Schlag nicht bloss eine fortschreitende, sondern auch eine drehende Bewegung mitgetheilt worden ist, so müssen seine Theile an der Seite, wo die beiden Bewegungen sich addiren, die umgebende Luft heftiger drücken und stossen, als an der anderen Seite und dadurch einen verhältnissmässig grösseren Widerstand hervorrufen. Aus demselben Grunde könnten dann auch die Lichtstrahlen, die möglicher Weise aus kugelförmigen Körperchen bestehen und bei einem schiefen Uebertritt aus einem Medium in ein anderes eine kreisförmige Bewegung annehmen,[1] von dem umgebenden Aether einen

[1] Siehe die Farbentheorie von DESCARTES, Seite 21 dieses Werkes.

grösseren Widerstand an der Seite erleiden, wo ihre beiden Bewegungen gleich gerichtet sind, und dadurch allmählich nach der anderen Seite von ihrer gradlinigen Bewegung ablenken. Aber trotz dieses plausiblen Grundes konnte ich bei genauer Prüfung keine Krümmung der Strahlen beobachten. Die Differenz zwischen der Länge des Bildes und dem Durchmesser der Oeffnung, durch welche das Licht ging, war ihrer Entfernung proportional und das Beweis genug für meine Absicht.

Die allmähliche Abweisung aller der vorigen Annahmen führte mich endlich zu dem folgenden Experimentum crucis.[1] Ich nahm zwei Tafeln; deren erste setzte ich dicht hinter das Prisma am Fensterladen, so dass das Licht durch eine kleine Oeffnung in der Tafel gehen und auf die zweite Tafel fallen konnte, die ungefähr zwölf Fuss hinter der ersten stand und ebenfalls eine kleine Oeffnung zum Durchgange des auf sie fallenden Lichtes hatte. Hinter diese letztere setzte ich wieder ein Prisma, durch welches das Licht, das die Oeffnungen der beiden Tafeln passirt hatte, gehen musste, so dass es noch einmal gebrochen wurde, ehe es die Wand erreichte. Darnach nahm ich das erste Prisma in die Hand und wendete es langsam um seine Achse hin und her, damit nach und nach alle die verschiedenen Theile des Bildes durch die Oeffnungen der zweiten Tafel hindurchgingen und ich beobachten könnte, auf welche Stellen der Wand das zweite Prisma sie hinbrechen würde. Hierdurch sah ich dann, dass das Licht, welches nach dem Ende des Bildes hin gerichtet war, nachdem die Brechung durch das erste Prisma geschah, in dem zweiten Prisma eine beträchtlich stärkere Brechung erlitt, als das Licht, welches nach dem anderen Ende des Bildes hin lag. Und so entdeckte sich die wahre Ursache der Verlängerung des Bildes als keine andere, als dass das Licht in sich nicht ähnlich oder homogen ist, sondern aus verschiedenen Strahlen besteht, von denen die einen mehr, die anderen weniger brechbar sind, so dass ohne irgend eine Verschiedenheit ihres Einfallswinkels bei demselben Medium doch die einen mehr gebrochen werden als die anderen, und dass deswegen je nach den verschiedenen Graden ihrer Brechbarkeit die Strahlen durch das Prisma nach verschiedenen Theilen der gegenüberliegenden Wand gehen.

Diese Verschiedenheit der Lichtstrahlen an Brechbarkeit ist verbunden mit einer anderen noch mehr bemerkenswerthen Difformität, in welcher sich der Ursprung der Farben offenbart. Ich gebe hierfür zuerst die Theorie und dann zu ihrer Prüfung ein

[1] Das ist ein Experiment, das am Kreuzwege den richtigen Weg zeigt. Das Wort ist einem Terminus technicus von Francis Bacon nachgebildet; s. Rosenberger, Geschichte der Physik, II. Band, S. 191.

oder zwei Experimente beispielsweise. Die Theorie ist enthalten in den folgenden Sätzen:

1. Geradeso, wie die Lichtstrahlen sich unterscheiden nach Graden der Brechbarkeit, so unterscheiden sie sich in der Fähigkeit, diese oder jene besondere Farbe zu zeigen. Die Farben sind nicht, wie es allgemein geglaubt wird, Modificationen des Lichts, die es durch die Brechung und Zurückwerfung an den natürlichen Körpern erhält, sondern ursprüngliche und angeborene Eigenschaften, die in verschiedenen Strahlen verschieden sind. Einige Strahlen sind befähigt, die rothe Farbe zu zeigen und keine andere, einige die gelbe und keine andere, einige die grüne und keine andere u. s. w.; und es giebt nicht allein Strahlen, die zu den Hauptfarben gehören, sondern ebenso besondere Strahlen zu allen den zwischen ihnen liegenden Abstufungen derselben.

2. Zu demselben Grade der Brechbarkeit gehört immer dieselbe Farbe und umgekehrt. Die am wenigsten brechbaren Strahlen sind alle nur fähig, die rothe Farbe zu zeugen, und im Gegentheil, alle Strahlen, welche roth erscheinen, sind von der geringsten Brechbarkeit. Die am meisten brechbaren Strahlen erscheinen tief violett, die tief violetten sind von grösster Brechbarkeit, und so gehören alle dazwischen liegenden Farben auch zu mittleren Graden der Brechbarkeit. Und diese Analogie zwischen den Farben und der Brechbarkeit ist so genau und streng, dass die Strahlen entweder in beiden immer genau übereinstimmen oder gleichmässig in beiden sich unterscheiden.

3. Die Art der Farbe und der Grad von Brechbarkeit, welche irgend einer Art von Strahlen eigenthümlich sind, sind nicht abzuändern, weder durch Brechung, noch durch Reflexion an einem Körper, noch durch irgend eine andere Ursache, so weit ich das entdecken konnte. Wenn irgend eine Art von Strahlen vollständig getrennt war von Strahlen jeder anderen Art, so behielt sie nachher hartnäckig ihre Farbe, trotz meiner äussersten Bemühungen, sie umzuändern. Ich habe sie durch Prismen gebrochen und reflectiren lassen von Körpern, die im Tageslicht von anderen Farben erschienen, ich habe sie aufgefangen durch die dünnen gefärbten Luftschichten, welche zwischen zwei auf einander gepressten Glasplatten sich zeigen, habe sie durch gefärbte Medien gehen lassen und durch Medien, die mit anderen Sorten von Strahlen durchleuchtet, auch verschieden begrenzt waren; niemals aber konnte ich aus ihnen eine andere Farbe hervorbringen als die, welche ihnen ursprünglich eigenthümlich war. Sie wurden durch Sammlung oder Zerstreuung lebhafter oder matter und bei dem Verlust vieler Strahlen in einigen Fällen auch ganz dunkel, aber niemals konnte ich eine Veränderung ihrer Art bemerken.

4. Scheinbar können Veränderungen der Farben bewirkt werden, wenn man nämlich irgend welche Mischungen von Strahlen verschiedener Art vor sich hat: Denn in solchen Mischungen kann man die einzelnen Componenten nicht unterscheiden, sondern diese bilden, indem sie sich gegenseitig beeinflussen, eine mittlere Farbe. Wenn dann durch Brechung oder durch irgend eine andere Ursache die verschiedenen Strahlen, welche in einer solchen Mischung latent sind, getrennt werden, so werden auch Farben hervortreten, die von der Farbe der Vereinigung verschieden sind; diese Farben aber sind nicht neu erzeugt, sondern nur durch die Trennung sichtbar gemacht. Ebenso wie hier durch Zerlegung von Mischfarben, kann man natürlich auch durch Zusammensetzung einfacher Farben Farbenveränderungen hervorbringen; auch diese sind natürlich nicht als reelle Umwandlungen anzusehen.

5. Wir müssen deshalb zwei Arten von Farben unterscheiden; die einen, welche ursprünglich und einfach, und die anderen, welche aus diesen zusammengesetzt sind. Die originellen oder primären Farben sind Roth, Gelb, Grün, Blau und ein Violettpurpur, sowie auch Orange, Indigo und eine unbestimmte Mannigfaltigkeit von dazwischen liegenden Abstufungen.

6. Die nämlichen Farben wie diese einfachen können der Art nach auch erzeugt werden durch Mischung; denn eine Mischung von Gelb und Blau giebt Grün, von Roth und Gelb giebt Orange, von Orange und gelblichem Grün giebt Gelb. Nur diejenigen Farben, welche in dem Bilde zu weit von einander entfernt sind, geben keine Mittelfarben, Orange und Indigo können nicht das dazwischenliegende Grün, und Scharlachroth und Grün nicht Gelb hervorbringen.

7. Die erstaunlichste und wundervollste Farbenzusammensetzung aber war die von Weiss. Es giebt keine Sorte von Strahlen, die dies allein hervorbringen kann, es ist immer zusammengesetzt, und zu seiner Herstellung gehören alle vorerwähnten Farben in richtigem Verhältniss. Ich habe oft mit Erstaunen gesehen, wie alle die prismatischen Farben, wenn sie convergent gemacht und wieder so gemischt wurden, wie sie im Lichte vor dem Durchgang durch das Prisma enthalten waren, auf's Neue ein gänzlich reines, vollkommen weisses Licht hervorbrachten, das sich vom directen Sonnenlicht nur dann merklich unterschied, wenn die gebrauchten Gläser nicht ganz rein und farbenfrei waren.

8. Dies ist die Ursache, warum Weiss die gewöhnliche Farbe des Lichtes ist; denn Licht ist ein verworrenes Aggregat von Strahlen aller Arten von Farben, so wie sie gemengt von den verschiedenen Theilen der leuchtenden Körper ausgeworfen werden. Ein solches wirres Aggregat erscheint weiss, wenn die Ingredienzen im richtigen Verhältniss stehen; wenn aber eines derselben vor-

wiegt, so muss sich das Licht der entsprechenden Farbe zuneigen, wie es der Fall ist bei der blauen Flamme des Schwefels, der gelben einer Kerze und den verschiedenen Farben der Fixsterne.

9. Darnach ist die Art, wie die Farben im Prisma entstehen, evident.

10. Von hier aus ist ebenso klar, wie die Farben des Regenbogens in den fallenden Regentropfen erscheinen müssen.

11. Die seltsamen Erscheinungen, welche eine Infusion von Lignum Nephriticum, oder Blattgold, oder Stücke von gefärbtem Glase, oder einige andere durchsichtige Körper zeigen, die in einer Lage andersfarbig erscheinen, als in einer anderen, sind nun nicht länger räthselhaft; denn diese Substanzen sind fähig, eine andere Art von Licht zurückzuwerfen als sie selbst durchlassen, wie man leicht beobachten kann, wenn man die Stoffe in einem dunklen Zimmer mit homogenem, einfachem Licht beleuchtet. Denn dann erscheinen sie nur in der Farbe, mit welcher sie beleuchtet sind, aber in einer Lage lebhafter als in der anderen, je nachdem sie in der einen oder der anderen Lage fähiger sind, das auffallende Licht zurückzuwerfen oder durchzulassen.

12. Hieraus ist auch der Grund jenes überraschenden Experiments klar, von welchem Mr. HOOKE in seiner Micrography berichtet. Wenn man zwei durchsichtige Gläser mit zwei durchsichtigen Flüssigkeiten, das eine mit einer blauen, das andere mit einer rothen füllt, so erscheinen sie beide hinter einander gesetzt vollkommen undurchsichtig. Weil nämlich das eine Gefäss nur rothe, das andere nur blaue Strahlen hindurchlässt, so können durch beide hindurch gar keine Strahlen gehen.

13. Ich könnte nun noch mehrere Beispiele dieser Art beifügen, aber ich werde mit dem einen allgemeinen schliessen, dass die Farben der natürlichen Körper keinen anderen Ursprung haben, als die verschiedene Fähigkeit der Körper specielle Arten von Licht in verschiedener Menge zu reflectiren, als die anderen. Auch das habe ich durch Aufwerfen von einfachen Lichtern verschiedener Farbe auf die Körper in einem dunklen Zimmer bewiesen.

Nach alledem kann nicht länger darüber gestritten werden, ob es Farben in der Dunkelheit giebt und ob sie Eigenschaften der Gegenstände sind, welche wir sehen, oder auch ob das Licht vielleicht selbst ein Körper sei. Denn wenn die Farben Eigenschaften des Lichts sind, welche die Strahlen als ihr ausschliessliches und unmittelbares Subject haben, so können wir uns diese Strahlen nicht auch noch als Qualitäten denken; wenn wir nicht annehmen wollen, dass eine Qualität wieder Subject einer anderen Qualität sein und dieselbe tragen könne, welches in Wirklichkeit nichts weiter ist, als diese Qualität wieder als eine Substanz bezeichnen. Wir vermögen keinen Körper als Substanz zu erkennen, wenn nicht durch seine empfindbaren Qualitäten. Da wir nun den Grund der Farben nicht in den Körpern, sondern im Licht gefunden haben, so haben wir guten Grund, dieses als Substanz zu bezeichnen; und das um so eher, als kein Mensch jemals eine Qualität als ein heterogenes Aggregat angenommen hat, wie wir das vom Licht entdeckt haben. Aber mehr absolut und eingehender zu bestimmen, was das Licht ist, auf welche Weise es gebrochen wird und auf welche Art oder durch welche Action es in unserem Geiste die Einbildung der Farben hervorbringt, das ist nicht so leicht: und ich will hier nicht Conjecturen mit Gewissheiten zusammenmischen.[1]

Von den versprochenen Beispielen zur Nachprüfung giebt Newton, weil der Discours selber genügend zu solchen Experimenten anleite, nur eins über die Zusammenfassung der prismatischen Farben mit Hilfe von Prismen, das wir hier nicht weiter ausführen wollen. Der Brief an Oldenburg schliesst mit den bei der Veröffentlichung in den Philosophical Transactions weggelassenen Sätzen: Dies halte ich für genug zur Einführung in Experimente dieser Art. Wenn irgend Jemand von der Royal Society so eifrig sein sollte, dieselben nachzuprüfen, so würde ich sehr erfreut sein zu hören, mit welchem Erfolge dies geschehen; damit ich, wenn etwas fehlerhaft oder dieser Erzählung widersprechend erscheinen sollte, Gelegenheit hätte, weitere Anleitung zu geben, oder meine Fehler anzuerkennen, wenn ich solche begangen haben sollte.[2]

Die vorstehende Abhandlung ist eine ganz eigenartige, zu der wir bei Newton kein Seitenstück wieder finden. Sie ist von einer liebenswürdigen Offenheit, giebt lebhaft die Freude an dem Neuentdeckten kund, erzählt ausführlich von allen verfehlten Vermuthungen und dem langsamen Erringen des Richtigen und giebt endlich auch ganz offen die hypothetische Grundlage des Ganzen in dem Schlusssatz: Das Licht ist ein Stoff.

Dem sachlichen Inhalte nach die ausgereifte Arbeit eines Mannes, ist sie der Form nach die naive Jugendarbeit Newton's, der mit ihr zum ersten Male vor das grosse, kritische Publikum trat. Sie ist die einzige Jugendarbeit des nun schon Dreissigjährigen. Nie wieder hat Newton in so zwangloser, offener Weise

---

[1] Phil. Trans. to the end of the Year 1700 abridged, vol. I, p. 140: But to determine more absolutely what Light is, after what Manner refracted, and by what Modes or Actions it produceth in our Minds the Phantasms of Colours, is not so easy: And I shall not mingle Conjectures with Certainties.

[2] Horsley, Newtoni Opera, vol. IV, p. 307.

den Werdeprocess seiner Entdeckungen gegeben. Durch nörgelnden Unverstand, vielumstrittene, nie allgemein anerkannte Erfolge verbittert, von seiner genial einsam angelegten, autodidaktisch misstrauischen Natur getrieben, hat er seine späteren Resultate nur in fest geschlossenen, gegen jeden Angriff in sich verzahnten Hauptwerken veröffentlicht, deren geometrisch starre, in Axiomen, Definitionen und Lehrsätzen fortschreitende Methode eine subjective Meinung des Verfassers kaum errathen lässt. Nur in einem gleicht auch schon diese erste Arbeit den späteren, in der Begrenztheit auf die eigene Person, in dem Fehlen jeden Hinweises auf die historische Entwickelung, in der Unabhängigkeit von den Meinungen und Ideen Anderer. In NEWTON's Werken weht von Anfang an nur ein Geist, nämlich sein eigener; und wo derselbe fremde Nahrung aufgenommen, da ist dieselbe so assimilirt, dass ihr fremder Ursprung dem Autor sichtbar nicht bewusst und selbst dem objectiven Forscher kaum bemerkbar ist.

NEWTON's Entdeckung der Dispersion des Lichts bei der Brechung war eine echte, originelle Entdeckung, auf die kein Anderer jemals Anspruch zu erheben gewagt hat. Wir wissen nicht, wie weit NEWTON bei seinen Experimenten von seinen Vorgängern angeregt war; er erwähnt in dieser seiner ersten Abhandlung nur einen Autor, nämlich HOOKE, und diesen mit seiner Micrographie nur bei der Beobachtung, dass zwei durchsichtige Flüssigkeiten hinter einander gestellt undurchsichtig erscheinen können. Vielleicht darf man aus den fingirten Versuchen NEWTON's, die Verlängerung des Spectrums durch eine gekrümmte Bahn der Strahlen oder durch die ungleiche Incidenz der von verschiedenen Theilen der Sonne kommenden Strahlen zu erklären, auf directe oder indirecte Bekanntschaft NEWTON's mit den Werken von MARCUS MARCI und GRIMALDI und vielleicht noch Anderer schliessen. Jedenfalls aber zeigt gerade das Studium dieser Werke, dass NEWTON's Theorie von der Zusammensetzung des weissen Lichts und der elementaren Natur des farbigen Lichts eine durchaus originelle, vorher nicht berührte war. Dabei konnte man die Einfachheit und Bequemlichkeit dieser Theorie um so weniger verkennen, als die Darstellung derselben eine so klare und leicht verständliche ist, wie sie NEWTON auch nur annähernd nie wieder erreicht, ja wohl nie wieder versucht hat. Auch war die thatsächliche Grundlage der Theorie durch ebenso geschickt geplante, wie sorgfältig ausgeführte Experimente, durch unanfechtbare Messungen der Grössenverhältnisse vollständig gesichert. Und doch blieb die allgemeine Anerkennung, deren NEWTON in seiner Ankündigung der Abhandlung so sicher gewesen, vorerst noch aus, und NEWTON wurde in Streitigkeiten verwickelt, die seine von Natur aus geringen Anlagen zu offener Mittheilsamkeit und optimistischem Vertrauen in die Ehrenhaftigkeit Andersdenkender noch stark verminderten.

NEWTON hatte in seiner Arbeit zugestandenermassen einen dunklen Punkt. Er hatte gezeigt, dass eine gewisse Grösse der Brechung und eine bestimmte Farbe unauflöslich mit einander verbunden seien, er hatte darnach in der Brechung eine sichere Definition der Farben gefunden; wie aber nun diese Verbindung eigentlich beschaffen, wie jeder farbige Lichtstrahl von den anderen wesentlich unterschieden und wie ihr verschiedenes Verhalten bei der Brechung natürlich bedingt sei, darüber hatte sich NEWTON nicht verbreitet, um nicht conjecturen mit certainties zu mischen. Nur zum Schluss hatte er leicht angedeutet, dass man das Licht für einen Stoff und die Farben also für verschiedene Stoffe halten müsse, die sich verschieden verhalten könnten.

Es war darnach natürlich, dass diejenigen Physiker, welche sich schon länger mit der Ableitung der Farben aus dem Wesen des Lichts beschäftigt hatten, NEWTON in diesem Punkte angriffen, und es war nur menschlich, wenn auch für NEWTON darum nicht weniger schmerzlich, dass dabei die Anerkennung seiner sonst unbestreitbaren Verdienste etwas zu kurz und zu zart ausfiel. Die Royal Society hatte ihm zwar nach der Vorlesung seiner Abhandlung ihren Dank votirt und dieselbe augenblicklich drucken lassen; aber sie setzte auch nach ihrer Gewohnheit zur wissenschaftlichen Prüfung der Entdeckung eine Commission ein, zu welcher, ausser SETH WARD und BOYLE, auch HOOKE gehörte,[1] der sich sogleich als ein äusserst heftiger und hartnäckiger, weil principieller Gegner der NEWTON'schen Theorie erwies.

Die Royal Society und einige ihrer Mitglieder spielen im Leben NEWTON's eine so grosse Rolle, dass wir uns hier über dieselben ein wenig verbreiten müssen.[2] Diese berühmteste der wissenschaftlichen Gesellschaften war damals wie auch heute noch trotz ihres Titels eine private Gesellschaft von Männern aus allerlei Berufszweigen, die sich für die exacten Wissenschaften interessirten und zu deren Förderung irgendwie beizutragen versprachen. Die Gesellschaft genoss vom Staate keinerlei Unterstützung, sondern erhielt sich ganz aus den Beiträgen ihrer Mitglieder und bekam nach und nach nur dadurch ein etwas officielles Ansehen, dass sie die berühmtesten Gelehrten Englands wohl ausnahmslos zu ihren Mitgliedern zählte und von den Staatsbehörden öfters um Auskunft über wissenschaftliche Fragen und wissenschaftliche Angelegenheiten angegangen wurde. Die Gesell-

---

[1] BIRCH, History of the Royal Society, vol. III, p. 9.
[2] Ibid.

schaft war damals noch in ihrer ersten Kindheit und hatte noch ziemlich unter den Kinderkrankheiten junger wissenschaftlicher Vereinigungen, wie Mangel an stetigen Arbeitsaufgaben, pecuniären Verlegenheiten, Uneinigkeiten und Eifersüchteleien der Mitglieder und der Vorstände u. s. w. zu leiden. Sie hatte den Namen Royal Society und die Königliche Bestätigung ihrer Einrichtungen, die bis heute ziemlich unverändert geblieben sind, erst durch ein Patent vom 15. Juli 1662[1] erhalten. Darnach bezahlte jedes Mitglied 20 sh. Eintrittsgeld und 1 sh. Beitrag in jeder Sitzung, soweit diese Zahlungen nicht besonderer wissenschaftlicher Leistungen wegen erlassen wurden. Die wöchentlichen wissenschaftlichen Sitzungen wurden durch einen Präsidenten geleitet; die äusseren Geschäfte besorgten zwei Secretäre, ein engerer Rath und ein Kassirer, die alle aus der Zahl der Mitglieder gewählt wurden. Zu diesen Beamten der Gesellschaft kam bald, nämlich im Jahre 1664, noch ein besonderer Curator of Experiments, welcher für das in den Sitzungen zu behandelnde Material zu sorgen, auch wohl auf Anregung von Mitgliedern bestimmte Experimente auszuführen hatte. Präsident war bis Ende der siebziger Jahre Lord BROUNKER. Die ersten Secretäre waren JOHN WILKINS (späterer Bischof von Chester) und HEINRICH OLDENBURG[2]; erster Curator of Experiments wurde ROB. HOOKE. Die Zahl der Mitglieder wuchs schnell; trotzdem aber scheinen die Mittel der Gesellschaft in den nächsten Jahrzehnten oft knapp geworden zu sein, vor allem darum, weil die Beiträge vieler Mitglieder nicht regelmässig oder auch gar nicht eingingen. In den siebziger Jahren veröffentlichte die Gesellschaft mehrmals in ihren Protokollen Listen säumiger Zahler und strich solche aus ihrem Mitgliederverzeichniss.[3] Auch an Stoff für die Arbeit in den Sitzungen mangelte es zeitweilig und besonders viel wurde über HOOKE geklagt, der nicht für die Experimente, wie er solle, sorge. Trotz vieler Verhandlungen und Beschlüsse, auch Androhung einer Einziehung seines Gehaltes, scheint HOOKE in seiner Arbeit doch niemals sehr eifrig geworden zu sein. Offene Kämpfe zwischen den Beamten der Gesellschaft werden aus den siebziger und achtziger Jahren gemeldet, wo überhaupt diese Beamten wie auch die Präsidenten häufiger als vor- und nachher wechselten.

Trotzdem wuchs der Einfluss der Royal Society in England wie nach aussen in wissenschaftlicher Hinsicht beständig, nicht blos durch die sich mehrende Zahl der Mitglieder, sondern auch durch die wissenschaftliche Bedeutung derselben, wie durch die

---

[1] BIRCH, History of the Royal Society, vol. I, p. 88.
[2] Ibid., ibid.
[3] Ibid., vol. III, p. 94.

Arbeiten, welche in den Veröffentlichungen der Gesellschaft gedruckt wurden. Die Veröffentlichungen erschienen unter dem Titel Philosophical Transactions seit dem März 1665[1], zuerst in monatlichen Nummern, später in Jahresbänden. Ihr Redacteur war der Secretär der Gesellschaft HEINRICH OLDENBURG bis zu seinem Tode im Jahre 1678. Da derselbe auch die ganze auswärtige Correspondenz der Gesellschaft besorgte, so kam er mit vielen bedeutenden Gelehrten in Briefwechsel und übte durch beide Umstände in der Royal Society einen bedeutenden Einfluss. Das führte ihn, vielleicht nothwendigerweise, zu vielfachen Conflicten mit HOOKE, der als officieller Experimentator der Gesellschaft am ehesten dazu bestimmt schien, den wissenschaftlichen Arbeiten derselben ihre Richtung zu geben.

ROB. HOOKE[2], welcher auch mit NEWTON mehrfach so heftig zusammenstiess, war am 13. Juli 1635 zu Freshwater auf der Insel Wight als Sohn eines Pfarrers geboren, der ihn zu demselben Amte bestimmte. Da aber der Knabe sehr kränklich war, so unterblieb ein regelmässiger Unterricht, und als der Vater 1648 starb, liess er den Sohn nicht nur vermögenslos, sondern auch ziemlich kenntnisslos zurück. Trotzdem finden wir ihn 1653 studirend in Oxford, wo er sich aber nur als Famulus (servitor) erhalten konnte. Dort erhielt er 1662 oder 1663 den Grad eines Magisters, schloss also kurz vor NEWTON sein Studium ab, und war noch mehr als dieser ein Autodidakt und selbstgemachter Mann. Seine Stellung in der Royal Society brachte es mit sich, dass er alle neuauftauchenden Erfindungen und Entdeckungen, wie auch die Ideen zu solchen selbst prüfte; sein unleugbar ganz hervorragendes Talent liess ihn vielfach diese Erfindungen verbessern und weiterführen; sein Amt aber, wie auch vielleicht seine unruhige Natur, verhinderten ihn fast immer an der Vollendung seiner Pläne, und so war er von Verwickelungen in Prioritätsstreitigkeiten kaum jemals frei. Am schlimmsten gerieth er im Jahre 1676 mit OLDENBURG zusammen, dem er jedenfalls wegen seiner Parteinahme für NEWTON grollte.[3] OLDENBURG hatte in dem XI. Bande der Philosophical Transactions (no. 212, pag. 272) aus dem Journal des Sçavans vom 25. Febr. 1675 die Beschreibung einer Uhr mit Spiralfeder von HUYGENS abdrucken lassen, wonach HOOKE sich beklagte, dass er nicht als früherer Erfinder einer solchen Uhr genannt sei. OLDENBURG antwortete, dass einestheils HOOKE ihm einen diesbezüglichen

---

[1] BIRCH, History of the Royal Society, vol. II, p. 18.

[2] The posthumous Works of ROB. HOOKE, published by RICH. WALLER, London 1705, p. 1 u. f.

[3] BIRCH, History of the Royal Society, vol. III, p. 320 u. 321.

Wunsch nicht mitgetheilt habe, und dass andererseits HOOKE allerdings vor einigen Jahren eine solche Uhr habe anfertigen lassen, dieselbe aber keinen Erfolg gehabt habe. HOOKE erwiderte darauf in einem Postscriptum[1] zu seiner Schrift Lampas von 1677 mit äusserster Schärfe, indem er OLDENBURG direct des Betruges und der Mittheilung der zu seiner Kenntniss gelangten Erfindungen an fremde Personen bezichtete. Auf die Beschwerde OLDENBURG's erklärte dann der Rath der Royal Society, dass die Schrift Lampas, obgleich beim Drucker der Royal Society gedruckt, doch ohne ihr Wissen und Willen erschienen, und dass der Herausgeber der Philosophical Transactions stets rechtschaffen und redlich in der Verwaltung seines Amtes erfunden worden sei.[2] Trotzdem wurde HOOKE nach dem Tode OLDENBURG's an dessen Stelle auch noch mit der Verwesung der Geschäfte eines Secretärs betraut; doch hat er diese Stelle nicht lange versehen. Nach mehrfachem Wechsel versuchte man die Verwaltung der Royal Society zu reformiren. Als am 9. December 1685 Dr. ASTON, ein Jugendfreund NEWTON's, in einer Councilsitzung plötzlich in brüsker Weise sein Amt als Secretär niederlegte, beschloss man nur noch unbesoldete Secretäre zu wählen und die Verwaltungsgeschäfte ganz einem Clerk zu übertragen, der eine Besoldung von 50 £ jährlich empfangen sollte. Am 27. Januar 1686 ging aus einer wiederholten Wahl, bei der auch PAPIN auf der Liste stand, EDMUND HALLEY als Clerk der Gesellschaft hervor, der aber mit HOOKE auch nicht besser auskam als die Anderen. Seit dem Anfang der achtziger Jahre soll bei HOOKE eine immer wachsende Verschlossenheit und ein allgemeines Misstrauen zu bemerken gewesen sein, welches schliesslich so weit ging, dass er aus seinen Vorlesungen und Demonstrationen nichts mehr schriftlich veröffentlichte[3], obgleich er von den meisten der damals auftauchenden Probleme behauptete, die Lösung vollständig zu haben. Er wurde in den letzten Jahren seines Lebens immer mehr von Krankheiten ergriffen und erblindete fast ganz. Sein Tod erfolgte am 3. März 1703; alle Mitglieder der Royal Society, soweit sie in London anwesend waren, wohnten seinem Begräbniss bei. Seine nachgelassenen Werke wurden 1705 von WALLER herausgegeben, der der allgemeinen Zustimmung sich sicher hielt, wenn er HOOKE als einen der grössten Förderer der Experimentalphysik bezeichnete, als eine

---

[1] Lampas or Descriptions of some Mechanical Improvements, London 1677; abgedruckt in Lectiones Cutlerianae, by ROB. HOOKE, London 1679; das Postscriptum steht auf p. 53 u. 54.
[2] BIRCH, History of the Royal Society, vol. IV, p. 449.
[3] HOOKE, The posthumous works, by WALLER, p. XXIV.

Zierde des vorhergegangenen Jahrhunderts, das so fruchtbar an grossen Genies gewesen sei.[1]

Wie erwähnt, war die optische Abhandlung NEWTON's über eine neue Theorie des Lichts und der Farben am 8. Februar 1672 in der Sitzung der Royal Society gelesen und es war von dieser zur Prüfung eine dreigliedrige Commisson eingesetzt worden, zu der auch HOOKE gehörte. Der letztere war mit seiner Beurtheilung schon in wenigen Tagen fertig und gleich in der nächsten Sitzung der Royal Society am 15. Februar wurde diese sehr ausführliche Begutachtung von Seiten HOOKE's mitgetheilt. HOOKE rühmt darin[2] offen die Feinheit und Genauigkeit von NEWTON's Experimenten, er stimmt auch mit den Versuchen selbst ganz überein, dagegen kann er sich von der Wahrheit der Hypothese, durch welche NEWTON die Farbenerscheinungen erklärt, auf keine Weise überzeugen. Er hält dafür, dass NEWTON's neue Versuche vollständig genügend und ganz ungezwungen auch durch die Lichttheorie erklärt werden, die er selbst in seiner Micrographia aufgestellt hat. Ja er glaubt, dass diesen Versuchen noch überdies andere von den beiden Theorien verschiedene Hypothesen genügen könnten, und führt dafür beispielsweise die Verdichtungs- und Verdünnungstheorie des Lichts an. Warum alle Farben schon ursprünglich in den einfachen Lichtstrahlen vorhanden sein sollten, könne er am allerwenigsten einsehen, ebenso wenig, wie er annehmen möge, dass alle Töne der Orgelpfeifen schon in der Luft der Blasebälge enthalten gewesen wären. Er stimme mit NEWTON ganz darin überein, dass alle Lichtstrahlen wie an Brechbarkeit, so auch in der Farbe differiren, auch dass Blau die brechbarste und Gelb die am wenigsten brechbare Farbe sei. Aber zugeben könne er nicht, dass die Farben originelle und angeborene Eigenschaften der Strahlen seien, denn er habe in seiner Micrographia[3] gezeigt, wie eine einfache Wellenbewegung beim Uebergang aus einem homogenen Stadium in ein anderes so gestört werden könne, dass die vorher senkrecht zur Fortpflanzungsrichtung stehenden Wellenlinien nun schief zu derselben würden, wie also einfaches weisses Licht bei der Brechung in farbiges umgewandelt werden könne. Das Experimentum crucis beweise nichts für NEWTON, denn es sei auch nach seiner Hypothese klar, dass die Störung der einfachen Wellenbewegung, die durch ein Prisma bewirkt sei, durch ein umgekehrt gestelltes wieder aufgehoben und so die durch das eine Prisma bewirkte Färbung

---

[1] HOOKE, The posthumous works, by WALLER, p. I.
[2] BIRCH, History of the Royal Society, vol. III, p. 10—15.
[3] Vergl. S. 37 dieses Werkes.

durch das andere Prisma wieder verschwinden müsse. Ebenso wenig könne er annehmen, dass unendlich viele einfache Farben existiren. Nach seiner Hypothese erscheine der gebrochene Lichtstrahl an einer Seite blau, an der anderen roth und alle anderen Farben entständen nur durch Verdünnung und Mischung dieser Grundfarben, deren Zahl also keine andere als zwei sein könne. Auch nach NEWTON's Hypothese sei es kaum möglich in einem Lichtstrahl eine unendliche Menge von Wesenheiten, wie die unendlich vielen verschiedenen Farbennuancen, anzunehmen. Er sage das Alles nicht gegen NEWTON's Theorie insofern, als dieselbe eine sehr subtile und ingeniöse Hypothese zur Erklärung der Farbenerscheinungen sei, aber er halte dieselbe nicht für die einzig mögliche und schätze ihre Sicherheit nicht so hoch, wie die eines mathematischen Beweises. Wenn er aber schliesslich auch die Hypothese von der Körperlichkeit des Lichts und der Farben zugeben wollte, so vermöchte er noch immer auf keine Weise einzusehen, wie selbst alle gefärbten Körper in der Welt zusammen einen weissen Körper hervorbringen könnten, und er würde wirklich erfreut sein dafür ein Experiment zu sehen. Die ganze Art der Entstehung des Lichts weise auf eine Bewegung hin, die sich von allen leuchtenden Körpern der Welt in alle möglichen Entfernungen in einem Zeitmoment fortpflanze. Er glaube, selbst NEWTON könne es nicht für eine schwere Sache halten, nach dieser Hypothese alle Erscheinungen aufzulösen, nicht nur der Prismen, der gefärbten Flüssigkeiten und festen Körper, sondern auch der Farben dünner Platten, welche die grössten Schwierigkeiten zu bieten scheinen. Es sei allerdings wahr, dass auch er bei seiner Hypothese das Weiss als zusammengesetzt aus allen anderen Farben annehmen, oder die uniforme, gradlinige Bewegung als aus tausend anderen Bewegungen zusammengesetzt denken könne, aber er sehe die Nothwendigkeit davon nicht ein. Wenn Mr. NEWTON irgend ein Argument hat, das er für einen absoluten Beweis seiner Theorie hält, so werde ich mich gern dadurch überzeugen lassen, mit diesen Worten schliesst der Bericht.

HOOKE drang diesmal mit seinen Ansichten nicht durch. Die Royal Society dankte ihm zwar bestens für seine geistreiche Arbeit, wies aber den Druck derselben wenigstens vorläufig ab, damit NEWTON es nicht als eine Missachtung empfinde, wenn man so plötzlich eine Widerlegung seines Discourses abdrucke, nachdem der letztere erst vor wenigen Tagen den allgemeinen Beifall der Gesellschaft erhalten habe. Man begnügte sich damit, den Bericht HOOKE's an NEWTON zur Kenntnissnahme und Gegenäusserung zu schicken. NEWTON nahm die Sendung noch mit guter Miene auf. Er sei, so sagt er in seiner Antwort an

OLDENBURG vom 20. Februar,[1] sehr erfreut, dass ein so scharfer Gegner wie HOOKE nichts vorgebracht habe, was irgend einen Theil seines Discourses entkräften könne. Er zweifle nicht, dass bei strenger Prüfung derselbe so wahr und sicher erfunden werden würde, wie er ihn dargestellt habe. Seine Erwiderung solle OLDENBURG sehr bald erhalten.

Indessen zog sich dieses bald doch etwas in die Länge.[2] In den Monaten März, April und Mai hatte NEWTON mit der Vertheidigung und weiteren Erklärung seines Teleskops zu thun, auch traten neue Gegner und Zweifler an seiner Farbentheorie auf, denen geantwortet werden musste; und so dauerte es bis zum Juni, ehe die im Februar angekündigte Sendung an OLDENBURG gelangte. Während dessen hatte HOOKE in der Royal Society in mehreren Sitzungen die Experimente NEWTON's wiederholt und dabei allerdings bestätigt, dass die einfachen prismatischen Farben zwar vielfach wieder gebrochen, aber niemals in ihrer Farbe noch verändert werden könnten. Doch hatte er dabei auch noch immer das Genügen seiner Farbentheorie zur Erklärung der Erscheinungen behauptet und die Nothwendigkeit einer Annahme der NEWTON'schen Doctrin geleugnet.[3] NEWTON's Erwiderung auf HOOKE's Bemerkungen ist vom 11. Juni 1672 datirt; im Eingange des an OLDENBURG gerichteten Briefes spricht er sich über den Ton derselben nachgiebig genug aus. OLDENBURG werde leicht sehen, dass er sich ernstlich bemüht habe, in seinem Discourse alle schiefen und stichelnden Ausdrücke zu vermeiden; er hoffe deshalb auch, dass die Royal Society nicht nöthig finden werde, die Sache noch weiter zurecht zu stellen. Sollte das aber doch der Fall sein, so werde er bereitwillig jeder Milderung zustimmen, welche die Leiter der Royal Society für richtig halten möchten.[4]

Trotz dieser Ueberzeugung NEWTON's von der Versöhnlichkeit seiner Antwort, wird man dieselbe bestimmt und kräftig genug finden. Auch wird man darin ein nicht ungewöhnliches Talent entdecken, die eigene Sache in allen Punkten zu vertheidigen und zu halten und den Angreifer von vornherein in eine unbequeme Lage zu versetzen. Sie wurde in der Royal

---

[1] HORSLEY, Newtoni Opera, vol. IV, p. 275; BIRCH, History, vol. III, p. 15.

[2] In einem Briefe vom 19. März an OLDENBURG heisst es schon: Meine Antwort auf den Bericht HOOKE's wird nicht vor acht oder vierzehn Tagen bereit sein können, weil ich meiner Theorie noch einige weitere Erklärungen hinzufügen möchte. (EDLESTONE, Correspondence, p. 241.)

[3] BIRCH, History of the Royal Society, vol. III, p. 50: Sitzung der Royal Society am 22. März 1672.

[4] EDLESTONE, Correspondence, p. 248.

Society theilweise noch in der Sitzung vom 12. Juni 1672 gelesen,[1] aber vielleicht der Ferien vom Juli bis Ende Oktober wegen erst in der Novembernummer der Philosophical Transactions, mit wenig Auslassungen zu Anfang und zu Ende, gedruckt. NEWTON bekennt darin, dass er bei der Ansicht von HOOKE's Bemerkungen zuerst einigermassen erstaunt gewesen sei, diesen Gelehrten, von dem er vor allen eine ruhige und unparteiische Prüfung seiner Propositionen erwartet habe, so sehr für eine Hypothese interessirt zu finden. Doch zweifle er nicht daran, dass sie beide dasselbe Ziel hätten, nämlich ein ernstes Streben nach Erkenntniss, und dass sie nicht ungewisse Speculationen nur ihrer Feinheiten wegen schätzten, oder Gewissheiten nur wegen ihrer Klarheit verachteten. Im Vertrauen hierauf unternehme er es, auf HOOKE's Bemerkungen zu erwidern.

Wenn HOOKE ihn tadle,[2] dass er so schnell alle Gedanken an eine Verbesserung der Refractoren bei Seite gelegt, so möge er bedenken, dass es nicht richtig sei, einem Gelehrten die Regeln für seine Studien vorzuschreiben, besonders dann nicht, wenn man die Gründe seines Vorgehens gar nicht kenne. Hierauf folgt die Auseinandersetzung NEWTON's über seine Versuche zur Aufhebung der chromatischen Abweichungen, die wir schon früher angedeutet haben.[3] Nach dieser Absolvirung des praktischen Theils, wie NEWTON sagt, geht er zu HOOKE's Besprechung seiner Theorie des Lichts über.

Diese Betrachtungen, so heisst es nun weiter, bestehen erstens darin, mir eine Hypothese zuzuschreiben, die nicht die meinige ist, zweitens darin, eine Hypothese zu vertheidigen, die in den hauptsächlichsten Theilen nicht gegen mich ist, drittens darin, den grössten Theil meiner Abhandlung zuzugeben, wenn er nach dieser Hypothese erklärt wird, und endlich viertens darin, einige Sachen zu leugnen, deren Wahrheit eine experimentelle Prüfung augenscheinlich gemacht haben würde. Auf diese einzelnen Einwürfe will ich der Reihenfolge nach antworten. Sprechen wir zuerst von der Hypothese, welche mir in den folgenden Worten zugeschrieben wird: „Aber zugegeben, dass das Licht ein Körper ist, und dass so viele solcher Körper existiren mögen als es Farben oder Grade giebt, welche alle zusammen Weiss ergeben u. s. w.“ Es ist wahr, dass ich aus meiner Theorie auf die Körperlichkeit des Lichts schliesse; aber ich thue das ohne irgend eine absolute

---

[1] HORSLEY, Newtoni Opera, vol. IV, p. 322—342.

[2] Von hier an ist der Discours auch in den Phil. Trans. abr., vol. I, p. 209—211 und 151—163 aus den Phil. Transactions, no. 88, p. 5084, November 1672, abgedruckt.

[3] Siehe S. 55 dieses Werkes.

Bestimmtheit, wie das Wort „vielleicht“[1] andeutet, und gebe es höchstens nur als eine sehr plausible Folgerung meiner Doctrin und nicht als eine fundamentale Annahme. Hätte ich eine solche Hypothese beabsichtigt, so würde ich sie irgendwo erklärt haben: aber ich wusste, dass die Eigenschaften des Lichts, welche ich entdeckte, in gewissem Masse geeignet waren, nicht blos durch jene, sondern noch durch manche andere mechanische Hypothesen erklärt zu werden, und deshalb entschloss ich mich sie alle zu vermeiden und vom Licht in allgemeinen Ausdrücken zu sprechen; indem ich es nur als Etwas voraussetzte, das von den leuchtenden Körpern aus in geraden Linien sich verbreitet, ohne zu bestimmen, was sich bewegt, ob eine wirre Mischung von ungleichen Kräften oder was immer auch für Wesen. Und aus demselben Grunde sprach ich von den Farben, wie wir sie empfinden, als wären sie von uns ganz unabhängige Eigenschaften des Lichts; während ich sie nach der Hypothese als Arten der Empfindung hätte betrachten müssen, die durch die verschiedenen Bewegungen, Formen, oder Grössen der Corpuskeln des Lichts mechanisch erregt werden: wie ich es that, wo ich von der Körperlichkeit des Lichts sprach.

Aber angenommen, ich hätte jene Hypothese wirklich behauptet, so verstehe ich nicht, warum mein Gegner so sehr sich bestrebt ihr entgegen zu treten: denn sicherlich hat sie eine viel grössere Verwandtschaft mit seiner Hypothese, als er sich bewusst ist. Die Vibrationen des Aethers sind so nützlich und nothwendig in jener wie in dieser; denn wenn wir annehmen, dass die Lichtstrahlen aus kleinen Körpern bestehen, die von den leuchtenden Substanzen nach allen Richtungen hin ausgesandt werden, so müssen diese, wenn sie auf irgend welche brechende oder zurückwerfende Oberflächen treffen, so nothwendig Vibrationen in dem Aether erregen, wie ein Stein im Wasser, wenn er in dasselbe geworfen wird. Und nehmen wir an, dass diese Vibrationen verschiedene Breiten oder Dicken (Depths or Thicknesses) haben, je nachdem sie durch (die erwähnten körperlichen) Strahlen von verschiedenen Grössen und Geschwindigkeiten erregt sind: so kann ihr Nutzen für die Erklärung der Zurückwerfung und Brechung des Lichts, der Erzeugung von Hitze durch die Sonnenstrahlen, der Emission von Licht durch brennende, verwesende oder andere Substanzen, deren Theile heftig bewegt sind, der Erscheinungen der Farben bei dünnen durchsichtigen Platten und Blasen und bei allen natürlichen Körpern, der Art und Weise des Sehens, der Verschiedenheit der Farben, wie ihrer Harmonie und Disharmonie der Betrachtung derjenigen unmöglich entgehen, welche es ihrer Be-

[1] Siehe S. 66 dieses Werkes.

mühung für werth halten, diese Hypothese auf die Lösung der Erscheinungen anzuwenden.

Zweitens, sagte ich, dass Mr. HOOKE's Hypothese in ihrem fundamentalen Theile nicht gegen mich ist. Seine fundamentale Annahme ist, dass die Theile der Körper, wenn sie lebhaft bewegt werden, in dem Aether Vibrationen erregen, welche von diesen Körpern aus in geraden Linien sich fortpflanzen und indem sie auf den Grund des Auges auftreffen, dort die Empfindung des Lichts verursachen, einigermassen nach der Art, wie die Vibrationen der Luft die Empfindung eines Tones hervorbringen. Für die ungesuchteste und natürlichste Anwendung dieser Hypothese zur Erklärung der Erscheinungen aber halte ich dann die folgende. Die erschütterten Theile der leuchtenden Körper erregen in dem Aether je nach ihren verschiedenen Grössen, Formen oder Bewegungen Vibrationen von verschiedenen Tiefen oder Dicken. Diese bringen, wenn sie unzertrennt durch das Medium bis in unser Auge geleitet werden, die Empfindung des weissen Lichts, wenn sie aber durch irgend ein Mittel nach ihren ungleichen Grössen von einander gesondert werden, die Empfindungen der verschiedenen Farben hervor, und zwar die grössten das Roth, die kleinsten oder kürzesten das tiefste Violett und die dazwischen liegenden Schwingungen die mittleren Farben. Da man wohl annehmen darf, dass die grössten Vibrationen am meisten geeignet sind den Widerstand brechender Oberflächen zu überwinden und darum mit der geringsten Brechung hindurchzugehen, so folgt aus der Hypothese von selbst eine verschiedene Brechung der verschiedenen Strahlen, eine geringere der rothen, eine grössere der violetten, und damit die nothwendige Zerlegung des weissen Lichts in farbiges durch die Brechung. Darnach sind alle Farbenerscheinungen am Prisma leicht abzuleiten. Weiter ist nach der Hypothese aber auch ohne Weiteres klar, dass es nur von der Dicke einer dünnen durchsichtigen Platte oder Blase abhängen kann, ob eine Vibration an der hinteren Oberfläche der Platte zurückgeworfen oder durchgelassen wird, so dass je nach den verschiedenen Dicken der Platten auch verschiedene Farben durchgelassen oder reflectirt werden; und da die Vibrationen, welche Blau und Violett hervorbringen, kürzer sein sollen als diejenigen, welche Roth und Gelb erzeugen, so müssen sie auch bei einer geringeren Dicke der Platte reflectirt werden u. s. w. Diese Sätze genügen, um alle die gewöhnlichen Erscheinungen jener Platten oder Blasen, sowie auch die Farben aller natürlichen Körper zu erklären, denn die Theile der letzteren lassen sich ja als Fragmente solcher Platten ansehen.

Das scheinen die klarsten, ursprünglichsten und nothwendigsten Forderungen dieser Hypothese zu sein; und sie stimmen so gut mit meiner Theorie, dass, wenn mein Gegner es für richtig hält, sie anzunehmen, er deshalb nicht nöthig hat, einen Umsturz seiner Hypothese zu befürchten. Wie er die letztere freilich in anderen Schwierigkeiten vertheidigen will, das weiss ich nicht. Mir scheint seine fundamentale Annahme selbst unmöglich, nämlich dass die Wellen oder Vibrationen irgend einer Flüssigkeit in geraden Linien fortgepflanzt werden, ohne sich immerwährend nach allen Richtungen in das ruhende Medium, durch welches sie begrenzt werden, einzubiegen und auszubreiten. Ich müsste mich sehr irren, wenn da nicht Experiment und Demonstration beide zum Gegentheil führten. Was dann die anderen zwei oder drei Hypothesen betrifft, welche er erwähnt, so möchte ich lieber glauben, dass sie denselben Schwierigkeiten unterworfen wären, als annehmen, dass mein Gegner gerade die schlechteste Hypothese als seine eigene ausgesucht hätte.

Der dritte Punkt, den ich zu betrachten habe, ist die Einräumung von Mr. Hooke, dass kaum noch eine Differenz zwischen uns bestehen würde, wenn ich meine Theorie nach seiner Hypothese erklären wollte und ihm hierin willfahren könnte. Er giebt zu, dass es auch ohne Rücksicht auf verschiedene Einfallswinkel der Strahlen verschiedene Brechungen giebt, aber er möchte das erklärt haben nicht durch eine verschiedene Brechbarkeit der Strahlen, sondern durch die ätherischen Vibrationen. Er giebt ferner zu, dass die einfachen Farben unveränderlich, und dass zusammengesetzte nur dadurch wandelbar sind, dass sie in einfache zerlegt werden, dass also alle Wandlungen der Farben nur durch Mischen und Trennen geschehen können. Aber er giebt das nur zu auf die Bedingung hin, dass ich selbst die Farben erkläre durch die zwei Seiten einer zertheilten Schwingung, dass ich also nur zwei Arten von Farben unterscheide und alle anderen nur als verschiedene Grade oder Verdünnungen dieser beiden beschreibe. Er giebt auch noch zu, dass Weiss durch die Vereinigung aller Farben hervorgebracht wird, aber dann muss ich wieder zugeben, dass Weiss nicht nur eine Vereinigung jener Farben, sondern auch als eine Vereinigung jener Theile des Strahles anzusehen ist, die vorher als getrennt vorausgesetzt waren.

Ich denke, wenn ich weiter diese Erklärungen prüfen wollte, würde es keine schwierige Sache sein zu zeigen, dass sie nicht nur ungenügend, sondern in einigen Beziehungen (mir wenigstens) unbegreiflich sind. Denn obgleich es leicht begreiflich sein mag, dass Bewegungen ausgebreitet und ausgedehnt werden, oder aus parallelen in divergirende übergehen können, so kann ich doch nicht verstehen, auf welche Art irgend eine lineare Bewegung durch eine brechende Oberfläche in's Unendliche ausgebreitet und verdünnt werden soll. Und weiter: obgleich ich mir leicht vorstellen kann, wie ungleiche Bewegungen einander zu kreuzen vermögen, so kann ich doch nicht so leicht begreifen, wie sie in eine einförmige Bewegung zusammenfliessen und sich dann wieder trennen und die vorige Ungleichheit wieder erlangen sollen; und das, trotzdem ich wohl muthmasse, auf welche Weise mein Gegner es zu erklären versuchen mag. Ebenso unbegreiflich bleibt mir endlich, dass die directen, gleichförmigen und ungestörten Wellen durch die Brechung gespalten und gestört werden sollen, während doch die schiefen und gestörten Wellen ohne weitere Zerspaltung oder Störung auch bei noch folgenden Brechungen immer in ihrer Weise verharren.

Aber was auch die Vortheile oder Nachtheile dieser Hypothese sein mögen, ich hoffe, dass ich entschuldigt werde, wenn ich dieselbe nicht aufnehme, da ich es nicht für nöthig halte, meine Doctrin durch irgend eine Hypothese zu erklären. Denn wenn das Licht abstract, ohne Beziehung auf irgend eine Hypothese betrachtet wird: ich kann ebenso leicht fassen, dass die einzelnen Theile eines leuchtenden Körpers Strahlen von verschiedenen Farben und anderen Eigenschaften aussenden mögen, aus deren Gesammtheit das Licht besteht, wie ich verstehe, dass die verschiedenen Theile einer fehlerhaften, inhomogenen Saite, oder die verschiedenen, auf einmal angeblasenen Orgelpfeifen, oder alle klingenden Körper in der Welt zusammen, Klänge von einzelnen Tönen hervorbringen und sie undeutlich gemischt durch die Luft verbreiten mögen. Und wenn es dann einen Körper gäbe, der allein Klänge eines bestimmten Tones zurückwerfen, andere bestimmte Klänge absorbiren und noch andere durchlassen könnte, so würde das Echo, das aus einem undeutlichen Aggregat aller Töne von diesem Körper nur einen bestimmten Ton zurückbrächte, ein Beispiel dafür sein, wie ein Körper, erleuchtet mit einer Mischung aller Farben, doch immer nur in einer Farbe erscheinen kann, in der nämlich, welche er allein zurückwirft.

Wenn Mr. HOOKE Schwierigkeiten in diesen Dingen aufzeigen will, indem er sie mit einer Existenz der Töne schon in den Blasebälgen der Orgel vergleicht, so verstehe ich das ebensowenig, als wenn Jemand von einer Existenz des Lichtes schon in dem Oel der Lampe sprechen wollte, bevor es in dem Dochte aufsteigt.

Sie sehen daraus, wie weit es von dem eigentlichen Thema abliegt, über Hypothesen zu streiten. Lasse ich also die Hypothesen ganz bei Seite, so kann ich die Differenzen zwischen Mr. HOOKE und mir in die drei Fragen zusammenfassen: 1. Ob die ungleichen Brechungen, welche ohne Beziehung auf irgend eine Ungleichheit der Einfallswinkel geschehen, verursacht werden durch die verschiedene Brechbarkeit verschiedener Strahlen, oder durch das Spalten, Brechen oder Zerstreuen desselben Strahles in divergirende Theile?

2. Ob es mehr als zwei Arten von Farben giebt?

3. Ob weiss eine Mischung aus allen Farben ist?

Wir wollen Newton's weitere Behandlung dieser Fragen nicht im Einzelnen verfolgen, sie ist nach dem Vorigen an sich klar. Streng genommen, konnten auch Newton's prismatische Experimente über das Wesen des weissen Lichtes nicht endgültig entscheiden, denn sie zeigten nur, was aus dem Lichtstrahl nach der Brechung geworden, aber nicht, was er vorher gewesen war.[1] Trotzdem blieb Newton, weil ihm doch die Idee einer materiellen Verschiedenheit der Farben unbewusst immer vor Augen schwebte, bei seiner Behauptung nicht einer möglichen Zerlegung, sondern einer ursprünglichen Zusammensetzung des weissen Lichtstrahles; während Hooke seiner Farbentheorie nach annehmen musste, dass die zur Fortpflanzungsrichtung ursprünglich senkrechte Welle erst bei der Brechung schief und das ursprünglich weisse Licht also erst bei der Brechung farbig werde. Darnach musste dann Hooke auch, weil sein farbiger Lichtstrahl doch nur zwei verschiedene Seiten hatte, ohne Wanken daran festhalten, dass es nur zwei Grundfarben gebe, und konnte nicht zugeben, dass die Mischung aller Farben genüge, um weiss zu erzeugen, d. h. um die schiefen Wellen wieder in senkrechte zu verwandeln.

In einem Punkte hatte Newton sicher recht, dass nämlich seine Antworten auf die obigen drei Fragen mit der Undulationstheorie wohl vereinbar seien, und dass also von dieser Theorie aus nicht gegen dieselben entschieden werden könne. Newton sah auch sehr wohl ein, dass die Undulationstheorie seiner Farbentheorie nur günstig sei und vielfach zur Veranschaulichung derselben dienen könne. Er versuchte auch, wie wir noch weiter sehen werden, die Vortheile der Undulationshypothese für seine Farbentheorie zu verwerthen und eine Mittelstellung einzunehmen. Wenn er nicht ganz zur Undulationstheorie überging, so lag das zu dieser Zeit nur daran, dass ihm die geradlinige Fortpflanzung des Lichtes nach dieser Theorie unerklärlich und die Zusammensetzung und die Zerlegung von Wellenbewegungen, wie sie seine Farbentheorie forderte, unbegreiflich erschienen.

Newton gebrauchte für seine Farbentheorie in erster Linie eine Vorstellung, nach der sich der Lichtstrahl ebenso gut einfach wie zusammengesetzt annehmen und nach der sich seine Zerlegung

---

[1] Nach unseren heutigen Anschauungen ist es streng genommen auch nicht richtig, wenn man sich vorstellt, dass alle möglichen Farben schon in dem weissen Lichte präexistiren; ebenso wie es falsch wäre, zu sagen, dass in einer Bewegung schon alle möglichen Componenten derselben realiter vorhanden seien.

ebenso leicht wie seine Zusammensetzung begreifen liess. Diese Vorstellung, die mit der Emanationstheorie direct gegeben war, blieb in der Undulationstheorie ein schwer lösbares Problem; und die gradlinige Fortpflanzung für den Weg eines Lichtstrahls durch ein dunkles Zimmer schien nach der Undulationstheorie absolut nicht zu begreifen.

Es mag sein, dass NEWTON in seiner ersten Abhandlung die Emissionstheorie des Lichtes nur als die einfachste und bequemste ohne ein weiteres Studium anderer Theorien aufgenommen hat. Vor seiner Erwiderung auf HOOKE's Bericht aber hat er sich jedenfalls die Undulationshypothese sehr genau angesehen, und die Anhänger dieser Hypothese wären ihm eigentlich damals zu grossem Danke verpflichtet gewesen; denn NEWTON hatte bei dieser Gelegenheit unbestritten zum ersten Male gezeigt, wie man auf Grund der Undulationstheorie zu einer bestimmten Definition der Farben und zu einer Erklärung der Dispersion des Lichtes bei der Brechung kommen könne.

Der eben geschilderte Streit zeigt eine eigenthümliche Ironie der Entwicklung; es ist ein Kampf mit verkehrten Fronten. Der Anhänger der Undulationstheorie bekämpft die Existenz unendlich vieler origineller Farben, die doch nach dieser Theorie, wenn richtig verstanden, mehr als wahrscheinlich ist; der Anhänger der Emanationstheorie aber führt den Kampf für die Annahme einer solchen unendlichen Menge von Farben siegreich durch, obgleich diese Annahme für seine materielle Theorie eine Ungeheuerlichkeit bedeutet. HOOKE soll übrigens, wie NEWTON erzählt,[1] das Schiefe seines Standpunktes später selbst eingesehen und die Richtigkeit der NEWTON'schen Andeutungen über die Definition der Farben nach der Undulationstheorie zugegeben haben.

Die falsche Farbentheorie HOOKE's hatte, wie schon bemerkt, ihren zureichenden Grund in der damaligen, noch sehr geringen Bekanntschaft mit den Eigenthümlichkeiten der Wellenbewegung im Allgemeinen und der Theorie der Schallschwingungen im Besondern. Hieran müssen wir uns erinnern, wenn wir hören, dass auch der mathematische Begründer der Undulationstheorie, CHRISTIAN HUYGENS, den Zusammenhang der Schwingungsanzahl mit der Art der Farbe noch verkannte und die Lehre von zwei oder drei Grundfarben, aus denen sich die anderen zusammensetzen, ebenfalls als die angemessenste empfahl. HUYGENS sprach sich in einem Briefe vom 14. Januar 1673, der in den Philosophical Transactions für Juli 1673 abgedruckt wurde,[2] folgendermaassen

[1] BIRCH, History of the Royal Society, vol. III, p. 248.
[2] Phil. Trans. abr., vol. I, p. 163—164; aus Phil. Trans., no. 96, p. 6086, Juli 1673.

aus, wahrscheinlich ohne dass er NEWTON's Erwiderung gegen HOOKE noch gelesen hatte. Die wichtigste Einwendung, die gegen die Theorie NEWTON's vorgebracht worden, sei jedenfalls die Frage, ob es mehr als zwei Arten von Farben gäbe. Er für seinen Theil glaube, dass eine Hypothese, welche mechanisch, aus der Natur der Bewegung, die Farben Gelb, Grün und Blau ableite, für den ganzen Rest genügen könne. Warum sich NEWTON nicht mit zwei Farben, Gelb und Blau, begnügt habe, sei um so weniger einzusehen, als es ja viel leichter sei, eine Bewegungstheorie zu finden, welche diese zwei Farben erkläre, als alle die Verschiedenheiten der unendlich vielen anderen. So lange NEWTON noch nicht eine solche Hypothese gefunden, so lange habe er auch nicht wirklich gelehrt, was die Natur und die Unterschiede der einzelnen Farben seien, sondern nur die zufällige Eigenschaft ihrer verschiedenen Brechbarkeit demonstrirt, die allerdings auch er für sehr wichtig halte.

NEWTON antwortete dem berühmten Gelehrten ohne Schärfe, aber doch entschieden, und ohne nur einen Schritt zu weichen. Er habe schon gezeigt, so sagt er,[1] dass nicht alle Farben aus Gelb und Blau abgeleitet werden könnten, nämlich alle diejenigen nicht, welche er als ursprüngliche oder einfache Farben definirt habe und die nicht von Anfang an gelb oder blau seien. Wenn Jemand ihm durch Experimente das Gegentheil beweisen könne, so wolle er gern seinen Irrthum bekennen. HUYGENS müsse vor allem zeigen, dass man Weiss aus zwei einfachen Farben zusammenzusetzen vermöge; aber wenn das auch wirklich geschehen, so werde er noch weiter zeigen, dass daraus doch nichts gegen seine Farbentheorie zu schliessen sei. Er könne auch nicht einsehen, wie es leichter sein solle eine Hypothese zu entwerfen, in der nur zwei originelle Farben vorkämen, als eine solche, in der eine unendliche Vielheit derselben vorausgesetzt würde; es sei denn, dass man es leichter finden wolle, nur zwei Formen, Grössen, Geschwindigkeiten oder Kräfte der ätherischen Corpuskeln oder Wellen zuzulassen, als die Existenz einer unbestimmten Vielheit derselben anzunehmen. Kein Mensch wundere sich über die unbestimmte Vielheit der Wellen auf der See, oder des Sandes an der Küste; dementsprechend aber würde es ihm auch unerklärbar dünken, wenn die verschiedenen Corpuskeln, aus denen ein Lichtstrahl besteht und welche von verschiedener Figur, Grösse und Bewegung angenommen werden müssen, dem umgebenden ätherischen Medium nur zwei Arten von Bewegungen einprägen, oder nur zwei Sorten von Strahlen erzeugen sollten. Aber zu prüfen, wie

[1] HORSLEY, Newtoni Opera, vol. IV, p. 349; Phil. Trans. abr., vol. I, p. 164. Brief NEWTON's an OLDENBURG vom 3. April 1673.

man die Farben hypothetisch erklären möge, liege ausserhalb seiner Absicht. Er beabsichtige auch weiterhin es Anderen zu überlassen, die Natur und die Verschiedenheit der Farben durch mechanische Hypothesen zu erklären, welches er auch für keine schwierige Sache halte.

HUYGENS erklärte darnach,[1] dass er, da NEWTON mit so viel Eifer auf seiner Meinung bestehe, mit weiteren Einwendungen einhalten wolle. Er erlaube sich nur noch die Anfrage, was NEWTON eigentlich mit seiner Aeusserung über die Zusammensetzung des Weiss aus zwei einfachen Farben, aus der doch nichts zu schliessen sein sollte, gemeint habe. NEWTON[2] erläuterte diese Aeusserung darnach in der Weise, dass eine Zusammensetzung von Weiss aus zwei primitiven Farben, wenn eine solche gelänge, doch niemals das Weiss des unmittelbaren Sonnenlichtes ergeben könnte, weil dieses eben in alle mögliche einfachen Farben zerlegbar sei. Er benutzt dabei die Gelegenheit, seine Theorie der Zusammensetzung des weissen Lichtes noch einmal in scharfe Definitionen und Lehrsätze gefasst vorzutragen. Damit schlossen leider die Verhandlungen der beiden grössten Optiker der damaligen Zeit. HUYGENS hat bis zu seinem Tode vermieden, je dieses in NEWTON's Wirkungssphäre liegende Terrain wieder zu betreten.

Gleich nach HOOKE war der Theorie NEWTON's aus dem Boden der Undulationstheorie noch ein anderer Widersacher erstanden, der sogar die experimentellen Resultate NEWTON's angriff, der aber dafür von NEWTON kaum als ein ebenbürtiger Gegner behandelt wurde. Schon am 9. April 1672 hatte der gelehrte Jesuit PARDIES, der erst im Jahre 1669 GRIMALDI's optisches Werk herausgegeben hatte, in einem Briefe an OLDENBURG seine Einwendungen gegen die Dispersion der Farben gesandt, der dieselben auch sogleich am 18. April 1672 in der Sitzung der Royal Society las und im Junihefte der Philosophical Transactions[3] abdruckte. NEWTON's so ausserordentliche Hypothese, sagt PARDIES, welche die Fundamente der Optik selbst umstürze und alle Erfahrungen, welche bis jetzt gegolten hätten, nutzlos mache, sei vollständig auf das Experiment mit dem Glasprisma gegründet, wodurch das runde Sonnenbild in eine oblonge Figur aus einander gezogen scheine und aus dem NEWTON schliesse, dass die verschiedenfarbigen Strahlen mehr oder weniger brechbar seien. Um diesen Schluss zu ermöglichen,

---

[1] Phil. Trans. abr., vol. I, p. 165, aus Phil. Trans., no. 97, p. 6112.

[2] Ibid., vol. I, p. 165—168; HORSLEY, Newtoni Opera, IV, p. 342; Brief an OLDENBURG vom 23. Juni 1673.

[3] Ibid., vol. I, p. 143, aus Phil. Trans., no. 84, p. 4087.

habe Newton eine Rechnung producirt, wonach die Divergenz der aus dem Prisma austretenden Strahlen bei gleichem Brechungsexponenten derselben nicht mehr betragen könne als der scheinbare Durchmesser der Sonne, nämlich 30 Minuten, und die beobachtete Divergenz von $2^0\,23'$ also durch eine ungleiche Brechung der Strahlen erklärt werden müsse. Diese Rechnung des gelehrten Newton sei aber doch nicht ganz richtig; denn wenn man z. B. einen Lichtstrahl unter einem Einfallswinkel von 30^0 und einen anderen unter dem Einfallswinkel von $29^0\,30'$ auf das Newton'sche Prisma fallen lasse, so betrage die Divergenz der austretenden Strahlen auch bei gleichen Brechungsexponenten keineswegs wieder $30'$, sondern vielmehr $2^0\,23'$. Darnach könne man die Verlängerung des Spectrums, auch ohne eine ungleiche Brechung der verschiedenfarbigen Strahlen, nur aus der ungleichen Incidenz der von den verschiedenen Theilen der Sonne kommenden erklären. Damit aber falle dann auch das Experimentum crucis als absoluter Beweisgrund für die Newton'sche Theorie, denn wenn die Zerstreuung des Lichtes nur von der verschiedenen Incidenz der Strahlen herrühre, so könne natürlicherweise bei der Brechung durch das zweite Prisma, auf das nur parallele Strahlen fielen, keine Dispersion mehr eintreten. Schliesslich sei auch die Newton'sche Synthese des weissen Lichtes nicht ohne besondere Schwierigkeiten, denn so viel er (Pardies) selbst auch Mischungen aller möglichen Farben durchgeprüft, er habe immer nur eine trübe, dunkle Mischfarbe, aber niemals Weiss erhalten.

Newton antwortete a tempo auf Pardies' Brief; seine Antwort wurde noch am 18. April zusammen mit dem Briefe von Pardies verlesen, und auch in den Philosophical Transactions mit diesem zugleich gedruckt.[1] Pardies habe, so heisst es hier, die Brechungen auf beiden Seiten des Prisma so ungleich als nur möglich gemacht, während er, wie er ausdrücklich bemerkt hätte, dieselben in seinen Experimenten, so viel er konnte, gleich gemacht habe. Nur für diesen Fall gelte seine Berechnung, und dieselbe ergebe ganz richtig die von ihm veröffentlichten Resultate. Wenn Pardies durch Mischen von allerlei farbigen Pigmenten kein Weiss, sondern nur ein trübes Braun hervorbringen könne, so spräche das nicht gegen, sondern für seine Theorie der Dispersion: denn das trübe Braun sei doch nur ein Weiss gemischt mit Dunkelheit, und das Auftreten dieser letzteren sei bei den vielfachen Reflexionen des Lichtes in den Theilen der Mischungen leicht zu erklären. Was endlich den

[1] Phil. Trans. abr., vol. I, p. 146; aus Phil. Trans., no. 84, p. 4091, Juni 1672. Der Brief Newton's an Oldenburg vom 13. April 1672 auch in Horsley, Newtoni Opera, vol. IV, p. 311.

Umstand anbetreffe, so schliesst Newton ziemlich scharf seine Erwiderung, dass der verehrte Pater seine Theorie eine Hypothese nenne, so wolle er das nicht übelnehmen, weil sie ihm so erscheinen möge. Er aber habe sie mit einer anderen Ansicht vorgelegt; denn ihm scheine sie nichts zu enthalten als gewisse und sichere Eigenschaften des Lichtes, welche er, nachdem sie nun aufgefunden seien, auch nicht für schwer nachweisbar halte, und die er lieber, wenn er sie nicht als wahr erkannt hätte, als leere und nichtige Speculation zurückgewiesen haben würde, statt sie als eine eigene Hypothese auszugeben.

Bei Oldenburg entschuldigt sich Newton noch wegen des positiven Tones dieses Briefes, aber er spreche ja nur für sich. Der Brief sei in solcher Eile geschrieben, dass er keine Zeit mehr gehabt habe, denselben wieder durchzulesen. Wenn Oldenburg die Gefälligkeit haben wolle, einzelne Ausdrücke klarer oder weniger zweideutig zu machen, würde er ihn sehr verbinden.[1]

Pardies glaubte auf diese Correctur noch einmal antworten zu müssen, obgleich aus seiner Antwort eine innere Nothwendigkeit dafür nicht hervorgeht.[2] Nach jener Hypothese, sagt er nun, welche unser Grimaldi des weiteren erklärt hat und in welcher das Licht als eine Substanz angesehen wird, die sich in sehr heftiger Bewegung befindet, darf man annehmen, dass das Licht, nachdem es die Oeffnung im Laden passirt hat, ein Weniges nach den Seiten des Strahles diffundirt, und dass dadurch die Strahlen divergiren. In gleicher Weise können die Farben nach der Hypothese des genialen Hooke, der das Licht durch gewisse Undulationen einer sehr feinen Materie fortschreiten lässt, durch eine Art von Diffusion und Ausbreitung der Undulationen erklärt werden, welche hinter der Oeffnung an den Seiten der Strahlen bei der Berührung mit der umgebenden Materie eintreten mag. In der That habe ich selbst in der Dissertation über die Wellenbewegung, welche in dem sechsten Theile meiner Mechanik enthalten ist, auf solch eine Hypothese zurückgegriffen, indem ich dort annehme, dass die apparenten Farben nur durch eine Mittheilung von Bewegung hervorgebracht werden, welche sich von den Seiten der gradlinigen Bewegung aus verbreitet. Denn wenn Strahlen durch eine Oeffnung *a* eintreten und nach einem Orte *b* hingehen, so sind zwar die directen Undulationen in ihrer graden und natürlichen Bewegung durch die grade Linie *ab* bestimmt; wegen der Continuität der Materie aber muss auch eine gewisse Fortpflanzung der Bewegung nach den Seiten *ec* der

---

[1] Horsley, Newtoni Opera, vol. IV, p. 313.

[2] Phil. Trans. abr., vol. I, p. 147; aus Phil. Trans., no. 85, p. 5012, Juli 1672.

Linie *ab* stattfinden, wo eine gewisse zitternde und hüpfende Erschütterung erregt werden wird. Entschliesst man sich dann anzunehmen, dass alle Farben auf solchen seitlichen hüpfenden Bewegungen beruhen, so wird man auch aus dieser Annahme alle Eigenthümlichkeiten der Farbenerscheinungen erklären können, wie ich das ausführlicher in der obenerwähnten Dissertation dargethan habe. Die theoretische Bedeutung des Experimentum crucis bestreitet nun PARDIES nach den bestimmten Erklärungen NEWTON's nicht mehr; denn NEWTON möge ja wohl, so setzt er vorsichtig hinzu, alle Anstalten so getroffen haben, dass wirklich die Ablenkung der Strahlen nur von einer verschiedenen Brechbarkeit herrühren könne. Uebrigens sei, damit schliesst dieser zweite Brief, der Ausdruck Hypothese statt Theorie in seinem ersten Briefe von ihm ohne besondere Absicht, nur aus Zufall gebraucht worden, und NEWTON möge doch nicht denken, dass er das Wort in einem verächtlichen Sinne habe anwenden wollen.

Doch war NEWTON auch damit noch nicht zufrieden. In einer Erwiderung, die er gleichzeitig mit der Antwort auf HOOKE's Bemerkungen, also am 11. Juni 1672, an OLDENBURG übersandte, gab er noch einmal eine erläuternde Beschreibung seines Experimentum crucis, aus dem sicher hervorgehe, dass die Dispersion des Lichtes nicht von einer Diffusion, sondern nur von einer verschiedenen Brechbarkeit der verschiedenen Lichtstrahlen herrühren könne. Er betheuert auch wieder: dass seine Doctrin der Brechung und Farben nur gewisse Eigenschaften des Lichtes enthalten, aber alle Hypothesen ausdrücklich unterlassen solle, durch welche diese Eigenthümlichkeiten erklärt werden möchten; obgleich es nicht schwer sein möge, diese Erklärung nach GRIMALDI, HOOKE oder DESCARTES u. A. zu geben. Wenn der verehrte Pater PARDIES, was er gern glaube, seine Doctrin nur aus Zufall als Hypothese bezeichnet habe, so zeuge das von der herrschenden Gewohnheit, jede physikalische Erklärung als eine Hypothese zu bezeichnen. Er selbst aber habe mit seiner offenen Abneigung gegen dieses Wort keine andere Absicht, als einer Bezeichnung entgegenzutreten, die ganz geeignet sei, diejenigen irre zu führen, welche den richtigen Weg in der Erforschung der Natur zu wandeln wünschten. PARDIES erklärte sich ausdrücklich durch diese Antwort für völlig befriedigt. Das Experimentum crucis sei auch ihm jetzt vollständig gelungen und er habe nun nichts weiter zu sagen.[1]

NEWTON aber meinte Veranlassung zu haben, die nach seiner Meinung allein richtige Methode zur Prüfung seiner Theorie

[1] Phil. Trans. abr., vol. I, p. 151; aus Phil. Trans., no. 85, p. 5018, Juli 1672.

noch weiter auseinanderzusetzen. Er war überzeugt, dass die letztere ein reiner sicherer Ausfluss seiner Experimente sei; er hielt darnach für die Verification der Theorie die Nachprüfung und Bestätigung seiner Experimente für vollkommen genügend und beargwöhnte das Aufsuchen neuer, vielfach uncontrolirbarer Prüfungsversuche als der Wahrheit eher schädlich als nützlich. In diesem Sinne schrieb er noch am 6. Juli 1672 einen Brief an Oldenburg, der sogleich im Julihefte der Philosophical Transaction[1] gedruckt wurde. Ich kann es, sagt er darin, nicht für richtig wirksam halten zur Bestimmung der Wahrheit die verschiedenen Wege zu prüfen, durch welche die Erscheinungen erklärt werden können, wenn man nicht alle jene Wege vollständig aufzählen kann. Ihr wisst, die richtige Methode, die Eigenschaften der Dinge zu entdecken, ist die Ableitung derselben aus Experimenten. Und ich sagte Euch auch, dass die Theorie, welche ich vortrüge, für mich bewiesen wäre, nicht durch den Schluss, dass es so sein müsse, weil es gar nicht anders sein könne, also nicht durch eine blosse Widerlegung aller aufstossenden entgegengesetzten Annahmen, sondern durch eine Ableitung aus positiven und direct entscheidenden Experimenten. Deshalb besteht die richtige Weise diese Theorie zu prüfen darin: zu betrachten, ob die Experimente, welche ich vorbrachte, wirklich die Theile der Theorie beweisen, auf welche sie angewendet wurden, oder andere Experimente zu versuchen, welche die Theorie selbst für ihre Prüfung an die Hand geben mag. Und auch dies Letztere sollte nur nach passender, richtiger Methode geschehen, so dass die Gesetze der Brechung durchaus untersucht und bestimmt werden, bevor die Natur der Farben in Betracht gezogen wird. Es dürfte nicht unrichtig sein, dabei nach der Reihe der folgenden Fragen vorzugehen, die ich nach dem Erfolge von geeigneten Experimenten gern durch diejenigen beantwortet haben möchte, welche das Verlangen haben sie zu prüfen.

Der Inhalt der darnach folgenden acht Fragen deckt sich fast ganz mit den Sätzen, die Newton in seiner ersten Abhandlung aufgestellt hat. Nach ihrer Aufzählung schliesst Newton ähnlich wie im Anfang: Diese und ähnliche Fragen, welche die vorgetragene Theorie einschliessen, scheinen den geeignetsten und directesten Weg zu einem richtigen Resultat anzudeuten. Deshalb möchte ich wünschen, dass alle Einwürfe vorläufig vermieden würden, welche sich auf Hypothesen gründen, und dass man sich vorläufig darauf beschränkte zu versichern, ob meine Experimente zur Beantwortung dieser Fragen ungenügend oder meine Schlüsse

---

[1] Phil. Trans. abr., vol. I, p. 142; aus Phil. Trans., no. 85, p. 5004, Juli 1672; auch Horsley, Newtoni opera, vol. IV, p. 320.

aus denselben fehlerhaft sind, oder ob man andere Experimente finden kann, welche mir direct widersprechen. Denn wenn die Experimente, welche ich geltend mache, fehlerhaft sind, so kann es nicht schwer sein, ihre Fehler aufzudecken; wenn sie aber richtig sind, dann müssen sie meine Theorie beweisen und alle Einwürfe ungültig machen.

Es ist natürlich, dass diese Worte keine grosse Wirkung ausübten und NEWTON hatte in der That bald Gelegenheit, dieselben in noch grösserer Schärfe zu wiederholen. Der Jesuit FRANCISCUS LINUS, Lehrer der Mathematik am englischen Collegium in Lüttich, theilte in einem Briefe vom Oktober 1674[1] einem Londoner Freunde mit, dass er bei klarem Himmel das Spectrum niemals anders als kreisrund gesehen, und dass die oblonge Form nur beobachtet würde, wenn eine helle Wolke vor oder in der Nähe der Sonne stehe, welche die lichtaussendende Oberfläche und damit die verschiedene Incidenz der auf das Prisma fallenden Strahlen bedeutend vergrössere. Er glaube darnach an der Ansicht festhalten zu müssen, dass aus der Verlängerung des Spectrums nur auf eine ungleiche Incidenz der einfallenden Strahlen, nicht aber auf eine ungleiche Brechbarkeit derselben zu schliessen sei.

Es wurden über dieses Thema einige Briefe gewechselt, die aber keinen weiteren Werth haben. NEWTON vermuthet mit Recht, dass LINUS die Experimente theilweise nicht in der richtigen Weise, vielleicht mit einer zu grossen Lichtöffnung angestellt, theilweise das durch doppelte Brechung entstehende Farbenspectrum des Prismas mit anderen, durch theilweise Reflexion entstandenen Nebenbildern des Prismas verwechselt habe. Er konnte sich darnach mit einer verdeutlichernden Wiederholung seiner früheren Anweisungen begnügen.

LINUS starb hochbetagt, bevor er die letzte Antwort NEWTON's empfangen hatte. Einer seiner Schüler, GASCOIGNE, der ihm bei seinen Experimenten Beistand geleistet, forderte nun einen anderen Lütticher Gelehrten, ANTHONY LUCAS, auf, die Experimente nach den letzten Vorschriften NEWTON's abermals zu wiederholen. Diese sehr exacten Versuche des sonst unbekannten Physikers wären wohl geeignet gewesen, ein neues Licht auf den Zusammenhang zwischen Brechung und Farbenzerstreuung zu werfen, allein durch die Schuld NEWTON's wurde diese Frucht nicht gereift.

In einem vom 27. Mai datirten und am 8. Juni 1676 in der Royal Society gelesenen Briefe berichtet LUCAS mit grosser

---

[1] Phil. Trans. abr., vol. I, p. 168; aus Phil. Trans., no. 110, p. 217, Januar 1675.

Klarheit und Bestimmtheit über seine Experimente.[1] Nach seiner Auffassung, die allerdings durch die Pietät gegen den verstorbenen PARDIES beeinflusst war, liessen sich des Letzteren experimentelle Resultate mit denen NEWTON's wohl vereinigen. LUCAS constatirte nämlich, dass bei heiteren Tagen das Spectrum immer viel länger als breit sei, wie NEWTON angegeben, dass aber bei bedecktem Himmel (also ohne directes Sonnenlicht) das Spectrum gemäss den Beobachtungen von PARDIES immer breiter als lang gesehen werde, was bei der Unbestimmtheit des Einfallswinkel nicht weiter wunderbar war. Nur insofern waren die Resultate von LUCAS mit denen NEWTON's auf keine Weise in Uebereinstimmung zu bringen, als NEWTON das Spectrum immer 5mal so lang als breit gesehen hatte, während LUCAS dasselbe nie mehr als 3mal oder höchstens $3^1/_2$mal so lang als breit messen konnte, auch wenn die Brechungen an beiden Seiten des Prismas ganz gleich und alle Einrichtungen genau so getroffen waren, wie NEWTON das vorgeschrieben hatte.

Im Uebrigen bekannte LUCAS, dass ihm die geschickte Zusammenstellung von natürlichen und geistreichen Folgerungen in NEWTON's Theory of Light and Colours gleich beim ersten Durchlesen eine starke Meinung für die neue Doctrin eingeflösst hätte. Nur seien ihm seitdem verschiedene Experimente aufgestossen, die noch nicht nach der neuen Doctrin erklärt seien und der Prüfung bedürften. Er habe z. B. ein schmales rothes und ein schmales violettes Stück Seidenzeug unter das Mikroskop gebracht und beide entgegen der NEWTON'schen Theorie in gleicher Klarheit gesehen. Er habe weiter Seidenfäden von verschiedener Farbe um ein Lineal gewickelt und dieses so in ein Gefäss gelegt, dass ihm das Lineal nach dem Eingiessen von Wasser gerade über den Rand des Gefässes noch sichtbar geworden sei, habe aber dabei merkwürdigerweise alle Farben in gleicher Höhe, das Lineal also gerade gesehen. Er habe endlich ein blaues und ein rothes Papier neben einander in gleicher Höhe an einer Wand befestigt und auch diese durch ein Prisma noch immer in gleicher Höhe beobachtet u. s. w.

NEWTON beschäftigte sich in seiner Antwort[2] vor allem mit der Differenz in den beobachteten Verhältnissen der Breite und Länge des Spectrums. Er betonte, dass der brechende Winkel seines Prismas immer $63^0 12'$, der des Prismas von LUCAS aber nur 60^0 oder vielleicht noch etwas weniger gross gewesen sei, dass er auch allezeit das Spectrum vom äussersten Roth bis zum

---

[1] BIRCH, History of the Royal Society, vol. III, p. 318. — Phil. Trans. abr., vol. I, p. 172; aus Phil. Trans., no. 128, p. 692, August 1676.

[2] Phil. Trans. abr., vol. I, p. 175; aus Phil. Trans., no. 128, p. 698, August 1676; auch HORSLEY, Newtoni Opera, vol. IV, p. 366.

äussersten Violett gemessen habe, und er meint, dass durch diese Umstände vielleicht die grösseren Resultate seiner Messungen gegenüber denen von Lucas sich erklären liessen. Da aber trotzdem doch immer eine bedeutende Differenz zwischen ihm und Lucas bestehen blieb, so fährt er mit einer bei ihm in solcher Beziehung sonst recht seltenen Weitherzigkeit fort: Ich denke, dass Mr. Lucas noch im Stande sein wird seine experimentellen Versuche mit den meinigen in Uebereinstimmung zu bringen, so weit wenigstens, dass keine beträchtliche Differenz zwischen ihnen bleibt; aber wenn auch ein kleiner Unterschied nicht wegzubringen sein sollte, so brauchen wir uns darüber nicht weiter zu betrüben, da es offenbar gar mannigfache Umstände gibt, die zu einem solchen führen, nämlich nicht nur die verschiedene Form der Prismen, sondern auch die verschiedene brechende Kraft des Glases, die verschiedene Grösse des Sonnendurchmessers zu verschiedenen Jahreszeiten und die verschiedenen kleinen Irrthümer beim Messen der Strecken und Winkel oder auch bei der Stellung des Prismas zum Fenster; obgleich ich für meinen Theil bemüht war, diese Dinge so genau wie ich nur konnte, auszuführen.

Newton lässt damit die Differenz unausgeglichen bestehen und sagt nur mit merkwürdiger Vorsicht in einem Postscriptum: Ich hatte fast vergessen daran zu erinnern, dass das Experimentum crucis und andere ähnliche Experimente, die zur Erforschung der Farben dienen sollen, mit Prismen angestellt werden müssen, welche so stark brechen, dass die Länge des Spectrums fünfmal so gross wird als seine Breite, lieber mehr denn weniger, weil sonst die Experimente bei anderen nicht völlig so glücken werden wie bei mir.

Es kann kein Zweifel darüber bestehen, dass Newton den richtigen Grund für die Differenz seiner und der Lucas'schen Messungen nicht getroffen hat, dass derselbe nicht in den von Newton angegebenen Nebenumständen, sondern in der Verschiedenheit der dispersiven Kräfte der von Newton und Lucas gebrauchten Glassorten lag. Das eben mitgetheilte Postscriptum zeigt auch, das Newton dieser Erkenntniss doch ziemlich nahe war. Aber sei es, weil er überhaupt keine Anlage dazu hatte, schon abgeschlossene Untersuchungen auf fremde Anregung wieder aufzunehmen, sei es, dass die wiederholten Kämpfe um seine Entdeckung ihm die wiederholte Revision derselben mehr und mehr verleideten, sei es endlich, dass er durch neue Arbeiten in dieser Hinsicht gehindert wurde, jedenfalls hat Newton fürderhin sich nicht weiter um die Messungen von Lucas und die Frage nach einer verschiedenen Dispersion bei gleicher Brechung gekümmert.

Auch die weiteren von Lucas in seinem Briefe beschriebenen Experimente zur Prüfung der Newton'schen Farbentheorie lässt

Newton, obgleich er sie mit grosser Anerkennung aufnimmt, ohne weitere Erklärungsversuche auf sich beruhen. Er sagt nur ziemlich kalt am Schlusse seiner Antwort: Betreffend die anderen Experimente des Herrn Lucas, so bin ich ihm sehr verbunden, dass er diese Dinge in Betracht gezogen und sich so viel Mühe mit der Prüfung derselben gegeben hat. Ich bin ihm um so mehr dankbar, weil er der Erste ist, welcher mir von einer experimentellen Prüfung dieser Dinge berichtet. Doch wird es ihn schneller zu völliger Befriedigung führen, wenn er die Methode, welche er vorgeschlagen hat, ein wenig ändert und anstatt einer beliebigen Menge von Dingen nur das Experimentum crucis untersucht; denn es ist nicht die Zahl der Experimente, sondern ihr Gewicht, welches beachtet werden muss, und wenn eines genügen kann, wozu sind dann viele nöthig? Die Hauptsache, welche er sich zu prüfen vorgenommen hat, ist die verschiedene Brechbarkeit des Lichtes; und diese habe ich durch das Experimentum crucis bewiesen. Wenn dieser Beweis richtig ist, so bedarf es keiner weiteren Prüfung der Sache; wenn aber nicht, dann muss der Fehler aufgedeckt werden. Mag dieses Experiment darum an erster Stelle geprüft und das, was es beweist, anerkannt werden; und wenn darnach Herr Lucas meine Beihülfe wünscht, um die Schwierigkeiten zu beseitigen, welche die Experimente darbieten, die er beschrieben hat, so soll ihm dieselbe gern werden.

Das ist schon deutlich die Sprache des Genies, das seine Ziele mit aller Kraft erringt und die Anderen zur Anerkennung seiner Erfolge zwingt, das aber darum keine Zeit und keine Neigung hat, die Ziele Anderer zu den seinigen zu machen, ja das schliesslich Gefahr läuft, das Verständniss für die Bedeutung fremder Arbeiten zu verlieren.

Welches die Entwickelung Newton's gewesen sein möchte, wann seine ersten Arbeiten sogleich die allgemeine Anerkennung und volles Verständniss gefunden, das können wir nicht feststellen. Jedenfalls empfand Newton alle wissenschaftlichen Angriffe als persönliche Kränkungen, und die Kämpfe um seine Entdeckungen machten ihn sichtlich verschlossener, unzugänglicher und wohl auch einseitiger, als er das vorher schon gewesen war. Brewster[1] zeigt sich in seiner Lebensbeschreibung Newton's geneigt, einen grossen Theil der Schuld für diese unleugbar ungünstige Entwickelung auf die Royal Society zu schieben, die zur Zeit nur wenige Mitglieder von genügendem Talent gehabt habe, um den Werth der Newton'schen Entdeckungen richtig zu schätzen und gegen seine neidischen und unwissenden Angreifer erfolgreich in die Schranken zu treten. Man habe allerdings

---

[1] Brewster, Life of Newton, Edinburgh 1855, vol. I, p. 97.

Newton's Arbeiten in der Königlichen Gesellschaft hochgeschätzt und dieselben gern in die Philosophical Transactions aufgenommen; aber man habe doch diese Arbeiten nur gleich allen anderen als einen günstigen Gegenstand für die Discussion betrachtet, und der Secretär der Gesellschaft habe, wie die Abhandlungen Newton's selbst, so auch jeden gegen dieselben gerichteten oberflächlichen oder unsinnigen Angriff der Gesellschaft mitgetheilt und in den Schriften derselben bekannt gegeben.

Wir können dem Vorwurfe aus zweierlei Gründen nicht ganz zustimmen. Erstens darum nicht, weil auch dem Genie gegenüber die freie Discussion nicht beschränkt werden soll. Selbst das grösste menschliche Genie ist dem Irrthum unterworfen und kann der Kritik der Allgemeinheit nicht entbehren. Trotz des tragischen Moments ist es auch nur natürlich und niemals zu verhindern, dass gerade die Arbeiten der genialsten Männer am meisten kritisirt und bekämpft werden, weil sie am längsten unverstanden bleiben. Zweitens aber können wir auch darum nicht zustimmen, weil die Royal Society in der That den Entdeckungen Newton's allen Schutz hat angedeihen lassen, der nur möglich war. Es mag sein, dass viele Mitglieder der Gesellschaft die Bedeutung Newton's nicht völlig zu würdigen wussten, auch die Stellung des hochangesehenen Boyle mag in Bezug auf die neue Farbentheorie zweifelhaft gewesen sein; dafür aber hat der einflussreiche Secretär der Gesellschaft, der Herausgeber der Transactions, Heinrich Oldenburg, stets in aller Offenheit auf Newton's Seite gestanden und vielfach sich geradezu als ein Geschäftsträger Newton's bei der Gesellschaft gerirt; auch ist bei diesen Kämpfen in den Philosophical Transactions wenigstens Newton immer das letzte Wort geblieben. Dass Newton über den Widerstand, den seine Theorie in den Sitzungen der Royal Society vor allen von Hooke erfuhr, sehr ungehalten, dass er sehr verstimmt war, diesen Widerstand nicht brechen zu können, ist sehr natürlich; wahrscheinlich aber hat zu den trüben Anschauungen Newton's um diese Zeit der geringe äussere Erfolg, den seine Thätigkeit bis dahin gehabt, die ausbleibende Besserung seiner äusseren Lage ebenso viel beigetragen als der wissenschaftliche Kampf, den er zu führen gezwungen war.

Newton hatte allerdings durch seinen Lehrer Barrow im Alter von 27 Jahren die Stelle als Lucasian Professor in Cambridge erhalten, aber diese Stellung war weder gut dotirt, noch bot sie einen wissenschaftlich bedeutenden, ja nur genügenden Wirkungskreis. Die einstündigen wöchentlichen Vorlesungen des jungen Professors waren oft recht schlecht besucht, und selbst der pecuniäre Vortheil, den Newton von ihnen hatte, war in Gefahr in das Gegentheil umzuschlagen. Nach dem natürlichen

Laufe der Dinge hätte Newton als Professor im Herbst 1675 aus der Fellowship von Trinity-College ausscheiden sollen und hätte damit nicht blos die freie Wohnung, sondern auch ein für seine Verhältnisse bedeutendes Einkommen verloren. Glücklicherweise erhielt er bald die Zusage, dass ihm erlaubt sein sollte auch als Professor seine Fellowship beizubehalten, und am 27. April 1675 bestätigte ihm ein Patent der Regierung diese Vergünstigung.[1]

Newton scheint wirklich um diese Zeit einmal damit umgegangen zu sein, die Beschäftigung mit Mathematik und Naturwissenschaften, wenn nicht für immer, so doch zeitweilig aufzugeben und sich dem Studium der Rechte, wohl nur als Brodstudium zu widmen. Er bewarb sich im Jahre 1673 ernstlich um eine durch den Tod des Dr. Crane erledigte Law-Fellowship am Trinity College, hatte aber zum Glück für die Wissenschaft bei dieser Bewerbung keinen Erfolg.[2]

Newton's Briefe aus der ersten Hälfte der siebziger Jahre zeigen wechselnde Stimmungen, neben thatkräftiger Arbeitslust häufige pessimistische Anwandlungen, Neigung zu gänzlichem Zurückgehen von der störenden Aussenwelt auf sich selbst. Am 8. März 1673[3], also kaum ein Jahr nach seiner Aufnahme, richtete er an Oldenburg die Bitte, ihn aus den Listen der Royal Society streichen zu lassen, da er sich keinen Nutzen aus der Mitgliedschaft ersehen, und an den Vortheilen der Sitzungen wegen der grossen Entfernung von Cambridge bis London nicht theilnehmen könne; Oldenburg erwiderte ihm darauf ganz folgerichtig, dass er diese Umstände doch schon vor seinem Eintritte gekannt habe, zeigte sich aber bereit, den Erlass des wöchentlichen Beitrags von 1 sh. bei der Royal Society für ihn zu beantragen.[4] Newton antwortete darauf am 23. Juni,[5] dass er für dieses Anerbieten dankbar sei, wenn er auch selbst dem Correspondenten ein solches Vorgehen nicht angesonnen haben würde. Die Befreiung Newton's von den Beiträgen erfolgte auf Antrag Oldenburg's nach ziemlich langer Frist in der Sitzung der Gesellschaft vom 28. Januar 1675; in den Protokollen ist dieser Erlass durch die Worte motivirt, „weil ihm seine Umstände die Befreiung wünschenswerth machen.“[6] In einer Mitgliederliste der Royal Society, welche sich im British Museum befindet, aber heisst es hinter dem Namen von Newton, wie auch bei Hooke: No

[1] Edlestone, Correspondence, p. XXV.
[2] Brewster, Life of Newton, Edinburgh 1855, vol. I, p. 97.
[3] Ibid., vol. I, p. 98.
[4] Ibid., ibid.
[5] Horsley, Newtoni Opera, vol. IV, p. 349.
[6] Birch, History of the Royal Society, vol. III, p. 178.

pay, but will contribute experiments.[1] Es ist übrigens kaum anzunehmen, dass die pecuniären Verhältnisse NEWTON's um diese Zeit wirklich drückende gewesen wären, denn ausser den Vortheilen des Trinity-College blieb ihm doch immer noch ein Einkommen aus dem ihm gehörigen Landgütchen. Auch müssten sich diese Verhältnisse bald gebessert haben, denn schon nach einigen Jahren konnte NEWTON ganz ansehnliche Summen für die Bibliothek des Trinity College beisteuern.

Dauernd zeigt sich bei NEWTON während dieser Jahre die Verstimmung über die Störungen, welche die immerwährenden Reibungen mit dem gelehrten Publicum seinen Arbeiten brachten. Kaum ein halbes Jahr nach seinem ersten wissenschaftlichen Auftreten am 25. Mai 1672 schreibt er an COLLINS, dass er nicht beabsichtige, seine optischen Vorlesungen drucken zu lassen; denn schon durch den geringen Gebrauch, den er von der Presse gemacht, habe er erfahren, dass er sich nicht eher seiner früheren ruhigen Freiheit wieder erfreuen werde, als bis er die Verbindung mit ihr ganz aufgegeben habe, was hoffentlich bald geschehen könne.[2] Den schon mehrfach erwähnten grossen Brief vom 23. Juni 1673 an OLDENBURG aber schliesst er mit den noch mehr charakteristischen Worten[3]: Ueber die Unfüglichkeiten, von denen Ihr sprecht, gehe ich hinweg. Aber ich muss Euch, wie schon früher, bemerken, dass ich mich nicht weiter um naturphilosophische Dinge bekümmern möchte. Ich hoffe deshalb, Ihr werdet nicht übel nehmen, wenn Ihr nichts mehr der Art von mir hört oder empfangt, ja Ihr werdet lieber meinen Entschluss begünstigen, indem Ihr so viel als möglich alle Einwendungen oder andere philosophische Briefe, die mich betreffen, von mir fernhaltet.

Dem entsprechend weigerte sich NEWTON zuerst ernstlich auf die Briefe von LINUS zu antworten, und als er endlich von OLDENBURG gedrängt, sich dazu entschloss, klang durch die Briefe immer deutlich die Furcht vor neuen Verwickelungen in Streitigkeiten hindurch, die dann auch in diesem Falle keineswegs ausblieben; vielleicht gerade darum, weil NEWTON zu leicht hinter wissenschaftlichen Einwendungen Neigung zu persönlichen Kämpfen vermuthete. Ueber den Handel mit LINUS und GASCOIGNE verbreitet er sich klagend in einem langen Briefe an OLDENBURG vom 10. Januar 1676.[4] GASCOIGNE scheine zu argwöhnen, dass die Directionen, welche er an LINUS gesandt, von den veröffentlichten abwichen, aber mit Unrecht, nicht verschieden dem Sinn nach, sondern nur etwas vollständiger seien die letzteren. Am

---

[1] BREWSTER, Life of NEWTON, vol. I, p. 99
[2] EDLESTONE, Correspondence, p. XXIV.
[3] HORSLEY, Newtoni Opera, vol. IV, p. 349.
[4] Ibid., ibid., p. 355—360.

meisten freilich müsse er sich über die Insinuation von GASCOIGNE wundern, dass er die Presse bei diesem Handel beeinflusst habe, was ja OLDENBURG am besten als falsch anerkennen müsse. Er habe immer Verdriesslichkeiten und Streitigkeiten von der Angelegenheit befürchtet und nur weitere Anweisung zu den Experimenten auf Anregung OLDENBURG's gegeben, um die Feststellung der Thatsachen zu erleichtern. „Alles was man uns vorwerfen kann, sagt er am Schlusse des Briefes, ist Euer Unvermögen, mich in die Controverse zu verwickeln, und meine Unlust, mich in den Streit hineinziehen zu lassen. Diese Freiheit aber muss man Jedem, besonders für die Fälle lassen, wo ihm die Musse für solche Dinge fehlt, oder wo er nur auf Vorurtheile und grundlose Anspielungen trifft.“ Selbst LUCAS gegenüber, der doch die Experimente NEWTON's mit grosser Sorgfalt wiederholt und in der Hauptsache ihren Werth enthusiastisch anerkannt hatte, macht sich die Missstimmung bemerklich. „Ich habe, schreibt er am 22. August bei Uebersendung eines Briefes für LUCAS an OLDENBURG,[1] mit der Antwort länger gezögert, weil ich erst klares Wetter für die Experimente abwartete, und auch jetzt ist die Antwort nicht so vollständig als ich zuerst beabsichtigte. Vielleicht aber entspricht sie dadurch besser ihrem Zweck gegenüber der Person, mit der ich zu thun habe, und deren Geschäft es ist zu bekritteln.“ Am Ende des Jahres 1676 endlich folgt wieder, wie drei Jahre vorher, eine förmliche Absage NEWTON's an die Naturwissenschaft, indem er am 18. November 1676 an OLDENBURG schreibt[2]: Ich sehe, dass ich mich zum Sklaven der Philosophie gemacht habe. Aber wenn ich von dem Handel mit Mr. LUCAS frei geworden bin, werde ich ihr entschieden auf immer und ewig Lebewohl sagen, ausgenommen, was ich für mein eigenes Genügen thue, oder was ich zur Veröffentlichung nach meinem Tode hinterlassen will; denn ich habe erfahren, dass man entweder überhaupt nichts Neues bringen darf, oder gezwungen sein wird, seine ganze Arbeit auf die Vertheidigung seiner Entdeckung zu verwenden.

Indessen darf man das alles nicht zu tragisch fassen. Das Genie wird immer im sicheren Gefühle seines Fortschreitens den nachprüfenden Widerstand der weniger weit ausschauenden Menge als ein störendes und entmuthigendes Moment schmerzlich empfinden. Doch werden der echten Kraft gegenüber solche Momente wohl verstimmend und verzögernd, aber nicht vernichtend wirken; denn das echte Genie muss doch sich bethätigen und trotz aller zeitweisen Hemmungen und Lähmungen seine Bestimmung erfüllen.

---

[1] EDLESTONE, Correspondence, p. 257.
[2] BREWSTER, Life of NEWTON, vol. I, p. 96.

So sehen wir auch bei NEWTON trotz aller Klagen und aller zeitweise zu Tage tretenden Entmuthigung die Arbeit in ihrer vorgezeichneten Bahn stetig, ja mit wachsender Intensität fortschreiten. Gerade in den Jahren von 1672 bis 1676 waren die Arbeiten besonders mannichfaltig. Die durch die Composition der Metallspiegel angeregten Versuche mit Metalllegirungen wurden eifrig fortgesetzt, vielleicht dass dabei Absichten auf Metallverwandlungen mit unterliefen. COLLINS, der mathematische Correspondent NEWTON's, schreibt am 19. October 1675 [1] an GREGORY, dass er NEWTON schon seit 11 oder 12 Monaten nicht gesprochen oder gesehen habe, da er ihn in seinen chemischen Studien und Versuchen nicht stören wolle; mathematische Speculationen erschienen jetzt Dr. BARROW sowohl wie NEWTON als in ihrem Ende trocken und unfruchtbar. Indessen legte NEWTON doch gerade in diesen Jahren den Grund zu seiner Fluxionsrechnung, und wir werden später sehen, dass er sich in dem grossen Kampfe um die Erfindung der neuen Analysis immer wieder mit grösstem Nachdruck auf zwei in diesen Jahren geschriebene Briefe beruft. Auch astronomische Probleme blieben in diesen Jahren nicht unbeachtet. In dem Briefe vom 23. Juni 1673 an OLDENBURG [2], worin sich NEWTON für die Dedication des Horologium oscillatorium von HUYGENS bedankte, finden sich schwerwiegende Bemerkungen über die Bewegung des Mondes, und eine Theorie der Libration, die NEWTON ihm mitgetheilt hatte, veröffentlichte MERCATOR noch im Jahre 1678 in seinen Institutiones Astronomicae. Schliesslich wurden trotz aller Anfälle von Resignation doch auch die optischen Arbeiten, die sich immer wieder aufdrängten, mit grossem Eifer und nie mangelndem Erfolg fortgesetzt. Leider traf NEWTON diesmal mit HOOKE noch näher als früher auf demselben Terrain zusammen, und die Gegensätze zwischen den beiden verdienstvollen Gelehrten mussten sich damit noch mehr als früher verschärfen.

Wie wir gesehen, hatte HOOKE in seiner Micrographie die Farben dünner Platten beschrieben und auf Grund der Undulations-

---

[1] EDLESTONE, Correspondence, p. XXV. — JOHN COLLINS (1625—1683), Civilingenieur, für die Entwickelung der Mathematik dadurch bedeutend, dass er den Mathematikern seiner Zeit, vor allen den englischen, beim Austausch ihrer Briefe als Vermittler diente, gewissermassen also die Stelle des Redacteurs eines mathematischen Journals versah.

[2] HORSLEY, Newtoni Opera, vol. IV, p. 342. Der Eingang des Briefes lautet: „Sir, ich empfing Euren Brief mit Mr. HUYGENS gütigem Geschenke, welches ich mit grosser Befriedigung gesehen habe, da es mit sehr feinen und nützlichen Speculationen des berühmten Autors erfüllt ist. Ich bin erfreut, dass wir noch mehr Abhandlungen über die Vis centrifuga etc. von ihm erwarten dürfen."

theorie eine Erklärung davon gegeben, die in ihrer Grundlage noch heute gültig ist. Angeregt vielleicht durch NEWTON's neuere optische Erfolge nahm er nun im Anfange 1672 seine optischen Untersuchungen ebenfalls mit vielem Erfolge wieder auf. Am 14. März 1672[1] demonstrirte er vor der Royal Society die Farben der Seifenblasen, die bei einer gewissen Dicke der Wand mit Orange begannen und mit abnehmender Dicke die ganze Farbenskala mehrere Male durchliefen. In den Sitzungen am 4. April und 19. Juni[2] zeigte und beschrieb er vollkommener als in der Micrographie die Farben, welche sich durch Zusammenpressen von Glasstückchen hervorbringen lassen. Ich nahm, sagt er in seinem Bericht, dünne, gut geebnete und polirte Platten von Glas, je dünner sie sind, ohne zu brechen, um so besser, und presste sie hart an einander, bis in der Mitte ein roth gefärbter Fleck zu erscheinen begann. Beim Verstärken des Druckes zeigten sich verschiedene Regenbogen, und wenn ich noch weiter fortfuhr zu pressen, so zogen sich die Farben ganz aus der Mitte und statt ihrer erschien ein weisser Fleck, welcher von neun bis zehn verschiedenen Regenbogen umgeben war. Die Ringe oder Regenbogen veränderten ihren Platz, wie ihre Farben, wenn ich den Ort des Auges wechselte; und ihre Farben waren noch ausserdem ganz umgekehrte, wenn man die Gläser im zurückgeworfenen oder im durchgelassenen Lichte betrachtete.

HOOKE versprach noch eingehender auf die Erklärung der Erscheinungen wieder zurückzukommen; statt dessen aber führte er am 27. November[3] desselben Jahres in der Royal Society verschiedene neue Versuche vor, welche abermals einige neue Eigenschaften des Lichtes aufdecken sollten, und von den versprochenen Erklärungen scheint nicht wieder die Rede gewesen zu sein. Auch der Bericht über die letzten Versuche liess, trotz des direct ausgesprochenen Wunsches der Royal Society um baldige Erstattung desselben, noch über zwei Jahre, nämlich bis zum 18. März 1675 auf sich warten. HOOKE bemerkte dabei ausdrücklich, dass derselbe die Beschreibung[4] einiger neuer Eigenthümlichkeiten des Lichtes enthalte, die weder auf der Reflexion noch der Refraction beruhten, noch sonst einer bis dahin bekannten Eigenschaft des Lichtes zugeschrieben werden könnten und, so viel er wisse, noch von keinem Optiker beobachtet worden wären.

---

[1] BIRCH, History of the Royal Society, vol. III, p. 29. Der Bericht wurde in der Sitzung vom 28. März verlesen.

[2] Ibid., p. 41 und p. 52—54.

[3] Ibid., p. 63.

[4] Ibid., p. 194. Die in den Posthumous Works von HOOKE, p. 186, auch nur im Auszuge abgedruckte Vorlesung ist jedenfalls mit dem Bericht für die Royal Society identisch.

Diese letzte Aeusserung ist schwer zu verstehen; denn HOOKE's Abhandlung betrifft hauptsächlich die Beugungserscheinungen und giebt nicht viel mehr, als GRIMALDI schon in seinem Werke darüber veröffentlicht hat. Ja die eine Figur GRIMALDI's, welche wir auf Seite 32 dieses Werkes abgebildet haben, kehrt kaum verändert auch bei HOOKE wieder (vergl. untenstehende Fig.). Unkenntniss des GRIMALDI'schen Werkes von Seiten HOOKE's kann man dabei kaum annehmen, zumal da OLDENBURG in der Royal Society noch im Jahre 1671 einen allerdings sehr kurzen und

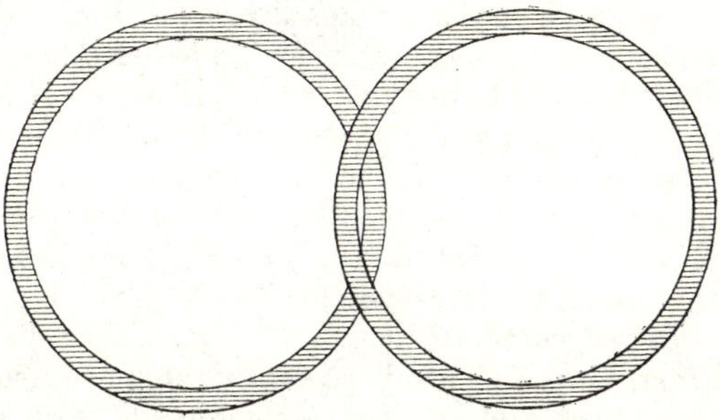

Fig. 9. (Posth. works, Pl. II, Fig. 7.)

ungenügenden Bericht über dasselbe gegeben hatte.[1] Ob HOOKE unter den neuen Eigenthümlichkeiten des Lichtes, deren Entdeckung er sich allein zuschreibt, nicht eigentlich die Beugungserscheinungen, sondern einige andere Einzelbeobachtungen versteht, lässt sich schwer entscheiden, da ein erschöpfender Bericht über seine Versuche niemals erschienen, vielmehr nur ein kurzer Auszug in die Sitzungsprotokolle der Royal Society aufgenommen und ein unvollendeter Abriss der betreffenden Abhandlung in den Posthumous works abgedruckt worden ist. Einiges Neue hat HOOKE auch jedenfalls über die Lichtbeugung vorgebracht. Er zeigte z. B., dass die Lichtbeugung nicht durch eine verschiedene Reflexion des Lichtes an den verschiedenen Seiten des schattenwerfenden Körpers bewirkt sein könnte, indem er als schattenwerfenden Körper in den Lichtkegel statt des Rückens die Schneide eines Rasirmessers einschob und constatirte, dass die Erscheinungen in den Hauptzügen dieselben blieben.[2] HOOKE selbst fasst in dem Berichte an die Royal Society seine wichtigsten Beobachtungen in die folgenden Sätze zusammen: 1. Es giebt eine Inflexion des Lichtes, welche von der Reflexion wie von der Refraction verschieden ist, und die auf einer ungleichen

[1] Phil. Transactions, no. 79, p. 3068.
[2] HOOKE, Posthumous works, London 1705, p. 188.

Dichtigkeit der constitutiven Theile des Lichtstrahles zu beruhen scheint, so dass die verdichteten nach den verdünnten Theilen hin zerstreut werden. 2. Diese Deflexion geschieht senkrecht gegen die Oberfläche des schattenwerfenden Körpers. 3. Diejenigen Theile der Lichtstrahlen, welche am stärksten gebeugt werden, sind die am meisten geschwächten.[1] 4. Strahlen, welche durch eine gemeinsame Oeffnung hindurchgehen, bilden nicht gleiche Winkel am Scheitel. 5. Auch ohne Brechung können Farben hervorgebracht werden. 6. Der wahre Sonnendurchmesser kann nicht mit blossem Auge gemessen werden. 7. Ein Lichtstrahl kann, obgleich er immer auf denselben Punkt des Objects fällt, allein durch seine Veränderung der Neigung des Objects in alle Farben verwandelt werden.[2] 8. Farben entstehen immer dann, wenn zwei Lichtwellen so nahe und so vollständig zusammenklingen, dass sie als eine empfunden werden.[3]

Hooke hat in der Royal Society bis zum Anfange der 80er Jahre noch verschiedentliche Vorträge über das Licht gehalten. Die Berichte über dieselben sind auch in den Posthumous Works gedruckt;[4] theoretisch aber zeigen dieselben, abgesehen davon, dass sie unvollendet sind, keine neuen Gesichtspunkte. Die Farbentheorie der Micrographie wird nie wieder benutzt, ja nicht einmal ausdrücklich wieder erwähnt. Man darf darnach wohl annehmen, dass Hooke selbst das Unwahrscheinliche derselben eingesehen und die Richtigkeit der Newton'schen Bemerkungen über die Abhängigkeit der Farben von der Grösse und Geschwindigkeit der betreffenden Aetherschwingungen anerkannt hat.[5] Dem entspricht der Satz, mit welchem Hooke seine Experimente über Lichtbeugung am 11. März 1675 einleitete:[6] „Das Licht entsteht, gleich dem Schall, durch eine zitternde Bewegung des Mediums, und wie es unter den Tönen nach dem Verhältniss ihrer Schwingungen verschiedene Harmonien giebt, so werden im Licht verschiedenartige, angenehme Farben durch

[1] Siehe S. 40 dieses Werkes.

[2] Das bezieht sich jedenfalls auf die Interferenzfarben des von einer Platte, die mit feinen eingeritzten Linien versehen ist, zurückgeworfenen Lichtes. Hooke hat mehrfach in den Sitzungen der Royal Society über diese Farben gesprochen, aber auch Grimaldi hatte dieselben schon beobachtet. (Physico-Mathesis, p. 231).

[3] Colours begin to appear, when two pulses are blended so very well, that the sense takes them for one. Das ist der Gedanke einer gewissen subjectiven Interferenz im Auge, nicht der unserer heutigen objectiven Interferenz.

[4] Hooke, Posthumous works, London 1705, p. 71—149. Birch, History, vol. IV, p. 81 u. ff.

[5] Siehe S. 82 dieses Werkes.

[6] Birch, History of the Royal Society, vol. III, p. 194.

proportionale und harmonische Bewegungen vermischter Vibrationen hervorgebracht." Auch eine Vorlesung Hooke's vom April und Mai 1682[1] deutet wohl auf eine solche Wendung in seinen Ansichten betreffs der Farben hin; indem er hier die Tonhöhe wenigstens ganz sicher von der Geschwindigkeit der Luftschwingungen abhängig macht und sich weiter über den Einfluss der Schwingungsgeschwindigkeit auf die Empfindung im Allgemeinen verbreitet. Leider bricht der Bericht ab, ehe die Anwendung auf das Licht gegeben ist, und wir vermögen nicht zu beurtheilen, wie weit die Ausbildung dieser Anschauungen bei Hooke gediehen sein mag.

Newton konnte, abgesehen von allem andern, bei dieser weiteren Behandlung der Farbenlehre durch Hooke nicht unthätig bleiben. Er musste mindestens zeigen, dass seine Farbentheorie auch diesen Erscheinungen gerecht werden könnte, und musste damit zum zweiten Male noch näher als das erste Mal mit Hooke zusammenstossen. Trotzdem aber die beiden Gelehrten persönlich auf diese Weise immer weiter aus einander rückten, kamen sie doch sachlich einander bedeutend näher, und während Hooke sich allmählich der Farbentheorie Newton's anerkennend zuwandte, bemühte sich dieser mit gutem Erfolge die Undulationstheorie, allerdings nur unter Vorbehalt, zur weiteren Erklärung der Lichterscheinungen geschickter zu machen.

Am 13. November 1675 bei Gelegenheit des Disputes mit Linus schrieb Newton[2] an Oldenburg, wahrscheinlich in Folge einer Anfrage des Letzteren, dass er allerdings einige Ideen für einen weiteren Discours über Farben habe, jedoch zu unlustig sei, um auch nur die Feder in dieser Angelegenheit wieder anzusetzen. Nur eine Abhandlung aus der Zeit seiner ersten Mittheilung über Licht und Farben liege noch bei ihm, von der er auch damals schon Nachricht gegeben habe. Diese stehe Oldenburg zu Diensten, wenn er dieselbe gebrauchen wolle. Als aber Oldenburg auf Wunsch der Royal Society die umgehende Zusendung der Abhandlung verlangte, bat ihn Newton vorerst um einigen Aufschub, weil er nun doch beim Wiederdurchlesen den Plan gefasst habe, der früheren Arbeit noch einiges Gekritzel beizufügen.[3] Die so erweiterte Abhandlung ging am 9. December 1675 bei der Royal Society ein,[4] und wurde nach und nach in den Sitzungen der Gesellschaft bis zum 10. Februar gelesen.

---

[1] Posthumous works, p. 129.

[2] Edlestone, Correspondence, p. 253; auch Horsley, Newtoni Opera, vol. IV, p. 355.

[3] Edlestone, Correspondence, p. 254. Brief Newton's an Oldenburg vom 30. November 1675.

[4] Birch, History of the Royal Society, vol. III, p. 247.

Sie führt den Titel: Theorie des Lichtes und der Farben, enthaltend sowohl eine Hypothese zur Erklärung der Eigenschaften des Lichtes, welche von dem Verfasser in früheren Papieren beschrieben worden sind, als auch eine Beschreibung der hauptsächlichsten Erscheinungen der verschiedenen Farben dünner Platten und Blasen, die ebenfalls von den vorher charakterisirten Eigenschaften des Lichtes abhängen.

Das Gekritzel, welches NEWTON eben noch angefügt hatte, enthielt eine Hypothese über das Wesen des Lichtes, die auf einer Vereinigung der Emissions- mit der Undulationstheorie beruhte; doch gab sie NEWTON nur unter ganz besonderem Vorbehalt. Ich habe Euch, so heisst es in dem Begleitschreiben der Abhandlung an OLDENBURG,[1] die Papiere, welche ich erwähnte, durch JOHN STILES gesendet. Bei einer Durchsicht derselben fand ich einige Sachen so dunkel, dass sie wohl eine weitere Erklärung durch Figuren verlangt hätten; einige andere werden Euch nicht neu sein, wie ich vermuthe, obgleich mir selbst fast alles neu war, als ich es schrieb. Ihr werdet sie hoffentlich so, wie sie sind, annehmen, obgleich sie den grossen Dank nicht verdienen, den Ihr mir schon ausgesprochen habt. Ich hatte mir früher vorgenommen, niemals irgend eine Hypothese über Licht und Farben zu veröffentlichen, indem ich fürchtete, ich möchte mich in unnütze Streitigkeiten dadurch verwickeln. Ich hoffe jedoch, der offen erklärte Vorsatz auf nichts zu antworten, was einer Controverse ähnlich sieht, wird diese Furcht unnöthig machen. Und desswegen, da ich meinte, dass eine solche Hypothese die Abhandlung, welche ich Euch versprochen, sehr veranschaulichen würde, und da ich gerade in dieser Woche einige Zeit zur Verwendung frei hatte, habe ich nicht angestanden, eine solche Hypothese hinzuzufügen, so weit ich schnell meine Gedanken sammeln konnte, habe mich aber dabei nicht darum gekümmert, ob man dieselbe für wahrscheinlich oder unwahrscheinlich halten würde. Ihr werdet an der schlechten Schrift und an dem Eincorrigiren sehen, dass ich in Eile schrieb und nicht die Zeit hatte den Discours abschreiben zu lassen.

In dem ersten Theile der eigentlichen Abhandlung, die von der Hypothese zur Erklärung des Lichtes handeln soll, wiederholt NEWTON die Darstellung der Undulationstheorie, wie er sie früher schon in dem Streite mit HOOKE gegeben hatte,[2] und fügt dem die sehr interessante Nachricht bei, dass HOOKE nun wirklich dieser Darlegung der Farbentheorie sich angeschlossen habe. Ich war sehr erfreut, so schreibt er, bei meiner letzten Anwesen-

---

[1] BIRCH, History of the Royal Society, vol. III, p. 247—248.
[2] Siehe S. 77 dieses Werkes.

heit[1] in einer Eurer Versammlungen aus einem Discours von Mr. HOOKE entnehmen zu können, dass er seine frühere Meinung, nach der alle Farben aus nur zwei Originalfarben zusammengesetzt sind, die selbst durch die beiden Seiten einer schiefen Welle bedingt werden, gewechselt und seine Hypothese meiner Annahme angepasst hat, nach der alle Farben, wie die Töne, durch die verschiedene Grösse der Vibrationen[2] sich unterscheiden. Denn diese Hypothese halte ich für die wahrscheinlichste unter allen von früheren Autoren beschriebenen, weil ich nicht einsehe, wie die Farben der dünnen durchsichtigen Platten oder Häutchen richtig erklärt werden können, ohne auf ätherische Wellen zurückzugehen. Doch aber halte ich eine andere Hypothese, welche ich ebenfalls früher angedeutet habe,[3] für noch besser.[4] NEWTON kommt damit auf die Annahme eines vom leuchtenden Körper direct ausfliessenden Lichtstrahls zurück, der in dem in den beleuchteten Körpern enthaltenen Aether Vibrationen erregt; eine Hypothese, die er von da an als die bedingungsweise beste festgehalten hat, und die wir auch in dem fragmentarischen Anhange zur Optik wieder antreffen. Hier spricht er sich sehr günstig über dieselbe aus. Müsste ich eine Hypothese, sagt er, als wahr voraussetzen, so müsste es diese sein; besonders wenn man sie so fasst, dass man nicht bestimmt, was das Licht eigentlich ist, sondern dasselbe nur als etwas definirt, das fähig ist, in dem Aether Vibrationen zu erregen. Denn auf diese Weise wird die Hypothese so allgemein und umfassend, dass sie wenig Raum für andere, noch zu erfindende lässt. Und weil ich bemerkt habe, dass die Köpfe so mancher grossen Kenner besonders nach solchen Hypothesen verlangen, und dass sie meine Abhandlungen einer erklärenden Hypothese absolut für bedürftig halten, und weil ich gefunden habe, dass einige Personen nur darum nicht zur Annahme meiner Meinung bekehrt werden konnten, weil ich zu abstract von der Natur des Lichtes und der Farben gesprochen hatte, deswegen habe ich bereitwillig die Gelegenheit ergriffen, meine Abhandlung durch eine Hypothese zu veranschaulichen. Obgleich ich also für mich weder diese noch eine andere Hypothese annehmen werde, weil ich es nicht für nothwendig halte mich darüber zu entscheiden, ob die Eigenschaften des Lichtes, welche ich entdeckt habe, durch diese oder Mr. HOOKE's Hypothese oder irgend eine andere erklärt werden, so werde ich doch

---

[1] NEWTON war am 11. März 1675 in der Sitzung der Royal Society, wo HOOKE seine Experimente über das prismatische Farbenspectrum wiederholte, gegenwärtig. (EDLESTONE, Correspondence, p. XXV.)

[2] Various bigness of the pulses.

[3] Siehe S. 80 dieses Werkes.

[4] BIRCH, History, vol. III, p. 249.

in dieser Abhandlung, um Weitläufigkeiten zu vermeiden und recht anschaulich zu werden, so reden, als ob ich die Hypothese für die meinige annähme und Anderen zur Annahme empföhle.

Dies meinte ich vorausschicken zu sollen, damit man nicht das Folgende mit meinen andern Abhandlungen zusammenwerfe, und die Sicherheit der letzteren nach dem Ersteren beurtheile, oder mich auch nur für verpflichtet halte, diese Abhandlung gegen Angriffe zu vertheidigen.

Wir setzen also einen Aether voraus, ähnlich der Luft, nur viel dünner und doch elastischer, der nicht homogen, sondern aus einem gröberen Stoffe und verschiedenen ätherischen Flüssigkeiten zusammengesetzt ist; denn aus der Existenz der elektrischen und magnetischen Ausströmungen der Körper und aus der Existenz des schwermachenden Princips scheint eine solche Verschiedenheit zu folgen. Wie die atmosphärische Luft aus einem trägen Stoffe von eigentlicher Luft, untermischt mit verschiedenen Dämpfen und Ausdünstungen besteht, so ist vielleicht das ganze Weltgebäude nichts als eine verschiedenartige Composition von gewissen ätherischen Spirits, die nach Art der Dämpfe, wenn auch nicht so leicht, condensirbar und auch condensirt und nach der Condensation in gewisse Formen gebracht sind; zuerst unmittelbar durch den Schöpfer und seitdem durch Naturkräfte.

Mindestens scheinen die elektrischen Ausflüsse aus den Körpern zu lehren, dass alle Körper Stoffe von ätherischer Natur in sich condensirt enthalten. Ich habe einige Male[1] eine in einen Metallrahmen eingesetzte Glasplatte so auf eine Tafel gelegt, dass das Glas ungefähr $^1/_8$ oder $^1/_{16}$ Zoll über der Tafel stand und die Luft unter der Glasplatte vollkommen abgeschlossen war; wenn ich dann das Glas mit einem rauhen Stoffe so lange rieb, bis einige Papierstückchen, die unter dem Glase auf der Tafel lagen, von demselben angezogen wurden, so fuhren die Stücke dann eine Weile fort auf und nieder zu hüpfen, einige Male senkrecht zur Tafel, einige Male schief u. s. w. Wenn ich meinen Finger auf der oberen Seite des Glases gleiten liess (ohne das Glas oder die Luft unter demselben zu bewegen), so empfingen die Theilchen, welche an der unteren Seite hingen, neue Bewegungen und neigten sich, je nachdem ich den Finger bewegte. Woher alle diese unregelmässigen Bewegungen kommen sollen, kann ich mir nicht vorstellen, wenn nicht eine ätherische Materie in dem Glase condensirt ist, die durch das Reiben verdampft wird, und dann in dem abgeschlossenen Raume sich und damit auch das Papier vom

---

[1] Birch, History, vol. III, p. 250. Wie die prismatischen Experimente, so gelang auch dieser elektrische Versuch bei seiner Wiederholung in der Royal Society zuerst nicht; Newton musste mehrfach neue, genauere Anweisung geben, um einen Erfolg zu ermöglichen.

Glase nach der Tafel zu und umgekehrt bewegt, so lange, bis sie wieder in das Glas zurückkehrt und sich auf's Neue condensirt.

Ebenso wie hier die elektrische Anziehung wird auch die Anziehungskraft der Erde, welche wir Schwere nennen, durch die immerwährende Condensation einer ähnlichen ätherischen Flüssigkeit verursacht sein. Denn wenn gährungsfähige oder brennbare Körper eine grosse Menge ätherischer Flüssigkeit in sich zu halten vermögen, so darf man auch von dem grossen Körper der Erde annehmen, dass er immerwährend grosse Mengen ätherischer Flüssigkeit in sich zu condensiren vermag. Dann aber muss auch immerwährend von allen Seiten die ätherische Flüssigkeit mit grosser Schnelligkeit zum Ersatz nach der Erde hinströmen und diese Aetherströme werden die Körper über der Erde mit sich nach der Erde zu führen und zwar mit einer Kraft, welche den Oberflächen aller der Theile, auf welche die Ströme wirken, proportional ist.[1] Und wie die Erde, so mag auch die Sonne diese Substanz einsaugen und dadurch sich nicht blos ihre Leuchtkraft bewahren, sondern auch die Planeten verhindern, sich weiter von ihr zu entfernen.

Der Aether durchdringt alle Körper, aber er geht doch nicht ohne Hinderniss durch sie hindurch, und darum ist er in den Körpern weniger dicht als in dem Raume ausserhalb derselben und ist auch in einigen Körpern weniger dicht als in den anderen. Dies mag die Ursache der Cohäsion fester und flüssiger Körper, der Elasticität des Glases und anderer Substanzen, sowie der Grund dafür sein, dass das Quecksilber bei dem TORRICELLI'schen Experimente oft an der Spitze der Röhre hängen bleibt, wenn auch die Höhe desselben weit über 29 Zoll beträgt. Auch die Zusammenziehbarkeit der thierischen Muskeln lässt sich von hier aus leicht erklären, wenn man annimmt, dass es einen Aether giebt, der die Säfte der Thiere gerade so frei durchdringt, wie der magnetische Aether das Glas. Zur Veränderung der Pression der Muskeln ist nichts weiter nöthig, als eine Veränderung der Consistenz des eingeschlossenen Aethers. Um dann diese Veränderung wieder zu erklären, könnte man annehmen, entweder, dass die Seele eine unmittelbare Gewalt über den Aether in dem ganzen Körper ausübte, dann wäre die Abhängigkeit der Einwirkung von den Nerven nicht zu begreifen; oder, dass ein Aether in die Dura mater eingeschlossen sei und die Seele durch Zusammenziehen oder Ausdehnen derselben den Aether bewege, dann sei zu verwundern, dass der Aether die Dura mater nicht durchdringe; oder endlich, dass die Seele vom Gehirn aus durch die Nerven die Muskeln mit Aether versehen könne, dann wäre die dazu nöthige grosse

[1] BIRCH, History, vol. III, p. 251.

Kraft des Gehirns schwer begreiflich. NEWTON hält für das Beste, vorauszusetzen, dass die ätherische Flüssigkeit, welche die Muskelbewegungen hervorruft, blos die Nerven, aber nicht die Muskelsubstanz durchdringen kann, wie es in ähnlicher Weise auch bei Flüssigkeiten der Fall ist, die nur durch bestimmte Stoffe hindurchzugehen vermögen.

Das Licht ist nach meiner Ansicht, so kommt NEWTON nun auf sein eigentliches Thema, weder als ein Aether noch als eine vibrirende Bewegung eines solchen, sondern nur als ein Etwas zu definiren, das auf verschiedene Art vom leuchtenden Körper aus verbreitet wird. Man mag es als ein Aggregat von verschiedenen peripatetischen Qualitäten oder besser als eine Menge von unmerklich kleinen und schnellen Korpuskeln von verschiedenen Formen annehmen, die vom leuchtenden Körper auf grosse Entfernungen nach einander, aber doch ohne empfindlichen Zwischenraum ausgesandt und durch ein Princip der Bewegung fortgeschleudert werden. Gott, welcher den Thieren auf uns unbegreifliche Weise die Kraft zu willkürlicher Bewegung gab, konnte zweifellos auch den Körpern andere Principien der Bewegung einpflanzen, die wir eben so wenig verstehen. Wenn Jemand meint, dies Princip könnte nur geistiger Natur sein, so könnte man die mechanische Natur eines solchen leicht nachweisen, doch ziehe ich es vor, darüber hinwegzugehen.[1] Diejenigen, welche das nicht für richtig erachten, mögen das Licht annehmen als eine materielle Emanation oder als eine Bewegung oder als einen Impuls zu einer solchen oder als sonst etwas, was sie selbst für geeignet halten mögen. Ich setze nur voraus, dass das Licht aus Strahlen besteht, die sich von einander durch zufällige Umstände wie Grösse, Form oder Stärke unterscheiden; ähnlich wie die Sandkörner des Meeres, die Wellen der See oder die Gesichter der Menschen. Weiter aber möchte ich noch von dem Lichte voraussetzen, dass es verschieden von den Vibrationen des Aethers sei, weil sonst Schatten ebenso unmöglich wären, wie vollkommen undurchsichtige Oberflächen, und weil dann auch das abwechselnde Durchlassen und Zurückwerfen der Strahlen an dünnen Platten nicht erklärt werden könnte. Denn obgleich die arithmetische Progression derjenigen Dicken, welche die Strahlen abwechselnd zurückwerfen und durchlassen, davon zeugt, dass dies von der

[1] BIRCH, History, vol. III, p. 255: God, who gave animals selfmotion beyond our understanding, is, without doubt, able to implant other principles of motion in bodies, which we may understand as little. Some would readily grant this may be a spiritual one, yet a mechanical one might be shewn, dit not I think it better to pass it by. Das ist schon ganz das Fundament, von dem aus später die Gravitation als primitive Urkraft der Materie vertheidigt wird.

Zahl der Vibrationen zwischen den beiden Oberflächen abhängt, so kann ich doch nicht einsehen, wie diese Zahl, sei sie grösser oder kleiner, ganz oder gebrochen, etwas in der Sachlage verändern sollte, wenn das Licht nicht etwas Anderes wäre als die Vibrationen selbst.

Sind auch Licht und Aether von einander verschieden, so nehme ich doch an, dass Licht und Aether gegenseitig auf einander einwirken, so nämlich dass, wenn ein Strahl sich durch Aether von ungleicher Dichtigkeit bewegt, er continuirliche Stösse nach der Seite des dünneren Aethers empfängt und so nach dieser Seite gebeugt wird. Der Strahl, der von einem dünneren Medium in ein dichteres übergeht, muss also mehr und mehr dazu neigen der brechenden Oberfläche parallel zu werden: wenn der Strahl aber vorher parallel zu der Oberfläche war, so muss er vollständig zurückgeworfen werden.

Um die Zurückwerfung von einem dichteren Medium in ein dünneres zu begreifen, bedenke man, dass Flüssigkeiten an ihrer Oberfläche viel weniger weich und nachgiebig sind als in ihrem Innern, und dass sie in dünnen Häutchen viel zäher sind als sonst . . . Wenn z. B. zwei gut polirte convexe Gläser von ziemlich grossen Sphären auf einander gelegt werden, so weicht die Luft zwischen ihnen stets bis zu ihrer Berührung aus, dann aber beginnt sie so zu widerstehen, dass das Gewicht des oberen Glases nicht genügt, um den schwarzen Fleck hervorzubringen, der im Folgenden beschrieben wird. Darnach kann man voraussetzen, dass der Aether an der Grenze zweier Flüssigkeiten viel weniger weich und nachgiebig ist als im Innern und zwar um so weniger, je mehr die zwei Flüssigkeiten an Dichte verschieden sind. Hierdurch wird die Zurückwerfung des Lichtes auch beim Auftreffen auf ein dünneres Medium bewirkt.[1] Um nun endlich zu erklären, warum von den Strahlen, die auf dieselbe durchsichtige Oberfläche fallen, immer einige zurückgeworfen, andere aber durchgelassen werden, nehmen wir an, dass bei der Wechselwirkung zwischen Aether und Licht der Aether in den Körpern durch die Lichtstrahlen in Vibration versetzt wird. Durch diese Vibrationen wird der Aether abwechselnd zusammengepresst und ausgedehnt. Die Lichtstrahlen nun, die auf den comprimirten Aether treffen, werden augenscheinlich zurückgeworfen, während die Strahlen, die auf den verdünnten Theil, auf das Intervall von zwei Vibrationen treffen, durchgelassen werden.[2]

---

[1] Eine merkwürdige Verwerthung des Begriffs einer Oberflächenspannung.

[2] BIRCH, History, vol. III, p. 258. Bis hierher wurde am 9. December 1675 in der Royal Society gelesen.

Zur Erklärung der Farben[1] kann Folgendes dienen. Wie Körper von verschiedenen Grössen, Dichten u. s. w. durch Stoss oder andere Actionen Klänge von verschiedenen Tönen und folglich in der Luft Vibrationen von verschiedener Grösse erregen können, so müssen auch die Lichtstrahlen, wenn sie auf eine brechende Oberfläche stossen, im Aether Vibrationen verursachen, die je nach der Verschiedenheit der Lichtstrahlen (an Grösse und Kraft) selbst verschieden sind. Deshalb müssen auch die Strahlen, welche auf die Netzhaut treffen, verschiedene Schwingungen erregen, die durch den Sehnerven bis in das Gehirn fortlaufen, wohin das Licht nicht gelangen kann. Entsprechend ihrer Grösse nnd Mischung werden dann diese Vibrationen die Empfindung der verschiedenen Farben erregen, und die Harmonie der Farben mag auf der Harmonie dieser Schwingungen beruhen.[2]

Die stärksten und grössten Strahlen mögen die brechenden Oberflächen am leichtesten durchdringen und so am wenigsten gebrochen werden. Durch diese Verschiedenheit der Brechung werden die Strahlen, wie sie von der Sonne ausgehen, im Prisma gesondert. Da aber dabei die Grösse und Kraft der einzelnen Strahlen bleibt, so kann, nachdem die Strahlen einmal gesondert sind, keine wahre Veränderung der Farben mehr eintreten.

Um weiter die Farben dünner Platten zu erklären, welche durch Reflexion entstehen, kann man annehmen, dass, obgleich das Licht über alle Vorstellung schnell ist, die Vibrationen doch, welche die Lichtstrahlen in dem Aether erregen, noch schneller fortschreiten als die Strahlen selbst. Diese Vibrationen, die von der einen Oberfläche einer dünnen Platte zur anderen fortschreitend die Strahlen überholen, mögen dann die Ursache sein, dass das Licht, wenn es auf die dichteren Stellen der Aetherschwingungen trifft, zurückgeworfen, sonst aber durchgelassen wird. Die Zurückwerfung oder Transmission des Lichtes hängt also von der Dicke der Platten ab. Legt man eine convexe Platte auf eine ebene Scheibe, so verhalten sich die verschiedenen Dicken der dazwischen befindlichen Luftschichten wie die Entfernungen der betreffenden Schichten von der Berührungsstelle, daraus folgt, dass das durchgelassene und zurückgeworfene Licht sich in abwechselnden Ringen um die Berührungsstelle zeigen wird. In homogenem Lichte werden sich also helle und dunkle Ringe bilden, deren Radien zu der Dicke der betreffenden Schichten und zur Länge der Wellen in einem gewissen Verhältniss stehen. Da rothes und

---

[1] BIRCH, History, vol. III, p. 262.

[2] Auf diese Weise vereinigt NEWTON die Vortheile, welche die Undulationstheorie für die Erklärung der Farben unleugbar bietet, mit der Sicherheit der Emanationstheorie, die seiner Ansicht nach allein die geradlinige Fortpflanzung des Lichtes als möglich erscheinen lässt.

gelbes Licht Wellen von anderer Grösse in dem Aether erzeugen als blau und violett, so werden auch die Farbenringe bei diesen Farben von verschiedenen Durchmessern sein, bei blau am kleinsten, bei roth am grössten, und durch diese Zurückwerfung wird also auch das weisse Sonnenlicht in Farbenringe zerlegt werden. Hat man es nicht mit Luftplatten, sondern mit Platten von Wasser, Glas u. s. w. zu thun, so ist anzunehmen, dass in dünnerem Aether die Wellen kürzer sind als in dem dichteren; die entsprechenden Farbenringe werden also in dichterem durchsichtigen Körper einen geringeren Radius als sonst haben. Von hier aus erklären sich auch die natürlichen Farben der Körper.[1]

Mr. Hooke sprach einmal, wie Sie sich erinnern werden, von einer merkwürdigen Zerstreuung des Lichtes beim Vorübergange des Lichtstrahls nahe an der Schneide eines Messers in einem dunklen Zimmer, wobei der Lichtstrahl unter allen Winkeln in den Schatten des Gegenstands abirrt. Der damalige Präsident machte dazu die treffende Bemerkung, dass dieses Abschweifen vielleicht in krummen Linien geschehe. Da ich nun gehört hatte, wie Hooke einige Tage vorher das Abirren mit der Verbreitung der Töne in das ruhende Medium verglich, so war das für mich Veranlassung zu der Bemerkung, dass ich die Erscheinung nur für eine neue Art von Brechung der Lichtstrahlen halte, die verursacht werde durch eine wachsende Verdünnung des äusseren Aethers mit der Annäherung an den betreffenden Körper. Darauf gefiel es Hooke zu antworten: und wenn die Erscheinung eine neue Art der Brechung sei, so wäre es doch eine neue. Was ich mit dieser Antwort machen sollte, wusste ich nicht, da ich annahm, dass eine neue Art von Brechung eine ebenso noble Erfindung sei als irgend eine andere. Aber es liess mich doch nachher bei einer anderen zufälligen Gelegenheit zu einigen Anderen sagen, die bei der Scene selbst zugegen gewesen waren, dass meines Erinnerns ich das Experiment schon vorher bei einem italienischen Autor gesehen hätte. Dieser Autor war Honoratio Fabri, der es aber nur nach Grimaldi berichtete.[2]

Mit dieser Bemerkung schliesst der allgemeine Theil der Newton'schen Abhandlung, die Hypothese über das Wesen des Lichtes. Dieselbe ist für Newton's elementare Anschauungen um diese Zeit besonders charakteristisch. Zwar lehnt er auch hier noch die Annahme einer Hypothese über das Wesen des Lichtes als Grundlage seiner optischen Theorien ausdrücklich ab, doch aber bezeichnet er eine solche bestimmte Hypothese als die

---

[1] Birch, History, vol. III, p. 268.
[2] Ibid., ibid.

nach seiner Ansicht einzig annehmbare und betont, dass er eine Möglichkeit der Erklärung der Farben dünner Platten ohne diese Hypothese nicht begreifen könne. Freilich geht er auch damit noch nicht gänzlich in das Lager der Undulationstheoretiker über, sondern behält für den Lichtstrahl die Vorstellung einer Ausstrahlung materieller Theilchen aus dem leuchtenden Körper, also die Voraussetzung der Emanationstheorie bei; aber er gebraucht doch Undulationen des in den Körpern enthaltenen Aethers zur Erklärung der Farbenempfindungen, er verwendet diesen Aether weiter zur Erklärung der Sinnesempfindungen und Willensäusserungen überhaupt und er deutet sogar eine Ableitung der Gravitation wie der Cohäsion aus Bewegungen dieses Aethers an. Eins geht daraus deutlich hervor, und darauf müssen wir besonders aufmerksam machen, dass Newtön um diese Zeit den Begriff der Gravitation oder gar einer allgemeinen Attraction der Materie als einer primitiven, unmittelbar in die Ferne wirkenden Kraft noch nicht hat. So wie sich später diese Vorstellung bei ihm entwickelt, so wird die Existenz des Aethers nicht blos als unnütz aufgegeben, sondern geradezu als schädlich bekämpft, und dann treten an Stelle der Aetherschwingungen zur Erklärung der Farben dünner Platten ebenfalls besondere Kräfte der Lichtmaterie, nämlich die Anwandlungen oder Neigungen derselben zu leichterer Reflexion oder Transmission.

Die Hypothese wurde in zwei Sitzungen der Royal Society am 9. und 16. December 1675 bewältigt. In vier weiteren Sitzungen vom 20. Januar bis 10. Februar 1676 beendigte man die Lesung des speciellen Theiles der Abhandlung,[1] der die Beobachtungen und Messungen über die Farben dünner Platten, wie die Anwendung der Theorie dieser Farben zur Erklärung der natürlichen Farben der Körper, die auf die Farben der kleinsten Theile der Körper zurückgeführt werden, und endlich die Zurückweisung der alten Meinung enthält, nach der die Reflexion des Lichtes von der Zurückwerfung der aufprallenden Lichttheilchen durch die festen undurchdringlichen Theile des reflectirenden Körpers herrührt. Im Gegentheil hierzu wird gerade die Absorption des Lichtes und die schwarze Farbe der Körper durch das Anstossen der Lichttheilchen auf die soliden Corpuskeln der Körper und das Hängenbleiben der ersteren an den letzteren erklärt.

Diese Beobachtungen hat Newton 30 Jahre später unverändert in seine Optik von 1704 aufgenommen; sie bilden dort den Inhalt des ersten und zweiten Theiles des II. Buches, sowie die ersten acht Propositionen des dritten Theiles dieses Buches.[2]

---

[1] Birch, History, vol. III, p. 272—305.

[2] Optice, Genf 1740, p. 139—204. Von der achten Proposition ist nur der Anfang in der Abhandlung von 1676 enthalten.

Es ist ein unwiderlegliches Zeichen für die Sorgfalt und Genauigkeit der NEWTON'schen Experimente, dass die Resultate der hier beschriebenen Messungen nicht blos von NEWTON selbst nach 30 Jahren noch unverändert veröffentlicht werden konnten, sondern auch an Genauigkeit im nächsten Jahrhundert nicht übertroffen, ja nicht einmal erreicht wurden, und dass THOMAS YOUNG noch im Anfang dieses Jahrhunderts die NEWTON'schen Resultate für die Berechnung der Wellenlänge der Lichtstrahlen nicht blos benutzen konnte, sondern aus Mangel an besseren auch benutzen musste.

NEWTON's Abhandlung bewegte sich diesmal fast ausschliesslich auf einem Gebiete, das vor ihm von HOOKE schon mit vielem Erfolge bearbeitet worden war. Die Farben dünner Platten, wie die sogenannten NEWTON'schen Farbenringe hatte HOOKE so gründlich untersucht und so systematisch erklärt, wie ihm das auf keinem anderen Gebiete noch einmal gelungen ist. NEWTON fügte hier kaum etwas Anderes hinzu, als die allerdings bewundernswerth genaue Bestimmung der Grössenverhältnisse der Erscheinung. Wenn er trotzdem den Namen von HOOKE nicht anders als ein oder zwei Mal beiläufig erwähnte, wenn er am Schlusse der Hypothese nur kurz bemerkte, dass die von HOOKE vor einiger Zeit als neu vorgeführten Beugungserscheinungen des Lichtes schon von GRIMALDI vorher beschrieben seien, so durfte HOOKE wohl Ursache zur Missstimmung haben, und er war nicht der Mann dazu, dieselbe zu verbergen.

Wirklich gab er auch gleich am 16. December nach der Vollendung des Lesens der Hypothese seinem Unwillen in der Sitzung direct Ausdruck und erklärte ohne Bedenken, dass die Hauptsache der NEWTON'schen Hypothese schon in seiner Micrographie enthalten sei, und dass NEWTON die Aufgabe nur in einigen Einzelheiten weitergeführt hätte.[1] Der Letztere vertheidigte sich in einem Briefe an OLDENBURG vom 21. December 1675 in zwar scharfer, aber doch vorsichtiger Weise.[2] Was HOOKE's Insinuation betreffe, nach der die Summe seiner Hypothese schon in der Micrographie enthalten sei, so brauche er sich über die Freiheiten, welche jener sich nehme, allerdings nicht viel zu bekümmern; weil aber OLDENBURG es wünsche und um auch den Schein zu vermeiden, als ob er etwas Unschönes und Unrechtes gethan habe, so wolle er kurz die Verschiedenheiten zwischen

---

[1] BIRCH, History, vol. III, p. 268. Nach der officiellen Sitzung der Royal Society scheint HOOKE im Caffeehause, wo sich viele Mitglieder noch zusammenfanden, diesen Faden verstärkt weiter gesponnen zu haben.

[2] Ibid., p. 278. Unverkürzt in HORSLEY, Newtoni Opera, IV, p. 378.

seiner und HOOKE's Hypothese constatiren. Dazu gehöre jedoch, dass er vorher andeute, was HOOKE selbst wieder von DESCARTES oder Anderen übernommen, nämlich: Die Existenz eines ätherischen Mediums, die Action desselben als Licht, die Annahme, dass der Aether in den Theilen der festen Körper freier sei und das Licht leichter und in gewissem Verhältniss schneller durchlasse als der leere Raum; dass von dieser Beschleunigung die Brechung herrühre, dass das primäre Licht einfach sei und dass die Farben entstünden durch Störung des einfachen Lichtes bei der Brechung, dass zwei Grundfarben entstünden aus der Verzögerung des Lichtstrahles an der einen und der Beschleunigung an der anderen Seite durch das ruhende Medium, und dass endlich aus den zwei Grundfarben roth und blau alle anderen hervorgingen. HOOKE habe dann allerdings den Druck oder die progressive Bewegung des Aethers in eine vibrirende, die Rotation der Kügelchen in die Schiefe der Wellen verwandelt und die Beschleunigung und Verzögerung der Rotation durch das ruhende Medium durch eine gleiche Wirkung desselben auf die beiden Enden der Schwingungen ersetzt. Er wolle HOOKE auch gern die Erklärung der Erscheinungen an dünnen Platten und der natürlichen Farben der Körper zugeben. Bei alledem aber hätten doch seine und HOOKE's Theorie nichts weiter mit einander gemein als die Annahme eines Aethers, der in Schwingungen versetzt werden könne, und seien sonst stärker von einander verschieden, als selbst die Theorie des DESCARTES von der des HOOKE. Der Letztere nehme an, dass die Schwingungen das Licht selbst wären, er aber nicht; darnach seien auch die Vorstellungen von der Zurückwerfung und Brechung des Lichtes und der Entstehung der Farben bei ihnen beiden ganz verschieden. Bei den Farben dünner Platten gründe er sogar seine Erklärung auf Experimente, welche Alles zerstören, was HOOKE darüber gesagt habe; und diese Experimente habe HOOKE weder gekannt, als er seine Micrographie geschrieben, noch in diesem Frühjahr, wo er ihn selbst darüber gesprochen.

Wenn HOOKE den Begriff der Farben annehme, den er ihm vorgeschlagen, und ohne welchen HOOKE's Hypothese nicht bestehen könne, so habe HOOKE mehr von ihm aufgenommen als umgekehrt. Aber es möge sein, dass HOOKE sagen wolle, NEWTON habe nicht sowohl seine Theorien als vielmehr seine Experimente und Beobachtungen benutzt, und das wolle er auch theilweise zugeben. Bei der Reflexion der Lichtstrahlen habe er HOOKE ausdrücklich angeführt; auch die Erklärung der Undurchsichtigkeit durch die Poren der Körper rühre von HOOKE her, und besonders dankbar sei er demselben für die Notizen über die Farben dünner Platten. Doch habe HOOKE ihm ganz überlassen, die Experimente zu erfinden, welche zum Verständniss dieser Farben und ihres Ursprungs, sowie zur Begründung einer Erklärungshypothese nöthig seien; denn Hooke habe nichts weiter angegeben, als dass die Farbe abhänge von einer bestimmten Dicke der Platten. Wie gross aber diese Dicke für eine bestimmte Farbe sei, das habe er nach seinem eigenen Geständniss in der Micrographia vergeblich zu erforschen gesucht. So sei ihm nichts übrig geblieben, als selbst die Messung zu unternehmen, und Hooke müsse ihm wohl erlauben, von dem Gebrauch zu machen, was er durch eigene Arbeit gefunden habe. Das werde hoffentlich genügen, ihn von der Anklage zu befreien, die Hooke gegen ihn erhoben habe.

Diesem Brief liess Newton am 10. Januar 1676 noch einen anderen folgen, in dem er einige Sätze des ersteren klarer präcisirte.[1] Er sei Oldenburg für die gütigen Nachrichten über Hooke's Insinuation sehr verbunden. Es sei nur gerecht und billig, dass ihm Gelegenheit gegeben werde, sich gegen das zu wehren, womit er unverdient beschuldigt werde. Und da Oldenburg nun einmal sich herbeigelassen habe, als sein Vertreter bei der Royal Society zu fungiren, und er kein anderes Mittel habe, zu hören, was dort geschehe, so hoffe er, dass Oldenburg seinen ritterlichen Schutz ihm auch fernerhin angedeihen lassen werde. Trotzdem er nun nicht glaube, dass die Royal Society in einer so klaren Sache getäuscht werden könne, oder dass Hooke selbst nach Constatirung der Verschiedenheit ihrer Arbeiten in seinem Irrthum beharren werde, so wolle er doch einige Sätze seines letzten Briefes noch näher erläutern. Hooke werde jedenfalls behaupten, dass er (Newton) die Anwendung der Vibrationen zur Erklärung der Farben dünner Platten von ihm habe. Aber der ganze Gebrauch, den er von den Vibrationen mache, sei doch nur der, dass er sie annehme, um die Verstärkung oder Verminderung der reflectirenden Kraft der Aetheroberflächen zu erklären. Von dieser Anschauung sei Hooke in seiner Micrographie so weit entfernt gewesen, dass er noch im letzten Frühjahr, als Newton ihm von der reflectirenden Kraft der ätherischen Oberflächen gesprochen, diese Kraft als einen ganz neuen Begriff angenommen habe.

Die beiden Vertheidigungsbriefe Newton's wurden in der Royal Society, der erste noch am 20. Januar 1676, zum grössten Theile verlesen und von der Versammlung ohne Weiteres zur Kenntniss genommen. Im Uebrigen sprach die Royal Society ihre Zustimmung zu der gelesenen Abhandlung aus und wies ihren Secretär Oldenburg an, bei Newton wegen der Erlaubniss zur

---

[1] Horsley, Newtoni Opera, vol. IV, p. 355.

Veröffentlichung anzufragen. NEWTON erklärte auch in einem Briefe am 25. Januar 1676[1] sein Einverständniss mit dem Druck, bat aber, mit dem Beginn desselben zu warten, bis er noch Einiges über die Entstehung der prismatischen Farben angefügt habe.

Am 3. Februar 1676[2] debattirte man in der Royal Society nach dem Verlesen der NEWTON'schen Abhandlung darüber, ob man die Ursache der Farben besser in den verschiedenen Geschwindigkeitsgraden der Lichtwellen oder in verschiedenen primitiven oder anerschaffenen Graden der Brechbarkeit der Strahlen suchen solle. HOOKE war natürlich der Meinung, dass man mit der ersten Annahme allen Eigenthümlichkeiten der Farbenerscheinungen genügen könne. Acht Tage später wurde die Lesung der NEWTON'schen Abhandlung vollendet; aber von dem Druck derselben war fürderhin nicht mehr die Rede. NEWTON hat seit dieser Zeit ausser einem kleinen anonymen Aufsatz über eine Wärmeskala und die Erkaltungsgeschwindigkeit[3] der Körper von 1701 und einem Auszug aus seiner Chronologie[4] von 1725 nichts mehr in den Philosophical Transactions erscheinen lassen; auch von HOOKE war von da an eine Vollendung seiner Vorträge in der Royal Society für deren Schriften nicht mehr zu erlangen.

HOOKE gewann es während dieser Differenzen über sich, noch einmal einen persönlichen directen Ausgleich derselben zu versuchen, indem er Ende des Jahres 1675 an NEWTON schrieb: Ein Brief von Euch, den ich in der letzten Woche bei der Versammlung der Royal Society verlesen hörte, lässt mich vermuthen, dass man Euch auf eine oder die andere Weise falsch über mich berichtet hat. Er selbst sei, so fährt er fort, keineswegs für Streitigkeiten und Herausforderungen, vor allem, wenn sie durch den Druck öffentlich bekannt würden. Er liebe die Fortschritte der Wissenschaft, auch wenn sie seiner Meinung entgegengesetzt wären; er erkenne NEWTON's Verdienste vollkommen an und freue sich, dass dieser Untersuchungen vollendet habe, die auch er gern fortgeführt haben würde, wenn ihn nicht so viele andere Geschäfte gehindert hätten. Er bitte NEWTON, mit ihm über seine Entdeckungen zu correspondiren und ihm dieselben vor der Uebersendung an die Royal Society mitzutheilen, damit er sie besser verstehen und beurtheilen könne, als nach dem blossen Vorlesen

---

[1] BIRCH, History, vol. III, p. 280.

[2] Ibid., p. 295.

[3] Phil. Trans. abr., vol. IV, Part II, p. 1; aus Phil. Trans., no. 270, p. 824, 1701.

[4] Ibid., vol. VI, Part II, p. 1; aus Phil. Trans., no. 389, p. 315, 1725.

und Zuhören. NEWTON antwortete darauf am 5. Februar 1676. Auch er hasse den Streit und nehme HOOKE's Vorschlag mit Freuden an. Zwar hätten ihn die vielen Einwände, welche man gegen ihn vorgebracht habe, mit ihren häufigen Arbeitsstörungen schon recht ermüdet, auch sei er jetzt noch nicht, und werde es niemals sein, ein Freund davon, seine Zeit mit Disputationen zu verbringen. Doch aber müsse es ihm auch wünschenswerth erscheinen, kurz mit einem Male die strengsten Einwürfe, welche gemacht werden könnten, zu hören, und damit könne ihm wohl Niemand besser aushelfen als eben HOOKE. DESCARTES habe viel in der Optik gethan; HOOKE habe viele verschiedene Wege eröffnet, besonders bei der Untersuchung der Farben dünner Platten. Wenn er selbst weiter fortgeschritten sei, so habe er das gekonnt, weil er dabei auf den Schultern von Riesen gestanden.[1]

Eine Folge hatte dieser Briefwechsel natürlich nicht und konnte er nicht haben. Selbst wenn NEWTON nicht der in sich gekehrte und verschlossene Charakter gewesen wäre, der er doch einmal war: was sollte es für ein Genie von seinem Range für Nutzen haben, seine Arbeiten einem Manne zur Beurtheilung zu übergeben, der auf ganz anderem Fundamente stand und eigensinnig dasselbe geltend machte. Sollte er den Rathschlägen desselben geradezu folgen oder dieselben wenigstens mit ihm discutiren oder sie gänzlich unbeachtet ad acta legen, Alles war gleich unmöglich. Der NEWTON'sche Brief sieht auch gar nicht darnach aus, als ob sein Verfasser jemals die Absicht gehabt hätte, dem Wunsche HOOKE's zu entsprechen; trotz einiger für HOOKE schmeichelhaften Aeusserungen ist doch der Brief so ironisch-spitz, wie er nur sein kann. Zwischen zwei Charakteren vom Schlage NEWTON's und HOOKE's war wohl überhaupt ein wissenschaftlicher Verkehr nicht möglich, und die Schuld lag jedenfalls nicht nur auf einer Seite. Es mag ja als sicher zugegeben werden, dass HOOKE mit seiner unruhigen Geschäftigkeit als Experimentator der Royal Society zu viel für sich in Anspruch nahm; doch aber muss man andererseits sagen, dass NEWTON seinem Landsmann diesmal nicht gerecht geworden ist. NEWTON giebt in seiner Vertheidigung HOOKE gegenüber zu, dass er eine Menge Ideen und Beobachtungen von HOOKE aufgenommen; es wäre richtig gewesen und hätte HOOKE gerechten Grund zur Klage entzogen, wenn NEWTON dem verdienten Gelehrten gleich in der ersten Abhandlung, die er der Gesellschaft übersandte, vollständig freiwillig eine solche Anerkennung hätte

[1] BREWSTER hat diese beiden Briefe aufgefunden und sie in seinen Memoirs of the life of Newton, Edinburgh 1855, p. 140—141 abgedruckt.

zu Theil werden lassen. Es ist unleugbar, dass gerade die Kämpfe mit HOOKE NEWTON's Abgeschlossenheit und freiwillige Vereinzelung stark vergrösserten; aber auch von HOOKE sagt sein Biograph WALLER, dass er seit dem Ende der siebziger Jahre seine frühere Offenheit verloren und, trotzdem er in der Royal Society noch immer viel experimentirt und demonstrirt habe, doch nicht mehr dazu zu bringen gewesen sei, eine seiner Abhandlungen zu vollenden und der Oeffentlichkeit zu übergeben.[1]

Die wissenschaftliche Entwickelung NEWTON's war während der Kampfjahre von 1672—1676 scheinbar wenigstens von ihrer ursprünglichen Richtung etwas abgebogen. Der Glanz seiner schönen experimentellen Entdeckung, der Dispersion der Farben, welche die ganze gelehrte Welt auf's Höchste überraschte, liess NEWTON das Bedürfniss einer theoretischen Erklärung zuerst ganz übersehen und das Suchen nach einer entsprechenden Anschauung über das Wesen des Lichtes als einen unnöthigen Luxus erscheinen, den man bei Anderen zwar nicht zu hindern, für sich selbst aber nicht anzunehmen brauche. Zu dieser Anschauung trug jedenfalls das Studium der Werke BACON's, das Beispiel grosser, erfolgreicher Experimentalphysiker, wie R. BOYLE's, des Mitbegründers der Royal Society, sowie der ganze wissenschaftliche Ton, der damals in dieser Gesellschaft herrschte, sehr erfolgreich bei.

Dieser Anschauung entsprach indessen die Aufnahme der NEWTON'schen Arbeiten durch das gelehrte Publicum in keiner Weise; vielmehr wurden dieselben wider alles Erwarten weniger nach ihren experimentellen Erfolgen geschätzt, als gerade nach ihren ideellen Mängeln, nach ihren vernachlässigten theoretischen Grundlagen angegriffen und getadelt. Da nun auch NEWTON selbst es als eine Schwäche empfand, dass er die wechselnden Transmissionen und Reflexionen des Lichtes an durchsichtigen Platten experimentell ohne Zurückgehen auf das Wesen des Lichtes nicht erklären konnte, so gab er für dieses eine Mal in jugendlicher Biegsamkeit noch dem allgemeinen Drange nach und veröffentlichte, was er sonst weit von sich gewiesen, eine Hypothese unter voller Firma, wenn auch mit beschränkter Haftbarkeit. Er gab dabei zwar seine erste Meinung für die Körperlichkeit des Lichtstrahls nicht auf, aber versuchte doch für die Erklärung der optischen Vorgänge im Innern der Körper die Schwingungen des Aethers zu verwenden.

Diese den Hypothesen verhältnissmässig günstige Stimmung hielt indessen nicht lange an. Die Wendung von der Experimentalphysik zur mathematischen Physik, welche NEWTON um diese

---

[1] WALLER, Life of Hooke in HOOKE, Posthumous works, London 1705, p. XXIV.

Zeit zum Theil mit aus Ueberdruss an den verflossenen Kämpfen vollzog, liess ihn den Aether bald als ein für mathematische Deductionen sehr hinderliches Schema der Erklärung empfinden, und mit dieser einen Hypothese mussten dann auch alle anderen fallen.

Doch brachte auch diese Wendung der Dinge, die wir nun weiter verfolgen müssen, nicht den gehofften wissenschaftlichen Frieden. Newton's Arbeiten beginnen fast alle mit der Versicherung, dass in ihnen nur sichere Beobachtungen oder unmittelbare, unanfechtbare Folgerungen aus denselben enthalten seien. Wir haben gesehen, wie das seine optischen Theorien nicht vor Anfechtung bewahrt hat. Wir werden im Folgenden bemerken, dass auch die Abwendung von der Experimentalphysik dem nicht abhalf, und dass der mathematische Physiker nicht weniger in Kämpfe verwickelt wurde. Newton wollte sich und seine Arbeiten über jeden wissenschaftlichen Streit erheben und hat doch Zeit seines Lebens den Janustempel niemals schliessen können. Das ist eine Ironie der wissenschaftlichen Entwickelung, der bei Newton nur die andere entspricht, dass derjenige, welcher seine Doctrin von jedem hypothetischen Elemente frei halten wollte, doch der Vater einer optischen Hypothese, der Emissionstheorie, werden musste, die ein Jahrhundert lang einem Dogma gleich geschätzt, schon jetzt von Niemand mehr gehalten wird.

II. Theil. Der Uebergang von der Optik zur Himmelsmechanik. (1679—1686.)

I. Kapitel. Die mythischen Anfänge der Newton'schen Gravitationstheorie.

Newton selbst hat die Wurzeln aller seiner Entdeckungen bis auf die Jahre 1665 und 1666 zurückgeführt, und fast ohne Ausnahme ist man ihm darin bei der Datirung der Entdeckungen ohne Weiteres gefolgt. Vom Newton'schen Standpunkt aus und in einem beschränkten Sinne genommen, mag auch das Erstere richtig sein, trotzdem aber lässt sich das Letztere vom Standpunkt einer objectiven Geschichtsschreibung aus nicht rechtfertigen.

Die Aufgaben, welche Newton als seine eigenen aus dem Flusse der wissenschaftlichen Entwickelung aufnahm, waren alle durch diese Entwickelung von langer Zeit her vorbereitet, und durch den Stand derselben dem Genius deutlich erkennbar gefördert. Trotz aller Ueberraschungen, die sie hervorriefen, waren doch die Newton'schen genialen Lösungen nichts weiter als die wunderbar erschlossenen Blüthen lange und sorgsam, in grösserer oder geringerer Verborgenheit gepflegter Werdeprocesse. Bei den optischen Entdeckungen haben wir das schon des Weiteren auseinander gesetzt; für die mechanischen gilt es vielleicht noch in einem höheren Grade und für die Fluxionsrechnung sogar am allermeisten. Der junge Student in Cambridge musste an einem gewissen Punkte seiner Entwickelung unbedingt auf diese Probleme stossen, um so sicherer, als sein bedeutendster Lehrer Barrow schon alle die bezeichneten Gebiete mehr oder weniger erfolgreich, aber immer zum Fortschritt anregend, behandelt hatte. Das frühreife Genie musste die Wichtigkeit solcher Probleme sicher erkennen, und jugendlicher Enthusiasmus liess ihn wohl mit dieser Erkenntniss zu gleicher Zeit Pläne zu ihrer Lösung machen; aber zwischen dem Plane und der Ausführung gähnt doch gerade in diesem Alter eine weite Kluft. So mochten wohl Jahre und Jahrzehnte weiterer innerer Ausbildung vergehen, bis der gereifte Mann die Pläne des Jünglings zu endlicher Ausbildung ernstlich in die Hand nahm, und in Wirklichkeit hat ja die Arbeit an diesen Ideen der Jugend auch das ganze Leben hindurch gedauert.

Wir haben schon bemerkt, dass NEWTON bis zum Jahre 1669 von der Dispersion des Lichtes höchst wahrscheinlich noch keine feste, wenn überhaupt eine Anschauung hatte und haben deshalb die Entdeckung derselben, statt wie gewöhnlich auf 1666, auf 1669 als Anfangstermin gesetzt. In ähnlicher Weise wird sich zeigen, dass eine stetige, bewusste Arbeit für die Lösung des Gravitationsproblems jedenfalls erst nach der Unterbrechung der optischen Arbeiten eingetreten, und eine sichere Auffassung des Begriffs der allgemeinen Schwere nicht vor dem Jahre 1680 erlangt worden ist.

Zwar laufen mehrere Erzählungen um, welche für die frühe Entwickelung der NEWTON'schen Gravitationsideen bis zu einem ziemlichen Grade Zeugniss ablegen sollen; doch sind sie ohne Ausnahme so unbestimmt und ersichtlich mythischen Charakters, dass ihr beweisender Werth ein sehr geringer wird. Die berühmteste davon ist die famose Apfelanekdote, nach der ein im Jahre 1665 oder 1666 vom Baume fallender Apfel NEWTON den Gedanken an die allgemeine Gravitation eingegeben haben soll; wobei allerdings zweifelhaft bleibt, ob der Apfel vor NEWTON niedergefallen ist, oder ob er den unter dem Baume liegenden 24jährigen Entdecker direct getroffen hat. Die Anekdote gehört zu den naiven Fabeln, in denen ohne jedes Verständniss der geschichtlichen Entwickelung alle Entdeckungen als Kinder des Zufalls betrachtet werden, und die sich um so mehr festigen und um so genauer ausbilden, je mehr Zeit sich zwischen die Entdeckung und den Bericht von derselben legt. Gesichert in Betreff unserer Fabel ist nur, dass NEWTON im Herbst 1665, als das Trinity-College der Pest wegen geschlossen wurde, Cambridge verliess, und sehr wahrscheinlich ist, dass er für die ganze Zeit der Epidemie nach seiner Heimath, dem Dörfchen Woolsthorpe zurückkehrte.

Die ersten Nachrichten über das Leben NEWTON's, wie die direct nach seinem Tode erschienenen Nekrologe wissen nichts von dem fallenden Apfel zu erzählen. Die Anekdote scheint zuerst [1] von VOLTAIRE im Jahre 1733 in dem fünfzehnten seiner Lettres sur les Anglais publicirt worden zu sein. Dieser aber sagt in seinen Briefen über die Engländer [2] nur, dass NEWTON sich im Jahre 1666 auf das Land in die Nähe

---

[1] Athenaeum, 1886, Januar bis Juni, p. 491.

[2] Die Lettres sur les Anglais oder Lettres philosophiques waren die Frucht einer Reise VOLTAIRE's in England im Jahre 1726 und wurden zuerst englisch im Jahre 1733 und dann französisch 1734 in

von Cambridge der Pest wegen zurückgezogen, wo ihn beim Promeniren in seinem Garten der Fall der Früchte eines Baumes in tiefes Nachdenken über die Schwere versenkt habe. In seinem Buche Élémens de la Philosophie newtonienne von 1738[1] wiederholt er die Erzählung wörtlich und fügt nur hinzu, dass Mme. CONDUITT, die Nichte NEWTON's, ihm diese Nachricht mitgetheilt habe. Später aber kannte man in Woolsthorpe ganz genau den Baum, von dem der berühmte Apfel gefallen war. BIOT erzählt,[2] dass er unter diesem Baume gesessen habe, und als der Baum aus Altersschwäche einging, liess der damalige Besitzer des Gartens zum Andenken noch einen Stuhl aus dessen Holze verfertigen.[3] Aber selbst wenn wir zugeben wollten, dass die Erzählung von NEWTON selbst herrührt, und dass seine Erinnerung ihn hier nicht im Stiche gelassen, so ist damit doch für die Datirung der NEWTON'schen Ideen nichts gewonnen, da wir über die weitere Entwickelung derselben erst lange nach dieser Zeit etwas Näheres erfahren.

Ein Aehnliches gilt von einer anderen Erzählung, die oft mit der ersteren verbunden wird und ihr weitere Wichtigkeit verleihen soll. Darnach soll NEWTON fast unmittelbar nach jenem Fall des Apfels zu der Ueberzeugung gekommen sein, dass die irdische Schwere wenigstens bis zum Mond sich erstrecken müsse, und soll bald auch das Mittel gefunden haben, diese Annahme zu prüfen. Er habe nämlich schon damals erkannt, dass auch die irdische Schwere, wenn sie sich auf grosse Räume ausbreitet, nicht an Grösse dieselbe bleiben könne, sondern mit der Entfernung und zwar im quadratischen Verhältniss abnehmen und also auf dem Monde $60^2 = 3600$ mal kleiner sein müsse als auf der Erde. Den Fallraum des Mondes nach der Erde hin habe er für jede Secunde aus der immerwährenden Abweichung des Planetoiden von der Tangente seiner Bahn auch wirklich berechnet und darnach für den 3600 mal grösseren Fallraum der Körper auf der Erde für die erste Secunde 13,9 englische Fuss gefunden. Da aber nach den damaligen genauesten Messungen dieser Fallraum für Körper an der Erdoberfläche 16,1 englische Fuss betrug,[4] so habe NEWTON damals den Gedanken an eine Ausdehnung der irdischen Schwere bis zum Monde und damit an eine zwischen

mehreren Ausgaben veröffentlicht. Sie sind enthalten in Oeuvres complètes de Voltaire, nouvelle édition, MÉLANGES I, Paris 1879. Die folgende Stelle ist abgedruckt auf p. 135.

[1] Die Élémens sind abgedruckt in Oeuvres complètes, MÉLANGES I; die Erzählung findet sich auf p. 520.

[2] Biographie universelle, Art. NEWTON, T. XXX, p. 368.

[3] POGGENDORFF, Geschichte der Physik, Leipzig 1879, S. 695.

[4] BREWSTER, Life of Newton, Edinburgh 1855, vol. I, p. 25.

den Himmelskörpern wirkende Attraction vorläufig ganz fallen lassen. Erst als er bei Gelegenheit einer Sitzung der Royal Society im Juni 1682 die neuen Resultate der PICARD'schen Erdmessung kennen gelernt, sei ihm plötzlich die Erkenntniss gekommen, dass die früher gefundene Differenz der Zahlen doch wohl nicht bedingt sei durch eine unrichtige Idee von der Mondschwere, sondern nur durch die Benutzung eines unrichtigen Werthes für den Erddurchmesser und darnach auch eines ungenauen Werthes für die Entfernung des Mondes von der Erde. Das Bewusstsein von der Grösse des in Aussicht stehenden Erfolges habe ihn dann so aufgeregt, dass er nicht im Stande gewesen sei, die erforderliche Revision der früheren Rechnungen selbst vorzunehmen, sondern einen Freund um diesen Dienst habe bitten müssen, der denn auch durch seine Rechnung die Identität der irdischen Schwere mit der Gravitation des Mondes gegen die Erde bestätigt habe. Der Name dieses Freundes wird merkwürdiger Weise niemals genannt.[1]

Auch für die Wahrheit dieser Erzählung haben wir kein directes Zeugniss, auch sie beruht nur auf einer Tradition, die allerdings von den späteren Aufzeichnern auf NEWTON selbst zurückgeführt wird. Indessen können auch diese eigenen Berichte erst aus den späteren Lebensjahren stammen, wo die Erinnerung doch nicht mehr ganz sicher war; denn dasjenige, was NEWTON im Jahre 1686 bei dem neuen Streite mit HOOKE über seine früheste Ausbildung der Gravitationstheorie vorbrachte, das deckt sich keineswegs vollständig mit jener Erzählung. In einem Briefe an HALLEY vom 14. Juli 1686[2] behauptet NEWTON allerdings ganz bestimmt, dass er die doppelte Proportion der Schwere schon in den Jahren 1665 oder 1666 aus dem KEPLER'schen Gesetz abgeleitet habe, giebt aber dabei keine näheren Umstände an. Und in einem vorhergehenden Briefe vom 20. Juni 1686[3] spricht er zwar von einer Vergleichung der irdischen Schwere mit dem Centrifugalbestreben des Mondes, aber doch nicht in einer Weise, dass man daraus die Richtigkeit der obigen Erzählung entnehmen könnte. Schon in Papieren, so sagt er hier, die vor mehr als 15 Jahren von mir geschrieben sind (genau kann ich das Datum nicht angeben, aber es war sicher vor dem Beginn meiner Correspondenz mit OLDENBURG), habe ich die umgekehrt quadratische

[1] BIOT (Biographie universelle, T. XXX, p. 382) citirt für die letzte Wendung der Erzählung: ROBISON, Elements of mechanical philosophy, T. I, p. 288. ROBISON lebte 1739—1805; das Werk aber wurde erst 1822 von BREWSTER herausgegeben.

[2] Der Briefwechsel zwischen HALLEY und NEWTON ist abgedruckt in BREWSTER, Life of Newton, vol. I, Appendix VIII, p. 437—456.

[3] Ibid., ibid.

Proportionalität der Attraction der Planeten gegen die Sonne mit der Entfernung ausgedrückt und die richtige Proportionalität der irdischen Schwere mit dem Conatus recedendi des Mondes vom Centrum der Erde berechnet, wenn auch nicht genau genug. Als Huygens mir dann (im Jahre 1673) ein Exemplar seines *Horologium oscillatorium* schickte, wies ich auf die Wichtigkeit der Regeln über die Centrifugalkraft hin und gab selbst ein Beispiel für diese Wichtigkeit, indem ich die Kraft des Mondes gegen die Erde mit der der Erde gegen die Sonne verglich. Das zeugt dafür, dass ich damals meine Aufmerksamkeit wohl auf die Kräfte gerichtet hatte, welche aus der circulirenden Bewegung der Planeten entstehen. Endlich veröffentlichte ich vor zehn oder elf Jahren in der Royal Society eine Hypothese, worin die Abnahme der Kraft der Planeten den Flächen proportional gesetzt wurde,[1] und darin ist die doppelte Proportionalität der Kraftabnahme mit der Entfernung bestimmt enthalten.

Dieser Brief zeigt, welche geringe thatsächliche Grundlage die obige Erzählung über Newton's Berechnung des Mondfalles hat. Newton sagt nur, dass er noch vor dem Jahre 1672 das Streben der irdischen Körper nach der Erde mit dem des Mondes verglichen, aber nicht genau genug gefunden habe. Er redet dabei noch ganz den alten Vorstellungen gemäss nicht von einer Attraction des Centralkörpers, sondern von einem Streben der Planeten zur Bewegung; über die Art der Berechnung und den Grund des Misserfolgs giebt er keine Auskunft, und die Zeitangaben erscheinen selbst in diesem Briefe, der doch ausdrücklich die Prioritätsansprüche Newton's wahren sollte, noch unsicher. Auch aus der in diesem Briefe erwähnten Danksagung an Huygens[2] vom Jahre 1673 für die Uebersendung des *Horologiums* ist nichts für die Wahrheit der Erzählung vom Mondfall zu entnehmen, denn sie enthält nur die Angabe eines Verhältnisses der conatus des Mondes von der Erde und von der Sonne und lässt über die Ausbildung der Vorstellungen nichts erkennen.

Ausser an solcher Unsicherheit der Beurkundung leidet die Erzählung von der Berechnung des Mondfalles auch noch an manchen sachlichen Schwierigkeiten. Die Gradmessungen Snell's aus den Jahren 1615—1617, wie die Norwood's von 1636 dürften Newton, wenn die Erzählung richtig sein sollte, nicht bekannt gewesen sein; denn mit Hülfe des Resultats von Snell

---

[1] Siehe S. 105 dieses Werkes.

[2] Diese Danksagung bildet den Anfang des schon mehr erwähnten Briefes an Oldenburg vom 23. Juni 1673, sie ist mit diesem abgedruckt in Horsley, *Newtoni Opera*, vol. IV, p. 342.

berechnet man aus der Mondbewegung die Gravitationsconstante auf 15,5 englische Fuss, und mit Hülfe des Resultats von NORWOOD erhält man sogar einen noch etwas besseren Werth. Die Resultate von PICARD's Gradmessung aber, die übrigens sehr wenig von denen NORWOOD's abweichen, wurden von OLDENBURG auch schon in der Sitzung der Royal Society vom 3. Januar 1672[1] in abgerundeten Zahlen mitgetheilt und im Jahre 1675 durch die Angabe der genauen Werthe ergänzt. Am 7. Juni 1682, wo NEWTON zuerst von der Gradmessung PICARD's gehört haben soll, besprach HOOKE[2] nur die Bemühungen PICARD's um eine genaue Vergleichung der Längenmaasse der einzelnen Länder mit dem Pariser Fuss, wobei der Präsident nach dem Stande der englischen Gradmessung fragte, die schon früher angeregt worden war und bei der auch NEWTON seine Betheiligung zugesagt hatte.[3]

Ueberhaupt ist die ganze Erzählung, so wie sie vorliegt, mit NEWTON's Charakter schwer zu vereinigen. Der sonst so glückliche Erfinder, der energische, bei den schwierigsten Problemen Jahre lang zäh ausdauernde Arbeiter sollte ganz veraltete Zahlen zur Prüfung seiner glänzenden Idee verwandt, sollte bei dem ersten Misserfolg, ohne sich um bessere Messungen zu kümmern, die Idee ganz aufgegeben haben, um schliesslich beim zufälligen Aufstossen der Aussicht auf eine doch noch mögliche Durchführung derselben ganz aus dem Gleichgewicht zu gerathen: das ist eine Annahme, die weder mit der Genialität noch mit der Charakterfestigkeit NEWTON's zusammenzureimen ist.

Will man der Erzählung von einer Berechnung der Schwere des Mondes noch vor dem Jahre 1672 irgend eine Bedeutung einräumen, so kann das nur insofern geschehen, als man annimmt, dass die Idee damals doch von NEWTON noch nicht in ihrer ganzen systematischen Bedeutung erfasst wurde, dass es vor der Hand nur ein angeflogener Gedanke des jungen Gelehrten war, der ebenso leicht wieder aufgegeben wurde, wie er aufgenommen worden war.

Dafür, dass NEWTON schon bis zu den siebziger Jahren, wie viele Physiker der damaligen Zeit, sich mehrfach mit dem Problem der Himmelsbewegungen und dem Wesen der Schwere beschäftigt hat, dafür mögen jene Anekdoten ganz richtig zeugen, dafür spricht auch die Hypothese von 1675 über das Licht und die Farben mit ihrem Passus über die Erklärung der Schwere. Doch lässt gerade diese Hypothese auch sicher erkennen, dass damals NEWTON

---

[1] BIRCH, History, vol. III, p. 3. EDLESTONE (Correspondence, p. XLVI) meint, OLDENBURG habe NEWTON wohl gerade diesen Punkt mitzutheilen vergessen.

[2] BIRCH, History, vol. IV, p. 150.

[3] EDLESTONE, Correspondence, p. XXIX.

noch nicht aus dem Anschauungskreise der Physiker seiner Zeit herausgetreten war und seine eigenen Ideen noch nicht ausgebildet hatte. Eine etwas kürzere, aber auch klarere Wiederholung jener Hypothese in einem Briefe an R. Boyle[1] vom 28. Februar 1679 beweist, dass dieser Standpunkt auch im Jahre 1679 noch nicht verlassen war, wenn man der Schrift vielleicht auch schon einen stärkeren Zug zur Untersuchung des Wesens der Kräfte anmerken kann.

Er habe so lange gezögert, sagt Newton in diesem Briefe, Boyle seine Ansichten über die physikalischen Eigenschaften, von denen sie mit einander geredet, mitzutheilen, dass er sich schämen würde, es jetzt zu thun, wenn er es nicht versprochen hätte. In Wahrheit seien seine Begriffe über Dinge dieser Art so unverdaut, dass sie ihm selbst nicht genügen könnten. Was aber ihm selbst nicht genüge, das könne er kaum zur Mittheilung an Andere für geeignet halten, besonders in der Naturphilosophie, wo die Phantasie so schon übermächtig sei. Newton nimmt darnach wie im Jahre 1675 an, dass durch alle Räume eine ätherische Substanz verbreitet ist, fähig der Ausdehnung und Contraction und stark elastisch, also mit einem Worte ähnlich der Luft in allen Beziehungen, aber viel feiner als diese. Der Aether, der alle Körper durchdringt, ist innerhalb der Körper dünner als im freien Raume und zwar um so mehr, je kleiner die Poren derselben sind. Diese verschiedene Dichtigkeit des Aethers aber ist die Ursache der Brechung des Lichtes, des Zusammenhängens von ebenen, gut polirten Metallflächen auch im Vacuum, des Hängenbleibens des Quecksilbers in der Torricelli'schen Leere, der Capillaritätserscheinungen, der Lösung fester Körper in Flüssigkeiten und endlich eine der Hauptursachen der Cohäsion; denn der dichtere Aether ausserhalb der festen Körper presst nicht nur Luft und Flüssigkeiten in die Poren und Höhlungen derselben, sondern presst auch die Körper selbst gegen einander. Der Aether aber geht nicht plötzlich, sondern nur sehr allmählich von der grösseren Dichte ausserhalb der Körper in die geringere innerhalb derselben über; das ist die Ursache der Grimaldi'schen Beugungserscheinungen (s. Fig. 10). Auch in dem Zwischenraume zwischen zwei sehr nahen Körpern wird der Aether dünner sein, als im freien Raume. Wenn darum zwei Körper einander genähert werden, dass nach und nach die an Aether ärmeren Räume zwischen ihnen zusammentreffen, so wird sich von da an, weil nun der Aether zwischen den Körpern immer mehr ausgetrieben wird, ein Widerstand entwickeln, der um so grösser

---

[1] Brewster, Life of Newton, Edinburgh 1855, vol. I, p. 409—419; Horsley, Newtoni Opera, vol. IV, p. 385—394.

wird, je mehr die Körper sich nähern und der Zwischenäther verdünnt wird (s. Fig. 11). Es gehört also eine gewisse Kraft, ein Zusammenpressen dazu, die Körper einander sehr nahe zu bringen. Doch hat das eine gewisse Grenze, deren Ueberschreitung die Sache umkehrt. Wenn die Annäherung der Körper diese Grenze überschreitet, so dass der Druck, der durch die grössere Dichtigkeit des die Körper umgebenden Aethers erzeugt wird, den Widerstand des Zwischenäthers gegen die Verdünnung nach und nach

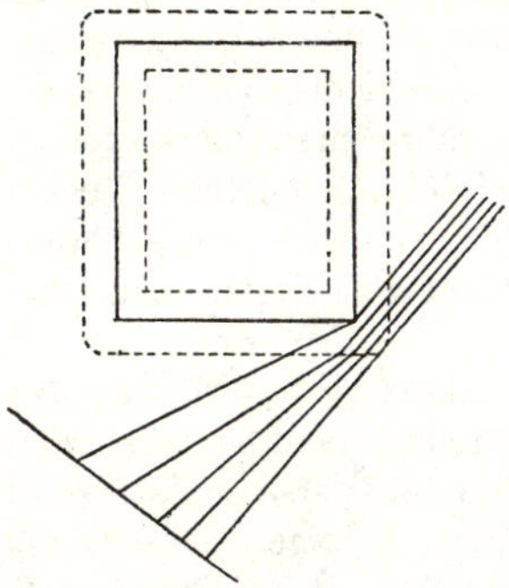

Fig. 10. (Newtoni Opera, IV, p. 386.)

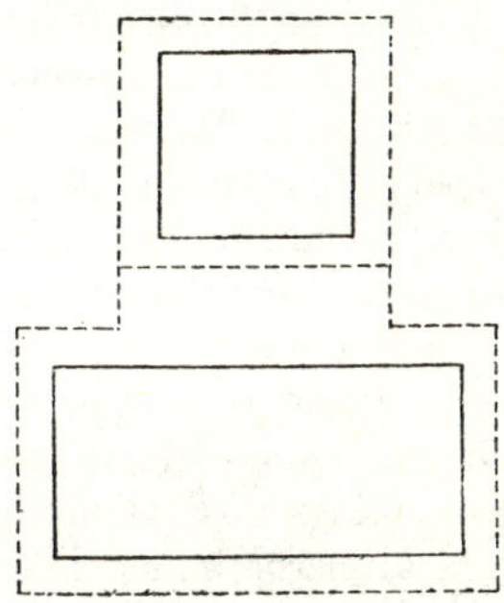

Fig. 11. (Newtoni Opera, IV, p. 387.)

immer mehr übertrifft, so wird der Ueberschuss des Druckes die Körper zuletzt mit grosser Gewalt zusammentreiben, und sie werden dann stark an einander haften.

Diese Deduction der constitutiven Kräfte der Materie, der Molecularattraction und -repulsion zeigt deutlich, wie weit NEWTON damals noch von seinem System der primitiven oder elementaren Kräfte aller Materie, die nur durch das Gesetz der Wirkungen unterschieden sind, entfernt war. Im Uebrigen führt er die Anwendung der eben gegebenen Erläuterungen auf die verschiedensten physikalischen Erscheinungen sehr geistreich weiter.

Von der bis zu einer gewissen Grenze überwiegenden Abstossung der Körper, so fährt NEWTON fort, hängt es wohl hauptsächlich ab, dass eine Fliege über Wasser geht, ohne sich die Füsse nass zu machen; dass zwei polirte Stücke von Glas nicht ohne Pressung zur Berührung gebracht werden können, obgleich das eine eben, das andere ein wenig convex ist; dass Staubtheilchen nicht durch Pressung zum Zusammenhalten gebracht werden können; dass die Theilchen der Farben oder des Salzes, die im Wasser gelöst sind, nicht zu Boden fallen, sondern sich von selbst durch das Wasser verbreiten, wie auch, dass die Theilchen von Dämpfen, Ausdünstungen und Luft sich in einiger

Entfernung von einander halten und bestrebt sind, von einander zu weichen, so weit der Druck der umgebenden Atmosphäre das erlaubt. Denn ich meine, dass die Atmosphäre nichts Anderes ist, als die Summe von Ausdünstungen, Dämpfen und Gasen aus den Körpern, die die Erde zusammensetzen, und die durch das erwähnte Princip von einander entfernt gehalten werden. Beim Lösen fester Körper in Wasser dringen die Flüssigkeitstheilchen in die Poren der ersteren und vermindern dadurch die Wirkung des vorher auseinandergesetzten Princips der Cohäsion. Wird dann durch eine kleine Erschütterung ein Theilchen von dem Körper abgetrieben, so fliesst es im Wasser weiter, und wie das nach und nach auch anderen Körpertheilchen geschieht, so löst sich der Körper in dem Wasser auf. Doch muss man hier, weil nicht alle festen Körper in allen Flüssigkeiten sich auflösen, noch ein anderes sociables Princip zur Hülfe nehmen, gemäss welchem Flüssigkeiten geneigt sind, sich mit einigen Stoffen zu mischen, mit anderen nicht.

Da nach dem Vorigen in grösseren Körpern der Aether dünner sein muss als in kleineren, so darf man annehmen, dass in den kleineren Theilen der Flüssigkeiten derselbe fast so dünn ist, wie ausserhalb der Körper im freien Raume. Daraus erklärt sich leicht, warum die kleinen Theilchen der Dämpfe sich so leicht wieder zusammensetzen und zu Wasser werden, wenn nicht eine genügend grosse Hitze sie aus einander treibt.

Noch eine Muthmassung, so sagt Newton am Schlusse des Briefes, möchte ich hier aussprechen, die mir beim Schreiben dieses Briefes gekommen ist, sie betrifft die Ursache der Gravitation. Zu diesem Zwecke will er nun annehmen, dass der Aether aus verschiedenen Theilen besteht, die sich von einander durch unbestimmte Grade der Feinheit unterscheiden. In den Poren der Körper sei verhältnissmässig weniger von dem gröberen Aether enthalten als im offenen Raume. Daraus folge, dass in dem grossen Erdkörper sich verhältnissmässig viel weniger gröberer Aether befinde, als in den Regionen der Atmosphäre, und dass von der höchsten Schicht der Luft bis zur Oberfläche der Erde und wieder von der Oberfläche der Erde bis zum Mittelpunkte derselben der Aether unmerklich feiner und feiner werde. Denken wir uns nun einen Körper, der frei in der Luft schwebt oder auf der Erde liegt, und denken wir, dass nach unserer Hypothese der Aether in den Poren der oberen Theile des Körpers gröber sein muss als in den Poren der unteren Theile, und dass der gröbere Aether weniger geeignet ist, in jenen Poren zu bleiben, als der feinere Aether darunter: so muss dieser gröbere Aether bestrebt sein, aus den Poren herauszugehen und dem feineren Aether von unten Raum zu geben, und das wird nicht geschehen können, ohne dass der Körper selbst niedersteigt, um Raum für den ausströmenden Aether zu machen.

Durch diese angenommene verschiedene Feinheit der Aetheriheilchen, so fährt NEWTON fort, könnten verschiedene der oben erwähnten Probleme noch weiter aus einander gesetzt und noch besser verständlich gemacht werden. Aber das Gesagte mag genügen für eine Entscheidung darüber, ob diesen Conjecturen überhaupt irgend ein Grad von Wahrscheinlichkeit zuerkannt werden kann, und mehr verlange ich nicht. Denn ich für meinen Theil habe so wenig Neigung zu solchen Dingen, dass ich niemals ohne Eure Ermuthigung die Feder ihretwegen in die Hand genommen hätte.

Die skizzirte Abhandlung zeigt noch deutlicher als selbst die Hypothese vom Jahre 1675, wie tief sich NEWTON um diese Zeit in die Aethertheorien hineingedacht hatte. Zwar fehlt auch diesem Briefe der Avis au lecteur nicht, nach dem die Abhandlung nur eine Concession an die Hypothesenschmiede, nicht aber NEWTON's innerste Ueberzeugung enthalten soll. Doch kann man gerade hier diese Versicherung nicht ganz ernst nehmen. Erstens wäre diese zarte Rücksichtnahme auf ein Gefallen an Hypothesen BOYLE gegenüber, der Zeit seines Lebens eher zu wenig als zu viel hypothesirt hatte, sicher nicht nöthig gewesen, und zweitens war NEWTON nicht der Mann dazu, seine Zeit in zwei grossen Abhandlungen zu verschwenden, nur um Anderen in ihren Anschauungen entgegen zu kommen. Jedenfalls muss man zwischen diesen hypothetischen Auseinandersetzungen von 1675 und 1679 und dem Hauptwerke von 1687 mit dem berühmten Schlachtruf: Hypotheses non fingo, eine Wendung der Anschauungen NEWTON's annehmen, welche der ganzen physikalischen Gedankenwelt des grossen Physikers eine andere Richtung gab. Diese Wendung mag der Ausarbeitung der Hypothese sehr bald, wahrscheinlich gleich im Anfange der achtziger Jahre, vielleicht noch im Jahre 1679 selbst gefolgt sein, aber dass sie wirklich um diese Zeit stattgefunden hat, daran kann nicht gezweifelt werden, und es spricht viel dafür, dass HOOKE durch Briefe vom Jahre 1679 auch an dieser Wendung sehr stark betheiligt gewesen ist.

HENRY PEMBERTON, der Herausgeber der dritten Auflage von NEWTON's Principien der Naturlehre, der dieserhalb in den letzten Lebensjahren NEWTON's viel mit demselben verkehrte, schildert die Entwickelung der NEWTON'schen Ideen in folgender, mit dem Vorigen wohl zu vereinigender Weise.[1] Eines Tages im Jahre 1666, als sich NEWTON der Pest wegen von Cambridge

[1] Elémens de la Philosophie Newtonienne p. PEMBERTON. Traduit de l'anglois, Amsterdam und Leipzig 1755, p. VII—IX.

auf das Land zurückgezogen hatte, gerieth er in tiefe Gedanken über die Schwerkraft. Er bemerkte, dass dieselbe sich mit der Entfernung von der Erdoberfläche, so weit wir eine solche erreichen können, nicht merklich vermindert und fragte sich darnach, ob dieselbe nicht bis zum Monde reichen sollte. Freilich wäre für eine so grosse Entfernung nicht eine Constanz, sondern eine Abnahme derselben wahrscheinlich. Nimmt man an, dass die Schwere des Mondes der Art nach gleich ist mit der Kraft, welche die Planeten in ihren Bahnen um die Sonne hält, so folgt aus dem KEPLER'schen Gesetz, dass die Schwere dem Quadrat der Enfernung umgekehrt proportional sein muss.[1] NEWTON konnte darnach die Grösse der Mondschwere ableiten und dann weiter berechnen, ob dieselbe genügte, den Mond in seiner Bahn um die Erde zu erhalten. Da er den Calcul ohne Bücher machen musste, so nahm er dabei nach der Gewohnheit unserer Geographen und Seeleute den Längengrad zu 60 englischen Meilen an, während er in Wirklichkeit ungefähr $60\,^1/_2$ von unseren Meilen gleich ist. Und da der Calcul aus dieser Ursache nicht stimmte, so schloss NEWTON, dass ausser der irdischen Schwere noch ein anderes Moment auf den Lauf des Mondes einwirke, und gab die weitere Verfolgung seiner Idee vorläufig auf. Erst als einige Jahre nachher Mr. HOOKE ihn in einem Briefe[2] aufforderte, die Linie zu suchen, welche ein Körper beschreibt, den man auf der um ihre Achse rotirenden Erde von irgend einer Höhe frei fallen lässt, kam NEWTON auch auf jene Calculationen wieder und zwar

---

[1] Leider wird uns bei dieser Gelegenheit niemals gesagt, auf welche Weise NEWTON noch vor den HUYGENS'schen Sätzen über die Centrifugalkraft (1673) die quadratische Proportionalität der Schwere aus dem dritten KEPLER'schen Gesetz abgeleitet hat. PEMBERTON sagt nur (p. VIII): „Et comparant le temps de ces révolutions pour chaque Planète avec leurs distances du Soleil, il trouva que si quelque puissance pareille à la gravité les retenoit dans leurs orbites, sa force doit décroître en raison inverse doublée de la distance.“ LAPLACE schliesst in seiner Exposition du Système du Monde (Paris 1808) aus den Worten des jungen Gelehrten, der erst 1694 geboren und seit ungefähr 1720 mit NEWTON bekannt war, mit einem recht kühnen Schluss, dass NEWTON wirklich schon 1666 die Sätze über die Centrifugalkraft gefunden habe, weil er ohne weitere Bedenken auch annimmt, dass NEWTON 1666 schon die Fluxionsmethode vollständig in seiner Gewalt gehabt Er sagt (p. 377): „Ces détails que nous tenons de PEMBERTON, contemporain et ami de NEWTON qui les a confirmés par son témoignage, prouvent que ce grand Géomètre avait trouvé en 1666 les principaux théorèmes sur la force centrifuge, qu'HUYGENS ne publia que six ans après à la fin de son ouvrage de Horologio oscillatorio. Il est très-croyable, en effet, que l'auteur de la Méthode des fluxions, qui paraît avoir été dès-lòrs en possession de cette méthode, a facilement découvert ces théorèmes.“

[2] Dieser Brief ist aber erst im Jahre 1679, also 13 Jahre nach der Flucht von Cambridge im Jahre 1666 geschrieben.

mit Erfolg zurück.[1] Er identificirte jene Aufgabe mit der Aufsuchung der Linie, welche ein Körper beschreibt, der mit einer gewissen seitlichen Geschwindigkeit begabt, nach einem festen Punkte hingezogen wird, und dies veranlasste ihn abermals, die Schwerkraft auf der Oberfläche der Erde mit der Schwere des Mondes zu vergleichen, die er nun bei Benutzung der neuen Resultate der Erdmessung von PICARD ganz der quadratischen Proportionalität entsprechend fand.

Das ist ein schwer wiegendes, nicht zu entkräftendes Zeugniss dafür, dass NEWTON im Jahre 1679 dazu überging, die Theorie der Himmelsbewegungen in origineller Weise zu construiren, und dass man also auf diesen Zeitpunkt den Anfang der eigentlichen Arbeit für die Principien der Naturlehre festzusetzen hat. PEMBERTON sagt ausdrücklich in seiner Schrift (p. XI), dass NEWTON dieselbe, von der er einen grossen Theil mit ihm gelesen, durchaus gebilligt habe; dann aber wäre es doch sehr merkwürdig, wenn NEWTON gerade die Sätze, welche die Geschichte seiner Entdeckung geben, nicht beeinflusst haben sollte. Auch ist uns für den obigen Zeitpunkt ein directes Zeugniss NEWTON's in einem von BREWSTER[2] aufgefundenen Memorandum aufbewahrt, worin unter anderem über die Entstehung der „Principien“ gesagt ist: „Ich schrieb dieselben in 17 oder 18 Monaten vom Ende December 1684 an. Nur die Propositionen 1 und 11 des ersten Buches wurden schon December 1679, und die Propositionen 6, 7, 8, 9, 10, 12, 13 und 17 des ersten, sowie die Propositionen 1, 2, 3 und 4 des zweiten Buches wurden noch im Juni und Juli 1684 fertig gestellt.“

Schon aus dieser Aufzählung kann man ersehen, dass der Fortschritt der Arbeit zuerst ein recht langsamer gewesen ist; und dass vor allem die neuen Ideen sich nur allmählich entwickelt haben, dafür haben wir noch einige weitere Belege. Der Geistliche THOMAS BURNET hatte im Jahre 1681 eine Telluris theoria sacra veröffentlicht, worin er gar kühne Hypothesen über die Bildung der Erde aufstellte. Er hielt für das Natürlichste, dass die Erdachse in der ersten Zeit nach der Schöpfung senkrecht auf der Erdbahn gestanden habe, weil nur bei dieser Lage die Erde der Bewegung des Himmels um die Himmelsachse ohne Störung folgen konnte, besonders wenn die Erde, wie es wahrscheinlich, keine vollkommene Kugel, sondern ein Oval sein sollte.[3] Erst später, nachdem die Erde bei der allgemeinen Umwälzung während der Sündfluth ganz inhomogen geworden war, neigte sich die Erdachse gegen den Aequator des Sonnenwirbels. Darnach

---

1 Elémens de la Philos. Newt., p. IX.
2 BREWSTER, Life of Newton, vol. I, App. XI, p. 471.
3 Telluris theoria sacra, London 1681, p. 181 u. ff.

herrschte also zur Zeit des Paradieses auf der Erde kein Wechsel der Jahreszeiten, vielmehr wölbte sich über den Gegenden des Paradieses ein ewig heiterer, wolkenloser Himmel. Das erklärt auch die ausserordentliche Länge des Lebens der ersten Menschen; denn die Krankheiten stammen vor allem aus dem ewigen Wechsel von Wärme und Kälte, Trockenheit und Nässe, und sind noch heute während der Umschläge der Jahreszeiten am häufigsten und stärksten. Mit der Wiederkunft Christi tritt dieser paradiesische Zustand wieder ein.

Die Theoria sacra erlangte eine sehr weite Verbreitung, selbst in Deutschland findet man dieselbe in den meisten Bibliotheken, die in jener Zeit schon gegründet waren. Auch Newton, dem Burnet vielleicht ein Exemplar der Theoria geschickt hatte, interessirte sich für dieselbe und schrieb darüber einen langen Brief an Burnet, worin er sich dessen Ansichten in manchen Punkten anschloss. Ich bin, sagt er,[1] sehr geneigt zu glauben, dass die Figur der Erde eine sphärische oder doch nicht sehr ovale ist, und mein hauptsächlichster Grund dafür ist die Analogie mit den anderen Planeten. Sie erscheinen alle, so weit wir das durch das Fernrohr unterscheiden können, rund und ich meine, dass die Erde den übrigen gleicht. Wenn ihre tägliche Bewegung sie zu einem Oval machen sollte, so müsste die Rotation des Jupiter diesen noch viel stärker abplatten; denn die Centrifugalkraft, welche durch seine tägliche Rotation verursacht wird, ist an seinem Aequator 20 oder 30 Mal grösser als diejenige am Aequator der Erde, wie man aus seiner Grösse und der Geschwindigkeit seiner Umdrehungen berechnen kann. Ebenso dreht sich die Sonne um ihre Achse und ist trotzdem rund. Was man aus den Dimensionen des Erdschattens bei Mondfinsternissen schliessen könnte, kann ich eben so wenig sagen, als was aus den Erdmessungen der Grade in verschiedenen Breiten folgt, da ich nicht weiss, wie genau diese Messungen gemacht oder die Breiten der betreffenden Orte genommen wurden. Was dann Moses betrifft, so glaube ich, dass seine Beschreibung der Schöpfung weder physikalisch ganz richtig, noch dass sie ganz erdichtet ist, sondern dass er die Wirklichkeit in einer künstlich dem Verständnisse des Volkes angepassten Sprache beschreibt. Wenn er z. B. von den zwei grossen Lichtern des Himmels spricht, so meint er nach meinem Urtheil ihre scheinbare, nicht ihre wirkliche Grösse. Was aber die Länge der Schöpfungstage betrifft, so dürft Ihr den ersten Tag so lang annehmen, wie Ihr wollt, und den zweiten

[1] Brewster hat eine Copie dieses Briefes, der vom 13. Januar 1681 datirt ist, in seinem Life of Newton, vol. II, App. VI, p. 447—454 abgedruckt.

ebenso; denn vor der Erschaffung der Erdkugel konnte es keine tägliche Bewegung derselben und damit keinen bestimmten Tag geben, und diese Erschaffung geschah erst am Ende des zweiten Tages u. s. w.

Aus demselben Jahre 1680 und 1681 kennen wir noch einige andere Briefe Newton's, die auch schon das kosmische Thema anschlagen, aber ebenfalls von den späteren Anschauungen Newton's noch kaum etwas errathen lassen. Der königliche Astronom in Greenwich, Flamsteed, hatte im November und December 1680 zu beiden Seiten der Sonne zwei nach einander sichtbar werdende Kometen mit grosser Sorgfalt beobachtet. Er stellte seine Beobachtungen auf einer kleinen Tafel zusammen und schloss daraus, dass die beobachteten beiden Kometen nur einen bedeuteten, der vor und nach seiner Sonnennähe beobachtet worden sei. Endlich sandte er Alles zusammen zur weiteren Mittheilung an Crompton, einen Fellow des Jesus-College in Cambridge. Newton schrieb daraufhin am 28. Februar 1681 einen zur Mittheilung an Flamsteed bestimmten Brief an Crompton, in dem er die Zweiheit der beobachteten Kometen ausführlich verfocht. Er danke Mr. Flamsteed für die gütige Erwähnung seiner Person in den Briefen an Crompton; aber er empfehle die Veröffentlichung jener hypothetischen Sätze noch zu verzögern, bis dieselben durch ihn selbst, wie durch seine Freunde wohl geprüft worden seien. Er wolle auch jetzt nicht als Opponent, sondern als Freund auftreten und nur andeuten, was nach seiner Meinung Andere gegen Flamsteed's Ansichten einwenden könnten, wolle ihm selbst aber dann das Urtheil ganz überlassen. Flamsteed dankte im März 1681 auf dieses Schreiben, worauf Newton nochmals in einem langen Briefe vom 16. April 1681 seine Ansicht hartnäckig vertheidigte. Erst am 19. September 1685 bekannte auch er sich zu der Hypothese Flamsteed's und erklärte die Einheit des Kometen von 1680 für wahrscheinlich.[1] Newton's starrer Widerstand gegen die Identificirung der beiden Kometenerscheinungen vor und nach der Sonnennähe rührte davon her, dass er im Anfange der achtziger Jahre mit den meisten der damaligen Physiker[2] die Bewegungen der Kometen noch für gradlinig und

---

[1] Brewster, Life of Newton, vol. I, p. 301 u. ff.

[2] Birch, History of the Royal Society, vol. I, p. 11: Wallis schrieb am 21. Januar 1685 einen Brief an Oldenburg, worin er darauf aufmerksam machte, dass Hevel nicht für sich allein die Idee einer gradlinigen Bahn der Kometen in Anspruch nehmen dürfe, denn Horrox habe diese Idee schon in seinem Briefe an Cabtree angegeben und habe auch bemerkt, dass die Bahnlinie in der Nähe der Sonne etwas gekrümmt sei. — Birch, vol. I, p. 67: Sitzung der Royal Society am 2. Februar 1681. Der Präsident, Christopher Wren, bemerkt, dass es zwei Kometen gewesen

eine Umbiegung ihrer Bahn um die Sonne für unmöglich hielt. Daraus aber geht hervor, dass auch NEWTON damals noch nicht eine Gültigkeit der KEPLER'schen Gesetze für die Bewegung der Kometen und eine attractive Einwirkung der Sonne auf dieselben als möglich annahm.

Von dieser Zeit an hören wir einige Jahre fast nichts mehr von NEWTON und seinen Arbeiten. Vom April 1681 bis zum April 1685 sind, mit Ausnahme zweier Schreiben vom 20. Juni und 12. September 1682 an W. BRIGGS über das Sehen, kaum Briefe von ihm vorhanden. Wie viele bedeutende Männer vor und nach ihm liebte auch NEWTON es nicht, von seinen Plänen vor einer gewissen Vollendung etwas zu verrathen oder seiner Umgebung über den augenblicklichen Stand seiner Arbeiten Mittheilung zu machen. Ja, der ganze persönliche Verkehr NEWTON's scheint in den Zeiten intensivster Arbeit ein sehr geringer gewesen zu sein, und gerade aus solchen Zeiten, wo es für uns am wichtigsten wäre, vermögen wir darum am wenigsten Bestimmtes von seinem Fortschreiten und seinen Lebensumständen überhaupt zu erfahren.

Doch ist uns wenigstens eine Beschreibung des häuslichen Lebens von NEWTON während der achtziger Jahre erhalten, die für uns auch als die einzige ihrer Art von höchstem Werthe sein könnte, wenn sie nicht erst im Jahre 1728 zusammengestellt wäre nnd wenn sie nicht schon deutliche Spuren einer um die Person des grossen Gelehrten sich windenden Legendenbildung zeigte. Sie ist auf Verlangen Mr. CONDUITT's, des angeheiratheten Neffen von NEWTON, niedergeschrieben und rührt von HUMPHRY NEWTON her, der von 1683 bis 1689 Amanuensis bei seinem grossen Namensvetter und speciellen Landsmann war. Sir ISAAC's Betragen, so heisst es in dem ersten Berichte HUMPHREY NEWTON's,[1] war damals freundlich, ruhig und bescheiden und niemals schien er aufgeregt. Ich kann sagen, dass ich ihn, ausser bei einer Gelegenheit, niemals habe lachen sehen. NEWTON war fast immer mit Arbeiten beschäftigt, machte und empfing selten Besuche, ausgenommen von zwei oder drei Freunden, wie Dr. ELLIS, Mr. LAUGHTON und dem Chemiker Mr. VIGANI. Niemals gönnte er sich eine Erholung oder Kurzweil, weder indem er ritt, oder spazieren ging, oder kegelte, noch indem er irgend eine andere körperliche Uebung unternahm;

---

seien, deren Wege er auch nach FLAMSTEED's Beobachtungen zu bestimmen versucht habe. Er habe dabei entsprechend seiner Hypothese gefunden, dass die Kometen sich gradlinig in gleichen Zeiten durch gleiche Strecken bewegten und also nicht der KEPLER'schen Hypothese folgten.

[1] BREWSTER, Life of Newton, vol. II, p. 92 u. f. Die zwei Berichte sind datirt vom 17. Januar und 14. Februar 1728.

vielmehr hielt er jede Stunde für verloren, die er nicht seinen Studien widmete. Er verliess sehr selten sein Zimmer, ausgenommen wenn er Vorlesungen hielt, zu denen wenige kamen ihn zu hören und noch weniger ihn verstanden. Oftmals sprach er so gut wie vor leeren Wänden. Wenn er zu einem Gastmahl eingeladen war, was selten vorkam, pflegte er die Einladung freundlich zu erwiedern. So ergeben war er seinen Studien, dass er sehr enthaltsam ass, ja dass er oftmals das Essen ganz vergass. Oft wenn ich in sein Zimmer kam, fand ich seine Mahlzeit unberührt, und auf meine Erinnerung nahm er stehend einen oder zwei Bissen. Bei einigen seltenen Bewirthungen waren hauptsächlich die Collegen seine Gäste. Vor zwei oder drei Uhr ging er selten zu Bett, einigemal nicht vor fünf oder sechs. Dann schlief er nur ungefähr vier oder fünf Stunden, besonders im Herbst und im Frühling, wo er in seinem chemischen Laboratorium das Feuer Tag und Nacht kaum ausgehen liess. Was sein Zweck bei diesen chemischen Experimenten, in deren Ausführung er sehr genau war, sein mochte, habe ich nicht erfahren; aber die Mühe und Sorgfalt, die er aufwandte, liessen mich denken, dass er dabei über den Bereich menschlicher Macht und Kunst hinausstrebte. Ich muss sagen, dass ich ihn niemals, ausser bei der Mahlzeit, Wein, Ale oder Bier trinken sah, und auch dann geschah das nur mässig. Er ging, ausser an einigen festlichen Tagen, sehr selten zur allgemeinen Mahlzeit in den Speisesaal und dann, wenn er nicht erinnert wurde, sehr sorglos in seiner Kleidung. Newton hatte um diese Zeit keinen Schüler oder Zimmerkameraden, was ihm bei seinen Studien auch nicht angenehm gewesen sein würde. Er war nur einmal magenkrank, so dass er für einige Tage an's Bett gefesselt war; doch ertrug er das mit grosser Geduld, wie gleichgültig gegen Leben und Sterben.

Diesen ersten Bericht ergänzt Humphrey Newton gleich darauf durch einen zweiten. Sir Isaac's Laboratorium war wohl ausgerüstet mit chemischen Geräthschaften; doch gebrauchte er selten andere als die Schmelztiegel, in denen er seine Metalle schmolz. Einigemal holte er sich Rath aus einem alten modrigen Buche, welches in seinem Laboratorium lag und das den Titel führte Agricola de Metallis. Die Verwandlung der Metalle war der Hauptzweck und Antimon ein sehr wichtiges Ingredienz. Manchmal blieb Newton, wenn er einen Gang im Garten gemacht hatte, plötzlich stehen, rannte die Treppe nach seinem Zimmer hinauf, wie ein anderer Archimedes, und fing an seinem Pult stehend an zu schreiben, ohne sich die Zeit zu gönnen, sich zu setzen. Wenn er zu seltenen Zeiten in die Halle zum Diner gehen wollte, passirte es ihm, dass er statt dahin, nach der Strasse sich wandte, und dann, wenn er seinen Irrthum erkannt hatte, schnell umkehrte und nach seinem Zimmer, statt nach der Halle, zurückging. Wenn er in seiner Vorlesung keinen Zuhörer fand, kehrte er meist schon nach einer Viertelstunde zurück. Er wanderte sehr viel in seinem Zimmer auf und ab, so dass man ihn für einen Zögling der Peripatetiker hätte halten können. Am Tage schlief er niemals; ich glaube die kurze Zeit, welche er mit Essen und Schlafen verbringen musste, that ihm sehr leid. Mässigkeit ist der beste Arzt, dachte er mit Bischof SAUNDERSON. Er hatte weder Hund noch Katze in seinem Zimmer; die alte Frau, welche ihm dasselbe reinigte, konnte oft das Mittag- sowohl wie das Nachtessen unberührt mit sich nehmen. Obgleich er eine grosse Bibliothek hatte, zog er doch Bücher selten zu Rathe. Er war sehr wohlthätig, wenige gingen mit leerer Hand von ihm; arme Verwandten (deren es in jeder Familie giebt) empfingen, wenn sie sich an ihn wandten, nie unter fünf Guineen von ihm.

Von der Zerstreutheit NEWTON's erzählt übrigens auch STUCKELY ein nettes Beispiel. Wenn NEWTON Freunde bei sich hatte und einmal nach seiner Studirstube ging um Wein von dort zu holen, so war es sehr gefährlich, dass er dabei die Anwesenheit seiner Freunde gänzlich vergass und ohne Weiteres in seiner Arbeit fortfuhr.

Der gute HUMPHREY NEWTON scheint von dem Inhalte der Arbeiten Sir ISAAC's sehr wenig gewusst und nicht viel mehr geahnt zu haben. Von den gewaltigen mathematisch-mechanischen Untersuchungen aus den achtziger Jahren, von der Entstehung der Principia mathematica philosophiae naturalis erzählt uns HUMPHREY nichts weiter, als dass er das Manuscript der Principia „ein erstaunliches Werk," bevor es zum Druck geschickt worden sei, noch einmal abgeschrieben und später das gedruckte Werk auf NEWTON's Befehl an einige ausgezeichnete Personen gesandt habe, von denen ihm aber einige, wie Dr. BABINGTON, versichert hätten, dass sie erst noch sieben Jahre studiren müssten, wenn sie etwas davon verstehen wollten.

Aehnlich auch, wie dem Namensvetter NEWTON's, scheint es den meisten Personen, die NEWTON um diese Zeit nahe standen, ergangen zu sein. Sie erzählen uns im günstigsten Falle nach ihren nicht sehr klaren Erinnerungen in späterer Zeit Aeusserlichkeiten aus seinem Leben, anekdotenhafte Züge, die sie vielleicht selbst erst gehört und nach Anlage und Neigung unbewusst gefärbt haben, von seinem inneren Geistesleben, der Entwickelung und dem Fortschritt seiner Werke weiss kaum Jemand etwas Besonderes zu melden.

Gehen wir nun, bevor wir das Erscheinen des NEWTON'schen Hauptwerkes selbst schildern, dazu über, die allmähliche Entwickelung der Gravitationsideen vor NEWTON zu betrachten, um noch weiter daraus zu ersehen, wie Newton das quadratische Gesetz der Schwere schon vorahnend voraussetzen konnte, ehe er noch das Gravitationsproblem in seiner Ausdehnung ganz übersehen und in seiner Wichtigkeit und Schwierigkeit überhaupt begriffen hatte.

---

2. Kapitel. Die Entwickelung der Gravitationstheorien vor Newton.

Die Erscheinungen der irdischen Schwere im speciellen, wie die Bewegungen, welche die universelle Attraction der Materie hervorruft, im allgemeinen, waren seit den ältesten Culturzeiten den Menschen als wissenschaftliche Räthsel aufgefallen, und an ihrer Lösung hat sich das wissenschaftliche Bedürfniss am ersten versucht. Von allen Naturkräften zeigt die Schwere die auffälligsten Wirkungen, und mit ihrer mathematischen Beschreibung leitete auch der Begründer der modernen Physik die neue Epoche ein. So kann es nicht Wunder nehmen, dass das Alterthum, wie für viele physikalische Probleme so auch für die Erklärung der Schwere schon alle die Ideen bereit stellte, die sich schon ohne eine genauere mathematische Bestimmung der Erscheinungen überhaupt denken lassen. Wie heute noch so standen sich schon in der griechischen Physik die zwei Ansichten direkt gegenüber, dass entweder alle Bewegungen der ponderablen Materie durch verborgene, elementare Kräfte, oder dass umgekehrt alle der ponderablen Materie innenwohnenden scheinbaren Kräfte nur aus unsichtbaren elementaren Bewegungen der materiellen Theilchen zu erklären seien. Die letztere Ansicht ist die der alten Atomistiker, die in Lucrez ihre höchste Ausbildung und vorzüglichste Darstellung fand. Die erstere Ansicht erhielt durch Aristoteles ihre systematische Entwickelung und eine so klare, anschauliche Bestimmtheit, dass sie trotz ihres metaphysischen Fundaments schliesslich für lange Zeit die allein herrschende wurde.

Aristoteles eignete den Elementen der Körper ein Streben nach den ihnen im Weltenraume von Natur aus zukommenden Orten zu. Erde und Wasser streben abwärts nach dem Mittelpunkte der Erde, Luft und Feuer aufwärts nach dem Himmel hin; daraus erklären sich die natürlichen Bewegungen der irdischen Körper. Zu diesen vier irdischen Elementen aber musste Aristoteles merkwürdiger und sehr folgenreicher Weise noch ein fünftes ganz anders geartetes Element annehmen, das den Himmel ausfüllte. Dieses himmlische Element ist der Aether, der weder schwer noch leicht, weder auf- noch abwärts strebend, seiner innersten Natur, seiner Seele nach in vollkommenen Kreisen ewig gleichmässig um den Mittelpunkt der Welt oder Erde sich bewegt. Damit war der Himmel nicht blos dem Stoffe, sondern auch der Bewegung und damit auch den Kräften nach von der Erde streng geschieden, und das entsprach den Vorstellungen Gelehrter wie Ungelehrter bis zum Sturze des Ptolemäischen Weltsystems in vollkommener Weise.

Erst der Uebergang vom geocentrischen zum heliocentrischen Weltsystem warf dieses wohl erhaltene Gebäude über den Haufen. Da nun nicht mehr die Erde, sondern die Sonne den Mittelpunkt unserer planetarischen Welt bildete, so konnte man auch die Fallbewegungen der schweren irdischen Körper nicht mehr durch Beziehungen der irdischen Elemente auf den Mittelpunkt der Welt erklären. Indessen gelang es doch, diesem Uebelstande noch in ziemlich natürlicher Weise abzuhelfen, indem man die Bewegung der schweren Körper nun zwar nicht mehr aus einem Verlangen der Elemente nach einem Punkte, aber doch aus einem Streben der Theile zum Ganzen oder aus einem aller Materie innewohnenden Vereinigungsbestreben ähnlicher Materien ableitete. Die Leichtigkeit irdischer Körper, die darnach nicht zu deduciren war, musste dann als eine relativ geringe Schwere, die Bewegung leichter Körper nach oben durch den Druck schwererer Körper erklärt werden. In dieser Weise fasste Kopernikus schon den Begriff der Schwere und hierin folgen ihm die Physiker bei der Restauration der Wissenschaften fast ausnahmslos.

Doch war die neue Vorstellung von Anfang an nicht ohne Schwierigkeiten und ihre weitere Entwickelung führte zu immer neuen Problemen. Schon Aristoteles hatte den Planeten eine gewisse Mittelstellung zwischen der Erde und dem Fixsternhimmel angewiesen und die unregelmässigen Bewegungen derselben gegenüber den vollkommen gleichmässigen der Fixsterne durch eine Mischung der himmlischen Materie in den Planeten mit irdischer erklärt. Jetzt war durch die That des Kopernikus die Erde ihres Gegensatzes zum Himmel ganz entkleidet. Indem man nun die Erde in die Zahl der Planeten einreihte, und diese wieder mit der Sonne und darnach auch mit allen Fixsternen der Materie nach identificirte, drängte sich die Frage auf: ob nun das Vereinigungsbestreben der gesammten Weltmaterie gerade so wie das der irdischen Materie wirken, oder ob die irdische Schwere irgendwo im Weltenraume eine besondere Grenze haben könne, ob man nicht annehmen müsse, dass mindestens der Mond noch gegen die Erde gravitire, und ob darnach nicht auch den Planeten eine Schwere gegen den Hauptkörper des Systems, die Sonne, zuzuschreiben sei. Und hinter diesen Fragen erhoben sich noch wieder andere. Wenn Himmel und Erde gleich geworden sind, wenn die himmlische Materie von der irdischen nicht verschieden ist, so muss auch die Annahme des ARISTOTELES fallen, nach der beiden Arten von Materie verschiedene Bewegungen von Natur aus eigenthümlich sind, nach der alle irdischen Materien ihrem Wesen nach sich geradlinig von oben nach unten oder von unten nach oben bewegen, und alle himmlischen Materien ihrer Wesenheit nach ewig im Kreise um den Mittelpunkt der Welt sich drehen.

Darnach aber wird die Erklärung der Planetenbewegungen eine der dringendsten, aber auch schwierigsten Aufgaben in der Naturwissenschaft. Wenn die Planeten nicht befestigt sein sollen an krystallenen Sphären, mit denen sie sich drehen, wenn es nicht ein innerster, mit ihnen geschaffener Naturzweck sein soll, der sie treibt in Kreisen um die Sonne zu wandeln; welches ist dann die wirkende und genügende Ursache für diese Bewegungen der Planeten, die sie seit Jahrtausenden beibehalten haben? Wenn die Planeten, wie die irdischen Körper, keinen anderen natürlichen Trieb haben als in geradliniger Bewegung zur Vereinigung mit anderen Materien zu streben; was zwingt sie dann immerwährend von der Geraden abzuweichen und kreisförmige Bahnen zu beschreiben? Sollte diese Kreisform doch auch auf jenes Vereinigungsbestreben aller Materie, speciell der Planeten mit der Sonne, zurückgeführt werden können? Und wenn das der Fall wäre, wie müsste man dieses Streben eigentlich beschaffen denken? Ist es von der Entfernung abhängig, nimmt es vielleicht mit der Entfernung ab, und nach welchem Gesetz erfolgt diese Annahme?

Diese Fragen sind vor allem mathematischer und astronomischer Natur. Viele Physiker und Philosophen, die nur auf der Erde zu thun hatten, kümmerten sich daher auch kaum um sie. Bei den Astronomen und Mathematikern aber wurden diese Probleme vom Siege des Kopernikanischen Systems an mit immer grösserem Eifer verfolgt. Besonders hat sich der grosse Vollender des Kopernikanischen Systems, KEPLER, in dieser Beziehung hervorgethan und er darf mit vielem Rechte als der directe Vorläufer NEWTON's auf diesem Gebiete betrachtet werden. Zwar hat KEPLER seine berühmten Gesetze, durch welche er der rechnenden Astronomie erst eine klare und sichere Grundlage gab, rein empirisch erschlossen und erwiesen, aber sein grosses speculatives Bedürfniss liess ihn immerwährend von dem mathematischen Ausdruck der Planetenbewegungen aus nach dem physikalischen Grunde dieser Bewegungen und ihren Gesetzen suchen.

KEPLER beschäftigte sich gleich in der Einleitung zu seinem ersten astronomischen Hauptwerke [1] eingehend mit der Schwere.

---

[1] Astronomia nova, s. physica coelestis tradita commentariis de motibus stellae Martis, Heidelberg 1609; in Joannis Kepleri Astronomi Opera omnia, ed. FRISCH, Frankfurt a. M. und Erlangen 1860, vol. III, p. 135.

Schwere ist das Vereinigungsbestreben verwandter Körper und ähnlich der magnetischen Anziehung. Der Stein strebt nicht zu einem Punkte im Raume, nicht nach dem Mittelpunkt der Welt, sondern die Erde zieht den Stein an sich, so dass er folgt, wohin sie geht. Wäre die Erde nicht rund, so gingen die fallenden Körper nicht nach dem Mittelpunkte, sondern nach verschiedenen Punkten. Würden zwei Steine nach einem Orte gebracht, wo keine anderen Körper auf sie wirken, so würden sie wie zwei Magnete in einer mittleren Stelle zusammenkommen, und zwar würden sich die Wege der beiden umgekehrt verhalten wie ihre Massen.[1] So würden auch die Erde und der Mond, wenn nicht irgend eine lebendige Kraft[2] in ihrem Umschwunge sie erhielte, sich mit einander vereinigen, indem der Mond etwa um 53 Theile und die Erde um einen Theil ihrer gegenseitigen Entfernung zu einander gingen, beide von gleicher Dichtigkeit vorausgesetzt. Die Anziehungskraft, welche der Mond auf die Erde ausübt, bemerkt man deutlich am Meerwasser. Dieses würde ganz zum Monde abfliessen, wenn es nicht von der Erde festgehalten würde. Da aber Letzteres der Fall, so bildet es einen Berg an der Stelle, über welcher der Mond gerade vertical steht, dieser Berg bewirkt die Meeresfluth. Die Aristotelische Vorstellung von der absoluten Leichtigkeit einiger Stoffe ist falsch. Keine Materie ist an sich leicht und keine hat das Bestreben, sich von der Erde zu entfernen; wo das geschieht, wird sie nur durch eine schwerere emporgetrieben.[3]

Wie die schweren irdischen Körper durch die Erde, so werden die Planeten durch die Sonne bewegt. Alle Bewegungen nach dem grösseren Körper hin erfolgen durch die Schwere des kleineren Körpers zu dem grösseren. Weil aber die Planeten sich bei der Annäherung an die Sonne schneller, in der Ferne aber langsamer bewegen, so muss die Ursache für die Bewegungen der Planeten in der Sonne liegen. Die Schwere regelt also die Entfernungen der Planeten von der Sonne.[4]

Da Kepler bei allen von einem Körper ausgehenden Kraftwirkungen an gewisse, sehr feine körperliche Ausflüsse denkt, welche diese Wirkungen vermitteln sollen, so hält er dafür, dass diese Kraftwirkungen, wie das Licht, mit der Entfernung vom wirkenden Körper abnehmen müssen, und zwar im Verhältniss ihrer Ausbreitung, also im Verhältniss des Quadrats der Entfernung. Auch für die Schwere, meint er, müsse man zuerst zu diesem Schlusse kommen, der aber hier nicht zutreffe, da die

[1] Moles.
[2] Vis animalis.
[3] Kepleri Opera omnia, ed. Frisch, vol. III, p. 151—152.
[4] Ibid., vol. III, p. 300 u. ff.

Kraft, mit welcher die Sonne auf die Planeten wirkt, nicht im Verhältniss des Raumes oder der Fläche, sondern nur im Verhältniss der Länge der Bahn des Planeten abgeschwächt werde. Er verwirft darnach ausdrücklich das quadratische Gesetz der Schwere und proclamirt die indirecte Proportionalität derselben mit der einfachen Grösse der Entfernung.[1]

Das ist ein merkwürdiger, in seinen Ursachen schwer begreiflicher Fehler, der aber doch den Fortschritt zu einer richtigeren mechanischen Erklärung der Planetenbewegungen nicht ganz verhindern würde, wenn nicht KEPLER's mechanische Anschauungen in ihrem Fundamente noch unvollkommen, wenn ihm nicht der dynamische Theil des Trägheitsgesetzes, die Beharrung der Materie auch in der Bewegung vollkommen unbewusst oder mindestens noch unklar gewesen wäre. Zwar spricht er an einer Stelle aus, dass einfache Körper wohl auch einfache Bewegungen haben müssten, und dass Veränderungen der Bewegung auf das Einwirken äusserer Ursachen schliessen liessen;[2] trotzdem aber scheint er von der Unzerstörbarkeit der Bewegung, der unbegrenzten Fortdauer einer ungehinderten Bewegung, nicht überzeugt gewesen zu sein. Dies ist jedenfalls der Grund, warum ihm nicht die Constanz oder die Veränderlichkeit der Entfernung der Planeten von der Sonne, sondern die Bewegung derselben im Thierkreis, ihre Umlaufsbewegung um die Sonne als besonders wunderbar erschien. Zur Erklärung der letzteren macht er nämlich folgende künstliche Construction. Die Kraft, mit der die Sonne auf die Planeten wirkt, ist zwar in ihrer Ausbreitung dem Lichte ähnlich, aber doch nicht mit diesem zu identificiren, vielmehr muss man diese Kraft eher als eine magnetische annehmen, mit der sie jedenfalls die ungehinderte Wirkung durch alle Materie gemein hat. Diese magnetischen Strahlen der Sonne sind aber dabei nicht unkörperlich, sondern als materielle Fasern oder Zweige zu denken, die wie unzählige Arme nach allen Richtungen von ihr ausgehen. Da nun aus der Umdrehung der Planeten, der Erde, des Mondes u. s. w. um ihre Achse auch auf eine Rotation der Sonne geschlossen werden darf, so wird klar, wie diese magnetischen Fasern bei der Umdrehung der Sonne auch die Planeten mit dieser herumführen müssen, so dass sie geschlossene Bahnen um die Sonne beschreiben, und zwar je nach ihrer grösseren oder geringeren Schwere und Trägheit mit geringerer oder grösserer Geschwindigkeit.

Ganz entsprechend wie hier im Jahre 1609, nur noch bestimmter und klarer, drückt sich KEPLER elf Jahre später in

---

[1] Kepleri Opera omnia, vol. III, p. 297 u. ff.
[2] Ibid., p. 314.

seiner Epitome Astronomiae Copernicanae[1] über die Schwere aus. Er schliesst da auf eine mechanische, nicht geistige Ursache der Himmelsbewegungen aus dem Grunde, dass diese Bewegungen an ganz bestimmte zusammengesetzte Verhältnisse von Raum und Zeit gebunden sind. Diese mechanische Ursache für die Bewegung der Planeten kann nur in der Sonne gesucht werden; erstens, weil es scheint, als ob alle Planeten, je weiter sie von der Sonne abstehen, um so langsamer sich bewegen; zweitens, weil die einzelnen Planeten, je näher sie der Sonne kommen, um so schneller sich bewegen; drittens, weil der Sonnenkörper der grösste und der vollkommenste in der Rundung, sowie auch die Quelle des Lichtes und der Wärme ist; und viertens endlich, weil die Sonne um eine unbewegliche Achse in der Richtung rotirt, in welcher auch die Planeten folgen und zwar mit längeren Rotationszeiten.[2] Die immerwährende Rotation der Sonne selbst wird einer Seele zugeschrieben, die aber ohne Intelligenz, ewig unveränderlich wirkt. Durch diese Rotation werden auch die Planeten bewegt, weil die Sonne auf diese mit einer Kraft wirkt, die in geraden Linien nach allen Seiten sich ausbreitet, und weil diese, bis zu einem gewissen Grade körperliche Kraft mit der Sonne zusammen rotirt, gleich einem schnellen Wirbel.[3] Ein Beispiel von einer solchen Kraft bietet die Sympathie zwischen einem Magnet und einem eisernen Zünglein, das auch von dem sich drehenden Magnet mit im Kreise herumgeführt wird. Darum muss aber auch jeder Planet zwei Seiten, eine der Sonne freundliche und eine ihr feindliche, haben, so dass er nur im Kreise herumgeführt, aber nicht auf die Sonne niedergezogen wird.[4]

Die Verschiedenheit der Umlaufszeiten der Planeten rührt vor allem von der Abnahme der Sonnenkraft mit zunehmender Entfernung und darnach auch von der verschiedenen Trägheit der Planeten selbst her. Das Licht und die von der Sonne ausgehende Kraft sind einander in vielen Beziehungen ähnlich, aber auch wieder sehr von einander verschieden. Das Licht geht von der Oberfläche aus und verhält sich wie die Oberflächen; die Kraft der Sonne aber geht von Körper zu Körper und bewegt auch den Körper als Ganzes. Was dem Licht widersteht, wie opake Körper, wird niemals von dem Licht überwunden; was aber der Kraft widersteht, wie die Trägheit, wird immer zum Theil überwunden. Darum durchdringt das Licht opake Körper

---

[1] Epitome Astronomiae Copernicanae, liber quartus, Linz an der Donau 1620; in Kepleri Opera omnia, ed. Frisch, vol. VI, Frankfurt a. M. und Erlangen 1866.

[2] Kepleri Opera omnia, vol. VI, p. 343.

[3] Ibid., p. 344.

[4] Ibid., ibid.

niemals, aber die Kraft geht durch jede Materie. Die Kraft hängt auch nicht einzig vom Lichte ab, denn der Magnet wirkt auch im Dunkeln; und der Mond wird auch von der sehr wenig leuchtenden Erde bewegt. Doch hat das Licht auch wiederum mit der Kraft in der Entstehung und den Bewegungen sehr viel Aehnlichkeit. Sie verbreiten sich momentan durch grosse und kleine Intervalle, sie sind beide formlos und die Körper verlieren durch ihr Ausstrahlen nichts von ihrer Masse.[1]

In ähnlicher Weise wie früher wird dann auch hier die einfache umgekehrte Proportionalität der Schwere mit der Entfernung vertheidigt. Die bewegende Kraft der Sonne hängt nicht wie das Licht von der Oberfläche, sondern vom Sonnenkörper und seiner Bewegung ab. Diese Bewegung geschieht aber um eine feste Achse, so dass jedes Sonnentheilchen sich in einer festen Ebene bewegt, von der sich auch die Planeten nicht weit entfernen. Darnach ist anzunehmen, dass die Ausstrahlung der Kraft nur in dieser Ebene und nicht in unnützer Weise senkrecht dazu geschieht und daraus folgt eben die umgekehrte Proportionalität der Kraft mit dem Bogen und darnach auch mit dem Durchmesser der Bahn.[2]

Trotz der entschiedenen Fruchtbarkeit der KEPLER'schen Ideen ging indessen die weitere Entwickelung der Gravitationstheorien vorerst nicht von KEPLER aus. KEPLER hatte die Aristotelischen Ideen über das Wesen der Naturkräfte so viel wie möglich beibehalten und dieselben nur so weit umgewandelt, als das neue Weltsystem das erforderte. Viele der neueren Physiker aber meinten, dass diese Ideen überhaupt nicht zu halten wären, und wollten absolut nichts mehr von einer inneren Form, einer Seele oder einem zweckthätigen Streben in der todten Materie wissen. Für diese Physiker, die sich den alten Atomisten anschlossen und deren Zahl vom Anfange des siebzehnten Jahrhunderts an immer mehr wuchs, war nicht so sehr das Problem der Himmelsbewegungen als vielmehr die Ursache der Kraft, speciell der Schwerkraft die brennendste Frage, deren Beantwortung lange Zeit keinen Fortschritt machte.

Diesem Uebel abzuhelfen, das scheinbare Vereinigungsbestreben der Materien ohne Zuhülfenahme irgend welcher inneren Form oder Seele derselben zu erklären, das unternahm dann DESCARTES in seinen Principien der Philosophie[3] von 1644, obgleich er

---

[1] Kepleri opera omnia, vol. VI, p. 347—348.
[2] Ibid., p. 349.
[3] Principia philosophiae, Amsterdam 1644; deutsche Uebersetzung in René Descartes' philosophische Werke, übersetzt von J. H. von KIRCHMANN, III. Abtheilung: Die Principien der Philosophie, Berlin 1870.

selbst niemals als ein Anhänger der Atomistik sich bekennen mochte. Als Philosoph hielt Descartes an der vollständigen Raumerfüllung, an der Continuität der Materie fest, näherte sich aber den Atomistikern insofern, als er factisch auf eine, wenn auch nicht ursprüngliche, so doch in der bestehenden Welt überall hergestellte Gliederung der Materie zurückkam.

Descartes wollte alle Unklarheiten des Verhältnisses zwischen Seele und Körper, zwischen Geist und Materie aus der Welt schaffen und trennte darum die beiden absolut von einander. Darnach durfte in der Materie kein alter psychischer Rest, keine innere Form und kein Vereinigungsbestreben geduldet werden. Für das Wesen der Materie blieb nichts weiter als ihre Ausdehnung übrig und eine Wirksamkeit derselben war nicht anders als durch eine ursprünglich ihr eingeprägte und immer erhalten bleibende Bewegung möglich. Aus diesen beiden Momenten, der Ausdehnung und der Bewegung (d. i. der Bewegtheit, nicht der Beweglichkeit der Materie) construirte Descartes die ganze Natur mit bewundernswerther Genialität und diese Construction war der damaligen Vorstellung von der Welt, wie der Erfolg zeigte, vollkommen angemessen.

Im Anfange war die Welt erfüllt mit materiellen Theilchen von gleichem Stoff und gleicher mittlerer Grösse. Dieses Stoffmeer war nicht ruhig, sondern in viele ungefähr kugelförmige Wirbel getheilt, die sich jeder um eine Achse drehten. Die einzelnen Theilchen des Stoffes konnten anfangs nicht kugelförmig sein, weil sie sonst den Raum nicht ausgefüllt hätten, aber nach und nach schliffen sie sich in den Wirbelbewegungen an einander zu Kugeln ab und von da an bestanden zweierlei Materien iu der Welt, nämlich die Kügelchen, welche Descartes die Theilchen des zweiten Elementes nennt, und die von ihnen abgeschliffenen, viel kleineren Theilchen, welche die Zwischenräume des zweiten Elementes ausfüllen, und die bei ihm Theilchen des ersten Elementes heissen. Die im Anfange geringe Menge der Theilchen des ersten Elementes vermehrte sich immer mehr, wie sich die Theilchen des zweiten Elementes mehr und mehr an einander abrieben, und da nun die Menge derselben grösser wurde, als zur Ausfüllung der Lücken nöthig war, so floss diese übrige Masse nach der Mitte des Wirbels und bildete dort einen höchst flüssigen Körper, den Centralkörper des Wirbels. Das war um so leichter, als erstens die Kügelchen des zweiten Elements durch das Abschleifen kleiner wurden und zweitens ihrer bedeutenderen Grösse wegen stärker als die Theilchen des ersten Elementes nach aussen drängten, so dass nun für das erste Element in der Mitte des Wirbels ein Raum frei blieb. Jeder Körper eines Wirbels zeigt nämlich, wie der Stein in einer Schleuder, ein Streben nach aussen zu gehen, und zwar überwiegt dabei das

Streben des grösseren. Diesem Bestreben kann aber ohne Weiteres kein Theilchen des zweiten Elementes folgen, denn jedes innere Theilchen wird von den äusseren zurückgehalten, und die äussersten werden von den angrenzenden Wirbeln zurückgedrängt.

Die an einander grenzenden Wirbel im Himmelsraume werden sich in ihren Bewegungen beeinflussen und müssen ihre Bewegungen einander so anpassen, dass sie sich am wenigsten hindern. Dies wird nur dann der Fall sein, wenn die Pole des einen Wirbels den Aequatorialgegenden des anderen nahe liegen; denn würden die Wirbel mit den Polen an einander liegen, so müssten sie bei gleicher Rotationsrichtung in einander fliessen, bei entgegengesetzter aber sich am stärksten hemmen. Der durch die Rotation bewirkte Druck nach aussen ist in jedem Wirbel am grössten am Aequator und am kleinsten an den Polen; wenn also Aequator und Pol von zwei Wirbeln zusammenstossen, so wird der Aussendruck des ersteren im Allgemeinen (er hängt auch von der Grösse der Wirbel ab) an dieser Stelle grösser sein als der des anderen, und es wird Stoff aus dem ersten Wirbel in den zweiten überfliessen. Dies wird vor allem Stoff des ersten Elementes sein, denn dieser hat weniger Beharrung und dringt leicht durch die Gänge zwischen den Kügelchen des zweiten.

Wenn Theilchen des ersten Elementes durch einen Wirbel in der Richtung der Achse hindurchgehen, so müssen sie sich, da die Zwischenräume zwischen den Kügelchen des zweiten Elementes dreieckig sind, dreikantig formen, und da sich der Wirbel während ihres Laufes dreht, so werden sie sich nach Art der Schneckenhäuser winden, und zwar in entgegengesetzter Richtung, je nachdem sie in einer oder der anderen Richtung durch den Wirbel gegangen sind. So lange die so gestalteten Theilchen des ersten Elementes noch zwischen den Kügelchen des zweiten Elementes sich befinden, wird ihre Gestalt ohne Einfluss sein, sobald sie aber im Raume des Centralkörpers sich ungetrennt zusammenfinden, werden sie sich zusammenfilzen und grössere Massen bilden, die nun (des Aussendrucks wegen) in dem Centralkörper nahe dem Aequator emporsteigen. Diese schwerer beweglichen Massen werden als ein neues drittes Element bezeichnet. Wenn über die Oberfläche eines Centralkörpers ein aus solchen Massen bestehender Flecken sich gelagert hat, so hindert dieser den Stoss der Theile des Centralkörpers auf die umgebenden Kügelchen des Wirbels. Dieser Stoss war im Verhältniss recht stark, weil alle die gleichartigen Theilchen des Centralkörpers in ihrer Wirkung zusammenstimmten; wird er jetzt gehindert, so wird überhaupt der Druck nach aussen an dieser Stelle stark gemindert und das Licht des Centralkörpers wird durch den Flecken stark geschwächt oder vielleicht auch ganz ausgelöscht. Die Verminderung des Aussendrucks durch den Flecken wirkt jedoch noch bedeutender. Mit dem Aussendruck wird auch der Widerstand des Wirbels gegen die benachbarten Wirbel geringer, die Theilchen der letzteren werden dann in ihn eindringen, seine Theilchen mit sich führen und ihm so von seinem Stoff mehr oder weniger entziehen. Ja es kann geschehen, wenn der Centralkörper sich ganz mit Flecken bedeckt, dass der Wirbel von einem stärkeren Wirbel gänzlich aufgesogen wird und dass sein Centralkörper vollständig in den zweiten Wirbel eintritt. Die fortschreitende Bewegung, die er dabei erhält, hängt von seiner Dichtigkeit und Masse ab, ist sie so gross, dass der erloschene Centralkörper durch den Wirbel hindurchgeht, so wird er zu einem Wandelstern oder Kometen; ist dies aber nicht der Fall, so wird ihn der Wirbel mit sich um seinen Centralkörper führen und er wird zu einem Planeten desselben. Jeder Wirbel bildet ein Sonnensystem; sein Centralkörper, die Sonne, besteht aus Theilchen des ersten Elementes, nur ihre Flecken gehören dem dritten Element an, der Wirbel selbst besteht aus Kügelchen des zweiten Elementes. Ein solcher Wirbel kann mehrere dunkel gewordene Fixsterne aufgesogen haben; dies sind seine Planeten, die noch immer die Rotation ihres verloren gegangenen Wirbels in der Drehung um ihre Achse zeigen und die vielleicht vorher schon andere Centralkörper aufgenommen hatten und also selbst Trabanten mit sich führen. Nach diesem Weltsystem bewegt sich also die Erde wie alle Planeten mit dem gesammten Himmelsstoff unseres Wirbels um die Achse unseres Sonnensystems.

Die Erde besteht in ihrem Innersten (noch von ihrer früheren Rolle als Centralgestirn her) aus Theilchen des ersten Elementes, darauf folgt eine ganz dunkle Hülle aus Theilchen des dritten Elementes, die bei dem Erkalten aus den Flecken sich gebildet hat. Von den beiden erfahren wir direct nichts; nach diesen Hüllen kommt erst die äussere Rinde, die aus Trümmern der zweiten gebildet und mit vielen himmlischen Theilen vermischt ist. Weil die irdische Materie in grossen Massen zusammenhängt, so folgt sie nicht so leicht dem Drucke nach aussen, der durch die Rotation der Erde erzeugt wird, wie der himmlische Stoff, der zwischen der irdischen Masse sich befindet. Der himmlische kann aber nicht von der Erde in den durchaus mit Stoff erfüllten Himmelsraum sich entfernen, ohne andere Stoffe nieder, d. h. nach dem Centrum der Erde, zu drücken. Und da nun überall der himmlische Stoff das gleiche Streben nach aussen besitzt und der irdische Stoff überall diesem nachsteht, so wird an allen Orten der irdische Stoff nach dem Centrum gedrängt, und diese Erscheinung ist's, die man als die Schwere bezeichnet. Schwere ist also kein dem Stoff an sich innewohnendes Streben, sondern nur der Rückstoss, den die vom Centrum sich entfernenden Himmelskügelchen auf die irdische Materie ausüben.[1]

In dieser Weise führt DESCARTES alle physikalischen Erscheinungen auf die drei Elemente und ihre Bewegungen in den Wirbeln mit grosser Geschicklichkeit, freilich auch mit grosser Willkür, und endlich bei der Umformung seiner Elemente sogar mit Gewaltthätigkeit zurück.

Einen Grundfehler, der sich bei der Theorie der Himmelsbewegungen besonders bemerkbar machte, hatte jedenfalls das System; das war der Mangel an mathematischer Bestimmtheit. Wodurch die Planeten um die Sonne herumgeführt werden, warum sie alle in gleicher Richtung in wenig von einander verschiedenen Ebenen laufen, weshalb auch die Planeten und die Sonne selbst im gleichen Sinne um feste Achsen rotiren, warum die meisten Sterne in der Richtung des Aequators zu sehen sind, das wurde alles recht plausibel erklärt. Ueber die Gründe aber, warum die Bahnen der Planeten gerade Ellipsen sind, wodurch die Geschwindigkeiten der Planeten bald verzögert, bald beschleunigt werden, warum die Umlaufszeiten in bestimmten Verhältnissen zu den Entfernungen stehen, kurz über die Ableitung der für die rechnenden Astronomen absolut nothwendigen KEPLER'schen Gesetze enthielt das DESCARTES'sche System kein Wort und, was noch schlimmer war, auch keine Handhabe zur nachträglichen Ergänzung dieses Mangels.

Das war jedenfalls der Grund, warum die meisten Astronomen und Physico-Mathematiker bei aller Anerkennung des DESCARTES'schen Systemes und seiner Erfolge, selbst während der Blüthezeit des Cartesianismus, die KEPLER'schen Gesetze entweder nur auf Grund ihrer empirischen Sicherheit ohne jeden Versuch einer weiteren Begründung gebrauchten, oder doch dieselben wieder aus der Vorstellung einer abstracten Kraftwirkung ohne jene DESCARTES'sche Wirbelverbrämung abzuleiten versuchten. Ja der vielgerühmte BULLIALDUS griff in seiner Astronomia Philolaica,[2] die im Jahre 1645, also ein Jahr nach dem DESCARTES'schen Hauptwerke erschien, direct wieder auf die Aristotelischen inneren Formen, die natürlichen Zweckthätigkeiten der Dinge, als Ursachen der Bewegungen zurück.[3] Er ging dabei zuerst von den KEPLER'schen Discussionen der Entstehung der Planetenbewegungen aus, die er nach der Astronomia nova und der Epitome Astronomiae Copernicanae ausführlich beschrieb, die er aber schliesslich unwahrscheinlich fand und Punkt für Punkt widerlegte.

---

[1] Aus ROSENBERGER, Geschichte der Physik, II. Theil, S. 104—107.

[2] ISMAELIS BULLIALDI, Astronomia Philolaica, Paris 1645.

[3] Ibid., p. 21.

Die langsame Bewegung der einzelnen Planeten in Sonnenferne und die schnellere in Sonnennähe kann nach Bullialdus ebensowohl aus einer ursprünglichen Anordnung der Planetenbewegung durch den Schöpfer, als aus der Kraft der Sonne erklärt werden; und ebenso braucht die langsamere Bewegung der äusseren Planeten nicht nothwendig von der grösseren Entfernung derselben von der Sonne herzurühren, sondern kann ebensowohl durch die grösseren Wege um die Sonne verursacht sein. Wenn die Sonne die Quelle alles Lichtes und aller Wärme sei, so folge daraus doch noch nicht, dass auch alle Bewegung von ihr ausgehen müsse, und ebensowenig könne schliesslich die Uebereinstimmung der Ebenen der Planetenbahnen mit der des Sonnenäquators gegen die Bewegung der Planeten durch eine innere Form sprechen. Ganz im Allgemeinen sei nicht zu begreifen, warum die Sonne allein eine Seele haben sollte, die ihre Achsendrehung verursacht, da doch alle Planeten und besonders unsere Erde sich ebenso um ihre Achse drehen.[1] Darnach greift Bullialdus direct den Lehrsatz Kepler's über die Verbreitung der Sonnenkraft an, nach dem diese Kraft im einfachen directen Verhältniss der Entfernungen stehen soll. Kepler habe seinen Satz durch die Annahme vertheidigt, dass die Sonnenkraft sich nur in der Ebene der Planetenbahn ausbreite und also nur in einer Fläche nach einer Linie hin ausstrahle; das widerspreche aber der Thatsache, dass die Kraft doch von Fläche zu Fläche gehe. Da ferner auch nach Kepler die Ausstrahlung einigermassen körperlich sei, so könne dieselbe schon deshalb nie in einer Fläche geschehen, und die von Kepler behauptete Kraft müsse also, wenn sie überhaupt existiren sollte, jedenfalls nicht im einfachen, sondern im quadratischen Verhältnisse mit der Entfernung abnehmen.[2]

So bleibe die Kepler'sche Sonnenkraft eine unnütze Fiction, der auch die Vergleichung mit der magnetischen Kraft nicht aufhelfen könne. Das Princip der Handlung müsse in dem Handelnden selbst liegen und mithin das Princip der Bewegung auch in dem Bewegten, wie im Feuer das Princip des Brennens und im Lichte das Princip des Leuchtens. Darnach bleibe nur übrig, dass jeder Planet sich selbst bewege. Da jeder Planet eine Form (im Aristotelischen Sinne) haben müsse, durch welche er existire, so sei auch anzunehmen, dass er durch diese Form zu der Thätigkeit dirigirt werde, zu der er geschaffen sei. Weil aber eine solche Form ohne Intelligenz und darum unveränderlich gedacht werden muss, so giebt nun Bullialdus in seinem Werke

---

[1] Astronomia Philoloica, p. 22.
[2] Ibid., p. 23.

weiter eine Construction oder Hypothese, welche zeigen soll, wie aus der gleichmässigen, durch ihre innere Form verursachten Bewegung der Planeten der ungleichmässige, beschleunigte oder verzögerte Umlauf in einer Ellipse hervorgeht. Diese Bewegung in der Bahn genau zu erläutern, ist der eigentliche Zweck des Buches; ihn verfolgt er weiter in einem 1857 unter dem Titel Astronomiae Philolaicae Fundamenta clarius explicata et asserta[1] herausgegebenen Appendix, in dem er die bekämpften Theorien KEPLER's, wie es scheint, als abgethan nicht wieder erwähnt.

Merkwürdiger Weise hat NEWTON später gerade BULLIALDUS als denjenigen bezeichnet, der noch vor ihm und auch vor HOOKE die quadratische Proportionalität der Schwere angedeutet habe.[2] Wahrscheinlich nur darum, weil dieser Astronom ihm und der Royal Society der bekannteste war; denn BULLIALDUS hatte schon mehrfach mit Mitgliedern der Royal Society im Verkehr gestanden und war auch am 4. April 1667 zum Mitglied der Gesellschaft gewählt worden.

Bedeutend weiter in der theoretischen Mechanik der Himmelsbewegungen als BULLIALDUS und auch KEPLER kam ALPHONSO BORELLI mit seinen Theoricae Mediceorum Planetarum von 1666,[3] der darin zum ersten Male die Elemente der Curvenbewegung richtiger analysirte. BORELLI geht davon aus, dass das Verbleiben der Planeten in der einmal beschriebenen Bahn auf dreierlei Weise zu erklären sei; nämlich erstens durch irgend eine materielle Fessel, durch welche der Planet mit dem Centralkörper verbunden wird, oder zweitens durch ätherische Strömungen, die den in dem Aetherocean schwimmenden Planeten um die Sonne tragen, oder endlich drittens durch eine Annahme, die ihm am natürlichsten aus der Betrachtung der Erscheinungen hervorzugehen scheint. Es könne nämlich nicht negirt werden, dass in den Planeten ein natürliches Streben zur Vereinigung mit dem Centralkörper sich zeige, und dass jeder Planet der Sonne, wie jeder Mediceische Stern dem Jupiter sich zu nähern suche. Ausserdem aber sei auch gewiss, dass jede Kreisbewegung in dem bewegten Körper einen Drang hervorbringe, gemäss dem der

---

[1] ISMAELIS BULLIALDI Astronomiae Philoloicae Fundamenta clarius explicata et asserta, Paris 1657.

[2] LASSWITZ (Geschichte der Atomistik, Hamburg 1890, Bd. II, p. 552) hat schon darauf aufmerksam gemacht, dass BULLIALDUS die quadratische Proposition der Schwere nicht als seine Annahme vertheidigt hat.

[3] Theoricae Mediceorum Planetarum ex causis physicis deductae ab ALPHONSO BORELLI, Florenz 1666. Als Mediceische Sterne hatte GALILEI zu Ehren des Hauses MEDICI die Jupitersmonde bezeichnet.

Körper vom Centrum der Bewegung nach aussen hin sich zu entfernen suche, wie man das an der Schleuder erfahren könne. Nehme man nun an, dass in jedem Planeten ein solcher Trieb nach dem Centralkörper hin enthalten sei, während ihm durch die Kreisbewegung ein Impetus vom Centrum nach aussen wegzugehen mitgetheilt werde, so sehe man den Planeten von entgegengesetzten Kräften angegriffen, von deren Verhältniss es abhänge, wie die Bewegung weiter erfolge. Sind an einem Planeten diese entgegengesetzten Kräfte unter sich gleich, so muss die eine Kraft die andere aufheben. Der Planet wird dann weder näher zur Sonne hin, noch auch weiter als bis zu einer gewissen Grenze von ihr weggehen können und wird auf diese Weise im Gleichgewicht um die Sonne schwebend erhalten werden.[1]

Die Kreisbewegung rührt von einer inneren Kraft des Beweglichen her, die darum immer gleich bleibt und ewig gleichförmige Geschwindigkeiten erzeugen muss; nur auf verschiedenen Kreisen ist dieselbe verschieden und zwar auf dem grösseren Kreise kleiner und umgekehrt. Die Kraft der Kreisbewegung, vom Centrum hinwegzugehen, hängt also doch, trotz der inneren Unveränderlichkeit, von der Entfernung ab, sie ist sehr gross in der Nähe des Centrums und unmerklich in sehr grosser Entfernung von demselben. Die entgegengesetzte Kraft aber, das gleichsam magnetische Vereinigungsbestreben des Planeten mit dem Centralkörper, bleibt sich überall gleich und wirkt nur insofern verändernd auf die Bewegung, als es die Körper aus grösserer Entfernung in die Nähe des Centrums führt.[2] Aus diesen beiden Kräften muss die veränderliche elliptische Bewegung der Planeten zusammengesetzt werden. Nimmt man demgemäss an, dass dic göttliche Weisheit einen Planeten nicht an den Ort gestellt hat, wo Gleichgewicht der Kräfte herrscht und der Planet immerwährend dieselbe Kreisbahn durchlaufen würde, sondern in einen weiter von der Sonne entfernten Punkt, so wird hier die Kraft

---

[1] Theoricae Mediceorum Planetarum, p. 47.

[2] Ibid., p. 77: . . . proindeque hic aderunt duo motus directi inter se contrarii, alter perpetuus, ac uniformis, quo planeta A impulsus a propria magnetica virtute sibi connaturale sese successive admovet solari corpori, alter vero difformis, et condecrescens, quo planeta a puncto E expellitur a Sole vi motus circularis praecipue in E, mediocriter in C et insensibiliter in A; ergo, ut hactenus demonstravimus, ex compositione dictorum motuum efficitur vis quaedam, et impetus compositus, ex quo pendent periodus celeritatis aquisitae a planeta, quae a remotissimo termino A usque ad propinquissimum E augetur ea proportione, qua distantiae decrescunt.

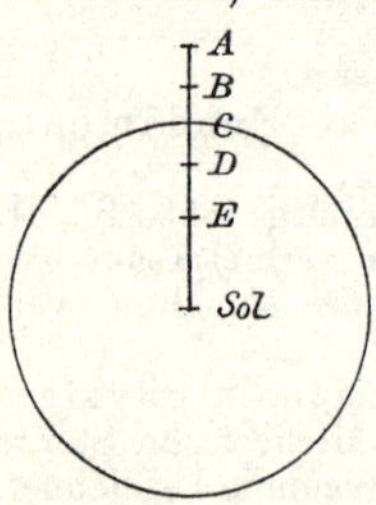

der Kreisbewegung kleiner sein als das Streben nach dem Centralkörper. Wegen des Ueberschusses der Druckkraft über die abstossende muss dann der Planet der Sonne sich nähern und die Bewegung geht aus einem grösseren Kreise in einen kleineren über. Der Planet nähert sich seiner Gleichgewichtslage und seine Bahn der Kreisbahn. Weil aber der Planet seine einmal erlangte Geschwindigkeit des Niedersteigens auch noch beibehält, wenn er die Gleichgewichtslage erreicht hat, so wird er auch dann noch fortfahren, in seinem Umlaufe sich der Sonne zu nähern; und diese Annäherung wird so lange währen, bis endlich die zurückstossenden Kräfte des Umlaufes so gross geworden sind, dass sie doch die Druckkraft übersteigen. Dann wird der Planet beginnen, sich wieder von der Sonne zu entfernen und wird diese Entfernung so lange fortsetzen, bis er seinen Ausgangspunkt nach einem Umlaufe wieder erreicht hat. Auf diese Weise entstehen aus der Kreisbewegung um die Sonne als Mittelpunkt die excentrischen elliptischen Umläufe der Planeten.

BORELLI ist viel gerühmt und mit Recht sehr hoch, vielleicht aber öfters auch zu hoch geschätzt worden. Er zeigte allerdings, wie aus einer beharrenden Bewegung unter Einfluss der Schwere eine geschlossene krummlinige Bewegung werden muss, aber er leistete damit eigentlich nicht viel mehr als DESCARTES mit seinen Wirbeln. Ueber DESCARTES hinausgehend machte er allerdings begreiflich, wie die Planeten mit veränderlichen Geschwindigkeiten excentrische Bahnen durchlaufen müssen; warum aber diese Planetenbahnen nur Ellipsen sein können, wodurch überhaupt die Gesetze KEPLER's in ihrer mathematisch genauen Gestaltung bedingt sind, das konnte auch BORELLI nicht nachweisen, weil er die bestimmten mathematischen Verhältnisse der Kraftwirkungen und der Bewegungen an keiner Stelle genau anzugeben wusste. BORELLI war Physiker, aber nicht Mathematiker; sein Hauptverdienst besteht in der Vorbereitung der Erkenntniss, dass die Theorie der Himmelsbewegungen nicht sowohl eine Aufgabe der physikalischen Astronomie als vielmehr ein Problem der theoretischen Mechanik sei, das nur mathematisch gelöst werden könne.

Zwei Fragen waren mit BORELLI's Werk als zunächst zu lösende Aufgaben den Physico-Mathematikern klar vor Augen gestellt: Die Frage nach dem mathematischen Ausdruck der durch eine Curvenbewegung erzeugten Centrifugalkraft und die Frage nach dem Wirkungsgesetz des Vereinigungsstrebens zwischen den Körpern des Sonnensystems. Beide Fragen verschwanden nun nicht mehr von der Tagesordnung.

Die mathematische Lösung des ersteren Problems gab zum ersten Male CHRISTIAN HUYGENS in seinem Horologium oscillatorium von 1673.[1] BORELLI hatte nur gesagt, dass bei Kreisbewegungen die Centrifugalkraft (gleiche Geschwindigkeiten vorausgesetzt) um so grösser, je näher der bewegte Körper dem Centrum sei. HUYGENS aber fand für die Centrifugalbeschleunigung in diesem Falle den exacten Ausdruck $\frac{v^2}{r}$, wo v die constante Geschwindigkeit der gleichförmigen Kreisbewegung und r den Radius der Bahn bezeichnet. Diese HUYGENS'sche Formel enthielt auch die allgemeine physikalische Lösung des Centrifugalproblems in sich, denn die Formel ist auf alle Bewegungen anwendbar, wenn man nur für v die Momentangeschwindigkeit und für r den Krümmungsradius des betreffenden Curvenpunktes setzt. Die physikalische Aufgabe ist darnach auf die rein mathematische reducirt, für jeden Punkt einer Curve den Krümmungsradius zu berechnen. Wir werden später noch erwähnen, dass NEWTON seine noch kaum entwickelte Fluxionsrechnung dazu anwandte, das Oscillationscentrum und damit auch den Krümmungsradius der Curven aufzusuchen. HUYGENS gab übrigens in seinem Horologium von 1673 die Sätze über die Centrifugalkraft ohne alle Beweise. Dieselben folgten erst nach seinem Tode in den als Opera posthuma im Jahre 1703 erschienenen Schriften.

Die Sätze von HUYGENS über die Centrifugalkraft waren für die Theorie der Himmelsbewegungen direct nur verwendbar, wenn man die Planetenbahnen kreisförmig annahm, wo dann das Oscillationscentrum immer mit dem Centrum des festen unbeweglichen Centralkörpers zusammenfällt. Bei anderen Bahnen wirkt die HUYGENS'sche Centrifugalkraft nicht in der Richtung eines unbeweglichen, sondern in der Richtung eines mit jedem Punkte veränderlichen Oscillationscentrums und kann also nicht mit einer nach einem festen Centralkörper gerichteten Kraft identificirt werden. Für die Astronomie handelt es sich aber darum, diejenige Kraft kennen zu lernen, welche von einem festen Punkte, dem unbewegten Centralkörper aus, auf einen bewegten Körper, speciell einen Planeten oder Kometen, wirken muss, damit die Bahn des letzteren eine bestimmte Curve, speciell eine Ellipse oder Parabel, werde. Auf diese Fälle hatte HUYGENS seine Untersuchungen nicht erstreckt und seine Formel war hier unbrauchbar. Dagegen hatte sich ROBERT HOOKE schon seit längerer Zeit, vielleicht noch vor BORELLI, jedenfalls aber gleich nach dem Bekanntwerden von dessen Werke sehr ernsthaft und auch mit gewissem Erfolge mit der Lösung dieses Problems beschäftigt. Da indessen auch er, wie BORELLI, wohl ein sehr geschickter Physiker, aber kein Mathe-

---

[1] Horologium oscillatorium sive de motu pendulorum ad horologia aptato demonstrationes geometricae, Paris 1673.

matiker war, so konnte auch er nur der Vorläufer eines grösseren Entdeckers werden, in dessen Glanze dann die Sonne seines Ruhmes noch mehr, als es nöthig gewesen wäre, verblich.

Die Royal Society hatte schon im Jahre 1661 in der Sitzung vom 8. Mai [1] den Mitgliedern Dr. BOYLE, PETTY und GODDARD den Auftrag gegeben, die Natur der Schwere zu untersuchen; es verlautet aber nicht, dass diese Commission zu erfolgreicher Thätigkeit gekommen wäre. Dagegen konnte am 21. März 1666 HOOKE der Royal Society eine Reihe von Experimenten mittheilen, in denen er untersucht hatte, ob das Gewicht der Körper in verschiedenen Höhen über der Erdoberfläche ein verschiedenes sei. Er sagt in seinem Bericht: [2] Obgleich die Schwere eines der allgemeinsten thätigen Principien ist, hat man doch ihre Betrachtung bis auf die letzte Zeit vielfach vernachlässigt. GILBERT begann damit, dieselbe für eine magnetische Anziehung anzusehen, die allen Theilen innewohne. KEPLER schrieb sie nicht ohne gute Gründe auch allen himmlischen Körpern zu, der Sonne sowohl wie den Sternen und den Planeten. Diese Annahme werden wir später besonders prüfen; zuerst aber muss constatirt werden, ob eine solche Attraction wirklich den Theilen der Erde eigenthümlich und ob sie magnetischer oder elektrischer oder sonst irgend welcher bekannter Natur ist. Wäre die Kraft magnetisch, so müsste sie mit der Entfernung von der Erde an Stärke immer abnehmen.

Um das zu prüfen, stellte HOOKE Versuche auf den höchsten Theilen der Westminsterabtei, wie auf der Spitze des Thurmes der Paulskirche in London an. Eine Waage wurde an der einen Schale mit einem langen Drahte versehen, der von der Spitze des Thurmes bis zum Fusse desselben reichte. Ein schwerer Körper wurde dann einmal in dieser Schale, ein anderes Mal so gewogen, dass er am unteren Ende des Drahtes befestigt war; bei beiden Wägungen aber wurde kein Unterschied des Gewichtes gefunden. HOOKE wog auch mit seiner Waage einmal den Körper an der Erdoberfläche und dann 90 oder gar 330 Fuss unter derselben und meinte, in dem zweiten Falle müsse der Körper weniger wiegen, weil die Theile der Erde über ihm seine Gravitation vermindern müssten; doch fand er auch dabei keinen Gewichtsunterschied.[3] Er schlug darum zur Entscheidung der Frage noch andere Mittel vor, entweder eine Pendeluhr (swing-clock)[4] oder

[1] BIRCH, History of the Royal Society, vol. I, p. 22.

[2] Ibid., vol. II, p. 69.

[3] Ibid., p. 71. Wie man sieht, ist die HOOKE'sche mit der JOLLY'schen Waage identisch. (S. WIEDEMANN's Ann. XIV, S. 331, 1881; ROSENBERGER, Geschichte der Physik, III. Theil, S. 433, Anm.)

[4] Ibid., p. 72.

eine Maschine, die auf eine Federwaage hinauskam; auch versprach er die Abhängigkeit der magnetischen Kraft von der Entfernung genau zu untersuchen, was bis jetzt noch nicht geschehen sei. Am 4. April[1] berichtete er über diese Versuche; dieselben liessen aber kein Gesetz erkennen und damit schloss diese Reihe von Experimenten.

In einer zweiten Mittheilung[2] vom 23. Mai d. J. ging er von dem entgegengesetzten Ende, nämlich von der Planetenbewegung aus, um zu dem Gesetze der Kraftwirkung zu kommen. Ich habe mich oft gewundert, sagt er, warum die Planeten, welche nach der Annahme des Kopernikus sich um die Sonne bewegen, ohne dass sie in eine solide Sphäre eingeschlossen oder durch einen sichtbaren Faden an der Sonne als ihrem Centrum befestigt sind, nicht über einen gewissen Grad hinaus von der Sonne abbiegen, oder sich in geraden Linien fortbewegen, wie doch alle Körper thun müssen, die nur durch einen einzigen Stoss getrieben werden. Die Beugung der Planetenbahnen aus einer geraden zu einer krummen Linie kann nicht die Wirkung eines ersten, einmaligen Impulses sein, sondern muss ausser dieser ersten noch eine andere wirkende Kraft zur Ursache haben. Solcher Ursachen sind nur zweierlei möglich. Erstens kann die Tendenz zum Centrum verursacht werden durch eine geringere Dichte des Aethers in der Nähe der Sonne als entfernt von derselben. Das ist an sich nicht unwahrscheinlich, wenn der Aether der Luft ähnlich ist, da er dann in der Nähe der Sonne durch die Wärme derselben verdünnt werden muss. Indessen hat diese Annahme doch sonst so viel gegen sich und entspricht unserem Thema so wenig, dass ich es vorziehe, sie hier zu übergehen. Darnach bleibt nur die zweite Annahme übrig, dass die Beugung durch eine anziehende Eigenschaft eines Körpers verursacht wird, der im Centrum der Bewegung steht und den bewegten Körper immer nach diesem hinzieht. Diese Annahme lässt die Planetenbewegung aus den gewöhnlichen mechanischen Principien erklären, und vielleicht liefert sie uns die Mittel, um aus wenigen Beobachtungen der Bewegung eines himmlischen Körpers die ganze Bewegung desselben mit grösster Genauigkeit zu berechnen.

Zur Veranschaulichung seiner Ideen und zur weiteren Erforschung der Eigenthümlichkeiten der Planetenbewegung construirte sich Hooke ein sogenanntes conisches Pendel.[3] Das Be-

---

[1] Birch, History, vol. II, p. 77.

[2] Ibid., p. 90.

[3] Nach einem Briefe von Jeremiah Horrox an seinen Freund C. Cabtree vom Jahre 1638, den Wallis in den Opera posthuma des Horrox 1672 veröffentlichte, hat schon der Letztere das Pendel benutzt,

streben des Pendels, zum Centrum der Bewegung zurückzukehren, nehme zwar, so sagt er darüber, mit der Entfernung vom Centrum zu, was bei der Attraction der Sonne, wie er später erklären werde, nicht der Fall sei. Doch könne immerhin das Pendel zur Erläuterung der Planetenbewegungen dienen, wenn auch die Erscheinungen nicht ganz übereinstimmten. HOOKE befestigte also einen Draht an der Decke des Zimmers und hing an das andere Ende desselben eine grosse hölzerne Kugel aus Lignum vitae. Indem er dann die Kugel in bestimmter Stärke so anstiess, dass sie elliptische Schwingungen machte, constatirte er folgende Gesetze: Wenn der erste Anstoß nach der Richtung der Tangente stärker war als die Anziehung nach dem Centrum, so wird eine elliptische Bahn erzeugt, deren grosse Achse der Richtung des ersten Anstosses parallel ist. Wenn aber der erste Anstoss kleiner ist als die Anziehung nach dem Centrum, so wird eine elliptische Bewegung erzeugt, deren kleine Achse diesem ersten Anstoss parallel ist. Wenn beide Kräfte gleich sind, entsteht ein vollkommener Kreis. Um auch noch die Mondbewegung zu erklären, befestigte er weiter an den unteren Theil des Pendelfadens noch ein anderes kleineres und kürzeres Pendel. Dann beschrieb augenscheinlich keiner der beiden Körper, weder der grössere Ball, der die Erde, noch der kleinere, der den Mond darstellte, so vollkommene Ellipsen oder Kreise, als es geschehen sein würde, wenn jeder sich allein bewegt hätte; wohl aber bewegte sich ein gewisser Punkt, der das Gravitationscentrum der beiden Körper zu sein schien, in solch regelmässigen Bahnen, und um ihn herum gingen die beiden Körper in eigentümlichen kleinen Epicyclen. Von einer weiteren Ausführung und Ausbildung dieser Experimente aber ist nichts wieder zu hören.[1]

HOOKE gebrauchte acht Jahre, um in seiner Auffassung der Planetenbewegungen einen weiteren Fortschritt zu machen. Im Jahre 1674 veröffentlichte er nämlich eine grössere Abhandlung An Attempt to prove the Annual motion of the earth from observations,[2] worin er behauptet, dass der Versuch, eine jährliche Parallaxe einzelner Fixsterne zu finden, nur darum bis jetzt nicht gelungen sei, weil man Winkel, welche kleiner als eine Minute seien, bis dahin nicht habe messen können. Er beobachtete nun durch den Schornstein eines Hauses Sterne, die nahe dem Zenith standen, auf eine etwaige jährliche Parallaxe und meinte

---

um Eigenthümlichkeiten der Planetenbewegung zu demonstriren. (S. WHEWELL, History of the inductive sciences, 3. ed., London 1847, vol. II, p. 450.)

[1] S. auch HOOKE, Posthumous works, p. XII.

[2] Besonders erschienen London 1674; abgedruckt in Lectiones Cutlerianae, London 1679, unter no. I.

auch für einen Stern im Drachen eine solche und damit einen Beweis für die jährliche Bewegung der Erde gefunden zu haben, obgleich er wegen Kränklichkeit seine Versuche nicht beenden konnte.

Am Ende dieses Werkes benutzte er dann noch die Gelegenheit, um wieder neue Ideen über die Himmelsmechanik bekannt zu geben. Ich werde, sagte er, hiernach ein Weltsystem erklären, das in manchen Einzelheiten von jedem bis jetzt bekannten System verschieden ist, das aber in allen Dingen den gewöhnlichen mechanischen Gesetzen entspricht. Dasselbe hängt von drei Annahmen ab: Erstens, dass alle himmlischen Körper eine Anziehung oder Gravitation nach ihrem eigenen Mittelpunkt ausüben, so dass sie nicht nur ihre eigenen Theile anziehen und dieselben, wie wir an der Erde beobachten, von dem Davonfliegen abhalten, sondern dass sie auch alle anderen himmlischen Körper, welche in ihrer Wirkungssphäre sich befinden, anziehen. Und so üben nicht nur die Sonne und der Mond einen Einfluss auf den Körper und die Bewegung der Erde und diese wieder auf jene aus, sondern ebenso üben auch Merkur, Venus, Mars, Jupiter und Saturn durch ihre Anziehung einen beträchtlichen Einfluss auf die Bewegung der Erde aus, in derselben Weise, wie die entsprechende Anziehung der Erde einen beträchtlichen Einfluss auf die Bewegung eines jeden von ihnen hat. Die zweite Annahme ist die, daß alle möglichen Körper, welche eine einfache und geradlinige Bewegung einmal erhalten haben, dieselbe so lange in einer geraden Linie fortsetzen, bis sie durch eine andere wirkende Kraft in ihrer Bewegung abgelenkt und gezwungen werden, einen Kreis, eine Ellipse oder eine andere zusammengesetztere Linie zu beschreiben. Die dritte Annahme ist die, dass die anziehenden Kräfte in ihrer Wirkung um so grösser sind, je näher die Körper, auf die sie wirken, dem Centrum der Anziehung sind. Was freilich die Grade dieses Wachsthums betrifft, so habe ich sie noch nicht experimentell bestätigt; aber es ist dies sicher ein Begriff, der, wenn er, wie er sollte, völlig erkannt wird, den Astronomen mächtig helfen wird, alle himmlischen Bewegungen auf ein Gesetz zurückzuführen, was ohne ihn niemals geschehen wird. Derjenige, welcher die Natur des Kreispendels und der kreisförmigen Bewegung versteht, wird das Wesen dieses Princips leicht erkennen und wohl wissen, wo die Directionen in der Natur zu finden sind, um dasselbe als wahr festzustellen. Dies wollte ich gegenwärtig nur für diejenigen andeuten, welche Geschicklichkeit und Gelegenheit haben, diese Untersuchungen weiter zu verfolgen, und die es nicht an Fleiss in der Beobachtung und in der Calculation fehlen lassen. Ich wünsche herzlich, dass solche Leute sich finden möchten, da ich selbst andere Sachen an der Hand habe, welche ich zuerst beenden möchte.

Aus diesen kurzen Aeusserungen ist schon zu sehen, dass HOOKE in der Erkundung der Schwerkraft nicht geringe Fortschritte schon lange vor NEWTON's Veröffentlichungen gemacht hatte. Nur darüber, wie die Gestalt der erzeugten Curve von der Art der Centralkraft abhänge und umgekehrt, wie man aus der Gestalt der erzeugten Curve auf die Art der Centralkraft schliessen müsse, hatte HOOKE noch gar nichts beigebracht. Wenn er diese Lücke fühlend sich mit Mangel an Zeit entschuldigte, so zeugt das allerdings nicht gerade für ein richtiges Verständniss von dem Charakter dieses Problems; denn nicht sowohl Zeit oder Experimentirkunst konnten diese Lücke ausfüllen, sondern nur höchste mathematische Genialität mit Hülfe einer neuen mathematischen Methode, wovon bei HOOKE niemals etwas zu entdecken gewesen ist.

Und doch that HOOKE noch einen gar merkwürdigen Schritt in der Characterisirung der Wirkungsart der Gravitation, von dem wir allerdings nicht wissen, wie weit er bei HOOKE nur von einer Ahnnng oder einer demonstrativen Ueberzeugung begleitet war. HOOKE, der nach OLDENBURG's Tode Secretär der Royal Society geworden war, schrieb als solcher im Jahre 1679 an NEWTON um einen Beitrag für die Philosophical Transactions. NEWTON schickte daraufhin an HOOKE eine Abhandlung, worin er auseinandersetzte, dass Körper, welche von der Spitze eines Thurmes frei herabfallen, nicht gerade am Fusse des Thurmes, sondern etwas östlich davon niederfallen müssen, und verdeutlichte seine Behauptung durch eine Zeichnung der Bahn des fallenden Körpers. HOOKE nahm an, wie NEWTON später behauptete fälschlich, dass die Zeichnung eine Spirale darstellen solle und schrieb darauf an NEWTON: da die Gravitation mit der Entfernung von der Erde (wie das Quadrat der Entfernung) abnähme, so müsse die von dem fallenden Körper beschriebene Curve eine Ellipse sein, deren einer Brennpunkt das Centrum der Erde sei. Die betreffende Abhandlung NEWTON's erschien nicht in den Philosophical Transactions und die Briefe selbst bildeten bald darauf den bösesten Punkt in dem Streite über die Entdeckung der Gravitation zwischen NEWTON und HOOKE.[1]

---

[1] Nach BIRCH's History of the Royal Society geben die Protocolle der Gesellschaft über diese für den Streit zwischen NEWTON und HOOKE sehr wichtigen und auch sonst sehr interessanten Vorgänge folgende Auskunft. Sitzung der Royal Society am 4. December 1679 (BIRCH III_{512}): HOOKE verliest einen Brief NEWTON's vom 28. Nov. 1679, worin dieser ein neues Experiment vorschlägt, um über die tägliche Bewegung der Erde zu entscheiden. Man soll Körper von beträchtlicher Höhe frei herabfallen lassen, eine etwaige östliche Abweichung von der Lothlinie würde für die tägliche Bewegung sicher beweisend sein. Der Vorschlag findet allgemeinen Beifall und soll sobald als möglich aus-

Hooke hat dann im Jahre 1683 auch noch seine Ansichten über das Wesen und die Ursache der Schwere vor der Royal Society dargelegt, aber auch davon keine ausführliche, abgeschlossene Darstellung hinterlassen. Nach den in den Posthumous Works (Seite 176 bis 186) abgedruckten, sichtbar unvollendeten Sätzen denkt sich Hooke die Sache nun folgendermassen. Die Schwere ist eine Kraft, die zu allen Zeiten, wie man durch Fall- und Pendelversuche (nicht aber durch die Waage) ableiten kann, mit gleicher Stärke wirkt, und die auch von dem Aggregatzustande der Körper unabhängig ist. Die Versuche auf der Westminsterabtei und der Paulskirche, die seitdem noch at the column on the Fishstreet-Hill wiederholt wurden, ergeben zwar keine Veränderung der Schwere mit der Höhe, wahrscheinlich weil die Versuche nicht genau und die benutzten Höhen nicht gross genug sind; später aber werden wir, sagt Hooke, zeigen, dass eine Verminderung der Schwere mit der Höhe doch eintreten und die Fallcurve genau genommen nicht parabolisch, sondern elliptisch werden muss, selbst wenn der Fall im Vacuum geschehen sollte.

Nimmt man an, dass alle Theile der Erde sehr kurze und schnelle Schwingungen machen, die alle gegen das Centrum gerichtet sind, so dass der ganze Erdkörper sich abwechselnd aus-

---

geführt werden. Sitzung vom 11. Dec. 1679 (Birch III_{516}): Hooke verliest seine Antwort auf Newton's Brief. Darin wird gezeigt, dass die Falllinie, welche an der Zusammensetzung der Kreisbewegung mit der des freien Falles resultirt, keine Spirallinie (as Newton seemed to suppose), sondern eine excentrische Ellipse ist, falls man den Widerstand der Luft vernachlässigt; wird der Widerstand berücksichtigt, so erhält man als Falllinie eine excentrische elliptische Spirale, die nach mehreren Revolutionen im Mittelpunkte der Erde endet. Der Fall der schweren Körper wird übrigens nicht direct östlich erfolgen, as Newton supposed; but to the south-east, and more to the south than the east. (Die ominöse südliche Abweichung wird also schon von Hooke behauptet, siehe Rosenberger, Geschichte der Physik III_{433}.) Sitzung am 18. Dec. 1679 (Birch III_{519}): Hooke gab einen Bericht über seine Experimente. Der Ball fiel immer Südost, aber nicht gleichmässig; überhaupt waren die Versuche unsicher, weil dieselben in der freien Luft, nicht in einem geschlossenen Raume angestellt worden waren; er versprach genauere anzustellen. In einem Briefe vom 3. December 1680 (Edlestone, Correspondence, p. 263) bedankte sich Newton bei Hooke für Anstellung der Versuche, er habe gedacht mündlich danken zu können, sei aber verhindert gewesen. Sitzung am 8. Januar 1680 (Birch IV_1): Hooke verliest einen Brief Newton's, nach dem die Pendeluhren in verschiedenen Klimaten und in verschiedenen Höhen verschieden gehen, wie Halley auf St. Helena beobachtet. Sitzung am 22. Januar 1680 (Birch IV_5): Hooke zeigt den Ball vor, mit welchem er die Fallversuche, aber nur bei einer Höhe von 75 Fuss, angestellt; über die Resultate verlautet hier nichts. Sitzung vom 14. Febr. 1683 (Birch IV_{185}): Hooke giebt eine Methode, die Ursache der Schwere zu erklären, und verspricht einen Bericht darüber.

dehnt und zusammenzieht, so werden diese Schwingungen sich zuerst dem im Erdkörper eingeschlossenen Aether mittheilen und werden dann auch von diesem aus in dem äusseren Aether in kugelförmigen Wellen bis in alle Entfernungen fortschreiten. Diese ausstrahlenden Vibrationen müssen aber nicht blos die Theile der Erde, sondern auch alle materiellen Theilchen ausserhalb derselben bis auf alle Entfernungen hin nach der Erde hindrängen und so eine Gravitation der Körper erzeugen, die innerhalb wie ausserhalb der Erde wirkt. Diese Gravitation muss sich mit der Entfernung proportional der entsprechenden Kugelfläche, auf die sie ausstrahlt, vermindern und muss deswegen dem Quadrate der Entfernung umgekehrt proportional sein.[1] Leider lässt sich HOOKE nicht weiter darüber aus, wie jene Vibrationen den Druck nach dem Centrum eigentlich hervorbringen. Nur das sagt er noch, dass die Gravitation der Menge der Materie des Körpers proportional sein muss,[2] weil ja der Aether die Körper vollständig durchdringt und seine Schwingungen also auf alle Theilchen der Körper wirken. Damit bricht die Untersuchung plötzlich ab und wir hören nichts der Art wieder von HOOKE.

---

3. Kapitel. Die Abfassung der Principien der Naturlehre. Erneuter Streit mit Hooke.

1679—1687.

Wie schon bemerkt, müssen wir die endgültige Aufnahme der Arbeiten an der Himmelsmechanik durch NEWTON seiner eigenen Angabe nach vom Jahre 1679 datiren. Es kann kein Zweifel darüber herrschen, dass HOOKE's Briefe an NEWTON und die nachfolgenden Discussionen in der Royal Society für diese Wendung entscheidend geworden sind; aber ebenso wenig kann man bei der ganz abweichenden Art der HOOKE'schen Ideenverbindungen von dem stetigen Gedankengange NEWTON's darüber unsicher sein, dass HOOKE's Auslassungen nur die zufällige, zeitliche Veranlassung, nicht aber die treibende Kraft der NEWTON'schen Entdeckungen waren. Wie in vielen Fällen vermochte

---

[1] HOOKE, Posthumous works, p. 184: By which radiating Vibration of this exceeding fluid and yet exceeding dense Matter, not only all the Parts of the Earth are carried or forced down toward the Centre . . . . p. 185: From hence I conceive the Power thereof to be always reciprocal to the Area or Superficies of the Orb of Propagation, that is duplicate of the Distance.

[2] So the Momentum of every Body becomes proportionated to its Bulk or Density of Parts.

Hooke auch hier die transformirenden Kräfte einer wissenschaftlichen Bewegung wohl auszulösen, aber nicht selbst zur Vollendung zu führen.

Die Zeit von 1679 bis 1685 ist, wie schon bemerkt, eine der äusserlich stillsten in Newton's Leben. Erst im Herbste des Jahres 1684 begann Newton in seinen Vorlesungen die Probleme der Bewegung zu behandeln, nachdem er längere Jahre vorher über arithmetische Themata, nämlich über Reihen, über Quadraturen u. s. w. gesprochen hatte, und damit traten zum ersten Male Newton's Ideen nach dieser Richtung hin an die Oeffentlichkeit und erregten wenigstens die Beachtung der nächsten Kreise.

In der Royal Society scheint seit den siebziger Jahren das Interesse an der Mechanik der Himmelsbewegungen nicht wieder erloschen, sondern eher gewachsen zu sein. Edmund Halley erzählt,[1] dass er noch im Jahre 1683, also doch nach Hooke, aus dem dritten Kepler'schen Gesetze die umgekehrte quadratische Proportionalität der Schwere mit der Entfernung erschlossen habe, dass es ihm aber nicht gelungen sei, aus diesem Gesetze die Art der himmlischen Bewegungen richtig abzuleiten. In gleicher Weise habe Christopher Wren den Plan gehegt, die Bewegung der Planeten durch die Zusammensetzung einer Fallbewegung gegen die Sonne mit einer ihnen innewohnenden seitlichen Bewegung zu erklären, habe denselben aber aufgegeben, weil er nicht die mathematischen Hilfsmittel gefunden, um ihn durchzuführen. Unter solchen Umständen habe er (d. i. Halley) im Januar 1684, als er in London mit Wren und Hooke zusammengetroffen, die Gelegenheit wahrgenommen und das Thema wieder zur Sprache gebracht. Wren habe auch darnach, um die Sache zu fördern, demjenigen von ihnen, welcher einen überzeugenden Beweis für die Entstehung einer Ellipse durch die im quadratischen Verhältniss der Entfernung abnehmende Kraft binnen zwei Monaten beibringen könnte, ausser der Ehre der Entdeckung noch das Geschenk eines Buches im Werthe von 40 Sh. versprochen; daraufhin sei Hooke mit der Behauptung hervorgetreten, dass er den verlangten Beweis zwar schon besitze, denselben aber noch geheim halten wolle, um Andere die Schwierigkeit der Entdeckung erst besser empfinden zu lassen. Trotzdem habe derselbe niemals in dieser Beziehung Wren zufrieden stellen und sein gegebenes Wort halten können.

Halley ging im August 1684, wir wissen nicht auf welche Veranlassung hin, nach Cambridge zu Newton, um sich bei diesem

---

[1] Brief von Halley an Newton vom 29. Juni 1686; abgedruckt in Brewster, Life of Newton, vol. I, Edinburgh 1855, App. VIII, p. 437—456.

nach dem Stande des Problems der Himmelsmechanik zu erkundigen. Zu seiner grossen Freude erzählte ihm NEWTON, dass er den gesuchten Beweis für die elliptische Bahn der Planeten bereits vollendet habe und versprach ihm auch eine Copie desselben zu senden. Diese Copie erhielt er noch im November des Jahres 1684, und darnach begab er sich noch in demselben Monate zum zweiten Male zu NEWTON nach Cambridge, um über die Art der Veröffentlichung mit demselben zu reden. Nach seiner Rückkehr zeigte er am 10. December 1684 der Royal Society[1] an, dass NEWTON eine sehr schwierige Abhandlung De motu vollendet, und dass er dieselbe der Royal Society einsenden werde. Diese Einsendung erfolgte durch NEWTON Mitte Februar 1685 an FRANCIS ASTON, den damaligen Secretair der Royal Society. Die Abhandlung umfasst 24 Octavseiten und besteht aus vier Theoremen und sieben Problemen, die später in die zweite und dritte Abtheilung des ersten Buches der Principien aufgenommen wurden. Abgedruckt wurde die Abhandlung in den Transactions der Gesellschaft nicht, sondern nur, wie NEWTON gewünscht hatte, zur Wahrung der Priorität in den Büchern der Royal Society registrirt. In einem Briefe, den ASTON am 25. Februar 1685[2] in der Sitzung der Royal Society verlas, bedankte sich NEWTON und erklärte, dass er schon seit längerer Zeit die Abhandlung für die Royal Society bestimmt habe; die Untersuchung einiger Sachen habe aber, ziemlich zwecklos, einen grösseren Theil seiner Zeit in Anspruch genommen, als er anfänglich erwartet. Jetzt gehe er auf vier oder sechs Wochen nach Lincolnshire; darnach werde er seine Arbeit so schnell, als er nur könne, vollenden. Doch übergab erst nach Verlauf von mehr als einem Jahre, am 28. April 1686,[3] Dr. VINCENT im Auftrage NEWTON's der Royal Society das Manuscript für das erste Buch des Werkes. Die Gesellschaft überwies sogleich dasselbe ihrem engeren Rath zur Begutachtung; und da diese auf sich warten liess, so wurde von der Gesellschaft direct am 19. Mai[4] der Druck des Werkes auf Kosten der Gesellschaft beschlossen; HALLEY sollte die Aufsicht über denselben führen. Nun aber bildete der Kostenpunkt, angeblich nur der schlechten Finanzlage

---

[1] BIRCH, History, vol. IV, p. 347.

[2] Ibid., p. 370.

[3] Ibid., vol. IV, p. 479: Dr. VINCENT übergiebt der Royal Society ein Manuscript NEWTON's, betitelt Philosophiae Naturalis Principia Mathematica, worin für die kopernicanische Hypothese, wie sie von KEPLER vorgetragen worden ist, ein mathematischer Beweis gegeben und alle himmlischen Bewegungen durch die einzige Annahme einer Gravitation nach dem Centrum der Sonne erklärt werden, die dem Quadrate der Entfernung umgekehrt proportional ist.

[4] Ibid., vol. IV, p. 484: Es wurde angeordnet, dass Mr. NEWTON's Werk be printed forthwith in quarto in a fair letter.

der Gesellschaft wegen, eine bedeutende Schwierigkeit, und so wurde am 2. Juni[1] zwar der Druck des Werkes abermals gutgeheissen, aber die Herausgabe, die Beaufsichtigung, wie die Deckung der Kosten sollten nun HALLEY ganz überlassen bleiben, der sich auch damit einverstanden erklärte. Streitigkeiten mit HOOKE, auf die wir sogleich zurückkommen werden, hatten jedenfalls zu diesem Entschlusse mit beigetragen.

Der Druck begann Mitte Juli 1686, nachdem NEWTON eingewilligt hatte, statt der Kupfertafeln am Ende des Werkes Holzschnitte dem Texte selbst einzufügen. Das Manuscript für das zweite Buch des Werkes wurde der Royal Society im März 1687 eingesendet; das für das dritte Buch am 6. April d. J. vorgelegt. Das ganze Werk erschien in der Mitte des Jahres 1687. Der Preis eines Exemplares war 10 Sh. (etwas über 10 Mark). Wieviel Exemplare damals gedruckt wurden, ist nicht bekannt; schon 1691 aber sollen solche im Handel kaum noch zu haben gewesen sein.

HALLEY versuchte in einem Briefe an NEWTON vom 22. Mai 1686 die erste Verzögerung der Uebernahme des Druckes durch die Royal Society auf die Abwesenheit des Präsidenten und des Vicepräsidenten der Gesellschaft zu schieben.[2] Doch treten am Schlusse des Briefes auch die Differenzen mit HOOKE schon hervor. Euer unvergleichliches Werk, so heisst es, ist durch Dr. VINCENT der Royal Society präsentirt worden, und die Gesellschaft weiss sehr wohl die Ehre zu würdigen, die Ihr ihr durch die Dedication desselben angethan habt. Sie hat sogleich angeordnet, dass Euch der herzlichste Dank gesagt werde, und hat ihren Ausschuss (council) angewiesen, über den Druck des Werkes zu berathen. Da aber wegen einer Aufwartung des Präsidenten beim König und eines Ausflugs des Vicepräsidenten auf's Land keine ordnungsmässige Ausschusssitzung (authentic council) zu Stande gekommen ist, so hat die Gesellschaft selbst in ihrer letzten Sitzung befunden, dass die Sache nicht länger verzögert werden und der Druck Eures Werkes auf ihre Kosten geschehen und so viel als möglich beschleunigt werden soll. Ich bin beauftragt, Euch das anzuzeigen und den Druck selbst zu überwachen. Nur eins noch, so kommt nun HALLEY leise andeutend auf die Kehrseite der Sache, muss ich Euch mittheilen, dass nämlich Mr. HOOKE Anspruch auf die Entdeckung der quadratischen Abnahme der Schwere mit der Entfernung vom Kraftcentrum erhebt. Er behauptet, dass Ihr

---

[1] BIRCH, History, vol. IV, p. 486: It was ordered that NEWTON's book be printed and that Mr. HALLEY undertake the business of looking after it and printing it at his own charge, which he engaged to do.

[2] Ibid., vol. IV, p. 484; BREWSTER, Life of Newton, vol. I, App. VIII.

diesen Begriff von ihm hättet, obgleich er zugiebt, dass die Demonstration der Curven, welche darnach erzeugt werden, ganz Euer eigen ist. Wieviel davon richtig ist, wisst Ihr selbst am besten, ebenso was Ihr dabei zu thun habt. Nur scheint HOOKE zu erwarten, dass Ihr in der Vorrede, welche Ihr vielleicht dem Werke vorsetzt, seiner Erwähnung thut. Ich muss um Entschuldigung bitten, dass ich Euch diese unangenehmen Dinge berichte; aber ich hielt es für meine Pflicht, Euch davon in Kenntniss zu setzen, damit Ihr darnach handeln könntet. Ich selbst bin jedenfalls völlig überzeugt, dass man nichts als die grösste Billigkeit bei Jemandem vermuthen darf, der von allen Menschen am wenigsten nöthig hat, den Ruhm Anderer für sich in Anspruch zu nehmen.

NEWTON war über die Prätensionen HOOKE's sehr heftig erzürnt, und in einem Briefe vom 20. Juni 1686[1] bemühte er sich, dieselben völlig, ohne jede Nachgiebigkeit, zurückzuweisen. Er wolle, sagt er, in aller Kürze erzählen, was in dem Briefwechsel zwischen HOOKE und ihm verhandelt worden wäre, d. h. so weit er sich dessen erinnern könne, denn es sei lange Zeit, seit derselbe geführt worden sei. Was HOOKE ihm (in seinem Briefe von 1679) mitgetheilt habe, dass nämlich die quadratische Zunahme der Schwere mit der Abnahme der Entfernung bis zum Mittelpunkt der Erde sich erstrecke, sei durchaus irrig. Er selbst habe dieses Gesetz nie so weit ausgedehnt, ja die genaue Gültigkeit desselben sogar an der Oberfläche der Erde in Zweifel gelassen und deshalb dasselbe in der Theorie der Projectile nicht benutzt. HOOKE habe also aus jenen Briefen, welche nur die Projectile und die Regionen an der Oberfläche der Erde und tiefer behandelt hätten, auf eine Unkenntniss des Gesetzes bei ihm durchaus nicht schliessen dürfen.

Das bezieht sich auf die von NEWTON constatirte Thatsache, dass die Kraft, welche ausserhalb des Körpers im umgekehrt quadratischen, innerhalb desselben im directen einfachen Verhältniss der Entfernung wirkt. HOOKE hatte wohl bei seiner Charakteristik der Wurfcurve als einer Ellipse nie an eine Region unter der Erdoberfläche gedacht. NEWTON aber benutzt das hier, um ihn eines directen Fehlers zu zeihen und sich selbst darüber zu rechtfertigen, dass er in jenem Briefe von 1679 das quadratische Gesetz der Gravitation noch nicht erwähnte; beides wohl nicht ganz mit Recht.

Nachdem so NEWTON den Vorwurf der Unkenntniss von sich auf HOOKE abgewälzt, fährt er fort: Es ist nicht gerecht, jetzt von mir zu fordern, dass ich im Druck öffentlich bekennen soll,

---

[1] BREWSTER, The life of Newton, vol. I, App. VIII, p. 437—456, Edinburgh 1855.

dass ich damals das quadratische Verhältniss in Bezug auf die himmlischen Bewegungen noch nicht gekannt hätte, und das aus keinem anderen Grunde, als weil er mir dasselbe einmal für den Fall der Projectile mitgetheilt hat, und nun aus so missverstandenem Grunde mich der Unwissenheit anklagt. In meiner Antwort auf seinen ersten Brief wies ich die Correspondenz mit ihm zurück und erzählte ihm, dass ich alle Philosophie bei Seite gelegt hätte. Ich sandte ihm nur das Experiment von den Projectilen (mehr kurz angedeutet als sorgfältig beschrieben), um meine Antwort · etwas zu mildern, und erwartete nichts weiter von ihm zu hören. Ich konnte mich darnach auch kaum dazu überreden, seinen zweiten Brief zu beantworten, beantwortete auch nicht seinen dritten, dachte an andere Dinge, an physikalische nicht weiter, als seine Briefe mich veranlassten, und deshalb darf man es mir wohl nachsehen, wenn ich meine Gedanken nicht recht bei diesen Sachen hatte. Wenn HOOKE daraus schliessen will, dass mir damals die quadratische Proportion noch unbekannt gewesen sei, so könnte er eben so gut schliessen, dass mir die ganze Theorie noch unbekannt gewesen sei, die ich vorher in seinen Büchern gelesen hatte. NEWTON führt dann seine früheren Briefe an OLDENBURG und an HUYGENS, die wir schon mitgetheilt, als Beweise dafür an, dass er sich ebenso früh als HOOKE mit der Sache beschäftigt habe; auch seine Hypothese von 1675 wird dabei wieder mit vorgebracht. Darnach aber wendet er das Thema.

Aber selbst zugegeben, sagt er, dass ich das Gesetz der quadratischen Proportion erst später von HOOKE erfuhr, so habe ich doch ebenso grosses Recht auf dieses Gesetz als auf die Ableitung der elliptischen Bahn. Denn wie KEPLER nur wusste, dass die Planetenbahnen nicht kreisförmig, sondern oval wären und darnach errieth, dass sie elliptisch seien, so konnte Mr. HOOKE, ohne Kenntniss von dem, was ich seit unserem Briefwechsel gefunden habe, nicht mehr wissen, als dass die Proportion in grossen Entfernungen vom Centrum höchstens quadratisch wäre, und konnte nur vermuthen, dass es genau so sei, und vermuthete auch noch falsch, indem er die Gültigkeit der quadratischen Proportion bis zum Centrum selbst ausdehnte. So hat HOOKE an der Entdeckung der quadratischen Proportion noch weniger Antheil als KEPLER an der der elliptischen Planetenbahnen. Jene Begrenztheit aber giebt einen so starken Gegengrund gegen die Genauigkeit von HOOKE's Proportion, dass ohne meinen Beweis, den HOOKE noch nicht kennt, kein vorsichtiger Naturforscher sie überhaupt für richtig annehmen kann, und so, um zu Ende zu kommen, beanspruche ich mehr für diese Proportion gethan zu haben als für die Ellipse und so viel Recht gegen HOOKE und alle Menschen auf ihre Entdeckung zu haben, wie auf die Ableitung der Ellipse gegen KEPLER.

Die Stelle ist schwer verständlich. NEWTON will jedenfalls sagen, dass KEPLER auf eine Ellipse als Bahn der Planeten nur gerathen und die Hypothese durch einzelne Beobachtungen nachher bestätigt, während er selbst die Ellipse durch sichere mathematische Deduction abgeleitet habe. Trotzdem bleibt die Sache schief; denn NEWTON ruht doch im Grunde mit seiner Theorie ebenfalls noch auf KEPLER's Empirie und ohne diese Empirie wäre auch seine Deduction nur ein Cirkelschluss; denn an eine metaphysische oder erkenntnisstheoretische Begründung des Kraftgesetzes darf man doch bei dem ganzen Charakter des NEWTON'schen Werkes zur Zeit nicht denken.

NEWTON ist von den Ansprüchen HOOKE's schon so erbittert, dass er die Absicht ausspricht, das dritte Buch seines Werkes, welches die Anwendungen der mathematisch-physikalischen Deductionen auf die Theorie der himmlischen Bewegungen enthalten soll, ganz zu unterdrücken, und dass er in den Stossseufzer ausbricht: Philosophie ist solch eine thörichte, streitsüchtige Dame, dass ein Mann ebenso gut sich in einen Process vor Gericht als mit ihr einlassen kann. So fand ich es früher und jetzt, da ich ihr kaum nahe gekommen bin, wieder; das soll mir eine Warnung sein.

Aber NEWTON wurde in einem Postscriptum zu dem Briefe, das wohl nicht für die Oeffentlichkeit bestimmt war, noch bitterer. Dieses Verhalten gegen mich, sagt er, ist so seltsam und unverdient, dass ich nicht umhin kann, Euch Weiteres mitzutheilen. HOOKE hat BORELLI's Hypothese in seinem eigenen Namen veröffentlicht, sie für sich behauptet und als seine eigene vervollständigt; darin liegt der Grund für allen Lärm, den er macht. BORELLI that etwas darin und schrieb bescheiden darüber; er aber hat nichts gethan und schreibt doch in einer Weise, als ob er Alles wüsste und Alles genügend angedeutet hätte, ausser dem, was für die gemeine Arbeit der Berechnungen und Beobachtungen übrig bleibt; und entschuldigt sich dabei nur mit seinen anderen Geschäften, während er sich besser mit seiner Ungeschicklichkeit hätte entschuldigen sollen. Denn es geht aus seinen eigenen Worten hervor, dass er keinen Weg zur Lösung wusste. Die Mathematiker, welche Alles ausfindig machen, festsetzen und alle Arbeit verrichten, müssen sich damit begnügen, dass sie nichts weiter sind als trockene Rechner und geringe Arbeiter, und ein Anderer, der nichts thut als Alles beanspruchen und nach allem greifen, der soll alle Erfindungen für sich hinwegnehmen, sowohl von seinen Nachfolgern, als von seinen Vorgängern. Ganz in derselben Art waren seine Briefe an mich geschrieben, in denen er mir mittheilte, dass die Schwere beim Fallen der Körper von hier nach dem Centrum der Erde umgekehrt proportional sei dem Quadrate der Höhe, dass die Figuren, welche die fallenden Körper in diesen Regionen beschrieben, Ellipsen sein müssten, und dass auch alle himmlischen Bewegungen in dieser Weise aufzufassen wären; immer klang es so, als ob er Alles gefunden hätte und Alles ganz gewiss wüsste. Und für diese Mittheilung sollte ich mich jetzt öffentlich bedanken, als ob ich Alles von ihm hätte und nichts weiter gethan, als mich placken mit rechnen, demonstriren und schreiben von den Erfindungen dieses grossen Mannes. Dabei ist von den drei Dingen, die er mir mittheilte, das erste falsch und ganz unphilosophisch, das zweite ebenfalls falsch und das dritte sagt mehr, als er selbst sicher wusste.

Newton macht dann darauf aufmerksam, dass Bullialdus schon die quadratische Proportion behauptet,[1] und dass Hooke also kein Recht mehr auf dieselbe habe. Ja er geht so weit anzudeuten, dass Hooke vielleicht erst durch seinen (Newton's) Brief an Huygens von 1673, den er an Oldenburg geschickt und aus dessen Nachlass ihn Hooke erhalten haben könne, auf das Problem der Planetenbewegung aufmerksam geworden sei. Zwar sei in diesem Briefe die quadratische Proportion noch nicht ausgedrückt, aber auch Hooke habe dieselbe bei seinem Werke von 1674 noch nicht gekannt und könne in den fünf Jahren bis 1679 dieselbe wohl von einem Mathematiker erfahren haben, der sie aus den Huygens'schen Sätzen abgeleitet.[2] Mr. Hooke, so fährt Newton fort, hat sich geirrt bei der Erfindung, welche er beansprucht, und dieser Irrthum ist die Ursache von all dem Lärm. Denn nur dadurch, dass er die quadratische Proportion bis zum Centrum der Erde ausdehnt (welches ich nicht thue), erhält er Veranlassung, mich zu verbessern und mir den Rest seiner Theorie als etwas Neues vorzutragen, und nun darauf zu bestehen, dass ich alles aus seinem Briefe gelernt hätte, ungeachtet er es vorher aller Welt erzählt und bis auf die quadratische Proportion auch in seinen Büchern gedruckt hatte. Warum sollte ich einen Mann als Erfinder anerkennen, der seinen Anspruch auf einen Irrthum in der Sache gründet und aus diesem Grunde mir beschwerlich fällt. Er bildete sich ein mir dienstlich zu sein, indem er mir seine Theorie erzählte, aber er beleidigte mich, indem er mich schul-

---

[1] Vergl. S. 146 dieses Werkes.

[2] Hier erklärt auch Newton die Ableitung des Gravitationsgesetzes aus dem dritten Kepler'schen Gesetze mit Hülfe der Huygens'schen Formel für die nächstliegende. Diese Ableitung wäre erst nach dem Erscheinen des Horologium oscillatorium im Jahre 1673 möglich gewesen, oder sollte die Huygens'sche Formel schon vorher durch Briefe oder sonstige Mittheilungen bekannt geworden sein? Vergl. S. 128 dieses Werkes.

meisterlich corrigirte und mich über etwas belehrte, was Jedermann kannte, und von dem ich eine bessere Vorstellung hatte als er selbst. Würde ein Mann, welcher sich weise dünkt und das zu zeigen liebt, zu Euch kommen, wenn Ihr beschäftigt seid, und ungeachtet Eurer Abwehr Euch mit Erfindungen plagen, in vielfältige Discurse verwickeln und Euch, indem er selbst irrt, verbessern wollen, um dann zu prahlen, dass er Euch zuerst über Alles belehrte, und um über Ungerechtigkeit zu schreien, wenn Ihr das nicht anerkennen mögt: ich glaube, Ihr würdet ihn auch für einen Mann von seltsam unverträglichem Temperament halten. Mr. HOOKE's Briefe waren nach verschiedenen Rücksichten hin zu reich an jenem Humor, über welchen HEVEL und Andere sich zu beklagen haben, und deswegen mag er sich bei Zeiten überlegen, ob ich (nach dieser neuen Provocation) gezwungen bin, ihn (wie er beansprucht) in meiner Schrift ehrend zu erwähnen, besonders, da es das dritte Mal ist, dass er mich in dieser Art belästigt.

Weiter beruft sich dann NEWTON auf die Stelle in seiner Hypothesis von 1675, wo er die Schwere erklärt durch das Einsaugen des Aethers in die festen Körper. In diesen Worten, fährt er fort, liegt die gewöhnliche Ursache der Schwere gegen die Erde, Sonne und alle Planeten und der Grund, wodurch die letzteren in ihren Bahnen gehalten werden. Das ist auch die ganze Weisheit, von der Mr. HOOKE behauptet, ich hätte sie aus seinen Briefen, allerdings die quadratische Proportion noch ausgenommen. Jene Worte schildern die Erscheinungen der Schwere, wie sie auf der Erde sich zeigt, ohne irgend eine Rücksicht auf die verschiedenen Entfernungen vom Centrum. Denn zuerst beabsichtigte ich nicht mehr als das zu schreiben. Später aber interliniirte ich, wie das Manuscript zeigt, jene Sätze in Bezug auf die Himmelsbewegungen und bei einer so kurzen und beiläufig zwischengefügten Andeutung darf die Auslassung der quadratischen Proportion wohl entschuldigt werden. Aber wenn Sie die Art der Hypothese genau betrachten, so werden Sie finden, dass ihr entsprechend nach aufwärts die Schwere im Verhältniss der Oberflächen oder mit dem Quadrate der Entfernung vom Centrum abnehmen muss; dass aber nach abwärts dieses Gesetz nicht gelten kann. Das war zwar nur eine Hypothese und durfte nur als eine Vermuthung von mir angesehen werden, auf welcher ich nicht bestand; aber sie erklärt Euch doch zur Genüge, warum ich bei der Betrachtung des Fallens der Körper nach dem Centrum die quadratische Proportion nicht gebrauchte. Beim Aufsteigen und Fallen von Wurfkörpern über der Erde ist die Veränderung der Schwere so unbeträchtlich, dass die Mathematiker sie überall vernachlässigen, und warum sollte ich als Mathematiker nicht von der Schwere sprechen, ohne an die Theorie der Himmelsbewegungen zu denken?

In seinem folgenden Briefe vom 29. Juni 1686[1] versucht HALLEY NEWTON zu begütigen und milder zu stimmen. Er erzählt, dass die Royal Society sehr erfreut über die Widmung des so wertvollen Werkes gewesen sei und dass auch HOOKE nicht so viel verlangt habe, wie NEWTON zu glauben scheine. Er fürchtet, dass man die Art, wie HOOKE seine Ansprüche erhoben, NEWTON in schlechteren Farben dargestellt habe, als es richtig sei; denn weder habe derselbe einen öffentlichen Appell um Gerechtigkeit an die Royal Society gerichtet, noch habe er behauptet, dass NEWTON Alles von ihm hätte. Die Wahrheit sei, dass das Buch in der Royal Society nach der Ueberreichung wegen der Neuheit und der Wichtigkeit seines Gegenstandes, sowie deswegen, weil es zu gleicher Zeit die Aufgabe sowohl neu gefunden, als auch die Lösung vollendet, sehr gerühmt worden. Das habe Mr. HOOKE gekränkt und darnach habe er sich beklagt, dass man seine Verdienste um die Lösung der Aufgabe so gänzlich übergehe.

Auch NEWTON schlug dann in seiner Antwort vom 14. Juli 1686[2] mildere Töne an. Er glaube nun auch, dass HOOKE ihm in mancher Hinsicht falsch dargestellt sein möge, und er wünsche jetzt, dass er das Postscriptum seinem letzten Briefe nicht angefügt hätte. Dann kommt er nochmals auf die streitige Sache zurück. Es sei richtig, dass HOOKE's Brief seine (NEWTON's) Entdeckung der Methode, nach welcher die Figur der Planetenbahnen bestimmt werde, veranlasst habe. Er habe aber die Sache anderer Untersuchungen wegen, nachdem er die Methode auf die Ellipse angewendet, bei Seite gelegt, bis ihn HALLEY fünf Jahre später durch seinen Besuch auf dieselbe zurückgeführt habe.[3] Was die quadratische Proportion betrifft, sagt er weiter, so kann ich versichern, dass ich dieselbe aus KEPLER's Theorem schon vor ungefähr 20 Jahren abgeleitet habe.[4] Die andere Sache, von welcher HOOKE meint, dass ich sie aus seinem Briefe hätte, ist seine Erwähnung Eures Experiments mit der Pendeluhr auf St. Helena als eines Zeugnisses dafür, dass die Schwere am Aequator durch die tägliche Bewegung der Erde verringert werde.

---

[1] BREWSTER, Life of Newton, vol. I, App. VIII.

[2] Ibid., ibid.

[3] This is true, that his letters occasioned my finding the method of determining figures, which when I had tried in the ellipsis, I threw the calculations by, being upon other studies; and so it rested for about five years, till upon your request I sought for that paper; and not finding it, did it again.

[4] But for the duplicate proportion I can affirm that I gathered it from KEPLER's theorem about twenty years ago.

Das Experiment war mir allerdings neu, aber nicht die Idee; denn in der Abhandlung, von der ich Euch erzählte, dass sie vor 15 Jahren geschrieben sei, die aber nach meinem besten Erinnern 18 bis 19 Jahre alt ist,[1] berechnete ich die Kraft des Auftriebs am Aequator, welcher von der täglichen Bewegung herrührt, um zu wissen, wie stark die Schwere durch diesen Auftrieb vermindert würde. Ein Drittes endlich erzählt HOOKE noch in jenem Briefe, das mir neu war, das ist die Abweichung der fallenden Körper nach Südost in unserer Breite, was ich anerkennen werde, wenn ich Gebrauch davon machen sollte. Ich habe, so schliesst NEWTON, darüber nachgedacht, wie ich den gegenwärtigen Disput am besten beenden könne, und ich denke, das wird passend durch das Einfügen des beigeschlossenen Scholiums zu der Proposition IV geschehen.

Dieses Scholium[2] lautet: „Der Fall des Zusatzes 6 findet bei der Bewegung der Himmelskörper statt (wie auch unsere WREN, HOOKE und HALLEY unabhängig gefunden haben).“ Mit dieser Anerkennung, die nur die quadratische Proportion betraf und die WREN und HALLEY mit ihm in gleiche Linie stellte, musste sich HOOKE um so mehr begnügen, als nun HALLEY den Druck des Werkes allein übernahm und die Royal Society damit nichts weiter zu thun hatte, als dass sie die Dedication des Werkes annahm. Der wissenschaftliche Kampf zwischen NEWTON und HOOKE war damit beendet; die beiden Gelehrten sind einander wissenschaftlich nicht wieder gegenübergetreten, wenigstens nicht in der Oeffentlichkeit. Die Schuld an diesem für die Wissenschaft jedenfalls sehr bedauerlichen Streite ist von der Nachwelt ohne weiteres Bedenken HOOKE allein zugeschrieben worden, doch ohne anderen zureichenden Grund als den, dass NEWTON der wissenschaftlich mächtigere und fruchtbarere war. Die Briefe NEWTON's an HALLEY zeigen, dass beide Männer nach verschiedenen Richtungen hin Recht und Unrecht hatten und dass NEWTON sogar leichter als HOOKE den Streit hätte vermeiden oder demselben doch die grösste Schärfe nehmen können. Man darf dabei zugeben, dass mit HOOKE im Allgemeinen noch schwerer auszukommen war als mit NEWTON. HOOKE war durch Vermögenslosigkeit schon in früher Jugend gezwungen, nur um sich auf der Schule zu erhalten, eine Menge

---

[1] D. h. aus der Zeit vor der Eröffnung des Briefwechsels mit OLDENBURG stammt. Vergl. S. 121 dieses Werkes.

[2] Philosophiae naturalis Principia Mathematica, Ed. sec., p. 39. Der betreffende sechste Zusatz heisst: Sind die Quadrate der Umlaufszeiten den dritten Potenzen der Radien und die Geschwindigkeiten folglich den Quadratwurzeln aus den Radien umgekehrt proportional, so verhalten sich die Centripetalkräfte umgekehrt wie die Quadrate der Radien und vice versa.

Arbeiten zu übernehmen, denen er sich bei vollkommen freier Wahl nicht unterzogen haben würde und unter denen die Freudigkeit seiner Arbeit nicht blos, sondern auch die Stetigkeit und Homogenität seiner Ausbildung litt. Er studirte Mechanik und Astronomie und zeichnete sich bald durch experimentelle Geschicklichkeit aus, aber seine Ausbildung in der Mathematik scheint mangelhaft geblieben zu sein. In seiner Stellung als Experimentator der Royal Society gewöhnte er sich daran, allen möglichen Problemen nachzugehen, sein nicht geringes Talent liess ihn meist auch die richtigen Ideen zur Lösung fassen und bis zu einem gewissen Grade entwickeln, die Durchführung der Lösung aber ist ihm kaum an einer Stelle gelungen. Als Curator of Experiments musste HOOKE notwendig alle bekannt werdenden wissenschaftlichen Entdeckungen zur Berichterstattung und Vorführung in der Royal Society für sich bearbeiten. Das führte ihn dazu, mehr Pläne und Anfänge zu wissenschaftlichen Arbeiten zu entwerfen, als er nachher Zeit und Kraft fand wirklich durchzuführen,[1] und das verwickelte ihn bei seinem misstrauischen und auch anspruchsvollen Character in Prioritätsstreitigkeiten mit den meisten Physikern, in welchen er meist nicht das grössere Recht und auch nicht die Meinung des wissenschaftlichen Publikums auf seiner Seite hatte.

Geringer als mit HOOKE war im Allgemeinen die Gefahr eines Zusammenstosses mit NEWTON. Vom Anfang bis zum Ende seiner wissenschaftlichen Laufbahn war NEWTON ein fest geschlossener Character, der wenige wissenschaftliche Ziele ersten Ranges mit nie abirrender Festigkeit und fast übermenschlicher Energie verfolgte und erreichte. NEWTON steckte sich die Ziele seines Lebens schon als Jünger der Wissenschaft, und er hat später nie Verlangen darnach getragen, fremde, ihm fern liegende Ideen für sich anzunehmen, auf den Arbeitsgebieten Anderer mitzuarbeiten und mit ihnen auf ihrem Gebiete um die Palme zu ringen. Dafür

---

[1] Selbst WALLER sagt in den von ihm herausgegebenen Posthumous works, die allerdings NEWTON gewidmet sind, von HOOKE: It must be confess'd that very many of his Inventions were never brought to the perfection they were capable of, nor put in practice till some other Person either Foreigner or of our own Nation cultivated the Invention, which when HOOKE found, it put him upon the finishing that which other wise possibly might have lain till this time in its first Defects. Wether this mistake arose from the multiplicity of his BUSINESS which did not allow him a sufficient time, or from fertility of his Invention which hurry'd him on in the quest of new Entertainments, neglecting the former discoveries when he was once satisfied of feazableness and certainty of them, tho' there were wanted some small matter to render their use more practicable and general, I know not. (HOOKE, Posthumous works, London 1705, p. VII.)

aber war Newton auf den von ihm einmal gewählten Gebieten um so ausschliessender und streitbarer, ein Absolutist, ein Alleinherrscher von alles niederwerfender Gewalt, dem in seiner Wirkungs- und Machtsphäre Niemand ohne schmachvolle Niederlage entgegengetreten ist. Das haben alle die zu ihrem Schaden erfahren, deren Wege sich mit den Wegen Newton's kreuzten, nicht zum mindesten Hooke.

Aus Hooke's Schriften geht hervor, dass er bis 1674 die Idee einer Anziehungskraft der Materie vollkommen ausgebildet, dass er die Entstehung der Planetenbahnen aus einer solchen Anziehungskraft des Centralkörpers und einer dem Planeten eingepflanzten geradlinigen Bewegung vollkommen begriffen und dieselbe experimentell anschaulich gemacht hatte. Es ist Unsinn zu sagen, dass Newton die allgemeine Attraction der Materie oder die Erstreckung der irdischen Schwere durch das ganze Planetensystem entdeckt hat; die erste Idee war von Hooke und Anderen schon mit voller Klarheit ausgesprochen worden und das letztere folgte aus dem Kopernikanischen Weltsysteme eigentlich ganz von selbst. Auch das quadratische Gesetz der Schwere hatte Hooke bereits mit voller Bestimmtheit angegeben, wobei wir allerdings annehmen dürfen, dass er Kepler's diesbezügliche Untersuchungen wenigstens aus dem Werke von Bullialdus gekannt hat. Newton's geniale, von den schwersten Folgen begleitete Grossthat war eine mathematische, und in richtiger Erkenntniss hat Newton sein Hauptwerk Mathematische Principien der Naturlehre genannt. Er leitete mit mathematischer Sicherheit aus einer Centralkraft und einer dem Körper eingepflanzten geradlinigen Bewegung eine elliptische, parabolische oder hyperbolische Bahn und für die Bewegung in dieser Bahn die Gültigkeit der Kepler'schen Gesetze ab. Er deducirte umgekehrt aus den Kepler'schen Gesetzen für alle Bewegungen der himmlischen Körper die Wirksamkeit einer Centralkraft, die nach dem quadratischen Gesetz wirken muss. Er entwickelte weiter mit grosser Genauigkeit aus der Annahme der so bestimmten Schwerkraft alle Eigenthümlichkeiten der vielfach gestörten, d. h. durch die Anwesenheit anderer Planeten beeinflussten Bewegung des Mondes und der Planeten mit solchem Erfolg, dass für den Astronomen der Werth nicht zu verkennen war. Dies waren allerdings Erfolge, so schwer und so schwerwiegend, dass Hooke's Ahnungen damit an Werth nicht wetteifern konnten, und wenn dieser sich entschuldigte, dass ihm zu solchen Erfolgen nur die Zeit gefehlt, so streift das etwas an's Komische, denn was dazu helfen konnte, war nicht die Zeit, sondern ein mathematisches Genie allerersten Ranges.

Aber einestheils hatte Hooke diese Verdienste Newton's gar nicht bestritten, wenn er dieselben auch in ihrer Grösse schon deshalb nicht ganz anerkennen konnte, weil damals Newton's Werk ihm nur zu einem kleinen Theile bekannt war; und anderntheils konnte Hooke mit Recht hervorheben, dass er noch vor Newton die principiellen Grundlagen der Theorie zwar nicht bewiesen, aber doch behauptet habe, und dass das Newton auch wohl bekannt geworden sei. In der That steht das, was Newton gegen Hooke vorbringt, bei aller polemischen Geschicklichkeit des grossen Forschers doch auf recht schwachen Füssen.

Wenn Newton sagt, dass Alles, was er von Hooke hätte lernen können, ihm auch schon vorher in Bullialdus' und Borelli's Schriften zur Verfügung gestanden hätte, so ist das nicht vollständig richtig, denn Hooke's Ideen übertrafen doch an Klarheit und Bestimmtheit schon weit die seiner Vorgänger; seine Zusammensetzung der Geschwindigkeit mit der Kraft, seine Charakterisirung der Schwerkraft, ihre Ausdehnung auf alle Materie erinnern ganz an die Newton'schen Vorstellungen. Jedenfalls hätte Newton auch hier wieder den Streitigkeiten mit Hooke leicht die Spitze abbrechen können, wenn er Hooke's keineswegs gering anzuschlagende Verdienste, dessen Arbeiten er eingestandenermassen bei seinen Untersuchungen nicht ohne Nutzen gebraucht hatte, gleich von vornherein richtig gewürdigt und in seinen Publicationen anerkannt, wenn er sich nicht überall erst durch Reclamationen zu dieser Anerkennung gewissermassen hätte zwingen lassen. Und selbst zu seinen nachträglichen Anerkennungen, vor allem zu der letzten über die Gravitation, muss man noch immer bemerken, dass auch damit Newton den allzeit kühnen, aber auch allzeit geistreichen Ideen Hooke's doch nicht gerecht geworden, und dass die Geschichte der Physik entschieden im Unrechte gewesen ist, wenn sie die Bedeutung Hooke's bis jetzt fast nur vom Standpunkte Newton's aus beurtheilt hat.

Als Grund für Newton's Verhalten darf man bei der Ehrenhaftigkeit seines Charakters, die in seinem Leben überall zu Tage getreten ist, nur die beiden Momente angeben: dass ihm erstens jedes historische Interesse und aller historischer Sinn abging, und dass zweitens die Vertiefung in seine eigenen Arbeiten ihm die gleichzeitigen oder vorhergehenden Verdienste Anderer nicht zum Bewusstsein kommen liess. Newton hatte nur das Interesse, den Fortschritt der Wissenschaft im Auge; das persönliche Element spielte dabei keine Rolle. Er hatte seiner Auffassung nach nur über die wissenschaftliche Wahrheit zu berichten, das wissenschaftliche System zu geben; das allmähliche Werden der Wahrheit zu beschreiben war nicht seine Sache. Er opferte sein ganzes geistiges Leben dem erstrebten wissenschaftlichen Ziele, er hatte dabei keine Zeit, seiner Vorarbeiter zu gedenken und ihre Verdienste abzuwägen; jeder Schritt nach dieser Richtung hin, jeder durch solche Pflichten veranlasste Zeitverlust war ein Diebstahl an der Wissenschaft. Wer ihn nöthigte, die Priorität oder Sicherheit seiner Arbeiten zu verfechten, wer ihn zwang, die Arbeiten Anderer mit den seinigen zu vergleichen, wer ihn veranlasste, Anderen seine Entdeckungen deutlicher auseinanderzusetzen, als er selbst es für gut gehalten hatte: der hinderte nicht nur seine fruchtbare Weiterarbeit, sondern hinderte auch damit direct das Wachsthum der Wissenschaft. Darum sein heiliger Zorn, seine Verachtung, sein Abscheu vor allen Discussionen, die an seine Entdeckungen angeknüpft wurden.

Ein solcher Standpunkt wird dem genialen Menschen, dem kraftvollen Förderer der Wissenschaft immer nahe liegen, und ohne ein beschränktes Festhalten an demselben, ein Vermeiden unfruchtbarer Disputationen mit krittelnden Mittelmässigkeiten wird kein Genie seine Ziele erreichen können. Aber das einseitige, zu weit getriebene Festhalten dieses Standpunktes muss doch zuletzt zu falscher Selbstschätzung und damit zur Unfruchtbarkeit führen. Denn einerseits concentrirt die Wissenschaft sich niemals in einem einzelnen Menschen, und nicht in einem Einzelnen kann sich das Leben der Wissenschaft erschöpfen; ohne die Wechselwirkung mit Anderen, ohne die Anregung und Aufnahme fremder Ideen wird auch die eigene Arbeit bald stagnirend werden, und wenn das Genie die Uebermacht seiner Autorität wirklich durchsetzt, wird sich diese Stagnation auch der Wissenschaft überhaupt mittheilen. Und andererseits wird diese Einseitigkeit des Genies, die Verkörperung der Wissenschaft in seiner Person, sich auch nicht in Wirklichkeit durchführen lassen. Fremde gleichkräftige Geister werden sich zu irgend einer Zeit dem versuchten Absolutismus auf irgend einem Gebiete der Wissenschaft entgegensetzen und der geniale Alleinherrscher wird den geflohenen Kampf in Fülle haben. Auch auf dem Gebiete der Wissenschaft muss Einer den Anderen tragen und erdulden, und ein Versuch den eigenen Wirkungskreis gegen alle anderen abzugrenzen, wird sicher den Krieg und zuletzt die Niederlage herbeiführen.

III. Theil. Der Inhalt der Principien der Naturlehre. 1687.

Newton hatte seine optischen Untersuchungen in genetischer Form beschrieben und dabei die Erfahrung gemacht, dass man nicht sowohl seine inductiven Ergebnisse als vielmehr die nebenbei gegebenen Ideen vom Wesen der Erscheinungen angriff und bekämpfte. Seine sensitive Natur, wie sein Abscheu vor allen unfruchtbaren Discussionen und zeitraubenden Streitigkeiten liessen ihn später jene erste Methode durchaus vermeiden. Und da die mathematische Natur der jetzt behandelten Themata der Sache durchaus günstig war, so nahm er fortan für die Darstellung seiner Resultate auch ausschliesslich die mathematische Methode an. Er gab seine Errungenschaften in Definitionen, Axiomen, Lehrsätzen und Zusätzen und fügte zur Anwendung der geometrischen Sätze auf die existente Welt nur mehr oder weniger kurze Scholien bei. Diese in sich geschlossene, scheinbar an keiner Stelle dem Angriff eine Lücke lassende Darstellungsweise befreite ihn überdies noch von der Verpflichtung, die historische Entwickelung der Sache in sich und Anderen zu schildern, und schliesslich liess sie in ihren knappen Sätzen dem Beurtheiler nur die Wahl, die Begründung dieser Sätze für richtig oder falsch nicht bloss zu erklären, sondern selbst nachzuweisen.

Aber gerade das erwies sich nur als Schein. Wie Newton trotz seiner geometrischen Methode gleich Anfangs in heftige Prioritätsstreitigkeiten verwickelt wurde, so konnte ihn dieselbe auch später nicht vor sachlichen Angriffen schützen. Die geometrischen Sätze liess man zwar unangegriffen stehen, und das mathematische Verdienst Newton's wurde niemals angezweifelt; aber die Anwendung der Sätze zur Erklärung der natürlichen Erscheinungen begegnete um so heftigeren Widerständen. Dazu hatte diese geometrisch-starre Methode, die nur in einzelnen Andeutungen, in den Scholien die Ansicht des Verfassers durchblicken und sonst überall den Zweck und damit den wahren Werth der Untersuchungen nur errathen liess, noch den schwerwiegenden Nachtheil, dass sie das Verständniss des Werkes auf's

Aeusserste erschwerte. Der über die rein mathematischen Verhältnisse hinauszielende, allgemein physikalische Zweck des Buches wurde darum erst verhältnissmässig spät begriffen, und bis auf den heutigen Tag ist diese physikalische Seite desselben in dem verschiedensten, ja in direct entgegengesetztem Sinne commentirt worden.

Der Titel des Buches ist dem Wortlaut nach zu weit, dem Sinne nach aber wohl ganz gerechtfertigt. Das Buch enthält nicht explicite die Principien der gesammten Naturlehre; es ist eigentlich nur ein Lehrbuch der Mechanik, noch dazu immer mit einem Schein auf die Himmelsbewegungen. Aber insofern das Ideal der gesammten Physik die Zurückführung auf die Mechanik ist, insofern sind implicite doch die Principien der gesammten Naturlehre in ihm enthalten. Das Buch hat als Lehrbuch der Mechanik einen ungeheuren Werth. Es enthält zum ersten Male die gesammte Mechanik von den Grundsätzen an bis zu den höchsten, verwickeltsten Beispielen, und es verwendet zum ersten Mal, wenn auch nicht der heutigen Bezeichnung, so doch dem Geiste nach, die Infinitesimalmethode, ohne die uns eine systematische Mechanik nicht mehr denkbar ist. Bis heute zeigt sich sein Einfluss im Gebiete der Mechanik an vielen Stellen noch frisch und lebendig, und viele Lehrsätze in den Lehrbüchern der Mechanik können für ihr Dasein kaum einen anderen Grund aufführen, als dass Newton in seinem Hauptwerke sie entwickelt hat.

Newton ist der erste Physiko-Mathematiker grossen Styles, der Vater der mathematischen Physik, und die Principien sind das erste Lehrbuch derselben. Das ist das weitgreifendste, unvergänglichste Ruhmesblatt Newton's, das niemals welken wird.

Newton beginnt also ganz Euklidisch mit Definitionen, die hier zum Theil neu, zum Theil wenigstens zum ersten Male klar zu finden sind. Er definirt die Grösse der Materie oder die Masse, wie er sie nennen will, als das Product aus Volumen und Dichte. Den Begriff der Dichte erläutert er dabei merkwürdiger Weise nicht weiter; aus dem Späteren geht aber hervor, dass er alle kleinsten Theilchen der Materie als gleich dicht und gleich gross annimmt und die Dichte einfach der Zahl dieser Theilchen in einem gegebenen Raume proportional setzt.[1] In einer kurzen

[1] Principia mathematica, 2. ed., p. 1: Definitio I. Quantitas Materiae est mensura ejusdem orta ex illius Densitate et Magnitudine conjunctim. Aer, densitate duplicata, in spatio etiam duplicato fit quadruplus; in triplicato sextuplus. Idem intellige de Nive et Pulveribus per compressionem vel liquefactionem condensatis. Et par est ratio corporum omnium, quae per causas quascumque diversimode condensantur. Medii interea, si quod fuerit, interstitia partium libere pervadentis, hic nullam rationem habeo. Hanc autem Quantitatem sub nomine Corporis

Erläuterung giebt er dazu noch die zwei merkwürdigen Zusätze: erstens, dass er bei dieser Definition keine Rücksicht nehme auf die etwaige Existenz eines Mediums, das die Poren aller Körper frei durchdringen könne, und zweitens, dass er durch sehr genau angestellte Pendelversuche die Masse allezeit dem Gewichte proportional gefunden habe.

Hiernach definirt er weiter die Grösse der Bewegung als das Product aus Masse und Geschwindigkeit, die Trägheit als Kraft der Beharrung, die Kraft im allgemeinen als das Bestreben den Bewegungszustand eines Körpers zu ändern, und die Centripetalkraft als eine solche, welche bewirkt, dass ein Körper nach einem als Centrum betrachteten Punkte gezogen oder gestossen wird oder auf eine Weise dahin zu gelangen strebt.

Die Centripetalkräfte können auf dreierlei Art gemessen und darnach benannt werden; erstens als die absolute Kraft, deren Grösse nach der wirkenden Ursache abgemessen wird; zweitens als die beschleunigende Kraft, welche der Beschleunigung, und drittens endlich als die bewegende Kraft, welche dem Product aus Beschleunigung und Masse gleich ist. Von der weiteren Betrachtung der Kraft scheidet Newton sogleich die eine, die absolute aus, denn sie ist ihrem Charakter nach physikalisch; Newton aber will sich nur mit mathematischen Abmessungen beschäftigen. Aus dieser kurzen unscheinbaren Bemerkung folgt der ganze revolutionäre Charakter des Werkes und der sich entwickelnden Newton'schen Philosophie, denn aus der Kraft, deren physikalische Ursache zuerst nur ausser Betracht bleiben sollte, ging schliesslich in der Newton'schen Schule mit unabwendbarer Logik eine Kraft hervor, die überhaupt keine physikalische oder materielle Ursache mehr hatte und doch die ganze Newton'sche Naturphilosophie beherrschte. Indessen versucht Newton hier noch die Neutralität gegenüber den verschiedenen physikalischen Erklärungen der mathematischen Ursache wenigstens officiell festzuhalten. Die Benennungen Anziehung, Stoss oder Streben nach dem Centrum, sagt er, gebrauche er ohne Unterschied abwechselnd, weil er dieselben nicht im physischen, sondern im mathematischen Sinne nehme. Der Leser möge darum nicht denken, dass er den Mittelpunkten, die ja geometrische Punkte seien, wirkliche physische Kräfte beilege, wenn er ihnen Anziehungen zuschreibe.[1]

---

vel Massae in sequentibus passim intelligo. Innotescit ea per corporis cujusque Pondus. Nam Ponderi proportionalem esse reperi per experimenta Pendulorum accuratissime instituta, uti posthac docebitur.

[1] Principia mathematica, 2. ed., p. 5: Voces autem Attractionis, Impulsus vel Propensionis cujuscunque in centrum, indifferenter et pro se mutuo promiscue ursurpo; has vires non Physice sed Mathematice tantum considerando. Unde caveat lector, ne per hujusmodi voces

In einem langen Scholium untersucht Newton dann noch weiter die aller Mechanik zu Grunde liegenden Begriffe von Raum, Zeit, Ort und Bewegung und unterscheidet in allen die absoluten oder wahren von den relativen oder scheinbaren Grössen. Ueber die wichtige Unterscheidung der wahren und scheinbaren Bewegungen spricht sich Newton dabei folgendermassen aus:

Die wahren Bewegungen der einzelnen Körper zu erkennen und von den scheinbaren scharf zu unterscheiden ist übrigens sehr schwer, weil die Theile jenes unbeweglichen Raumes, in denen die Körper sich wahrhaft bewegen, nicht sinnlich erkannt werden können. Die Sache ist jedoch nicht gänzlich hoffnungslos. Werden z. B. zwei Kugeln in gegebener gegenseitiger Entfernung mittelst eines Fadens verbunden und so um den gemeinschaftlichen Schwerpunkt gedreht, so erkennt man aus der Spannung des Fadens das Streben der Kugeln, sich von der Achse der Bewegung zu entfernen und kann daraus die Grösse der kreisförmigen Bewegung berechnen. Brächte man hierauf beliebige gleiche Kräfte an beiden Seiten der Kugeln zugleich an, um die Kreisbewegung zu vergrössern oder zu verkleinern, so würde man aus der vergrösserten oder verminderten Spannung des Fadens die Vergrösserung oder Verkleinerung der Bewegung ersehen und hieraus endlich diejenigen Seiten der Kugeln erkennen können, auf welche die Kräfte einwirken müssten, damit die Bewegung am stärksten vergrössert würde, d. h. die hintere Seite oder diejenige, welche bei der Kreisbewegung nachfolgt. Sobald man aber die nachfolgende und die ihr entgegengesetzte vorangehende Seite bestimmt hätte, würde man auch die Richtung der Bewegung erkannt haben. Würden nun in jenem Raume einige sehr entfernte Körper aufgestellt, welche unter sich eine gegebene Lage beibehielten, wie die Fixsterne in der Gegend des Himmels, so könnte man aus der relativen Bewegung der Kugeln unter den Körpern nicht erkennen, ob diesen oder jenen die Bewegung zuzuschreiben sei. Achtet man aber auf den Faden und findet man seine Spannung so, wie die Bewegung der Kugeln sie erfordert, so kann man daraus schliessen, dass die Kugeln sich bewegen und die Körper ruhen, und wird dann endlich aus der Bewegung der Kugeln unter den Körpern die Richtung der Bewegung folgern. Auf die wahren Bewegungen aus ihren Ursachen, Wirkungen und scheinbaren Unterschieden zu schliessen, und umgekehrt aus den wahren oder scheinbaren Bewegungen die Ursachen und Wirkungen ab-

---

cogitet me speciem vel modum actionis causamve aut rationem Physicam alicubi definire, vel centris (quae sunt puncta Mathematica) vires vere et Physice tribuere; si forte centra trahere, aut vires centrorum esse dixero.

zuleiten, wird im Folgenden ausführlicher gelehrt werden. Zu diesem Ende habe ich die folgende Abhandlung verfasst.

Diese Absicht, aus den Bewegungen die wirkenden Ursachen zu erschliessen, scheint dem Vorsatze zu widersprechen, die Ursache der Schwerkraft nicht zu erforschen und nicht zu entscheiden, ob dieselbe von einer Anziehung, einem Streben oder einem Stoss herrührt. Aber man muss hier immer an Newton's Unterscheidung von mathematischen und physikalischen Ursachen denken. Auch den obigen Sätzen nach soll nur die mathematische Ursache der Bewegung, d. h. die Thatsache constatirt werden, dass die Bewegung nach einer Seite hin abgelenkt oder geändert wird, ohne zu untersuchen, ob diese Aenderung durch Zug, Stoss oder Streben geschieht. Dass diese Begrenzung in der Sprache nicht immer festgehalten wird und auch nicht festgehalten werden kann, ändert nichts an der Absicht Newton's.

Auf die Definitionen lässt Newton die Axiome oder, wie er dazusetzt, die Gesetze der Bewegung folgen, nämlich 1. das vollständige Gesetz der Trägheit, 2. das Gesetz von der unabhängigen Supposition, speciell des Parallelogrammes der Kräfte und 3. das Gesetz von der Gleichheit der Wirkung und Gegenwirkung.

Auf eine Vertheidigung der axiomatischen Natur dieser Sätze lässt sich Newton nicht ein. Er giebt zu den Gesetzen der Bewegung nur kurze Erläuterungen, von denen er jedenfalls meint, dass sie rein der Erfahrung entnommen, von denen man aber eben so gut behaupten könnte, dass sie aus unserer Idee der Bewegung geschöpft seien. Das schwer zu fassende zweite Gesetz von der unabhängigen Supposition der Kräfte z. B. ist mit seiner Erläuterung in folgendem Absatz enthalten: II. Gesetz. Die Aenderung der Bewegung ist der Einwirkung der bewegenden Kraft proportional und geschieht nach der Richtung derjenigen geraden Linie, nach welcher die Kraft wirkt. Wenn nämlich irgend eine Kraft eine gewisse Bewegung hervorbringt, so wird die doppelte eine doppelte, die dreifache eine dreifache erzeugen; mögen diese Kräfte zugleich und auf einmal, oder stufenweise auf einander folgend einwirken. Da die Bewegung immer nach demselben Ziele wie die erzeugende Kraft gerichtet ist, so wird sie, im Fall dass der Körper vorher in Bewegung war, entweder, wenn die Richtung übereinstimmt, hinzugefügt oder, wenn sie unter einem schiefen Winkel einwirkt, mit ihr nach den Richtungen beider zusammengesetzt werden.

Auf Grund dieses Raisonnements wird dann in einem ersten Zusatz das Gesetz vom Parallelogramm der Kräfte besonders constatirt und in einem zweiten Zusatz die Zerlegung wie die Addition der Kräfte beschrieben. Hier allerdings beruft sich Newton ausdrücklich auf die Uebereinstimmung seiner Ableitung der

Wirkungen der mechanischen Potenzen mit den von verschiedenen Schriftstellern auf anderen Wegen erhaltenen Resultaten.[1]

Aus dem zweiten und dritten Gesetz folgert dann NEWTON ohne weiteres in einem dritten Zusatz, dass die algebraische Summe der Bewegungsgrössen durch die gegenseitige Einwirkung der Körper nicht geändert wird, in einem vierten Zusatz, dass auch der gemeinschaftliche Schwerpunkt durch die gegenseitige Einwirkung seinen Bewegungszustand nicht ändert, in einem fünften Zusatz, dass Körper ihre relativen Bewegungen ungestört erhalten, wenn der Raum, in dem sie sich befinden, ruht oder gleichförmig gradlinig, nicht aber, wenn er kreisförmig bewegt wird, und endlich in einem sechsten Zusatz, dass diese relativen Bewegungen auch nicht gestört werden, wenn parallele und gleiche beschleunigende Kräfte auf dieselben einwirken.

Nach diesen Vorbereitungen beginnt das erste Buch des Werkes mit der Schaffung eines neuen und nothwendigen mathematischen Hülfsinstruments für die weitere Untersuchung der Bewegungen. Die neuen Aufgaben, welche NEWTON der Mechanik stellte, waren nicht mit den alten Euklidischen Methoden der Mathematik zu lösen. Die Bewegungen konnten nicht vollständig in mathematische Formeln gefasst werden, wenn es nicht gelang, veränderliche, fliessende Grössen selbst in den momentanen Veränderungen ihrer Verhältnisse vollständig zu bestimmen, und das war nur einer Infinitesimalmethode durch Verwendung unbegrenzt kleiner Grössen möglich. An einer solchen Methode, der Fluxionsrechnung, die direct auf die Mechanik zugeschnitten war, hatte NEWTON auch schon seit längerer Zeit gearbeitet. Merkwürdiger Weise aber gebraucht er noch im ganzen ersten Buche seiner Principien ein Surrogat dieser Methode, das er im Anfange des ersten Buches unter dem Titel „Methode der ersten und letzten Verhältnisse“ beschreibt und das nichts weiter ist als eine geometrische Bestimmung der Grenzwerthe gewisser Verhältnisse von Linien und Flächen, wenn die Glieder der Verhältnisse über jede Grenze hinaus wachsen oder unter jede Grenze abnehmen. Erst im 2. Abschnitt des zweiten Buches giebt NEWTON in einer Anmerkung einen sehr kurzen, rudimentären Abriss seiner Fluxionsrechnung, ohne von derselben weiter einen allzu ausgedehnten Gebrauch zu machen.[2] Es ist keine der geringsten Seltsamkeiten, die uns im Leben NEWTON's aufstossen, dass er selbst über die Gründe dieses Verfahrens sich niemals ausgelassen hat, und

[1] Philos. nat. Princ. math., 2. ed., p. 15.

[2] Die Methode der ersten und letzten Verhältnisse entspricht der Differentialrechnung; Integrationen werden in dem ganzen Buche immer als Quadraturen bezeichnet.

dass auch keiner seiner Schüler ihn nach denselben gefragt zu haben scheint.

Zum eigentlichen Thema des Werkes kehrt NEWTON im zweiten Abschnitt des ersten Buches mit der Bestimmung der in einer gegebenen Bahn wirksamen Centralkräfte, d. i. solcher Kräfte zurück, die immer nach einem festen Punkte hin gerichtet sind. Sein Verfahren ist dabei so viel wie möglich synthetisch-geometrisch, daher sehr kurz, aber auch, für uns Neuere wenigstens, sehr schwer verständlich. Er zeigt zuerst auf die aus den heutigen Lehrbüchern der Mechanik noch wohlbekannte Weise, dass die Bahnen von Körpern, welche sich unter Einfluss einer Centripetalkraft bewegen, immer in festen Ebenen liegen, und dass die von den Radien überstrichenen Flächen der Zeit proportional sind. Aus der dabei gebrauchten Construction wird dann direct weiter gefolgert: 1. dass die Geschwindigkeiten in irgend welchen Punkten den vom Kraftcentrum auf die Tangenten der Punkte gefällten Perpendikeln umgekehrt proportional sind, 2. dass man den Mittelpunkt der Kräfte findet, wenn man die Sehnen zweier auf einander folgender, in gleichen Zeiten durchlaufener sehr kleiner Bögen zu einem Parallelogramm ergänzt, die Diagonale vom Treffpunkt der Sehnen aus zieht und diese Construction bei verschwindenden Bogengrössen noch von einem zweiten Punkte aus wiederholt, 3. dass die in den betreffenden Punkten wirksamen Centralkräfte sich wie diese Diagonalen oder auch wie die Pfeile der in gleichen Zeiten überstrichenen Bögen im letzten Verhältnisse verhalten, und dass endlich 4. das Alles auch gilt, wenn die Bahnebenen nicht mit dem in ihnen befindlichen Kraftcentrum ruhen, sondern sich mit diesem gleichförmig und gradlinig weiter bewegen.

Darnach kehrt NEWTON den bewiesenen Lehrsatz ohne Weiteres um, indem er die Bewegung in festen Ebenen und die Gleichheit der von den Leitstrahlen überstrichenen Flächenräume als sicheres Kennzeichen dafür nimmt, dass die Bewegung unter Einwirkung einer nach einem festen Centrum gerichteten Centrifugalkraft geschieht. In wunderbarer, aber berechtigter Vorsicht fügt er dem sogleich die Bemerkung bei, dass eine solche Bewegung mit Gleichheit der überstrichenen Flächen ja allerdings auch durch das Zusammenwirken mehrerer einzelner Kräfte entstehen könne, dass dann aber die Resultante dieser Kräfte doch immer eine solche Centralkraft darstellen müsse.

In den vorhergehenden Sätzen hat also NEWTON das Mittel gewonnen, um zu beurtheilen, ob die bei einer krummlinigen Bewegung nothwendige Ablenkung aus der graden Linie gegebenenfalls von einem festen Punkte, einem Kraftmittelpunkte aus erfolgt oder nicht.

Darnach beginnt er die nähere Untersuchung der Centralkräfte ihrem Wirkungsgesetze nach. Schon der Flächensatz zeigt, dass diese Wirkungen von der Entfernung abhängen, und darnach muss man im Allgemeinen für jede Curve und für jeden besonderen Punkt in derselben als Mittelpunkt der Kräfte ein besonderes Wirkungsgesetz annehmen.

Für die gleichförmige Kreisbewegung mit dem Centrum als Kraftmittelpunkt folgt aus dem dritten Folgesatze des ersten Lehrsatzes[1] leicht die HUYGENS'sche Formel $p = \frac{v^2}{r}$; woraus man, wenn das dritte KEPLER'sche Gesetz über die Umlaufszeiten gilt, die umgekehrt quadratische, wenn aber die Umlaufszeiten gleich sind, die directe einfache Proportionalität der Kraft mit der Entfernung erhält. Diese Proportionalität bezieht sich natürlich nur auf die in verschiedenen Kreisbahnen wirksamen Kräfte.

Um dann bei anderen als kreisförmigen Bahnen und Kraftmittelpunkten, die ausserhalb des Centrums liegen, das Abhängigkeitsgesetz der Kraft von der Entfernung für alle Punkte derselben Bahn zu bestimmen, leitet NEWTON erst noch einen Hülfssatz ab, der folgendermassen lautet: Bewegt sich ein Körper in nicht widerstehendem Mittel um ein unbewegliches Centrum in einer beliebigen Bahn und bezeichnen wir den Pfeil des in einer sehr kleinen Zeit t entstehenden Bogens mit Pv, so ist die Centripetalkraft in der Mitte des Bogens dem Pfeil Pv direct und dem Quadrat der Zeit t indirect proportional. Der Pfeil des in einer gegebenen, unendlich kleinen Zeit durchlaufenen Bogens ist nämlich nach dem dritten Zusatz des ersten Lehrsatzes[2] der wirkenden Kraft direct proportional. Nach einem Satze des Abschnittes über die ersten und letzten Verhältnisse ist aber der Pfeil bei verschwindendem Bogen auch dem Quadrate des Bogens und darnach unter derselben Bedingung auch dem der Zeit proportional. Die Pfeile stehen also im zusammengesetzten Verhältniss der Kräfte und der Quadrate der Zeiten und daraus folgt unmittelbar der Lehrsatz, dass die Kraft proportional ist dem Ausdruck $\frac{Pv}{t^2}$. Die Zeit t aber kann durch die vom Radius rector überstrichenen Flächen ersetzt werden, die der Zeit proportional sind. Betrachtet man dann noch den Leitstrahl SP (s. Fig. 12) als Grundlinie eines solchen Flächenausschnitts

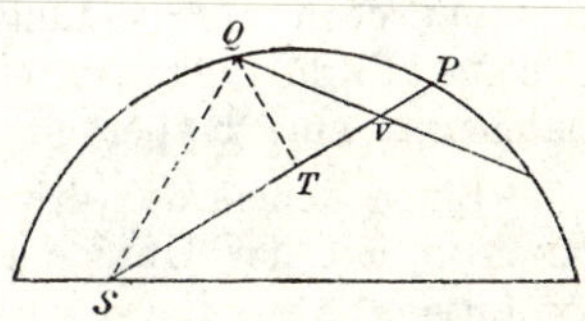

Fig. 12.

[1] Vergl. die vorige Seite.
[2] Ibid.

und bezeichnet mit QT die entsprechende Höhe, so ist die Kraft endlich proportional dem Bruche $\frac{Pv}{SP^2 \cdot QT^2}$, oder, wie NEWTON sich meist ausdrückt, indirect proportional dem Bruche $\frac{SP^2 \cdot QT^2}{Pv}$. Aus diesen oder einigen noch weiter umgeformten Ausdrücken leitet NEWTON fortan die Wirkungsgesetze der Kräfte ab. Ist nämlich die Curve und die Lage des Kraftcentrums gegeben, so kann man den Factor $\frac{QT^2}{Pv}$ des Leitstrahles SP durch Curvenelemente und SP selbst ausdrücken. Die Kraft ist dann, wenn das gelungen, auf constante Werthe und eine Funktion des Leitstrahles zurückgeführt und die Abhängigkeit derselben von der Entfernung tritt in ihrer Gesetzmässigkeit rein hervor.

Als Beispiele von rein mathematischem Interesse (wenigstens ist kein anderes zu entdecken), entwickelt darnach NEWTON das Gesetz für die Wirkung der Centripetalkräfte, die von einem beliebigen Kraftcentrum aus den Körper auf einer Kreisperipherie oder auch in einer spiralförmigen Bahn bewegen, deren Radien alle unter constantem Winkel geschnitten werden, und deren Centrum mit dem Kraftcentrum zusammenfällt.

Grösseren Werth für das Folgende hat die Untersuchung der Bewegungen in elliptischen, parabolischen und hyperbolischen Bahnen, deren Mittelpunkt das Kraftcentrum ist, weil diese Untersuchungen vielleicht bei Bestimmung des realen Wirkungsgesetzes der Naturkräfte ein entscheidendes Moment der Beurtheilung gebildet haben. Nach dem oben gegebenen allgemeinen Ausdrucke findet NEWTON dabei, dass bei der Ellipse die im Mittelpunkt wirksame Kraft der Entfernung direct proportional ist und dass dann in allen um dasselbe Kraftcentrum beschriebenen Ellipsen die Umlaufszeiten gleich sind. Rückt der Kraftmittelpunkt in's Unendliche, so wird die Bahncurve eine Parabel, welcher Fall der GALILEI'schen Betrachtung der Schwere entspricht. Geht die Centripetalkraft aber in eine Centrifugalkraft über, so wird die Bahncurve eine Hyperbel.

Einen neuen, den dritten Abschnitt des ersten Buches beginnt NEWTON mit der Untersuchung der Bewegung der Körper in excentrischen Kegelschnitten, deren einer Brennpunkt das Kraftcentrum ist. Wir geben die Lösung der ersten Aufgabe als ein Beispiel für die mathematisch-mechanische Methode NEWTON's ziemlich ausführlich. Um die Kraft zu finden, welche vom Brennpunkt der Ellipse ausgehend einen Körper auf der Peripherie derselben bewegt, denken wir uns für einen beliebigen Ellipsenpunkt P den Leitstrahl SP (s. d. nebenst. Fig.), die Tangente RP und die conjugirten Durchmesser PCG und DCK gezogen. Zieht man dann noch von einem zweiten benachbarten Curvenpunkte Q eine Parallele zur Tangente, welche SP und CP bezüglich in x und v schneidet, und fällt man wieder von Q auf SP das Perpendikel QT, so ist nach dem bewiesenen Hilfssatze[1] die Centripetalkraft dem Ausdrucke $\frac{SP^2 \cdot QP^2}{Px}$ indirect proportional. Bezeichnen wir zur weiteren Umformung die Endpunkte der Achsen

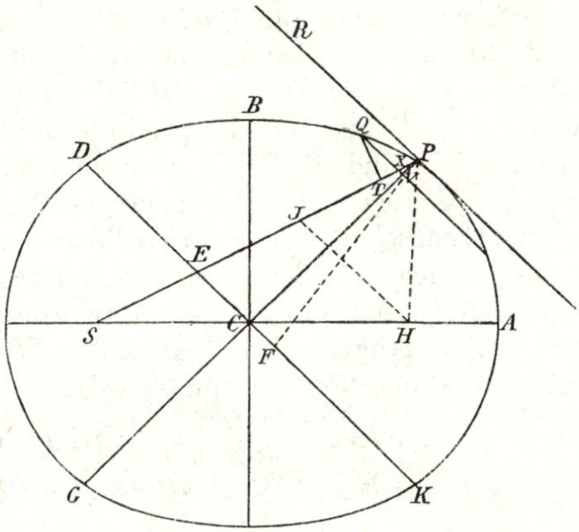

Fig. 13.

mit A und B und den Durchschnittspunkt des Leitstrahles SP mit dem betreffenden conjugirten Durchmesser mit E, so ist die Proportion $Px : Pv = PE : PC$ . . . . (1) nach der Parallelität von Qv und DK selbstverständlich. Da nun (durch eine Parallele JH vom zweiten Brennpunkte H zu DK) leicht zu erweisen ist, dass PE gleich der halben grossen Achse AC sein muss,[2] so erhalten wir aus jener ersten Proportion, wenn wir das erste Verhältniss gleich noch mit dem Parameter der Ellipse L (gleich $\frac{2\,BC^2}{AC}$) erweitern, die zweite

$$Px . L : Pv . L = AC : PC, \quad . \; . \; . \; . \; . \; . \quad (2)$$

die mit der identischen $L \cdot Pv : Gv \cdot Pv = L : Gv$ multiplicirt, sogleich noch die dritte $L^2 \cdot Px \cdot Pv : Pv^2 \cdot L \cdot Gv = L \cdot AC : PC \cdot Gv$ oder

$$L \cdot Px : Pv \cdot Gv = L \cdot AC : PC \cdot Gv \quad . \; . \; . \quad (3)$$

---

[1] Siehe S. 179 dieses Werkes.

[2] Es ist $SE = EJ$ (Parallelensatz) und $EP = EJ + JP$, mithin $EP = \frac{1}{2}\left(2\,EJ + 2\,JP\right) = \frac{1}{2}\left(SE + EJ + JP + JP\right) = \frac{1}{2}\left(JP + SP\right)$; ferner ist, da $HJ \| RP$, Dreieck JPH gleichschenklig und also $JP = PH$, und darnach weiter $EP = \frac{1}{2}\left(PH + SP\right) = AC$.

ergiebt. Aus der Gleichung der Ellipse für conjugirte Durchmesser $CD^2 \cdot Cv^2 \cdot + CP^2 \cdot Qv^2 = CD^2 \cdot CP^2$ bekommt man durch einfache Umformung die Gleichung $Pv \cdot Gv : Qv^2 = PC^2 : CD^2$,[1] und wenn man daraus den Ausdruck $Pv \cdot Gv$ in die Proportion (3) einsetzt, auch weiter die vierte Proportion

$$L \cdot Px : \frac{Qv^2 \cdot PC^2}{CD^2} = L \cdot AC : PC \cdot Gv \text{ oder}$$

$$L \cdot Px : Qv^2 = L \cdot AC \cdot PC : Gv \cdot CD^2 \quad . \quad . \quad (4)$$

Hierfür aber darf man, wenn die Punkte P und Q als nahezu zusammenfallend, Qv und Qx also als nahezu gleich angenommen werden, schreiben $L \cdot Px : Qx^2 = L \cdot AC \cdot PC : Gv \cdot CD^2 \quad . \quad . \quad (5)$

Fällt man weiter von P aus das Perpendikel PF auf DK, so sind die Dreiecke QTx und PFE einander ähnlich, und es gilt deswegen $Qx : QT = EP : FP$ oder $Qx^2 : QT^2 = EP^2 : FP^2$. Nach einer bekannten Eigenschaft des der Ellipse umschriebenen Parallelogrammes ist auch $AC \cdot BC = DC \cdot FP$ oder $CD : BC = EP : FP$ und durch Vergleichung mit der vorigen Proportion erhält man $CD^2 : BC^2 = Qx^2 : QT^2$. Nimmt man hieraus den Werth von Qx^2 und setzt ihn in die Proportion (5) ein, so folgt

$$L \cdot Px : \frac{CD^2 \cdot QT^2}{BC^2} = L \cdot AC \cdot PC : Gv \cdot CD^2, \text{oder}$$

$$L \cdot Px : QT^2 = L \cdot AC \cdot PC : Gv \cdot CB^2, \text{ oder wenn}$$

man auf der rechten Seite L durch den Werth $\frac{2\,BC^2}{AC}$ ersetzt,

$$L \cdot Px : QT^2 = 2\,PC : Gv \quad . \quad . \quad . \quad . \quad . \quad (6)$$

Hierin kann aber, wenn die Punkte Q und P zusammenfallen, $Gv = 2\,PC$ gesetzt werden, und es bleibt darnach von der Proportion (6) nur die Gleichung $L \cdot Px = QT^2$ übrig, welche durch Erweitern mit $\frac{SP^2}{Px}$ in die Form $L \cdot SP^2 = \frac{QT^2 \cdot SP^2}{Px}$ übergeht. Daraus ersieht man endlich, dass die gesuchte Centripetalkraft nach dem vorher bewiesenen Hülfssatze dem Ausdrucke $L \cdot SP^2$, oder da L als Parameter der Bahn eine constante Grösse ist, dem Quadrate des Radius vector oder der Entfernung umgekehrt proportional sein muss. Was zu beweisen war.

In entsprechender Weise wird ganz dasselbe Kraftgesetz auch für die Parabel und Hyperbel abgeleitet; bei der Hyperbel ist es natürlich nur für den Zweig gültig, der den betreffenden Brennpunkt einschliesst, während der andere Zweig eine Verwandlung der Centripetalkraft in eine Centrifugalkraft erfordert. Damit erscheint die Lösung der Aufgabe, zu einer gegebenen Bahn und einem gegebenen Kraftcentrum das Wirkungsgesetz der Kraft zu finden, allgemein und in besonderen Beispielen genügend ausgeführt.

---

[1] Aus $CDv^2 \cdot C^2 + CP^2 \cdot Qv^2 = CD^2 \cdot CP^2$ folgt $CP^2 \cdot Qv^2 = CD^2(CP^2 - Cv^2) = CD^2\,(CP + Cv)(CP - Cv) = CD^2 \cdot Gv \cdot Pv$ oder $CP^2 \cdot Qv^2 = CD^2 \cdot Gv \cdot Pv$.

Sowie dann NEWTON aber weiter zu den umgekehrten Problemen, zur Bestimmung der Bahn fortschreitet, wenn das Kraftgesetz als bekannt angenommen wird, so gelangt er an die Grenze seiner Macht. Er hat zwar für die Kraft einen allgemeinen Ausdruck gefunden, der sich aus bekannten Curvenelementen leicht bestimmen lässt; aber umgekehrt aus dem bestimmten Kraftausdruck die Curvenelemente allgemein abzuleiten, das vermag auch NEWTON nicht ohne besondere Annahmen durchzuführen. Er stellt sich also gar nicht gleich die allgemeine Aufgabe, für irgend ein gegebenes Kraftgesetz die bestimmte Bahncurve zu finden, sondern nimmt sich vorerst nur die Bestimmung der Bahncurve für die im umgekehrt quadratischen Verhältniss mit der Entfernung stehenden Kräfte vor, und auch hier löst er die Aufgabe nicht direct, sondern kehrt einfach nach kurzer Erläuterung die vorher bewiesenen Lehrsätze über die in den excentrischen Kegelschnitten wirksamen Centralkräfte um.

Der betreffende Passus lautet:[1] Aus den zuletzt bewiesenen drei Lehrsätzen (über die Gesetze der wirkenden Kräfte bei der Ellipse, Parabel und Hyperbel) erschliesst man noch den folgenden Satz. Geht ein Körper *P* vom Punkt *P* aus längs der beliebigen geraden Linie *PR* mit irgend einer Geschwindigkeit fort und wirkt auf ihn zugleich eine Centripetalkraft ein, welche dem Quadrat seines Abstandes vom Mittelpunkte der Kräfte indirect proportional ist: so bewegt sich dieser Körper in einem Kegelschnitte, dessen Brennpunkt im Centrum der Kräfte liegt, und umgekehrt. Ist nämlich der Brennpunkt, der Berührungspunkt und die Lage der Tangente gegeben, so kann man einen Kegelschnitt beschreiben, welcher in jenem letzteren Punkte eine gegebene Krümmung hat. Diese Krümmung wird aber durch die gegebene Centripetalkraft und die Geschwindigkeit des Körpers bekannt, und zwei sich wechselseitig berührende Bahnen können nicht vermöge derselben Centripetalkraft und bei derselben Geschwindigkeit beschrieben werden.

Dieser Satz, der übrigens nicht als ein besonderer Lehrsatz, sondern nur als ein Zusatz zu den Lehrsätzen über die Centralkräfte der Kegelschnitte, fast könnte man sagen, eingeschmuggelt wird, stützt sich darauf, dass, wenn der bewegliche Körper in irgend einem Punkte seiner Bahn mit der ihm hier eigenen Geschwindigkeit, so wie auch das Kraftcentrum gegeben ist, man immer einen Kegelschnitt construiren kann, welcher durch jenen Punkt geht und zu welchem als Bahncurve dasselbe Centrum und dieselbe Momentangeschwindigkeit in jenem Punkte gehören. Nun muss aber, da die Krümmung der Bahn nur von dem Ver-

[1] Princ. Mathem., 2. ed., p. 53.

hältniss der Kraft zur Geschwindigkeit abhängt, die Krümmung der zu berechnenden Curve mit der des Kegelschnittes in dem gegebenen Punkte übereinstimmen, und die erstere muss also mit der letzteren in dem gegebenen Punkte wenigstens zusammenfallen. Dasselbe muss natürlich auch für einen unendlich naheliegenden Punkt gelten, und da man von diesem aus dieselben Schlüsse wie vorher machen kann, so ist damit constatirt, dass die zu findende Bahncurve in allen Punkten mit dem betreffenden Kegelschnitt zusammenfallen muss.

Man mag die Sicherheit dieser Deduction so hoch schätzen, wie man will, so lässt sich doch nicht verkennen, dass der Satz keine Lösung des allgemeinen Problems, zu einer gegebenen Kraft die zugehörige Bewegungscurve zu finden, darstellt, ja nicht einmal den Weg zu einer solchen zeigt. Denn die gegebene Lösung der Aufgabe setzt immer voraus, dass man schon vorher das gegebene Kraftgesetz als zu einer bekannten Art von Curve gehörig erkannt habe. Wenn aber diese Art der Curve nicht vorher behandelt oder überhaupt nicht bekannt sein sollte, so wird auch die obige Newton'sche Methode absolut kein Mittel an die Hand geben, dieselbe zu finden. Und selbst wenn man in einem speciellen Falle, wie bei den Kegelschnitten, über eine zu dem gegebenen Kraftgesetz gehörige Curvenspecies schon vollkommen klar wäre, so müsste man doch für die volle Sicherheit der Umkehrung noch weiter den Beweis verlangen, dass nur diese Curvenart und nicht noch eine andere auf das betreffende einzelne Kraftgesetz führen könnte.

In einem folgenden Abschnitte, auf den wir gleich kommen werden, hat Newton übrigens den Versuch gemacht, auch das allgemeine Problem der Bahnbestimmung bei gegebenem Kraftgesetz auf eine Weise zu lösen, die von der Lösung des umgekehrten Problems unabhängig ist, hat aber dabei das Verfahren nur angedeutet und specielle Beispiele nicht gegeben.

Hier also, wo speciell nur nach der Bahn eines Körpers gefragt ist, der von einem gegebenen Punkte mit gegebener Geschwindigkeit ausgehend von einem festen Kraftcentrum im umgekehrt quadratischen Verhältniss der Entfernung angezogen wird, nimmt Newton ohne weiteres diese Bahn als einen Kegelschnitt an, dessen Kraftcentrum im Brennpunkt liegt, und untersucht dann nur noch, ob der Kegelschnitt je nach dem Verhältniss von Geschwindigkeit und Centrifugalkraft eine Ellipse, Parabel oder Hyperbel wird. Diese Verhältnisse werden genau bestimmt.

Hiernach entsteht dann die neue Aufgabe, die Kegelschnitte aus gegebenen Punkten und Tangenten zu construiren, und diese Constructionen von Kegelschnitten aus gegebenen Elementen, rein mathematische Aufgaben von höchstem Interesse und grösster

Berühmtheit, erläutert NEWTON im vierten und fünften Abschnitt des ersten Buches.

Der sechste Abschnitt handelt von der Ortsbestimmung des beweglichen Körpers in der bekannten Bahn, die nach dem Flächensatz ebenfalls eine rein mathematische Aufgabe ist; die Bestimmung geschieht nur für Parabeln und Ellipsen. Im folgenden siebenten Abschnitt geht NEWTON zur Betrachtung des gradlinigen Steigens und Fallens der Körper über, kommt aber sogleich im achten Abschnitt noch wieder auf die krummlinigen Bewegungen zurück. Der Gedankengang ist wohl folgender. Das inverse Problem der Centripetalkräfte ist zunächst nur für Kegelschnitte oder solche Curven zu lösen, bei denen die Centripetalkraft ihrem Wirkungsgesetze nach schon bekannt ist. Für beliebige Kraftgesetze ist die Bahn im Allgemeinen sogar ihrer Art nach unbekannt, und so ist auch eine Umkehrung des Problems der Centralbewegungen nicht möglich. Darum ist NEWTON mit der Methode, das inverse Problem der Centripetalkräfte durch wirkliche Umkehrung zu lösen, vorerst hier am Ende. Auch die Aufgabe, bei gegebenem Kraftgesetz die Wege eines auf einer geraden Linie steigenden und fallenden Körpers zu bestimmen, gehört zu dem inversen Problem der Centripetalkräfte, denn auch hier wird von einem festen Kraftgesetz ausgegangen und die Art der Bewegung bestimmt. Aber diese Aufgabe bildet insofern den einfachsten Fall des allgemeinen inversen Problems, als dabei die Bahn gradlinig und somit der Art nach bestimmt vorausgesetzt wird und doch alle möglichen verschiedenen Kraftgesetze noch anzunehmen sind. Darum ist der siebente Abschnitt ein weiterer aussichtsvoller Schritt zur Lösung des inversen Fundamentalproblems.

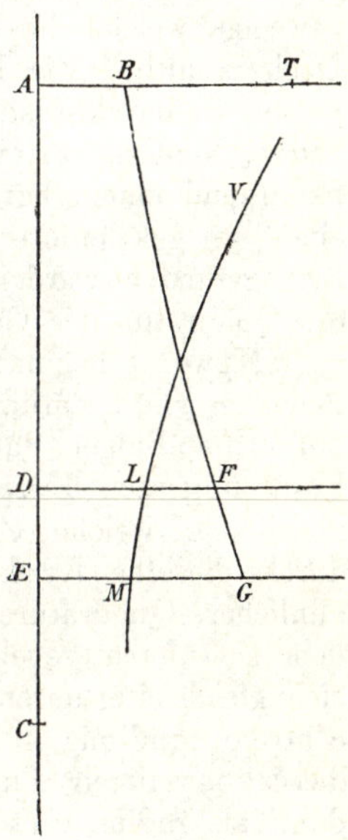

Fig. 14.

Es ist also, heisst es im siebenten Abschnitt, eine Centripetalkraft beliebiger Art gegeben, und es werde die Quadratur krummliniger Figuren vorausgesetzt: Man sucht für einen gradlinig auf- oder absteigenden Körper sowohl die Geschwindigkeiten an den einzelnen Orten, als auch die Zeit, in welcher der Körper zu einem beliebigen Orte gelangt. Zur Lösung der Aufgabe erhält man die folgende Vorschrift (s. Fig. 14). Man errichte in jedem Punkte E der Graden $ADEC$, auf welcher der Körper vom Punkte A aus fällt, ein Perpendikel EG, welches der nach dem Kraftmittelpunkt C gerichteten Centripetalkraft proportional ist. Fällt dann im Anfange der Bewegung EG mit dem Perpendikel AB zusammen, so ist die Geschwindigkeit in jedem Punkte E der Seite des Quadrats proportional, dessen Flächeninhalt gleich der Fläche $ABGE$ ist. Um die Fallzeit zu finden, trage man auf jedem EG eine dieser Geschwindigkeit umgekehrt proportionale Strecke EM ab, dadurch erhält man eine Curve, deren Asymptote AB ist, und die Fallzeit ist dann dem Flächeninhalt der krummlinigen Figur $ABTVME$ proportional.

Durch die Methode der Integralrechnung erhält man bei Weglassung der Constanten, wenn $f(x)$ das Gesetz bezeichnet, nach dem die Beschleunigung von der Entfernung abhängt, die Fallzeit proportional dem Ausdruck $\int \frac{dx}{\sqrt{\int f(x)dx}}$, welcher die obige Construction rechtfertigt. Newton aber giebt statt dessen einen langwierigen Beweis, bei dem er wieder die Methode der ersten Verhältnisse benutzt, um seine geometrische Beweisart statt der analytischen zum Ziele zu führen.

Der achte Abschnitt handelt, wie schon bemerkt, ganz allgemein von der Bestimmung der Bahnen, in denen sich Körper bewegen, welche durch beliebige Centralkräfte angetrieben werden. Doch resultirt, wie leicht begreiflich, auch hier nicht eine allgemeine Charakteristik oder gar eine algebraische Gleichung der Curve, sondern nur eine Punktconstruction derselben, nach welcher bei irgend einem bestimmten Kraftgesetz der augenblickliche Ort eines in gekrümmter Bahn sich bewegenden Körpers zu jeder Zeit gefunden werden kann; vorausgesetzt natürlich, dass man die Quadratur der Curven ausführen könne.

Newton beginnt mit dem wichtigen, damals speciell für die Schwere viel ventilirten Satze, dass die Geschwindigkeit eines auf krummliniger Bahn unter der Wirkung irgend einer Centralkraft fallenden Körpers in allen Punkten der Geschwindigkeit gleich ist, welche ein freifallender Körper in derselben Höhe durch dieselbe Kraft erlangt. Darnach bestimmt er mit Hilfe ähnlicher Quadraturen wie im vorigen Abschnitte den Ort, in dem sich nach gegebener Zeit ein Körper befinden würde, der sich gleichzeitig unter demselben Kraftgesetz, mit demselben Kraftcentrum gradlinig auf- oder absteigend bewegt. Die Entfernung dieses jeweiligen Punktes vom Kraftcentrum nimmt Newton dann als radius vector des zu bestimmenden Curvenpunktes, und indem er dazu auf Grund des allgemeinen Flächensatzes noch die Amplitude aufsucht, gelingt es ihm die Bestimmung des Ortes für jeden Moment und damit der Bahn überhaupt auf nochmalige Quadraturen zurückzuführen. Wie schon vorher aber beschäftigt er sich mit der Ausführung dieser Quadraturen und der Ableitung der jeweiligen Curvenarten bei speciellen Problemen nicht weiter. Nur für die Bahnen, welche unter Einfluss einer Centripetalkraft beschrieben werden, die dem Cubus der Entfernung vom Kraftcentrum umgekehrt proportional ist, giebt er wirklich eine einfache Constructionsmethode mit Hülfe der Kegelschnitte an.

Die Schwierigkeiten, welche Newton in der Lösung des inversen Problems der Centripetalkräfte fand, waren mit denjenigen identisch, welche die inverse Tangentenmethode (wie man damals sagte) oder die Integrirung der Differentialgleichungen den Mathematikern noch bereitete. Die analytische Lösung des allgemeinen Problems gab darum erst Joh. Bernoulli nach weiterer Entwickelung der Analysis des Unendlichen in den Memoiren der Pariser Akademie für das Jahr 1710.[1]

Nachdem die Betrachtung der Bewegung von den Körpern in unbeweglichen Bahnen im Princip vollendet, geht Newton zur Untersuchung der Bewegung in beweglichen Bahnen oder zur Betrachtung der relativen Bewegungen über. Er zeigt zuerst, dass ein Körper, welcher unter Einfluss einer Centralkraft in ruhender Bahn eine Curve beschreibt, dieselbe Curve in gleicher Weise in einer Ebene beschreiben kann, die sich um das Kraftcentrum dreht, wenn nur die Centralkraft um eine Grösse vermehrt oder vermindert wird, die dem Cubus der Entfernung umgekehrt proportional ist. Addirt sich dabei die neue Kraft mit der ursprünglichen, so dreht sich die Bahnebene in demselben Sinne wie der Körper in der Curve; im anderen Falle sind die Bewegungen entgegengesetzt.

Newton beschränkt sich bei der weiteren Behandlung der Bewegung der Körper in bewegten Bahnen nothgedrungen auf Ellipsen, die von dem Kreise wenig abweichen. Die Bewegung einer solchen Bahncurve bestimmt sich leicht durch die Winkelbewegung der Hauptachse oder die Geschwindigkeit der Apsiden. Hierfür leitet Newton den sehr wichtigen Satz ab, dass die Winkelbewegung eines Körpers in einer beweglichen Ellipse zur Winkelbewegung in derselben ruhenden Ellipse sich verhält wie die Einheit zur Quadratwurzel aus derjenigen Zahl, welche um drei grösser ist als der Exponent derjenigen Potenz der Entfernung, der die wirkende Centralkraft umgekehrt proportional ist. Der Satz erlaubt das Gesetz der letzteren Kraft aus der Bewegung der Apsiden direct zu bestimmen.[2])

---

[1] Phil. Trans., no. 340, p. 91, Nov. 1713; Phil. Trans. abr., vol. IV, p. 367.

[2] Princ. math., 2. ed., p. 131.

Hiermit verlässt NEWTON die Untersuchung der freien Bewegung und geht zur Behandlung der Bewegungen auf vorgeschriebenen Bahnen über. Ausnahmsweise findet sich hier eine kurze Ueberleitung. Die Schriftsteller, sagt NEWTON, welche die Bewegung schwerer Körper behandeln, pflegen sowohl das schiefe Auf- und Absteigen derselben zu beliebigen Ebenen, als auch das perpendiculäre zu betrachten. Mit gleichem Rechte betrachten wir die Bewegung der Körper, welche mit irgend einer Kraft nach dem Centrum streben und dabei in excentrischen Ebenen fortschreiten. Die Ebenen setzen wir höchst polirt und glatt voraus, damit die Körper keine Verzögerung erleiden. Wir werden aber bei diesen Beweisen statt der Ebenen, auf denen die Körper liegen und welche sie aufliegend berühren, diesen parallele Ebenen annehmen, in denen die Mittelpunkte der Körper sich bewegen und während dieser Bewegung Bahnen beschreiben. Auf dieselbe Weise werden wir ferner die Bewegung von Körpern auf krummen Oberflächen bestimmen.

Der nun folgende zehnte Abschnitt weicht von den Pendelbetrachtungen, wie sie HUYGENS zuerst gegeben, vor Allem insofern ab, als NEWTON nicht blos die gewöhnliche Vorstellung einer constanten, von der Entfernung unabhängigen Schwere zu Grunde legt, sondern die Pendelbewegungen auch unter Voraussetzung anderer, besonders solcher Centralkräfte untersucht, die der Entfernung vom Centrum direct proportional sind. Zur Vorbereitung behandelt er demgemäss nicht sowohl die Eigenschaften der gewöhnlichen Cycloide, als vielmehr die der Epi- und Hypocycloiden, die er als Cycloiden ausserhalb und innerhalb der Kugel bezeichnet. Die letztere weist er als eine Tautochrone für den Fall nach, dass die wirkende Kraft direct proportional der Entfernung angenommen wird. Er giebt dann auch eine der HUYGENS'schen ganz entsprechende Vorrichtung an, um ein Cycloidalpendel herzustellen, das in einer hypocycloidischen Bahn schwingt.

Diese Erweiterungen der Theorie der Pendelbewegungen, die sonst weiter keinen theoretischen oder practischen Werth haben, sind jedenfalls durch die eigenthümliche Stellung veranlasst, welche neben der indirect quadratischen die einfache directe Proportionalität der Kraft mit der Entfernung in NEWTON's Kraftanschauungen einnimmt. Er selbst macht an dieser Stelle darauf aufmerksam, dass die von ihm vorher entwickelten Sätze ausdrücklich der Form unserer Erde und ihrer Wirksamkeit angepasst seien. Erstens insofern als Räder, welche auf den grössten Kreisen derselben fortgehen, durch die Bewegung ihrer Felgen Cycloiden ausserhalb der Kugel beschreiben; zweitens aber insofern als Pendel, welche unterhalb der Erde in Gräben und Höhlen aufgehängt werden, in Cycloiden innerhalb der Kugel schwingen müssen, damit alle Schwingungen isochronisch werden. Denn die Schwere nähme (wie im dritten Buche gezeigt werde) von der Oberfläche der Erde an aufwärts im doppelten Verhältniss des Abstandes vom Mittelpunkte ab, abwärts aber im einfachen Verhältniss desselben zu.

Zum Schlusse des Abschnittes giebt NEWTON noch ein paar allgemeine Sätze über das Raumpendel. Dann wendet er sich von der Mechanik physikalischer Punkte zur Mechanik physischer Körper. Zu dem Zwecke eliminirt er zuerst die Vorstellung eines vollständig materielos gedachten Kraftcentrums. Er führt nämlich die vollständige Reciprocität zwischen Kraft und Materie insofern durch, als er den Gegensatz zwischen dem durch die Kraft bewegten physikalischen Körper und dem mathematischen Punkte, der alle Kraft aussendet, gänzlich aufhebt und den bewegten Körper ebenso wie das Kraftcentrum als (sehr kleine) kugelförmige Körper betrachtet, die beide gleichmässig bewegliche Materie wie wirkende Kräfte in sich enthalten, und die in ihren Wirkungen und Gegenwirkungen einander vollständig gleich sind. Damit fällt freilich der Begriff eines festen Kraftcentrums und die vorhergehenden Untersuchungsergebnisse können nur in so fern Werth behalten, als sie auf relative Bewegungen mit ruhend gedachtem Kraftcentrum bezogen werden. NEWTON betont demgemäss, dass man bei Körpern, auf die keine äusseren Kräfte einwirken, den gemeinsamen Schwerpunkt immer als ruhend oder doch gleichförmig gradlinig bewegt annehmen und die Bewegungen auf diesen Punkt, wie auf einen festen Punkt beziehen könne. Dabei nimmt er abermals Gelegenheit das rein Mathematische seines Standpunktes ausdrücklich zu betonen, indem er sagt: „Bis jetzt habe ich die Bewegung solcher Körper auseinandergesetzt, welche nach einem unbeweglichen Centrum hingezogen werden, ein Fall, der in der Natur kaum vorkommt. Die Wirkungen der anziehenden und angezogenen Körper sind stets wechselseitig und einander gleich, so dass weder der eine noch der andere Körper ruhen kann. Sind aber zwei Körper vorhanden, so drehen sie sich um den gemeinschaftlichen Schwerpunkt, und sind es mehrere, so müssen sie sich doch so bewegen, dass ihr gemeinschaftlicher Schwerpunkt entweder ruht oder sich gleichförmig längs einer geraden Linie bewegt. Aus diesem Grunde fahre ich fort, die Bewegungen sich wechselseitig anziehender Körper so zu erklären, dass ich die Centripetalkräfte als Anziehungen betrachte, obgleich sie vielleicht, wenn wir uns der Sprache der Physik bedienen wollten, richtiger Anstösse genannt werden müssten. Denn wir befinden uns hier auf dem Gebiete der Mathematik und bedienen uns deshalb, physikalische Streitigkeiten bei Seite lassend, der uns vertrauten Bezeichnung, mit der wir von mathematischen Lesern leichter verstanden werden."[1]

Im elften Abschnitt handelt Newton also von der Bewegung kugelförmiger (eigentlich punktförmiger) Körper, welche sich durch beliebige Centralkräfte wechselseitig anziehen. Er beweist zuerst die Sätze von der relativen Bewegung, dass zwei Körper vermöge einer gegenseitigen Anziehung sowohl um den gemeinsamen Schwerpunkt, wie auch wechselsweise um einander ähnliche Figuren beschreiben, und dass man mit denselben Kräften um den einen als fest angenommenen Körper eine Figur beschreiben kann, welche der congruent ist, die die beiden Körper um einander beschreiben. In zwei Zusätzen wird hinzugefügt, erstens dass Körper, deren Anziehungen dem Abstande direct proportional sind, sowohl um den gemeinschaftlichen Schwerpunkt, wie auch um einander concentrische Ellipsen beschreiben; und zweitens, dass auch zwei Körper, deren Anziehungen dem Quadrat der Entfernungen umgekehrt proportional sind, sowohl um den Schwerpunkt als um einander in excentrischen Kegelschnitten sich bewegen, deren Brennpunkte mit dem Kraftcentrum zusammenfallen. Darnach erweist sich endlich leicht der allgemeine Satz, dass überhaupt zwei Körper, die sich mit irgend welchen Kräften anziehen und sich auf beliebige Weise bewegen, ohne sonst anderweitig beeinflusst zu werden, in ihren Bewegungen sich so verhalten, als ob sie beide vom gemeinschaftlichen Schwerpunkte nach demselben Kraftgesetze wie vorher angezogen würden.

Sind aber mehr als zwei Körper vorhanden und bewegen sie sich unter Einfluss ihrer gegenseitigen Anziehungen, so werden alle Körper um den gemeinschaftlichen Schwerpunkt als Mittelpunkt genaue Ellipsen mit gleichen Umlaufszeiten nur dann beschreiben, wenn die Anziehungen im directen einfachen Verhältniss der Entfernung stehen. Wirkt irgend ein anderes Kraftgesetz, so werden die Körper sich gegenseitig stören und aus ihren Bahnen ablenken, und je mehr das Gesetz der wirkenden Kräfte von dem obigen abweicht, desto grösser werden die Störungen werden. Doch können, auch wenn wir die umgekehrt quadratische Proportionalität von Kraft und Entfernung voraussetzen, die Körper noch immer in zwei Fällen sich sehr nahe wenigstens in Ellipsen bewegen und mit ihren Leitstrahlen Flächenräume beschreiben, welche sehr nahe

---

[1] Princ. mathem., 2. ed., p. 147. Qua de causa jam pergo Motum exponere corporum se mutuo trahentium, considerando Vires centripetas tanquam Attractiones, quamvis fortasse, si physice loquamur, verius dicantur Impulsus. In Mathematicis enim jam versamur, et propterea missis disputationibus Physicis, familiari utimur sermone, quo possimus a Lectoribus Mathematicis facilius intelligi.

den Zeiten proportional sind. Das ist erstens der Fall, wenn mehrere kleinere Körper um einen grossen sich bewegen, und die kleineren Körper gegen den grossen so verschwinden, dass der grosse von dem gemeinsamen Schwerpunkt des Systems nur sehr wenig abweicht, und wenn die kleineren Körper solche Entfernungen von einander haben, dass auch ihre gegenseitige Einwirkung auf einander gegen die Einwirkung des grossen vernachlässigt werden kann. Der zweite Fall trifft dann ein, wenn die kleineren Körper ein System für sich bilden, das von dem grossen Körper so weit entfernt ist, dass die Unterschiede in der Grösse und Richtung der von dem grossen Körper nach ihnen gezogenen Verbindungslinien verschwinden. Dann wird der grosse Körper die Bewegung der kleinen Körper unter sich nicht stören, und wenn das Kraftgesetz das umgekehrt quadratische ist, wird das System der kleineren Körper als ein Ganzes mit seinem Schwerpunkt um den grösseren Körper als Brennpunkt einen Kegelschnitt beschreiben, und die zwischen beiden gezogenen Radien werden in gleichen Zeiten gleiche Flächenräume überstreichen. Je mehr der grosse Körper dem Systeme der kleineren sich nähert, desto mehr werden die Bewegungen der Glieder des Systems gestört, weil jetzt die Verschiedenheit der von den kleineren Körpern nach dem grossen Körper gezogenen Leitstrahlen immer stärker wird. Am grössten aber werden die Störungen, wenn man voraussetzt, dass die beschleunigenden Anziehungen der Theile des Systems gegen den grössten Körper sich nicht alle umgekehrt wie die Quadrate der Entfernungen von diesem verhalten, und wenn die Ungleichheit dieser Kräfte grösser wird, als die der Abstände vom grössten Körper.

Besonders eingehend untersucht Newton natürlich die Bewegung dreier Körper, die sich gegenseitig im umgekehrt quadratischen Verhältniss der Entfernung anziehen und beliebige Anfangsgeschwindigkeiten haben; doch wird auch dabei immer der eine, innerste Körper bedeutend grösser gedacht als die anderen, die ihn umkreisen. Dabei beginnt schon die Betrachtung eines Körpers als eines Systems von materiellen Punkten. Newton untersucht zuerst die Bewegung eines kugelförmigen Körpers um ein Kraftcentrum, wenn der Körper von mehreren kleineren umgeben ist und das Centrum wie auch die bewegten Körper alle nach demselben Kraftgesetz anziehen. Darnach lässt er die kleinen Körper, die sich nahezu in einer Ebene um den grösseren bewegen, zu einem Ringe zusammenfliessen, in dessen Centrum der größere Körper steht. Endlich vergrössert er den letzteren so, dass derselbe den Ring berührt, und kommt so zu den Bewegungsgesetzen eines an den Polen abgeplatteten, am Aequator wulstigen Körpers, der sich unter Einfluss eines Kraftcentrums bewegt.

Wenn die Körper eines Systems alle nach demselben Kraftgesetz wirken, so sind die beschleunigenden Kräfte, welche dieselben auf einen verhältnissmässig weit entfernten Centralkörper ausüben, ihrer Wirkungsart und ihrer Richtung nach so ziemlich gleich und lassen sich also ihrer Grösse nach einfach addiren. Dann kann man das System als eine Einheit auffassen, das diese Kraftsumme als eine einheitliche Kraft auf den Centralkörper ausübt und deren Wirkung der Menge und Grösse der Einzelkörper oder, wenn man so sagen will, der Masse des Systems proportional ist. Darnach aber scheint es nur natürlich, alle physischen Körper mit solchen Systemen kleinerer Körper oder physischer Punkte zu identificiren, aus deren Anziehungen sich die Anziehung des Körpers als ihrer Summe zusammensetzt. Diese Idee eines physischen Körpers wird noch einfacher, wenn man alle Glieder des Systems, aus dem er gebildet ist, als vollständig gleich annimmt, gegen welche Annahme auch kein natürlicher Grund geltend zu machen ist. Dann erscheint notwendig die Wirkung des Körpers nach aussen oder seine Kraft der Anzahl der ihn zusammensetzenden Theilchen oder der Menge der in ihm enthaltenen Materie oder kurz seiner Masse direct proportional, und die Begriffe des Körpers und der Masse erhalten eine sonst nie zu erreichende Anschaulichkeit und Bestimmtheit.

Nur in dieser Art und von diesem Punkte aus ist die NEWTON'sche Bildung des Begriffes der Masse klar zu verstehen. Da alle Corpuskeln, aus denen die Körper bestehen, gleiche Mengen von Materie enthalten und alle Attractionen ganz an die Materie gebunden sind, so entwickeln alle Corpuskeln nach aussen gleiche Kräfte. Die Integralkraft eines Körpers summirt sich also aus den Kräften der Corpuskeln, die Wirkung des Körpers nach aussen muss ohne Ausnahme der Anzahl seiner Corpuskeln proportional sein, und das Gewicht eines Körpers giebt ein sicheres Maass für seine Masse ab. Diese Vorstellung eines Körpers als eines Systems von Corpuskeln, deren Einheitlichkeit allerdings bei der Allgemeinheit der Kraftvorstellung vorerst nur verhältnissmässig weit entfernten Körpern gegenüber zu Tage tritt, bildet die Überleitung von der Mechanik der Punkte zur Mechanik der Punktsysteme oder physischen Körper. Die Andeutung dieser Ueberleitung ist wie immer sehr kurz. Es ist nur natürlich, sagt NEWTON, anzunehmen, dass die Kräfte, welche zwischen den Körpern wirken, von der Natur und Grösse derselben und von der Gruppirung ihrer Corpuskeln abhängig sind, wie das auch bei Magneten der Fall ist. In solchen Fällen wird man die Anziehungen der Körper in der Art abschätzen können, dass man den Theilen derselben die Kräfte zuschreibt und die Summe dieser letzteren bestimmt. Wir müssen darum jetzt noch sehen, wie Körper wechselseitig auf einander wirken, die aus Theilen bestehen, welche sich in der oben beschriebenen Art anziehen, und welche Bewegungen aus solchen Anziehungen sich ergeben.

Bevor aber NEWTON zu diesen Betrachtungen übergeht, kommt er noch einmal, vielleicht gerade darum, weil die Untersuchungen immer physikalischer werden, auf seine Unterscheidung von mathematischen und physikalischen Ursachen zurück und verwahrt sich abermals dagegen, dass er nach der letzteren Art von Ursachen forsche. Die Benennung Anziehung, sagt er, nehme ich hier allgemein für jeden Versuch der Körper, sich einander zu nähern, an; mag dieser Versuch aus der Wirksamkeit der entweder zu einander hinstrebenden oder mittelst ausgeschickter Geister sich gegenseitig antreibender Körper entstehen, oder mag er aus der Wirkung eines Aethers, der Luft oder irgend eines körperlichen oder unkörperlichen Mittels hervorgehen, welches die in ihm schwimmenden Körper gegen einander treibt. In der Mathematik hat man die Grösse der Kräfte und diejenigen Verhältnisse zu erforschen, welche aus gewissen vorausgesetzten Bedingungen hervorgehen. Steigt man hierauf zur Physik herab, so hat man diese Verhältnisse mit den Erscheinungen zu vergleichen, um zu erfahren, welche Bedingungen der Kräfte den einzelnen Arten anziehender Kräfte zukommen. Darnach kann man endlich noch über die Gattungen der Kräfte und über ihre physischen Ursachen und Verhältnisse streiten.

NEWTON leitet also im zwölften Abschnitt die Gesammtanziehungen der sphärischen Körper aus den Einzelanziehungen der Theilchen ab, welche diese Körper zusammensetzen. Die ersten sehr einfach zu erhaltenden Sätze dieses Abschnittes besagen, dass eine sphärische Oberfläche oder richtiger eine unbegrenzt dünne Kugelschale, deren Theilchen Centripetalkräfte im umgekehrt quadratischen Verhältniss der Entfernung ausüben, in ihren Wirkungen auf einen innerhalb ihres Hohlraums befindlichen physischen Punkt sich aufhebt, auf einen ausserhalb der Kugel befindlichen Punkt aber im directen Verhältniss ihrer Masse und umgekehrt proportional dem Quadrate der Entfernung des Punktes vom Centrum, d. h. genau so wirkt, als ob die ganze Masse im Mittelpunkte vereinigt wäre. Durch Summirungen folgt daraus direct: dass unter Geltung desselben Kraftgesetzes die Wirkung einer homogenen Vollkugel auf einen äusseren Punkt der Masse direct und dem Quadrat der Entfernung des Punktes vom Mittelpunkt der Kugel indirect proportional ist; dass aber die Wirkung auf einen inneren Punkt sich direct wie die Entfernung des Punktes vom Mittelpunkt verhält. Wo also nur die Wirkung auf einen äusseren Punkt in Betracht kommt, da kann man bei der Voraussetzung des indirect quadratischen Gesetzes die Masse einer homogenen Vollkugel in ihrem Mittelpunkt vereinigt denken und die Wirkung ist von den Dimensionen des Körpers unabhängig. Was aber für die Wirkungen eines Körpers auf einen Punkt gilt, das gilt auch für die Wirkungen von Körpern unter sich, und so lassen sich hier die früher für die Bewegungen physischer Punkte abgeleiteten Gesetze ohne Weiteres auf physische Körper übertragen. Das quadratische Gesetz der Anziehung, wenn es für die einzelnen Theile der Materie gilt, beherrscht für kugelförmige Körper unverändert den ganzen Raum, der ausserhalb der anziehenden Masse liegt; für den Raum innerhalb der Kugel dagegen erfolgt die Gesammtwirkung nicht mehr in der Art der Einzelwirkung, sondern die Gesammtanziehung wird hier direct der Entfernung proportional.

Diesem letzteren Kraftgesetz, der Wirkung im einfachen directen Verhältniss der Entfernung, hatte NEWTON schon früher neben dem quadratischen eine eigenthümliche Bedeutung eingeräumt, insofern als unter seiner Geltung die relativen Bewegungen mehrerer sich gegenseitig anziehenden Körper um einander in denselben Bahnen wie die absoluten Bewegungen der Körper um ein ruhendes Kraftcentrum erfolgen.

Jetzt untersucht NEWTON dieses Kraftgesetz auch in Bezug auf das Verhältniss der Integralwirkung der Körper zur Einzelwirkung ihrer Theile und findet: dass die Uebereinstimmung zwischen beiden bei diesem Kraftgesetze vollständiger ist als bei allen anderen; dass nämlich, wenn dasselbe für die einzelnen Theile der Materie vorausgesetzt wird, die Wirkung einer homogenen Kugel auf jeden Punkt innerhalb oder ausserhalb der Kugel im directen Verhältniss der Masse und ebenfalls im einfach directen Verhältniss der Entfernung des Punktes vom Mittelpunkte steht, also so geschieht, als ob die ganze Masse im Mittelpunkte vereinigt wäre.

Welch grossen Werth NEWTON der Behandlung der beiden eben hervorgehobenen Kraftgesetze beilegt, deutet er auch hier in einer kurzen Anmerkung an. Die zwei von der Natur ausgezeichneten Fälle von Anziehungen habe ich jetzt, so sagt er, auseinandergesetzt, nämlich wenn die Centripetalkräfte im doppelten Verhältniss der Entfernung abnehmen und wenn sie im einfachen Verhältniss derselben zunehmen. In beiden Fällen bewirken sie, dass die beiden Körper sich in Kegelschnitten bewegen, und setzen Centripetalkräfte kugelförmiger Kräfte zusammen, welche nach demselben Gesetze in der Richtung nach dem Centrum zu- und abnehmen, wie sie selbst. Dies ist bemerkenswerth. Die übrigen Fälle, welche weniger elegante Schlüsse darbieten, durchzugehen, würde zu weitläufig sein. Ich ziehe es vor, sie alle zugleich unter einer allgemeinen Methode zusammenzufassen und zu bestimmen.

Hiernach führt NEWTON die Summirung der Wirkungen der einzelnen Theile eines kugelförmigen Körpers bei Geltung eines beliebigen Kraftgesetzes auf die Quadratur einer Curve, d. h. auf eine Integration zurück. Ist nämlich P der angezogene Punkt (s. Fig. 15), $AEBA$ die anziehende Kugel mit dem Mittelpunkte S, und wird von einem beliebigen Punkte E der Oberfläche ein

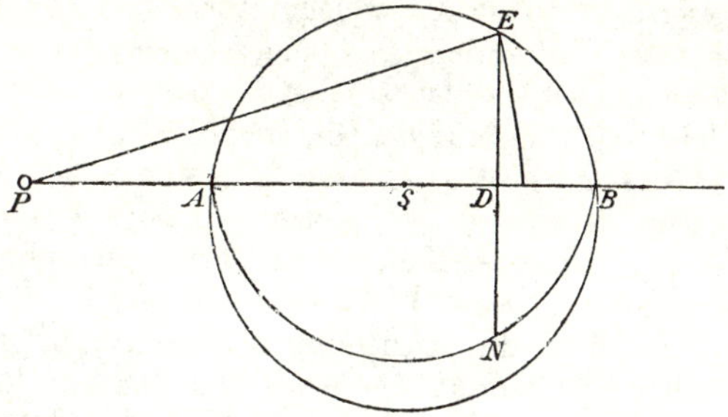

Fig. 15.

Perpendikel ED auf den Durchmesser AB gefällt, so ist die Gesammtanziehung der Kugel auf den Punkt P der Fläche einer Curve ANB proportional, deren Ordinate dem Product aus dem Werthe $\frac{DE^2 \cdot PS}{PE}$ und der Anziehung eines auf der Axe in der Entfernung PE gelegenen Theilchens proportional ist.

Im Einzelnen rechnet NEWTON die Ausdrücke nur für die Centralkräfte durch, die im umgekehrt einfachen, im umgekehrt cubischen und endlich im umgekehrt biquadratischen Verhältniss der Entfernungen wirken. Die Ergebnisse benutzt er, um über die Grösse der Kraftwirkung, besonders für den Fall Aufschlüsse zu erhalten, dass der angezogene Punkt die Kugel berührt. Die beiden Kraftgesetze, dasjenige des einfachen directen und das des umgekehrt quadratischen Verhältnisses, bleiben die einzigen, bei denen man die Gesammtmasse ohne Aenderung der Wirkung in den Schwerpunkt der Kugel versetzt denken kann; bei allen anderen Gesetzen ist die Integralwirkung nicht blos von der Entfernung des angezogenen Punktes vom Centrum, sondern auch noch von seiner Entfernung von der Oberfläche der Kugel abhängig.

Unter der Herrschaft jener beiden Kraftgesetze kann auch die Integralanziehung für äussere Punkte im endlichen Raume niemals, selbst nicht bei der Berührung mit der Kugel unendlich werden, weil der Integralausdruck der Kraft die Entfernung des Punktes von der Oberfläche nicht enthält. Bei anderen Kraftgesetzen verhält sich die Sache anders. Das quadratische Anziehungsgesetz bildet in Bezug auf die Anziehung bei der Berührung eine merkwürdige Scheidegrenze zwischen den verschiedenen Gesetzen der Kraftwirkung. Entwickelt man den Integralausdruck für die Gesammtanziehung einer Kugel bei angenommener Proportionalität der Kraft mit irgend einer Potenz der Entfernung und führt in diese Ausdrücke die kürzeste Entfernung des angezogenen Punktes von der Kugeloberfläche ein, so erhält man zusammengesetzte Ausdrücke, welche auch bei Annahme einer unendlich kleinen Entfernung des angezogenen Punktes von der Kugel noch endliche Werthe ergeben, wenn der Exponent derjenigen Potenz der Entfernung, die der Kraft proportional ist, grösser ist als -2, also -1 oder 0 u. s. w.; die aber, wenn dieser Exponent kleiner als -2, also -3 oder -4 u. s. w. ist, für die Anziehung in unendlich kleiner Entfernung oder bei der Berührung unendlich grosse Werthe annehmen.[1]

Diese Sätze über die Anziehung bei der Berührung, welche nur für kugelförmige Körper bewiesen sind, lassen sich auf alle Körper ausdehnen, indem man ausserhalb des Berührungspunktes beliebige Materie ohne beträchtliche Aenderung der Wirkung wegnehmen und anfügen und so die Kugeln in beliebige andere Körper umgestalten kann. Das ist das Thema des dreizehnten Abschnittes.

Newton hat in seinem Buche keine weiteren Folgerungen aus diesen Sätzen gezogen; er hat das jedenfalls aus Furcht vor Streitigkeiten ganz dem Leser überlassen. Doch ist leicht zu erkennen, dass auch Newton die verschiedenen Kraftgesetze bei Ableitung der Integralwirkung der Körper nur darum so sorgfältig untersuchte, weil er andeuten wollte, dass selbst der Schöpfer, als er der Materie ihre Kräfte einpflanzte, für die natürlichen Kraftwirkungen kaum ein anderes als das quadratische Gesetz wählen konnte. Ein Körper kann als eine Einheit nur begriffen werden, wenn seine Wirkung nach aussen eine einheitliche ist; wenn die Wirkung nach aussen nicht abhängt, wenigstens nicht merklich abhängt von der Lage der einzelnen Theile; wenn man sich also die ganze Materie des Körpers in einem Punkt vereinigt denken kann. Das aber findet nach Newton's Deductionen, abgesehen von der einfachen directen Proportionalität der Kraft mit der Entfernung, die für die Constitution der Körper wohl nicht in Frage kommen kann, nur bei der umgekehrt quadratischen Proportionalität statt. Damit ist keineswegs ausgeschlossen, dass in den Theilchen der Materie neben der obigen constitutiven Kraft noch andere Kräfte nach anderen Gesetzen wirken; nur müssen

---

[1] Vergl. Maupertuis, Sur les loix de l'attraction, Mémoires de l'academie Royale des Sciences, Paris 1732, p. 359 u. f.

dieselben auf grössere Entfernungen hin unmerklich werden, um nicht durch ihre Wirkung auf die Aussenwelt den Eindruck der Einheit der Körper zu stören. Solche Kräfte sind nach Newton diejenigen, welche mit der Entfernung in einem stärkeren Verhältnisse als dem quadratischen abnehmen, und solche Kräfte setzt Newton allerdings, wie wir später noch deutlicher sehen werden, zur Erklärung der Cohäsion der Körper in den kleinsten Theilchen derselben voraus.

Nach diesen Untersuchungen wendet Newton ohne besondere Motivirung das Thema und kommt im XIV. Abschnitt auf die Bewegung sehr kleiner Körper zu sprechen, welche durch Centralkräfte angetrieben werden, die nach den einzelnen Theilen eines grossen Körpers gerichtet sind. Dieser Abschnitt, der in die ganze Untersuchung, wie sie bis jetzt geführt wurde, absolut nicht hinein gehört, ist jedenfalls nur darum eingeschoben worden, weil er Newton's inzwischen veränderte optische Ansichten an dieser vor Angriffen geschützten Stelle ausdrücken sollte. Der Abschnitt führt nämlich die Ursachen der Brechung und Beugung des Lichtes auf die neuen Vorstellungen der fernwirkenden Anziehungskräfte zurück und zeigt unverkennbar, dass Newton um diese Zeit von der Hinneigung gegen die Aethertheorien, wie er sie Ende der siebziger Jahre beschrieben, schon gänzlich zurück gekommen ist. Auch finden sich in diesem Abschnitt schon die ersten Spuren von der Idee der Anwandlungen des Lichtes, die später so systematisch zur Erklärung der Farben dünner Platten, wie der Beugungserscheinungen benutzt wurden.

Denken wir uns zum Beweise des Brechungsgesetzes mit Newton, dass an der Grenze zweier verschiedenen optischen Medien eine Anziehungskraft bis auf eine bestimmte Entfernung und zwar gegen das dichtere Mittel hin wirkt, und denken wir uns diese Anziehung überall als gleich, so wird der Lichtstrahl, d. i. der Strom der Lichtkörperchen, sobald er in den Wirksamkeitsbereich dieser Anziehung kommt, sich wie die Wurfcurve (nach Galilei's Untersuchung) parabelförmig krümmen, so dass die concave Seite gegen das dichtere Mittel gerichtet ist. Diese Krümmung wird so lange dauern, bis der Strahl in das dichtere Mittel so weit eingedrungen ist, dass er von allen Seiten wieder gleich angezogen wird und seine geradlinige Bewegung wieder aufnimmt. Die erste und die letzte geradlinige Bewegung fallen natürlich in ihrer Richtung mit den Tangenten an den Enden des Parabelbogens zusammen, und es lässt sich nun leicht beweisen, dass die Sinus der Ein- und Austrittswinkel bei denselben Medien ein festes Verhältniss haben müssen. Bei der totalen Reflexion ist natürlich der Gang der Lichtstrahlen eine vollständige Parabel.

Auch die in der Luft befindlichen Strahlen werden, wenn sie nahe an den Kanten dunkeler oder undurchsichtiger Körper vorbeigehen, um diese Körper gekrümmt, gleichsam als ob sie von ihnen angezogen würden. Die Strahlen, welche dem Körper am nächsten kommen, werden dabei am stärksten gekrümmt, die in grösseren Abständen vorübergehenden weniger. Ja, die in noch grösseren Abständen vorbeilaufenden biegen sogar ein wenig nach der entgegengesetzten Seite ab und bilden dort drei Farbenbilder, wie man bei den Beugungsversuchen beobachtet. Darnach erscheint es sicher, dass die Körper schon aus einer gewissen Ferne die Theilchen der Lichtstrahlen anziehen und so deren allmähliche Brechung wie Beugung bewirken.

Der optische Abschnitt bildet einen Anhang zum ersten Buche der NEWTON'schen Principien; gleich darauf beginnt NEWTON mit dem zweiten Buch eine ganz neue Untersuchungsreihe. Bis hierher hatte er nur die Bewegung der Körper im leeren Raume behandelt, ohne jede Rücksicht auf einen Widerstand, den dieselbe erleiden könnte. Zu einem Zusammenstosse mit der herrschenden Physik des DESCARTES war dabei noch kaum Gelegenheit gewesen, weil die letztere einen vollständig mit Materie erfüllten Raum voraussetzte. Wenn NEWTON nun aber im zweiten Buche seines Werkes dazu überging, auch die Modificationen zu bestimmen, welche die Bewegungen der Körper durch den Widerstand eines den Raum erfüllenden Mittels erfahren, so mussten seine Sätze mit den Theorien des DESCARTES entweder übereinstimmen oder ihnen widersprechen. Das erste Buch des Werkes blieb dem entsprechend rein theoretisch; das zweite aber konnte nur zum Einvernehmen oder zum Kampfe mit den Cartesianern führen und musste nothwendiger Weise einen polemischen Schluss bekommen.

NEWTON definirt den Widerstand, den eine Bewegung findet, als einen Verlust an Geschwindigkeit, den sie erleidet; der Widerstand wird also in seiner Wirkung selbst zu einer entgegengesetzt gerichteten Geschwindigkeit. In den drei ersten Abschnitten des zweiten Buches nimmt er nur gleichförmige Bewegungen an, die durch den Widerstand des Mittels nach und nach erlöschen, oder Fall- und Wurfbewegungen, bei denen die Schwere als constante und überall senkrecht zum Horizont gerichtete Kraft vorausgesetzt wird. Der erste Abschnitt behandelt den Fall, dass der Widerstand der Geschwindigkeit direct proportional ist, und löst unter dieser Voraussetzung das allgemeinste Problem der Wurfbewegung, die Bahnbestimmung des geworfenen Körpers. Doch bemerkt NEWTON selbst, dass dieses Gesetz des Widerstandes mehr ein mathematisches als physikalisches Interesse habe, weil ein solcher Widerstand nur bei sehr langsamer Bewegung in ziemlich festen Mitteln anzunehmen sei. In Mitteln aber, die von aller Festigkeit frei seien, fände jede Bewegung einen Widerstand, der (wie später direct nachgewiesen werde) dem Quadrat der Geschwindigkeit proportional sei. Denn durch einen geschwinderen Körper werde derselben Menge des Mittels in kürzerer Zeit eine im Verhältniss der grösseren Geschwindigkeit grössere Bewegung und in gleicher Zeit (wegen der grösseren Menge des gestörten Mittels) eine im quadratischen Verhältniss grössere Bewegung mitgetheilt und also dem bewegten Körper entzogen.

Dem zweiten Abschnitte des zweiten Buches, welcher Widerstände behandelt, die dem Quadrat der Geschwindigkeit proportional sind, schickt Newton erst einen sehr kurzen Abriss seiner Fluxionsrechnung voraus, auf den wir später zurückkommen werden. Darnach führt er wieder die Bestimmung der Fall- und Wurfbewegung auf Quadraturen zurück und findet allgemein, dass der erste Zweig der Wurflinie langsamer ansteigt als der zweite abfällt, und dass der zweite Zweig eine Asymptote parallel der Richtung der Schwere hat.

Hieran schliesst sich die neue merkwürdige, aber wieder nur mathematisch interessante Aufgabe, die Dichte des Mittels zu bestimmen, welche in jedem Punkte vorhanden sein muss, damit die Wurflinie eine bestimmte Curve wird, vorausgesetzt, dass der Widerstand dem Product aus der Dichte und dem Quadrat der Geschwindigkeit proportional ist.

Im nächsten Abschnitte untersucht Newton die Bewegungen, welche bei einem Widerstande stattfinden, der zum Theil der einfachen Geschwindigkeit und zum Theil dem Quadrat derselben proportional ist. Centralbewegungen in widerstehenden Mitteln behandelt Newton nur unter der Voraussetzung, dass die Dichtigkeit des Mittels im einfachen Verhältniss der Entfernung vom Kraftcentrum abnimmt und dass die Centripetalkraft irgend einer Potenz der Entfernung umgekehrt proportional ist. Für diese Annahme zeigt er im vierten Abschnitt des zweiten Buches, dass ein Körper durch eine eingepflanzte Geschwindigkeit sich in einer Spirale bewegen kann, welche alle Radien unter gleichen Winkeln schneidet.

Darnach geht Newton näher auf die Beschaffenheit des Mittels selbst und die Vertheilung der Dichte ein und handelt in dem langen fünften Abschnitte speciell von der Dichtigkeit und der Zusammendrückung der Flüssigkeiten und der Hydrostatik überhaupt. Eine Flüssigkeit ist nach ihm jeder Körper, dessen Theile einer jeden einwirkenden Kraft nachgeben und, indem sie nachgeben, leicht unter einander bewegt werden. Aus dieser Definition wird die nach allen Seiten gleiche Fortpflanzung des Druckes in Flüssigkeiten abgeleitet. Darauf folgt die Bestimmung der Dichtigkeiten, welche in den verschiedenen Orten einer Flüssigkeit durch eine Centripetalkraft erzeugt werden, die einer Potenz der Entfernung vom Centrum proportional ist.

Wie schon immer in seinen Principien macht Newton auch hier verschiedene Annahmen über die stattfindenden Wirkungsgesetze, leitet daraus mathematisch die folgenden Erscheinungen ab und überlässt es dem Physiker nachzusehen, welche Ableitungen der Wirklichkeit entsprechen. Die Principien mit ihren hypothetischen Deductionen bilden in methodischer Beziehung die directe Ergänzung zu der fast rein inductiven Optik Newton's.

Unter Festhaltung der Annahme also, dass die Dichtigkeiten der Flüssigkeiten den drückenden Kräften proportional, ergiebt sich: 1. für Centripetalkräfte, welche der Entfernung umgekehrt proportional sind, dass die Dichten in stetig proportionalen Abständen vom Centrum ebenfalls in stetiger Proportion stehen; 2. für Centripetalkräfte, die dem Quadrate der Entfernung umgekehrt proportional sind, dass in harmonischen Entfernungen vom Centrum die Dichten in geometrischer Proportion stehen; 3. für Centripetalkräfte, die den Cuben der Entfernungen umgekehrt proportional sind, dass in Entfernungen, deren Quadrate in umgekehrt arithmetischer Progression angenommen werden, die Dichten in geometrischer Progression stehen; 4. bei Centralkräften, die den Biquadraten der Entfernungen umgekehrt proportional sind, dass in Entfernungen, deren Cuben man umgekehrt in arithmetischer Progression annimmt, die Dichten in geometrischer Progression stehen u. s. w. Wird die Centripetalkraft als constant angenommen und stehen die Entfernungen in arithmetischer Progression, so nehmen die Dichten in geometrischer Progression ab, wie schon Edmund Halley gefunden hat. Ist endlich die Centripetalkraft den Abständen direct proportional, so stehen ebenfalls die Dichten in geometrischer Progression, wenn die Quadrate der Entfernungen in arithmetischer Progression wachsen.

Bei Ableitung aller dieser Sätze ist festgehalten worden, dass die betrachteten Centripetalkräfte nicht zwischen den Theilchen der Flüssigkeit selbst, sondern nur zwischen dieser und einem Centralkörper wirken, auf dem die Schichten der Flüssigkeit ruhen; die inneren Wirkungen, auf denen das Verhältniss zwischen Druck und Dichte beruht, sind noch nicht discutirt worden.

Jetzt erst geht Newton dazu über, auch die Kräfte zu charakterisiren, welche zwischen den Theilen wirken, und damit die Proportionalität von Druck und Dichte zu begründen. Dabei beweist er die folgenden Lehrsätze: Theilchen, welche einander in Folge von Kräften fliehen, die den Entfernungen ihrer Mittelpunkte umgekehrt proportional sind, bilden eine elastische Flüssigkeit, deren Dichtigkeit der Zusammendrückung proportional ist.

Umgekehrt, verhält sich die Dichtigkeit einer elastischen Flüssigkeit wie die Zusammendrückung, so sind die Centrifugalkräfte der Theilchen den Abständen ihrer Mittelpunkte umgekehrt proportional. Sind die Centrifugalkräfte den zweiten, dritten oder vierten Potenzen der Entfernungen umgekehrt proportional, so verhalten sich die Cuben der Druckkräfte wie die vierten, fünften oder sechsten Potenzen der Dichtigkeiten u. s. w.

Jedoch auch das gilt nur unter einer Beschränkung, wenn wir nämlich annehmen, dass die abstossenden Kräfte der einzelnen Theilchen nicht weiter als auf die nächstliegenden sich erstrecken, und dass ein Theilchen auf ein entfernteres nur durch die Vermittelung aller dazwischen liegenden wirken kann. Für diese Art der Wirkung führt NEWTON als Beispiel den Magneten an, dessen Kraft auch durch ein vorgelegtes Eisenblech ganz zusammengezogen und beinahe auf dieses so beschränkt werde, dass entferntere Körper nicht sowohl durch den Magneten, als durch das Blech angezogen würden. NEWTON schliesst den Abschnitt gewohnterweise mit der Bemerkung, dass er die Entscheidung darüber, ob die elastischen Flüssigkeiten wirklich aus solchen einander abstossenden Theilchen bestünden, den Physikern überlasse; er habe auf mathematischem Wege die Eigenschaften solcher Flüssigkeiten nur abgeleitet, um den Physikern Gelegenheit zu geben, jene Frage zu behandeln.

Auf die Untersuchung der freien Bewegungen in widerstehenden Mitteln folgt im sechsten Abschnitte die der Pendelbewegungen. Da bei Pendeln von gleicher Länge, die unter dem Einfluss verschieden grosser Centralkräfte im leeren Raume schwingen, die Massen den Produkten aus den Gewichten in die Quadrate der Schwingungszeiten proportional sind, so können die Pendel dazu gebraucht werden, sowohl die Massen der Körper zu bestimmen, wie auch die Verschiedenheit des Gewichtes oder die Aenderung der Schwere an verschiedenen Orten der Erde zu messen.

Bei erfülltem Raume ist statt des absoluten das relative Gewicht zu setzen, abgesehen natürlich vom Widerstande. Auch in widerstehenden Mitteln bleiben cycloidische Pendelschwingungen isochron, wenn die Widerstände den Zeitmomenten oder den Geschwindigkeiten einfach proportional sind. Ist der Widerstand dem Quadrat der Geschwindigkeit proportional, so trifft das nicht mehr zu; die Unterschiede der Schwingungszeiten desselben Pendels in demselben Mittel, ohne und mit Widerstand gedacht, sind dann sehr nahe den beschriebenen Bogen proportional. Daraus geht hervor: erstens, dass sehr kleine Schwingungen auch in einem solchen widerstehenden Mittel als isochron angesehen werden können, und zweitens, dass man aus der Abnahme der

Schwingungen in einem widerstehenden Mittel die Art und Grösse des Widerstandes bestimmen kann.

Newton hat darnach sehr viele und sehr sorgfältige Versuche gemacht, um den Widerstand in Luft, in Wasser und schliesslich in Quecksilber zu bestimmen. Für die Genauigkeit seiner Versuche spricht es, dass er einige Male bei Schwingungen der Pendel in Wasser den Widerstand stärker, als mit dem Quadrate der Geschwindigkeit wachsend fand, dass er diesen Ueberschuss aber auf die gehinderte Bewegung in dem zu engen Kasten oder auf die Reibung des Wassers an den Kastenwänden zurückführen und diese Vermuthung durch Verkleinerung der Pendelkugel bestätigen konnte. Von solchen Abweichungen abgesehen, ergaben Newton's Versuche überall die Proportionalität des Widerstandes mit der Dichte, und er konnte aus den beobachteten Widerständen das Verhältniss der Dichten der Luft und des Wassers auf 1:850 und das der Dichte des letzteren zur Dichte des Quecksilbers auf 1:13 oder 14, also ziemlich genau berechnen.[1]

Ueber die Ursachen des Widerstandes spricht er sich hier folgendermaassen aus: Aus dem Vorhergehenden ergiebt sich zur Genüge, dass der Widerstand von Körpern, welche sich in Flüssigkeiten schnell bewegen, den Dichtigkeiten der letzteren sehr nahe proportional sei. Ich sage nicht: genau. Denn zähere Flüssigkeiten werden ohne Zweifel bei gleicher Dichtigkeit einen grösseren Widerstand ausüben als solche, welche flüssiger sind. In Flüssigkeiten aber, welche für das Gefühl hinreichend flüssig erscheinen, wie in der Luft und Wasser und allen anderen so flüssigen Mitteln, dass sie die mitgetheilte Bewegung eine Zeit lang beibehalten und frei ausgegossen bei ihrem Falle sich in Tropfen auflösen, in allen diesen Mitteln wird ohne Zweifel die angeführte Regel genau genug gelten, besonders wenn die Versuche mit grösseren und schneller sich bewegenden Pendeln angestellt werden.

Newton verfolgt sodann den kühnen Plan, den Widerstand des den Weltenraum erfüllenden Aethers mit dem der Luft zu vergleichen, von dem er jedenfalls selbst nur ein negatives Ergebniss erwartete. Nach der von Vielen angenommenen Meinung, sagt er, existirt ein gewisses ätherisches und sehr lockeres Mittel, welches alle Poren und Zugänge eines jeden Körpers frei durchwandert; aus einem solchen Mittel muss auch ein Widerstand entspringen. Um zu bestimmen, ob der durch Versuche an bewegten Körpern gefundene Widerstand ganz an ihrer äußeren Oberfläche

[1] Princ. math., 2. ed., p. 289 macht Newton die hübsche Bemerkung: Caeterum Globorum, quibus usus sum in his experimentis, maximus non erat perfecte Sphaericus, et propterea in calculo hic allato minutias quasdam brevitatis gratia neglexi; de calculo accurato in experimento non satis accurato minime sollicitus.

stattfindet, oder ob auch die inneren Theile an ihren eigenen Oberflächen einen merklichen Widerstand erleiden, erdachte ich folgenden Versuch. An einem elf Fuss langen Faden, welcher mittelst eines stählernen Ringes von einem hinreichend festen stählernen Nagel herabhing, befestigte ich eine Büchse von Tannenholz, um so ein Pendel von der bezeichneten Länge herzustellen. Der Nagel war oben sehr scharf mit concav geformter Schneide versehen, so dass der Ring, wenn er mit seinem oberen Bogen auf der Schneide ruhte, sich ganz frei bewegen konnte. An dem unteren Bogen war der Faden befestigt. Das so hergestellte Pendel brachte ich um einen Abstand von etwa sechs Fuss aus der perpendiculären Richtung. Ich bezeichnete dann genau den Ort, zu welchem ich das Pendel geführt, und, nachdem ich es losgelassen hatte, auch die drei Orte, zu denen es am Ende der ersten, zweiten und dritten Schwingung zurückkehrte. Dies wiederholte ich mehrmals, um jene Orte so genau als möglich zu bestimmen. Hierauf füllte ich die Büchse mit Blei und anderen schweren Metallen, welche ich zur Hand hatte. Das ganze Gewicht der nur mit Luft gefüllten Büchse betrug ungefähr $^1/_{78}$ desjenigen, welches die mit Metall angefüllte Büchse hatte. Führte ich nun das Pendel zu dem zuerst bezeichneten Punkte und liess es dann los, so zählte ich ungefähr 77 Schwingungen, bis es zu dem zweiten, hierauf ebenso viel, bis es zum dritten und dann ebenso viel, bis es zum vierten Punkte zurückkehrte. Hieraus schloss ich, dass der ganze Widerstand der vollen Büchse zu dem der leeren kein grösseres Verhältniss habe als 78 : 77. Wären nämlich die Widerstände beider einander gleich, so müsste die volle Büchse, weil sie mit einer 78 Mal grösseren Kraft ausgestattet ist als die leere, ihre schwingende Bewegung um ebenso viel länger beibehalten, also immer nach 78 Schwingungen zu den bezeichneten Orten zurückkehren. Daraus folgt schliesslich nach kurzer Rechnung, dass der Widerstand im Innern der leeren Büchse beinahe 6000 Mal kleiner sein muss, als derjenige, welcher an der äusseren Oberfläche stattfindet. Newton bemerkt noch dazu, dass er aus dem Gedächtniss abgerundete Zahlen gegeben habe, weil ihm die betreffenden Papiere verloren gegangen seien. In der That haben die Zahlen nicht allzu viel Ueberzeugendes; ohnedies aber war das gefundene Verhältniss 6000 : 1 auch an sich so unsicher in seiner Grösse, dass nichts daran hinderte, den Widerstand des Aethers als Null anzunehmen.

Bis dahin hat sich Newton den Widerstand auf den Körper als Ganzes oder direct auf seinen Schwerpunkt wirkend gedacht. Im siebenten Abschnitte untersucht er weiter, wie der Widerstand einer aus einzelnen Theilchen zusammengesetzten Flüssigkeit auf verschieden geformte Körper je nach der Form derselben verschieden wirkt. Er zeigt, dass man den Widerstand regelmässig geformter Körper mit dem Widerstande von Kugeln vergleichen kann, dass z. B. der eines Cylinders caeteris paribus doppelt so gross ist als der einer Kugel, und untersucht dann vor Allem den Widerstand der letzteren. Die Resultate dieser schwierigen Untersuchungen fasst er folgendermaassen zusammen. In diesem Satze habe ich den Widerstand und die Verzögerung auseinandergesetzt, welche sphärische Projectile in nicht zusammenhängenden Mitteln erleiden, und gezeigt, dass dieser Widerstand sich zu der Kraft, durch welche die ganze Bewegung des Projectils in der Zeit, während der die Kugel bei gleichförmig fortgesetzter Bewegung $^2/_3$ ihres Durchmessers zurücklegen würde, entweder aufgehoben oder erzeugt werden könnte, verhält wie die Dichtigkeit des Mittels zur Dichtigkeit der Kugel. Hierbei findet die Voraussetzung statt, dass die Kugel und die Theilchen des Mittels höchst elastisch sind und mit grösster Gewalt zurückgeworfen werden können. Diese Kraft ist nur halb so gross, wenn die Kugel und die Theilchen des Mittels unendlich hart und von aller zurückwerfenden Kraft frei sind. In continuirlichen Mitteln, wie im Wasser, warmen Oel und Quecksilber, in denen die Kugel nicht unmittelbar auf alle Widerstand erzeugenden Theilchen der Flüssigkeit trifft, sondern selbst nur gegen die nächsten drückt, während diese wieder auf andere u. s. w. Druck ausüben, wird der Widerstand noch um das Doppelte kleiner sein. Die Kugel erleidet nämlich in sehr flüssigen Mitteln dieser Art einen Widerstand, welcher sich zu der Kraft verhält, durch die ihre ganze Bewegung während der Zeit, wo sie bei gleichförmig fortgesetzter Bewegung $^8/_3$ ihres Durchmessers zurücklegen würde, aufgehoben oder erzeugt werden könnte, wie die Dichtigkeit des Mittels zur Dichtigkeit der Kugel. Dies wollen wir im Folgenden zu zeigen versuchen.

Dazu betrachtet Newton aber nicht die Bewegung der festen Körper in Flüssigkeiten, sondern umgekehrt die Bewegungen von Flüssigkeiten in festen Gefässen, vor Allem den Ausfluss der Flüssigkeiten aus solchen. Er leitet für die Ausflussmenge die Torricelli'sche Formel ab, bemerkt aber dazu nicht blos, dass die berechnete Ausflussmenge stets nach einem gewissen Verhältniss von der beobachteten abweicht, sondern giebt auch zum ersten Male den Grund dieser Erscheinung an. Die Oeffnung im Gefäss, so sagt er, muss etwas grösser sein, als berechnet, wenn die Wassermenge die gewünschte werden soll. Alle die Wassertheilchen, welche ausfliessen sollen, können nämlich nicht in perpendiculärer Richtung durch das Loch gehen, sondern werden, indem sie überall von den Seiten des Gefässes herkommen und gegen das Loch zu convergiren, dort in schiefer Richtung durchfliessen. Da sie nun alle das Bestreben haben, durch den Boden fortzugehen, so wird ihre Bewegung mit derjenigen Wasserader übereinstimmen, welche perpendiculär durchfliesst. Diese Wasserader ist ausserhalb der Oeffnung etwas dünner als in der Oeffnung selbst, so dass ihr Durchmesser sich zu dem der letzteren, wenn die Messungen richtig gewesen sind, nahebei wie 5 : 6 oder wie 5,5 : 6,5 verhält.

Nachdem dann noch weiter der Widerstand betrachtet worden ist, den das in Canälen fliessende Wasser durch feste Körper erleidet, kommt NEWTON wieder auf das Gesetz des Widerstandes der Flüssigkeiten zurück und prüft nun dasselbe durch sehr sorgfältige Versuche über das Fallen von kugelförmigen Körpern in Luft oder auch in Wasser, die er in jeder der drei, bei seinen Lebzeiten erschienenen Auflagen seines Werkes in immer vermehrter Anzahl und mit immer grösserer Genauigkeit beschreibt. Alle diese Versuche über den Widerstand der Flüssigkeiten haben eine enorme fundamentale Wichtigkeit für die Technik wie für die Wissenschaft der Bewegungen überhaupt und sie sind auch seit jener Zeit von vielen Physikern aus diesem Grunde theoretisch und praktisch mit grosser Sorgfalt weiter behandelt worden. Doch zeigen NEWTON's Worte am Schlusse dieses Abschnittes, dass auch bei ihnen das fundamentale Interesse NEWTON's, die Beurtheilung und Erklärung der Himmelsbewegungen als letztes treibendes Element thätig war. Unsere Theorie, so sagt er, bestimmt also fast genau den ganzen Widerstand, welchen die sowohl im Wasser als in der Luft sich bewegenden Kugeln zu erleiden haben, und dieser Widerstand ist, wenn die Geschwindigkeiten und Grössen der Kugeln gleich sind, der Dichtigkeit der Flüssigkeit proportional. In der Anmerkung zum sechsten Abschnitt habe ich durch Pendelversuche gezeigt, dass gleiche Kugeln, welche sich in der Luft, im Wasser und im Quecksilber mit gleichen Geschwindigkeiten bewegen, einen der Dichtigkeit der Flüssigkeiten proportionalen Widerstand erleiden. Hier habe ich es aber genauer durch Versuche mit Körpern dargethan, welche in der Luft und im Wasser fielen. Man kann daraus schliessen, dass die Widerstände, welche Körper bei ihrer Bewegung in beliebigen sehr lockeren Mitteln erleiden, unter übrigens gleichen Umständen den Dichtigkeiten der Mittel proportional sind. Bei langsamen Bewegungen kann der Widerstand etwas kleiner sein, weil die Kugelform sich besser zur Bewegung eignet, als die Gestalt eines über demselben Durchmesser construirten Cylinders. Bei schnelleren Bewegungen hingegen kann der Widerstand etwas grösser sein, weil die Elasticität und die Zusammendrückung der Flüssigkeiten nicht in dem doppelten Verhältniss der Geschwindigkeiten wachsen. Ich nehme aber keine Rücksicht auf diese Kleinigkeiten. Würden selbst die Luft, das Wasser, das Quecksilber und andere ähnliche Flüssigkeiten bis in's Unendliche verdünnt, und bildeten sie so unendlich flüssige Mittel, so würden sie deshalb nicht weniger den geworfenen Kugeln widerstehen. Der in den vorhergehenden Paragraphen besprochene Widerstand entspringt nämlich aus der Trägheit der Materie, und diese Trägheit ist den Körpern eigenthümlich und stets der Menge ihrer Materie proportional. Man kann in der That durch die Zertheilung denjenigen Widerstand vermindern, welcher aus Zähigkeit und Reibung ihrer Theile entspringt; allein diese Zertheilung vermindert keineswegs die Menge der Materie und bleibt diese unverändert, so bleibt es auch die Kraft der Trägheit, welcher der hier besprochene Widerstand stets proportional ist. Damit dieser kleiner werde, muss man also die Menge der Materie in den Räumen vermindern, in denen die Körper sich bewegen. Aus diesem Grunde müssen die Himmelsräume, in denen die Kugeln der Planeten und Kometen sich unaufhörlich in jedem Sinne frei und ohne bemerkbare Verminderung ihrer Geschwindigkeit bewegen, von jeder körperlichen Flüssigkeit frei sein; ausgenommen vielleicht die Materie einiger Lichtstrahlen (!).

Der siebente Abschnitt des zweiten Buches handelt von der in Flüssigkeiten fortgepflanzten Bewegung, d. h. der Wellenbewegung im weitesten Sinne. Derselbe geht direct nur auf die Bewegung des Schalles, ist aber an einzelnen Stellen auch auf die Theorie des Lichtes anwendbar und spielt, wie wir später noch sehen werden, gerade in dieser Beziehung eine merkwürdige Rolle.

Der ganze Abschnitt ist ebenso wie der vorige ein glänzendes Zeugniss für das ausserordentliche mathematisch-physikalische Genie Newton's, das in diesen von der Beobachtungskunst noch kaum gestreiften Gebieten mathematisch sogleich festen Fuss fassen und für diese schwierigen Untersuchungen, wo immerwährend die Wechselwirkung unzähliger Theilchen im Auge zu behalten war, ohne Vorläufer sogleich die richtigen Grundlagen schaffen konnte.

Newton geht davon aus, dass ein Druck in einer aus einzelnen Theilen bestehenden Flüssigkeit sich nur dann geradlinig fortpflanzen könne, wenn alle Theilchen in einer geraden Linie lägen, dass aber, wenn die Theilchen gleichmässig im Raume verbreitet seien, jeder Druck und jede Bewegung vom geraden Wege unaufhörlich nach den unbewegten Räumen hin abweichen und auch in den Räumen hinter den Hindernissen sich ausbreiten müssten. Diese Ausbreitung geschähe in einem elastischen Mittel so, dass die Theilchen abwechselnd vor- und rückwärts gingen, also vibrirten, in einem unelastischen aber so, dass die von dem fortschreitenden Punkte eben verdrängten Theilchen sich kreisförmig nach rückwärts in die von dem Punkte eben verlassenen Räume verbreiteten.

Um die Wellenbewegung mathematisch zu fassen, denkt sich NEWTON eine Wassersäule in einer communicirenden Röhre schwingend; solche Schwingungen müssen mit denen eines Pendels isochron sein, dessen Länge der halben Länge der Wassersäule in der communicirenden Röhre gleich ist. Auch die Bewegung der Wassertheilchen bei freien Wasserwellen kann man als Bewegung in communicirenden Röhren betrachten, wenn man deren Länge der halben Wellenbreite[1] gleichsetzt; die Theilchen in den Wasserwellen schwingen also isochron mit einem Pendel, dessen Länge mit der Wellenbreite übereinstimmt. Da nun die Wellenbewegung, wie leicht zu sehen, sich um eine Wellenbreite fortpflanzt, während ein Theilchen eine Schwingung vollendet, so muss diese Fortpflanzungsgeschwindigkeit der Quadratwurzel aus der Wellenbreite proportional sein. Dies gilt unter der Voraussetzung, dass die Theile des Wassers geradlinig auf- und absteigen; da aber beides eher in einer Kreislinie geschieht, so ist der Satz nur als näherungsweise richtig anzunehmen.

Auch wenn sich Stösse in einer elastischen Flüssigkeit von einem Punkte aus fortpflanzen, so schwingen die einzelnen Theilchen nach Art eines Pendels, und zwar stimmt die Anzahl der in einer Zeit erfolgenden Vibrationen mit der Anzahl der Stösse überein. Um die Fortpflanzungsgeschwindigkeit der Bewegung für diesen Fall zu bestimmen, denkt sich NEWTON, dass eine Flüssigkeit durch ein aufliegendes Gewicht nach Art unserer Atmosphäre zusammengedrückt werde, und bezeichnet mit A die Höhe eines homogenen Mittels, dessen Gewicht dem aufliegenden gleich und dessen Dichtigkeit dieselbe ist, wie dic der betreffenden Flüssigkeit, in welcher die Stösse sich fortpflanzen. Dann schreiten die Stösse in dieser Flüssigkeit während der Zeit, in welcher das Pendel von der Länge A eine ganze Schwingung vollendet, um den Umfang eines Kreises fort, dessen Halbmesser gleich A ist. Da aber die Höhe A der Elasticität der Flüssigkeit direct und der Dichte derselben indirect proportional ist, so folgt, dass die Fortpflanzungsgeschwindigkeit der Wellen in einem elastischen Mittel der Quadratwurzel aus der elastischen Kraft im directen, zu der Quadratwurzel aus der Dichte des Mittels aber im indirecten Verhältnisse steht; vorausgesetzt noch, dass die elastische Kraft mit der Dichtigkeit im gleichen Maasse wächst.

NEWTON bezieht die letzten Sätze ausdrücklich auf die Bewegungen des Lichtes und des Schalles, macht aber nur einige Anwendungen auf die Theorie des Schalles, der jedenfalls aus

[1] Wellenbreite = Wellenlänge.

zitternden Körpern entspringe und nichts weiter sei, als ein fortgesetzter Stoss der Luft. Vor allem berechnet er nach seinem Gesetze die Fortpflanzungsgeschwindigkeit des Schalles in der Luft. Das specifische Gewicht des Quecksilbers ist circa $13^2/_3$, das der Luft $^1/_{870}$, Quecksilber ist also 11890 mal schwerer als Luft. Bei einem Barometerstand von 30 Zoll müsste darnach die Höhe einer Luftschicht, deren Dichte und Gewicht der Dichte und dem Gewichte der Luft an der Erdoberfläche gleich wären, gleich 29725 Fuss sein, und so gross haben wir also die vorhin erwähnte Länge A zu nehmen. Ein Pendel von dieser Länge hat eine Schwingungsdauer von $190^3/_4$ Secunden, die Peripherie eines Kreises vom Radius A ist gleich 186768 Fuss, um diese Strecke pflanzt sich der Schall während der Zeit von $190^3/_4$ Secunden fort. Die Fortpflanzungsgeschwindigkeit des Schalles beträgt also 978 Fuss in der Secunde.

Newton kennt die Abweichung seines Resultats von den durch directe Beobachtung gefundenen Zahlen und versucht den Fehler allerdings in nicht sehr wahrscheinlicher Weise zu verbessern. Ich habe, sagt er, bei dieser Rechnung keine Rücksicht auf die Dicke der festen Theilchen der Luft genommen, durch welche sich der Schall augenblicklich fortpflanzt. Das Gewicht der Luft verhält sich nämlich zu dem des Wassers wie 1 : 870, und Salze sind fast zweimal so dicht als das letztere. Setzt man nun voraus, dass die Luftheilchen ungefähr eben so dicht als Wassertheilchen, die sich gegenseitig berühren, seien und der lockere Zustand der Luft nur von den zwischen den Theilchen befindlichen Zwischenräumen herrühre; so wird der Durchmesser eines Lufttheilchens sich zum Abstande der Mittelpunkte zweier Theilchen ungefähr wie 1 : 9 oder 1 : 10 und zum Abstande der Theilchen selbst wie 1 : 8 oder 1 : 9 verhalten. Man muss daher zu den 979 Fuss, welche der Schall in einer Secunde durchlaufen soll, nach der vorhergehenden Rechnung noch $^{979}/_9 = 109$ Fuss ungefähr addiren; der Schall legt also in einer Secunde etwa 1088 Fuss zurück. Hierzu kommt noch, dass die in der Luft enthaltenen Dämpfe eine andere Spannung als jene haben und einen anderen Ton angeben; sie nehmen daher kaum Theil an der Bewegung der reinen Luft, welche den Schall fortpflanzt. Befinden sich nun diese Theile in Ruhe, so wird die Bewegung schneller durch die reine Luft fortgepflanzt, und zwar im halben Verhältniss der geringeren Menge der Materie. Ist daher die Atmosphäre aus zehn Theilen reiner Luft und einem Theile Dampf zusammengesetzt, so wird die Bewegung des Schalles schneller sein im Verhältniss $\sqrt{11} : \sqrt{10}$ d. h. ungefähr wie 21 : 20, als wenn sie elf Theile reiner Luft enthielte. In diesem Verhältniss muss nun die vorher gefundene Geschwindigkeit des Schalles vergrössert werden. Sie wird daher in einer Secunde = 1142 Fuss, und Versuche haben in der That gezeigt, dass der Schall in einer Secunde 1142 engl. oder 1070 par. Fuss zurücklegt.

Nach diesem wendet sich NEWTON im neunten Abschnitte des zweiten Buches zum letzten, complicirtesten Problem seiner Hydromechanik, zur Discussion der Wirbelbewegungen. Er führt aber die Untersuchung ausdrücklich nur unter der Hypothese[1] durch, dass die innere Reibung oder die Widerstände, welche ruhende Flüssigkeitsschichten der Bewegung anliegender entgegensetzen und die nur aus der unvollkommenen Schlüpfrigkeit der Theile entspringen, den Geschwindigkeiten proportional sind, mit welcher die Theile sich von einander trennen. Unter dieser Annahme beweist er leicht, dass in einer unbegrenzten, gleichförmigen Flüssigkeit ein unbestimmt langer Cylinder, der sich gleichförmig um seine Achse dreht, endlich nach längerer Zeit eine gleichförmige Kreisbewegung erzeugen muss, so beschaffen, dass die Umlaufszeiten der einzelnen Theile sich direct wie ihre Abstände von der Achse verhalten, und dass durch eine um eine Achse rotirende Kugel unter sonst gleichen Umständen eine gleichförmige Bewegung der Flüssigkeitstheilchen erzeugt wird, so dass die Umlaufszeiten der einzelnen Theilchen den Quadraten ihrer Abstände von der Rotationsachse direct proportional sind. Da bei diesen Bewegungen die inneren Theile an die äusseren immerwährend Bewegung abgeben müssen, so wird ein solcher Wirbel in einer unbegrenzten Flüssigkeit nicht möglich sein, oder doch bald zum Stillstande kommen, wenn nicht ein thätiges Princip existirt, welches dem rotirenden Cylinder oder der rotirenden Kugel die nach aussen abgegebene Bewegung wieder ersetzt.

Wenn eine andere Kugel in einen Wirbel hineinschwimmt und sich dabei um eine beliebige Achse dreht, so wird sie sich bald mit der Flüssigkeit in diesem Wirbel übereinstimmend drehen, dabei aber wird auch ihre eigene Rotationsbewegung in der Flüssigkeit bis in's Unendliche sich ausbreiten. Auf diese Weise wird nach und nach die erste Kugel auch durch den Wirbel der zweiten mit fortgerissen werden, dergestalt, dass beide Kugeln sich dann um einen zwischen ihnen liegenden Punkt herumdrehen und wegen ihrer Kreisbewegungen sich von einander entfernen würden, wenn nicht irgend eine Kraft sie zusammen hielte. Aehnliche Erscheinungen treten auf, wenn mehrere Kugeln auf solche Weise in einen Wirbel eintreten: immer aber sind zur Fortdauer der stationären Bewegung zweierlei Kräfte nöthig, solche, welche

[1] Princ. math., 2. ed., p. 345: Hypothesis. Resistentiam, quae oritur ex defectu lubricitatis partium Fluidi, caeteris paribus, proportionalem esse velocitati, qua partes Fluidi separantur ab invicem.

die Rotationsbewegung der einzelnen Körper erhalten, und solche, welche die Körper an der gegenseitigen Entfernung von einander verhindern.

Etwas anders scheint die Sache, wenn der Wirbel nicht in einer unendlichen Flüssigkeit, sondern in einem geschlossenen kugelförmigen Gefässe sich bewegt; doch bleibt im Grunde genommen dieselbe auch hier ungeändert. Ist das Gefäss frei beweglich, so kann der Wirbel nur bestehen, wenn dasselbe sich mit dem Wirbel nach dem Gesetz des Wirbels dreht, also mit einer Umlaufszeit, die dem Quadrat des Radius proportional ist, und dann wird dieses Gefäss ganz wie vorher der freie Wirbel an die umgebende Materie immerwährend Bewegung abgeben. Ruht aber das Gefäss, so kann der Fall dadurch auf den vorigen zurückgeführt werden, dass man die Bewegung auf eine Ebene bezieht, welche sich um die Achse des Wirbels in entgegengesetzter Richtung mit der Geschwindigkeit dreht, welche das Gefäss bei freier Beweglichkeit erhalten würde. Die hierzu nöthige Bewegungsmenge ist es, welche die innere Kugel fortwährend abgeben muss. Wird allein das äussere Kugelgefäss bewegt, so bleiben die Verhältnisse dieselben, nur dass jetzt nicht die innere, sondern die äussere Kugel die Kraft abgeben muss. Einzig in dem Falle, dass ausserhalb des Kugelgefässes gar keine Materie vorhanden wäre, könnten Kugel, Flüssigkeit und Kugelgefäss ihre Bewegungen so lange ausgleichen, bis sie als ein Ganzes, wie ein fester Körper, auch ohne Einwirkung von Kräften um eine gemeinsame Achse ohne Aufhören sich bewegten. Dreht sich die Flüssigkeit nicht in einem kugelförmig, sondern anders gestalteten Gehäuse, so werden sich ihre Theilchen auf Curven bewegen, die der Figur des Gehäuses ähnlich sind. In den Theilen zwischen dem Centrum und dem Umfange, wo die Räume breiter sind, werden dann die Bewegungen der Flüssigkeitstheilchen langsamer, wo jene enger sind, werden sie schneller sein, nahezu aber werden sich die Umlaufszeiten immer wie die Quadrate der mittleren Abstände von dem Centrum verhalten.

Newton erklärt ausdrücklich die Eigenschaften der Wirbel nur erforscht zu haben, um zu erfahren, ob die Eigenschaften der Himmelsbewegungen vermittelst solcher Wirbel erklärt werden könnten, und kommt natürlich in dieser Hinsicht zu einem negativen Ergebniss. Die Umlaufszeiten der Theile des Wirbels müssen nach der vorhergehenden Theorie den Quadraten der Entfernungen vom Centrum proportional sein. Die Umlaufszeiten der Himmelskörper aber, wie z. B. der Jupitertrabanten, sind den dritten Potenzen der Quadratwurzeln der Abstände vom Centrum proportional. Eine solche Reduction der Quadrate auf die dritthalbten Potenzen aber könnte nur eintreten, wenn die Materie des

Wirbels mit der Entfernung vom Centrum immer flüssiger würde, oder wenn der Widerstand, welcher aus der mangelnden Schlüpfrigkeit der Theile entspringt, durch die Zunahme der Geschwindigkeit, womit die Theile der Flüssigkeit sich von einander trennen, in einem grösseren Verhältniss wüchse als die Geschwindigkeit. Keines von Beiden aber scheint der Vernunft zu entsprechen. Die dickeren oder weniger flüssigen Theile werden, wenn sie nicht gegen den Mittelpunkt gravitiren, sich nach aussen bewegen, und es ist wahrscheinlich, dass der Widerstand in einem noch kleineren Verhältniss als dem der einfachen Geschwindigkeit steht; dann aber werden die Umlaufszeiten sogar nach einem noch grösseren als dem quadratischen Verhältniss der Entfernungen wachsen. Wenn die Wirbel, wie einige meinen, sich nahe beim Centrum schneller, hierauf bis zu einer gewissen Grenze langsamer, dann in der Nähe der Peripherie auf's neue schneller bewegen, so kann sicher weder das dritthalbte, noch irgend ein anderes festes und bestimmtes Verhältniss gelten. Es mögen daher die Naturforscher sehen, auf welche Weise jene Erscheinung des dritthalbten Verhältnisses durch Wirbel erklärt werden könnte.

Ein fester Körper kann sich in einem Wirbel in einem Kreise nur bewegen, wenn er gleiche Dichtigkeit mit der anliegenden Materie des Wirbels hat. In diesem Falle wird auch seine Geschwindigkeit der Geschwindigkeit der anliegenden Wirbeltheile gleich sein; im anderen Falle wird er sich in einer Spirallinie dem Mittelpunkt nähern oder von demselben entfernen. Auch auf diese Weise ist also eine Uebereinstimmung der obigen beiden Proportionen nicht herbeizuführen.

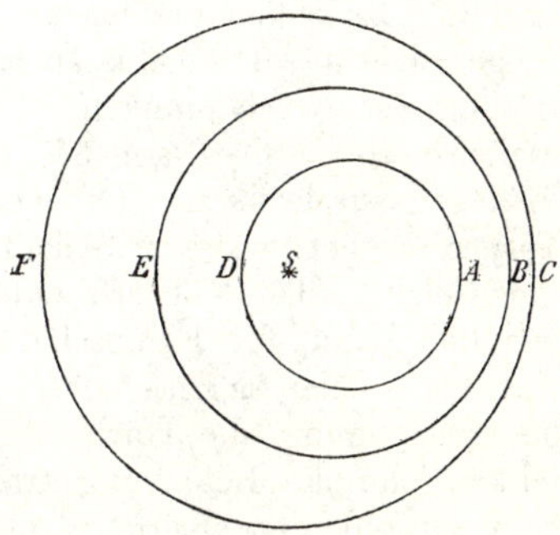

Fig. 16.

Aus alledem geht hervor, dass die Planeten nicht durch körperliche Wirbel um die Sonne getragen werden können. Aus der Wirbeltheorie folgen viel eher überall die gegentheiligen als die wirklich stattfindenden Bewegungen. Seien *AD*, *BE* und *CF* (in der nebenst. Figur) drei um die Sonne *S* beschriebene Bahnen, deren äusserste *CF* ein um die Sonne concentrischer Kreis sei, die Aphele der beiden inneren Bahnen seien *A* und *B*, ihre Perihele in *D* und *E*. Ein in der Bahn *CF* sich bewegender Körper wird mit den nach der Sonne gezogenen Leitstrahlen der Zeit proportionale Flächen beschreiben und sich gleichförmig bewegen. Ein in der Bahn *BE* sich bewegender Körper wird sich aber nach astronomischen Gesetzen langsamer im Aphel *B* und geschwinder im Perihel *E* bewegen, wogegen nach mechanischen Gesetzen die Materie des Wirbels sich in dem engeren Raume zwischen *A* und *C* geschwinder, als in dem weiteren Raume zwischen *D* und *F*, d. h. schneller im Aphel als im Perihel bewegen müsste. Beides widerstreitet einander. Demnach widerspricht die Hypothese der Wirbel durchaus den astronomischen Erscheinungen und dient nicht so sehr zu ihrer Erklärung als zu ihrer Verwirrung. Wie aber jene Bewegungen in freien Räumen ohne Wirbel ausgeführt werden, das kann man aus dem ersten Buche ersehen und wird vollständiger noch im nächsten Buche gelehrt werden. Mit dieser Abweisung aller Wirbeltheorien aus der Himmelsmechanik schliesst Newton das zweite Buch seines Werkes.

Das dritte Buch beginnt mit der Bemerkung, dass in den vorhergehenden Büchern die mathematischen Grundlagen gegeben seien, auf denen man die Naturlehre aufbauen müsse. Nur damit dieselben nicht ganz unfruchtbar erschienen, seien dieselben durch gewisse physikalische Anmerkungen über die Dichtigkeit und den Widerstand der Körper, sowie über die Bewegungen des Lichtes und des Schalles erläutert worden. Jetzt bleibe noch übrig, nach jenen Principien auch die Einrichtung des Weltgebäudes zu untersuchen.

Für eine solche Anwendung mathematischer Resultate auf die Erforschung der Natur werden vier allgemeine Regeln aufgestellt. Es sollen erstens an Ursachen zur Erklärung natürlicher Dinge nicht mehr zugelassen werden, als wahr sind und zur Erklärung der Erscheinungen ausreichen. Darnach schon soll man zweitens, so weit es angeht, gleichartigen Wirkungen dieselben Ursachen zuschreiben. Drittens sind diejenigen Eigenschaften der Körper, welche weder verstärkt noch vermindert werden können, und welche allen Körpern zukommen, an denen man Versuche anstellen kann, für Eigenschaften aller Körper zu halten.

Als solche Eigenschaften aller Materie bezeichnet Newton die Ausdehnung, die Härte, die Undurchdringlichkeit, die Beweglichkeit und die Beharrungskraft. Diese Eigenschaften aber sind nicht sowohl den Körpern als Ganzes, sondern vielmehr den Theilen derselben eigen; hieraus schliessen wir, dass die kleinsten Theile der Körper ebenfalls ausgedehnt, hart, undurchdringlich, beweglich und mit der Kraft der Trägheit begabt sind; und hierin besteht die Grundlage der gesammten Naturlehre. Wie weit dabei die Zerlegung in Theile gehen könne, die mathematisch kein Ende hat, ist physikalisch ungewiss.

Auch die Schwere muss als eine Eigenschaft aller Theilchen der Körper, die wir kennen, angesehen werden. Sind nämlich alle Körper in der Umgebung der Erde gegen diese schwer, und zwar im Verhältniss der Mengen der Materie in jedem; ist der Mond gegen die Erde nach Verhältniss seiner Masse, und umgekehrt unser Meer gegen den Mond schwer; hat man ferner durch Versuche und astronomische Beobachtungen erkannt, dass alle Planeten wechselseitig gegen einander und wie auch die Kometen gegen die Sonne schwer sind: so muss man nach der letzten Regel auch behaupten, dass alle Körper gegen einander schwer seien. Und dieser Beweis ist für die Allgemeinheit der Schwere sogar stärker als für die Undurchdringlichkeit der Körper, denn für die letztere haben wir keinen Versuch und keine Beobachtung an den Himmelskörpern. Trotzdem aber fügt Newton in der dritten Auflage des Werkes von 1725 hier den entschieden abschwächenden Satz hinzu, dass er damit immer noch nicht behaupten wolle, dass die Schwere den Körpern wesentlich zukomme. Als eine der Materie wesentliche Kraft betrachte er vielmehr nur die Trägheit, welche unveränderlich sei, wogegen die Schwere mit der Entfernung von der Erde abnähme.

Dieser Beschränkung, die jedenfalls erst durch die später erwachenden Kämpfe um die Schwerkraft veranlasst ist, entspricht noch eine neue, ebenfalls erst der dritten Auflage zugefügte vierte Regel zur Erforschung der Natur, deren Wortlaut schon den polemischen Charakter deutlich erkennen lässt. Die Regel lautet: In der Experimentalphysik muss man die aus den Erscheinungen durch Induction erschlossenen Sätze so lange entweder genau oder sehr nahe für wahr halten, bis andere Erscheinungen eintreten, durch welche sie entweder grössere Genauigkeit erlangen oder Ausnahmen unterworfen werden. Dies muss geschehen, damit nicht das Argument der Induction durch Hypothesen aufgehoben werde.

Den Regeln zur Erforschung der Natur folgen die Erfahrungsthatsachen, auf welche die folgenden Schlüsse gebaut werden sollen. Sie betreffen die Gültigkeit des zweiten und dritten Kepler'schen Gesetzes für die Bewegung der Trabanten des Jupiter, des Saturn, des Mondes und der Erde um ihre Hauptplaneten, sowie für die Bewegung aller Planeten um die Sonne.

Mit Hilfe dieser Sätze wird der strenge Beweis für die Identität der Gravitation im ganzen Weltenraume geführt. Dass alle Trabanten gegen ihre Hauptplaneten, wie alle Planeten gegen die Sonne schwer sind, dass ihre Bewegungen durch Centralkräfte geschehen, welche proportional den Massen und indirect proportional den Quadraten der Entfernung wirken, folgt aus diesen Kepler'schen Gesetzen mit Hilfe der vorher entwickelten Lehrsätze. Darnach fragt es sich nur, ob diese himmlischen Centralkräfte mit der irdischen Schwere völlig gleichartig sind, ob die irdische Schwere wirklich nichts anderes ist, als die den kosmischen Kräften entsprechende Centralkraft der Erde, und ob endlich die kosmische wie die terrestrische Gravitation nur zu betrachten sind als die Integralwirkungen einer allen Theilchen aller Materie eingepflanzten allgemeinen Attraction? Dass die Gravitation des Mondes gegen die Erde mit der bis zum Monde sich ausdehnenden irdischen Schwere identisch ist, das wird auf die bekannte Art durch die Vergleichung der Beschleunigung des freien Falles auf der Erde mit der Beschleunigung der Bewegung des Mondes gegen die Erde bewiesen. Da aber gezeigt worden, dass die Gravitation des Mondes identisch ist mit der Schwere aller Monde gegen die Hauptplaneten und aller Planeten gegen die Sonne, so ist damit bewiesen, dass auch diese Gravitationen alle der irdischen Schwere gleichartig, oder vielmehr der Art nach mit ihr identisch sind. Und da nun wieder für die irdische Schwere durch die sorgfältigsten Versuche nachgewiesen, dass sie in jedem Körper der Menge der Materie oder der Masse proportional ist, so muss dasselbe auch für die himmlische Attraction oder die Gravitation überhaupt gelten und diese Attraction muss darnach den einzelnen Theilchen aller Materie zugeschrieben werden.

Zu diesem Satz ergeben sich mehrere physikalisch sehr wichtige Zusätze. Erstens, dass die Gewichte der Körper nicht von deren Gestalt oder Textur abhängen, denn das widerspräche der Erfahrung ebenso wie dem quadratischen Kraftgesetz. Nach diesem Gesetze darf man sich ja die ganze Masse der Erde bei ihrer Wirkung auf einen äusseren Punkt in dem Mittelpunkte vereinigt, und darf sich bei der grossen Entfernung von diesem Punkte jeden schweren Körper als physischen Punkt denken, dessen Schwere also von der Form des Körpers unabhängig sein muss. Bei anderen Kraftgesetzen wäre das natürlich nicht ebenso selbstverständlich.

Auf ähnliche Weise folgt zweitens aus dem allgemeinen Attractionsgesetz, dass die Gewichte der Körper in gleichen Entfernungen von der Erde nur den Mengen der Materie oder ihren Massen proportional sind. Denn die Wirkung des ganzen Körpers ist gleich der Summe der Wirkung seiner einzelnen Theilchen und also, wenn die Theilchen alle gleich sind, auch proportional der Anzahl der Theilchen oder der Masse.

Es ist also nicht möglich, die Verschiedenheit der Körper, wie es Aristoteles, Descartes u. A. wollen, nur von der verschiedenen Gestalt ihrer kleinsten Theilchen abhängig zu machen, sonst müssten sich eben die Gewichte mit den Gestalten ändern. Darnach können aber drittens eben wegen der verschiedenen specifischen Schwere der Körper auch nicht alle Räume gleich stark mit Materie angefüllt sein. Und wenn so die Menge der Materie in einem Raume bis zu einem jeden Grade vermindert werden kann, warum sollte das nicht bis zu unendlicher Verdünnung möglich sein, warum sollte es keinen leeren Raum geben? NEWTON behauptet darum in einem vierten Zusatze geradezu, dass die festen Theilchen aller Körper gleich dicht sind, und dass sich die verschieden dichten Körper nur durch die Grösse und Menge der Poren unterscheiden. In einem fünften Zusatze wird dann noch bemerkt, dass die Schwere zwar ähnlich in der Wirkung, aber doch von einer anderen Art sein müsse, als die magnetische Kraft, die nicht wie sie der Menge der angezogenen Materie proportional gesetzt werden dürfe. Auch könne die letztere, was bei der Schwere nicht möglich sei, an demselben Körper vermehrt oder vermindert werden und sie nähme, soweit grobe Versuche das bis jetzt hätten feststellen können, nicht im quadratischen, sondern fast im cubischen Verhältniss mit der Entfernung ab.

Diese Sätze geben allerdings werthvolle Winke für eine neue Anschauung über die Constitution der Materie; doch ist dabei zu bemerken, dass dieselben in ihrer letzten prägnanten Form und ihrer ganzen Vollständigkeit noch nicht in der ersten Auflage des Werkes vorhanden waren und zum grössten Theile erst aus der zweiten von 1713 oder gar erst aus der dritten Auflage von 1725 stammen.

Nach dem Vorhergehenden kann man die Gewichte und damit die Massen aller Planeten und Monde finden. Aus den HUYGENS'schen Sätzen über die Centrifugalkraft folgt, dass sich die Gewichte der Planeten (wenn die Bahnen als concentrische Kreise angenommen werden), direkt wie die Radien und indirekt wie die Umlaufszeiten verhalten. Die Masse der Sonne gleich 1 gesetzt, erhält man so für Jupiter, Saturn und Erde bezüglich die Massen $^1/_{1067}$, $^1/_{3121}$ und $^1/_{169282}$.

Die Dichte der Erde muss bedeutend grösser sein, als die des Wassers, denn da die Erde an der Oberfläche zweimal, wenn man aber tiefer gräbt, drei-, vier- und selbst fünfmal so schwer ist als Wasser, so wird man der Erdkugel wohl fünf- bis sechsmal so viel Masse zusprechen müssen als einer gleichgrossen Wasserkugel.[1] Der Jupiter wird darnach immer noch etwas dichter sein als Wasser. Aus den Untersuchungen über den Widerstand geht hervor, dass eine gefrorene Wasserkugel in unserer Luft $^1/_{4586}$ ihrer Bewegung verlieren würde, wenn sie sich

[1] NEWTON giebt für diese merkwürdig glückliche Annahme keine weiteren Gründe an.

um die Länge ihres Halbmessers fortbewegte. Berechnet man aber nach den früher entwickelten Gesetzen die Dichte der Luft in der Entfernung des Jupiter, so wird man finden, dass derselbe in 1 000 000 Jahren noch nicht $^1/_{1000000}$ seiner Bewegung durch den Widerstand dieser Luft verlieren dürfte. Die Bewegung der Weltkörper kann also, wenn einmal begonnen, durch die Beharrung allein sehr lange fortdauern.

Nachdem Newton so aus den Vorgängen am Himmel die Existenz einer überall in gleicher Weise wirkenden Gravitation nachgewiesen hat, geht er dazu über umgekehrt aus der Annahme einer solchen Kraft die Himmelsbewegungen zu deduciren, und gerade diese Deduction war für die allgemeine Anerkennung der Theorie Newton's von entscheidender Wichtigkeit.

Man muss in der ganzen Aufgabe, die Newton in seinen Principien der Naturlehre löste, eine doppelte Seite, eine philosophisch-physikalische und eine mathematisch-astronomische unterscheiden. Jene ging in erster Linie auf die Ursache der Erscheinungen, auf die wirkenden Kräfte, durch welche die beobachteten Bewegungen erklärt werden könnten. Diesem philosophisch-physikalischen Interesse hatte Descartes mit seinen Wirbeln nach dem Urtheile der Zeitgenossen bis dahin noch vollkommen genügt. Die astronomisch-mathematische Fraction der Naturforscher aber war von einem solchen Genügen weit entfernt; sie suchte das mathematische Gesetz der verwickelten Erscheinungen, verlangte vor allem nach genauen Grössenbestimmungen und hatte an einem Erklärungsprincip derselben nur insofern ein Interesse, als man durch ein solches Princip, mochte dasselbe nun reell oder imaginär sein, die Verwickelung der Erscheinungen entwirren und zu einfachen Ort- und Zeitbestimmungen gelangen konnte. Von dieser Seite war Newton an die Aufgabe herangetreten und für ihn war es darum erste Nothwendigkeit zu zeigen, dass seine Theorie allen mathematisch-astronomischen Ansprüchen gerecht zu werden vermöge. Dabei handelte es sich nicht mehr um die einfachen Planetenbewegungen, nicht mehr um ihre regelmässigen, elliptischen Umläufe um die Sonne; diese Bewegungen waren durch die Kepler'schen Gesetze vollkommen bestimmt und konnten mit Hilfe derselben mathematisch leicht berechnet werden. Was man aber bis dahin nicht fassen konnte und was doch zu fassen die Astronomen ein brennendes Interesse hatten, das waren die Abweichungen von den Kepler'schen Gesetzen, die Störungen im Laufe der Planeten, vor allem die Ungleichheiten des Mondlaufes, deren Bestimmung für das seefahrende Volk der Engländer sogar ein eminent praktisches Interesse hatte. Wollte Newton sein grosses Unternehmen zum sicheren Ziele, zu allgemeiner Anerkennung führen, so musste er vor allem andern zeigen, dass sein Princip, die allgemeine Gravitation, auch diese Störungen voll umfasste, dass es möglich sei, aus der Einwirkung der Hauptkörper auf ihre Trabanten und der Wechselwirkung dieser untereinander Zeit und Ort aller Störungsbewegungen genau zu berechnen; und wenn ihm das gelang, dann konnte diesem wissenschaftlichen Erfolge gegenüber der theoretische Werth der DESCARTES'schen Wirbel, selbst wenn das Gravitationsprincip sich nur als ein eingebildetes erweisen sollte, nicht aufkommen. Darum wandte NEWTON fernerhin seine Bemühungen hauptsächlich auf die Herstellung einer vollständigen Störungstheorie der Planeten und des Mondes; was er in den späteren Auflagen seinen Principien zugeführt hat, das betrifft zum bei weitem grössten Theile diese Aufgabe. Leider konnte er gerade in dieser Beziehung, weil er die Bewegung fester Körper von anderer als sphärischer Form nicht zu behandeln vermochte, nicht zu einem genügenden Ende gelangen.

Vielfach hat man in der Folge bei der Beurtheilung von NEWTON's astronomisch-mechanischen Leistungen nur die eine Seite derselben hervorgehoben, nämlich die Zurückführung aller mechanischen Bewegungen auf eine letzte Ursache, die Gravitation aller Materie. Diese Seite aber tritt in den Principien der Naturlehre noch wenig hervor und wird mehr leise angedeutet, als kräftig hervorgehoben. Dagegen hat man die andere Seite, besonders in dem folgenden Kampfe um die Geltung der mathematischen Principien, mehr oder weniger unbeachtet gelassen, nämlich die Unterordnung aller Bewegungen unter ein allgemeines Princip zu dem Zwecke, um diese Bewegungen in ihrer Gesetzmässigkeit mathematisch fassen und zeitlich und örtlich bestimmen zu können. Diese Seite aber ist es gerade, die NEWTON in dem Werke von 1687 überall als seinen Hauptzweck voranstellte und die auch schliesslich seinen Anschauungen zu allgemeiner Anerkennung verhelfen musste.

Wir können der sachlichen Schwierigkeiten wegen die NEWTON'sche Anwendung der Gravitationsideen zur Behandlung der planetarischen Störungen nur ganz kurz andeuten. Nehmen wir also eine allgemeine Gravitation der Materie als proportional der Masse und umgekehrt proportional dem Quadrat der Entfernung an, so wird zwar auch die Sonne immer in Bewegung sein, aber sie wird sich nur wenig von dem gemeinschaftlichen Schwerpunkt der Planeten, der noch innerhalb ihrer Oberfläche liegt, entfernen. Ebenso werden sich die Planeten noch ziemlich genau in Ellipsen und gemäss dem Flächensatze um die Sonne bewegen, denn die gegenseitigen Wechselwirkungen derselben und die dadurch verursachten Störungen sind sehr gering. Nur Jupiter und Saturn wirken in ihrer Conjunction so stark auf einander ein, dass dadurch die Excentricität der Saturnbahn und in geringerem Maasse auch die der Jupiterbahn bald vergrössert und bald verkleinert wird. Diese und andere etwa oberhalb derselben befindliche Himmelskörper können auch auf die Bahnen der unteren Planeten einen geringen störenden Einfluss in der Weise üben, dass die Aphele von deren Bahnen etwas rückläufig werden (in 100 Jahren z. B. beim Mars etwa $^1/_2$ Grad). Stärker werden natürlich der grösseren Nähe wegen die gegenseitigen Störungen der Planeten und ihrer Trabanten. Durch die Rotation um ihre Achsen sind alle Planeten abgeplattet; am Jupiter wird das direct beobachtet, aber auch für die Erde muss das stattfinden, denn sonst würden die Meere sich von den Polen zurückziehen und am Aequator das Land überfluthen. Newton führt für die Abplattung der Erde auch die Gradmessungen und die Beobachtungen Richer's in Cayenne an und berechnet darnach das Verhältniss des Polar- zum Aequatorialdurchmesser auf 500 zu 501. Aus den früheren Untersuchungen über die Bewegungen einer Kugel, die von einem Ringe umgeben ist, wird dann noch ganz kurz gefolgert, dass die Aequinoctialpunkte rückwärts schreiten und dass bei jedem jährlichen Umlaufe die Erdachse zweimal eine wankende aber sehr schwache Bewegung nach der Ebene der Ekliptik und von ihr weg machen muss.[1]

Am meisten Schwierigkeiten macht es natürlich alle Mondungleichheiten aus der Gravitation zu erklären und ihrer Grösse nach abzuleiten; das erstere wenigstens gelingt in befriedigender Weise. In den Syzygien bewegt sich der Mond geschwinder und beschreibt mit dem nach der Erde gezogenen Radius in gleichen Zeiten grössere Flächenräume, er durchläuft eine weniger gekrümmte Bahn und nähert sich folglich der Erde mehr als in den Quadraturen. Die Excentricität des Mondes ist nämlich am grössten, wenn sein Apogeum in den Syzygien, und am kleinsten, wenn es in den Quadraturen liegt. Der Mond geht daher im Perigeum schneller und ist der Erde näher, und umgekehrt bewegt er sich im Apogeum langsamer und ist weiter von der Erde entfernt, wenn er sich in den Syzygien befindet, als wenn er in den Quadraturen stände. Ferner schreitet das Apogeum vorwärts, die Knoten hingegen bewegen sich rückwärts, jedoch mit ungleicher Bewegung. Das Apogeum geht schneller vorwärts in den Syzygien und langsamer rückwärts in den Quadraturen, und durch den Ueberschuss der rechtläufigen Bewegung über die rückgängige geht es jährlich in rechtläufiger Richtung fort. Die Knoten befinden sich aber in den Syzygien in Ruhe und gehen in den Quadraturen sehr schnell rückwärts. Was die grösste Breite des

---

[1] Princ. math., 2. ed., p. 388; Prop. XXI, Theor. XVII.

Mondes betrifft, so ist sie grösser in den Quadraturen als in den Syzygien. Die mittlere Bewegung ist langsamer im Perihel der Erde als in ihrem Aphel. Dies sind, so heisst es am Schlusse des Abschnittes, die ausgezeichnetsten Ungleichheiten, welche die Astronomen in der Bewegung des Mondes wahrgenommen haben. Es giebt deren noch einige andere, welche von den früheren Astronomen nicht beobachtet worden sind, und welche dermaassen die Bewegung des Mondes stören, dass man sie bis jetzt durch kein Gesetz auf eine bestimmte Regel hat zurückführen können. Solche sind die Geschwindigkeiten oder die stündlichen Bewegungen des Apogeums und der Knoten des Mondes und ihre Gleichungen, sowie auch der Unterschied zwischen der grössten Excentricität in den Syzygien und der kleinsten in den Quadraturen, wie auch die Ungleichheit, welche man die Variation nennt.

Die Ungleichheiten in den Bewegungen der Jupiter- und Saturntrabanten können auf dieselbe Weise wie die des Mondes abgeleitet werden. Endlich folgen noch aus den Anziehungen des Mondes und der Sonne auf die Wassermassen der Erdmeere die Erscheinungen der Ebbe und Fluth, deren Grösse nun aus den Massen und den Entfernungen der Sonne und des Mondes genau bestimmt werden kann.

Doch giebt dieser erste Abschnitt des dritten Buches nur eine Uebersicht über die Möglichkeiten, wie aus der Theorie alle jene bisher ungelösten Probleme als nothwendige Folgerungen sich ergeben. Erst in den folgenden Abschnitten geht Newton dazu über, die Grössen dieser Erscheinungen genau zu bestimmen und zwar behandelt er im zweiten Abschnitt die Mondungleichheiten, im dritten die Grösse der Meeresfluth, im vierten die Präcession der Aequinoctien. Im fünften Abschnitt aber kommt er zu einer neuen Eroberung seiner Theorie, der Betrachtung des Laufes der Kometen.

Newton hält die Kometen für Körper von ganz derselben Art wie die Planeten, die ebenso wie diese in festen Bahnen wandeln und nur mit sehr grossen Atmosphären umgeben sind. Die Bahnen der Kometen haben alle möglichen Neigungen gegen die der Planeten und ihre Bewegungsrichtung ist der der letzteren oft ganz entgegengesetzt. Daraus folgt noch deutlicher als früher, dass die Himmelsräume von jedem Widerstande ganz frei sein müssen. Die Kometenbahnen sind Kegelschnitte, aber so stark excentrisch, dass man sie ohne merklichen Fehler für Parabeln nehmen kann. Eine ausführliche Anweisung zur Bahnbestimmung der Kometen und ausgeführte und durchgerechnete Beispiele, die mit den Beobachtungen verglichen werden, begründen diese Sätze.

In Betreff der Kometenschweife schliesst sich Newton der Meinung derjenigen an, welche dieselben aus der Atmosphäre der

Kometen ableiten. Die Wärme der Sonne dehnt die gasförmigen Theile der Kometenatmosphären aus, so dass sie leichter werden und entgegen der Gravitationsrichtung der Sonne aufsteigen, wie erwärmte Luft in einem Schornstein. Doch entfernen sich auch diese Theilchen, weil sie doch immer schwer bleiben, nur bis zu einer gewissen Höhe von dem Mittelpunkt des Kometen und rotiren im Gleichgewichte mit dem Kern um die Sonne. Hierbei kommt NEWTON auf eine merkwürdige Hypothese, die sich in den mathematischen Principien und bei NEWTON gar seltsam ausnimmt. Die flüssigen Schweife der Kometen mögen bei der Entfernung von der Sonne sich immer weiter ausbreiten und verdünnen, mögen dann von den Planeten, in deren Nähe sie kommen, angezogen werden und mit deren Atmosphäre sich mischen, und mögen dann so an ihrer Stelle zur Erhaltung des organischen Kreislaufes auf den Planeten, speciell der Erde, mit beitragen. Von der atmosphärischen Feuchtigkeit wird nämlich ein grosser Theil durch die Pflanzen aufgesogen, in feste Substanz und bei der Fäulniss endlich in festes Land verwandelt, das auf den Boden fauliger Gewässer als Schlamm niederfällt. Diesen Abgang àn Feuchtigkeit können und werden vielleicht die Kometenschweife den Atmosphären der Planeten wieder ersetzen, und ich vermuthe, so sagt NEWTON, dass der geistige Bestandtheil unserer Luft, welcher der kleinste und feinste, aber zugleich auch der zur Hervorrufung alles Lebens geschickteste ist, hauptsächlich von den Kometen herrührt.[1]

Die Kometenbahnen dienen NEWTON als vorzüglichstes Beweismittel gegen die Wirbeltheorie des DESCARTES. Die Kometen haben ganz Planetennatur, haben regelmässige Bewegungen und befolgen bei ihren Umläufen dieselben Gesetze wie die Planeten, und doch können ihre sehr excentrischen Bewegungen, die nach allen möglichen Richtungen geschehen, eben darum niemals durch Wirbel erklärt werden.

Endlich benutzt er die Abweichung der Bahnebenen der Kometen von der Lage der Planetenbahnen und die abweichende Bewegungsrichtung der ersteren bei übereinstimmender der letzteren noch dazu, sein System gegen einen möglichen Vorwurf zu vertheidigen, den man aber trotzdem später noch häufiger gegen ihn geltend gemacht hat, nämlich dass für die gemeinsame Bahnebene und die gemeinsame Bewegungsrichtung aller Planeten in seinem System absolut kein Erklärungsgrund zu finden sei. Da die

---

[1] Princ. math., 2. ed., p. 473: Porro suspicor Spiritum illum, qui Aeris nostri pars minima est sed subtilissima et optima, et ad rerum omnium vitam requiritur, ex Cometis praecipue venire. Man sieht, dass der moderne Gedanke, den Anfang des organischen Lebens auf der Erde aus den auf dieselbe niederfallenden Meteorsteinen abzuleiten nur insofern neu ist, als man Meteoriten statt Kometen gesetzt hat.

Kometen und Planeten, meint Newton, ganz von derselben Natur seien, so könne man auch von einer allgemeinen Uebereinstimmung der Bahnebenen und der Rotationsrichtung aller um die Sonne kreisenden Körper nicht reden; diese Uebereinstimmung sei nur für eine kleine Anzahl, eben die Planeten, näherungsweise, für die anderen aber absolut nicht vorhanden. Sie müsse darum für die ersteren als eine zufällige, in der Ordnung des Weltsystems nicht bedingte angesehen werden, für welche eine theoretische Ursache darum auch nicht angegeben zu werden brauche.[1]

Newton verknüpft in sehr beachtenswerther und für ihn sehr charakteristischer Weise mechanische Zufälligkeit mit persönlicher Willkür des Schöpfers. Die Uebereinstimmung der Planeten in Bahnebene und Rotationsrichtung bei der wildesten Unregelmässigkeit der Kometen in dieser Beziehung bietet ihm die Gelegenheit, am Schlusse seinss Werkes auf den Schöpfer, Ordner und Erhalter des ganzen Weltsystems hinzuweisen, der ebenso der Materie beliebig ihre Kräfte einpflanzen, wie den Körpern die Richtung ihrer Bewegungen willkürlich vorschreiben konnte. Diesen merkwürdigen Schluss seines grossen Werkes muss man besonders beachten, um ein Verständniss seiner Eigenart, so weit das möglich ist, zu erlangen.

Gott ist, sagt Newton, die Ursache aller Dinge, nicht als Weltseele, sondern als der Herr über Alles. Er ist ein lebendiger, einsichtiger und mächtiger Gott, ewig und unendlich, allmächtig und allwissend. Er ist weder die Ewigkeit noch die Unendlichkeit, er ist weder Zeit noch Raum; aber er ist in jeder Zeit und jedem Raume und nicht bloss virtuell, sondern auch substantiell, denn man kann nicht wirken, wo man nicht ist. Alles wird in ihm bewegt und ist in ihm enthalten, aber ohne Einwirkung auf ihn; denn Gott erleidet nichts durch die Bewegung der Körper, und seine Allgegenwart wirkt nicht als Widerstand auf sie. Die blinde metaphysische Nothwendigkeit, welche stets und überall dieselbe ist, kann keine Veränderung der Dinge hervorbringen; die in Bezug auf Zeit und Ort herrschende Verschiedenheit aller Dinge kann nur von dem Willen und der Weisheit eines nothwendig existirenden Wesens herrühren.[2]

Das sieht fast so aus, als wolle Newton hier rein und klar die Schwere als eine Endursache erklären, welche von Gott direct aller Materie eingepflanzt sei. Dem widersprechen aber wieder

---

[1] Das ist doch, wie die Kant-Laplace'sche Welthypothese zeigt, eine etwas zu weit gehende Vertheidigung.

[2] Der letzte Satz ist erst der dritten Ausgabe der Principien von 1725 beigefügt, war aber schon in einer Correcturtafel vorhanden, die Newton sechs Monate nach der Vollendung der zweiten Ausgabe an den Herausgeber Cotes sandte, und die nicht mehr abgedruckt wurde.

die folgenden, viel besprochenen und umstrittenen Sätze: Ich habe bisher die Erscheinungen der Himmelskörper und die Bewegungen des Meeres durch die Kraft der Schwere erklärt, aber ich habe nirgends die Ursache angegeben. Diese Kraft rührt von irgend einer Ursache her, welche bis zum Mittelpunkte der Sonne und der Planeten dringt, ohne irgend etwas von ihrer Wirksamkeit zu verlieren. Sie wirkt nicht nach Verhältniss der Oberfläche, sondern nach Verhältniss der Menge fester Materie, und ihre Wirkung erstreckt sich nach allen Seiten hin bis in ungeheure Entfernungen, indem sie stets im doppelten Verhältniss der letzteren abnimmt. Ich habe noch nicht dahin gelangen können, aus den Erscheinungen den Grund dieser Eigenschaften der Schwere abzuleiten, und Hypothesen erdenke ich nicht.[1] Alles nämlich, was nicht aus den Erscheinungen folgt, ist eine Hypothese, und Hypothesen, seien sie nun metaphysische oder physische, mechanische oder diejenigen der verborgenen Eigenschaften, dürfen nicht in die Experimentalphysik aufgenommen werden. In dieser leitet man die Sätze aus den Erscheinungen ab und verallgemeinert sie durch Induction. Es genügt, dass die Schwere existire, dass sie nach den von uns dargelegten Gesetzen wirke und dass sie alle Bewegungen der Himmelskörper und des Meeres zu erklären im Stande sei.

Vielleicht aber sind doch auch diese Sätze für nichts Anderes als eine Reservatio Newton's, die ihn vor allem Streite bewahren sollte, anzusehen.[2] Dieser Absicht scheint ebenfalls der folgende Absatz zu entsprechen, mit dem das ganze Werk schliesst: Es würde hier der Ort sein, etwas über die geistige Substanz hinzuzufügen, welche alle festen Körper durchdringt und in ihnen ent-

---

[1] Princ. math., 2. ed., p. 484: Rationem vero harum Gravitatis proprietatum ex Phänomenis nondum potui deducere, et Hypotheses non fingo.

[2] Die neutrale Stellung zur Frage über das Wesen der Schwere war damals in England mannigfach beliebt. Wallis sagt z. B. in seiner Mechanica sive de Motu Tractatus Geometricus (London 1669) unter den vorausgeschickten Definitionen, ganz ähnlich wie Newton, aber fast 20 Jahre vor dem Erscheinen von dessen Principien: Gravitas est vis motrix, deorsum, sive ad Centrum Terrae. Quodnam sit, in consideratione Physica, Gravitatis principium; non hic inquirimus. Neque etiam, An Qualitas dici debeat, aut Corporis Affectio, aut, quo alio nomine censeri par sit. Sive enim ab innata qualitate in ipso gravi corpore; sive a communi circumstantium vergentia ad centrum; sive ab electrica vel magnetica Terrae facultate quae gravia ad se alliciat (de quo non est ut hic moveamus litem:) sufficit, ut Gravitatis nomine eam intelligamus, quam sensu deprehendimus, Vim deorsum movendi, tam ipsum corpus grave, tam quae obstant minus efficacia impedimenta. (Nach dem Wiederabdruck der Mechanica in Wallis' Opera Mathematica, Oxford 1695, vol. I, p. 573—1056; die obige Stelle steht auf p. 576 als Definitio XII.)

halten ist. Durch die Kraft und Thätigkeit dieser geistigen Substanz ziehen sich die Theilchen der Körper wechselseitig in den kleinsten Entfernungen an und haften an einander, wenn sie sich berühren. Durch sie wirken die elektrischen Körper auf grössere Entfernungen hin, sowohl um die nächsten Körperchen anzuziehen, als auch sie abzustossen. Mittelst dieses geistigen Wesens strömt das Licht aus, wird zurückgeworfen, gebeugt, gebrochen und erwärmt die Körper. Alle Gefühle werden erregt und die Glieder der Thiere nach Belieben bewegt durch die Vibrationen desselben, welche sich von den äusseren Organen der Sinne mittelst der festen Fäden der Nerven bis zum Gehirn und hierauf von diesem zu den Muskeln fortpflanzen. Diese Dinge lassen sich aber nicht mit wenigen Worten erklären und man hat noch keine hinreichende Anzahl von Versuchen, um genau die Gesetze bestimmen und beweisen zu können, nach welchen diese allgemeine geistige Substanz wirkt.[1]

[1] Princ. math., 2. ed., p. 484: Adjicere jam liceret nonnulla de Spiritu quodam subtilissimo corpora crassa pervadente, et in iisdem latente; cujus vi et actionibus particulae corporum ad minimas distantias se mutuo attrahunt, et contiguae factae cohaerent; et corpora Electrica agunt ad distantias majores, tam repellendo quam attrahendo corpuscula vicina; et Lux emittitur, reflectitur, refringitur, inflectitur, et corpora calefacit; et Sensatio omnis excitatur; et membra Animalia ad voluntatem moventur, vibrationibus scilicet hujus Spiritus per solida nervorum capillamenta ab externis sensuum organis ad cerebrum et a cerebro in musculos propagatis. Sed haec paucis exponi non possunt; neque adest sufficiens copia Experimentorum, quibus leges actionum hujus Spiritus accurate determinari et monstrari debent. Finis.

Die wörtlichen Uebersetzungen aus den Principien sind mit Ausnahme nothwendiger Aenderungen nach Wolfers' deutscher Uebersetzung derselben (Berlin 1872) gegeben.

IV. Theil. Von den Principien der Naturlehre bis zur Optik von 1704.

I. Kapitel. Die erste Aufnahme der Principien der Naturlehre.

Nach der allgemein angenommenen Tradition hat sich gleich nach dem Erscheinen der Principia mathematica ein furchtbarer Aufruhr eingestellt. Die Cartesianer, bis zum Tode getroffen, haben einen allgemeinen Kampf gegen dieselben in Scene gesetzt, die NEWTON'schen Theorien sind überall unterdrückt worden, weder Lehrer noch Schüler haben sich zu denselben bekennen dürfen, und erst sehr langsam nach fast einem Menschenalter haben dieselben den Sieg gegen den Cartesianismus gewinnen können. Das aber ist nicht nur der Sache, sondern auch der ganzen Färbung nach verkehrt. Vielmehr ist der mathematische Werth der Principien von Anfang an lebhaft anerkannt und NEWTON ist darnach direct als einer der grössten Mathematiker überall ohne Widerspruch gerühmt worden. Die physikalische Bedeutung der Principien, also den eigentlich revolutionären Charakter des Buches übersah man allerdings fast allgemein, weil derselbe von NEWTON theils künstlich versteckt, theils selbst noch nicht ganz mit Bewusstsein ergriffen und nur zwischen den Zeilen des Buches zu lesen war. So gaben die Leipziger Acta Eruditorum im Jahre 1688 ein ausnahmsweise, nämlich zwölf Seiten langes Referat[1] über das Werk Eximio nostri temporis Mathematico, das, ganz objectiv gehalten, von einem Angriff nichts errathen lässt. Selbst die Cartesianer waren noch nicht so wüthig, wie sie es allerdings später wurden. Vielmehr waren sie schon von jeher gewohnt, dass die rechnenden Astronomen mit

---

[1] Acta Eruditorum, 1688, p. 303—315. Die Acta Eruditorum wurden seit 1682 von dem Leipziger Professor OTTO MENCKE herausgegeben und enthielten hauptsächlich Referate über wissenschaftliche Arbeiten, daneben aber auch Originalaufsätze. Auf die mathematischen und physikalischen Abtheilungen derselben hatten seiner Zeit LEIBNIZ und sein Schüler CHRISTIAN WOLF den bedeutendsten Einfluss, so dass man die Acta geradezu als das Organ dieser Männer bezeichnen darf.

dem von ihnen verehrten System nicht viel anzufangen wussten, und die Werke von BORELLI und BULLIALDUS oder HOOKE z. B. hatten auch nicht viel Cartesianisches an sich gehabt. Sie waren mit der Herrschaft in der Philosophie und Physik zufrieden und überliessen den rechnenden Astronomen nothgedrungen seinem Schicksal. Ja sie gestanden wohl freimüthig ein, dass das Cartesianische System, so wie es sei, die KEPLER'schen Gesetze nicht erklären könne, und versuchten selbst entsprechende Verbesserungen desselben, wobei dann immer in Aussicht blieb, dass dieses System doch der NEWTON'schen Kraftformel noch werde genügen und die physische Ursache desselben erläutern können.

Gegen die landläufige Auffassung von der schlechten Aufnahme der Principia mathematica durch die Zeitgenossen spricht jedenfalls die wohl beglaubigte Thatsache, dass das Buch bald nach seinem Erscheinen vergriffen und schon im Anfange der neunziger Jahre eine neue Auflage desselben geplant wurde. FATIO DE DUILLIER berichtet im Winter 1691—92 in mehreren Briefen an HUYGENS,[1] dass man NEWTON zu einer zweiten Ausgabe seiner Principien dränge, dass aber dessen Widerstand nicht zu beugen sei. Dem entsprechend enthalten auch DE LA CROZE's Works of the Learned for January 1692 aus Cambridge eine Notiz, wonach NEWTON ein neues System seiner Philosophie vorbereite, welches viel ausgedehnter und klarer als die Principia mathematica werden sollte.[2] Diese damals geplante neue Auflage unterblieb dann auch nicht aus Mangel an Interesse im gelehrten Publicum, sondern höchst wahrscheinlich, wie wir noch sehen werden, wegen innerer Schwierigkeiten der Neubearbeitung und Vervollständigung.

Wir können die Fundamente der Principia mathematica in folgende vier Hauptsätze zusammenfassen:

1. Alle Planeten, Planetoiden und Kometen bewegen sich so, als ob sie aus einer ihnen eingepflanzten gradlinigen Bewegung mit einer Kraft abgelenkt würden, die in dem betreffenden Centralkörper ihren Sitz hat und dem Quadrate der Entfernung von diesem umgekehrt proportional ist.

2. Mit dieser scheinbaren oder wirklichen Anziehungskraft ist auch die irdische Schwere identisch.

3. Darnach muss die allgemeine Anziehungskraft gerade so wie die irdische Schwere immer proportional der Masse wirken, d. h. sie muss jedem materiellen Theilchen des Universums in gleicher Weise zukommen, und die Schwere der Körper muss sich

---

[1] Leibnizen's mathematische Schriften, herausgegeben von GERHARDT, II. Band, Berlin 1850, S. 128 und 129.

[2] EDLESTONE, Correspondence, p. XII.

aus der Schwere ihrer Atome zusammensetzen. Darnach müssen aber nicht nur die Centralkörper auf die Planeten, sondern umgekehrt auch die Planeten auf die Centralkörper und die Planeten wechselseitig auf einander einwirken, und aus diesen Einwirkungen müssen sich die Störungen der Planeten wie der Planetoiden mathematisch, genau oder doch annäherungsweise, ableiten lassen.

4. Die Gesetze der Bewegungen der himmlischen Körper sind durch die Wirbelbewegungen des DESCARTES auf keine Weise zu erklären, ja beiderlei Arten von Bewegungen können nicht einmal neben einander in demselben Raume bestehen.

Nach diesen vier Hauptseiten hin war die Aufnahme der NEWTON'schen Principien bei dem wissenschaftlichen Publicum eine sehr verschiedene.

Was die beiden ersten Sätze anbetrifft, so haben sie eigentlich von keiner Seite Widerspruch erfahren, und NEWTON hatte sich an dieser Stelle nur insofern zu beklagen, als man ihm in Bezug auf diese Sätze entweder die volle Priorität streitig machte, oder, was auch damit zusammenhing, diese Sätze gar nicht als etwas vollständig Neues und besonders Wichtiges ansehen wollte.

Die Tragweite des dritten Satzes für die Physik dagegen wurde fast allgemein übersehen. Dass mit der Annahme der irdischen Schwere eine ähnliche Anziehungskraft auch für alle Planeten und schliesslich für alle Materie constatirt werden müsse, erschien nach der Einreihung der Erde in die Zahl der Planeten nicht mehr überraschend. Das Gesetz des umgekehrt quadratischen Abnehmens der Kraft mit der Entfernung aber stellte man in eine Reihe mit den von HUYGENS so glanzvoll begonnenen Bestimmungen der Centrifugalkräfte für beliebige Bahncurven und bewunderte darnach mehr die mathematische Genialität des Autors als die physikalische Wichtigkeit seiner Untersuchungen. Zu einer solchen Verkennung des physikalischen Werthes seiner Theorien hatte NEWTON selbst die meiste Veranlassung gegeben, indem er die Anziehung der Materie nur als eine mathematische Fiction darstellte, über deren physikalisches Sein oder Nichtsein er nichts behaupten wollte. Auch nach seinen Sätzen und Demonstrationen, so meinte man sehr vielfach, brauche ja die Attraction gar nicht als ursprüngliche Kraft in der Materie zu existiren, sondern könne eben so gut aus dem Zusammenwirken der verschiedenartigsten Bewegungen hergeleitet werden, so dass sie nichts weiter repräsentire, als eine mathematische Hülfsconstruction zur leichteren und einfacheren Beschreibung der Naturerscheinungen.

Von dieser Seite aus gesehen, war dann sogar der vierte der oben angeführten Sätze der Cartesianischen Philosophie nicht mehr absolut feindlich, und eine Vereinigung der abweichenden Anschauungen war vielleicht noch denkbar. Im vierten Satze wird allerdings die Theorie der Wirbelbewegungen, wie sie speciell DESCARTES in seinen Principien der Philosophie geschildert hatte, als unvereinbar mit dem mathematischen Kraftgesetze der Himmelsbewegungen charakterisirt; aber damit war noch immer nicht gesagt, dass man nicht zu Modificationen der Wirbeltheorie gelangen könne, die mit diesem Kraftgesetze vereinbar wären. In der That hatte ja NEWTON die Unmöglichkeit der Wirbeltheorie nur für gewisse Annahmen über die Dichtigkeit der Aethermaterie bewiesen, und es blieb immer noch die Hoffnung durch Annahme einer veränderlichen Dichtigkeit der Wirbelmaterie die Theorie der Wirbel den NEWTON'schen mathematischen Entwickelungen anzupassen. Jedenfalls glaubte man vielfach mit gutem Grunde annehmen zu dürfen, dass auch NEWTON mit seinem Buche das Problem der Schwere noch nicht für durchaus gelöst halte, sondern zu den mathematischen Entdeckungen eine physikalische Ergänzung noch als wünschenswerth oder gar nothwendig ansehe.

So schien es im Anfange wirklich, als sollten durch NEWTON's Principien die Bemühungen um die Causa gravitatis nicht unterdrückt, sondern vielmehr mächtig gefördert werden. Verschiedene Bedenken gegen die Theorie der Schwere von DESCARTES waren schon immer geltend gemacht worden. Mehrfach hatte man scharf getadelt, dass nach dieser Theorie die Schwere, als von einer Rotationsbewegung um eine feste Achse herrührend, auch überall nur senkrecht gegen diese Rotationsachse und nicht gegen den Mittelpunkt des Wirbels gerichtet sein könne. CLAUDE PERRAULT hatte, um dieser Schlussfolge zu entgehen, in seinen Essais de physique von 1680 angenommen, dass der Wirbel nicht in allen seinen Theilen gleichmässig rotire, sondern dass die Theile, je mehr sie nach den Polen zu gelegen sind, mit um so grösseren Geschwindigkeiten sich um die Achse drehen. JACOB BERNOULLI, der in einer seiner Erstlingsschriften von 1683[1] sich in Bezug auf die Ursache der Schwere ganz an DESCARTES angeschlossen hatte, correspondirte mit dem Altdorfer Physiker STURM über dieselbe Schwierigkeit, ohne aber Aufklärung zu erhalten. Er meinte schliesslich in einer kurzen Abhandlung, die 1686[2] in den Acta Eruditorum erschien, dass man nur durch zwei Hypothesen die Schwierigkeit vielleicht heben könne: entweder dadurch, dass man annehme, die Bewegungen der einzelnen

[1] JACOBI BERNOULLI, Dissertatio de Gravitate Aetheris, Amsterdam 1683.

[2] Acta Eruditorum, Febr. 1686, p. 91: Dubium circa causam Gravitatis a Rotatione Vorticis Terreni petitam.

Theilchen geschähen in dem Wirbel nicht bloss parallel zu dem Aequator, sondern auch parallel zu allen anderen grössten Kreisen, oder dadurch, dass man den Druck der Centrifugalkraft an der Oberfläche der Erde auf Reihen kugelförmiger Elemente treffen lasse, die in geraden Linien nach dem Centrum angeordnet seien und diesen Druck nur nach dem Centrum fortpflanzten (s. Fig. 17). Wir werden gleich noch sehen, wie HUYGENS diese erstere Hypothese weiter vervollkommnete und bestimmte.

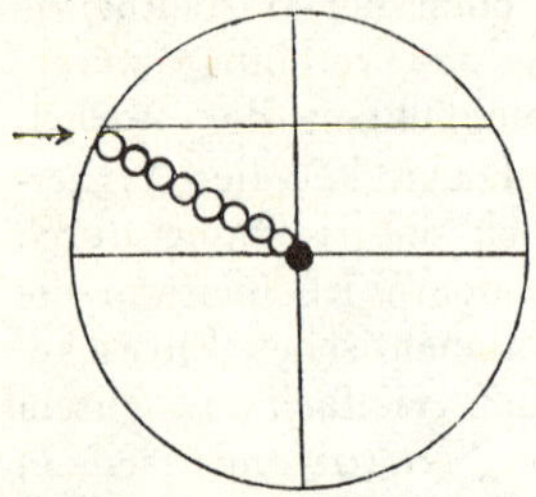

Fig. 17.

Einem anderen, sehr augenfälligen Einwurfe gegen die Cartesianische Theorie versuchte im Jahre 1690 der seiner Zeit sehr berühmte Pariser Akademiker PIERRE VARIGNON[1] zu begegnen, dem Einwurfe nämlich, dass in einem rotirenden Wirbel durch die Centrifugalkraft doch eher die gröberen Materien nach oben steigen und die feineren ätherischen Stoffe nach unten drängen müssten als umgekehrt, wie DESCARTES das behaupte. Zu dem Zwecke betonte er, dass die der Erde benachbarten Planetenwirbel den Erdwirbel gleichsam in ein festes Gewölbe einschlössen, von dessen Wänden überall eben durch die Centrifugalkräfte der Nachbarwirbel ein nach dem Centrum gerichteter Druck ausgeübt werde. Dieser Druck verbreite sich durch die flüssige Wirbelmaterie gleichmässig im ganzen Wirbel und setze sich überall mit der Centrifugalkraft zu einer Kraft zusammen, die in einer gewissen Entfernung vom Wirbelcentrum auf Null reducirt werde und dort eine neutrale Zone ergebe. Unter dieser neutralen Zone würden alle Materien nach dem Centrum des Wirbels hin, über ihr von demselben weggetrieben. Die neutrale Zone der Erde zeige sich vielleicht durch die Wolken an, die in ihr schwebend blieben. Auch in dem grossen Sonnenwirbel möchten ähnliche Verhältnisse herrschen, und dort könnten wohl in der neutralen Zone die Planeten sich schwebend erhalten, so dass sie trotz des Druckes der Nachbarwirbel und trotz ihrer Centrifugalkraft sich nicht über gewisse Grenzen hinaus der Sonne näherten oder von ihr entfernten. VARIGNON hatte mit seiner Theorie im Allgemeinen nicht viel Glück, und selbst die mit ihm befreundeten Gelehrten HUYGENS und LEIBNIZ wiesen dieselbe in ihrem Briefwechsel kurzer Hand zurück.[2]

---

[1] Nouvelles conjectures sur la pesanteur, Paris 1690; nach dem Bericht in Acta Eruditorum, 1691, p. 299.

[2] Leibnizens mathematische Schriften, herausgegeben von C. J. GERHARDT, Band II, Berlin 1850; p. 89 (HUYGENS an LEIBNIZ,

Einige Jahre später beschäftigte sich VARIGNON in einer ganzen Reihe von Aufsätzen auch mathematisch mit dem Problem der kosmischen Attraction oder der Centralkräfte, wie es nun hiess. Die Abhandlungen haben unleugbare Verdienste insofern, als in ihnen zum ersten Male die mechanischen Begriffe in den Formeln des neuen LEIBNIZ'schen Calculs also auch gemäss den NEWTON'schen Vorstellungen ausgedrückt wurden,[1] wenn auch VARIGNON selbst die Construction der Cartesianischen Wirbel immer noch als ein anschauliches Fundament der Vorstellungen beibehielt. Der Bericht in den Histoires de l'Academie über die erste Abhandlung[2] ist lehrreich für die damaligen Anschauungen der akademischen Kreise über die kosmischen Ideen NEWTON's. So kommt M. VARIGNON,[3] heisst es dort, zu den fundamentalen Lehrsätzen des gelehrten Werkes von Mr. NEWTON. Was aber seinen Untersuchungen den grössten Werth verleiht, das sind die Folgerungen, welche er auf astronomischem Gebiete und für die verschiedenen Weltsysteme daraus zieht. Alle Materie, die sich um ein Centrum dreht, hat das Bestreben, sich von diesem zu entfernen; auf dieses Princip hat DESCARTES seine Wirbeltheorie begründet. Alle Planeten, welche in den Wirbel der Sonne eingeschlossen sind, drehen sich um dieses Gestirn und streben folglich von ihm weg. Da die ätherische Materie aber, in welcher sie schwimmen, viel feiner und stärker bewegt und darum kräftiger bestrebt ist, von dem gemeinsamen Centrum wegzuweichen, so stösst sie die Planeten fortwährend zurück oder hält sie vielmehr auf dem Umfange der Curve, welche sie um die Sonne beschreiben. Diesen Rückstoss gegen die Sonne kann man die Schwere der Planeten gegen die Sonne nennen, weil er augenscheinlich dem Princip gleich ist, das die irdischen Körper gegen die Erde treibt. KEPLER ist der Erste gewesen, welcher gewagt hat, die Kreise, als welche man natürlicher Weise zuerst die Planetenbahnen annahm, in Ellipsen umzuwechseln. Seitdem ist aber die Astronomie noch weiter vervollkommnet worden und CASSINI hat die Hypothese KEPLER's etwas umgebildet, da sie den Beobachtungen keineswegs vollkommen genügte. CASSINI hat

---

21. April 1691): Je ne scay, si vous aurez vu la Théorie de la Pesanteur de Mr. VARIGNON, qui ne me satisfait point du tout. p. 95 (LEIBNIZ an HUYGENS. 12./22. Mai 1691): Ce que j'ay vu de la cause de la Pesanteur proposée par Mr. VARIGNON, ne me satisfait pas non plus.

[1] Memoires de l'Academie Royale des Sciences, Paris 1700, p. 22—27: Bezeichnen v die Geschwindigkeit und y die Beschleunigung, so ist $v = \frac{dx}{dt}$ und $y = \frac{ddx}{dt^2} = \frac{dv}{dt}$, $dt = \frac{dx}{\sqrt{2\int y dx}}$ u. s. w.

[2] Histoire de l'Academie Royale, Paris 1700, p. 78—101.

[3] Ibid., p. 98.

nämlich für die Planetenbahnen nicht gewöhnliche Ellipsen, bei denen die Summe der Leitstrahlen aus den beiden Brennpunkten, sondern eine andere Art dieser Curven angenommen, bei denen das Product der Leitstrahlen constant bleibt.[1]

Doch beschäftigt sich auch VARIGNON mit dieser Hypothese, deren er vielleicht nur aus collegialischen Rücksichten hier so rühmend gedacht hat, speciell nicht weiter. Er folgert nur im Allgemeinen, dass immer, wenn die Bahncurve kein Kreis ist, die Centralkräfte, welche den bewegten Körper gegen das Centrum hintreiben, wie auch die Bahngeschwindigkeiten in verschiedenen Punkten ungleich sein müssen, weil je nach der Richtung der Bahngeschwindigkeit die Centralkraft den Planeten bald antreiben und bald zurückhalten wird. Diese Idee einer natürlichen Unregelmässigkeit, so heisst es dann weiter, entspreche auch mehr der Natur als die früher von den himmlischen Bewegungen behauptete vollkommene Regelmässigkeit. NEWTON und LEIBNIZ seien die ersten und bis jetzt auch die einzigen gewesen, welche die verschiedene Schwere eines Planeten in verschiedenen Punkten seiner Bahn untersucht hätten; aber sie hätten diese Untersuchung nur unter der Annahme gemacht, dass die Planetenbahnen gewöhnliche Ellipsen seien, und von diesen auf die anderen Kegelschnitte übergehend, hätten sie gefunden, dass sich die Kräfte für Kegelschnitte, deren Kraftcentrum in einem Brennpunkte läge, umgekehrt verhielten wie die Quadrate der Entfernungen. Diese bis dahin auf Kegelschnitte begrenzte Theorie habe nun VARIGNON auf alle möglichen Curven ausgedehnt[2] und zwar für jedes anzunehmende Verhältniss zwischen den Zeiten und den durchlaufenen Bögen. Wenn man darnach die Bahn eines Planeten und die Zeiten kenne, in welcher die verschiedenen Bögen beschrieben würden, so könne man auch für jeden Moment seines Laufes die geringere oder grössere Kraft der Schwere bestimmen, welche ihn gegen die Sonne hintreibe. „Wer würde früher geglaubt haben, so ruft der Berichterstatter

---

[1] Nach BOSSUT (Histoire des Mathématiques, Paris 1810, Tome I, p. 405) hat CASSINI fälschlich angenommen, KEPLER habe das Centrum der mittleren Bewegung der Planeten nicht in den Brennpunkt gesetzt, in welchem die Sonne steht, sondern in den anderen, wonach allerdings die Ergebnisse wenig mit den Beobachtungen übereinstimmten. Aus diesem Missverständnisse sei die Hypothese CASSINI's entsprungen, nach der die Planetenbahnen nicht Ellipsen, sondern die oben bezeichneten Curven vierter Ordnung sein müssten. Die Hypothese hat übrigens nur ein kurzes und wenig anerkanntes Leben gehabt. Vom NEWTON'schen Standpunkte aus wies DAVID GREGORY im Jahre 1704 (Phil. Trans., No. 293, p. 1704; Phil. Trans. abr. IV, p. 206) dieselbe als unmöglich nach.

[2] Die letzten Sätze sind kaum zu verstehen und mit einer nicht gänzlich oberflächlichen Kenntniss der NEWTON'schen Principien sehr schwer zu vereinigen.

aus, dass die Geometrie einmal dahin gelangen könnte, für den Planeten Saturn die verschiedenen Grade eines geheimen und verborgenen Dranges nach der Sonne zu bestimmen, die fast unendlich weit von ihm entfernt ist.“ Damit habe die Geometrie denn gethan, was sie thun konnte. Es bedürfe nunmehr nichts weiter als genauerer Beobachtungen über den Lauf der Planeten und die Geometrie werde die Bahncurve und ihre Eigenschaften genau angeben. Selbst wenn aber, was ziemlich wahrscheinlich sei, jene grossen planetarischen Körper, welche in einer ungeheuren Flüssigkeit schwimmen, sich niemals ganz genau auf der Peripherie einer regelmässigen Curve halten sollten, selbst wenn ihr Lauf nicht regelmässiger sein sollte, als der einer in einem Strome schwimmenden Kugel, die sich bald rechts, bald links wendet, so würde man durch die Varignon'sche Arbeit doch wenigstens die Curve kennen, welche zwischen den grössten Abschweifungen die Mitte halte.[1]

Aus diesen Sätzen geht unleugbar hervor, dass Varignon und mit ihm wohl auch die übrigen Mitglieder der Pariser Akademie den mathematischen Werth des Newton'schen Werkes wohl zu schätzen wussten, dass sie aber die eigentlich physikalische Bedeutung desselben noch nicht begriffen hatten und seine revolutionäre Natur um diese Zeit noch nicht ahnten.

Etwas besser verstanden Geister wie Huygens und Leibniz den Schleier zu durchdringen, den Newton's eigenthümliche Methode über das wahre Antlitz seines Werkes gezogen hatte. Doch vermochten auch sie nicht zu einer sicheren Würdigung der neuen physikalischen Ideen Newton's zu gelangen und jedenfalls hielt sich ihre Anerkennung wie ihr Widerspruch damals immer in bescheidenen Grenzen. Auch Leibniz und Huygens hatten sich um diese Zeit schon länger mit der allgemein behandelten Frage nach der Causa gravitatis beschäftigt, und von beiden erschienen Abhandlungen bald nach dem Newton'schen Werke, welche die hierin offen gelassene Frage nach den physikalischen Ursachen der natürlichen Bewegungen regeln sollten.

Leibniz theilte seine Theorie der Schwere in den Acta Eruditorum von 1689 unter dem Titel Tentamen de Motuum coelestium causis[2] mit. Er spricht darin seine Verwunderung darüber aus, dass Descartes niemals versucht habe (wenigstens so viel ihm bekannt sei), die Kepler'schen Gesetze aus seinem Systeme abzuleiten, vielleicht weil er die Wichtigkeit

---

[1] Die Abhandlungen, auf welche sich dieser Bericht bezieht, finden sich in Memoires de l'Academie Royale, Paris 1700, p. 83—101 und p. 224—243. Eine Fortsetzung ist enthalten in den Memoires von 1701, p. 20—40.

[2] Acta Eruditorum, Februar 1689, p. 82.

dieser Gesetze nicht genügend erkannte, oder weil er jene Ableitung nicht befriedigend zu Stande brachte. Leibniz versucht das jetzt nachzuholen und vereinigt dazu nach seiner Art Cartesianische und Newton'sche Ideen. Er führt zuerst den ihm eigenthümlichen Begriff der harmonischen Circulation ein. Als eine solche bezeichnet er diejenigen Bewegungen um ein festes Centrum, bei welchen die Geschwindigkeiten den Entfernungen vom Centrum umgekehrt proportional sind. Eine harmonische Circulation kann in jeder Curve beschrieben werden; denn jede Bewegung in einer Curve kann man sich zusammengesetzt denken aus einer Bewegung auf einem Momentankreise und einer Bewegung auf einem Momentanradius (die letztere Bewegung wird eine paracentrische Bewegung genannt). Nehmen wir aber an, dass die in gleichen Zeiten beschriebenen Elementarcirculationen (die momentanen Kreisbogen) den Radien umgekehrt proportional sind, so ist auch die Circulation in der ganzen Bewegung eine harmonische.

In jeder harmonischen Circulation werden von den Radii vectores in gleichen Zeiten gleiche Flächenräume überstrichen. Aus diesem Satze und dem zweiten Kepler'schen Gesetze geht hervor, dass sich alle Planeten um die Sonne, wie auch die Monde um ihre Hauptplaneten, in harmonischen Circulationen bewegen; und damit ist nothwendig verbunden, dass auch der umgebende Aether in harmonischer Circulation sich befinden muss. Jeder Planet bewegt sich durch eine Zusammensetzung einer harmonischen Circulation und einer paracentrischen Bewegung. Die harmonische Circulation geschieht durch die Bewegung des Aethers, in welchem der Körper gleichsam schwimmt und dessen Bewegung er sich anbequemt. Die paracentrische Bewegung der Planeten wird verursacht durch einen Antrieb nach aussen, der von der Circulation herrührt, und durch die Attraction der Sonne. Die Centrifugalkraft, die durch die Bewegung erzeugt wird, muss durch die Attraction der Sonne compensirt werden, so dass bald die eine, bald die andere vorwiegt. Die Anziehung wäre wohl richtiger ein Impuls zu nennen, denn sie gleicht wohl der magnetischen Kraft, die ja auch aus den Stössen einer ätherischen Flüssigkeit abgeleitet wird. Die Art der Bewegung, die Gestalt der Bahncurve hängt noch von dem Gesetz der Attraction ab, das ihre Abhängigkeit von der Entfernung bedingt. Leibniz rühmt von seiner Theorie, dass er aus ihr mit Hülfe seines neuen Calcüls, der Infinitesimalrechnung, nicht bloss für die Planetenbewegung das zweite und dritte Kepler'sche Gesetz, sondern auch die umgekehrt quadratische Proportionalität der Attraction mit der Entfernung habe ableiten können.

Trotzdem haben die harmonischen Circulationen, obgleich Leibniz seine Theorie in den Acta Eruditorum noch weiter vertheidigte,[1] ausser bei einigen Mitgliedern der französischen Akademie, nicht viel Beifall finden können. Selbst sein ergebenster Schüler und Anhänger CHRISTIAN WOLF trug in seiner Naturlehre von 1723[2] die Theorie der Schwere schon wieder nach HUYGENS vor. Im Uebrigen muss man anerkennen, dass LEIBNIZ um diese Zeit der NEWTON'schen Kraftanschauung verhältnissmässig freundlich gegenüber stand, was auch bei der Entwickelung seiner Monadenlehre von Mitte der neunziger Jahre an nur natürlich erscheint.

Schon in einem Aufsatze der Acta Eruditorum von 1695[3] entwickelt er Sätze über die Constitution der Materie, die aus dem Anschauungskreise der Cartesianer gänzlich heraustreten. Darnach können die Körper keineswegs, wie DESCARTES behauptet hat, allein durch die Ausdehnung bestehen; vielmehr muss in denselben neben und vor der Ausdehnung noch ein Etwas, eine Fähigkeit zur Action enthalten sein, die vom Schöpfer der Materie direct eingepflanzt erst ermöglicht, dass ein Körper als solcher sich bethätigt. Eine solche Kraft macht sich den Sinnen in der Materie überall bemerklich und wo das nicht der Fall ist, da muss doch aus Vernunftgründen auf eine solche geschlossen werden. Derartige Fähigkeiten zur Action haben auch die Philosophen von den ältesten Zeiten bis auf die unserige in den Körpern immer angenommen. Die Kräfte der Materie sind aber zweifache, active und passive, und auch diese sind wieder von zweierlei Art. Die active Kraft ist nämlich entweder primitiv und jeder körperlichen Substanz von Natur aus eigenthümlich; diese entspricht den Animae oder Formae substantiales der Peripatetiker; oder sie ist abgeleitet und entsteht nur aus dem Conflict der Körper. Ebenso ist die passive Kraft zweifach, nämlich primitiv als Undurchdringlichkeit und abgeleitet als Kraft der Trägheit. Auch noch in anderer Beziehung ist die Kraft von doppelter Art; nämlich als ein Antrieb zur Bewegung, der auch in dem ruhenden Körper enthalten sein kann, und als die Kraft des bewegten Körpers, die aus den momentanen Antrieben sich summirt. Die erste Art der Kraft habe er, sagt LEIBNIZ, dar-

---

[1] Acta Eruditorum 1690, p. 228: G. G. L. de causa gravitatis, et defensio sententiae suae de veris naturae legibus contra Cartesianos. — Acta Eruditorum 1691, p. 446: Excerptum ex Epistola G. G. L., quam pro sua Hypothesi physica motus planetarii olim (Febr. 1689) his actis inserta, ad Amicum scripsit.

[2] Vernünftige Gedanken von den Würkungen der Natur, mitgetheilet von CHRISTIAN WOLFFEN, Halle 1725, I. Theil, S. 136 u. ff.

[3] Acta Eruditorum, April 1695, p. 145—157: Specimen Dynamicum, pro Admirandis Naturae legibus circa Corporum vires et mutuas actiones detegendis et ad suas causas revocandis, Autore G. G. L.

nach die todte, und die letztere die lebendige Kraft genannt.[1] Auch er habe allerdings früher mit DEMOCRIT und seinen Nachfolgern DESCARTES und GASSENDUS die Natur der Materie nur geometrisch als Grösse und Ausdehnung genommen. Nun aber habe er eingesehen, dass damit der Begriff des Körpers nicht erschöpft sei und dass man zur Construction der Materie die primitive Kraft unbedingt nöthig habe.

Merkwürdiger Weise gedenkt LEIBNIZ in den beiden letzterwähnten Abhandlungen der Principien NEWTON's an keiner Stelle; ja er scheint für sich selbst, wie aus der Abhandlung von 1691 hervorgeht,[2] nicht geringes Verdienst um die Constatirung der doppelten Proportionalität der Schwere in Anspruch zu nehmen. Die Engländer haben ihm das nie vergessen und später noch sehr stark angerechnet.

Viel weniger als LEIBNIZ konnte sich HUYGENS mit der Idee einer primitiven Kraft befreunden. Er hat darum niemals der NEWTON'schen Kraftidee eine reale, physikalische Bedeutung zuerkennen mögen, und hat sich vielmehr eifrig bemüht, auf Cartesianischem Grunde nur in verbesserter Art eine mechanische Erklärung der Schwerkraft, für die auch er indessen das NEWTON'sche Wirkungsgesetz ohne Weiteres gelten liess, zu geben.

Im Juni 1689[3] bei seiner ersten und einzigen Anwesenheit in London sprach HUYGENS vor der Royal Society in Gegenwart NEWTON's über die Causa gravitatis. NEWTON redete merkwürdiger Weise in derselben Versammlung über die Doppelbrechung des Lichtes im Isländischen Kalkspath.[4] Die beiden grössten der damals lebenden Physiker, die sich bei dieser Gelegenheit erst kennen lernten, gaben sich also gegenseitig Gastrollen, jeder auf dem Specialgebiete des anderen.

Die diesbezügliche Abhandlung von HUYGENS erschien im Jahre 1690 als eine Beilage zu seinem Werke über das Licht.[5]

---

[1] Acta Eruditorum 1695, p. 149: Hinc Vis quoque duplex: alia elementaris, quam et mortuam appello, quia in ea nondum existit motus, sed tantum sollicitatio ad motum; alia vero vis ordinaria est, cum motu actuali conjuncta, quam voco vivam . . . vis est activa, ex infinitis vis mortuae impressionibus continuatis nata.

[2] Acta Eruditorum, 1691, p. 450—451.

[3] EDLESTONE, Correspondence, p. XXXI.

[4] Leibnizens mathematische Schriften, herausgegeben von J. C. GERHARDT, Berlin 1850, II. Band, p. 45: HUYGENS an LEIBNIZ (24. Aug. 1690): Mr. NEWTON, que je vis l'esté passé en Angleterre, promettoit quelque chose la dessus (über die Farben), et me communiqua quelques experiences fort belles de celles qu'il avoit faites.

[5] Traité de la lumière, par C. H. D. Z., Leiden 1690, p. 125—180: Discours de la Cause de la Pesanteur. Der Haupttheil der Abhandlung ist schon 1669, also lange vor dem Erscheinen der NEWTON'schen Principien, in einer Sitzung der Pariser Akademie gelesen worden. —

Huygens vereinigt darin in sehr geschickter Weise die Wirbeltheorie, die ihm in der Descartes'schen Ausführung durchaus unmöglich erschien, mit den alten atomistischen Vorstellungen der nach allen möglichen Richtungen hin erfolgenden Bewegungen der Aetheratome. Descartes habe, sagt Huygens in der Vorrede, zuerst erkannt, dass man in der Physik nicht weiter kommen werde, wenn man nicht alle Erscheinungen aus Principien ableite, welche innerhalb der Sphäre unseres Geistes lägen; wenn man nicht die Materie, statt aus wunderbar wirkenden Eigenschaften, nur aus Bewegungen der Theilchen constituire. Er selbst müsse gestehen, dass die Cartesianischen Ansichten, obgleich sie in Bezug auf die Schwere falsch seien, ihm doch den Weg zu seiner Erklärung gezeigt hätten.

Huygens führt dann ein schon 1661 von ihm ersonnenes Experiment dafür an, dass wirklich die festen in dem Wirbel schwimmenden Theilchen durch die Centrifugalkraft der flüssigen Wirbelmaterie nach dem Centrum des Wirbels getrieben werden.[1] Ein cylindrisches, mit Wasser gefülltes Gefäss von kreisförmiger Grundfläche ist um seine senkrechte Achse drehbar, und auf seiner Grundfläche kann eine Kugel von beliebigem Material zwischen gespannten Fäden längs eines Durchmessers rollen. Wird das anfangs ruhende Gefäss gedreht, so entfernt sich die Kugel vom Mittelpunkte der Grundfläche gegen den Umfang und bleibt dort so lange, als die Rotationsgeschwindigkeit nicht abnimmt. Wird aber plötzlich das Gefäss in Ruhe versetzt, so wird das in demselben weiter kreisende Wasser die ruhende Kugel vom Umfange gegen den Mittelpunkt hin drängen. Die Kugel bewegt sich also unter dem Einfluss einer wirbelnden Flüssigkeit wirklich so, als ob sie einer centripetalen Kraft unterworfen wäre; sie strebt wie alle schweren Körper nach dem Mittelpunkte hin.

Trotzdem bleibt es richtig, dass durch eine Wirbelbewegung um eine Achse die Schwere nicht erklärt werden kann, weil sie dann eben nur senkrecht gegen diese Achse und nicht nach dem Mittelpunkte hin wirken könnte. Diese Schwierigkeit wird dadurch gelöst, dass man die Rotationen in dem Wirbel nicht um eine, sondern um alle möglichen, durch den Mittelpunkt des Wirbels gehenden Achsen geschehen lässt. Huygens nimmt also an, dass die sehr feine, aus sehr kleinen Theilchen bestehende

---

Histoire de l'Academie Royale, Paris 1742, p. 87: Aussi M. Huygens qui avoit lû à l'Academie en 1669 un Discours sur la cause de la Pesanteur déduite du Systême Cartésien, qu'il rectifoit cependant en plusieurs points. . . Auch Rohault hatte die Hypothese von Huygens in seinem Traité de physique schon vorgetragen.

[1] Dieses Experiment hat seiner Zeit colossales Aufsehen erregt und ist von allen Seiten mit Eifer discutirt worden.

flüssige Wirbelmaterie, welche den ganzen sphärischen Raum um die Erde bis auf sehr weite Entfernungen vollständig erfüllt, sich in jedem Punkte nach allen möglichen Richtungen hin mit sehr grosser Schnelligkeit bewegt. Da die Theilchen nicht aus diesem Raume, der von anderen Körpern umgeben ist, hinausgehen können, so müssen ihre Bewegungen, auch wenn sie anfangs gradlinig gewesen wären, nach und nach zu kreisförmigen werden, die nun aber nicht alle in parallelen, sondern vielmehr in allen möglichen Richtungen um dasselbe Centrum, den Mittelpunkt der Erde, geschehen. Diese Bewegungen der himmlischen Materien werden sich auch trotz ihrer verschiedenen Richtungen in keinem Punkte hindern, wenn wir die Theilchen der Wirbelmaterie nur klein genug annehmen; denn auch kochendes Wasser hat sehr viele verschiedene Bewegungen in sich, und die Flüssigkeit der himmlischen Materie ist noch sehr viel grösser als die des Wassers.

Die Schwere ist darnach leicht zu erklären. Wenn innerhalb der flüssigen Wirbelmaterie sich Körper befinden, deren Theile viel grösser als die Theile der Flüssigkeit sind, so können diese Körper den Bewegungen des Wirbels nicht folgen, weil die Stösse von allen Seiten ganz gleichmässig auf sie treffen. Da aber doch die Centrifugalkraft die flüssige Materie nach aussen drängt, so werden jene Körper, wie die Kugel im Experiment, nach innen getrieben werden und also gegen das Centrum schwer erscheinen. Die Wirbelmaterie geht leicht durch die Zwischenräume zwischen den Partikeln, aber nicht durch diese selbst hindurch; daher sind die verschiedenen Körper nach der verschiedenen Zahl und Grösse der Partikeln verschieden schwer. Wenn die Erde sich siebzehnmal schneller um ihre Achse drehte, so würde die Centrifugalkraft am Aequator der Schwere das Gleichgewicht halten; die Geschwindigkeit der Theilchen der schwermachenden Materie muss also mindestens siebzehnmal grösser sein, als die Geschwindigkeit am Aequator der Erde bei ihrer täglichen Umdrehung. Diese grosse Geschwindigkeit der schwermachenden Materie erklärt auch die merkwürdige Thatsache, dass die Schwere den bewegten Körper gerade so stark beschleunigt wie den ruhenden, wenigstens bei Geschwindigkeiten, wie sie auf der Erde beobachtet werden. Jeder Körper ist aber in Folge der Centrifugalkraft um $^1/_{289}$ auf der bewegten Erde leichter als auf der ruhenden.

Soweit war die Abhandlung von Huygens noch vor dem Erscheinen der Principien von Newton vollendet. Um sich und seine Theorie nun mit diesem auseinanderzusetzen, fügt er einen Nachtrag[1] an, worin er sich folgendermaassen ausspricht. Newton hat die Abplattung der Erde auf $^1/_{231}$ des Aequatorialdurch-

[1] Discours, p. 153.

messers gefunden, wobei er sich aber einer ganz anderen Berechnung bedient als ich. Ich werde dieselbe hier nicht prüfen, weil ich mit dem ganzen Princip nicht einverstanden bin, das er hier wie an anderen Stellen seinem Calcül zu Grunde legt. Dieses Princip, nach dem die Theilchen aller Körper sich gegenseitig anziehen oder sich einander zu nähern streben, vermag ich nicht anzunehmen, weil ich klar zu sehen glaube, dass eine solche Attraction weder durch eine Regel der Bewegung, noch durch ein mechanisches Princip erklärbar ist. Dagegen habe ich nichts gegen die Centripetalkraft, welche den Planeten gegen die Sonne wie den Mond gegen die Erde schwer macht, und bin auch damit einverstanden, dass eine ähnliche Ursache den schweren Körper gegen die Erde hin drängt, denn eine solche Anziehung lässt sich, wie ich oben gezeigt habe, nach den Gesetzen der Bewegung ableiten. An eine weitere Erstreckung der Schwere habe ich früher, wo mir die Wirbel des Descartes noch wahrscheinlicher erschienen, ebensowenig als an eine Veränderlichkeit derselben gedacht. Doch gebe ich zu, dass das Gesetz, nach welchem die Schwere dem Quadrat der Entfernung umgekehrt proportional ist, eine neue und sehr bemerkenswerthe Eigenschaft derselben anzeigt, von der man wohl den Grund erforschen sollte. Auch wenn man nur die Demonstrationen Newton's ansieht, welcher unter Voraussetzung einer solchen Schwerkraft alle die Gesetze der Planetenbewegungen abgeleitet hat, die Kepler nur errathen und durch Beobachtungen verificiren konnte: so kann man nicht daran zweifeln, dass die Hypothesen Newton's über die Schwere und damit auch das ganze System, welches er auf dieselben gegründet hat, richtig sind. Und das Letztere ist um so wahrscheinlicher, als man in dem Systeme Newton's die Lösung mehrerer Schwierigkeiten findet, die den Wirbeln von Descartes anhaften. Man ersieht aus ihm, warum die Excentricitäten der Planetenbahnen constant bleiben, warum die letzteren ihre verschiedene Neigung gegen die Ekliptik bewahren und warum ihre Ebenen alle durch die Sonne gehen; man leitet leicht die Beschleunigungen und Verzögerungen der Planeten in ihrem Laufe ab und man begreift endlich, wie die Kometen unser Sonnensystem traversiren können. Das System hat nur die Schwierigkeit, dass Newton, indem er die Cartesianischen Wirbel negirt, auch nur eine sehr vereinzelte Materie in den himmlischen Räumen zulässt, damit die Planeten und Kometen so wenig Widerstand als möglich in ihrem Laufe erfahren. Darnach aber scheint mir die Erklärung der Schwere ebenso unmöglich, wie die der optischen Erscheinungen, wenigstens in der Weise, in der ich sie gegeben habe.[1]

[1] Discours, p. 161.

Huygens meint, dass zwei Wege zur Beseitigung der Schwierigkeit führen könnten. Man könne erstens annehmen, dass die ätherische Materie, welche den Weltenraum erfüllt, aus Theilchen bestände, die so weit von einander entfernt und im Verhältniss dieser Entfernung so klein seien, dass der Widerstand der ganzen Materie ein unmerkbar kleiner würde. Dieser Weg sei zu verwerfen, weil dann die Verbreitung des Lichtes bei der beobachteten ungeheuren Geschwindigkeit desselben unbegreiflich würde. Dagegen sei der andere Weg wohl verfolgbar. Der Widerstand einer Materie hängt von ihrer Bewegung ab, er ist Null gegen einen Körper, der sich gleichstimmig mit der Flüssigkeit bewegt. Wenn also die ätherische Materie wie bei der vorher auseinandergesetzten Theorie die Bewegung der schweren Körper, der Planeten und der Kometen erst hervorrufe, so könne sie dieser Bewegung keinen Widerstand leisten, und die Newton'schen Bedenken wegen des Widerstandes des Aethers seien beseitigt. Etwas anderes wäre es freilich, so kommt Huygens wieder auf das frühere Bedenken zurück, wenn man annehmen wollte, dass die Schwere eine der körperlichen Materie inhärente Eigenschaft sei. Aber er glaube nicht, dass Newton selbst dem zustimme, denn eine solche Hypothese würde uns von den Principien der Mathematik und Mechanik weit ableiten.[1] Er schliesst diese Ueberlegungen mit der Versicherung, dass er um so mehr geglaubt habe, diese Einwände gegen das Newton'sche Werk vorbringen zu müssen, als er sich der grossen Achtung, welche das Werk mit Recht geniesse, wohl bewusst gewesen sei.[2]

Der Huygens'sche Discours hat lange Zeit in grossem Ansehen gestanden, und besonders hat man in Deutschland und Frankreich dem Satze beigepflichtet, dass man dem Newton'schen Attractionsgesetz für die Wirkung der kosmischen Körper unter

---

[1] Discours, p. 163.

[2] Auch in seinem Cosmotheoros, der 1698 posthum erschien, kommt Huygens auf seine Theorie der Schwere zurück, wobei er zugleich eine sehr merkwürdige Nachricht über antike Planetentheorien giebt. Es werde nämlich erzählt (von Plutarch in dem Buche de facie in orbe Lunae), dass schon vor Alters Jemand gelehrt habe, dass der Mond darum in seinem Kreise bleibe, weil der Kraft der Kreisbewegung nach aussen abzuweichen durch die Kraft der Schwere, mit der er gegen die Erde strebe, das Gleichgewicht gehalten werde. Dergleichen sei in neueren Zeiten in Bezug auf Sonne und Planeten von Borellus gelehrt worden. Viel scharfsinniger und fleissiger aber habe jetzt Newton diese Theorie auseinandergesetzt. Er selbst habe nun die Kraft der Schwere aus allseitig gerichteten Kreisbewegungen der ätherischen Materie erklärt. (Herrn Christian Huygens' Cosmotheoros oder Weltbetrachtende Muthmassungen, von denen himmlischen Erdkugeln und deren Schmuck, aus dem Lateinischen in's Deutsche übersetzt, 2. Aufl., Leipzig 1743, S. 101.)

sich und der Erde gegen die schweren Körper auf ihr wohl beistimmen müsse, dass man aber die Attraction als eine unmittelbare Wechselwirkung zwischen den Corpuskeln aller Körper, als eine wesentliche Eigenschaft jeder Materie, ohne vorherige mechanische Demonstration, die nicht denkbar sei, auch niemals zugeben könne.

Es ist bei der eingehenden Beschäftigung der beiden Gelehrten mit der Natur der Schwere nur natürlich, dass auch der Briefwechsel zwischen LEIBNIZ und HUYGENS für die Aufnahme des NEWTON'schen Werkes in damaliger Zeit charakteristisch ist. Gleich in dem ersten Briefe, den HUYGENS nach dem Erscheinen der NEWTON'schen Principien an LEIBNIZ schreibt, beginnt er die Discussion derselben. Es heisst in diesem Briefe vom 8. Februar 1696[1], der die Uebersendung der Abhandlung Sur la lumiere begleitete: Ausser der Abhandlung über das Licht werden Sie in dem Werke auch einen Discours über die Ursache der Schwere finden, so wie Einiges über die Bewegung der Körper in der Luft oder in einem andern widerstehenden Mittel, worüber Sie ja auch geschrieben haben und Mr. NEWTON noch ausführlicher als jeder von uns. Ich sehe, dass Sie sich mit ihm auch in dem getroffen haben, was die natürliche Ursache der elliptischen Bahnen des Planeten betrifft.[2] Aber als sie über diese Sache schrieben, hatten Sie nur einen Auszug von seinem Werke und nicht dieses selbst gesehen; mich verlangt zu wissen, ob Sie seit der Zeit an Ihrer Theorie nichts geändert haben. Sie benutzten für Ihre Theorie die Wirbel des DESCARTES, welche meiner Ansicht nach überflüssig sind, wenn man das System NEWTON's zulässt; denn in diesem erklärt er die Bewegung der Planeten durch die Schwere gegen die Sonne und durch die Centrifugalkraft, die sich das Gleichgewicht halten, ohne jede wirbelartige Bewegung.

LEIBNIZ kommt erst später in seinen Briefen auf diese Anfrage zurück und berührt vorläufig nur Einzelheiten des NEWTON'schen Buches, wie die Erklärung von Ebbe und Fluth oder der Kometenschweife, die er vielmehr für einen optischen Effect, als für wirkliche Materie halten möchte.[3] HUYGENS antwortet hierauf am 18. November 1690.[4] Mit der Ursache, welche NEWTON giebt, bin ich ebenso wenig zufrieden, wie mit allen

[1] Leibnizens mathematische Schriften, herausgegeben von J. C. GERHARDT, Berlin 1850, Band II, p. 41.

[2] Das bezieht sich jedenfalls auf Leibnizens Tentamen de causis Motuum coelestium von 1689 (S. S. 231); auch HUYGENS hat also die Empfindung, als stimme LEIBNIZ so ziemlich mit NEWTON überein.

[3] Leibnizens mathematische Schriften, Band II, p. 54.

[4] Ibid., p. 55.

anderen Theorien, welche er auf sein Princip der Attraction gründet, weil mir dieses selbst absurd erscheint, wie ich das schon in dem Anhange zu meinem Discours de la Pesanteur erklärt habe. Ich habe mich oft gewundert, wie er sich die Mühe mit solch schwierigen mathematischen Untersuchungen geben konnte, welche kein anderes Fundament haben als dieses eine Princip.[1] Viel eher noch könnte ich seiner Erklärung der Kometen und ihrer Schweife zustimmen, nicht weil dieselbe ohne Schwierigkeiten ist, sondern weil wir keine bessere haben.

Erst nach einer Erinnerung von Seiten Huygens geht Leibniz in einem Briefe vom 11. April 1692[2] näher auf das Kapitel von der Schwere ein. Die Schwere kommt augenscheinlich, so sagt er, von jener Ursache, die auch die Erde rund gemacht hat und noch immer die Tropfen rundet, d. i. von der Kreisbewegung der die Erde nach allen Richtungen umkreisenden Materie. Und dieselbe Erscheinung ist augenscheinlich auch der Grund dafür, dass die Planeten gegen die Sonne gravitiren, ganz als ob die Planeten eine gewisse magnetische Direction hielten, ähnlich derjenigen, die man auf der Erde bemerkt. Wenn wir die Attraction der schweren Körper in Strahlen von dem Centrum ausgehend denken, so können wir erklären, warum die Schwere der Planeten im umgekehrten Verhältniss der Quadrate ihrer Entfernungen von der Sonne steht. Dieses Gesetz der Schwere zusammen mit der Trajection von Newton oder mit meiner harmonischen Circulation giebt die Ellipsen von Kepler, welche durch die Erfahrung so gut bestätigt sind. Es scheint auch im Himmelsraume jedenfalls irgend eine Art von Wirbel nöthig zu sein, um den Parallelismus der Planetenachsen zu erklären, welchen die Kreisbewegungen nach allen möglichen Richtungen hin unmöglich begründen können, denn sie vermögen keinen ruhenden Pol hervorzubringen. Endlich ist die Uebereinstimmung, welche zwischen den Rotationen der Planeten und der Satelliten eines Systems stattfindet, der Existenz eines flüssigen rotirenden Wirbels absolut günstig.[3] Mr. Osanam berichtet in seinem Dictionnaire mathématique von einer Hypothese Mr. Cassini's[4], welcher anstatt der Kepler'schen Ellipsen ellipsoidische

---

[1] Leibnizens mathematische Schriften, Band II, p. 57: Et je me suis souvent étonné, comment il s'est pu donner la peine de faire tant de recherches de calculs difficiles, qui n'ont pour fondement que ce mesme principe.

[2] Ibid., p. 133.

[3] Diese Bedenken gegen die Huygens'sche Theorie der Schwere waren wohl die Ursache, dass Leibniz so lange mit seiner Ansicht gegen Huygens zurückhielt.

[4] S. S. 229 dieses Werkes.

Figuren annimmt, bei denen für jeden Punkt das Rechteck der Leitstrahlen aus den Brennpunkten constant ist. Ich weiss nicht, ob er dafür noch irgend einen physikalischen Grund angeben wird. Bis dahin aber bleibe ich sicher bei den KEPLER'schen Ellipsen, denn sie stimmen sehr wohl mit der Mechanik überein und die Abweichungen von ihnen erklären sich wohl genügend durch die Einwirkungen der Planeten aufeinander und durch Unregelmässigkeiten in den Bewegungen der bewegten Flüssigkeit, von den Unregelmässigkeiten der Materie gar nicht zu sprechen.

Auf diese Auseinandersetzung antwortet HUYGENS ausführlich am 11. Juli 1692.[1] Wenn Sie meine Erklärung der Schwere billigen, so begreife ich nicht, wie Sie dabei noch annehmen mögen, dass eine ähnliche Bewegung der kreisenden Materie (materiae ambientis) sowohl die Rundung des Wassertropfens als auch die Schwere des Bleies gegen die Erde oder der Planeten gegen die Sonne verursachen kann. Ich finde viel wahrscheinlicher, dass die Rundung des Tropfens von der rapiden Bewegung einer Materie kommt, die nicht um, sondern in dem Tropfen circulirt. Ebenso wenig vermag ich zu begreifen, wie die Ursache, welche ich von der Schwere gebe, zusammenstimmen kann mit der Attraction, welche nach Ihrer Theorie durch Strahlen, die vom Centrum ausgehen, sich verbreitet. Für die Erklärung des Gleichgewichtes zwischen den Gravitationen der Planeten und ihren Centrifugalkräften würde es, um bei meinem Princip zu bleiben, nöthig sein, die Geschwindigkeiten der circulirenden Materie in einer gewissen Proportion mit wachsender Entfernung vom Centrum abnehmen zu lassen. Diese Proportion würde ich auch leicht bestimmen können, aber ich habe bis jetzt nicht die Ursache von diesen verschiedenen Geschwindigkeiten gefunden. Es ist sicher, dass man die excentrischen Ellipsen von KEPLER erhält, wenn die Schwere im umgekehrt quadratischen Verhältniss mit der Entfernung abnimmt. Aber wie Sie, indem Sie Ihre harmonische Circulation einsetzen und doch dieselbe Proportion der Schwere behalten, daraus dieselben Ellipsen herleiten wollen, das ist es, was ich an Ihrer Erklärung in den Acta Eruditorum niemals habe verstehen können.

Wenn Sie unter dem Parallelismus der Planeten die parallele Lage verstehen, welche jede der Achsen zu sich selbst bewahrt, so bedarf man dazu nicht eines Wirbels; denn nach den Gesetzen der Bewegung muss diese parallele Lage sich ganz von selbst erhalten. Ich finde, wie Sie, die wirklichen Ellipsen mehr nach meinem Geschmack als die Ellipsoiden von Mr. CASSINI, für die er, wie ich glaube, noch keinen physikalischen Grund gefunden

[1] Leibnizens mathematische Schriften, Band II, p. 136.

hat, denn er hat nichts davon gesagt. Für die Astronomie wollen sie jedenfalls wenig bedeuten, da die Differenz für den Fall der Planetenbahnen zu gering ist.

Auf diese ziemlich kräftigen und gewichtigen Ausstellungen antwortet Leibniz am 26. September 1692.[1] Ich sehe nicht ein, sagt er, warum sich nicht mehrere dem Anscheine nach verschiedene Meinungen über die Rundung der Tropfen, die Schwere der irdischen Körper und die Attraction der Planeten gegen die Sonne vereinigen lassen sollten. Ich glaube, dass man die Materie im Allgemeinen als auf unendlich verschiedene Arten nach allen Richtungen bewegt annehmen und so in jedem Punkte eine gleichmässige Existenz aller möglichen verschiedenen Bewegungen annehmen kann. Diese Bewegungen dienen sowohl dazu, die Körper zu gestalten, wie auch sie im Raume zu ordnen. Denn die Körper nehmen diejenige Lage zu einander ein, in welcher sie in ihren Bewegungen am wenigsten gehindert werden, und gestalten sich in solcher Weise, dass sie den Stössen der umgebenden Flüssigkeit am wenigsten ausgesetzt sind; zu dieser Gestaltung aber werden die inneren ebenso wie die äusseren Bewegungen beitragen.

Die um die Erde circulirende Materie ist bestrebt sich vom Centrum zu entfernen und zwingt dadurch die weniger agitirten Körper sich demselben zu nähern. Darnach aber kann man die centrifugalen Bestrebungen der Materie auch ganz gut als Attractionsstrahlen betrachten, die von dem Centrum des Körpers ausgehen, nach welchem sie die anderen Körper hintreiben. Die Analogie der Dinge führt zu dem Schlusse, dass die Planeten auf ganz ähnliche Weise nach der Sonne getrieben werden, und dass diese Attractionen wie die Erleuchtungen im umgekehrt quadratischen Verhältniss der Entfernungen stehen. Vielleicht giebt es in den Körpern nicht allein eine Attractions-, sondern auch eine Directionskraft. Da unleugbar eine grosse Analogie zwischen der Erde und dem Magnet existirt, so hat man Grund zu glauben, dass es bei so vielen Circulationen um das Centrum der Erde, welchen man eine unendliche Menge von Polen zuschreiben kann, doch zwei Hauptpole giebt, durch welche die Materie der Erde sich an einen gewissen Lauf der Materie des grossen Sonnensystemes anpasst, wie die Magneten sich dem Laufe der circulirenden Materie im Erdwirbel anpassen.[2] Es

---

[1] Leibnizens mathematische Schriften, Band II, p. 141.

[2] Leibniz'ens Neigung und Geschicklichkeit, entgegenstehende Meinungen zu vereinigen, zeigen sich hier glänzend. Sonderbar scheint nur, dass Leibniz sich von der Kopernikanischen Meinung nicht ganz trennen kann, wonach zur Erhaltung der Achsenrichtung der rotirenden Planeten eine besondere Kraft nöthig sei. Doch beruht das, wie aus

scheint, dass Sie diese Vergleiche im Allgemeinen nicht billigen, aber Sie bemerken nicht im Einzelnen, was daran Widersprechendes sein soll.

Man muss immer prüfen, welche der entgegenstehenden Erklärungen die beste ist und ob man dieselben nicht vereinigen kann; das gilt auch für die NEWTON'sche Erklärung der Ellipsen. Die Planeten bewegen sich als ob sie nur durch eine translatorische Bewegung in seitlicher Richtung und durch die Kraft der Schwere getrieben würden, wie das NEWTON beschrieben hat. Allein sie bewegen sich auch ganz so, als ob sie nur ruhig von einer harmonisch circulirenden Materie getragen und dabei von einer eigenen Kraft gelenkt und gerichtet würden. Der Grund, warum ich auch nach der Bekanntschaft mit dem NEWTON'schen Werke die Annahme einer harmonisch circulirenden Materie noch nicht bereue, ist vor Allem der, dass alle Planeten, wie auch die kleinen Planeten des Jupiter und Saturn, nach derselben Richtung rotiren, während ohne Wirbel keine Ursache für diese Gleichmässigkeit aufzufinden wäre.

Es scheint mir doch, dass auch Sie die Wirbel nicht zu entbehren vermögen, denn wie wollten Sie ohne dieselben Ihre Erklärung der Schwere halten, wo Sie mit Recht annehmen, dass die Materie, welche circulirt, nach allen Richtungen eingeschlossen ist? Das Einschliessende aber kann nicht ein fester, krystalliner Himmel, sondern nur eine Sphäre von äusserer circulirender Flüssigkeit sein, welcher die Bewegung in dieser Hinsicht die Eigenschaften eines festen Körpers giebt. Auch würden ohne eine solche feste Begrenzung die Theilchen der rotirenden Körper durch ihre Centrifugalkraft sich zerstreuen, wenn man ihnen nicht irgend eine centrumsfreundliche Eigenschaft oder irgend eine wechselseitige Sympathie unter einander zuertheilte, wozu Sie, wie ich glaube, sich nicht bequemen werden. Was den Parallelismus der Achsen betrifft, so ist es wohl wahr, dass die rotirenden Planeten auch ohne besondere Kräfte sich die Lage ihrer Achsen erhalten werden, vorausgesetzt, dass dieselben durch die Schwere ihrer Theilchen in jeder möglichen Lage im Gleichgewichte sind. Ich glaube aber kaum, dass man eine Kugel, auch wenn man sich alle Mühe gäbe, in allen ihren Theilen so homogen machen könnte, dass sie in die Luft geworfen längere Zeit eine Lage parallel zu sich selbst bewahrte. Darum halte ich es für besser, diesen Parallelismus durch eine Ursache zu festigen, welche der Directionskraft des Magneten entspricht, und welche dazu dient

späteren Ausführungen hervorgeht, nicht auf der Unkenntniss der betreffenden mechanischen Gesetze, sondern auf der Annahme von Unregelmässigkeiten der Bewegung innerhalb der Wirbel.

die Veränderungen zu redressiren, welche das Gesetz der Bewegung der Planeten allein nicht ausschliessen könnte.

HUYGENS antwortet am 12. Januar 1693[1] theilweise zustimmend, aber doch ohne wirkliches Einverständniss. Ich bin sehr erfreut gewesen zu sehen, dass Sie in Bezug auf die Ursache der Schwere nun so ziemlich meiner Meinung sind. Aber wenn Sie sagen, dass die Centrifugalkräfte der Materie in Rücksicht auf die Körper, welche durch sie nach dem Centrum getrieben werden, als Attractionsstrahlen zu betrachten seien, so kann ich dafür keine Ursache sehen, und ebenso wenig kann ich begreifen, wie die umgekehrt quadratische Proportionalität der Schwere mit der Entfernung vom Centrum aus dieser Vorstellung erfolgen soll. Den besonderen Lauf der Materien in dem Sonnenwirbel, welcher dazu dienen soll, die Parallelität der Erdachse zu bewahren, finde ich wenig verträglich mit den circulären Bewegungen derselben Materien nach allen Richtungen, von denen die Schwere herrührt. Weil die Erdkugel von so gewaltiger Grösse ist, so muss sie ganz natürlicher Weise den Parallelismus ihrer Achse viel sicherer bewahren als eine in die Luft geworfene Kugel, und es ist im Gegentheil ziemlich schwer zu erklären, wodurch sie noch so viel abgelenkt wird, als die Präcession der Aequinoctien anzeigt. Mein Grund, warum ich glaube, dass die Rundung des Wassertropfens eher verursacht ist durch eine Bewegung im Inneren, als durch eine Impulsion von aussen, ist folgender. Die Impulsion einer äusseren circulirenden Materie muss auf die Form des Tropfens genau denselben Effect machen wie der gleiche Druck einer Materie, welche ihn von allen Seiten umgeben würde. Aber nach den Principien der Mechanik brauchte ein solcher Druck keineswegs eine Veränderung der Form des Tropfens zu verursachen, müsste ihn also auch nicht mit Nothwendigkeit sphärisch machen, obgleich mehrere Physiker es fälschlich glauben. Ich bestehe nicht mehr auf der Forderung, die um die Sonne rotirenden Wirbel mit den NEWTON'schen Ellipsen zu vereinigen, weil ich es mit manchen Anderen für unmöglich halte. Es ist wahr, dass die Wirbel nach Art des DESCARTES bequem sein würden, um einige Erscheinungen, wie unter anderen die gleiche Circulationsrichtung aller Planeten, zu erklären; aber sie sind unbequem zur Erklärung anderer Erscheinungen, vor allem der wahren Acceleration und Retardation der Planeten in ihren Bahnen. Ausserdem aber würde es sehr schwer sein zu sagen, wie die Kometen sich so frei durch einen Wirbel bewegen könnten, der doch fähig sein muss die Planeten zu tragen, was Alles in der Hypothese von NEWTON ohne Schwierigkeit ist.

---

[1] Leibnizens mathematische Schriften, Band II, p. 148.

Dem entgegnet Leibniz am 20. März 1693[1] abermals theilweise nachgebend. Ich habe in meinen Briefen selbst bemerkt, dass ich Schwierigkeiten in der Vergleichung der Centrifugalkraft mit den Attractionsstrahlen, welche ich vorgeschlagen habe, finde und habe selbst im einzelnen bezeichnet, worin diese Schwierigkeiten bestehen. Aber ich glaubte nicht, dass man sagen könne, es gäbe gar keinen Grund einer Uebereinstimmung. Sie finden weiter den speciellen Lauf der Materie im Sonnenwirbel, welcher bestimmt ist den Parallelismus der Erdachse zu bewahren, wenig verträglich mit den circulären Bewegungen nach allen Richtungen, welche die Schwere gegen die Sonne zu verursachen scheinen. Dem antworte ich, dass zwei ähnliche Bewegungen sich in dem System der Erdkugel wirklich vereint finden, nämlich die eine, welche die Ursache der Schwere, und die andere, welche die Ursache der magnetischen Richtung ist. Es ist auch wahr, dass die Erde ein sehr grosser Körper ist, dessen Bewegungsrichtung nicht leicht zu ändern sein mag; da aber alle Naturkörper auf einander wirken und da es einige grosse besondere Ströme von Materie giebt, so scheint sie mir doch vor Zufällen nicht ganz gesichert zu sein, und ich weiss nicht, ob es der Gewohnheit der Natur conform sein würde, diese grossen Systeme solchen Rencontres zu überlassen. Ich bilde mir ein, dass, wenn irgend welche aussergewöhnliche Ursache die Achse der Erde änderte, sie wie ein Magnet ihre wahre Lage bald wieder einnehmen würde; während nach der Hypothese Newton's die Erde in dem Aether wie eine schwimmende Insel schifft, welche durch nichts dirigirt wird, als durch ihre eigene einmal genommene Tendenz. Ihre Aeusserung, dass eine uniforme Pression von aussen keineswegs die Figur eines Körpers verändern muss und folglich nicht fähig ist einen Tropfen zu arrondiren, verdient Beachtung. Sie betonen endlich, dass die um eine Achse rotirenden Wirbel nicht vereinbar sind mit den Kepler'schen Ellipsen. Indessen scheint es mir, dass die Gegengründe, welche Sie aus der constanten Excentricität der Planeten ebenso wie ihrer Geschwindigkeit in den Aphelien und Perihelien nehmen, nicht ganz zweifellos sind, und dass die Wirbel auch so erklärt werden können, dass sie der Erklärung dieser Sachen mehr günstig als entgegen sind. Der Einwurf allerdings, betreffend den freien Durchgang der Kometen durch die Wirbel, erscheint sehr schwer; aber vielleicht ist die Kraft dieser Gestirne so gross, dass die Bewegung einer so feinen Materie, wie es die der Wirbel ist, sie nicht beträchtlich ablenkt.

Leibniz wendet sich dann wieder wie schon vorher zu der

---

[1] Leibnizens mathematische Schriften, Band II, p. 154.

Frage nach der Untheilbarkeit der Atome und der Existenz des leeren Raumes. HUYGENS aber geht auf diese Discussionen nicht mehr ein und ebenso wenig versucht er seine Differenz mit LEIBNIZ über die causa gravitatis weiter auszugleichen. Er kommt nur noch einmal am 29. Mai 1694 [1] auf die Theorie der Schwere gelegentlich zurück. Die mechanische Ursache der Schwere sagt er, welche FATIO [2] sich eingebildet hat, scheint mir noch chimärischer als seine Theorie des Lichtes; sie ist fast dieselbe wie die von MR. VARIGNON. Beide meinen, dass eine nach allen Seiten bewegte ätherische Materie die schweren Körper gegen die Erde stösst, weil von dieser Materie wegen der grossen Masse mehr nach der Erde hin als von ihr weg strebt. Ich habe ihm eingeworfen, dass auf diese Weise die ätherische Materie sich bei der Erde ansammeln müsste, worauf er antwortete, dass er in dieser Materie so wenig Körper oder Festigkeit annehme, dass dieselbe auch bei längerer Ansammlung doch keine beträchtliche Masse bilden würde; bei welcher Erklärung die Schwere schliesslich doch wieder vorausgesetzt wird.

LEIBNIZ antwortete darauf am 22. Juni 1694.[3] Ich weiss nicht, ob ich Ihnen mitgetheilt habe, dass FATIO auch mir Einiges von seinen Plänen, die Lehren NEWTON's mechanisch zu erklären, mitgetheilt hat, aber mit Reserve und in Räthseln. Er glaubt, dass die Materie nur einen kleinen Theil des Raumes erfüllt und dass die Körper wie Gitter oder Skelette durchbrochen sind, um der feinen Materie einen leichten Durchgang zu gewähren. Er meint auch, dass der Raum, wenn er völlig mit Materie erfüllt wäre, der Bewegung der Körper einen ausserordentlichen Widerstand entgegensetzen würde.

Endlich versucht LEIBNIZ in einem Briefe vom 14. September 1694 [4] die Verhandlungen über die Ursache der Schwere, bei denen doch keine vollständige Einigung zu erzielen, mit einigen vermittelnden Worten zu Ende zu bringen. Eure Erklärung der Schwere, schreibt er an HUYGENS, scheint mir unter den bis jetzt bekannten die plausibelste zu sein. Es bleibt nur zu wünschen, dass man noch den Grund dafür angeben könnte, dass die Schwere, welche zwischen den Sternen wirksam ist, im umgekehrt quadratischen Verhältniss der Entfernung steht. Ich denke übrigens, dass alle Hypothesen gleichwerthig sind, mag man die Principien gewisser Bewegungen Materien zuschreiben, welchen man will; und

---

[1] Leibnizens mathematische Schriften, Band II, p. 173.

[2] Das ist der schon S. 225 erwähnte FATIO DE DUILLIER, der noch weiter im Leben NEWTON's eine (nicht ganz klare) Rolle spielte.

[3] Leibnizens mathematische Schriften, Band II, p. 179.

[4] Ibid., p. 193.

ich meine, dass man immer die Hypothese für die wahre annehmen kann, welche die einfachste ist.

Bald nach den letzterwähnten Briefen brach die Correspondenz zwischen LEIBNIZ und HUYGENS mit dem Tode des letzteren im Jahre 1695 ab. Mehr als in anderen gleichzeitigen Werken zeigt sich in diesen Briefen eine deutliche Ahnung von der fundamentalen Bedeutung der NEWTON'schen Principien für die theoretische und physische Astronomie und sogar für die Physik. Beide genialen Forscher nähern sich von verschiedenen Seiten her den NEWTON-schen Ideen und sind geneigt Einiges, allerdings gerade Verschiedenes, davon anzunehmen, während sie freilich Anderes, und wieder gerade Verschiedenes, ohne Nachgiebigkeit negiren. LEIBNIZ kann sich mit NEWTON's Atomistik absolut nicht ausgleichen, ist dagegen als Begründer der Monadologie mit der Annahme constitutiver Anziehungskräfte in den Theilchen aller Materie vollkommen einverstanden; wenn er vielleicht auch nicht ohne Weiteres die fernwirkenden kosmischen Kräfte mit diesen Molecularkräften identificiren mag. Darum interessirt er sich überall für das quadratische Gesetz der Schwere und hebt rühmend hervor, dass man darnach schliesslich wohl lernen könne, aus einer Wechselwirkung der Planeten unter einander wie mit dem Centralkörper die vielen Unregelmässigkeiten und Störungen des Planetenlaufes mathematisch genau abzuleiten. HUYGENS dagegen bekennt sich wie NEWTON als Anhänger des leeren Raumes und der Atomistik, sieht auch, dass mit der Annahme von NEWTON's Voraussetzungen alle ätherischen Wirbel im Weltenraume überflüssig werden, kann es aber als alter Cartesianer nicht über sich gewinnen in den Atomen elementare, mechanisch nicht weiter erklärbare Kräfte zuzulassen. Er verwirft allerdings auch die Cartesianischen Wirbel, weil sie mathematisch den kosmischen Erscheinungen in keiner Weise entsprechen können; dafür aber behält er zur Erklärung der Schwere eine auf jeden Punkt des Raumes nach allen Richtungen stossweise wirkende subtile Materie bei, deren Stösse in seitlicher Richtung sich ausgleichend die Seitenbewegung der Körper nicht beeinflussen, wohl aber durch ihre Centrifugalkraft das Streben nach dem Mittelpunkte erzeugen. Er benutzt also die wirbelnde Materie nicht mehr für die Translationsbewegung der Planeten, sondern nur zur Ableitung einer Centripetalkraft. Nach dieser Richtung hin ist die Anschauung von HUYGENS ganz modern; alle von NEWTON abgeleiteten Gesetze der Planetenbewegungen können auch unter Geltung der HUYGENS'schen Theorie gesichert bleiben, und diese beabsichtigt weiter nichts als die von NEWTON offen gelassene Frage nach dem Ursprunge der Schwerkraft weiter aufzuklären. In der That haben auch in der Neuzeit gar manche Physiker, LESAGE an ihrer Spitze, das Problem der causa gravitatis in der Weise von HUYGENS zu lösen versucht und sind dabei nur insofern von ihm abgewichen, als sie die kreisförmigen Bewegungen der ätherischen Materie wieder aufgaben und zu den alten atomistischen gradlinigen Bewegungen der Atome zurückkehrten.

Nur in einem Punkte erklärte HUYGENS die NEWTON'schen Anschauungen absolut nicht zulassen zu können. Die vorwärtstreibende Kraft der NEWTON'schen Ideen führte in letzter Linie darauf hin, dass man die in der Materie wirksamen Attractionen nicht mehr den betreffenden Körpern als einheitlichen Individuen sondern nur den Molecülen derselben zurechnete, und dass nicht mehr von der scheinbaren Anziehung eines Körpers auf einen anderen, sondern nur noch von den Wechselwirkungen der Korpuskeln aller Materie untereinander die Rede sein sollte. Nun hätten zwar auch die Cartesianer diesem Zuge folgen und neben den grossen kosmischen Wirbeln oder auch statt derselben noch Molecularwirbel annehmen können, in ähnlicher Weise wie man heutzutage zur Erklärung des Magnetismus und Elektromagnetismus auf die Vorstellung von Elementarmagneten und Corpuscularströmen zurückgegriffen hat. Ebenso wäre auch die HUYGENS'sche Hypothese über die Bewegung der ätherischen Materien ganz wohl geeignet gewesen den Begriff der Molecularschwere oder Molecularattraction kinetisch auszubilden. Doch war einestheils bei den vielen kleinen Wirbeln die Erhaltung der Bewegung noch schwerer zu begreifen, als bei den wenigen grossen, und anderntheils erschien den neuen Aufgaben gegenüber, welche die Entwickelung der NEWTON'schen Theorien stellte, die Annahme von Molecularwirbeln als eine zu schwere Complication. So kam es, dass HUYGENS und NEWTON vor allem durch die Frage nach den Molecularkräften von einander getrennt wurden; dass die Anhänger von HUYGENS zu Gunsten der kinetischen Erklärung der Schwere die Molecularattractionen verneinten, während umgekehrt die Anhänger NEWTON's zu Gunsten der Molecularkräfte alle Versuche einer weiteren kinetischen Ableitung der Attractionen aus der Wissenschaft verwiesen.

Für NEWTON und seine Schule aber war es darnach eine Hauptaufgabe, die Fruchtbarkeit der neuen Idee von der gegenseitigen Attraction aller Theile der Materie durch deutliche Erfolge weiter aufzuzeigen. Wie schon bemerkt, waren solche Erfolge sowohl in der Astronomie wie in der Physik zu erwarten; in der Astronomie besonders bei der Entwickelung der Störungstheorie der Planeten und Planetoiden, in der Physik aber auf allen Gebieten, wo Nahwirkungen in Frage kamen, und nicht zum mindesten bei allen chemischen Erscheinungen. Die astronomische Seite war dabei jedenfalls die augenfälligere und zunächst dankbarere; ihr wandte sich NEWTON darum zuerst zu.

2. Kapitel. Weitere Entwickelung der Astromechanik. Streit mit Flamsteed.

Schon seit längerer Zeit hatten genauere astronomische Beobachtungen ergeben, dass die Bahnen der Planeten nicht reguläre Ellipsen seien, sondern mannigfache Abweichungen von diesen zeigten. CASSINI hatte darum gemeint, durch die nach ihm benannten Curven den thatsächlichen Erscheinungen besser als durch die KEPLER'schen Ellipsen entsprechen zu können. Viele mögen, wie LEIBNIZ und VARIGNON, geglaubt haben, dass die Abweichungen der Planeten aus den elliptischen Bahnen von zufälligen Ungleichheiten in der Materie der Wirbel herrührten, und mögen darnach die genaue Bestimmung derselben noch für lange Zeit als aussichtslos angesehen haben. NEWTON aber hatte in seinen Principia mathematica die Bahnen der Planeten, soweit sie nur von der Wirkung des Centralkörpers abhängen, als absolut genaue Ellipsen charakterisirt. Die Abweichungen ihrer Bahnen von dieser genauen Form, die Störungen ihres Laufes, hatte er aus der Einwirkung der anderen Planeten sicher abgeleitet und die Berechnung derselben wenigstens begonnen. Auch die viel bedeutenderen Störungen, welche der Lauf der Planetoiden um den Hauptplaneten durch die Einwirkung der Sonne erfährt, wurden durch das Princip der gegenseitigen Attraction einer genauen mathematischen Vorherbestimmung zugänglich gemacht. Schliesslich konnte NEWTON aus seinem Princip, allerdings nur durch eine etwas künstliche Construction,[1] sogar auch die Veränderungen ableiten, welche in der Lage der Rotationsachse der einzelnen Planeten und Planetoiden wegen ihrer Abweichung von der Kugelgestalt durch die störende Einwirkung benachbarter Himmelskörper hervorgebracht werden.

Doch waren in der ersten Ausgabe der Principia mathematica die Lösungen dieser Probleme nur ihrer Möglichkeit nach aufgezeigt, nicht aber wirklich durchgeführt; die letztere, schwierigere Arbeit blieb in der Hauptsache noch zu thun übrig. Allerdings war diese Vollendung jetzt, wo die wirkende Kraft in ihrer Abhängigkeit von den Massen und den Entfernungen vollkommen bekannt war, nur mehr noch Sache der Mathematik und die Schwierigkeiten waren fast nur mathematische, aber auch darnach blieben dieselben doch so gross, dass zu ihrer Beseitigung noch eine lange mathematische Entwickelungsreihe zu durchlaufen war. Die Störungsberechnung der Astronomie musste die sicherste und entscheidendste Probe auf die Richtigkeit des NEWTON'schen

---

[1] Vergl. S. 191 dieses Werkes.

Princips abgeben; aber die Probe auf die Richtigkeit der Theorie war noch schwieriger als die Bildung der Theorie selbst.

Glücklicherweise war an der Bearbeitung einer Störungstheorie des Mondes nicht bloss das theoretische Interesse einer Verification der NEWTON'schen Attractionstheorien, sondern ebenso sehr auch das praktische Bedürfniss einer sicheren Ortsbestimmung zur See betheiligt. Verschiedene, geistreiche und nicht geistreiche, Methoden waren schon zur Ermittelung der geographischen Länge auf dem Meere vorgeschlagen worden; nach und nach jedoch hatte man eingesehen, dass dazu ausser einer genauen Construction von Schiffsuhren vor allem sichere Tafeln der Mond- und Sternörter absolut nothwendig seien. Die Mondtafeln aber waren nur durch eine schwierige mathematische Bestimmung des sehr verwickelten Mondlaufes zu erreichen und zu dieser Bahnbestimmung bot sich nun für NEWTON durch sein Gravitationsprincip zum ersten Male Aussicht. Wenn es ihm gelang diese Aufgabe nach seinem System zu lösen, dann hatte er geleistet, was kein anderer Astronom vor ihm vermocht, und dann blieb keinem ernsthaften Naturwissenschaftler die Annahme dieses Systems erspart, mochte er nun sonst über die principiellen Grundlagen desselben denken wie er wollte. Denn so viel Gewalt hat auch im Leben der Naturwissenschaft der thatsächliche Erfolg stets gezeigt, dass der offenbaren Fruchtbarkeit einer Hypothese gegenüber alle philosophischen Ausstellungen immer machtlos blieben, selbst wenn sie auf unzweifelhafte reale Schwächen derselben gegründet waren.

Von dieser Ueberzeugung geleitet, hatte auch NEWTON fast direct nach dem Erscheinen der Principia mathematica begonnen, das Problem der Störungen der planetarischen Bewegungen und der Ungleichheiten des Mondes weiter zu verfolgen, und ein sehr grosser Theil der Veränderungen, die er in den folgenden Auflagen seinem Werke zu Theil werden liess, betrifft die Verbesserungen der betreffenden Abschnitte.

Doch sollte NEWTON gerade auf diesem wichtigsten Gebiete sein Ziel nicht vollständig und damit hinsichtlich der praktischen Brauchbarkeit im Grunde genommen nicht erreichen, weil eine ganze mathematisch-mechanische Entwickelungsreihe auch durch sein Genie nicht in einer Person abzuschliessen war. Im Jahre 1714 wurde durch das englische Parlament ein Ausschuss niedergesetzt, um die Lösung des lange gesuchten Problems einer genauen Bestimmung der geographischen Lage auf der See zu fördern; zu diesem Ausschuss gehörte mit anderen Mitgliedern der Royal Society auch NEWTON. Die hohen ausgesetzten Preise aber wurden erst 1765 zum Theil zuerkannt. Der Engländer JOHN HARRISON erhielt 10,000 £ für die Construction einer Schiffsuhr; der Preis für eine genügende Mondtheorie und die besten Mondtafeln kam nicht nach England, sondern wurde mit je 3000 £ dem Schweizer LEONHARD EULER und den Erben des Deutschen TOBIAS MAYER zugesprochen. Das Merkwürdigste an der Sache ist vielleicht, dass unser gewaltiger Mathematiker EULER, der auf Grund des NEWTON'schen Kraftgesetzes die Mathematik auf diesem schwierigen Felde zum Siege führte, die NEWTON'sche Attraction nicht nach Art der NEWTON'schen Schule für eine elementare Kraft der Materie, für eine actio in distans nahm, sondern vielmehr einer mechanischen Ableitung derselben nach Art von DESCARTES und HUYGENS zuneigte. EULER spricht sich in seinen Briefen an eine deutsche Prinzessin folgendermaassen über die Schwere aus. Die Meinungen der Physiker und Philosophen theilen sich in zwei Hauptklassen: nach der einen Parthey geschieht die gegenseitige Anziehung zweyer Körper durch ihre unmittelbare Wirkung auf einander und die anziehende Kraft ist eine wesentlich innere Eigenschaft der Körper selbst; dagegen behauptet die andere Parthey, dass die Anziehung mittelbarer Weise durch die Hilfe irgend einer feinen unsichtbaren Materie geschehe. Die erstere Meinung ist besonders von englischen Physikern vertheidigt worden, die sich vermuthlich durch den Ausdruck Anziehung, dessen sich NEWTON zur Bezeichnung einer in der Natur unverkennbaren Wirkung bedient hatte, verleiten liessen zu glauben, dass er die Ursache dieser Wirkung oder die anziehende Kraft wirklich für eine den Körpern eigenthümliche Kraft gehalten habe. Doch ist es jedenfalls nur eine bequeme Art der Erklärung, wenn man sagt, dass sich zwei Körper darum anziehen, weil sie eine gewisse geheime Kraft haben einander anzuziehen. Die andere Meinung, dass die Schwere die Wirkung einer feinen Materie sei, haben besonders DESCARTES und HUYGENS vertheidigt. Und in der That werden wir geneigter sein zu glauben, dass zwei weit von einander entfernte Körper durch irgend eine Materie gegen einander getrieben werden, als dass der eine den anderen ohne alle Zwischenmittel bloss aus innerer Kraft an sich reissen sollte. Wenigstens stimmt das erstere allein mit unserer Erfahrung überein. Doch stehen auch dieser Hypothese noch zu viel Schwierigkeiten entgegen, als dass wir dieselbe für Gewissheit ausgeben könnten. Denn erstens hat man weder das Dasein eines solchen Zwischenmittels nachgewiesen noch auch die bestimmte Art seiner Bewegung auffinden können.[1]

Jedenfalls ist das Beispiel EULER's ein gutes Zeichen dafür,

---

[1] Euler's Briefe über verschiedene Gegenstände der Naturlehre, übersetzt von FRIEDRICH KRIES, Leipzig 1793, Band II, S. 101—104.

dass die Annahme einer causa gravitatis physica mit der Anerkennung einer realen Existenz der Gravitation und ihrer Verwerthung in der Wissenschaft nichts zu thun hat und dass das Forschen nach einer solchen Ursache der Schwere der wissenschaftlichen Bestimmtheit und Sicherheit nicht schädlich ist.

Die Ausarbeitung der Störungstheorie bot leider für NEWTON nicht bloss mathematisch-theoretische, sondern auch praktische Schwierigkeiten, insofern als das Beobachtungsmaterial als Grundlage für die Theorie ihm nicht genügend zur Hand war; und wie an fast alle wissenschaftlichen Angelegenheiten NEWTON's, knüpfte sich auch an diese ein persönlicher Kampf an, in dem diesmal nicht nur NEWTON's wissenschaftliche Persönlichkeit, sondern auch sein moralischer Charakter den schwersten Angriffen ausgesetzt war.

NEWTON brauchte bei seiner Ausarbeitung zur Bestimmung der nothwendigen Constanten wie zur Verification der erhaltenen Resultate vor allem genaue und zahlreiche Beobachtungen und Messungen von Fixstern- und Mondörtern. Diese waren zu damaliger Zeit für NEWTON nur von FLAMSTEED, dem königlichen Astronom in Greenwich, zu erhalten, der, wie bekannt, sorgfältiges und reiches Material in dieser Beziehung angesammelt hatte. Die Stellung dieses ersten Directors der Sternwarte war aber eine so eigenthümliche, dass man von ihm die Herausgabe seiner Beobachtungsresultate nicht erzwingen, sondern nur durch freiwillige Uebereinkunft erlangen konnte. Die Sternwarte in Greenwich war nämlich damals noch keine reine Staatsanstalt. FLAMSTEED, zugleich Pfarrer zu Burstow in Surrey[1], erhielt seit der Gründung der Sternwarte im Jahre 1675 vom Staate nicht mehr als 100 £ jährlich, wovon er nicht nur die Instrumente zu beschaffen, sondern auch seine Gehülfen zu bezahlen hatte; dafür blieben aber die Ergebnisse der Beobachtungen sein ausschliessliches Eigenthum, und niemand hatte ein Recht, die Mittheilung derselben von ihm zu verlangen. NEWTON sah sich also ganz auf den guten Willen FLAMSTEED's angewiesen. FLAMSTEED aber war ein von Krankheit geplagter, zu Misstrauen geneigter Mann und schon von früher her auf's bitterste mit NEWTON's Freund und Gehülfen HALLEY verfeindet, in dem er nicht mit Unrecht einen begünstigten Nebenbuhler und zukünftigen Nachfolger sah. HALLEY wird als ein Weltmann geschildert, dessen Höflichkeit nicht immer ganz wahrhaftig war und der in religiöser Beziehung freien Ansichten huldigte. Das mag allerdings schlecht zu dem kränklichen, weltflüchtigen und streng religiösen FLAMSTEED gepasst haben.[2]

---

[1] FLAMSTEED erhielt die kleine Pfarrstelle, weil er von seinem Gehalte als Royal Astronomer nicht leben konnte.

[2] Vergl. über den Streit zwischen FLAMSTEED und NEWTON: BREWSTER,

Die Verhandlungen zwischen NEWTON und FLAMSTEED in dieser Sache setzten sogleich mit bösen Misstönen ein. NEWTON hatte FLAMSTEED gerathen seinen Fixsterncatalog baldigst und zwar so zu veröffentlichen, dass er zuerst die fremden Beobachtungen (darunter wohl die von HALLEY auf St. Helena etc. gemachten) und dann anfügend seine eigenen gäbe. FLAMSTEED aber nahm den Vorschlag übel und erwiderte am 24. Februar 1694 mit einer Anklage HALLEY's, als eines Mannes, der seinen guten Ruf durch alberne Streiche, Undankbarkeit und tolles Geschwätz verloren habe, den er absolut nicht werthschätzen könne, ihn nicht und seine Gefährten, vor deren Verleumdungen Christus und seine Apostel selbst nicht sicher sein würden, wenn sie heute wieder auf der Erde wandelten. Eine Antwort NEWTON's auf diesen Brief ist nicht bekannt; aber am 1. September 1694 suchte NEWTON FLAMSTEED persönlich auf und empfing von ihm eine Tafel mit 150 Mondörtern unter zwei Bedingungen: erstens, dass er sie ohne FLAMSTEED's Einwilligung an Niemanden Anderes weiter geben, und zweitens, dass er die mit Hülfe der Tafeln abgeleiteten Resultate in erster Linie nur an FLAMSTEED mittheilen sollte. Man darf hieraus schliessen, dass FLAMSTEED die Wichtigkeit der NEWTON'schen Theorie recht wohl zu würdigen verstand, dass er aber auch auf das Eigenthumsrecht an seinen Beobachtungen einen nicht geringen Werth legte.

Trotz der Uebereinkunft blieb das Einvernehmen der beiden Gelehrten nicht lange ungestört. Schon am 3. Nov. 1694 mahnte FLAMSTEED um die versprochenen Resultate. Am 23. April 1695 aber verlangte NEWTON im Gegentheil neues Material, wonach er in 3 bis 4 Monaten mit der Theorie fertig werden könne. Am 2. Juli 1695 richtete FLAMSTEED an NEWTON die Bitte, dem Mr. BENTLEY doch verständlich zu machen, wie willig und vollständig er seine Beobachtungen mitgetheilt habe und weiter mittheile; denn dieser sprenge das Gerücht aus, dass die zweite Auflage der Principien ohne die Mondtheorie erscheinen müsse, weil von FLAMSTEED das Material nicht zu erlangen sei. Sehr gereizt antwortete NEWTON darauf schon am 9. Juli: Er habe seine Resultate an FLAMSTEED bereitwillig und so vollkommen mitgetheilt, als er sie habe erhalten können. Auch habe er die lange Arbeit von mehr als zwei Monaten, die mehr werth sei als vielerlei Beobachtungen, in erster Linie im Interesse FLAMSTEED's unternommen, und erst in zweiter Linie, weil er gehofft habe, selbst einiges an Beobachtungen dafür zurück zu erhalten. Daran sei er nun endlich

Life of NEWTON, Edinburgh 1855, vol. II, p. 157—186, 476—479; EDLESTONE, Correspondence of Sir Is. Newton, London 1850, p. XXXIII—XXXVIII.

verzweifelt und habe darnach allerdings Freunden, die ihn besuchten, erzählt, dass er es aufgeben müsse, die Mondtheorie zu vollenden. Weil ihm aber Flamsteed nun seine Beobachtungen bis zum Jahre 1690 anbiete, so wolle er das dankbar annehmen und die Arbeit fortsetzen.

Darauf antwortete Flamsteed am 18. Juli, dass er, obgleich er gerechte Ursache habe, sich über den unfreundlichen Ton des letzten Briefes von Newton zu beklagen, doch nur auf die eine Stelle desselben über den Werth der Beobachtungen zurückkommen wolle. Er gäbe zu, dass der Draht mehr werth sei, als das Gold, aus dem er gefertigt. Doch aber habe er das Gold gesammelt, gefeint und gewaschen, und wolle nicht hoffen, dass Newton seine Mithülfe darum gering schätze, weil er sie so leicht erhalten könne. Er fordere als Belohnung für sich nichts weiter, als dass er dann und wann Einiges von der Arbeit Newton's sehen dürfe. Wenn Newton mit der Arbeit über die Mondbewegung noch nicht zu einem Abschluss gekommen sei, so werde er ihn nicht drängen. Er wolle auch, so viel er könne, weiteres Material geben, nur solle sich Newton nicht bei Anderen beklagen und so bei der Kümmerniss, welche ihm die Krankheiten verursachten, auch noch den Verleumdungen arglistiger Menschen Vorschub leisten. Newton ging in den nächsten Briefen stillschweigend über diese Angelegenheit hinweg. Er zeigte sich wegen Flamsteed's Krankheit ängstlich besorgt, sandte auch von Bentley oder Halley Entschuldigungen wegen der entstandenen Gerüchte und versprach, dass sie nicht weiter verbreitet werden sollten. Flamsteed bedankte sich für solche Theilnahme, sprach aber dann wieder mit Entrüstung von Halley, welcher ihn überall darüber verlästere, dass er als königlicher Astronom nichts von seinen Arbeiten drucken lasse. Er werde sich durch solche Intriguen nicht irre machen lassen und nichts herausgeben, was nicht vollkommen sei. Newton schrieb darauf in einem kurzen Briefe am 14. September 1695, dass er (wohl wegen Uebernahme des Amtes an der königlichen Münze) keine Zeit mehr habe, an die Theorie des Mondes auch nur zu denken und damit wurde der Briefwechsel von Newton's Seite vorläufig unterbrochen. Er antwortete auch nicht, als ihm Flamsteed eine ziemlich deutliche Mahnung zukommen liess. Er sei sehr erfreut, so schrieb dieser am 11. Januar 1696, zu hören, dass Newton die Mondtheorie vollendet und sechs früher noch nicht bekannte allgemeine Ungleichheiten des Mondes bestimmt habe; er würde aber noch mehr erfreut sein, wenn Newton selbst ihm das mitgetheilt hätte, denn jetzt müsse er fürchten, dass die Sache doch noch nicht so weit gediehen sei. Er schmeichle sich, dass Newton, wenn er die Arbeit wirklich fertig gestellt, ihn davon benachrichtigen werde, wie er das ja versprochen habe.

Bald kam es trotz des Schweigens von NEWTON noch zu neuen Differenzen. WALLIS hatte FLAMSTEED für den dritten Band seiner Opera mathematica (der im Jahre 1699 erschien) um Beobachtungen über die jährliche Parallaxe der Erdbahn gebeten. FLAMSTEED benutzte die Gelegenheit darauf aufmerksam zu machen, dass er auch NEWTON mit Material für die Verbesserung der Horroxianischen Mondtheorie[1] ausgerüstet habe und von ihm die Vollendung dieser Theorie erhoffe. Von diesen für die Veröffentlichung bestimmten Aeusserungen hörte Dr. GREGORY und durch ihn NEWTON. Diesem war die Sache unangenehm und er wirkte auf WALLIS ein, dass er den Passus, der ihn betraf, unterdrücken solle. FLAMSTEED aber sandte darauf hin am 2. Januar 1699 einen quasi Entschuldigungsbrief an NEWTON, worin er sagte, dass er in der betreffenden Aeusserung ja nichts weiter behauptet, als was NEWTON auch selbst zugegeben habe, und dass er vollständig bereit sei, das Wort Horroxianae wegzulassen; obgleich ja auch ohne dies hervorgehe, dass NEWTON's Theorie, die alles aus der natürlichen Ursache ableite, absolut neu sei. NEWTON möge doch nicht auf Schmeichler hören, die sie beide veruneinigen wollten, und denselben nur sagen, dass er ihre Aeusserungen auch FLAMSTEED mittheilen werde; dann würde er von ihnen befreit sein.

Auf die Bitte um schleunigste Antwort erhielt er von NEWTON nach einer nochmaligen Erinnerung am 6. Januar 1699 die folgende Mittheilung. Gelegentlich hörte ich von einem für den Druck bestimmten Briefe von Euch an Dr. WALLIS, worin Ihr auch über meine Bemühungen um die Theorie des Mondes geschrieben. Ich war darüber beunruhigt, dass ich an die Oeffentlichkeit gebracht werden sollte in einer Sache, die vielleicht niemals für das Publikum reif sein und über die es vielleicht niemals eine Arbeit von mir erhalten wird. Ich liebe es nicht bei jeder Gelegenheit gedruckt, noch weniger über mathematische Dinge von Fremden belästigt und gequält oder gar von den Mitbürgern beargwöhnt zu werden, dass ich die Zeit, die ich den Geschäften des Königs[2] widmen sollte, mit anderen Dingen verbringe. Deswegen veranlasste ich, dass Dr. GREGORY an Dr. WALLIS behufs Unterdrückung jenes Absatzes, der sich auf mich bezog, schrieb. Ihr mögt so viel es Euch gefällt, der Welt wissen lassen, wie gut Ihr mit Beobachtungen von allen Sorten versehen seid und was Ihr für die Verbesserung der Theorie der himmlischen Bewegungen

[1] WALLIS hatte herausgegeben: J. Horroccii opera posthuma una cum G. Crabtaei observationibus coelestibus, nec non I. Flamstedii de temporis aequatione Diatriba, London 1673. Der Brief von FLAMSTEED an WALLIS vom 20. December 1698 ist abgedruckt in WALLIS' Opera mathematica, vol. III, p. 701—708.

[2] Als Vorsteher der königlichen Münze.

gethan habt; aber es kann doch Fälle geben, in denen Eure Freunde nicht ohne ihre Erlaubniss öffentlich von Euch erwähnt werden sollten. Deswegen hoffe ich, Ihr werdet die Sache so ordnen, dass ich bei dieser Gelegenheit nicht auf die Schaubühne gebracht werde. In der That sandte FLAMSTEED, wohl im Gefühle des Unrechts, trotz des scharfen Schlusses schon am 10. Januar 1699 eine Abänderung des beanstandeten Passus zur Billigung an NEWTON ein, und dem entsprechend wurde die betreffende Stelle in den Werken von WALLIS abgedruckt.[1]

NEWTON und FLAMSTEED aber verkehrten um diese Zeit wieder mehrfach mit einander und häufig war nun von der vollständigen Veröffentlichung der FLAMSTEED'schen Tafeln die Rede. 1703 hatte FLAMSTEED sich entschlossen, dieselben auf eigene Gefahr herauszugeben, wenn eine einigermaassen genügende Anzahl von Subscriptionen erreicht würde. Da machte ihm NEWTON den Vorschlag, dieselben auf Kosten des Prinzen GEORG, des Gemahls der Königin, den er für die Angelegenheit zu interessiren gewusst hatte, zu veröffentlichen. FLAMSTEED sandte seine Papiere, soweit sie abgeschlossen waren, an die Royal Society und diese empfahl sie dem Prinzen. Auf dessen Weisung wurde dann am 11. December 1704 aus der Reihe der Mitglieder eine Commission, bestehend aus NEWTON, CHR. WREN, GREGORY, ARBUTHNOT und Anderen, die NEWTON für nützlich halten möchte, eingesetzt, welche die Auswahl aus dem Ganzen, das FLAMSTEED selbst auf 1400 Folioseiten schätzte, besorgen sollten. Am 23. Januar 1705 erstattete die Commission ihren Bericht an den Prinzen, und darnach begann der Druck, der aber nur sehr langsam vorschritt, weil FLAMSTEED viel durch Krankheit gehindert und wohl auch, weil er von vornherein mit dem Verfahren in der ganzen Sache nicht einverstanden war. FLAMSTEED meinte, dass er ganz freie Hand über den Druck behalten hätte; die Commission mit NEWTON an der Spitze aber war der Ansicht, dass FLAMSTEED nur correctes Material zu liefern und über den Druck selbst nichts zu sagen hätte. Am 13. Juli 1708 beschloss die Commission, weil FLAMSTEED mit Einsendung der Correcturen säumte, den Druck ohne Rücksicht auf ihn fortzusetzen und wenn nöthig, einen anderen Corrector zu wählen. FLAMSTEED sandte daraufhin einen Protestbrief an WREN, erhielt aber keine Antwort. Der Prinz GEORG, an den

---

[1] Der Brief ist abgedruckt (WALLIS, Opera mathematica, vol. III, p. 701--708) unter dem Titel: De Parallaxi Orbis Annui Telluris Observata. Der Name NEWTON erscheint jetzt nur an der folgenden Stelle (a. a. O., p. 706): Fieri potest ut suspicetur quis, exiguam Nutationem Axis Telluris (quae consequatur ex celebratissimi D. Newtoni prop. 66, Princ. Phil. Nat. Math. Coroll. 20) posse quadamtenus efficere hanc mutationem apparentis a Polo distantiae in Polari Stella: perpendamus igitur Quem habitura sit effectum.

sich FLAMSTEED als erste Instanz hätte wenden können, starb schon im October 1708. NEWTON hatte den Entwurf der Mondbeobachtungen, der ohne FLAMSTEED's Einwilligung nicht gedruckt werden sollte, und ausserdem den vollständigen Catalog der Fixsterne in seiner Verwahrung, der aber versiegelt war. BAILY u. A. behaupten, dass NEWTON diese Siegel widerrechtlich erbrochen habe. BREWSTER aber weist aus einem Briefe von FLAMSTEED nach, dass dieser am 20. März 1708 die Siegel selbst geöffnet, um Verbesserungen in den Catalog einzutragen.[1] Jedenfalls benutzte man das vorhandene Material zur Fortsetzung des Druckes, konnte aber weiteres von FLAMSTEED natürlich nicht erlangen.

Unter solchen Umständen beschloss man die Einrichtung der Sternwarte in Greenwich ganz umzugestalten und derselben mehr den Charakter einer reinen Staatsanstalt zu geben. Die Königin setzte 1710 ein Aufsichtscollegium ein; der Präsident der Royal Society (NEWTON) wurde angewiesen, mit anderen von ihm ausgewählten Mitgliedern der Gesellschaft die Beobachtungen vorzuschlagen, die Anschaffungen und die Instandhaltung der Instrumente zu beaufsichtigen und die Resultate der jährlichen Beobachtungen in Empfang zu nehmen. JOHN ARBUTHNOT, Arzt von Beruf, aber auch Privatlehrer der Mathematik, wurde im März 1711 beauftragt, die Reste des Sterncatalogs von FLAMSTEED zu fordern und den Druck zu bewirken.[2] Als auch das nicht half, erging an FLAMSTEED im October 1711 die Aufforderung, mit NEWTON behufs Ordnung der Sachen im Hause der Royal Society zusammen zu treffen. Dort fielen sehr böse Worte. FLAMSTEED sprach zuletzt von einer Beraubung, die an ihm geschehen, und NEWTON soll der Schimpfworte sich nicht enthalten haben. In der Sache selbst wurde nichts erreicht.

Währenddem schritt die Commission auf Befehl der Königin mit dem Druck des Werkes weiter fort. Im Jahre 1712 erschien dasselbe, soweit es ohne FLAMSTEED zu beendigen war. Der

---

[1] BREWSTER, Life of Newton, Edinburgh 1855, vol. II, p. 231.

[2] NEWTON schrieb am 23. März 1711 an FLAMSTEED: Ihm sei bekannt, dass der Prinz fünf Herren bestimmt habe, welche prüfen sollten, was von den Beobachtungen aus Greenwich des Druckes würdig wäre, und FLAMSTEED habe schriftlich und unter Siegel versprochen, das Material zu liefern. Ueberhaupt sei das Observatorium nur dazu gegründet worden, einen vollständigen Sterncatalog anzufertigen, und FLAMSTEED's Pflicht sei es, die Beobachtungen dafür auszuliefern. FLAMSTEED aber habe unvollständiges Material gegeben, so dass der Druck desselben stocken müsse. Er möge nun an Dr. ARBUTHNOT den Rest des Cataloges senden; im anderen Falle werde man sehen, dass er sich weigere, den Befehlen Ihrer Majestät Folge zu leisten. (BREWSTER, Life of Newton, vol. II, p. 489.) FLAMSTEED hat dem gegenüber stets behauptet, dass nicht das Committee der Royal Society, sondern er selbst über die Herausgabe der Tafeln nach dem geschlossenen Vertrage zu bestimmen gehabt habe.

wirkliche Herausgeber war HALLEY. FLAMSTEED erreichte es wenigstens, dass ihm die Royal Society drei Viertheile der Auflage der Schrift überlassen musste. Den grössten Theil davon verbrannte er und behielt von jedem Exemplar für seine beabsichtigte eigene Edition nur einen kleinen Theil zurück.[1] Er starb jedoch am 31. December 1719, ohne weiteres von seinen Beobachtungen selbst veröffentlicht zu haben.[2] Sein Nachfolger wurde, wie er wohl geahnt, sein am meisten gehasster Feind HALLEY. Dieser gab im Jahre 1725 FLAMSTEED's sämmtliche Greenwicher Beobachtungen mit seinen eigenenen zusammen unter dem Titel Historia coelestis Britannica und im Jahre 1729 noch 28 Sternkarten als Atlas coelestis heraus.

Es ist heute schwer zu entscheiden, wie viel Recht und Unrecht in diesem schon nicht mehr wissenschaftlich zu nennenden Streite auf der Seite NEWTON's und seiner Freunde und wie viel davon auf der Seite FLAMSTEED's war. Es mag sein, dass mit FLAMSTEED bei der Entwickelung seines geistigen und körperlichen Zustandes überhaupt in einem solchen Geschäft, wie die Herausgabe eines von ihm verfassten Werkes, ohne Kampf nicht auszukommen war, dass er Vieles, was ihm geschehen, in ganz falschem, getrübtem Lichte sah, und dass er darum, vielfach ohne Grund, sich über schlechte und ungerechte Behandlung beklagte. Man kann auch zugeben, dass es im Interesse der wissenschaftlichen Fortentwickelung höchst wünschenswerth, ja vielleicht nothwendig erschien, das FLAMSTEED'sche Beobachtungsmaterial der öffentlichen Benutzung zugänglich zu machen, und dass die Oeffentlichkeit auch bei der wenigstens theilweise officiellen Stellung FLAMSTEED's gewisse Eigenthumsansprüche an dasselbe besass. Dem gegenüber aber bleibt doch auch sicher, dass dieses ganze Material die Frucht jahrelanger, vom Staate zwar unterstützter, aber doch nicht ganz erkaufter, sorgfältiger Arbeit FLAMSTEED's war, dass FLAMSTEED das volle Verfügungsrecht über diese Resultate seiner Bemühungen besass und Niemandem als ihm ein eigentliches Eigenthumsrecht daran zustand: dass aber trotzdem dieses Verfügungsrecht FLAMSTEED entzogen wurde, dass sein Eigenthum gegen seinen Willen der Oeffentlichkeit übergeben und dem Manne zur Bearbeitung überantwortet wurde, den FLAMSTEED

---

[1] La grande Encyclopédie, T. 17, Paris 1893, p. 564.

[2] Im Jahre 1833 fand man in Greenwich einen grossen Theil der Manuscripte FLAMSTEED's mit einer Autobiographie desselben auf. FRANCIS BAILY (Börsenmakler, aber auch Mitglied der Royal Society und Präsident der Astronomical Society in London) gab die letztere unter dem Titel: An account of the Rev. John Flamsteed (London 1835, Supplement 1837) heraus und brachte dadurch den Streit zwischen FLAMSTEED und NEWTON in frische Erinnerung.

mit Recht oder Unrecht, das mag dahin gestellt bleiben, als seinen schlimmsten Feind und übelwollenden Concurrenten betrachtete. Wir haben absolut keine Ursache NEWTON, dem eigentlichen Urheber dieser Vorgänge, andere als wissenschaftliche Triebfedern in dieser Sache zuzuschreiben; ob aber dieses wissenschaftliche Interesse alles das rechtfertigte, was er in dieser Sache gegen FLAMSTEED gethan, das lässt sich doch auch bei Annahme aller möglichen Entschuldigungsgründe nicht ohne starke Bedenken bejahen. Mit FLAMSTEED's Tode wären seine astronomischen Schätze jedenfalls frei geworden; dass NEWTON persönlich mit seiner Arbeit auf diesen Fall nicht warten konnte, das gab sicher kein volles Recht auf die vorzeitige Erzwingung derselben.[1]

3. Kapitel. Anfänge der physikalischen Deutung der Principia mathematica.

Wir haben schon bemerkt, dass die physikalische Seite der NEWTON'schen neuen Ideen in seinem Hauptwerke noch wenig hervortritt, trotzdem dasselbe Mathematische Principien der Naturphilosophie überschrieben ist, der Titel Principien der Physik war im Grunde genommen eine Anticipation, welche mehr andeutete, was werden sollte, als dass sie angab, was vorhanden war. Eine NEWTON'sche Physik in ihrer ganzen Ausdehnung musste erst noch geschaffen und die Riesenaufgabe, die Theorien aller physikalischen Erscheinungen nach den neuen Anschauungen umzuformen, konnte nur nach und nach bewältigt werden.

Alle materiellen Theilchen ziehen sich gegenseitig im Verhältniss ihrer Massen und im umgekehrt quadratischen Verhältniss ihrer Entfernung an, diesem für die neu werdende Physik wichtigsten Satze der mathematischen Principien hatte NEWTON die revolutionäre Spitze dadurch abgebrochen, dass er jene Anziehung

[1] Nach einer in NEWTON's Handschrift aufbewahrten Kostenrechnung kostete Papier und Druck des unter FLAMSTEED's Mitwirkung erschienenen Theiles der Tafeln 194 £ 17 sh., FLAMSTEED erhielt 125 £; der Druck des letzten Theiles, der ohne FLAMSTEED's Einwilligung erschien, kostete mit den Zeichnungen 214 £ 15 sh; HALLEY erhielt für die Redaction 150 £. (BREWSTER, Life of Newton, vol. II, p. 487). — Die Encyclopaedia Britannica (9. ed., vol. IX, Edinburgh 1879, p. 290) urtheilt über den Streit zwischen NEWTON und FLAMSTEED: The conclusion to which a careful investigation of both sides of the story appears to point is that both NEWTON and FLAMSTEED showed exceeding ill-temper, and that the charges affecting the honour of either (and of HALLEY as NEWTON's friend) had their origin entirely in the ill-feeling thus excited. It is unfortunate that the matter should ever have been opened.

nicht als eine elementare, der Materie direct vom Schöpfer eingepflanzte Kraft, sondern vorläufig nur als eine mathematische Fiction gab, über deren Natur und Ursache die Physiker, nicht die Mathematiker zu entscheiden hätten. Wirklich schienen die ersteren die gestellte Aufgabe ernst zu nehmen und noch längere Zeit hielten sie die Erklärung, nicht die weitere Anwendung des Begriffes der Anziehung in der Physik für das Wichtigere. Nach und nach aber begannen erst leise und dann immer merkbarer die Newton'schen Kreise Untersuchungen dieser Art als überflüssig und schliesslich als schädlich zurückzuweisen. Immer eifriger versuchte die sich nach und nach entwickelnde Schule Newton's auch die Physik nach der Art zu constituiren, wie ihr Meister die Astronomie reformirt hatte, so dass nun auch in der Physik nur fernwirkende Kräfte der Materie als Ursachen der Erscheinungen angegeben und von allen ätherischen Ausströmungen und Wirbeln ganz abgesehen wurde.

Manche Physiker schreiben auch in neuerer Zeit wieder, wie man das vielfach schon zu Newton's Zeit gethan, die letzte Entwickelungsstufe der Newton'schen Schule allein zu und wollen die officiell immer festgehaltene Neutralität des Meisters zwischen der kinetischen und dynamischen Auffassung der Kräfte gern aus einer heimlichen und doch schlecht verborgenen Neigung zu der ersteren erklären. Doch wird sich diese Ansicht bei genauer Beachtung aller Umstände, unter denen jene Aeusserungen geschahen, und bei richtiger Beurtheilung des Verhältnisses von Newton zu seiner Schule kaum halten lassen, wenn sie auch nicht direct durch eigene klare Aussprüche Newton's widerlegt werden kann.[1]

Sehr charakteristisch für die frühe Ausbildung des anticartesianischen, metaphysisch religiösen Elementes in den Anschauungen Newton's und seiner Anhänger ist ein Aufsatz, in welchem Edmund Halley, der nominelle Herausgeber der Principia mathematica, im Januar 1686 den principiellen Inhalt derselben in den Philosophical Transactions der Royal Society[2] ankündigte. Ich muss bekennen, sagt er, dass mir die Vorstellung des Descartes unbegreiflich ist, nach der die Partikel der himmlischen Materie, die an der Erdoberfläche zurück-

[1] Der Verfasser hatte sich in seiner Geschichte der Physik (II. Theil, S. 242) der vermittelnden Ansicht angeschlossen, wonach Newton im Anfange wirklich neutral gewesen und erst mit zunehmendem Alter sich einseitiger einer rein dynamischen Anschauung der Naturerscheinungen zugewandt habe. Auch diese Ansicht wird, wie wir weiter sehen werden, noch dahin umgewandelt werden müssen, dass diese mit der Ausarbeitung der Principia mathematica direct vollendete dynamische Anschauung mit dem Alter nur offener hervorgetreten sei.

[2] Phil. Trans., no. 179, p. 3; Phil. Trans. abr., vol. I, p. 471.

geworfen werden und von derselben wieder aufsteigen, die irdischen Körper, welche sich über ihnen befinden, in die von ihnen verlassenen Plätze niedertreiben sollen. Weder DESCARTES noch irgend einer seiner Anhänger haben zeigen können, wie ein im freien Aether schwebender Körper durch einen nach oben wirkenden Druck, der auf alle Theile des Körpers sich gleichmässig vertheilt, abwärts geführt werden kann. Einige Physiker, wie Dr. VOSS, leiten das Fallen der schweren Körper aus der täglichen Bewegung der Erde um ihre Achse ab, ohne zu bedenken, dass nach den Gesetzen der Bewegung diese Körper, wenn nicht ein anderes Princip, das sie an der Erde hält, dazwischen träte, sich in entgegengesetzter Richtung von der Erde entfernen müssten. Ausserdem beobachtet man, dass die Wirkung der Schwere an allen Punkten der Erdoberfläche von gleicher Stärke ist, und gewisse Experimente lassen sie sogar am Aequator etwas kleiner als an den Polen erscheinen, während diese Wirkung nach der obigen Annahme da am grössten sein sollte, wo die Bewegung am stärksten ist, also am Aequator. Noch Andere halten den Druck der Atmosphäre für die Ursache der Schwere. Diese aber nehmen die Ursache für die Wirkung, denn es ist klar, dass der Druck der Atmosphäre nur aus ihrer Schwere stammt. Auch ist schon vor der Royal Society durch Experimente gezeigt worden, dass im Vacuum eine Flaumfeder viel schneller fällt als im lufterfüllten Raume und dass also die Wirkung der Schwere stärker wird, wenn man den Druck der Atmosphäre entfernt.

Einige wollen den Fall der schweren Körper durch eine Vergleichung mit der Kraft des Magnetsteines veranschaulichen; aber abgesehen davon, dass der letztere nur an seinen Polen, die Erde aber in nahezu gleicher Stärke an allen Punkten ihrer Oberfläche anzieht, hiesse das Ignotum per aeque Ignotum erklären. Einige endlich behaupten, dass eine gewisse sympathische Anziehung zwischen der Erde und ihren Theilen oder ein Wunsch nach Vereinigung die Ursache sei, welche wir suchen: indessen sagt auch das in anderen Worten wenig mehr, als dass alle schweren Körper fallen, weil sie fallen.

Obgleich so die wirkende Ursache der Schwere dunkel ist, so ist doch die Zweckursache klar genug, denn die Schwere ist der einzige Grund, wodurch die Theile der Erde und aller himmlischen Körper zusammengehalten werden: indem ihre kleinsten Theilchen nicht weit von ihren Oberflächen sich entfernen können, ohne durch den natürlichen Zug nach dem Centrum wieder zurückgebracht zu werden, den zu ihrer Erhaltung die unendliche Weisheit des Schöpfers ihnen eingepflanzt hat.[1]

---

[1] But tho' the Efficient Cause of Gravity be so obscure, yet the Final Cause thereof is clear enough; for it is by this single Principle

Die Eigenschaften und Gesetze der Schwere sind erst in unserem Jahrhundert durch Galilei, Torricelli, Huygens u. A. und zuletzt durch unseren würdigen Landsmann Mr. Is. Newton mathematisch deducirt worden. Diese Eigenschaften sind folgende: 1. Durch das Princip der Gravitation bewegen sich alle Körper abwärts gegen einen Punkt, welcher genau oder nahezu das Centrum der Erdkugel ist. 2. Dieses Centrum der Gravitation liegt fest innerhalb der Erde, oder ist wenigstens seit der Zeit unbeweglich geblieben, seit der wir eine sichere Geschichte haben, denn eine Veränderung desselben, obgleich noch so gering, würde die Ueberfluthung derjenigen Theile des Festlandes bewirkt haben, nach denen hin es sich bewegte, und das Emporsteigen neuer Länder an der entgegengesetzten Seite. Aber für die letzten zwei Jahrtausende scheint es, als ob die Inseln des Mittelmeeres sich immer auf derselben Höhe über dem Wasser erhalten hätten, und keine solche Ueberfluthung wird in der Geschichte geschildert, ausgenommen die Sintfluth, die eben nicht besser erklärt werden kann, als durch eine zeitweilige Bewegung des Schwerpunktes der Erde gegen die bewohnten Theile der Oberfläche derselben. 3. In allen Punkten der Erdoberfläche oder in allen gleich weit vom Centrum entfernten Theilen ist die Kraft der Schwere nahezu gleich und die Länge des Secundenpendels in allen Theilen der Erde also nahezu dieselbe. 4. Die Schwere wirkt auf alle Körper in gleicher Weise ohne Rücksicht auf deren Materie, Grösse oder Form, so dass darnach, ohne widerstehendes Mittel, die dichtesten und dünnsten, die grössten und kleinsten Körper in gleichen Zeiten um gleiche Höhen fallen. Diese zwei letzten Sätze zeigen den grossen Unterschied zwischen Gravitation und Magnetismus an, denn der letztere wirkt nur im Eisen und auch nur an dessen Polen, die erstere aber in allen Theilen aller Körper. Zusätzlich folgt auch hieraus, dass es keine positive Leichtigkeit, sondern nur eine relative oder specifische giebt. 5. Die Kraft der Schwere steht im umgekehrt quadratischen Verhältniss zur Entfernung, beträgt also beispielsweise in der doppelten Entfernung nur den vierten Theil.

Dieses Princip, auf welches Newton die Erklärung aller Erscheinungen der himmlischen Bewegungen gegründet hat, ist so

---

that the Earth and all the Celestial Bodies are kept from Dissolution ... by Virtue of this Natural Tendency, which, for their Preservation, the Infinite Wisdom of their Creator has ordained to be towards each of their Centers. Das ist eine merkwürdige Begründung der Schwere bei Halley, den Flamsteed als einen Atheisten anklagt. Die Abweisung aller physikalischen Gründe für die Erklärung der Schwere und der Hinweis auf die unendliche Weisheit des Schöpfers klingen jedenfalls so, als ob Newton sie direct an Halley überliefert hätte.

einfach und natürlich, dass die Wahrheit desselben über allen Zweifeln ist. Auch scheint es ganz der Vernunft gemäss, dass die attractive Kraft in einer kleinen Sphäre nach dem Verhältniss der Flächen sich stärker zeigt als in einer grossen; und da sich die Oberflächen der Sphären wie die Quadrate der Radien verhalten, so wird die Kraft in verschiedenen Entfernungen den Quadraten dieser Entfernungen umgekehrt proportional sein. Wenn dieses Gesetz aber für die Gravitation gegen die Centren von Sonne, Jupiter, Saturn gerade so wie gegen den Mittelpunkt der Erde gilt, so wird man mit höchster Wahrscheinlichkeit auch annehmen dürfen, dass es für alle himmlischen Körper Gültigkeit hat. — Die weiteren Ausführungen HALLEY's betreffen Fall- und Wurfbewegung und enthalten für uns nichts Wichtiges mehr.

Die vorliegende Ankündigung enthält in kurzen Andeutungen schon fast alle principiellen Grundlagen der NEWTON'schen Naturphilosophie; nur ein Princip fehlt noch, das ist die Idee der Moleculargravitation, die Lehre von der Zusammensetzung der Gravitation der Körper aus der Schwere ihrer kleinsten Theilchen. HALLEY spricht überall nur von der Tendenz der einzelnen Körpertheilchen nach einem Punkte im Innern des Körpers, dem Gravitationscentrum, bemerkt aber nicht, dass dieses Centrum nur durch Summirung der Wirkung aller Theilchen erhalten wird, dass der Kraftmittelpunkt nur eine mathematische Fiction ist. Ja, er deutet sogar an, dass der Schöpfer dieses Centrum beliebig im Körper verlegen könnte, was der Idee einer Molecularschwere, wie mir wenigstens scheint, direct widerspricht. Ob trotzdem der Meister NEWTON selbst in jener Zeit, als HALLEY die Abhandlung verfasste, die Idee der Molecularattraction doch schon in sich ausgebildet hatte und nur noch nicht so weit fortgeschritten war, dass er sie bereits weiteren Kreisen mittheilen mochte; ob HALLEY vielleicht doch Andeutungen dieser Ideen erhalten und nur dieselben nicht richtig zu würdigen vermocht hatte; oder ob NEWTON wirklich den Gedanken an die Molecularkräfte damals noch nicht gefasst und erst nach den Mittheilungen an HALLEY zu dieser wichtigen Vorstellung kam: darüber ist jedenfalls nicht sicher zu entscheiden. Aus den Principien von 1687 darf man schliessen, dass die Vorstellung von der Molecularschwere erst ziemlich spät mit dem Begriffe der Masse zusammen bei der Bearbeitung der Anziehung ausgedehnter Körper in NEWTON sich entwickelt hat; dass aber diese Entwickelung zur Zeit der HALLEY'schen Ankündigung noch unvollendet gewesen wäre, ist auch wieder nicht sehr wahrscheinlich.

Näher über den Charakter der Schwere hat sich NEWTON selbst in einem Briefwechsel mit Dr. BENTLEY in den Jahren 1692 und 1693 ausgesprochen und auch aus diesen Briefen geht deutlich hervor, dass der Einfluss der religiösen Vorstellungen auf die physikalischen Ideen NEWTON's vom Anfang an ein sehr grosser gewesen ist.

Viele Theologen, vor allem protestantische, verfolgten damals die Entwickelung der Naturwissenschaften mit grossem Interesse, weil sie durch diese zu einer natürlichen Theologie neben der Offenbarungstheologie zu kommen und damit die letztere weiter zu stützen hofften. Auch andere weitere Kreise der Gebildeten, besonders viele Frauen, zeigten aus diesem Grunde lebhaftere Theilnahme an den Naturwissenschaften, als sie sonst wohl für dieselben übrig gehabt hätten. Diese Anhänger einer natürlichen Theologie waren besonders in England dem Cartesianismus, den sie seiner Wurzel nach für atheistisch hielten, feindlich gesinnt; während sie umgekehrt natürlich sehr geneigt waren, der Anschauung von den Naturkräften als unmittelbarer göttlicher Wirkungen in der Wissenschaft zum Siege zu verhelfen. Diese Kreise haben sich zuerst für NEWTON's Principien und ihre allgemeine Geltung in der Naturwissenschaft begeistert, und ihnen hat NEWTON zum guten Theile zu verdanken, dass seine Philosophie noch so frühzeitig, unter seinen Landsleuten wenigstens, Eingang gefunden hat. England bot jedenfalls den günstigsten Boden für die mystisch angehauchte Idee einer elementaren, direct durch Gott bewirkten Kraft der Materie; während Frankreich und theilweise auch Deutschland sich vollständig mit der nüchternen rationalistischen, alle geheimnissvollen Naturkräfte negirenden Philosophie des DESCARTES identificirt hatten.

Der ebenso eifrige Naturforscher als strenggläubige Bekenner des Protestantismus ROBERT BOYLE hatte in seinem Testamente eine Summe ausgesetzt, von deren Ertrage jährlich acht Vorlesungen zur Vertheidigung der Wahrheit des Christenthums honorirt werden sollten. Für das Jahr 1692, das erste nach BOYLE's Tode, wurde der später sehr berühmte Philologe RICHARD BENTLEY mit diesen Vorlesungen beauftragt und als Thema derselben die Widerlegung des Atheismus gewählt. BENTLEY nahm sich darnach vor, die Nichtigkeit des Atheismus zu demonstriren: erstens aus dem inneren Glück des religiösen Lebens, zweitens aus den Kräften der menschlichen Seele, drittens aus der Organisation belebter Körper und viertens endlich aus dem Ursprunge und der Einrichtung des Weltgebäudes. Für den letzten Abschnitt des Kampfes wollte er seine Waffen der Theorie NEWTON's entnehmen und erbat sich deswegen noch im Jahre 1691 von dem Theologen und Mathematiker JOHN CRAIG eine Liste derjenigen Werke, die er studiren müsse, um die Principia mathematica NEWTON's zu verstehen. Ehe er dann die betreffenden Vorlesungen, die siebente und achte, am Ende des Jahres 1692 veröffentlichte, wandte er sich direct in Briefen an NEWTON, um sich zu vergewissern, ob er dessen Ideen richtig begriffen und ob der auf NEWTON's Theorie gestützte Beweis für das Dasein Gottes richtig gegründet sei.[1] Es waren im Ganzen vier Briefe, die BENTLEY in dieser Angelegenheit an NEWTON schrieb, und dieser antwortete ihm in vier sehr ausführlichen Briefen am 10. December 1692, 17. Januar, 11. und 25. Februar 1693, jedenfalls sichtbar geneigt, die Vereinbarkeit seiner wissenschaftlichen Ideen mit den religiös-christlichen Anschauungen seiner Zeitgenossen zu bekräftigen.[2]

Der erste Brief beginnt mit einer sehr charakteristischen Aeusserung NEWTON's über die Endziele seiner Physik. „Als ich mein Werk über unser Weltsystem schrieb, hatte ich mein Augenmerk auf solche Principien gerichtet, welche bei denkenden Menschen den Glauben an ein göttliches Wesen hervorrufen möchten; und nichts kann mir eine grössere Freude bereiten, als zu sehen, dass es in dieser Hinsicht von Nutzen gewesen ist. Wenn ich aber der Menschheit auf diese Weise einen Dienst erwiesen habe, so verdanke ich dies nichts Anderem, als dem Fleisse und einem geduldig ausharrenden Nachdenken.“[3] Darnach geht NEWTON näher auf die Punkte ein, über die BENTLEY Auskunft verlangt hat.

Was nämlich den ersten Punkt betreffe, so halte er dafür, dass eine homogene Materie, deren Theilchen mit einer anerschaffenen Attraction begabt und in einem endlichen Raume gleichmässig vertheilt wären, nur in der Mitte des Raumes zusammenströmen und dort eine einzige sphärische Masse bilden müsste. Wäre der Raum, den diese Materie erfüllt, unendlich, so müssten statt einer Masse eine unendliche Anzahl von solchen sich zusammenballen, die aber alle nur gleichmässig leuchtend oder gleichmässig dunkel sein könnten, je nachdem die ursprüngliche Materie das wäre. Die Anordnung aber von grossen und kleinen Massen in unserem Universum, die zum Theil dunkel, zum Theil leuchtend seien, könne darum nur durch den Rathschluss eines freien Willens erklärt werden, der nach einem gewissen Plane die Massen vertheilt

---

[1] Die Vorlesungen, welche zuerst 1692 und 1693 erschienen, sind abgedruckt in Works of Richard Bentley, by AL. DYCE, London 1838, vol. III: A confutation of Atheism.

[2] Die Briefe NEWTON's an BENTLEY sind abgedruckt in Newtoni Opera, by HORSLEY, vol. IV, p. 427—442.

[3] Newtoni Opera, vol. IV, p. 429: When I wrote my Treatise about our System, I had an eye upon such principles as might work with considering men, for a belief of Deity; and nothing can rejoice me more than to find it useful for that purpose. But if I have done the public any service this way, it is due to nothing but industry and patient thought.

habe. Die Cartesianische Annahme einer nothwendigen Umwandlung von Sonnen in Kometen und dieser in Planeten, wenn sie in unseren Sonnenwirbel bis zu einer gewissen Tiefe eingedrungen wären, sei durchaus irrig, denn viele Kometen kämen der Sonne näher, als selbst Merkur und Venus und gingen doch als Kometen wieder aus dem Sonnensysteme hinaus. Was den anderen Punkt von BENTLEY's Frage betreffe, so sei es klar, dass auch die Bewegungen der Planeten nur von einem intelligenten Wesen angeordnet sein könnten. Denn die Kometen bewegten sich nach allen Richtungen durch unser Sonnensystem und die Einstimmung dieser Richtungen zu dem Gleichmaass, das die Planetenbahnen zeigten, wie die Ordnung der Geschwindigkeiten derselben, könnten ebenfalls nicht als die Wirkung einer blinden mechanischen Ursache angesehen werden. In Betreff des dritten Punktes sei allerdings denkbar, dass die der Sonne näheren Planeten stärker erhitzt und dadurch auch stärker zusammengeschmolzen und verdichtet würden als die äusseren. Wenn man aber überlege, dass die innere Erhitzung der Erde durch die unterirdischen Fermentationen der Mineralien viel stärker sei, als die Erwärmung der Erde an ihrer Oberfläche durch die Sonne, so falle dieser Grund, und man dürfe nicht annehmen, dass die Dichte der Planeten allein durch ihre Entfernung von der Sonne bedingt werde. Man müsse also auch die geringe Dichte der äusseren Planeten auf die Weisheit eines Schöpfers zurückführen, der die Störungen durch die grossen äusseren Planeten auf ein geringes Maass beschränken wollte. Was endlich die Erklärung der Neigung der Erdachse gegen die Ekliptik durch die Annahme eines Erdwirbels betreffe, dessen Achse schief zur Sonnenachse sei, so widerspreche dem die Abweichung der Bahn des Mondes, der doch nach diesen Vorstellungen von dem Erdwirbel mitgeführt werden müsse. Darnach aber bleibe auch hier nur der Schluss auf einen zweckthätig handelnden Autor übrig, der die Neigung der Planetenachsen gegen die Bahnen derselben angeordnet habe, um durch den Wechsel der Jahreszeiten selbst die Polargegenden dieser Körper bewohnbar zu machen.

In dem zweiten Briefe vom 17. Januar 1693 berichtigt NEWTON zuerst einen Irrthum BENTLEY's in Betreff des Unendlichen, das nur bei gewissen Einschränkungen in ein Verhältniss zu anderen Unendlichen gesetzt werden könne. Dann kommt er auf die Ideen über die Entstehung der Welt zurück. Wenn die Erde (ohne den Mond) an irgend einer Stelle des Universums ohne jede Schwere ruhte, und man pflanzte ihr in einem beliebigen Momente die Kräfte der Schwere ein, indem man ihr zu gleicher Zeit einen transversalen Stoss ertheilte, so würde sich dieselbe allerdings in einer kreisförmigen Bahn um die Sonne bewegen, vorausgesetzt dass die Kraft des Stosses gerade die richtige Grösse hätte. Es ist aber absolut keine Kraft in der ganzen Natur zu entdecken, welche der Erde diese transversale Bewegung gerade in der richtigen Grösse mittheilen könnte, ausgenommen die Kraft des Schöpfers. Blondell erzähle allerdings in seinem Buche über den Wurf der Bomben von einer Hypothese Plato's, nach der Gott die Planeten bei der Schöpfung in so weite Entfernung vom Centrum gesetzt, dass sie von dort aus fallend die ihnen eigenthümliche Geschwindigkeit ihrer Bewegungen bekommen konnten. Aber auch darnach wäre es immer noch fraglich, wodurch die senkrechten Geschwindigkeiten der fallenden Körper zu transversalen umgewandelt worden wären; und jedenfalls würden die Geschwindigkeiten, welche die Planeten durch den Fall aus dem Unendlichen bis zu ihrer jetzigen Entfernung von der Sonne erhalten hätten, den elliptischen Bewegungen nicht entsprechen, es müsste denn doch noch ein Gott vorhanden gewesen sein, welcher die Gravitation in dem Momente, wo die Planeten in ihren Plätzen ankamen, verdoppelte. Newton schliesst den Brief mit einem Protest. Bentley spreche einige Mal von der Schwere so, als ob dieselbe der Materie wesentlich und inhärent sei. Das möge er aber ja nicht als seine (Newton's) Meinung ausgeben: denn er prätendire nicht zu wissen, was die Ursache der Schwere sei.

Nach einigen kurzen Bemerkungen vom 11. Februar 1693 kommt Newton am 25. Februar 1693 noch einmal auf den letzten Punkt zurück. Bentley hatte nämlich in einem Briefe vom 18. Februar die beabsichtigte endgültige Fassung der vier Hauptpunkte seiner Demonstration vorgelegt und dabei sich dagegen verwahrt, dass er in der Auffassung der Schwere fälschlich von Newton abweiche.

Newton spricht nun auch im allgemeinen seine Zustimmung und seinen Beifall aus. Die erste Ihrer vier Positionen, so sagt er, erscheint mir jetzt sehr evident, vorausgesetzt, dass Sie den Begriff der Attraction in einem so allgemeinen Sinne nehmen, dass darunter jede Kraft verstanden wird, durch welche räumlich getrennte Körper bestrebt sind, sich einander zu nähern, ohne dass ein mechanischer Impuls sie dazu treibt. Der erste Theil Ihrer zweiten Position erscheint mir nicht so sicher, denn aus der behaupteten Existenz von anderen Welten vor unserer gegenwärtigen könnte man auf die Ewigkeit der Gravitation in der Materie schliessen wollen. Dagegen hat der zweite Theil derselben ganz meinen Beifall. Es ist in Wahrheit unbegreiflich, wie unbeseelte, unvernünftige Materie, ohne die Vermittelung von irgend etwas Anderem, welches nicht materiell ist, auf andere Materie wirken und dieselbe ohne gegenseitige Berührung afficiren könnte, wie es geschehen müsste, wenn die Gravitation in dem Sinne von Epicur der Materie wesentlich und inhärent sein sollte. Und dies ist ein Grund, warum ich nicht möchte, dass Sie mir den Begriff einer eingeborenen Gravitation zuschrieben. Dass die Gravitation der Materie wesentlich, inhärent und anerschaffen sein sollte, so dass ein Körper auf einen anderen wirken könnte auf die Entfernung hin durch den leeren Raum, ohne die Vermittelung von irgend Etwas, durch welches ihre Action und Kraft von einem zum anderen geleitet werden könnte, das ist nach meinem Dafürhalten eine so grosse Absurdität, dass ich glaube, kein Mensch, welcher in philosophischen Dingen eine genügende Denkfähigkeit hat, kann jemals darauf verfallen. Die Gravitation muss durch ein Agens, welches constant nach gewissen Gesetzen wirkt, verursacht sein; ob aber dieses Agens materiell oder immateriell ist, habe ich der Ueberlegung meiner Leser überlassen.[1]

Newton kommt darnach nur noch einmal auf den Begriff des Unendlichen und den Gedanken eines endlichen oder unendlichen Universums zurück, und damit schliesst der Briefwechsel zwischen Newton und Bentley in dieser Angelegenheit.

Die angeführten Sätze klingen allerdings recht merkwürdig und legen den Schluss nahe, als ob Newton persönlich doch eine physikalisch unvermittelte Formwirkung der Körper für ein Unding gehalten und als ob er selbst wohl einer kinetischen Ableitung der Gravitationserscheinungen geneigt gewesen sei. Eine genaue Betrachtung des Zusammenhanges aber, in dem jene Sätze ausgesprochen sind, lässt leicht erkennen, dass die vermeintliche Hinneigung gegen die kinetischen Theorien der Schwere doch nur eine scheinbare ist. Denn wenn Newton auch die Nothwendigkeit einer Vermittelung der Kraftwirkungen zwischen entfernten Körpern zugiebt, so setzt er gleich hinzu, dass man sich diese Vermittelung sowohl materiell wie immateriell denken könne. Und wenn er dann auch den Entscheid zwischen diesen möglichen Arten der

---

[1] Newtoni Opera, by Horsley, vol. IV, p. 438: It is inconceivable, that inanimate brute matter should, without the mediation of some thing else, which is not material, operate upon and effect other matter without mutual contact as it be, if gravitation, in the sense of Epicurus be essential and inherent in it. And this is one reason, why I desired you would not ascribe innate gravity to me. That gravity should be innate, inherent, and essential to matter, so that one body may act upon another at a distance through a vacuum, without the mediation of any thing else, by and through which their action and force may be conveyed from one to another, is to me so great an absurdity, that I believe no man, who has in philosophical matters a competent faculty of thinking, can ever fall into it. Gravity must be caused by an agent acting constantly according to certain laws; but whether this agent be material or immaterial, I have left to the consideration of my readers."

Vermittelung verweigert, so zeigt doch der ganze Gedankengang der Briefe, der stete Hinweis auf einen intelligenten Urheber und Ordner unseres Weltsystems, dass Newton für seine Person wenigstens sich jene Vermittelung der Kraftwirkung nur immateriell gedacht hat.

In diesem Sinne fasste auch Bentley die Sätze Newton's auf; denn indem er dieselben in seinen Vorlesungen fast wörtlich wiedergab, charakterisirte er die Wechselwirkungen in der Natur ohne jedes Zögern und Bedenken als durchaus immateriell vermittelt und nahm sie ohne weiteres als sichere Beweise für das Dasein Gottes an. Es ist völlig unbegreiflich, sagt er in seinem siebenten Sermon,[1] wie ein unbeseelter, todter Körper ohne die Vermittelung irgend eines immateriellen Wesens auf einen anderen Körper ohne wechselseitige Berührung einwirken und ihn afficiren kann; wie räumlich getrennte Körper durch einen absolut leeren Raum auf einander wirken können, ohne Dazwischenkunft von noch etwas Anderem, wodurch die Wirkung von einem auf den anderen Körper übertragen wird. Ganz so verhält es sich mit der gegenseitigen Gravitation oder Attraction nach unserem gegenwärtigen Sprachgebrauch; sie ist eine Thätigkeit, oder Energie, oder ein Einfluss, welchen räumlich getrennte Körper durch einen leeren Raum auf einander ausüben, ohne irgend welche effluvia, oder Ausdünstungen, oder ein anderes materielles Medium, durch welches jener Einfluss fortgeleitet oder übertragen wird. Diese Kraft kann daher nicht eine der Materie innewohnende und wesentliche Eigenschaft sein, und wenn dies nicht der Fall ist, so folgt hieraus mit grösster Klarheit — da jene Eigenschaft weder von der Ruhe noch Bewegung, weder von der Gestalt noch Lage der Theilchen abhängig ist — was alles die Umstände sind, durch welche Körper ihre Verschiedenheit erlangen — dass jene Kraft niemals auf die Materie übergehen konnte, ohne ihr durch eine immaterielle und göttliche Macht eingepflanzt und eingehaucht zu sein. Da sich nun aber zeigen lässt, dass wirklich eine solche Schwerkraft existirt, welche nicht der Materie als solcher zugeschrieben werden kann, und welche in der Constitution des gegenwärtigen Weltsystems wirksam ist, so ist dies ein neues und unwiderlegliches Argument für das Dasein eines göttlichen Wesens, ein directer und positiver Beweis dafür, dass ein immaterieller lebender Geist die todte Materie lenkt und beeinflusst und das Weltgebäude erhält.

Newton's Briefe wurden damals nicht bekannt; sie erschienen

---

[1] Nach Zöllner. Principien einer electro-dynamischen Theorie der Materie, Leipzig 1876, S. XXXVII.

zuerst als ein Separatdruck im Jahre 1756 und übten also zu ihrer Zeit keinen, weder einen günstigen noch ungünstigen Einfluss auf die Aufnahme der Principia im Publikum aus. Dafür thaten BENTLEY's weitverbreitete und vielgelesene Sermones um so bessere Dienste und erweckten der NEWTON'schen Philosophie ein so lebhaftes Interesse in den weitesten Kreisen wenigstens Englands, dass es nun hier, nicht zum mindesten durch die Mitwirkung der Frauen, Sache des Glaubens und des religiösen Enthusiasmus wurde, ein Anhänger der NEWTON'schen Philosophie zu sein.

In ähnlicher Weise wie BENTLEY, nur wissenschaftlich eingehender, wirkte für die NEWTON'sche Philosophie und die dynamische Auffassung der Materie NEWTON's Nachfolger in der Lucasian Professur, WILLIAM WHISTON, mit seiner natürlichen Schöpfungsgeschichte, die im Jahre 1696 erschien und ebenfalls, selbst in Deutschland, in lateinischen und deutschen Ausgaben viel verbreitet wurde. Auch WHISTON stellt seine neue Theorie der Erde[1] in der so beliebten geometrisch-euklidischen Form dar. Nach einer sehr langen Vorrede beginnt er auf Seite 115 (der deutschen Ausgabe von 1713) mit den Postulaten seiner Theorie, wonach 1. der Wortsinn der heiligen Schrift überall da als der wahre zu nehmen ist, wo keine klare Ursache zu einer Umdeutung gegeben; 2. dasjenige nicht durch Wunder erklärt werden soll, was sich natürlich ableiten lässt und endlich 3. auch die Tradition zu Hülfe genommen werden darf, wenn sie nicht der heiligen Schrift widerspricht. Darauf wird in Lehrsätzen die ganze physische und theoretische Astronomie nach NEWTON's Principien vorgetragen. Lemma I giebt das vollständige Beharrungsgesetz; Lemma II fügt hinzu, dass alle Bewegung der Materie ohne äussere Kraftwirkung gleichförmig und geradlinig geschieht. In vier Zusätzen wird daraus gefolgert, dass alle Materie bloss passive Substanz sei, dass keine spontane Bewegung eine Wirkung der Materie allein darstellen, dass die menschliche Seele also nicht aus leiblicher Materie bestehen könne, und dass auch die unvernünftige Creatur, die sich freiwillig zu bewegen vermöge, nicht für eine bloss körperliche Maschine gehalten werden dürfte. Lemma III giebt klar und deutlich die Idee der Molecularattraction, wonach alle einfachen Corpuskeln der Materie sich gegenseitig einander anziehen. In einem Scholium folgt aber dazu auch noch die NEWTON'sche Einschränkung, dass unter den Ausdrücken attractio oder gravitatio nicht eine physikalische Ursache oder angeborene

[1] A new theory of the Earth, London 1696; WILH. WHISTON's Nova Telluris Theoria, d. i. neue Betrachtung der Erde, Franckfurt 1713.

Kraft, oder gar eine qualitas occulta, sondern nur eine Wirkung verstanden werden dürfe, für die eine mechanische Ursache nicht bekannt sei. In den Lemmata IV—VIII wird von dieser Attraction ausgesagt, dass sie in Wirkung und Gegenwirkung vollständig gleich, aller Materie zu allen Zeiten und an allen Orten gleichmässig eigen sei, und nach dem umgekehrt quadratischen Verhältniss der Entfernung und im einfachen directen Verhältniss der Massen wirke. Unter ausdrücklicher Berufung auf Bentley's VII. Sermon werden dann aus diesen Lehrsätzen noch die folgenden neun Zusätze abgeleitet. Die Attraction folgt nicht aus der Natur der Materie, die ganz in Passivität besteht, sondern ist ganz göttlichen Ursprunges. Diese göttliche Kraft ist mit Gott selbst überall in der Materie gegenwärtig und ganz immateriell. Sie dient nicht bloss der Erhaltung der Welt, als Hinderung ihrer Nihilation, sondern ist eine beständige Action, die in allen Wirkungen der Natur zu Tage tritt. Die mechanische Philosophie, die sich auf den Begriff der Attraction stützt, ist also keineswegs atheistisch, sondern gründet sich direct auf die Vorstellung von der göttlichen Providenz. Es giebt keine ätherische Substanz, die alle Räume erfüllt und, indem sie selbst nicht schwer ist, die Schwere der Körper erst verursacht; vielmehr muss zur Erklärung der verschiedenen specifischen Schweren der Körper das Leere als existent nothwendig zugelassen werden.

Hierauf folgen in den weiteren Lemmata von No. X—LXIX die Hauptsätze Newton's über die Bewegungen der himmlischen Körper, wobei überall in Corollarien auf das Dasein und die Wirksamkeit des Schöpfers und Ordners der Welt geschlossen wird. Göttliche Kraft nur konnte den Planeten ihre tangentialen Geschwindigkeiten in ihren richtigen Verhältnissen ertheilen, sie hält die Fixsterne an ihrem Orte, dass sie nicht durch die Kraft der Attraction in einen Punkt zusammengetrieben werden, sie endlich nur kann der Welt einen zeitlichen Anfang und ein zeitliches Ende setzen, das man annehmen muss, weil eine unbegrenzte Dauer ebenso wenig wie eine unbegrenzte Ausdehnung der Welt zu denken ist. Erst nach dieser wissenschaftlichen Einleitung folgt von Seite 201[1] an die eigentliche Theorie der Bildung der Erde, wobei allerdings die Wissenschaft so ziemlich aufhört, wie einige Beispiele zeigen werden. Die Idee Burnet's, nach der das glückliche Klima des Paradieses von der senkrechten Stellung der Erdachse zur Erdbahn herrührt, muss verworfen werden, weil keine vernunftgemässe Ursache für die spätere

[1] Deutsche Ausgabe von 1713.

Aenderung der Lage der Erdachse gefunden werden kann. Dagegen ist als wahrscheinlich anzunehmen, dass die Erde zuerst nur eine jährliche Bewegung um die Sonne und keine tägliche um ihre Achse hatte und dass die letztere Rotation und damit auch der Unterschied der Jahreszeiten erst nach dem Sündenfall eintrat.

Die Sündfluth wurde verursacht durch den Vorübergang eines Kometen, sehr nahe bei der Erde, an der Stelle, wo wegen der Conjunction von Sonne und Mond gerade hohe Fluth stattfand. Dadurch wurde auch die vorher kreisförmige Erdbahn erst in eine elliptische umgewandelt. Aus der Constellation der Sterne lässt sich das Datum der Sündfluth genau übereinstimmend mit der Mosaischen Schöpfungsgeschichte berechnen. Der Anfang trat ein am 27. November des Jahres 2349 vor unserer Zeitrechnung. Die Menschen vor der Sündfluth waren in ihren Trieben vernunftgemässer als jetzt, das Weib mehr ähnlich dem Mann, die Schmerzen bei der Geburt unmerklicher, die Anzahl der Erdbewohner viel grösser. Die Thiere hatten bedeutendere Fähigkeiten, so dass sie selbst bis zu einem gewissen Grade der Rede theilhaftig waren, wie die Schlange. Die Luft war dünn und ohne jene dicken salpetrig schwefligen Dünste, welche die Meteore, Donner und Blitz, aber auch ansteckende Krankheiten und Seuchen verursachen. Wie ein Komet einmal durch die Sündfluth eine Umwandlung der Erde verursacht hat, so wird einmal ein feuriger Komet durch seine Annäherung an die Erde den Ausbruch des inneren Feuers derselben zum Ausbruch bringen und damit den Untergang der gegenwärtigen und die Bildung einer neuen Welt bewirken — über deren Beschaffenheit Whiston auch schon einige Muthmassungen hat.

Die Leipziger Acta Eruditorum[1] gaben im December 1697 ein elf Seiten langes, recht günstiges Referat von Whiston's Werk und erkannten darin an, dass dasselbe in seinem physikalischen Theile auf die mechanischen Principien der Naturlehre des scharfsinnigen Mathematikers Isaak Newton sich stütze, die in den Händen aller Gelehrten sich fänden.[2] Von einer Feindschaft gegen diese Principien ist auch hier keine Rede.

Ebenso entspricht die Thatsache, die man gewöhnlich für eine anfängliche Unterdrückung der Newton'schen Philosophie

---

[1] Acta Eruditorum, 1697, p. 535—546.

[2] Ibid., p. 539: De ipsis autem lemmatibus ideo parcius nobis dicendum erit, quod pleraque ex acutissimi Mathematici Isaaci Newtoni Principiis Philosophiae Naturalis Mechanicis, quae passim eruditorum versantur manibus, sunt depromta et corollariis scholiisque ad argumentum, de quo agitur, pertinentibus aucta.

bis zum Ende des Jahrhunderts anführt, dass nämlich SAMUEL CLARKE, der enthusiastische Anhänger NEWTON's, in seiner lateinischen Uebersetzung des viel gebrauchten französischen Lehrbuches der Physik von ROHAULT, das ganz auf Cartesianischem Boden ruhte, die NEWTON'schen Theorien nur in Anmerkungen habe einschmuggeln können, in ihrer Deutung keineswegs der wirklichen Sachlage. Wenn CLARKE's Hauptzweck gewesen wäre die gesammte Physik nach NEWTON's Principien zu bearbeiten, so hätte er nicht das Cartesianische Buch übersetzen dürfen, sondern ein ganz neues Buch schreiben müssen; nachdem er aber die erstere Arbeit unternommen, konnte er seine eigenen, den NEWTON'schen Principien entsprechenden Anschauungen nur in Anmerkungen beifügen. Demgemäss hat auch CLARKE später, nachdem schon in England das NEWTON'sche System eine alleinige Geltung sich errungen, diesen Charakter des Buches nicht geändert. Noch bei der dritten Auflage seiner Uebersetzung von 1710, die erste war im Jahre 1697 erschienen, hat er die Darstellung der NEWTON'schen Physik zwar verstärkt, aber doch wieder nur in Anmerkungen gegeben, wie auf dem Titel des Werkes ausdrücklich bemerkt ist.[1] Auch CLARKE war übrigens Theologe und auch er betonte in den betreffenden Anmerkungen mit voller Sicherheit die immaterielle Natur der causa gravitatis.[2]

So hatten sich also die NEWTON'schen Principien bis zum Ende des siebzehnten Jahrhunderts ausser der Zustimmung der Mathematiker, die sie von Anfang an besessen, auch die Gunst der Theologen und der religiös gesinnten Kreise Englands überhaupt erworben. Unter dieser Gunst und unter der Beihülfe einer heranwachsenden jüngeren Generation von Physikern und Mathematikern entwickelte sich dann wiederum auch die eigentliche Physik auf NEWTON'scher Grundlage zu einer allumfassenden Wissenschaft, die ihrer Natur nach alle anders gegründeten Systeme und vor allem den Cartesianismus vollständig ausschloss. Mit der Aussicht und dem Anspruch auf eine solche allgemeine Herrschaft aber begann dann auch der ernste und langwierige letzte

---

[1] Jacobi Rohaulti Physica. Latine vertit, recensuit et annotationibus, ex Illustrissimi Isaaci Newtoni Philosophia maximam partem haustis, amplificavit et ornavit SAMUEL CLARKE. Editio tertia, in qua annotationes sunt dimidia parte auctiores additaeque octo Tabulae aeri incisae, London 1710. Ein Bericht über diese Auflage findet sich in den Acta Eruditorum, October 1713, p. 444—448.

[2] In dem eben erwähnten Berichte der Acta Eruditorum von 1713 findet sich p. 445 die Bemerkung: Admittit igitur attractionem, quae non sit actio materiae in distans, sed actio causae cujusdam immaterialis, materiam perpetuo certis legibus moventis et regentis.

Entscheidungskampf zwischen Cartesianismus und Newtonismus. Doch ehe wir zur Schilderung dieser weiteren Entwickelung übergehen, müssen wir erst die Wendung, die nun auch in NEWTON's äusserem Schicksal eintrat, etwas näher kennzeichnen. Der neuen Phase in NEWTON's Wissenschaft entspricht ein neuer Abschnitt seines Lebens; ihrer Betrachtung widmen wir das zweite Buch unseres Werkes.

II. Buch.

Die Bildung der Newton'schen Schule.

1690—1727.

I. Theil. Die zweite optische Periode Newton's.

1690—1710.

I. Kapitel. Persönliche Schicksale.

Die Veröffentlichung des genialen Hauptwerkes von Newton, der mathematischen Principien der Naturlehre, hatte dessen äussere Lage eben so wenig verändert oder verbessert, als dies anderthalb Jahrzehnte vorher bei den so viel Aufsehen erregenden optischen Entdeckungen der Fall gewesen war. Die Anerkennung, welche Newton's Werke fanden, blieb immer eine ziemlich kühl platonische. Der wissenschaftlichen Vereinzelung, welche ihm sein Genie und sein Charakter auferlegten, entsprach eine persönliche Vereinsamung, und weder staatliche noch korporative Behörden zeigten irgend welchen Eifer, seinen wissenschaftlichen Verdiensten den practischen Lohn, angesehene Stellung, ehrenvolles Amt, oder auch nur pecuniäre Mittel zu gewähren. Bis weit über die Mitte seines Lebens hinaus schien ihm das Schicksal eines deutschen Gelehrten, ähnlich dem eines Kepler, beschieden zu sein. Zwar stieg sein wissenschaftlicher Ruhm, wenn auch langsam, so doch stetig, und auch sein persönlicher Einfluss war in Cambridge wenigstens nicht gering. Newton hatte sich mannhaft an den Kämpfen betheiligt, welche die Universität Cambridge gegen die Uebergriffe des Königs Jakob II. führte, und er war sogar unter den Mitgliedern einer Deputation gewesen, welche Zurücknahme einer den Statuten des Collegs zuwiderlaufenden Anordnung des Königs bei demselben bewirkte. Newton wurde darnach auch auf einige Jahre von der Universität Cambridge als einer ihrer Vertreter in das Parlament gesandt, wo er ein fleissiges, wenn auch schweigsames Mitglied war. Dabei aber blieb er immer trotz seiner optischen Entdeckungen, trotz seines gewaltigen astro-mechanischen Werkes noch lange Jahre das, was er schon lange Jahre vorher gewesen war, nämlich Fellow des Trinity College in Cambridge und schlecht besoldeter Lucasian Professor mit sehr wenig zahlreicher und manchmal auch gar keiner Zuhörerschaft, dessen Dienste überhaupt nicht weiter als für eine Vorlesung wöchentlich verlangt wurden.

Dieser geringe äussere Erfolg seiner wissenschaftlichen Errungenschaften, der vielfache Mangel an Verständniss, dem sie selbst in Gelehrtenkreisen begegneten, zusammen mit dem Rückschlag der gewaltigen Anspannung, mit der Ermattung nach der furchtbaren Arbeit bei der Abfassung seiner Principia mathematica, mögen doch schliesslich den Lebensmuth des sonst in sich so geschlossenen Forschers erschüttert und das Gleichgewicht seines Gemüthes so weit gestört haben, dass eine tiefe Entmuthigung die Kraft seines Geistes zeitweilig schwächte und eine wachsende Melancholie ihm die klare Auffassung seiner Lage trübte.

Man hat sich vielfach bemüht, zu diesen Ursachen seiner Melancholie noch eine andere, etwas mysteriös gefärbte hinzu zu finden. An einem Herbstmorgen, vielleicht des Jahres 1692, soll NEWTON während eines Kirchganges auf dem Schreibtische sein Lieblingshündchen neben dem brennenden Licht vergessen haben. Das Licht soll dann durch dass Hündchen umgeworfen und dadurch ein Brand verursacht worden sein, der seltsamer Weise nichts anderes vernichtete, als die auf dem Schreibtische liegenden Schriften NEWTON's. Einige meinen, das seien optische Arbeiten, oder auch solche über Fluxionsrechnung gewesen, andere denken vor allem an chemische Schriften. Indessen ist schwer zu sagen, wie ein Verlust solcher Schriften fünf oder sechs Jahre nach der Herausgabe seines Hauptwerkes NEWTON so schwer hätte erschüttern sollen. Auch ist das Jahr 1692 oder 1693 durchaus nicht sicher. EDLESTONE verlegt in seinem Abriss einer Lebensbeschreibung NEWTON's das Ereigniss noch einige Jahre vor das Jahr 1690; und BREWSTER ist in seiner Biographie NEWTON's ebenfalls für ein früheres Datum, wobei ihm aber die reelle Wahrheit des Falles selbst noch sehr unsicher erscheint. Allerdings erwähnen alle Erzählungen von einer nervösen Krankheit NEWTON's aus dieser Zeit auch des Verbrennens von werthvollen Manuscripten.

In dem Diarium eines Herrn ABRAHAM DE LA PRYME findet sich unter dem Datum Februar 3, 1692 (wahrscheinlich englische Jahreszählung, also 1693) folgender Eintrag:[1] „Folgendes habe ich heute gehört. Es giebt hier einen Mr. NEWTON, Fellow des Trinity College, den ich oft gesehen habe und der seiner Gelehrsamkeit wegen weit berühmt ist. Er ist zugleich ein ausgezeichneter Mathematiker, Naturwissenschaftler, Gottesgelehrter etc. und seit manchen Jahren Mitglied der Royal Society. Unter anderen gelehrten Büchern und Abhandlungen sind vor allem seine mathematischen Principien der Naturlehre zu erwähnen, die ihm einen grossen Namen gemacht haben und wegen deren er eine Fülle

---

[1] EDLESTONE, Correspondence, p. LXI; BREWSTER, Life of Newton, vol. II, p. 137.

von Glückwunschschreiben, besonders aus Schottland empfangen hat. Besondere Arbeit verwendete er seit zwanzig Jahren auch auf ein Buch über die Farben und das Licht, für das er wohl über tausend Experimente angestellt und manche hundert Pfund Sterling geopfert hat. Diesem Buche wollte er gerade den Schluss anfügen, als es ihm gänzlich verloren ging. Es verbrannte vollständig auf seinem Schreibtische, während er eines Morgens in der Kapelle war, durch eine vergessene brennende Kerze. NEWTON wurde dadurch so erregt, dass man glaubte, er müsse irrsinnig werden, und dass er auch für einige Monate nicht ganz bei richtigem Verstande war."

Der Krankheit NEWTON's in Verbindung mit dem Brande in seinem Studierzimmer erwähnt auch HUYGENS mehrfach und durch ihn ist die Nachricht am meisten verbreitet worden. In seinen von UYLENBROEK herausgegebenen mathematischen Schriften findet sich unter dem Datum vom 29. Mai 1694 darüber eine ganz bestimmte Notiz.[1] Ein Schotte, Dr. COLM, hat ihm darnach erzählt, dass der berühmte und grosse Geometer NEWTON seit anderthalb Jahren von Irrsinn (Phrenesy) befallen sei. Ob von der übermässigen Beharrlichkeit in seinen Studien oder von dem Schmerz über das Unglück, dass er durch einen Brand des chemischen Laboratoriums auch einige seiner Manuscripte verloren, bleibe zweifelhaft. Bei dem Erzbischofe von Cambridge habe er Reden geführt, welche deutlich von Unzurechnungsfähigkeit zeugten. Seine Freunde hätten ihn darnach in strenge Verwahrung und Pflege genommen und dadurch habe er seine Gesundheit denn auch so weit wieder erlangt, dass er schon anfange, seine Principia mathematica philosophiae wieder zu verstehen. In ähnlicher Weise schrieb HUYGENS am 8. Juni 1694 an LEIBNIZ von dem Uebel, welches NEWTON betroffen und das ja das schwerste sei, das einem Manne der Wissenschaft begegnen könne.[2] LEIBNIZ sprach darauf am 22. Juni seine Freude darüber aus, dass er von der Krankheit NEWTON's nur mit seiner Heilung zugleich höre; denn Männern wie HUGYENS und NEWTON vor allem müsse man ein langes Leben und gute Gesundheit wünschen. Er fragte auch am 14. September 1694 noch einmal bei HUYGENS an, ob NEWTON nun gänzlich wieder hergestellt sei, erhielt aber auf diese Anfrage von HUYGENS, der schon am 8. Juni 1695 starb, keine Antwort mehr.[3]

---

[1] BREWSTER, Life of Newton, vol. II, p. 132; aus Chr. Hugenii aliorumque seculi XVII virorum celebrium exercitationes math. ed. UYLENBROEK, Haag 1843, Tom. II, p. 171.

[2] Leibnizens mathematische Schriften, Berlin 1850, Band II, p. 178.

[3] Ibid., p. 185, p. 199.

Bald darauf versuchten die Freunde und Anhänger NEWTON's die so unangenehmen und nachtheiligen Gerüchte über die Krankheit des verehrten Mannes ganz zum Schweigen zu bringen. Der alte Oxforder Professor WALLIS schrieb darüber am 31. März 1695 ausdrücklich an den damaligen Secretär der Royal Society WALLER.[1] Der Altdorfer Professor STURM, dem er ein Exemplar seiner Algebra geschenkt, habe in seinem Dankschreiben des Unglückes bei NEWTON und seiner Krankheit als eines Gerüchtes erwähnt. Er (WALLIS) möchte wünschen, dass WALLER in kürzester Frist dem Gerüchte widerspreche und das grundlose Missverständniss berichtige.

Es kommt wenig darauf an, ob dieses Dementi officiell erfolgt ist oder nicht, jedenfalls zeugen einige Briefe NEWTON's aus jener Zeit deutlich genug von einer hochgradigen nervösen Gereiztheit desselben, und einzelne Aeusserungen seiner Freunde lassen deren grosse Besorgnisse klar erkennen. So schrieb NEWTON am 13. September 1693 an den Secretair der Admiralität PEPYS in gar merkwürdigem Tone:[2] „Sir — Einige Zeit nachdem mir Mr. MILLINGTON Eure Botschaft übergeben hatte, drängte er mich Euch zu besuchen, wenn ich nach London käme. Ich war nicht geneigt dazu, willigte aber auf sein Zureden hin ein, bevor ich richtig bedacht hatte, was ich that. Denn ich bin durch meine Krankheit ausserordentlich zerrüttet und habe wohl die letzten zwölf Monate weder gegessen noch geschlafen, auch besitze ich nicht mehr meine frühere Kraft des Geistes. Ich hatte niemals die Absicht, irgend etwas durch Euren Einfluss oder durch König JAKOB's Gunst zu erlangen; aber ich merke jetzt, dass ich Eure Bekanntschaft aufgeben muss und dass ich weder Euch noch die übrigen meiner Freunde irgend mehr wiedersehen darf. Ich bitte um Verzeihung, dass ich versprochen habe Euch wieder zu besuchen.“ PEPYS erkundigte sich darauf hin in vorsichtiger Weise bei Mr. MILLINGTON (vom Magdalene College in Cambridge) nach NEWTON und erhielt eine ebenso vorsichtige, d. h. nichtssagende Antwort. Darnach schrieb er offener in der Sache am 26. September 1693: „Ich mochte Euch nicht geradezu sagen, dass ich letzthin einen Brief von NEWTON empfangen habe, der mich durch die Widersprüche in allen Theilen ebenso sehr erstaunt, als bei dem Antheil, den ich an ihm nehme, in grosse Unruhe versetzt hat. Denn aus dem Briefe war zu folgern, was ich vor allen Anderen am wenigsten von NEWTON fürchten möchte und am

[1] EDLESTONE, Correspondence, p. LXIII. Das Verbrennen von NEWTON'schen Papieren leugnet auch WALLIS nicht, sondern spricht in einem Briefe an LEIBNIZ vom 1. December 1696 (WALLIS, Opera mathematica, vol. III, p. 653) selbst davon.

[2] BREWSTER, Life of Newton, vol. II, p. 142.

meisten bei ihm bedauern würde — nämlich eine Verwirrung des Verstandes oder des Gemüthes, oder beides. Ich bitte darum, lasst mich die genaue Wahrheit der Sache, soweit wenigstens, als sie Euch selbst bekannt ist, wissen.“ MILLINGTON antwortete hierauf am 30. September 1693:[1] „NEWTON hat mir selbst gesagt, dass er an Euch einen seltsamen Brief geschrieben habe, der ihm nun sehr leid sei. Er ist jetzt wieder ganz wohl, und obgleich man annehmen muss, dass er noch an einem geringen Grade von Melancholie leidet, so existirt doch kein Grund zu glauben, dass dadurch sein Verstand noch irgendwie geschwächt sei, und ich hoffe, dass dies niemals eintritt. Sicherlich sollten alle, denen die Wissenschaft oder die Ehre der Nation am Herzen liegt, dasselbe wünschen. Und doch ist es kein gutes Zeichen hierfür, wenn Persönlichkeiten, wie Mr. NEWTON, so sehr von denen vernachlässigt werden, die die Macht im Staate besitzen.“

Einen ähnlichen, nur noch seltsameren Brief wie den an PEPYS, schickte NEWTON drei Tage später an LOCKE, dem er wie es scheint die Leugnung der angeborenen Ideen[2] nicht vergeben konnte. Von der Meinung, heisst es in diesem Briefe, dass Ihr mich durch Weiber[3] oder andere Mittel in Verwirrung zu bringen suchtet, war ich so erregt, dass ich, als Jemand mir erzählte, Ihr wäret krank und würdet sterben, antwortete, es würde besser sein, wenn Ihr todt wäret.[4] Ich bitte, vergebt mir diese Lieblosigkeit, denn ich bin jetzt überzeugt, dass Ihr ganz recht gehandelt habt. Ebenso bitte ich Euch dafür um Verzeihung, dass ich üble Gedanken von Eurer Philosophie gehabt habe, indem ich mir vorstellte, dass Ihr in Eurem Buch von den Ideen die Moralität in ihrer Wurzel angriffet, und dass ich Euch für einen Anhänger von HOBBES nahm.[5] Endlich bitte ich Euch auch noch um Verzeihung dafür, dass ich sagte oder dachte, es existire ein Plan mir eine Stelle zu kaufen. Ich verbleibe Euer unterthänigster und unglücklichster ISAAC NEWTON.

Der berühmte Philosoph, der gleich nach dem Erscheinen der Principia mathematica, auf eine günstige Auskunft von

---

[1] BREWSTRR, Life of Newton, vol. II, p. 144.

[2] LOCKE's Essay concerning human understanding war 1690 zum ersten Male erschienen.

[3] Vielleicht betrifft das Pläne für eine vortheilhafte Heirath NEWTON's. BREWSTER (Life of Newton, II, p. 211) hat unter dessen Papieren einen allerdings ziemlich kaltsinnigen und geschäftsmässigen Heirathsantrag gefunden, den er für einen Brief NEWTON's hält, aber erst in die Jahre 1703 oder 1704 verlegt.

[4] JOHN LOCKE (1632—1704) war damals 61 Jahre alt.

[5] HOBBES galt für einen Atheisten und seiner Bekämpfung vor allem waren die Vorträge von BENTLEY (vergl. S. 264) gegen den Atheismus gewidmet.

Huygens hin, das Werk studirt und darnach zu Gunsten Newton's sich vielfach bemüht hatte, erwiederte dieses sonderbare Schreiben in einem sehr würdigen Briefe vom 5. October 1693, in welchem er Newton's Argwohn zu zerstreuen suchte und ihn wiederholt seiner unwandelbaren Treue und Freundschaft versicherte. Newton aber entschuldigte sich am 15. October 1693 nochmals ausdrücklich wegen seines unpassenden Benehmens, klagte auch hier wieder über seine Schlaflosigkeit und versicherte, dass er sich seines Schreibens an Locke wohl erinnere, dass er sich aber durchaus nicht in's Gedächtniss zurückrufen könne, was er in diesem Schreiben über das Buch Locke's gesagt habe.

Nach diesen Briefen scheint eine temporelle Störung des geistigen Gleichgewichtes bei Newton in den Jahren 1691 bis 1693 kaum zu leugnen und auch die schon angedeuteten Ursachen derselben klingen aus den erwähnten Briefen deutlich heraus, die tiefe Abspannung nach der übermenschlichen, langdauernden Anstrengung bei der schleunigen, in einem Wurfe durchgeführten Abfassung seines so umfassenden und tiefgreifenden Werkes sowohl, wie der Missmuth über mannigfache Zurücksetzungen, die Newton trotz seiner wachsenden Berühmtheit bei der Besetzung von Aemtern erfahren musste. Doch kann diese geistige Störung nur eine kurze und dabei auch keine völlige und gleichmässig andauernde gewesen sein. Gerade aus den Jahren 1692 und 1693 stammen die schon charakterisirten Briefe an Bentley über die Natur der Gravitation, die nichts dergleichen bemerken lassen; auch beginnen schon um diese Zeit wieder die Arbeiten Newton's über die Theorie des Mondes, und der hierdurch veranlasste Briefwechsel mit Flamsteed von 1694 zeigt seine Geisteskräfte in alter Stärke. Jedenfalls muss also die Geisteskrankheit Newton's als eine vorübergehende Erscheinung betrachtet werden und alle Schlüsse, die man aus derselben für eine Kritik seines späteren Verhaltens gezogen hat, erscheinen als schlecht begründet und nichtig.

Biot[1] nämlich und mit ihm manche Andere haben in dieser Krankheit Newton's und einer daraus folgenden dauernden Schwächung seiner Geisteskräfte die Ursache dafür gesucht, dass er nach dem Jahre 1695 in dem langen Zeitraume bis zu seinem Tode im Jahre 1727 keine originelle wissenschaftliche Arbeit mehr unternommen und sich dafür phantastischen theologischen Speculationen ergeben habe.

Was das erstere betrifft, so theilt Newton nur mit vielen grossen Geistern die Eigenthümlichkeit, dass sie in späteren Lebensjahren nach Leistung schwerster Arbeit, wenn auch noch

---

[1] Biographie universelle, Art. Newton, T. XXX, p. 390 u. f.

die Kraft, so doch nicht mehr das Interesse haben, neue Aufgaben sich zu suchen oder von Anderen anzunehmen. Die von ihm begonnenen Arbeiten hat NEWTON mit unvermindertem Eifer und Erfolge weiter geführt, und nicht einmal eine Ablenkung oder Unterbrechung in der Entwickelung seiner Ansichten lässt sich constatiren. Mit einer dauernden Schwächung seiner Geisteskräfte würde auch die ganze Führung seines weiteren Lebens, die beherrschende Kraft, die er auf die weiteste Umgebung bis an sein Lebensende ausübte, nicht stimmen, und in der ganzen Entwickelung der neueren Analysis, in dem Kampfe um die Entdeckung derselben, dem grössten, der vielleicht auf wissenschaftlichem Gebiete durchgeführt worden ist, wird man NEWTON (die letzten Lebensjahre nur ausgenommen) jedenfalls nicht als einen altersschwachen und matten, sondern eher als einen vollkräftigen, übermächtigen Gegner handeln sehen.

Damit fällt auch die andere Annahme, dass die theologischen Arbeiten NEWTON's, die von HORSLEY in dem fünften Bande der Gesammtausgabe von NEWTON's Werken abgedruckt worden sind, aus einer geistigen Decadenz abzuleiten seien. Es ist ja richtig, dass die Versuche die Bildersprache der Apokalypse und des Propheten DANIEL durch Beziehung auf Ereignisse aus der Folgezeit wörtlich zu erklären uns gerade bei NEWTON, dem Gegner aller wissenschaftlichen Hypothesen, dem Vertheidiger einer reinen Empirie, gar seltsam anmuthen. Aber auf der einen Seite muss man bedenken, dass solche Untersuchungen, dem Charakter der damaligen Zeit entsprechend, gerade in England sehr allgemein beliebt waren; und auf der anderen Seite ist NEWTON nicht das einzige Beispiel dafür, dass der schärfste Verstand und phantasievollstes Gemüth in derselben Person auf verschiedenen Gebieten wirksam sein können. Jedenfalls treten solche mehr oder weniger mystische Speculationen schon lange vor der nervösen Zerrüttung NEWTON's auf und sie begleiten eigentlich sein ganzes Wirken. Collectaneenbücher von ihm aus den Jahren vor 1690 enthalten gar mancherlei Auszüge von dieser Art und Aeusserungen von Zeitgenossen aus dem Anfange der neunziger Jahre rühmen ihn schon damals als einen bedeutenden Schriftgelehrten.[1] BREWSTER weist nach, dass einige der theologischen Schriften NEWTON's noch im Jahre 1690 an LOCKE mitgetheilt wurden, und ein Brief vom 7. Februar 1691 an LOCKE zeigt deutlich, dass NEWTON sich um diese Zeit schon mit theologischen Ideen beschäftigte, die er später an Seltsamkeit nicht übertreffen konnte. Ich möchte, so schreibt NEWTON,[2] gern Ihr Urtheil über einige meiner mysti-

---

[1] Siehe S. 278 dieses Werkes.

[2] BREWSTER, Life of Newton, vol. II, p. 318.

schen Phantasien[1] hören. Den Menschensohn (DANIEL VII) halte ich für identisch mit dem Worte Gottes auf dem weissen Rosse im Himmel (Apoc. XII), denn beide sind bestimmt, die Nationen mit eiserner Ruthe zu beherrschen. Woher sind Sie gewiss, dass der Alte der Tage Christus ist? Sitzt Christus irgendwo auf dem Throne? — Kennen Sie den Sinn von DANIEL X, 21: „Und ist keiner, der mir hilft wider jene, denn euer Fürst Michael?"

NEWTON war immer eine sensitive Natur, die schwer begreifliche Gegensätze in sich vereinigte, strengste wissenschaftliche Genauigkeit mit sehr phantastischer Religiosität, unerschütterliche Ruhe des Gemüthes mit der empfindlichsten Nervosität. Charakteristisches Zeugniss für das letztere besonders giebt ein Brief LOCKE's aus wenig späterer Zeit. NEWTON hatte im Herbst 1702 einen Besuch bei dem alten LOCKE gemacht und dabei dessen neues Werk über die Corinther gesehen. LOCKE hatte ihm dasselbe dann noch vor Weihnacht zur Ansicht geschickt, aber bis zum März 1703 nichts wieder über dasselbe gehört, auch das Buch nicht wieder zurückerhalten. Er schrieb deswegen am 30. April 1703[2] an seinen Neffen PETER KING, der einen Besuch bei NEWTON vorhatte: Ich habe guten Grund, ihn (NEWTON) für einen wahren Freund zu halten, aber er ist etwas schwierig zu behandeln und nur zu geneigt, Verdacht zu schöpfen, wo kein Grund dazu ist.[3] Deshalb, wenn Ihr mit ihm über meine Abhandlung und über seine Meinung von derselben sprecht, thut es mit aller nur möglichen Vorsicht und versucht, wenn Ihr könnt, zu entdecken, aus welchem Grunde er die Abhandlung so lange behalten und warum er bisher geschwiegen hat. NEWTON ist in der That ein sehr hoch zu schätzender Gelehrter, nicht allein wegen seiner wunderbaren Leistungen in der Mathematik, sondern auch wegen solcher in der Theologie und wegen seiner grossen Kenntniss der heiligen Schrift, worin er wenige Seinesgleichen hat.

Die Krankheit NEWTON's, so leicht oder so schwer sie gewesen sein mochte, wich jedenfalls mit den Ursachen, die sie hervorgebracht hatten. Die von Ueberarbeitung herrührende Abspannung musste sich mit der Zeit von selbst ausgleichen, und die Verbitterung über mangelnde Erfolge der Arbeiten verlor bald durch eine grossartige Verbesserung seiner äusseren Lage den schärfsten Stachel. Denn im Jahre 1695 trat eine Wendung in

---

[1] I should be glad to have your judgement upon some of my mystical fancies.

[2] EDLESTONE, Correspondence, p. LXX; aus Lord KING's Life of Locke, vol. II, p. 38.

[3] He is a very nice man to deal with, and a little too apt to raise in himself suspicions where there is no ground.

Newton's Leben ein, wie sie stärker in dem Leben eines dreiundfünfzigjährigen Gelehrten kaum gedacht werden kann. Leider aber ward diese Wendung nicht durch eine endliche Anerkennung der wissenschaftlichen Verdienste Newton's, sondern nur durch die Gunst eines hochgestellten aristokratischen Freundes herbeigeführt, und Newton erlangte nicht eine bedeutende Wirksamkeit als ein reiner Diener der Wissenschaft, sondern erhielt ein staatliches Amt, das zur Physik oder gar zur Mathematik nur in sehr entfernten Beziehungen stand.

Newton war in Cambridge innig befreundet worden mit dem fast zwanzig Jahre jüngeren Charles Montague, späteren Earl of Halifax, der 1679 als Fellow Commoner in Trinity College eintrat und 1681 den Grad als Magister artium erhielt. Durch vornehme Geburt, wie durch Fleiss und Talent stieg dieser schnell im Staatsdienst empor und wurde im Jahre 1694 Kanzler des Finanzcollegiums. Doch blieb sein Interesse für die Wissenschaft immer wach. Er versuchte mit Newton eine physikalische Gesellschaft in Cambridge wenn gleich vergeblich zu gründen und wurde Mitglied der Royal Society, ja am 30. November 1695 sogar deren Präsident, wohl nicht ohne das Zuthun Newton's, dem er immer in Freundschaft verbunden geblieben war. Als dieser neue Schatzkanzler nun den Plan fasste, die englischen Münzen, die dessen sehr bedürftig waren, ganz umprägen zu lassen, gelang es ihm, Newton für seinen Plan zur Hülfe zu gewinnen und ihm die freigewordene Stelle eines ersten Beamten der Königlichen Münze nach dem Vorsteher zu verschaffen. Er theilte dies Newton in dem folgenden Briefe vom 19. März 1696 mit: „Sir. — Ich bin erfreut, dass ich Euch endlich einen guten Beweis meiner Freundschaft geben kann, sowie der Achtung, welche der König für Eure Verdienste hat . . . Das Amt ist für Euch sehr geeignet, nämlich das eines Warden of the Royal Mint. Es trägt 5 oder 600 Pfund per Jahr und wird nicht mehr Zeitaufwand von Euch verlangen, als ihr dafür erübrigen könnt . . . Besucht mich so bald Ihr zur Stadt kommt . . . Ich glaube Ihr könnt eine Wohnung in meiner Nähe erhalten . . . Ich bin Euer etc.“[1] Auch dieses Amt, das immerhin Newton aller Nahrungssorgen enthob, wurde durch die Gunst des Freundes bald mit einem bedeutend vortheilhafteren vertauscht. Schon 1699 wurde Newton Master of the Mint, d. h. er erhielt die dirigirende Stelle an der königlichen Münze, mit welchem Amte ein jährliches Gehalt von 1500 £ verbunden war. Er verliess darnach Trinity College, das seit Jahrzehnten seine Heimath gewesen und nahm seinen Wohnsitz in London. Der stille, vereinzelte Gelehrte, der früher seine

[1] Brewster, Life of Newton, vol. II, p. 191.

eigenen Gäste über seinen Arbeiten zu vergessen pflegte, trat damit in die grosse Welt ein; berühmte Gelehrte, Künstler, Poeten und Staatsleute besuchten sein Haus, dem seine schöne Nichte Katharina Burton [1], später verehelichte Mrs. Conduitt, mit vielgerühmter Anmuth und vielbewundertem Geiste vorstand, so dass selbst ein Voltaire sich von ihr angezogen fühlte.

Obgleich Newton sein Amt durch Gunst erhalten, war es für ihn doch keine Sinecure und er hat es wohl niemals so aufgefasst. Seine chemischen Studien, die er bis dahin gar intensiv betrieben, speciell die Untersuchung der Metalllegirungen, die er für das Anfertigen der Spiegel seiner Teleskope angestellt, konnten ihn wohl befähigen, die Prägung der Münzen nicht nur in ihrem mechanischen, sondern auch in ihrem chemischen Theile genau zu überwachen. Doch durfte es auch im Amte nicht ohne Streitigkeiten für Newton abgehen. In der Münze sollten Unregelmässigkeiten vorgekommen sein. Das Parlament betraute im Jahre 1697 einen gewissen William Chaloner mit der Prüfung und dieser beschuldigte unter den Beamten auch Newton. Doch erwiesen sich diese Anschuldigungen zuletzt, meistentheils wenigstens, als wissentlich falsche und speciell Newton wurde vollkommen gerechtfertigt.

Mit der Uebersiedelung Newton's nach London und der Uebernahme des einflussreichen hohen Amtes häuften sich bald die äusseren Ehren auf Newton's Scheitel. Der berühmte Astronom Jacques Cassini, der nach dem Frieden von Ryswick im Jahre 1697 London und dabei auch Newton besuchte, soll dem Letzteren eine Pension des Königs von Frankreich angeboten haben, die dieser aber nicht annahm. Jedenfalls erwählte die Pariser Akademie Newton noch im Jahre 1699 als eines ihrer acht auswärtigen Mitglieder.[2]

Als die Königin Anna im Jahre 1705 die Universität Cambridge mit ihrem Besuche beehrte, wurde Newton zum Ritter ernannt, wonach ihm fortan die Anrede Sir zukam. Die Glieder des Königlichen Hauses, auch des nachfolgenden hannöverschen, zu dessen Anhängern er mit Montague von Anfang an gehörte, traten mit ihm über wissenschaftliche Gegenstände vielfach in Verbindung und Newton wurde schon dadurch für die jüngere

---

[1] Katharina Burton (1669—1739) war die Tochter von Newton's Halbschwester Hannah Smith. Sie verheirathete sich 1717 mit Mr. Conduitt, Esq., M. P., den man gewöhnlich als den Neffen von Newton bezeichnet und der ihm später in seinem Amte als Münzmeister nachfolgte. (Brewster, Life of Newton, vol. II, p. 270 u. f.)

[2] Die anderen sieben auswärtigen Mitglieder waren: Leibniz, Guglielmini, Hartsoecker, Tschirnhausen, Jacob und Johann Bernoulli, Römer.

Generation der Naturforscher eine gesuchte Persönlichkeit. Dazu trug weiter seine neue dominirende Stellung in der Royal Society mächtig bei. Mit der Uebersiedelung nach London wurde es Newton möglich, sich intensiver an den Sitzungen der Royal Society zu betheiligen und seinen Einfluss persönlich geltend zu machen. Am 30. November 1703, im Todesjahre seines alten Gegners Hooke, erwählte die Royal Society Newton selbst zu ihrem Präsidenten, und diese Wahl wurde 24 Jahre hindurch bis zu seinem Tode alljährlich erneuert. Durch diese günstigen äusseren Umstände, die sich in glücklicher Weise mit der nie schwankenden, nie zweifelnden Entschlossenheit seines Charakters verbanden, erlangte Newton, in der wissenschaftlichen Welt Grossbritanniens wenigstens, die Macht eines fast unumschränkten Herrschers. Die Royal Society wurde sein Parlament, in dem seiner Majestät allertreueste Opposition sich kaum jemals offen zu zeigen wagte, und die talentvollsten jüngeren Physiker und Mathematiker seines Landes formten sich zu einem Generalstab, der an seiner Stelle die Schlachten schlug und dieselben so geschickt führte, dass der oberste Kriegsherr vor persönlichen Niederlagen geschützt, in voller Sicherheit dem Kampfe fast wie ein Unbetheiligter zuschauend, sich im geheimen Kriegsrath mit Andeutungen seiner Gedanken und Hinweisungen auf seine veröffentlichten Werke begnügen konnte.

Wie Bentley und Whiston durch physiko-theologische Schriften für Newton's System enthusiastisch wirkten, haben wir schon erwähnt. Bentley blieb ihm bis an's Ende eng verbunden und wurde noch 1713 der Herausgeber der zweiten Auflage der Principia mathematica. Whiston folgte Newton in der Lucasian Professur in Cambridge und setzte die Vorlesungen in dessen Geiste und nach dessen System fort. Er gab auch diese Vorlesungen 1707 als Einführung in die Astronomie und 1710 als Einführung in die Newton'sche mathematische Philosophie[1] heraus. Doch verlor Whiston in dem letzten Jahre seine Professur, weil er, die Trinität Gottes nicht richtig auffassend, des Arianismus verdächtig wurde und Newton kam durch ihn mit in den Verdacht, denselben Ketzereien anzuhängen. Später muss Whiston auch noch die Gunst Newton's verloren haben, denn dieser widersetzte sich 1720 der vorgeschlagenen Wahl des ersteren als Fellow der Royal Society, die darnach auch abgelehnt wurde.

Samuel Clarke, der Uebersetzer von Rohault's Physik, eigentlich Theolog, aber auch ein kundiger Physiker, behandelte

[1] Praelectiones astronomicae, London 1707. Praelectiones Physico-Mathematicae Cantabrigiae in Scholis publicis habitae, quibus Philosophia Illustrissimi Newtoni Mathematica explicatius traditur et facilius demonstratur, London 1710.

in Cambridge noch als Undergraduate im Jahre 1694 Fragen aus Newton's System in öffentlicher Schuldisputation und von da an wurde es mehr und mehr üblich, die Themata für Schulvorträge dem neuen System zu entnehmen. Edmond Halley, der erste Herausgeber der Principien, der Helfer im Kampfe gegen Flamsteed, verdankte Newton seine wissenschaftliche Carriere. Er erhielt auch gleich im Jahre 1696 durch ihn eine Stellung an der Münze zu Chester, die er aber wegen Streitigkeiten mit den anderen Beamten bald wieder aufgab.

David Gregory hatte als Professor der Mathematik in Edinburg noch vor 1690 sich lebhaft mit Newton's Werken beschäftigt. Als er nun im Jahre 1691 Professor der Astronomie in Oxford wurde, trug er diese Wissenschaft dort nach Newton's Theorie vor und führte die Principia mathematica auch in Oxford ein. Im Jahre 1702 erschienen seine Elemente der Astronomie, die er ausgesprochenermaassen ganz auf die allgemeine Gravitation Newton's, des Fürsten der Geometer, gründete. Die Acta Eruditorum gaben davon im October 1703 einen sehr anerkennenden Bericht.[1] Eben in Oxford begann auch John Keill, der kühnste, stellenweise aber auch unbequem unvorsichtige Parteigänger Newton's, im Jahre 1697 seine Vorlesungen im Newton'schen Sinne. Die Chemie versuchte seit 1704 der Oxforder Professor John Freind nach Newton's Ideen zu reformiren. Der blinde Mathematiker Nicol Saundersson, der 1711 Whiston's Nachfolger in der Lucasian Professur wurde, las von 1707 an in Christ's College in Cambridge über die Principien, die Optik und die allgemeine Arithmethik von Newton. Der genialste Schüler Newton's endlich, der junge Roger Cotes, trug seit 1706 als Plumian Professor in Cambridge Newton's Lehre vor, wenn wir nach der von ihm geschriebenen Vorrede zur zweiten Auflage der Principia urtheilen dürfen, in reinster, den geheimsten Gedanken des Verfassers entsprechender Form.

Die genannten Gelehrten bildeten den Kern der Schule Newton's, die, obgleich dem Meister ganz ergeben, doch ihn mit jugendlichem Enthusiasmus in einzelnen Punkten vielleicht weiter fortriss, als ihm selbst natürlich war. Indem diese Schule seit dem Anfang des neuen Jahrhunderts das System Newton's nicht bloss öffentlich lehrte, sondern dasselbe auch als ein ausschliesslich und absolut wahres und die Newton'sche Methode als eine vollständig neue und doch allein selig machende proklamirte, rief sie den Widerstand aller ausserhalb der Schule stehenden Gelehrten hervor. Der exclusive Corpsgeist der Newton'schen Anhänger hat allerdings mit seiner Begeisterung für die Newton'sche

---

[1] Acta Eruditorum, October 1703, p. 452—462.

Physik dem vollständigen Siege und der allgemeinen Annahme derselben mächtige Dienste geleistet, aber er gab damit auch an erster Stelle den Anstoss, dass mit dem Anfange des Jahrhunderts die allmähliche Verbreitung der neuen Wahrheit vorerst gehemmt und ein Widerstand und darnach ein Kampf entfacht wurde, der mehrere Jahrzehnte lang die ganze wissenschaftliche Welt in ein NEWTON'sches und ein Anti-NEWTON'sches Lager schied.

---

2. Kapitel. Die Optik von 1704. Anwandlungen der Lichtstrahlen.

Am 3. März 1703 war HOOKE, der eifrige Vorkämpfer der Undulationstheorie des Lichtes, gestorben. Der thatsächlich vereinbarte oder stillschweigend beobachtete Waffenstillstand auf optischem Gebiete war dadurch gegenstandslos geworden, und noch im folgenden Jahre erschien in einem grossen Werke Optics or a Treatise of the reflections, refractions, inflections and colours of light alles das gesammelt, was NEWTON bis dahin über optische Gegenstände gearbeitet hatte.

In der Vorrede, die vom 1. April 1704 datirt ist, erklärt er, dass ein Theil des Werkes schon im Jahre 1675 geschrieben und in der Royal Society verlesen worden sei. Das Uebrige habe er zwölf Jahre später, also um das Jahr 1687, angefügt und damit die Theorie im Ganzen vollendet; nur das dritte Buch und die letzte Proposition des zweiten seien noch später aus zerstreuten Papieren zusammengestellt worden. Den Druck des Werkes habe er mit Absicht verzögert, um nicht in Streitigkeiten verwickelt zu werden, und würde ihn auch noch weiter unterlassen haben, wenn nicht das Drängen (Importunity) der Freunde ihn umgestimmt hätte. Er habe damit Alles veröffentlicht, was er dazu für geeignet halte. Wenn irgend welche andere Papiere über diese Materien von ihm ohne sein Zuthun in die Oeffentlichkeit gelangt wären,[1] so seien dieselben unvollendet und vielleicht geschrieben, bevor er alle hier angeführten Experimente angestellt und seine Ansichten über die Gesetze der Farben völlig abgeschlossen hätte.

Diese Vorrede ist nicht ganz verständlich. NEWTON übergeht darin seine optischen Arbeiten von 1672, die in den Philo-

---

[1] If any Papers writ on this Subject are got out of my Hands, they are imperfect and were perhaps written before I had tried all the Experiments here set down and fully satisfied myself about the Laws of colours.

sophical Transactions gedruckt vorlagen, mit Stillschweigen. Er erwähnt optische Untersuchungen vom Jahre 1687, von denen wir sonst nichts gehört haben, als dass vielleicht ihre erste Darlegung auf NEWTON's Schreibtisch verbrannt ist. Endlich spricht er von Arbeiten, die vielleicht gegen seinen Willen der Oeffentlichkeit übergeben worden seien, ohne dass wir entscheiden können, ob sich das auf unbekannte briefliche Mittheilungen oder auf die Veröffentlichungen von 1672 beziehen soll, die er nun, als noch nicht absolut genug, verleugnen möchte.

Um seinem Werke auch ausserhalb Englands eine grössere Verbreitung zu sichern, liess NEWTON dasselbe unter seiner steten Aufsicht durch S. CLARKE in's Lateinische übersetzen, zwei Jahre nach dem Erscheinen der englischen Ausgabe. Entsprechend sowohl seinen Mitteln als dem Werthe, den er selbst auf die Arbeit legte, honorirte er dieselbe mit einem Geschenk von je 100 £ an die fünf Kinder CLARKE's.

Die Vorrede CLARKE's zu dieser Ausgabe zeigt nun schon, wenn auch nicht in voller Ausbildung, die Züge, welche dem Kreise von wissenschaftlichen Freunden und Schülern NEWTON's mehr und mehr eigen wurden. Die Ueberzeugung von der ausschliesslichen Sicherheit der NEWTON'schen Physik nach sachlicher wie methodischer Seite hin, und eine darauf gegründete Werthschätzung des Meisters, die denselben aus der Reihe der übrigen Forscher ganz heraushebt und ihm eine Stellung über jedem menschlichen Range anweist. CLARKE sagt nämlich: Fast alle gelehrten und erfahrenen Philosophen (Physiker) stimmen schon darin überein, dass man bei der Erforschung der Natur in Allem sich nur auf mathematische Demonstrationen oder klare und sichere Experimente, nicht aber auf erdichtete Hypothesen und vage Vermuthungen stützen darf, wenn man nicht in die grösste Unsicherheit gerathen will. Wie weit durch jene Methode der Naturforschung die Grenzen der Wissenschaft über alles Vermuthen, ja gegen alle Hoffnung selbst der gelehrtesten Forscher hinausgerückt werden können, das eben zeigte offenbar unser berühmter Autor, ein Mann von ebenso grosser Rechtschaffenheit wie Anspruchslosigkeit, der in den beiden Methoden der Forschung, in der mathematischen Deduction sowohl wie in der Durchführung von Beobachtungen, an Klarheit des Geistes wie an Kraft des Urtheils sich als der Erste aller Gelehrten erwiesen hat, die je existirt haben.[1] Ein grossartiges Beispiel für die erstere Methode ist das niemals genug zu rühmende Buch, welches er Philosophiae naturalis principia mathematica benannt hat. Denn

---

[1] Dieses Lob des Autors in seinem eigenen Buche, in der Uebersetzung, die er selbst honorirt hat, ist doch etwas ungewohnt kräftig.

darin erforscht der berühmte Autor aus den Bewegungserscheinungen zuerst die Naturkräfte und leitet darnach aus diesen die übrigen Erscheinungen ab. Aus den himmlischen Bewegungen demonstrirt er mathematisch die Kraft der Gravitation, mit welcher die Körper zur Sonne und den einzelnen Planeten hinstreben, und aus dieser Kraft bestimmt er dann ebenso mathematisch die Bewegungen der Planeten, der Kometen und des Mondes. Und so hat er uns die Astronomie überliefert, nicht mehr als eine hypothetische, sondern eine in allen Theilen vollkommene und sichere Wissenschaft. Ein Beispiel für die zweite Art der Forschung ist der vorliegende Tractat, in welchem neue und wunderbare Erscheinungen des Lichtes, die Verschiedenheit der Brechung, die Anwandlungen zur leichteren Reflexion oder Transmission, die Beugung der Lichtstrahlen, wie die eigenthümlichen und unveränderlichen Farben derselben aus deutlichsten Experimenten ohne jede Hypothese lichtvoll dargethan und bewiesen werden. Darum brauche ich auch den Leser nicht weiter zu versichern, dass die Eigenschaften des Lichtes und die Gesetze seiner Bewegungen, welche dieses vortreffliche Werk behandelt, obwohl sie im jüngstvergangenen Jahrhundert noch ganz unbekannt und völlig neu und unerhört waren, doch von nun an so offenbar und natürlich sein werden, dass Jedermann, der etwas von der Sache versteht, künftighin die innerste Natur des Lichtes und der Farben für ebenso sicher erkannt halten wird, wie es überhaupt in der Naturwissenschaft möglich ist. CLARKE schliesst mit der Versicherung, dass NEWTON diese Uebersetzung befohlen und nach genauer Durchsicht gebilligt habe, so dass auch die kleinsten Aenderungen, welche nur der grösseren Klarheit des Ausdruckes wegen unternommen wurden, von ihm ausdrücklich angeordnet oder zugelassen worden seien.

Wie vorher seine Untersuchungen der himmlischen Bewegungen, so hat NEWTON nun auch seine optischen Arbeiten ganz in mathematische Form gegossen und die optischen Erscheinungen in Definitionen, Axiomen, Observationen und Propositionen abgehandelt, denen nur zuletzt noch weitere physikalische Excurse in Quästionen angehängt sind. Diese Form war allerdings für exact-wissenschaftliche Untersuchungen in der damaligen Zeit eine sehr beliebte; NEWTON speciell aber bevorzugte dieselbe, weil er gerade in ihr das Mittel zu haben glaubte, seine Untersuchungen frei von allem Hypothetischen und in vollständig unbestreitbarer Form veröffentlichen zu können.

Wir dürfen allerdings von NEWTON mit gutem Grund annehmen, dass er selbst die Natur und die Berechtigung seiner Definitionen und Axiome nach allen Seiten wohl erwogen hat und dass er dieselben nur als Elemente anderen Ursprunges und anderer Sicherheit durch die Stellung, die er ihnen gab, von den mathematischen Ableitungsresultaten deutlich sondern wollte. Indem er aber mit allem Nachdruck bemüht war, jeden Streit über diese fundamentalen Annahmen nicht bloss für sich zu umgehen, sondern auch der Allgemeinheit gegenüber als unthunlich und unnöthig zu charakterisiren, gab er die Veranlassung dazu, dass man in seiner Schule nur noch zwei methodische Factoren, das Experiment und die mathematische Deduction, anerkennen und die logische Prüfung der fundamentalen Voraussetzungen, wie die philosophische Verbindung der Resultate zu einem Ganzen nicht nur als Metaphysik aus der Physik ausscheiden, sondern eine allgemeine Physik überhaupt negiren wollte. Das aber trägt immer, sobald nicht eine übermächtige Autorität die Fundamente der Wissenschaft gesichert zu halten vermag, die Gefahr in sich, dass nicht nur jeder einzelne Forscher seine Arbeiten von anderen Fundamenten aus beginnt, dass er nicht nur unterlässt, seine fundamentalen Anschauungen gleich von Anfang an deutlich zu bezeichnen, sondern dass er sich in übertriebener Vorsicht sogar bemüht, dieselben ganz zu verstecken. Dann aber rückt auch mit dem unaufhaltsamen Fortschreiten der Wissenschaften die Möglichkeit immer näher, dass schliesslich kaum ein Forscher den anderen noch versteht, und dass aus dem riesigen Thurmbau der Wissenschaft nur eine allgemeine Zerstreuung der Arbeiter oder gar ein allgemeiner Bürgerkrieg der sonst autokratisch geeinigten Völker hervorgeht. Man kann darüber im Zweifel sein, ob die Wissenschaft diesen Gefahren seit Newton immer glücklich entronnen ist.

Den angedeuteten Anschauungen entsprechend, beginnt also Newton sein Werk mit der Versicherung, dass es nicht seine Absicht sei, die Eigenschaften des Lichtes durch gewisse Hypothesen zu erklären, sondern dass er diese Eigenschaften nur anzeigen und durch Rechnungen und Experimente bestätigen wolle. Zu dem Zwecke schicke er die folgenden Definitionen und Axiome voraus.

Diese Definitionen erklären (1.) die Lichtstrahlen als die kleinsten Theile des Lichtes, welche sowohl nach einander in denselben Linien, als gleichzeitig in verschiedenen Linien existiren, sowie (2.) die Brechbarkeit und (3.) die Reflexionsfähigkeit als die Dispositionen des Lichtes beim Uebergange aus einem Medium in ein anderes von der geraden Linie abgelenkt oder ganz in das erste Medium zurückgeworfen zu werden. Hierauf folgen die Wortdefinitionen der (4.) Einfalls-, (5.) Reflexions- und Refractionswinkel, sowie (6.) der Sinus derselben. Daran schliessen sich ohne Weiteres wieder die sachlichen Definitionen (7.) des einfachen oder homogenen und des zusammengesetzten Lichtes, als des

Lichtes, das aus Strahlen von gleicher oder verschiedener Brechbarkeit besteht, und endlich (8.) der homogenen oder heterogenen Farben, die dem einfachen und zusammengesetzten Lichte entsprechen.

Die acht Axiomata enthalten Erfahrungsthatsachen, in denen Newton, wie er selbst sagt, kurz und summarisch Alles zusammengefasst hat, was vor seiner Zeit in der Optik von den Gesetzen des Lichtes sicher gestellt worden war. Diese Axiomata betreffen nur die Reflexion und die Brechung des Lichtes, ohne Rücksicht auf die Farben.

Nach dieser Einleitung giebt das erste Buch in Propositionen, Theoremen, Experimenten und drei Problemen die Lehre von der prismatischen Zerlegung des farbigen Lichtes, wie sie in den Arbeiten bis zum Jahre 1675 vollendet war, nur mit noch sorgfältigerer Vermeidung jeder Controverse über die Natur des Lichtes. Auch die früher so stark betonte Bezeichnung eines Experimentum crucis ist an der betreffenden Stelle unterdrückt. Am Schlusse des Buches findet sich die berühmte Theorie des Regenbogens, in der die Dispersion des Lichtes zum ersten Male zur Erklärung der Farbenverhältnisse im Regenbogen erfolgreich angewendet wurde. Newton erklärte jetzt nicht bloss die im Regenbogen auftretenden Farben und ihre umgekehrte Ordnung in den beiden Bögen, sondern konnte auch vermöge seiner Messung der Brechungsexponenten für die verschiedenen Farben ganz genau die Radien der einzelnen Farbenbögen und darnach die Breiten des Haupt- und des Nebenregenbogens bestimmen, die er für den Hauptbogen $2^0\ 17'$ und für den Nebenbogen $3^0\ 43'$ fand.

Der erste Theil des zweiten Buches enthält die Beobachtungen über die Farben dünner Platten und die Farbenringe. Im zweiten Theile folgen die mathematische Discussion der Dimensionen dieser Erscheinungen und die physikalische Theorie derselben. Im dritten Theile wird diese Theorie zur Erklärung der permanenten natürlichen Farben der Körper angewendet und der vierte Theil giebt endlich die Beobachtungen über die Farben dicker Platten.[1]

Während aber dabei die Beobachtungen und Messungen ihrer unübertroffenen Genauigkeit wegen ganz unverändert aus der grossen optischen Abhandlung von 1675 übernommen werden konnten, bekommt die Theorie oder vielmehr die ihr zu Grunde liegende Hypothese eine völlig neue Gestaltung. In der Abhandlung von 1675 hält Newton noch für wahrscheinlich, dass die Lichtstrahlen in dem Aether, welcher in den Körpern enthalten ist, bei ihrem Auftreffen Schwingungen erregen, die je

[1] Vergl. S. 110 dieses Werkes.

nach der Phase, in welcher sie mit den Strahlen zusammentreffen, die Transmission des Lichtes zulassen oder die Reflexion desselben verursachen. Jetzt, nachdem der Aether hatte fallen müssen, betrachtet NEWTON die Lichtstrahlen ohne jede Beziehung auf etwaige Vibrationen in den Körpern und schreibt die abwechselnde Transmission und Reflexion des Lichtes, welche die Farbenringe andeuten, der inneren Natur der Lichtstrahlen allein zu.

Zur genauen Beobachtung der Farben dünner Platten fand es NEWTON für zweckmässig, entweder eine doppelt convexe Linse auf die ebene Seite einer planconvexen oder eine planconvexe Linse mit ihrer convexen Seite auf eine ebene Glasplatte zu drücken. Wenn er dann in homogenem (einfarbigem) reflectirtem Lichte die Gläser betrachtete, so zeigten sich an der Berührungsstelle der Gläser ein dunkler Fleck und um diesen abwechselnd helle und dunkle Ringe; in weissem Lichte waren die Erscheinungen der Form nach dieselben, nur folgten dabei statt heller und dunkler Ringe, Ringe in den Spectralfarben abwechselnd auf einander. Beim Hindurchsehen (also in durchgegangenem Lichte) traten die Erscheinungen gerade umgekehrt auf, statt schwarz erschien weiss und statt einer jeden Farbe ihre Complementärfarbe. NEWTON unterschied die in den verschiedenen Ringen wiederholt auftretenden Farben als Farben erster, zweiter, dritter Ordnung u. s. w. und versuchte nun vor allem die Grössenverhältnisse der Erscheinung sicher zu bestimmen. Er legte eine doppelt convexe Linse von 50 Fuss Krümmungsradius auf die ebene Seite eines planconvexen Glases von 7 Fuss Krümmungsradius; dann betrugen in reflectirtem weissen Lichte die Dicken der Luftschichten zwischen den Gläsern an der hellsten Stelle des ersten Farbenkreises $^1/_{178\,000}$ Zoll, an der des zweiten $^3/_{178\,000}$, an der des dritten $^5/_{178\,000}$ u. s. w., die Dicken der Luftschichten an den dunkelsten Stellen der Kreise aber resp. $^2/_{178\,000}$, $^4/_{178\,000}$, $^6/_{178\,000}$ u. s. w. Es verhielten sich also die Dicken der Luftschichten und danach auch die Quadrate der entsprechenden Radien der Farbenkreise wie die Zahlen der natürlichen Zahlenreihe. Dasselbe Gesetz fand NEWTON für alle in homogenem Lichte erzeugten Kreise, nur waren hier die absoluten Grössen der Kreise nicht dieselben, vielmehr verhielten sich bei verschiedenem farbigen Lichte die Quadrate aus den Radien der ersten hellen Kreise wie die Cubikwurzeln aus den Zahlen 1, $^8/_9$, $^5/_6$, $^3/_4$, $^2/_3$, $^3/_5$, $^9/_{16}$, $^1/_2$ entsprechend den Farben Weiss, Roth, Orange u. s. w. bis Violett. Aus dieser verschiedenen Lage der Kreise bei verschiedenem homogenen Lichte erklärten sich dann mit Hülfe der Theorie von der Zusammensetzung des Lichtes leicht die farbigen Kreise, welche bei weissem Lichte auftraten; es blieb also nur die Entstehung der Kreise bei homogenem Lichte aus Eigenschaften der Lichtstrahlen abzuleiten.

Newton vermuthete, wie schon die Art seiner Messung zeigt, dass diese Kreise von der Luftschicht zwischen den Gläsern abhingen, und um dies sicher zu stellen, füllte er den Raum zwischen den Gläsern mit Wasser. Auch dann zeigten sich die Kreise, aber ihre Dimensionen betrugen nur $^7/_8$ von denjenigen der vorigen Versuche, und die Dicken der betreffenden Wasserschichten waren also nur $^{49}/_{64}$ von den entsprechenden Dicken der Luftschichten. Diese Zahl ist annäherungsweise gleich dem Brechungsexponenten $^3/_4$ aus Wasser in Luft. Indem dann Newton annahm, dass ein solches Verhältniss für alle Stoffe stattfinden möchte, glaubte er aus den einmal für Luft berechneten Dicken der Zwischenschichten auch für alle anderen Substanzen die entsprechenden Dicken berechnen zu können, was er bei seiner Theorie der natürlichen Farben der Körper dann weiter gebrauchte. Doch blieb trotz der anerkannten Abhängigkeit der Farben von den Schichten zwischen den Gläsern noch immer das Grundproblem, die Entstehung der Ringe selbst, zu erklären; zu diesem Zwecke sah sich Newton schliesslich gezwungen, den Lichtstrahlen ganz neue, merkwürdige Eigenschaften zuzuschreiben. Er nahm an, dass jeder Lichtstrahl auf seinem Wege Anwandlungen erleide, vermöge deren er an der einen Stelle leichter reflectirbar und an der anderen Stelle leichter brechbar sei. Diese Anwandlungen (Fits of easy Reflection or of easy Transmission) folgen alle in gleichen, aber sehr kleinen Intervallen auf einander, die für jede Farbe verschieden und zwar für Roth am grössten und für Violett am kleinsten sind. Denken wir uns gegen eine ebene Glasplatte *AB* eine planconvexe Linse *CED* gedrückt, so wird das Licht, welches durch *AB* auf *CED* fällt, je nach der Anwandlung, in der es sich eben befindet, theils durch *CED* hindurchgehen und theils von *CED* reflectirt werden. Betrachten wir dann gemäss der Figur 18 die Linse von oben, also in reflectirtem Lichte, so wird um *E* herum das Licht noch in eben demselben Zustande auf die Linse kommen, in welchem es durch *AB* hindurchgegangen, also in dem leichter transmittirbaren, es wird also auch von der Linse durchgelassen werden und das Auge über *CED* wird um *E* einen dunklen Fleck bemerken. Die Strahlen aber, die weiter von *E* auffallen, haben von *AEB* einen weiteren Weg nach *CED* zurückzulegen und kommen nach und nach auf *CED* in der entgegengesetzten Periode, nämlich der der leichteren Reflectirbarkeit an; sie werden also durch *CED* zurückgeworfen werden und dem Auge einen hellen Kreis zeigen etc. etc. Es ist nun leicht weiter zu sehen, warum nur bei sehr dünnen Schichten sich jene Farbenringe gesondert zeigen und auf welche Weise der Stoff der

Zwischenschichten das Intervall der Anwandlungen verändern kann; aber schwer bleibt es, sich solche Anwandlungen des Lichtstrahles überhaupt vorzustellen. Wir werden später noch sehen, was NEWTON zu Gunsten der verschiedenen Eigenschaften der Lichtstrahlen weiter anführt.

Dünne Platten werden also nur Licht von mehr oder weniger homogener Beschaffenheit durchlassen, nämlich dasjenige Licht, welches auf die beiden Grenzflächen der Platten in derselben Phase

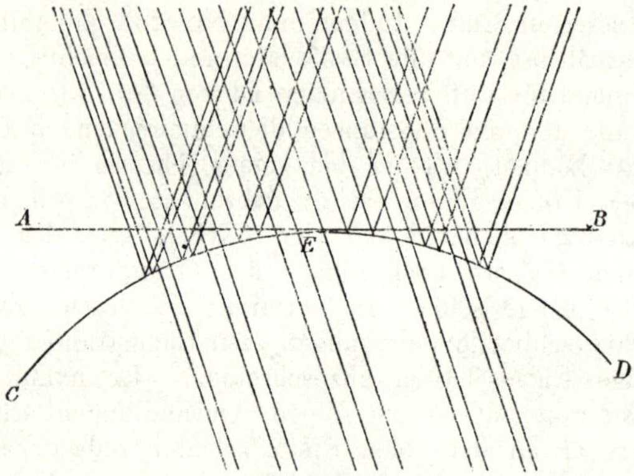

Fig. 18. Optice, Lib. II, Tab. I, Fig. 4.

der Anwandlung kommt. Darnach erklären sich, wie die Farbenringe, auch die Farben der Seifenblasen, die Farben dünner Glimmerplatten, die Farben an angelassenem Stahle, auf geschmolzenen Metallen, ja sogar die natürlichen Farben der Körper überhaupt.

NEWTON hatte aus seinem Werke alle Hypothesen verbannen wollen und doch sieht er sich hier gezwungen, Eigenschaften von Lichtstrahlen zu induciren, die unzweifelhaft hypothetisch sind. Thatsache ist nur, dass die Lichtstrahlen, welche von der vorderen Oberfläche einer dünnen Platte durchgelassen sind, je nach der Dicke des Plättchens entweder durch die hintere Fläche desselben frei wieder austreten oder dort zurückgeworfen werden. Blosse Annahme aber und noch dazu eine solche von physikalisch sehr zweifelhafter Berechtigung ist es, wenn dieses Verhalten des Lichtes aus einer Neigung oder einer Disposition des einzelnen Lichtstrahles zur leichteren Transmission oder Reflexion, die ihm von Natur aus eigen sein soll, erklärt wird.

GRIMALDI hatte wenigstens geahnt, dass das Zusammentreffen von Lichtstrahlen nicht immer eine Verstärkung, sondern wohl auch eine Schwächung des Lichtes erzeugen könne. HOOKE hatte dann in seiner Theorie der Farben dünner Platten die Entstehung der farbigen Strahlen durch das Zusammentreffen zweier Strahlen, die von der hinteren und der vorderen Fläche der dünnen Platten ausgehen, erklärt, und NEWTON hatte noch in seiner Abhandlung von 1675 das Zusammentreffen von Lichtstrahlen mit Aetherwellen zur Erklärung der Farbenringe benutzt. Dieser Weg war jetzt für NEWTON, nachdem er den Aether gänzlich verworfen, ungangbar und die Erklärung der wechselnden Erscheinungen durch eine verschiedene Interferenz von Bewegungen unmöglich geworden. Damit blieb nur übrig den Grund des Wechsels in den einzelnen Lichtstrahl selbst zu verlegen und das war nach der Ausbildung der Gravitationsideen nicht allzu schwierig mehr. Nachdem NEWTON schon der schweren Materie eine attractive Kraft, wenn auch nur im mathematischen Sinne, zugeeignet, lag nichts näher als auch das abwechselnde Zurückgehen und Verschwinden der Lichtstrahlen an einer durchsichtigen Fläche direct gewissen Neigungen der Lichtmaterie zuzuschreiben, welche beim Auftreffen der Lichtstrahlen auf eine durchsichtige Fläche ausgelöst oder erzeugt werden, wobei natürlich auch diese Anwandlungen nicht als physikalische Ursachen, sondern als mathematische Abstractionen genommen werden. Die Thatsache, dass NEWTON mit seinen verschiedenen Intervallen der Fits of easy Transmission or Reflection bei verschiedenfarbigen Lichtstrahlen doch nichts weiter mass, als die Wellenlängen der verschiedenfarbigen Undulationen, zeigt besonders klar, wie man auch von verschiedenen, wahren oder falschen, Hypothesen aus die Naturerscheinungen mathematisch richtig beschreiben kann.

NEWTON scheint wirklich gefühlt zu haben, dass das Bedürfniss einer mechanischen Erklärung an dieser Stelle nahe liege, denn er unterbricht seine mathematischen Demonstrationen durch Speculationen und verbreitet sich über die Ursache der Anwandlungen des Lichtes. Welcher Art, sagt er, diese Disposition ist, ob sie in einer kreisförmigen oder vibrirenden Bewegung der Lichtstrahlen oder des Mediums, in welchem sie sich bewegen, oder in etwas anderem besteht, untersuche ich hier nicht. Diejenigen, welche abgeneigt sind neuen Entdeckungen zuzustimmen, die man nicht durch eine Hypothese erklären kann, können für's erste annehmen, dass die Lichtstrahlen durch ihr Auftreffen auf eine brechende oder reflectirende Oberfläche, wie ein fallender Stein im Wasser oder ein bewegter Körper in der Luft, in dem brechenden oder reflectirenden Medium Vibrationen erregen, dass die Lichtstrahlen die Theile der festen Körper in Wärmebewegungen versetzen, dass diese Schwingungsbewegungen in dem brechenden oder reflectirenden Körper fortgepflanzt werden, wie

Töne in der Luft, und dass diese Schwingungen in den Körpern sich schneller fortpflanzen als die Lichtstrahlen selbst und so dieselben überholen; dass ferner ein Lichtstrahl, wenn er mit dem Theile der Vibration gerade zusammentrifft, der mit seiner eigenen Bewegung übereinstimmt, in der Anwandlung der leichteren Transmission sich befindet, im entgegengesetzten Falle aber in der der leichteren Reflexion. Ob aber diese Hypothese wahr oder falsch sei, entscheide ich hier nicht und begnüge mich mit der einen Entdeckung, dass die Lichtstrahlen durch irgend eine Ursache auf ihrem Wege abwechselnd Anwandlungen der leichteren Transmission oder Reflexion erleiden.[1]

NEWTON's Verhalten ist hier dasselbe wie gegenüber der Gravitation. Er bestreitet durchaus nicht die Möglichkeit, die behandelten Erscheinungen noch weiter durch Hypothesen zu erklären, er deutet selbst an, wie das ungefähr geschehen könne; aber er spricht doch so verächtlich von solchen Hypothesen und ihren Erfindern und richtet seine Terminologie so ganz unabhängig von ihnen ein, dass seine Schüler keine andere Absicht ihres Meisters vermuthen können, als alle die erklärenden Hypothesen ausdrücklich zu verwerfen und die von ihm selbst angegebenen Gesetze der Erscheinungen für die letztmöglichen Momente der Erklärung überhaupt zu proklamiren. Dass es aber NEWTON selbst keineswegs an Kühnheit in Annahmen über das Wesen der Materie gefehlt, davon giebt auch dieses Buch seiner Optik, da wo es sich um die permanenten Farben der natürlichen Körper handelt, recht deutliche Beispiele.

Jeder homogene Körper ist nach NEWTON von Natur durchsichtig, und Undurchsichtigkeit entsteht nur dadurch, dass ein Körper im Inneren viele mit Luft gefüllte Zwischenräume hat, an deren Wänden das Licht vielfach reflectirt und so ausgelöscht wird. Deswegen ist Glas ganz durchsichtig, das poröse Papier aber höchstens durchscheinend, wenn seine Zwischenräume durch Tränken mit Oel ausgefüllt werden. Genügend dünne Lamellen irgend eines Stoffes müssen immer durchsichtig sein; ein undurchsichtiger Körper besteht also wenigstens an der Oberfläche aus durchsichtigen dünnen Platten. Diese Platten werden aber je nach der Beschaffenheit des Körpers mehr oder weniger dünn

---

[1] Optics, Book II, Pt. III, Prop. XII (HORSLEY, Newtoni Opera, T. IV, p. 177 u. f.; Optice, Lausanne 1740, p. 216 u. f.): Every ray of Light, in its passage through any refracting surface, is put into a certain constitution or state; which, in the progress of the ray, returns at equal intervalls; and disposes the ray, at every return to be easily reflected by it; p. 179: What kind of action or disposition this is; whether it consists in a circulating or a vibrating motion of the ray, I do here not enquire.

sein und darnach nur Lichtstrahlen der einen oder der anderen Farbe durchlassen; die Farbe dieser dünnen Platten ist dann die natürliche Farbe des Körpers überhaupt. NEWTON versucht sogar die Dicke dieser kleinen Platten und damit die Dimensionen der kleinsten Theile der Körper zu bestimmen. „Wenn man, sagt er, den Durchmesser eines Corpuskels zu wissen wünschte, der die Dichtigkeit des Glases hat und in zurückgeworfenem Lichte ein Grün der dritten Ordnung zeigt, so lehrt die Tabelle, dass die Dicke des Corpuskels $16^1/_4$ Zehntausendstel eines Zolles beträgt; doch ist die Zahl insofern nicht ganz sicher, als es sehr schwer ist zu sagen, von welcher Ordnung die Farbe eines Körpers ist.“ Er kommt dann nach einem längeren Excurs auch auf die Frage, ob wir wohl einstmals durch das Mikroskop die einzelnen Molecüle zu Gesicht bekommen können, und bemerkt dazu schliesslich: „Wie sehr es auch zu unserer Befriedigung beitragen möchte, wenn die Beobachtung der Corpuskeln durch das Mikroskop in bestimmter Aussicht stünde, so fürchte ich doch, wenn wir das Sehen derselben erreichen sollten, dass es die äusserste Verbessernng unserer Sinne sein würde; denn es erscheint unmöglich, dass wir das noch geheimere und erhabenere Wirken der Natur in den Corpuskeln selbst beobachten dürfen, weil diese in ihren inneren Theilen absolut durchsichtig sein müssen.“[1]

Die Lehre von den Anwandlungen des Lichtes birgt noch andere Schwierigkeiten als die bis jetzt erwähnten in sich; sie erklärt die abwechselnde oder theilweise Zurückwerfung und Transmission des Lichtes an einer brechenden Oberfläche, aber sie giebt von der Grunderscheinung, der Reflexion selbst, absolut keine Vorstellung. NEWTON leitet die Refraction, der neuen Kraftanschauung entsprechend, aus einer von der Körpermaterie ausgehenden und in die Ferne auf die Lichtmaterie wirkenden Anziehung ab. Darnach scheint es naheliegend, die Reflexion des Lichtes auf eine Abstossungskraft der Materie, die ebenfalls in die Ferne wirkt, zurückzuführen. Er bemerkt zu dem Zwecke,[2] dass die Reflexion des Lichtes nicht erklärt werden könne aus dem Auftreffen der Lichtstrahlen auf die festen Theile der reflectirenden Körper. Denn es werde mehr Licht reflectirt beim Austreten desselben aus Glas in Luft, oder auch in den luftleeren Raum, als bei dem umgekehrten Wege. Ferner hänge auch die Menge des reflectirten Lichtes von dem Winkel ab, unter welchem die Strahlen auf die reflectirende Fläche fielen, ja sie werde bei genügend grossem Winkel oft gleich Null, ohne dass man an-

[1] Optics, London 1730, p. 237; Optice, Lausanne 1840, p. 201.
[2] Optics, Book II, Pt. III, Prop. VIII u. IX; in HORSLEY, Newtoni Opera, T. IV, p. 166 u. f.; Optice, Lausanne 1740, p. 202 u. f.

nehmen dürfe, dass die Lichtstrahlen bei verschiedenen Neigungswinkeln auf eine verschiedene Anzahl fester Theile treffen müssten. Der Winkel der totalen Reflexion sei auch für die verschiedenen Farben verschieden, was ebenso wenig aus einer Zurückwerfung durch die festen Theile allein erklärt werden könne, wie die verschiedenen successive wechselnden Reflexionen bei den Farben dünner Platten. Endlich sei auch die spiegelnde regelmässige Reflexion aus einer Zurückwerfung des Lichtes durch die festen Theile der Körper nur dann abzuleiten, wenn diese Corpuskeln eine wirklich ebene Oberfläche bildeten; das sei aber durch keine Politur vollkommen zu erreichen, und so könnte die Zurückwerfung des Lichtes durch die festen Theile der Körper allein nur in einer Zerstreuung nach allen Seiten bestehen. Gerade die regelmässige spiegelnde Reflexion sei ein zwingender Beweggrund für die Annahme, dass die Reflexion der Lichtstrahlen geschähe, bevor dieselben noch die spiegelnde Oberfläche berührten, und dass dieselbe, ebenso wie die Brechung, durch eine fernwirkende Kraft erzeugt werde, nur dass diese Kraft bei der Brechung eine positive, bei der Reflexion aber eine negative Attraction oder eine Repulsion sein müsse. Darnach sei es dann auch, entgegen der allgemeinen Ansicht, wahrscheinlich, dass die Lichttheilchen, welche wirklich auf feste Corpuskeln auftreffen, dort festgehalten und erstickt würden, so dass deren Licht im Körper verloren gehe oder absorbirt werde. Denn wenn die Lichttheilchen auch an den Corpuskeln zurückgeworfen würden, so müsste es zwei Arten der Reflexion geben, was nicht wahrscheinlich sei.

Uebrigens musste eingestandenermaassen NEWTON hier ein Räthsel noch ganz ungelöst stehen lassen, das war die Frage nach der Möglichkeit einer geradlinigen Fortpflanzung des Lichtes durch einen festen oder flüssigen Körper. Er sagt darüber nur, dass Kräfte, wie der Magnetismus und die Schwere, sich geradlinig ohne Widerstand durch die Körper verbreiten, und dass auch die Lichtstrahlen sich immer in geraden Linien fortpflanzen, dass jedoch die letzteren, wenn sie durch ein Hinderniss von diesem Wege abgelenkt werden, niemals, es sei denn durch einen sehr grossen Zufall, in diesen Weg zurückkehren. Wenn trotzdem der Lichtstrahl von durchsichtigen festen Körpern in geraden Linien durchgelassen werde, so sei allerdings schwer zu begreifen, wie solche Körper eine dazu genügende Menge von Poren haben könnten, doch sei es auch keineswegs ganz unmöglich.[1]

Im dritten Buche des Werkes geht NEWTON zur Behandlung

---

[1] Optice, Lausanne 1740, p. 207: Qui fieri queat, ut corpora satis habeant meatuum ad hos effectus obtinendos, difficile quidem est conceptu; at nequaquam impossibile.

der Beugungserscheinungen des Lichtes über. Seine Beobachtungen kommen hier nicht viel über die von Grimaldi schon gemachten Entdeckungen hinaus; doch werden dieselben wieder durch die quantitative Bestimmung der Erscheinung, wie durch die erfolgreiche Verwendung der Idee von der Zerstreuung der Farben wichtig.

Newton liess in einem dunklen Zimmer das Licht durch die Oeffnung eines Bleiplättchens auf einen weissen Schirm fallen; der Durchmesser der Oeffnung war $^1/_{42}$ Zoll. Hielt er dann hinter die Oeffnung in einem Abstande von 12 Fuss ein Menschenhaar von $^1/_{280}$ Zoll Breite und fing den Schatten 4 Zoll vom Haar auf, so betrug derselbe in der Breite $^1/_{60}$ Zoll; 2 Fuss vom Haar aber betrug er $^1/_{28}$ Zoll etc. Der Schatten war also jedenfalls viel breiter, als er bei rein geradliniger Fortpflanzung des Lichtes hätte sein können; ausserdem aber zeigten sich an beiden Seiten noch drei farbige Streifen, die nach innen blau, nach aussen roth gesäumt waren. Newton stellte zur Erklärung wieder Versuche mit homogenem Lichte an und fand dann, ganz ähnlich wie bei den Farbenringen, auch hier statt der farbigen nur hellere und dunklere Streifen, deren Entfernung aber bei den verschiedenen Farben verschieden waren. Bei rothem Licht betrug die Entfernung des ersten Streifens vom Schatten, den das Haar in einer Entfernung von 6 Zoll warf, $^1/_{37}$ Zoll, im violetten Licht aber betrug dieselbe Entfernung nur $^1/_{46}$ Zoll. Er entschied darnach, dass wie bei den Brechungserscheinungen und den Farben dünner Platten, auch bei den Beugungserscheinungen die einzelnen im weissen Lichte enthaltenen Farben nicht gleichmässig verändert oder gebeugt würden und so aus- und nebeneinander fielen. Woher nun aber die Abweichung des Lichtes vom geradlinigen Wege überhaupt und insbesondere die Verschiedenheit der Abweichungen bei den verschiedenfarbigen Strahlen rühre, darüber wollte sich Newton nicht hier, sondern erst in dem fragmentarischen Anhange des Buches verbreiten, weil er die Theorie noch nicht vollendet habe und doch nicht Zeit und Neigung wieder finden könne, zu derselben behufs eines sicheren Abschlusses zurückzukehren.

---

3. Kapitel. Der fragmentarische Anhang der Optik.

Newton durchforschte in seiner Optik erfolgreich die ganze Farbenlehre bis auf das damals noch sehr kleine Gebiet der sogenannten subjectiven Farben. Er beherrschte dieses sein Gebiet dem thatsächlichen Inhalte nach in seinem ganzen Umfange mit vollständiger Klarheit; dagegen hat er den ursächlichen Zusammenhang der Erscheinungen in ausgesprochener Absicht nie weiter verfolgt, als derselbe sich durch die Dispersion der Farben erklären liess. Die Erforschung der Ursachen dieser Zerlegung hat er immer von sich abgewiesen und anderen, die mehr Physiker als er selbst seien, überlassen. Trotzdem ist auch NEWTON nicht ganz unberührt geblieben von dem Drange, der jeden Menschen zwingt von Ursache zu Ursache unbegrenzt weiter zu streben, und auch er hat über die angegebenen Ziele hinaus versucht die Brechung, Anwandlungen und Beugung des Lichtes aus bestimmten Anschauungen über das Wesen des letzteren abzuleiten. Um diese Untersuchungen öffentlich bekannt zu machen und doch das Princip von der Ausschliessung aller Hypothesen und der Theorie nicht aufzugeben, hat NEWTON seiner Optik einen sehr umfangreichen Anhang angefügt, in welchem er unter der Form von Fragen alle die Dinge behandelte, die ihm für den theoretischen Theil zu hypothetisch erschienen oder deren Untersuchungen er noch nicht abgeschlossen hatte.

Es sind aber diese sogenannten Fragen nicht etwa kurze prägnante Fragesätze, sondern vielmehr theilweise recht ausgedehnte physikalische Abhandlungen über Gegenstände, die NEWTON nicht seiner absoluten theoretischen Wissenschaft zurechnen, sondern zur freien Discussion stellen wollte. Sie verbreiten sich auch nicht blos über optische Gegenstände, sondern enthalten eigentlich Alles, was NEWTON Naturwissenschaftliches bearbeitet hatte und nicht an officieller Stelle unter eigener ausdrücklicher Verantwortung bekannt geben wollte. Diese Fragen sind das einzige Gebiet, auf dem NEWTON sich erlaubt hat, seine Gedanken über die innere Natur der Erscheinungen unverhüllt sichtbar werden zu lassen, auf dem er die Berührung mit Hypothesen nicht gescheut, sondern geradezu gesucht hat. Sie lassen am ehesten von allen Veröffentlichungen NEWTON's einen Blick in seine Gedankenwerkstatt werfen und sind darum für das Verständniss der NEWTON'schen Physik von ganz besonderer Wichtigkeit.

Dass diese Fragen übrigens nicht blosse fragwürdige Anhängsel des optischen Werkes sein sollten, dass sie auch von NEWTON mit gewisser Wichtigkeit behandelt wurden, ersieht man daraus, dass dieselben in der lateinischen Quartausgabe der Optik von den gesammten 330 Seiten allein 60 Seiten umfassen, wie auch daraus, dass NEWTON in späteren Auflagen kaum noch den Text des eigentlichen Werkes, wohl aber bei jeder Gelegenheit die Fragen bedeutend verändert und sehr beträchtlich vermehrt hat. Die erste englische Ausgabe enthält nur die Fragen No. I bis VII, den ersten Satz von No. VIII, No. IX, die ersten zwei Drittel von No. X, das erste Drittel von No. XI, XII—XV und einen Theil von No. XVI. Die erste lateinische Ausgabe von

1706 fügt hinzu den zweiten Theil von No. VIII, das letzte Drittel von No. X, die letzten zwei Drittel von No. XI, sowie die Fragen No. XXV—XXXI. Die zweite englische Ausgabe von 1717 giebt das letzte Drittel von No. VIII, die Fragen No. XVII—XXIV, sowie mehrere Zusätze zu No. XXXI. Einzelne Zusätze und Auslassungen bei mehreren Fragen, besonders wieder bei der letzten, bringen auch noch die späteren, bei Lebzeiten Newton's erschienenen Ausgaben.

Versuchen wir nun den Inhalt der Fragen möglichst kurz zu charakterisiren. Die ersten vier Fragen betreffen die Erklärung der Beugung des Lichtes. (1.) Wirken nicht, so heisst es, die Körper schon aus einiger Entfernung auf das Licht, so dass sie die Lichtstrahlen beugen und (2.) unterscheiden sich nicht die verschiedenen Lichtstrahlen in dieser Beugbarkeit, ebenso wie in der Brechbarkeit, so dass auch bei der Beugung die verschiedenen farbigen Strahlen von einander getrennt werden? (3.) Geschieht nicht diese Beugung vor- und rückwärts, so dass die Strahlen in der Nähe der Körper schlangenförmig gestaltet sind und drei solcher Schlangenbiegungen die vorerwähnten drei Beugungsfransen erzeugen? (4.) Stammen nicht die Zurückwerfung, Brechung und Beugung des Lichtes aus einem und demselben Princip her, das dabei nur unter verschiedenen Umständen auch in verschiedener Weise wirkt? Newton spricht sich nicht weiter über dieses Princip oder diese Kraft aus. Spätere Aeusserungen in der XXXI. Frage, wie auch schon frühere Andeutungen zeigen jedoch, dass er bei seiner mathematischen Betrachtungsweise keinen Anstand nimmt, die positive Attraction der Materie durch Null in eine negative, also eine Repulsion, übergehen zu lassen.

Die nächsten sieben Fragen behandeln das Verhältniss von Licht und Wärme, das für Newton ein immerhin schwieriges Thema war, weil er trotz seiner Neigung zur Stofftheorie des Lichtes doch Zeit seines Lebens an einer kinetischen, speciell einer Vibrationstheorie der Wärme, wie sie sein Freund Bacon gelehrt hatte, festhielt. Die Scheidung, die Newton hier zwischen Licht und Wärme vollzieht, erscheint uns schwer erklärlich, ist aber nicht so wunderbar, da man damals zur Annahme dunkler Wärmestrahlen oder strahlender Wärme noch nicht gekommen war, eine vollständige Analogie von Licht und Wärme noch nicht erkannt hatte. Die Gebiete waren damals also sehr getheilt; in den Körpern hatte man es nur mit Wärme, zwischen denselben mit Licht zu thun, und über die darnach nothwendig zu erklärende gegenseitige Umwandlung von Licht und Wärme wusste Newton sehr gut Bescheid zu geben. (5.) Ist nicht die Wirkung, so sagt er in den Fragen weiter, zwischen den Körpern und dem Licht eine wechselseitige, d. h. wirken nicht die Körper auf das Licht, indem sie es aussenden, zurückwerfen, brechen und beugen, und wirkt nicht das Licht auf die Körper, indem es die Theile derselben in eine vibrirende Bewegung versetzt, welche wir Wärme nennen? Werden nicht schwarze Körper nur darum leichter warm als weisse, weil sie kein Licht nach aussen zurückwerfen, sondern durch innere Reflexionen nach und nach absorbiren? (7.) Ist nicht die stärkere Wirkung zwischen Licht und schwefligen Körpern (der grössere Brechungsexponent der letzteren) der Grund, warum diese leichter Feuer fangen und heftiger brennen als andere? (8.) Senden nicht alle festen Körper (besonders aber die schwefligen), wenn sie über einen gewissen Grad erhitzt sind, durch die vibrirende Bewegung ihrer Theile Licht aus, mag nun diese Bewegung bewirkt sein durch Wärme, Reibung, Stoss, Fäulniss, Lebensbewegungen oder durch irgend eine andere Ursache? (Beispiele sind: Wasser im Sturm, Quecksilber beim Schütteln im Vacuum, der Nacken einer Katze beim Streicheln, faulendes Holz oder Fleisch, Irrlichter, gährendes Heu oder Getreide, Glühwürmer, geriebener Phosphor, Bernstein und Diamant gerieben, Steinfeuerzeuge, schnell gehämmertes Eisen, trockene Achsen von Rädern, Flüssigkeiten beim Mischen.[1]) Hierher gehören auch die Erscheinungen bei einer Glaskugel, die man in einem Gestell um ihre Achse dreht. Hält man an diese sich drehende Kugel die Handfläche, so wird die Kugel leuchtend und wenn man ihr zur selben Zeit ein Stück weissen Papieres bis auf eine Entfernung von einem Zoll oder einem halben nahe bringt, so schlägt der elektrische Dampf, welcher durch die reibende Handfläche erregt ist, gegen das Papier, leuchtend gleich einem Glühwurm. Dasselbe hat man gefunden, wenn man Bernstein oder Glas mit Papier so lange reibt, bis es warm wird.[2] (9.) Ist nicht auch Feuer nur ein so stark erhitzter Körper, dass er Licht aussendet, also brennende Kohle ein rothglühendes Holz? (10.) Ist nicht auch die Flamme nur ein Rauch, Dampf oder eine Ausströmung, so weit erhitzt, dass sie leuchtet? Wenn der Dampf von heissem Spiritus entzündet wird, so läuft die Flamme den Dampf entlang bis zur Flüssigkeit. Einige Körper rauchen reichlich, wenn sie

---

[1] Diese Zusammenstellung erinnert einigermaassen an die Tafeln der Wärme von FRANCIS BACON; siehe ROSENBERGER, Geschichte der Physik, Band II, S. 79—80.

[2] Diese Stelle über die elektrischen Erscheinungen an einer geriebenen Glaskugel ist ein Zusatz der Ausgabe der Optik von 1717. Er beruht auf Experimenten, die HAWKSBEE in den ersten Jahren des neuen Jahrhunderts der Royal Society vorgeführt und die er in den Philosophical Transactions, no. 303—310, wie auch in einem besonderen Werke Physico-mechanical Experiments on various subjects touching light and electricity, London 1709, veröffentlicht hatte.

durch Bewegung oder Gährung erhitzt werden, und wenn die Erhitzung weit genug wächst, so wird der Rauch zur Flamme. Geschmolzene Metalle flammen nicht, ausgenommen das Zink, weil der Rauch ihnen fehlt. Alle flammenden Körper, wie Oel, Talg, Wachs, Holz, Steinkohlen, Pech, Schwefel verschwinden in einen brennenden Rauch, der beim Auslöschen der Flamme sichtbar wird und einige Male stark riecht. Je nach der Natur des Rauches hat die Flamme verschiedene Farben; beim Schwefel ist sie blau, beim verdampfenden Kupfer grün, beim Talg gelb, beim Kampher weiss. Schiesspulver, das sich entzündet, geht ganz in Rauch auf; Holzkohle und Schwefel nämlich entzünden sich leicht und setzen den Salpeter in Flammen, dessen Spiritus, indem er in Dampf verdünnt wird, dann mit Explosion entweicht, sehr ähnlich der Weise, wie der Dampf des Wassers aus einer Aeolipile ausströmt. Darnach wird auch der Schwefel in Dampf verwandelt und vermehrt die Wirkung. Die Explosion des Schiesspulvers entsteht also aus der heftigen und schnellen Thätigkeit, wodurch die ganze Mischung sich schleunigst erhitzt, verdünnt und in einen Rauch umsetzt, der durch die Heftigkeit der Action leuchtend und so zur Flamme wird. (11.) Bewahren nicht grosse Körper ihre Wärme deswegen so lange, weil ihre Theile sich gegenseitig erhitzen, und ist es nicht möglich, dass ein sehr grosser, dichter und fester Körper, wenn er bis zu einem solchen Grade erhitzt ist, dass er das Licht in Menge aussendet, durch die Emission und Reaction seines Lichtes und durch die Zurückwerfung und Brechung desselben innerhalb seiner Poren immer heisser wird, bis er endlich eine Hitze erreicht, die der der Sonne gleich ist? Sind nicht die Sonne und die Fixsterne nichts weiter als heftig erhitzte Erden, deren Hitze durch ihre Grösse und die gegenseitige Action und Reaction ihrer Theile erhalten wird und deren Theile am Abdampfen nicht bloss durch die Dichte und Festigkeit der Körper, sondern auch durch die Grösse und Dichtigkeit ihrer Atmosphären verhindert werden, die durch ihren Druck die Dämpfe immer wieder condensiren? Denn das Wasser kocht viel schwerer unter dem Druck der Luft als im leeren Raume, und eine Legirung von Zinn und Blei auf rothglühendes Eisen gelegt, verdampft im Vacuum, während sie unter dem Druck der Luft nur wenig Rauch aussendet.

In den nächsten drei Fragen giebt Newton die Hypothese über die Entstehung der Farbenempfindung wieder, die er schon in seiner Abhandlung von 1675 für die wahrscheinlichste, für diejenige erklärt hat, welche er annehmen würde, wenn er überhaupt für eine Hypothese sich entscheiden müsste. (12.) Erregen die Lichtstrahlen nicht, so heisst es, wenn sie den Grund des Auges erreichen, auf der Netzhaut Schwingungen, die der festen

Fiber des Sehnerven entlang geleitet im Gehirn die Empfindung des Sehens erregen? Denn ähnlich wie dichte Körper die Wärmebewegung längere Zeit bewahren und in ihrer ganzen Masse verbreiten, so mögen auch Schwingungen in den Theilen eines festen Körpers weit fortgeleitet werden, wenn nur der Körper homogen ist. (13.) Dabei mögen vielleicht die verschiedenen Lichtstrahlen Schwingungen von verschiedener Grösse und damit die Empfindung der verschiedenen Farben erregen, entsprechend wie die verschiedenen Schwingungen der Luft die Empfindung verschiedener Töne erzeugen; auch mögen zu den am meisten brechbaren Strahlen die kürzesten Schwingungen, wie zu den am wenigsten brechbaren Strahlen die längsten Schwingungen gehören. (14.) Wird dann nicht die Harmonie der Farben auf den Verhältnissen dieser Schwingungen beruhen?

Die nächste, fünfzehnte Frage wiederholt die Erklärung des Einfachsehens mit zwei Augen, die NEWTON schon im Jahre 1682 in einem Briefe an W. BRIGGS gegeben hatte und in der er dieses Einfachsehen auf die Vereinigung der Nervenfasern vor dem Eintritt in's Gehirn zurückführte.[1] Die sechzehnte Frage erklärt die Lichtempfindung beim Stoss auf das Auge durch die Erschütterung des Sehnervens und leitet weiter aus der Fortdauer der Bewegung auch nach dem Aufhören der wirkenden Ursache die Fortdauer des Lichteindruckes nach dem Verschwinden des Lichtes ab.

In der siebzehnten Frage werden die Anwandlungen des Lichtes zur leichteren Transmission und Reflexion durch die Annahme von Undulationen erklärt, die von dem Licht in den Körpern erregt werden, in derselben Weise, wie dies schon in dem theoretischen Theile der Optik angedeutet worden ist.

Die folgenden Fragen, von der achtzehnten bis zur vierundzwanzigsten, discutiren die Möglichkeit eines alle Weltenräume erfüllenden ätherischen Mediums, durch das man die Brechung, Beugung und Anwandlungen des Lichtes, sowie vielleicht auch die attractiven Kräfte der Materie erklären könnte. Hängt man in zwei weiten cylindrischen Gefässen, so beginnt NEWTON in der achtzehnten Frage die Argumentation für das Dasein des Aethers, zwei kleine Thermometer so auf, dass sie die Gefässwände nicht berühren, zieht dann aus dem einen mit Hülfe der Luftpumpe die Luft vollständig aus, während das andere mit Luft gefüllt bleibt, und bringt dann die Gefässe schnell aus einem kalten in einen warmen Raum, so werden beide Thermometer fast gleich stark und gleich schnell erwärmt und beim Zurückführen nach dem kalten Orte auch ebenso wieder gleich stark und fast gleich

---

[1] BREWSTER, Life of Newton, vol. I, p. 219, auch App. III—V EDLESTONE, Correspondence, p. 265.

schnell abgekühlt. Muss man darnach nicht annehmen, dass die Hitze des warmen Raumes durch das Vacuum geleitet wird vermittelst der Vibrationen eines viel feineren Mediums als die Luft, welches auch nach dem Evacuiren der Luft noch in dem Gefässe bleibt. Ist nicht dieses Mittel dasselbe, durch welches das Licht gebrochen und zurückgeworfen, wie in die Anwandlungen zur leichteren Reflexion und Transmission versetzt wird, und durch dessen Vibrationen das Licht auch die Hitze den Körpern mittheilt? Ist nicht dieses Mittel viel feiner und dünner und viel elastischer und activer als die Luft, so dass es schnell alle Körper durchdringt und durch alle himmlischen Räume sich ausbreitet?

Die Argumentation dieser Frage ist für uns nicht ganz klar. Da der Lichtstoff die durchsichtigen Körper, also auch das Glas, frei durchdringt, so ist eigentlich selbstverständlich, dass die Lichtstrahlen die Theilchen der Materie auch im Vacuum in Bewegung setzen und so das Thermometer auch im luftleeren Raume direct erwärmen müssen. Aber NEWTON denkt hier wohl gar nicht an eine Mitwirkung der Lichtstrahlen, und da der Begriff der strahlenden Wärme oder der dunklen Wärmestrahlen damals noch nicht ausgebildet war, so war für ihn die Uebertragung der Wärme auf Körper im luftleeren Raume und besonders auch die Abkühlung derselben ein Grund für die Existenz einer vermittelnden Materie auch im luftleeren Raume. NEWTON geht indessen ohne weitere Aufklärung in seinen Fragen weiter.

(19.) Rührt nicht die Lichtbrechung von einer verschiedenen Dichtigkeit dieses ätherischen Mediums an verschiedenen Orten her, indem das Licht immer von Stellen grösserer nach Stellen geringerer Dichtigkeit abweicht? Ist nicht die Dichtigkeit des Aethers grösser in freien Räumen als in der Luft und grösser in dieser als in Flüssigkeiten und festen Körpern? Denn rührt nicht die totale Reflexion des Lichtes her von einer geringeren Dichtigkeit des Mittels im Glas oder Wasser als in der Luft oder im Vacuum, in welche der Strahl bei grösserer Schiefe nicht austritt? (20.) Wird nicht dieses ätherische Mittel, wenn es aus Glas, Krystall und anderen dichten Materien austritt in leere Räume, gradweise dichter und dichter, so dass es die Lichtstrahlen nicht in einem Punkte bricht, sondern nach und nach in einer krummen Linie biegt, und ist nicht die graduelle Verdichtung des Mittels in einiger Entfernung von den Körpern auch die Ursache der Inflexion, welche die Lichtstrahlen erleiden, wenn sie in einiger Entfernung an den Rändern dichter Körper vorbeigehen? (21.) Ist nicht dieses Medium viel dünner in der Sonne, den Sternen, den Planeten und Kometen, als in den leeren Himmelsräumen zwischen ihnen, und verursacht es nicht durch seine mit wachsender Entfernung von diesen Körpern zunehmende Dichtigkeit die Gravitation zwischen denselben, wie auch zwischen ihren Theilen. Denn wenn dieses Medium dünner ist im Sonnenkörper als an seiner Oberfläche und hier dünner als in der Entfernung eines Zolles von der Oberfläche und da dünner als an der Oberfläche des Saturn, so ist kein Grund vorhanden, warum dieses Wachsthum der Dichte irgendwo aufhören sollte; und wenn auch dieses Wachsthum der Dichte in grossen Entfernungen ausserordentlich klein wird, so mag es doch, wenn die elastische Kraft des Mittels sehr gross ist, genügen, um die Körper von den dichteren Theilen des Mittels gegen die dünneren hinzutreiben, wie das bei der Gravitation geschieht. Dass aber die elastische Kraft des Mittels sehr gross ist, kann man aus der Fortpflanzungsgeschwindigkeit der Schwingungen in demselben folgern. Die Töne pflanzen sich in der Secunde ungefähr 1400 Fuss englisch und in sieben bis acht Zeitminuten also ungefähr 100 englische Meilen weit fort; das Licht der Sonne jedoch bewegt sich in dieser Zeit ungefähr 70 000 000 englische Meilen weit, wenn wir die Horizontalparallaxe dieses Weltkörpers ungefähr zu 12′ annehmen. Die Vibrationen oder Stösse des ätherischen Mediums, welche die abwechselnden Anwandlungen der leichteren Transmission oder Reflexion des Lichtes verursachen, müssen nach dem früheren schneller sein als das Licht und folglich über 700 000 mal schneller als der Schall. Deshalb muss die elastische Kraft des Aethers ungefähr $700\,000^2$ oder über 490 000 000 000 mal im Verhältniss zu seiner Dichte grösser sein als die elastische Kraft der Luft zu ihrer Dichte, denn die Quadrate der Geschwindigkeiten der Vibrationen sind den Verhältnissen aus Elasticität und Dichte proportional. Da die Anziehung in kleinen Magneten im Verhältniss ihrer Masse stärker ist als in grossen und die Gravitation auf den Oberflächen von kleinen Planeten stärker als auf denen der grossen im Verhältniss ihrer Massen, und da kleine Körper durch die elektrische Anziehung viel mehr bewegt werden als grosse, so kann die Kleinheit der Lichtkörperchen viel dazu beitragen, dass die brechende Kraft des Mittels stärker auf sie wirkt. Ebenso müsste, wenn man annehmen wollte, dass die Theile des Aethers (gleich wie die der Luft) einander zu fliehen versuchten und dass diese Theile viel kleiner wären als die der Luft oder gar als die des Lichtes, die ausserordentliche Kleinheit dieser Partikel die Fliehkraft derselben ausserordentlich vergrössern. Das ätherische Medium würde darnach bei seiner grossen Elasticität und geringen Dichte den Bewegungen der Projectile nur sehr wenig widerstehen und doch auf grosse Körper einen sehr starken Druck ausüben.

(22.) Können nicht die Planeten und Kometen in diesem ätherischen Mittel (das aus elastischen Theilchen besteht) ihre Bewegungen viel leichter vollführen als in einer Flüssigkeit, die alle Räume gleichmässig ohne Poren (wie bei DESCARTES) erfüllt und die mithin viel dichter ist selbst als Quecksilber oder Gold?[1] Nehmen wir an, dass dieser Aether 700 000 mal elastischer und dabei 700 000 mal dünner sei als unsere Luft, so würde sein Widerstand über 600 000 000 mal geringer sein als der des Wassers, und ein so geringer Widerstand würde kaum in 10 000 Jahren eine empfindliche Aenderung in der Bewegung eines Planeten hervorbringen. Wem eine solche Verdünnung unwahrscheinlich sein sollte, der möge an die Verdünnung der Luft denken, die in den oberen Theilen der Atmosphäre noch mehr als 100 000 000 mal dünner sein muss als Gold; oder an die elektrischen Körper, welche durch Reiben Exhalationen emittiren, so fein, dass auch nach dem Reiben ein Gewichtsverlust der Körper nie zu bemerken ist, und doch so mächtig, dass sie Blattgold und Blattkupfer bis in eine Entfernung von 1 Fuss in Bewegung setzen; oder an die magnetischen Effluvia, die so dünn sind, dass sie durch eine Glastafel ohne merkbaren Widerstand und ohne Verminderung ihrer Kraft hindurchgehen, und die doch trotz ihrer geringen Dichte eine Magnetnadel jenseits des Glases bewegen können?

Das sind die Fragen, in denen eine physikalische Aethertheorie als möglich hingestellt wird. Man hat ihre Wichtigkeit vielfach überschätzt, weil man ihre Stellung und ihre Absicht nicht richtig verstanden. Man hat gemeint, dass NEWTON sich in seinen späteren Jahren mehr und mehr der Undulationstheorie zugewandt, ja dass er in diesen erst in die Auflage von 1717 eingeschobenen Fragen direct eine solche gelehrt habe, und hat dementsprechend auch behauptet, dass NEWTON hier die Lehre seiner Schule von der elementaren Natur der Gravitation, die Lehre von der unvermittelten actio in distans verleugnet und eine Uebertragung der Wirkung weit entfernter Körper auf einander durch den Aether mit Ueberzeugung vertreten habe. Das ist indessen nach jeder Richtung hin entschieden unrichtig.

NEWTON gesteht niemals und auch hier nicht eine eigentliche Undulationstheorie des Lichtes zu. Die Lichtstrahlen bestehen auch hier aus einem Strome kleinster Körperchen, die vom leuchtenden Körper nach allen Seiten hin ausgeworfen werden. Diese Lichtstrahlen erregen allerdings in dem Aether Vibrationen, aber nur in dem intracorporellen Aether. Die Aethervibrationen sind gerade darum vom Licht genau zu unterscheiden und dienen nur

---

[1] Es ist nöthig, immer im Auge zu behalten, dass NEWTON den Aether, den er absolut verwirft, sich stets in DESCARTES'scher Weise als den Raum continuirlich erfüllend denkt, während er einem atomistisch zusammengesetzten Aether, dessen Atome verhältnissmässig weit von einander entfernt sind, überall günstiger gesinnt ist.

dazu, die Abweichungen der Lichtstrahlen von der geradlinigen Fortpflanzung physikalisch weiter zu erklären. Ebenso wenig darf man in den obigen Aeusserungen über eine ätherische Ursache der Schwere eine wirkliche Neigung zu einer mechanischen Ableitung dieser Kraft erkennen wollen, schon darum nicht, weil NEWTON bei einer solchen Neigung sich schwerlich mit einer so vagen Ableitung der Gravitation aus einer verschiedenen Dichte des Aethers begnügt hätte, bei der nicht einmal die Nothwendigkeit seines Grundgesetzes der Schwerkraft in irgend einer Weise hervortritt.

Man muss überhaupt bei der Annahme einer Umbildung der Anschauungen NEWTON's sehr vorsichtig sein. Eine Wendung oder besser eine Weiterbildung derselben trat ein, als im Anfange der achtziger Jahre seine Idee der Gravitation sich entwickelte; wo aber bei NEWTON in späteren Jahren eine scheinbare Neubildung in den Ideen auftaucht, da findet man bei genauerer Besichtigung wohl ohne Ausnahme, dass dieselbe nur ein Moment der früheren Entwickelung ist. Auch das ganze Material der Aethertheorien, das in den letzten Fragen gegeben ist, stammt zum ganz überwiegenden Theile aus längst vergangenen Zeiten, nämlich, wie eine leichte Vergleichung zeigt, aus der Einleitung zu der grossen optischen Abhandlung von 1675,[1] der Hypothesis zur Erklärung des Lichtes und der Farben, und aus dem dasselbe Thema behandelnden Briefe an BOYLE von 1679.[2] NEWTON selbst erklärt in der Vorrede zur Ausgabe der Optik von 1717, dass er eine neue Frage dort eingeschoben habe, um zu zeigen, dass er die Schwere nicht für eine wesentliche Eigenschaft der Materie halte;[3] aber auch diese letztere Aeusserung findet sich wörtlich schon in den Briefen an BENTLEY von 1693[4] und ist dort näher und sorgfältiger erläutert, als in den Fragen der Optik. Die Hervorhebung dieser Frage in der Vorrede, wie die ganze Art der Einfügung, lässt darauf schliessen, dass diese Aufnahme älterer Untersuchungen in die neue Auflage der Optik nur veranlasst war durch die Angriffe, welchen die NEWTON'sche Philosophie um diese Zeit nun von Seiten der Cartesianer sowie von Seiten LEIBNIZ'ens und seiner Anhänger in immer steigender

---

[1] Siehe S. 104 dieses Werkes.

[2] Siehe S. 124 dieses Werkes.

[3] Die Vorrede lautet vollständig: In this Second Edition of these Optics I have omitted the Mathematical Tracts publish'd at the End of the former Edition, as not belonging to the Subject. And at the End of the Third Book I have added some Questions. And to shew that I do not take Gravity for an essential Property of Bodies, I have added one Question concerning its cause, chusing to propose it by way of Question, because I am not yet satisfied about it for want of Experiments.

[4] Siehe S. 267 dieses Werkes.

Heftigkeit ausgesetzt war. Newton wollte durch die eingeschobenen Fragen zeigen, dass er die Aethertheorien nicht weniger sorgfältig als seine Gegner studirt und ihren Vortheilen nach gewürdigt hatte; dass er aber in keiner Weise gewillt war, die nothwendige Geltung derselben anzuerkennen, das zeigt die bald darauf in den Fragen erfolgende Verwerfung des Aethers selbst und die Erklärung seiner Existenzunmöglichkeit.

Die nächste der eingeschobenen Fragen, in der ganzen Reihe die dreiundzwanzigste, führt alle Sinnesempfindungen, wie schon früher das Sehen, auf die Fortleitung von Schwingungsbewegungen in den Nervenfäden zurück. Die vierundzwanzigste Frage erklärt ebenso die Zusammenziehung der Muskeln durch eine Leitung der Kraft des Willens vom Gehirn durch die Nerven bis zu jenen.

Hiermit enden die Fragen, welche Newton in der zweiten englischen Ausgabe der Optik von 1717 eingeschoben hat. Die folgende fünfundzwanzigste Frage, die schon in der lateinischen Ausgabe von 1706 enthalten, springt auf ein ganz abliegendes Thema, nämlich die Doppelbrechung des Lichtes über, die vorher noch nicht behandelt worden ist.

Giebt es nicht, sagt Newton, noch andere ursprüngliche Eigenschaften der Lichtstrahlen, als jene bereits beschriebenen (der Brechung, Zurückwerfung und Beugung)? Ein Beispiel für eine solche haben wir in der Brechung des isländischen Krystalls, die zuerst von Erasmus Bartholinus und später von Hugenius in seinem Buche De la lumière genauer beschrieben worden ist. Newton giebt darnach eine genaue Schilderung der physikalischen und krystallographischen Eigenschaften des Krystalls und fährt dann in der Beschreibung seiner optischen Eigenschaften fort. „Eine von den beiden Brechungen des Krystalls geschieht nach dem gewöhnlichen Brechungsgesetze der Optik, der Brechungsexponent ist $^5/_3$. Die andere Brechung, welche die ausserordentliche genannt werden kann, geschieht nach der folgenden Regel. Sei *ABCD* (s. Fig. 19) eine brechende Oberfläche des Krystalls, *C* eine stumpfe Ecke dieser Oberfläche, *GHFE* die entgegengesetzte Fläche und *CK* das Perpendikel von *C* auf diese Fläche. Dann verbinde man *K* mit *F* und ziehe von *C* eine Linie *CL* so, dass der Winkel *KCL* gleich $6^0\ 40'$ ist.

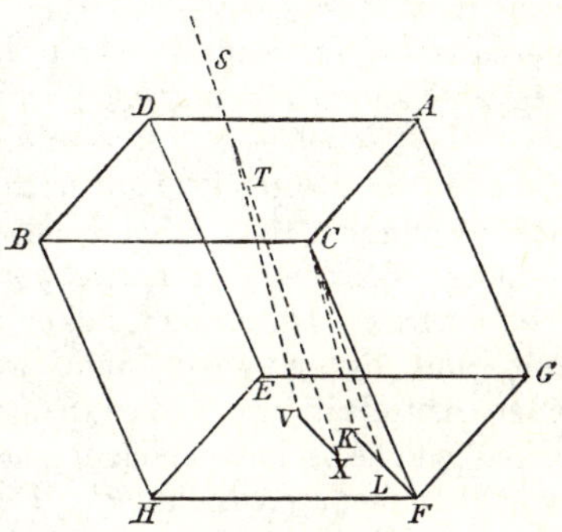

Fig. 19. Optice, Lib. III, Tab. I, Fig. 4.

Wird hierauf durch *ST* ein beliebig einfallender Lichtstrahl und durch *VT* der nach dem Brechungsverhältniss $^5/_3$ gebrochene, ordentliche Lichtstrahl vorgestellt und dann noch *VX* parallel und gleich zu *KL* und zwar nach der Richtung, in welcher *L* von *K* aus liegt, gezogen, so giebt die Linie *TX* den ausserordentlich gebrochenen Strahl an."

Die Ergebnisse dieser Regel stimmen bekanntlich so wenig mit der Erfahrung überein, dass es schwer begreiflich ist, wie Newton dieselbe als genau angeben konnte, wenn er wirklich ernstlich diese Dinge untersucht hatte. Und das erscheint um so wunderlicher, als Huygens schon in seiner Schrift von 1690 die richtige Regel für eine Construction des ausserordentlich gebrochenen Strahles veröffentlicht hatte, die weder schwer zu fassen noch auszuführen war. Freilich war diese Construction so eng als möglich mit der Undulationstheorie dadurch verflochten, dass sie von einer ellipsoidischen Wellenfläche Gebrauch machte. Hätte Newton also dieselbe hier aufnehmen wollen, so hätte er auch auf die Undulationstheorie des Lichtes unbedingt und tief eingehen müssen; er hätte bekennen müssen, dass sich hier durch die Undulationstheorie eine Aufgabe lösen lasse, die auf Grund der Emanationstheorie oder auch nur ohne jede Lichttheorie sich absolut unlösbar zeigte, und das war seinem ganzen Standpunkte völlig widersprechend. Wenn Newton in seiner Optik von der Undulationstheorie spricht, so geschieht das an Stellen, wo er zeigen kann, dass er dieselbe ebenso gut anzuwenden weiss als Andere, dass er aber dieselbe für seine Untersuchungen nicht nöthig hat, weil überhaupt jede Hypothese für seine Theorie gleichgültig ist. Hier aber ist das Verhältniss ein anderes; hier hätte Newton eine Lösung der Aufgabe annehmen müssen, bei der die Undulationstheorie nicht bloss das beliebig wegzulassende Beiwerk, sondern vielmehr das nicht zu entbehrende Hülfsmittel war. Mit diesem Verhältniss sich abzufinden, das brachte Newton nun, nachdem seine Ansicht so lange sich bewährt hatte, wohl nicht mehr fertig.

Charakteristisch bleibt dabei allerdings die Kürze und Leichtigkeit, mit der Newton ohne weiteres über die Untersuchungen einer Autorität wie Huygens zur Tagesordnung überging und ohne jede Auseinandersetzung oder Vertheidigung seine eigene unvollkommene Ansicht als Regel gab. Uebrigens war auch Huygens bei seinen scharfsinnigen Beobachtungen der Doppelbrechung auf eine Stelle gestossen, wo die Undulationstheorie selbst in seiner Hand sich noch machtlos zeigte. Gerade an diesem Punkte aber konnte wieder Newton seine Erfindernatur im hellsten Lichte zeigen und eine Vermuthung wenigstens aussprechen, die später in der That von grösster Fruchtbarkeit für die Theorie geworden ist. Huygens hatte nämlich, auch erst nachdem der grösste Theil seiner Abhandlung Sur la lumière schon geschrieben, beobachtet, dass die aus dem Kalkspath austretenden zwei Lichtstrahlen durch einen zweiten Kalkspathkrystall entweder einfach hindurchgehen oder bei dem Durchgange abermals in je zwei Strahlen zerlegt werden, hatte aber dafür eine befriedigende Erklärung nicht finden können.[1] Ueber diese Erscheinung verbreitet sich nun auch NEWTON.

Wenn der einfallende Strahl *ST*, so fährt er fort, an der ersten Fläche des Krystalls in die zwei Strahlen *TV* und *TX* getheilt ist und diese beiden auf die hintere Fläche des Krystalls fallen, so wird der ordentliche Strahl wieder in ordentlicher Weise und der ausserordentliche Strahl wieder nach der ausserordentlichen Weise gebrochen, so dass diese beiden Strahlen nach dem Austreten aus der hinteren Fläche wieder dem einfallenden Strahle parallel sind. Setzt man dann zwei Stücke isländischen Krystalles in solcher Weise aufeinander, dass die entsprechenden Flächen beider parallel sind, so bleiben ebenfalls die Brechungen an allen Flächen von gleicher Art, und das ändert sich auch nicht, wenn die Flächen der Krystalle gegen einander verschoben werden, wenn nur die Ebenen der senkrechten Brechung (die Hauptschnitte *CFK*) zu einander ihre parallele Lage behalten. Darnach muss man ausser den erwähnten noch eine weitere ursprüngliche Verschiedenheit der Lichtstrahlen insofern annehmen, als die eine Art der Strahlen beim Auftreffen auf den Krystall immer nach der ordentlichen und die andere Art nach der ausserordentlichen Weise gebrochen wird; denn wenn diese Verschiedenheiten nicht ursprünglich, sondern erst bei der ersten Brechung in dem Krystall entstanden wären, so müssten sie auch bei den nachfolgenden

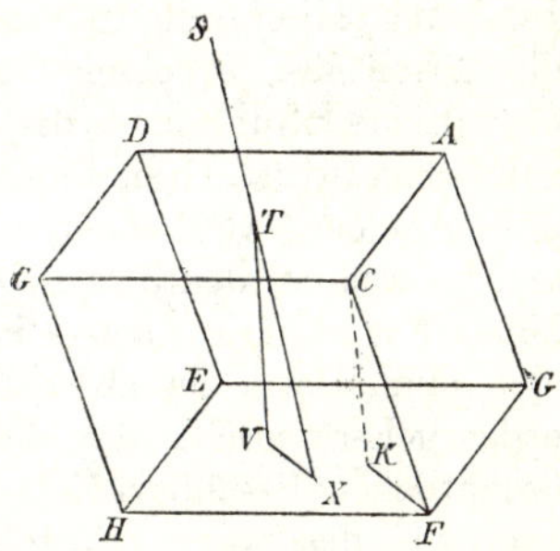

Fig. 20.

[1] Sur la lumière, Leiden 1690, p. 88 (deutsche Uebersetzung von LOMMEL, Leipzig 1890, S. 79): „Bevor ich die Erörterung über diesen Krystall schliesse, will ich noch eine wunderbare Erscheinung hinzufügen, welche ich entdeckt habe, nachdem ich alles Obige geschrieben hatte. Denn obwohl ich bis jetzt die Ursache derselben noch nicht habe auffinden können, so will ich doch nicht unterlassen, darauf hinzuweisen, um Anderen Gelegenheit zu geben, sie zu suchen. Es scheint mir, dass man dazu noch andere Voraussetzungen wird machen müssen ausser jenen, die ich gemacht habe; die letzteren werden deswegen doch ihre ganze Wahrscheinlichkeit behalten, da sie ja doch durch so viele Beweise bestätigt sind."

Brechungen wieder verändert werden können, was nicht der Fall ist. Die ausserordentliche Brechung muss deshalb durch eine ursprüngliche Eigenschaft der Lichtstrahlen bewirkt sein und es bleibt zu untersuchen, ob nicht die Lichtstrahlen noch mehr ursprüngliche oder primitive Eigenschaften haben als bis jetzt entdeckt sind.

(26.) Muss man darnach nicht den Lichtstrahlen verschiedene Seiten zuschreiben, die mit verschiedenen ursprünglichen Eigenthümlichkeiten ausgerüstet sind? Legt man nämlich zwei isländische Krystalle so aufeinander, dass ihre Ebenen senkrechter Brechung (Hauptschnitte) senkrecht aufeinander stehen, so wechseln die Arten der Brechung im zweiten Krystalle um, so dass der ordentliche Strahl nach der Regel der ausserordentlichen Brechung gebrochen wird. Deshalb darf man nicht zwei Arten von Strahlen unterscheiden, von denen die eine Art immer ordentlich und die andere ausserordentlich gebrochen wird; sondern man muss, da hier ein Strahl je nach seiner Lage zu den Seiten des Krystalls sich einmal wie ein ordentlicher, das andere Mal wie ein ausserordentlicher verhält, die Eigenschaft der ordentlichen und ausserordentlichen Brechbarkeit an demselben Lichtstrahle voraussetzen, aber so, dass diese Eigenschaften an den Strahlen nach deren verschiedenen Seiten hin gesondert hervortreten. Wenn die Flächen der Krystalle beide dieselbe Lage gegen die Seiten des Strahles haben, so wird der Lichtstrahl in beiden in gleicher Weise gebrochen: wird aber der zweite Krystall so gedreht, dass er zu denselben Seiten des Lichtstrahles um 90^{0} verwendet ist, so erfolgen die Brechungen des Lichtstrahles in beiden Krystallen in entgegengesetzter Art. Deswegen muss man an dem Lichtstrahl vier Seiten oder vier Viertel unterscheiden, von welchen zwei gegenüberliegende dazu befähigen, nach der ausserordentlichen Art gebrochen zu werden, so oft als eine von ihnen gegen die Seite der ausserordentlichen Brechung (des zweiten Krystalls) gewendet ist, während zwei andere gegenüberliegende Seiten nur dazu befähigen, ordentlich gebrochen zu werden, wenn sie gegen die Seite der ausserordentlichen Brechung gewendet sind. Die beiden ersten kann man darnach die Seiten der ausserordentlichen und die letzten die Seiten der ordentlichen Brechung nennen. Da diese Dispositionen in den Strahlen sich zeigen, bevor sie auf die zweite, dritte oder vierte Fläche der Krystalle fallen, und bei diesen Brechungen nicht verändert werden, vielmehr die Strahlen an allen vier Flächen nach demselben Gesetz gebrochen werden, so scheint es, dass diese Dispositionen den Strahlen ursprünglich und schon vor dem Auftreffen auf den Krystall eigenthümlich sind. Jeder Lichtstrahl hat also zwei entgegengesetzte Seiten, ursprünglich begabt mit der Fähigkeit, nach der ausserordentlichen Weise gebrochen zu werden, und zwei andere entgegengesetzte Seiten, die mit dieser Fähigkeit nicht ausgerüstet sind.

Nach dieser, der Undulationstheorie jedenfalls nicht günstig erscheinenden Behandlung der Doppelbrechung des Lichtes geht NEWTON ohne weiteres zu den Fragen über, in welchen er nicht bloss alle Aethertheorien mit der Existenz des Aethers selbst für unmöglich erklärt, sondern auch positiv in sehr langen Auseinandersetzungen eine reine Emissionstheorie des Lichtes entwickelt und über die Natur der physikalischen Attractionen sich weiter und offener als jemals sonst verbreitet. (27.) Muss man nicht, so heisst es nun, alle Hypothesen für unrichtig halten, welche, wie man das bisher gethan, die Erscheinungen des Lichtes aus neuen Modificationen erklären wollen, die die Lichtstrahlen erst auf ihrem Wege durch dichtere Mittel erleiden und die nicht ursprünglich dem Licht eigenthümlich sind? (28.) Sind nicht alle Hypothesen, welche das Wesen des Lichtes als einen Druck oder eine Bewegung auffassen, die in einem flüssigen Medium fortgepflanzt werden, schon darum irrig, weil in allen diesen Hypothesen die Erscheinungen des Lichtes durch Modificationen erklärt werden müssten, die dasselbe erst in den Körpern erleidet? Wenn das Licht nur aus einem Druck ohne thatsächliche Bewegung bestände, so würde es nicht fähig sein, die Theilchen der Körper in Bewegung zu versetzen und so die Körper zu erhitzen. Wenn es in einer Bewegung bestände, die sich augenblicklich durch alle Entfernungen fortpflanzt, so würde zu seiner Fortpflanzung eine unendlich grosse Kraft gehören. Und wenn es in einem Druck oder einer Bewegung bestände, die sich zeitlich oder momentan verbreiteten, so könnte es sich nicht in geraden Linien an einem Hinderniss vorbei bewegen, sondern müsste sich auch seitwärts in den ruhenden Raum hinter dem Hinderniss ausbreiten. Die Schwere ist nach unten gerichtet, aber der durch dieselbe in einer Flüssigkeit erzeugte Druck breitet sich nach allen Richtungen gleich stark und gleich schnell in geraden, wie in krummen Linien aus. Die Wellen eines stehenden Gewässers gehen nicht einfach an einem Hinderniss vorüber, sondern biegen allmählich in das ruhige Wasser hinter demselben ein. Auch die Wellen und Schwingungen der Luft, durch welche die Töne entstehen, beugen sich augenscheinlich, wenn auch nicht so stark wie die des Wassers; denn der Schall einer Kanone wird auch hinter einem Hügel gehört und der Ton verbreitet sich ebenso durch krumme Pfeifen wie durch gerade. Aber vom Licht bemerken wir niemals, dass es gekrümmten Bahnen folgt, oder dass es in den Schatten einbiegt. Das Licht der Fixsterne verschwindet bei der Dazwischenkunft der Planeten, und ebenso geschieht das bei der Sonne theilweise durch Mond, Venus und Merkur. Zwar werden auch die

Lichtstrahlen beim Vorübergange an einem Körper ein wenig gebeugt, aber diese Beugung geschieht nicht nach dem Schatten hin, sondern von demselben weg und geschieht nur in nächster Nähe des Körpers; dicht hinter demselben setzt der Strahl geradlinig seinen Weg fort.[1] Die ausserordentliche Brechung des isländischen Krystalles durch Fortpflanzung eines Druckes oder einer Bewegung zu erklären, ist bis jetzt meines Wissens nur von HUYGENS versucht worden, welcher zu dem Zwecke zwei verschieden vibrirende Medien in dem Krystalle annahm, der aber selbst erklärte, dass er die oben beschriebene Brechung in zwei auf einander folgenden Stücken nicht zu erklären wisse.[2]

In einem gleichförmigen Medium pflanzen sich Druck und Bewegung gleichmässig nach allen Seiten fort; bei den Lichtstrahlen aber scheint es, als ob sie nach verschiedenen Seiten verschiedene Eigenschaften haben. HUYGENS vermuthete, dass die Stösse des Aethers, während das Licht durch den ersten Krystall geht, so modificirt werden könnten, dass sie nun im zweiten Krystall je nach der Lage desselben in einem oder dem anderen der beiden dort vorhandenen optischen Medien fortgepflanzt würden; aber worin diese Veränderung bestehen sollte, konnte er nicht angeben. Und wenn er eingesehen hätte, dass die ausserordentliche Brechung nicht abhängt von neuen, im ersten Krystall erlangten, sondern von ursprünglichen und unveränderlichen Dispositionen der Strahlen, so würde er es nicht weniger schwer gefunden haben zu erklären, wie diese Dispositionen schon dem von dem leuchtenden Körper ausgesandten Licht eigenthümlich sein könnten. Mir wenigstens scheinen diese Dispositionen unerklärlich, wenn das Licht nur in einem Druck oder einer Bewegung besteht, die in dem Aether sich fortpflanzen. Und ebenso unerklärlich scheinen mir nach solchen Hypothesen die Anwandlungen der leichteren Reflexion oder Transmission, wenn man nicht etwa

---

[1] HUYGENS hatte allerdings die Undulationstheorie in seinem *Discours de la lumière* gegen diesen Vorwurf, den NEWTON schon früher erhoben, vertheidigt; der Letztere beachtet nur diese Vertheidigung nicht weiter. HUYGENS meint, dass in der That auch beim Lichte, wie bei jeder Wellenbewegung, eine seitliche Ausbreitung stattfindet; er hält aber dafür, dass diese seitliche Ausbreitung viel zu schwach ist, um als Licht von uns empfunden zu werden. Wenn NEWTON behaupte, sagt er, dass der Schall in voller Stärke auch nach den Seiten sich fortpflanze, so widerspreche das den Beobachtungen am Echo, bei dem sich jedenfalls eine viel stärkere geradlinige Fortpflanzung des Schalles, ja sogar eine Gleichheit von Einfalls- und Reflexionswinkel bemerken lasse. (S. *Discours de la Cause de la Pesanteur, Addition*, p. 164 u. p. 165.) Allerdings war die Schwächung des Lichtes bei der seitlichen Ausbreitung hier nur eine Behauptung, die erst in unserem Jahrhundert durch die Interferenz erklärt wurde.

[2] Vergl. S. 313 dieses Werkes.

annehmen will, dass es überall im Raume zwei vibrirende ätherische Medien giebt, von denen das eine Medium das Licht hervorbringt, während das andere schnellere, so oft seine Vibrationen die des ersteren überholen, dieses in eben jene Anwandlungen versetzt. Die Existenz zweier solcher Aether aber, die auf einander wirken und von denen trotzdem der eine nicht die Bewegungen des anderen stört, ist undenkbar. Auch ergiebt sich gegen die Erfüllung des Himmels mit flüssigen Medien, wenn sie nicht ausserordentlich dünn sind, ein unwiderleglicher Einwand aus den regelmässigen und andauernden Bewegungen der Planeten und Kometen, die auf eine gänzliche Freiheit der himmlischen Räume von jedem merkbaren Widerstande schliessen lassen.

Der Widerstand einer Flüssigkeit besteht zum Theil aus der Reibung, zum Theil aus der Trägheit der Materie. Der erstere Theil vermindert sich durch ein Zerkleinern der Theile der Flüssigkeit und eine Vermehrung ihrer Schlüpfrigkeit; der zweite aber ist der Dichtigkeit der Flüssigkeit proportional und kann nur mit dieser selbst vermindert werden. Wäre der Himmel gleichmässig mit Materie erfüllt, so würde ihr Widerstand, möchte sie auch so fein zertheilt und so flüssig sein, als sie wollte, doch immer ihrer Dichte proportional sein, und könnte also nicht unmerklich werden, ohne dass die Dichte selbst unmerklich würde. Der Regelmässigkeit und Dauer der Planeten- und Kometenbewegungen wegen muss also der Himmel leer sein von Materie, ausgenommen vielleicht einige Dämpfe und Effluvien aus den Atmosphären der Himmelskörper und eine so disparate, aus weit vereinzelten Theilen bestehende Materie, dass ihr Widerstand gleich Null gesetzt werden kann. Eine dichte Flüssigkeit würde auch zur Erklärung der Naturerscheinungen von keinem Nutzen sein. Die Bewegungen der Planeten und Kometen erklären sich besser ohne sie mit Hülfe der Gravitation, und selbst in den Poren der irdischen Körper würde sie nur die vibrirende Bewegung der Theile aufhalten, auf der die Wärme und Wirksamkeit der Körper beruht. Wenn aber eine solche Flüssigkeit von keinem Nutzen ist und nur die Thätigkeit der Natur hindert und schwächt, so giebt es keinen Grund für ihre Existenz und sie muss verworfen werden. Damit sind auch alle Hypothesen beseitigt, welche das Licht aus einem Druck oder einer Bewegung ableiten wollen.

Für die Verwerfung eines solchen Mediums haben wir auch die Autorität jener ältesten und berühmtesten Philosophen Griechenlands und Phöniziens für uns, welche den leeren Raum und die Atome und die Schwere der Atome zu ersten Principien ihrer Philosophie machten uud die Schwerkraft stillschweigend irgend einer von der dichten Materie verschiedenen Ursache zuschrieben. Neuere Philosophen verbannen die Betrachtung einer solchen

Ursache aus der Physik in die Metaphysik und erfinden Hypothesen, um alles mechanisch zu erklären: während doch die Naturphilosophie hauptsächlich nach den Erscheinungen ohne Hypothesen schliessen und von der Wirkung auf die Ursache zurückgehen soll, bis endlich die erste Ursache erreicht ist, die gewiss nicht mechanisch ist.

Aber nicht allein der Mechanismus der Welt ist zu erklären, sondern es sind auch Fragen wie die folgenden zu lösen: Was erfüllt die Räume, die fast leer von Materie sind, und wie geschieht es, dass die Sonne und die Planeten gegen einander gravitiren, ohne dass dichte Materie sich zwischen ihnen befindet? Woher kommt es, dass in der Natur nichts vergebens geschieht, und woher rührt alle die ausserordentliche Ordnung und Schönheit, welche wir in der Welt bemerken? Zu welchem Zwecke giebt es Kometen, und warum bewegen sich Planeten in concentrischen Kreisen nur nach einer Richtung, während die Kometen in sehr excentrischen Kreisen nach allen Richtungen sich bewegen, und was hindert die Fixsterne daran, dass sie nicht aufeinander fallen? Wie wurden die Körper der Thiere mit so viel Kunst gebildet und zu welchem Zwecke sind ihre Theile erfunden? Wurde das Auge hergestellt ohne Kenntnisse in der Optik und das Ohr ohne Wissenschaft der Töne? Wie geschieht es, dass die Bewegungen des Körpers der Herrschaft des Willens folgen, und woher rührt der sogenannte Instinkt der Thiere? Ist nicht der Sitz der Empfindung im Thiere jener Ort, in welchem die empfindende Substanz gegenwärtig ist, und in welchem die empfindbaren Bilder der Dinge durch die Nerven und das Gehirn geführt werden, damit sie dort durch ihre unmittelbare Gegenwart für die empfindende Substanz empfindbar werden? Und weil alles so zweckmässig eingerichtet ist, folgt nicht aus den Erscheinungen, dass es ein unkörperliches Wesen giebt, lebendig, intelligent, allgegenwärtig, welches im unendlichen Raume als seinem Empfindungsorgane überall gegenwärtig, die Dinge selbst in ihrem Innersten sieht und völlig durchschaut und sie in unmittelbarer Gegenwart und Durchdringung völlig versteht; während in unser Empfindungsorgan nur die Bilder der Dinge geleitet und dort von dem geschaut werden, was in uns empfindet und denkt? Und wenn auf diese Weise auch jeder richtige Schritt in dieser Philosophie uns nicht unmittelbar zur Erkenntniss der ersten Ursache führt, so bringt er uns doch näher zu ihr und muss deshalb sehr hoch geschätzt werden.[1]

---

[1] Optice, Ende der 28. Frage: Annon ex phaenomenis constat, esse Entem incorporeum, viventem, intelligentem, omnipraesentem, qui in spatio infinito, tanquam sensorio suo, res ipsas intime cernat, penitusque perspiciat, totasque intra se praesens praesentes complectatur,

Nachdem so Newton alle kinetischen Theorien des Lichtes und der Materie überhaupt, wie jeden Aether, der den Raum continuirlich oder auch gleichmässig erfüllt, abgewiesen, geht er in der neunundzwanzigsten Frage dazu über, eine seinen Anforderungen entsprechend sichere Theorie des Lichtes, natürlich eine Emissionstheorie, etwas weiter auszuführen. Bestehen nicht die Lichtstrahlen, so sagt er, aus sehr kleinen Körpern, die von der leuchtenden Substanz ausgesandt werden? Solche Körper werden sich durch ein gleichförmiges Medium in geraden Linien ohne Ausbiegung in den Schatten bewegen, wie es den Lichtstrahlen natürlich ist, und sie werden ebenfalls nach der Natur des Lichtes verschiedener Eigenthümlichkeiten fähig sein und diese Eigenthümlichkeiten auch unverändert beibehalten, wenn sie durch verschiedene Medien gehen. Durchsichtige Substanzen wirken dann aus einiger Entfernung auf die Lichtstrahlen, indem sie sie brechen, zurückwerfen und beugen, und die Strahlen wirken umgekehrt auf die Substanzen, indem sie ebenfalls aus der Entfernung die Theile derselben erschüttern und damit erhitzen, und diese Actionen und Reactionen gleichen den Wirkungen einer anziehenden Kraft der Körper im stärksten Grade. Wenn die Brechung des Lichtes durch eine Anziehung bewirkt wird, so muss, wie wir in unseren Principien zeigten, das Brechungsgesetz gelten, und dieses Gesetz wird von der Erfahrung bestätigt. Wenn die Lichtstrahlen aus Glas in das Vacuum gehen, werden sie gegen das Glas hingebogen, und wenn sie sehr schief auf das Vacuum fallen, so werden sie ganz zurückgewendet, so dass sie gar nicht austreten. Diese Wendung aber kann nicht einem Widerstande des Vacuums, sondern nur einer anziehenden Kraft des Glases zugeschrieben werden, welche die schon in das Vacuum austretenden Lichtstrahlen zurückzieht und zurückführt. Denn wenn man die äussere Oberfläche des Glases mit Wasser oder klarem Oel oder flüssigem und klarem Honig befeuchtet, so werden die Strahlen nicht mehr an der Oberfläche des Glases zurückgeworfen, sondern treten vielmehr durch diese in die Flüssigkeit ein, weil der Anziehung des Glases durch die Anziehung der Flüssigkeit das Gleichgewicht gehalten wird.

Zur Erklärung der Verschiedenheit der Farben und der Brechung bedarf es nur der Annahme, dass die Lichtstrahlen aus

---

quarum quidem rerum id quod in nobis sentit et cogitat, imagines tantum ad se per organa sensuum delatas, in sensoriolo suo percipit et contuetur? Utique si verus omnis in hac philosophia factus progressus, non quidem statim nos ducit ad Causae primae cognitionem; at certe propius propiusque nos ad eam perpetuo adducit, eaque re permagni est aestimandus.

Körperchen von verschiedener Grösse bestehen, die violetten, welche am stärksten gebrochen und zerstreut werden, aus den kleinsten, und die rothen aus den grössten Körperchen. Die Erklärung der wechselnden Umwandlungen der Lichtstrahlen erfolgt durch die Annahme, dass die Lichtkörperchen in dem Medium, in welchem sie sich bewegen, Vibrationen erregen, die, schneller fortschreitend als die Strahlen selbst, diese successiv zur Vergrösserung oder Verkleinerung ihrer Geschwindigkeit antreiben und damit abwechselnd in jene Zustände versetzen. Endlich deutet die ausserordentliche Brechung des isländischen Krystalles darauf hin, dass den Lichtstrahlen eine Art von anziehender Kraft innewohnt, die nach gewissen Seiten hin, sowohl in den Lichtkörperchen als in den Partikeln der Krystalle in verschiedener Weise wirksam ist. Und da die Krystalle vermöge dieser Kraft auf die Strahlen nur nach der gegenseitigen Lage der beiderseitigen Ebenen der ausserordentlichen Brechung wirken, so ist noch zu schliessen, dass die Kraft in den Strahlen mit der Kraft der Krystalle in der Art sympathisirt, wie die verschiedenen Pole der Magnete auf einander wirken. Auch ist in der That, ähnlich so wie der Magnetismus nur im Magnetstein oder im Eisen gefunden wird, aber in diesen in grösserer oder geringerer Stärke, jene Kraft der ausserordentlichen Brechung stärker im isländischen Krystall, schwächer im Bergkrystall und ist sonst in einem anderen Körper noch nicht gefunden worden. Ich sage nicht, dass diese Kraft eine magnetische ist, sie scheint von einer anderen Art zu sein; aber ich behaupte, dass es kaum zu begreifen ist, wie die Lichtstrahlen eine permanente Kraft nach zwei ihrer Seiten hin, ohne Rücksicht auf ihre Lage im Raume, ausüben sollten, die sie nach anderen Seiten hin nicht zeigen, wenn nicht diese Lichtstrahlen aus Körpern bestehen.

Merkwürdigerweise folgt dieser Constatirung der Nothwendigkeit anziehender Kräfte und der Unmöglichkeit des Aethers doch wieder ein bei der Auflage von 1717 eingeschobener Hinweis auf die weitere Ableitung der Anziehung durch diesen Aether. Was in dieser Frage, so heisst es, mit dem Vacuum, sowie mit den Anziehungen der Lichtstrahlen gegen Glas oder Krystall gemeint ist, das kann verstanden werden nach dem, was in der achtzehnten, neunzehnten und zwanzigsten Frage gesagt ist. Dieser Satz gehört zu den Wunderlichkeiten Newton's, die man kaum sicher erklären kann; denn dass man nach dem Beweise der Unmöglichkeit des Aethers in dem Vorangehenden nun doch wieder auf eine Erklärung der Attractionen durch eine ungleiche Dichtigkeit des Aethers zurückkommen sollte, das kann doch nur für diejenigen thunlich sein, die jene Beweisgründe eben nicht für verpflichtend halten. Anscheinend wollte Newton auch in seinen Fragen noch zeigen, dass seine Theorieen mit allen Hypothesen vereinbar seien, und zur Bekräftigung dieser theoretischen Neutralität wenigstens in einigen officiellen Kundgebungen die Annahme weiterer erklärender Hypothesen ausdrücklich frei lassen, auch wenn er selbst dieselben für unannehmbar hielt.

In der folgenden dreissigsten Frage versucht Newton direct zwischen dem Lichtstoff und der gewöhnlichen Körpermaterie eine Brücke zu schlagen. Sind nicht, so heisst es darin, dichte Körper und Licht in einander wechselseitig umwandelbar und erhalten die Körper nicht viel von ihrer Wirksamkeit durch die Partikel des Lichtes, welche mit ihnen sich verbinden? Denn alle festen Körper senden Licht aus, so lange sie genügend erhitzt sind, und umgekehrt dringen die Lichtpartikel in die Körper ein und hängen sich an die Partikel der letzteren, so oft die Lichtstrahlen auf die Körper stossen. Die Umwandlung von Licht in Körpermaterie und umgekehrt erscheint auch ganz angemessen dem natürlichen Laufe der Dinge, der sich an Umwandlungen zu ergötzen scheint. Wasser, welches ein sehr flüssiges, geschmackloses Salz ist, wandelt sich durch Hitze in Dampf, eine Art von Luft, und durch Kälte in Eis, eine Art von hartem, sprödem, durchsichtigem und löslichem Stein um, und dieser Stein kehrt durch Hitze und der Dampf durch Kälte in Wasser zurück. Erde verwandelt sich durch Hitze in Feuer und durch Kälte wieder zurück in Erde. Dichte Körper verdünnen sich bei der Gährung in verschiedene Arten von Luft, und diese Luftarten bilden sich rückwärts durch Gährung oder auch ohne eine solche in dichte Körper wieder um. Quecksilber erscheint einmal in der Form eines flüssigen Metalls, ein anderes Mal als ein ätzendes, durchsichtiges Salz, Sublimat, oder als eine geschmacklose, durchsichtige, flüchtige, weisse Erde, Mercurius dulcis, oder als eine rothe, undurchsichtige, flüchtige Erde, Zinnober, oder als ein rothes oder weisses Präcipitat, oder als flüchtiges Salz; bei der Destillation wandelt es sich um in Dampf und wenn es im Vacuum geschüttelt wird, erscheint es gleich Feuer. Und nach allen diesen Umwandlungen kann es wieder in seine erste metallische Form übergeführt werden. Eier wachsen von unmerkbarer Grösse an und wandeln sich in Thiere; Kaulquappen werden zu Fröschen und Würmer zu Fliegen. Die Vögel, die Amphibien, die Fische, die Insecten, die Bäume und die anderen Pflanzen entstehen aus Wasser und wässerigen Lösungen und Salzen und kehren durch Gährung wieder in wässerige Substanzen zurück. Wasser, welches einige Tage offen an der Luft steht, liefert eine Tinctur, die bei noch längerem Stehen an der Luft in einen Absatz und einen Spiritus sich theilt und, bevor sie fault, zur Nahrung von Thieren und Pflanzen geeignet ist. Warum aber sollten bei so vielen und wunderbaren Veränderungen der Natur nicht auch die Körper in Licht und Licht in Körper sich umwandeln können?

Die letzte, einunddreissigste Frage endlich enthält eine nicht weniger als siebenundzwanzig Quartseiten fassende Abhandlung über die Anziehungskräfte der Partikel der Körper und die Erklärung der chemischen Erscheinungen vor allem aus diesen Kräften. Haben die kleinen Partikel der Körper, so beginnt Newton diese Frage, gewisse Kräfte (Powers, Virtues or Forces), durch welche sie in die Ferne wirken, nicht bloss auf die Lichtstrahlen, sondern auch wechselseitig auf einander, wodurch sie einen grossen Theil der Naturerscheinungen hervorbringen? Wie bekannt, wirken die Körper auf einander durch die Anziehungen der Gravitation, des Magnetismus und der Elektricität, und das macht es wahrscheinlich, dass es noch mehr Arten anziehender Kräfte giebt. Wie diese Anziehungen eigentlich zu Stande kommen, untersuche ich hier nicht. Sie mögen bewirkt werden durch Impulse oder durch andere Ursachen; ich gebrauche das Wort nur als eine allgemeine Bezeichnung für eine Kraft, durch welche Körper gegen einander hinstreben, was auch die Ursache dieses Strebens sein mag. Denn zuerst müssen wir durch Beobachtung der Naturerscheinungen lernen, welche Körper anziehende Kräfte auf einander ausüben und welches die Eigenthümlichkeiten und Gesetze dieser Anziehungen sind, bevor wir untersuchen, durch welche Ursachen diese Anziehungen hervorgebracht werden. Gravitation, Magnetismus und Elektricität erstrecken sich bis in so grosse Entfernungen, dass ihre Wirkungen leicht bemerkt werden. Doch kann es auch Anziehungen geben, die nur auf solch kleine Entfernungen sich äussern, dass sie bis jetzt der Beobachtung entgangen sind; und vielleicht ist dies auch bei der Elektricität der Fall, wenn sie nicht weiter durch Reiben in den Körpern erregt ist.

Diese Bemerkung bildet für Newton die Brücke zu einer Untersuchung der Molekularkräfte, wie sie sich besonders in chemischen Vorgängen, bei der Veränderung der Aggregatzustände u. s. w. wirksam zeigen. Des grossen Umfanges wegen können wir diese Betrachtung nur ganz kurz wiedergeben und müssen den chemischen Theil fast ganz unterdrücken.

Um den starken Zusammenhang der Theilchen harter Körper, so heisst es ungefähr, zu erklären, haben Einige Atome angenommen, die mit Häkchen versehen sind, haben also die Festigkeit vorausgesetzt, die sie beweisen wollen. Andere haben die Härte aus der Ruhe der Partikel, d. h. aus einer qualitas occulta oder besser aus Nichts abgeleitet. Noch Andere wollen den Zusammenhang der Theile aus einer gemeinsamen Bewegung, d. i. der relativen Ruhe der Theile unter sich erklären. Ich schliesse aus der Cohäsion der festen Körper, dass die Theile derselben einander mit einer Kraft anziehen, welche bei unmittelbarer Berührung ausserordentlich stark ist, auf kleine Entfernungen hin die vorher erwähnten chemischen Operationen verursacht, die aber in beobacht- oder messbaren Entfernungen unendlich klein wird.

Alle Körper mögen in letzter Instanz aus absolut harten Partikeln zusammengesetzt sein. Diese werden durch die stärksten Anziehungskräfte sich an einander hängen und dadurch wieder Partikel zweiter Ordnung bilden, die zwar mit geringeren Kräften einander anziehen, aber doch wieder grössere Partikel bilden können u. s. w., und so mag die Zusammensetzung weitergehen, bis zu den Partikeln, von denen die chemischen Vorgänge und die Farben natürlicher Körper abhängen, und die dann direct Körper von merkbarer Grösse zusammensetzen.

Hier kommt Newton nun auch direct auf eine Abstossungskraft der Materie zu sprechen und bejaht dieselbe ausdrücklich, indem er sie mit der Anziehungskraft der Art nach identificirt. Wie in der Algebra, sagt er, positive Grössen bis zur Null abnehmen und dann in negative Grössen übergehen können, so muss in der Mechanik eine anziehende Kraft, wenn sie über die Null hinaus abnimmt, in eine repulsive sich umwandeln. Eine solche Kraft scheint auch wirklich aus der Reflexion und der Beugung des Lichtes zu folgen, denn in beiden Fällen geschieht die Wirkung ohne unmittelbare Berührung. Für eine solche Kraft spricht auch die Emission des Lichtes. Der Lichtstrahl, welcher durch die zitternde Bewegung der Theile des leuchtenden Körpers ausgeworfen und ausser Bereich der Anziehung gekommen ist, wird mit ausserordentlicher Geschwindigkeit fortgetrieben. Die Kraft aber, welche dies bewirkt, muss dieselbe sein, wie diejenige, welche auch bei der Reflexion thätig ist, also eine repulsive. Endlich muss man auf eine solche abstossende Kraft auch aus der Erzeugung von Luft und Dampf schliessen; denn die von einem Körper durch Hitze oder Gährung ausgesandten Körpertheilchen fliehen, sobald sie ausser Bereich der Anziehung sind, den Körper selbst, wie auch einander mit solcher Stärke, dass sie manchmal über eine Million mal mehr Raum einnehmen, als vorher in Form eines festen Körpers. Diese ungeheuren Ausdehnungen und Zusammenziehungen können auch nicht durch die bekannten Annahmen begriffen werden, dass die Theilchen der Luft federig oder ästig oder ringförmig oder sonst wie gestaltet seien, sondern nur durch eine repulsive Kraft. Die Partikel eines flüssigen Körpers, welche nicht sehr stark adhäriren und von solcher Kleinheit sind, dass sie jene Bewegungen, auf welchen der flüssige Zustand beruht, leicht annehmen, werden leicht von einander getrennt und verdampft. Diejenigen Körper aber, deren Theile grösser sind oder mit stärkerer Kraft zusammenhängen, können nur durch stärkere Hitze oder vielleicht nur durch Gährung zertheilt und verdampft werden. Solche Theile der letzteren Art werden, weil sie von grösserem Volumen sind, schwerer getrennt, aber auch schwerer zusammengebracht und geben die permanente Luft. Darum ist auch diese schwerer als die Dämpfe, und die feuchte Atmosphäre ist bei gleichem Volumen leichter als die trockene.[1]

Die Natur ist sich überall gleich und wirkt mit wenigen einfachen Mitteln. Durch dieselben anziehenden und abstossenden Kräfte werden die Bewegungen der grossen himmlischen Körper, wie die Bewegungen der kleinsten Theile der irdischen Körper hervorgebracht.

Das Beharrungsvermögen der Materie ist ein passives Princip, durch welches niemals eine Bewegung in der Welt entstanden ist. Ein anderes Princip war nothwendig, um die Bewegung in die Welt zu bringen, und ebenso sind noch andere Principien nöthig, um die Bewegung in der Welt zu erhalten; denn aus der Art, wie sich Bewegungen, die auf einander treffen, zusammensetzen, geht klar hervor, dass die vorhandene Bewegungsmenge in der Welt nicht immer dieselbe bleibt. Wegen der Zähigkeit der Flüssigkeiten, wie der Weichheit und Elasticität der festen Körper wird von der vorhandenen Bewegung viel eher verloren als gewonnen, so dass die Gesammtgrösse derselben immer in Abnahme begriffen ist. Zwei absolut harte oder so weiche Körper, dass sie unelastisch sind, werden, wenn sie im Vacuum mit entgegengesetzten Bewegungen auf einander treffen, nicht von einander zurückspringen, sondern bei völliger Gleichheit alle Bewegung verlieren und an dem Treffpunkte in Ruhe bleiben. Sind aber die Körper elastisch, so werden sie doch nicht mit der ganzen ihnen vorher eigenen Geschwindigkeit von einander zurückprallen, sondern immer einen Theil ihrer Bewegung verlieren, den man durch Versuche mit Stosspendeln bestimmen kann. Wenn man behauptet, dass die Körper nur so viel an Bewegung verlieren könnten, als sie anderen Körpern mitzutheilen vermögen, so würde daraus folgen, dass Körper, welche im Vacuum, wo sie keine Bewegung verlieren können, auf einander träfen, nach dem Zusammenstoss unverändert weiter gehen und so einander durchdringen müssten.[2] Wenn man

---

[1] Dieser Satz ist jedenfalls durch die Barometerbeobachtungen hervorgerufen, nach denen (scheinbar in unseren Gegenden) die feuchte Luft leichter ist als die trockene.

[2] Optics, 4. ed., London 1730, p. 374: If it be said, that they can lose no motion but what they communicate to other Bodies, the consequence is, that in vacuo they can lose no motion, but when they meet must go on and penetrate one another's Dimensions.

nicht voraussetzen will, dass die Materie von aller Zähigkeit frei ist und keinerlei Reibung oder Mittheilung von Bewegung (die nicht ohne Reibung geschehen kann) zwischen den Theilen stattfindet, so muss alle Bewegung durch die Widerstände nach und nach erlöschen.[1] Da aber bei den verschiedenartigsten Bewegungen in der Welt weder das eine noch das andere der Fall ist, so sind wir gezwungen, in der Welt auch active Principien anzunehmen, wie die Ursache der Schwere, durch welche die Planeten und Kometen ebenso wie die fallenden Körper ihre Bewegungen erhalten, oder wie die Ursache der Gährung, durch welche das Herz und das Blut der Thiere in immerwährender Bewegung und Hitze, die inneren Theile der Erde warm, einige Planeten sehr heiss und die Sonne selbst immer glühend und leuchtend erhalten werden.

Nach solchen Betrachtungen ist es mir das Wahrscheinlichste, dass Gott im Anfange der Dinge die Materie so erschuf, dass ihre primitiven Theile massiv, fest, hart, undurchdringlich und beweglich waren, von solcher Grösse und Form, mit solchen weiteren Eigenthümlichkeiten und in solcher Anzahl nach dem Verhältniss des Raumes, wie sie am besten zu dem Zwecke, zu welchem er sie formte, geeignet waren. Diese primitiven Theile müssen absolut unveränderlich sein, denn wenn sie zerbrechen oder sich abnutzen könnten, so würden aus ihnen die alten Materien nicht mehr zu bilden sein und eine neue Welt entstehen.

Diese Partikel müssen nicht bloss dem Gesetze der Beharrung unterworfen, sondern von activen Principien, wie der Schwere, der Ursache der Gährung und der Cohäsion abhängig sein, wodurch sie bewegt werden. Diese Principien betrachte ich nicht als verborgene Qualitäten, gegeben mit der besonderen Form der Dinge, sondern als allgemeine Gesetze der Natur, durch welche die Dinge selbst geformt sind. Was an solchen Gesetzen existirt, wird aus den Erscheinungen erkannt, wenn auch die Ursachen derselben unbekannt sind. Auch die Aristoteliker gaben den Namen Qualitates occultae nicht den bemerkbaren Eigenschaften der Dinge, sondern deren Ursachen, die sie in den Körpern verborgen annahmen. Auch darnach würden nicht die Schwere, oder die magnetischen und elektrischen Anziehungen und die Gährung, sondern nur deren Ursachen zu den Qualitates occultae zu rechnen sein. Allen Dingen besondere verborgene Eigenschaften anzudichten, durch welche sie ihre bestimmten Wirkungen ausüben, ist Unsinn; aber als einen Fortschritt der Philosophie muss man

---

[1] Die Idee der wechselseitigen Umwandlung von Massen- und Molecularbewegung, die bei Leibniz entschieden vorhanden, scheint bei Newton noch ganz zu fehlen.

es anerkennen, wenn aus den Erscheinungen zwei oder drei allgemeine Principien und aus diesen die Wirkungen und Eigenthümlichkeiten aller Dinge abgeleitet werden, auch wenn dabei die Ursachen der Principien unbekannt bleiben.

Aus den absolut harten und massiven Partikeln müssen durch ein intelligentes Wesen alle materiellen Dinge bei der Schöpfung zusammengesetzt worden sein und es ist anzunehmen, dass derjenige, der die Theile schuf, sie auch ordnete. Darnach aber ist es unphilosophisch, nach einem anderen Ursprunge der natürlichen Dinge zu suchen oder zu Anfang ein Chaos anzunehmen, aus dem durch blosse Naturgesetze unsere Welt hervorging; wenn man auch annehmen darf, dass einmal geformt und geordnet, diese Welt für viele Jahrhunderte dauern kann. Die Kometen bewegen sich allerdings in sehr excentrischen Kreisen nach allen Richtungen hin, aber niemals konnte der blinde Zufall alle Planeten in concentrischen Kreisen nach einer Richtung führen. Dazu bedurfte es jedenfalls der Einwirkung des freien Willens. Die unbeträchtlichen Unregelmässigkeiten der Planetenbewegungen mögen aus den gegenseitigen Einwirkungen der Planeten und Kometen entstanden sein und werden allerdings, wenn sie fortdauernd wachsen, mit der Zeit eine Reformation des ganzen Systemes nöthig machen. Auf den Willen eines allgegenwärtigen, weisen, allmächtigen und immer thätigen Wesens aber deuten ebenso wie die Einrichtung des Planetensystems auch die Regelmässigkeit und Zweckmässigkeit der Thierkörper und aller Organismen hin.

Wie in der Mathematik, so muss auch in der Naturphilosophie bei der Erforschung der schwierigeren Dinge die analytische Methode der synthetischen vorhergehen. Die analytische Methode aber besteht darin, dass man aus Experimenten und Beobachtungen durch Induction allgemeine Schlüsse zieht und dann keine Einwendungen zulässt, wenn sie nicht auf Experimente oder andere gewisse Wahrheiten sich stützen. Zwar giebt auch die Induction keine allgemeinen Schlüsse, doch ist sie der beste Weg, welchen die Natur der Dinge zulässt, und wird um so sicherer, je allgemeiner sie ist. Ergeben Experimente Ausnahmen von den Inductionsschlüssen, so kann man die letzteren noch immer als Gesetze aussprechen, nur mit ausdrücklicher Bezeichnung der Ausnahmen. Auf solchem Wege wird die Analysis von dem Zusammengesetzten zum Einfachen, von der Wirkung zur Ursache, von der Bewegung zur Kraft, welche sie hervorbringt, fortschreiten. Die Synthesis besteht dann in dem Annehmen der entdeckten Ursachen als Principien der Dinge und dem Ableiten aller Erscheinungen aus diesen Principien.

Wenn aber die Naturphilosophie in allen ihren Theilen die

so geschilderte Methode befolgt und dadurch endlich sicher und vollendet werden wird, dann müssen auch die Grenzen der Moralphilosophie sich erweitern. Denn so wie wir durch die Naturphilosophie erfahren haben, welches die erste Ursache der Dinge ist, welche Macht sie über uns hat und welche Wohlthaten wir durch sie empfangen, so werden auch unsere Pflichten gegen sie, wie gegen uns untereinander, von selbst klar werden. Wenn nicht die Verehrung von falschen Göttern die Heiden geblendet hätte, so müsste ihre Moralphilosophie ohne Zweifel weiter als zu den sogenannten vier Cardinaltugenden vorgeschritten sein, und statt der Seelenwanderung und der Verehrung der Sonne und des Mondes und der todten Helden würden sie die Verehrung unseres wahren Gottes und Wohlthäters gelehrt haben, wie ihre Vorfahren unter der Herrschaft von Noah und seinen Söhnen thaten, bevor sie verderbt wurden.[1]

4. Kapitel. Das Verhältniss Newton's zu den entgegengesetzten Lichttheorien.

Klarer und bestimmter als irgendwo sonst hat Newton sich über seine Anschauungen vom Wesen der Materie in den der Optik angehängten Fragen ausgesprochen, und schroffer als an irgend einer anderen Stelle hat er hier die ihm nicht genehmen physikalischen Hypothesen zurückgewiesen.

Ein Grund dafür liegt wohl darin, dass in dem optischen Werke ein Eingehen auf naturphilosophische Fragen doch directer angezeigt und schwerer zu vermeiden war, als auf dem mechanisch-astronomischen Gebiete, das Newton in seinen mathematischen Principien der Naturlehre bearbeitet hatte. Daneben aber wirkte jedenfalls auch der Umstand mit, dass Newton nun mit wachsendem Alter es an der Zeit hielt, auch die physikalischen Consequenzen seiner Kraftidee der Oeffentlichkeit näher vor Augen

[1] Die letzten Sätze sind in den verschiedenen Ausgaben der Optik vielfach verändert worden. Die ersten zwei englischen und die erste lateinische Ausgabe schlossen mit den Worten „Gottes und Wohlthäters gelehrt haben“. In der zweiten lateinischen Ausgabe von 1721 wurden die Sätze angefügt: Quod quidem fecerunt majores ipsorum, antequam animum moresque suos corruperant. Lex enim moralis ab origine gentibus universis, erant septem illa Noachidarum praecepta: Quorum praeceptorum primum erat, UNUM esse agnoscendum Summum Dominum Deum, ejusque cultum non esse in alios transferendum. Etenim sine hoc principio, nihil esset virtus aliud, nisi merum nomen. In der nächsten englischen Ausgabe aber steht statt dieser Sätze nur der obige Nachsatz: As their ancestors did under the government of Noah and his sons, before they corrupted themselves.

zu bringen, und dass er jetzt einen Kampf umso weniger fürchtete, als sein bedeutendster Gegner in England, ROBERT HOOKE, verstorben und sein eigenes Ansehen in der gelehrten Welt schon ein sehr hohes geworden war. Dazu kam noch, dass die gefundene bequeme Art der Veröffentlichung in der Form von Fragen schon darum eine Verpflichtung zur persönlichen Vertheidigung der ausgesprochenen Ansichten und eine Verwickelung in Streitigkeiten auszuschliessen schien.

Die Fragen der Optik NEWTON's sind aber, wie schon bemerkt, durchaus nicht blosse Fragen, vielmehr enthalten sie in allen Fällen die eventuell zu ertheilende Antwort, die mehr oder weniger vollständige Lösung der Aufgabe bereits in sich. Das geht deutlich schon aus der Form der Fragen hervor, die ohne Ausnahme mit einer die Bejahung erwartenden Floskel, wie „Ist nicht", „Wird nicht" oder „Haben nicht" u. s. w. anfangen. Auch sind den Andeutungen der zu gebenden Antwort in den meisten Fällen bestätigende Beobachtungen, erläuternde Ausführungen, beweisende Deductionen oft in solcher Breite beigegeben, dass nicht wenige der Fragen vollständige Abhandlungen über den betreffenden Gegenstand darstellen.

Am richtigsten wird man die Fragen charakterisiren, wenn man sagt, dass der nicht fragliche Theil der Optik den empirisch und mathematisch absolut sicheren Abschnitt enthalten, die Fragen aber den theoretisch hypothetischen Theil umfassen sollen. Doch ist diese methodische Scheidung des Materiales in dem Buche keineswegs vollständig durchgeführt.

NEWTON selbst betont auch diesen Unterschied nicht besonders, sondern bemerkt in seinem Werke nur, dass die Fragen unvollendete Theile seiner optischen Untersuchungen darstellen, die er aus Mangel an Zeit und Neigung nicht habe weiterführen können und die er in der Erwartung mittheile, dass Andere die Vollendung derselben übernehmen möchten. Aber das entspricht denn doch der Wirklichkeit nicht ganz. Manche Fragen bedurften zur Beantwortung allerdings nur noch weiteren empirischen Materiales; aber manche andere betrafen auch nicht sowohl aus Mangel an Zeit unvollendet gelassene Arbeiten als vielmehr hypothetische Theorien, über die NEWTON sich nicht unzweideutig entscheiden mochte oder auch nach dem Stande der Wissenschaft damals noch gar nicht sicher entscheiden konnte.

Dem entsprechend hat auch NEWTON in seinem späteren Leben, während zweier vollen Jahrzehnte, nicht daran gedacht, die dubiosen und unvollendeten Theile seiner Optik endlich sicher abzuschliessen. Was er in den späteren Auflagen umgeändert und neu zugefügt hat, das betrifft nicht neue abschliessende Untersuchungen und vollendete Theorien, sondern nur kleinere Verbesserungen, wie auch die Vermehrung empirischer Data, vor allem aber Wiederholungen längst vergangener und fast vergessener älterer Arbeiten.

Die Schüler und Anhänger NEWTON's haben auch diesem Sinne gemäss nie einen rechten Unterschied zwischen dem systematischen und dem fragmentarischen Theile der Optik gemacht. Sie haben ohne jedes Bedenken alle Hypothesen vollständig verworfen, die der Meister in dem fragmentarischen Theile seines Werkes nur angezweifelt hatte, und haben alle Theorien dieses Theiles als vollkommen sicher ihrer systematischen Physik eingereiht, auch wenn sie NEWTON nur als wahrscheinlich charakterisirt und zur weiteren Prüfung empfohlen hatte. So ist NEWTON durch seine Schule zum Vater oder wenigstens Neubegründer einer Emanationstheorie des Lichtes geworden, obgleich er immer seine Neutralität gegenüber allen möglichen hypothetischen Theorien betont und jedenfalls einen endgültigen Entscheid zwischen den antagonistischen Theorien verweigert hatte.

Diese verdeckte Negation der Undulationstheorie und die entschiedenere Parteinahme für die Emissionstheorie des Lichtes hat man NEWTON in neuerer Zeit zum schweren Vorwurfe gemacht, aber wohl nicht ganz mit Recht; denn in der That hatte er schwerwiegende Gründe die Undulationstheorie zur Erklärung der gerade von ihm untersuchten Erscheinungen, trotz HOOKE und HUYGENS, für ungenügend zu halten. Seine Entdeckungen forderten als erste, nicht zu umgehende Voraussetzung die geradlinige Verbreitung des Lichtes, welche für die Emanationstheorie eine fundamentale Thatsache, nach der Undulationstheorie damals aber noch durchaus nicht zu erklären war. Die ersten Anhänger der Undulationstheorie des Lichtes, HOOKE eingeschlossen, hatten die Möglichkeit eines einzelnen Lichtstrahles nach der Undulationstheorie gar nicht discutirt und die Wahrscheinlichkeit einer seitlichen Ausbreitung der im Lichtstrahl stattfindenden Bewegungen nicht weiter in Betracht gezogen. HUYGENS erkannte zwar in seiner Abhandlung von 1690 die Nothwendigkeit einer seitlichen Ausbreitung sehr wohl an, behauptete aber, die nach den Seiten des Lichtstrahles sich fortpflanzenden Bewegungen seien zu schwach, um als Licht empfunden zu werden. NEWTON legte jedoch dieser nicht bewiesenen, ja kaum durch die Exemplification auf eine deutliche Reflexionsrichtung des Schalles gestützten Behauptung keinen weiteren Werth bei und blieb bei seiner Ansicht von der Unvereinbarkeit der geradlinigen Fortpflanzung des Lichtes mit der Undulationstheorie.

Auch die Anforderungen der Farbentheorie schienen NEWTON nach seinen Erfahrungen viel eher durch eine Emissions- als durch eine Undulationstheorie des Lichtes erfüllbar. Aus seinen

Untersuchungen der prismatischen Farben meinte er als absolut sichere Thatsache entnehmen zu müssen, dass jeder Lichtstrahl an sich von bestimmter unwandelbarer Farbe und dass das weisse Licht aus der unendlichen Menge aller möglichen farbigen Strahlen zusammengesetzt sei. Dieser Thatsache war auf dem Boden der Emissionstheorie leicht durch die Voraussetzung zu entsprechen, dass die Lichtkörperchen je nach der verschiedenen Farbe der Strahlen auch von verschiedener unveränderlicher Grösse wären. Die Undulationstheoretiker dagegen hatten bis dahin, von möglichen Unterschieden der Vibrationsgeschwindigkeiten ganz abgesehen, im Licht nur eine gleichmässig schwingende Aethermasse, also eine homogene Lichtmaterie angenommen, die erst beim Auftreffen auf dichte Materien durch irgend eine eintretende Modification der Bewegung farbig werde, und das schien mit der Fundamentalthatsache der NEWTON'schen Farbentheorie jedenfalls nicht vereinbar. Zwar gab NEWTON selbst in seinem Disput mit HOOKE die beste Anleitung zu einer undulatorischen Farbentheorie, die auch mit seiner fundamentalen Idee von der primitiven Zusammensetzung des weissen Lichtes ganz gut stimmte; aber Niemand von den Anhängern der Undulationstheorie vermochte damals aus der angedeuteten Abhängigkeit der Farben von der Art der Aetherschwingungen die weiteren, bestimmten Consequenzen zu ziehen, weder HOOKE, der doch die Richtigkeit der NEWTON'schen Idee anerkannte, noch HUYGENS, der in seinem Traité de la lumière das Wort Farbe nicht einmal erwähnte.[1]

Der berühmte Philosoph CHRISTIAN WOLF, einer der wenigen Anhänger der Undulationstheorie im 18. Jahrhundert, macht allerdings die Verschiedenheit der Farben von der Verschiedenheit der Geschwindigkeiten des Lichtes abhängig; aber er mischt dabei die Geschwindigkeit in der einzelnen Schwingung mit der Fortpflanzungsgeschwindigkeit der ganzen Wellenbewegung so durcheinander, bringt schliesslich auch die Kraft der Schwingung als die Farbe beeinflussend noch hinzu und lässt das eigentliche Element der Farbe, die Schwingungsanzahl, so ganz ausser Spiel, dass man auch bei ihm von einer wirklichen undulatorischen Farbentheorie noch nicht sprechen kann. Das Bild der Sonne, sagt er zum Beispiel,[2] bleibt nach dem Anschauen noch einige Zeit im Auge, auch wenn man dieses geschlossen hat, aber es

---

[1] HUYGENS sagt zur Erklärung dieses Stillschweigens in einem Briefe an LEIBNIZ (Leibnizens mathematische Schriften, herausgegeben von GERHARDT, Band II, p. 45): Je n'ay rien dit des couleurs dans mon Traité de la Lumière, trouvant cette matière très difficile; sur tout à cause de tant de manières différentes dont les couleurs sont productées.

[2] Vernünfftige Gedanken von den Würkungen der Natur, 2. Aufl., Halle 1725, Theil I, S. 189–191.

allmählich wandelt sich dabei von weiss in gelb, dann in roth, dann in blau und endlich in schwarz um. Das kommt davon her, dass die Sonne im Auge eine starke Bewegung hervorgebracht hat, die nach dem Schliessen desselben allmählich verlischt. Denn die Bewegung ist stärker, wenn das Bild der Sonne weiss als wenn es gelb, stärker wenn es gelb als wenn es roth, stärker wenn es roth als wenn es blau und endlich stärker wenn es blau als wenn es schwarz erscheint. Eine stärkere Bewegung wird von einer grösseren Kraft hervorgebracht, und ein Körper hat eine grössere Kraft entweder von der grösseren Geschwindigkeit oder von der grösseren Menge an Materie. Ein schwaches und starkes Licht sind allerdings darinnen unterschieden, dass in jenem ein geringerer, in diesem ein grösserer Theil der Himmelsluft beweget wird, wie es die Verstärkung des Lichtes durch die Brenngläser und die Schwächung durch die Hohlgläser ausweiset. „Derowegen kann der Unterscheid des Lichtes (nachdem es entweder die Empfindung dieser oder einer anderen Art Farbe verursachet) nicht in der Menge der bewegeten Materie gesucht werden, folgends nirgends anders als von der verschiedenen Art der Geschwindigkeit herkommen. Es ist wohl wahr, dass alles Licht fast mit einer unbegreiflichen Geschwindigkeit fortgebracht wird; allein auch in so ungemeiner Geschwindigkeit kann noch vieler Unterscheid sein.“

Eine bestimmte Definition der Farben durch die Schwingungsanzahl gab erst der grosse Mathematiker Leonhard Euler um das Jahr 1750 in seinen Lettres à une Princesse d'Allemagne sur quelques sujets de physique.[1] Man kann, sagt er da, die Ursachen der verschiedenen Farben nicht in den verschiedenen Graden der Stärke des Lichtes suchen. Es muss sich durchaus noch ein anderer Unterschied unter den Lichtstrahlen finden, woraus sich die Verschiedenheit der Farben herleiten lässt; und worin könnte dieser anders liegen, als in der verschiedenen Anzahl der Schwingungen, wodurch die Strahlen erzeugt werden? Eine jede einfache Farbe rührt von einer bestimmten Anzahl von Schwingungen her, die in einer gewissen Zeit geschehen: so bringt eine gewisse Anzahl von Schwingungen die rothe Farbe hervor, eine andere die gelbe, eine andere die grüne u. s. w. Wir müssen uns vorstellen, dass die kleinsten Theilchen auf der Oberfläche eines Körpers, wie die Saiten eines Instrumentes, sich in einer gewissen Spannung befinden, die durch ihre Masse und Elasticität bestimmt wird, und dass sie, auf gehörige Weise berührt, in eine schwingende Bewegung gerathen, die je nach dem Grade der Spannung schneller oder langsamer sein wird. Wenn also die

[1] Deutsche Uebersetzung von Kries, Leipzig 1792, Bd. I, S. 155—158.

Theilchen eines Körpers eine solche Spannung haben, dass sie erschüttert in einer Secunde so viel Schwingungen machen wie z. B. die rothe Farbe erfordert, so nenne ich den Körper roth. Mit gleichem Rechte wird man auch die Strahlen, welche ebenso viel Schwingungen machen, roth nennen können, und das Auge wird von ihnen die Empfindung der rothen Farbe haben. Freilich sind wir noch nicht so weit gekommen, die Anzahl der Schwingungen einer jeden Farbe zu bestimmen, und wir wissen sogar noch nicht einmal, welche Farben mehr oder weniger Schwingungen erfordern. Aber es ist genug zu wissen, dass eine jede Farbe ihre bestimmte Anzahl von Schwingungen hat und dass es genügt, die Spannung oder Elasticität eines Theilchens eines Körpers zu ändern, um ihm eine andere Farbe zu geben. Die Aehnlichkeit zwischen dem Licht und dem Schall ist so gross, dass sie sich auch in dem geringsten Umstande bestätigt. Bei dem Versuch mit der gespannten Saite, die durch den Klang gewisser Töne bewegt wird, sahen wir, dass die Saite durch denjenigen Ton am leichtesten und stärksten erschüttert werde, der dem ihrigen gleich ist, und dass andere Töne nur in dem Grade einen wirksamen Eindruck machten, als sie mit dem der Saite zusammenstimmten. Gerade so ist es auch mit dem Licht und den Farben beschaffen: denn die Farben sind hier das, was die Töne in der Musik sind.

Trotz der allgemeinen Verständlichkeit und der überzeugenden Kraft dieser Sache hat doch EULER Niemanden seiner Zeitgenossen zu seiner Ansicht zu bekehren vermocht, und sein Uebersetzer FR. KRIES hat es sogar für nöthig gehalten, in eingeschobenen Briefen eigener Mache das Verkehrte der EULER'schen Ideen nachzuweisen, damit kein Unschuldiger durch dieselben verführt werde.[1]

---

[1] KRIES sagt in dieser Uebersetzung von 1792 (S. 202—203): Gewiss ist auch diese Hypothese, die zwar nicht von EULER zuerst erfunden, aber doch von ihm am besten ausgeführt worden ist, sehr sinnreich, wenn ich gleich sagen muss, dass sie nicht so grossen Beyfall als die von ihm angegriffene Meinung, deren Urheber NEWTON ist, gefunden hat und dass es jetzt vielleicht keinen einzigen Physiker von Bedeutung mehr giebt, der nicht dieser den Vorzug vor jener zugestehen sollte. Freylich wird Ihnen dies nicht wenig befremdlich erscheinen, da EULER in einem so zuversichtlichen und entscheidenden Tone von seinem System spricht, und das Entgegengesetzte so vieler Schwierigkeiten und Ungereimtheiten beschuldigt; allein man kann es wohl einem Manne, der, wie dieser, eine so tiefe Einsicht in die mathematischen und physikalischen Wissenschaften besass, und sich so grosse Verdienste um dieselben erworben hat, verzeihen, wenn er sich einmal durch seine Kräfte zu weit führen liess, und aus Begierde auch Andere von dem, was er für Wahrheit hielt, zu überzeugen, die Grenzen der Bescheidenheit und Mässigung überschritt. [Das Letztere passt jedenfalls besser auf KRIES als auf EULER.]

Darnach wird man es vielleicht schon verzeihlich finden, wenn auch Newton, bevor noch die Undulationstheorie zu einer bestimmten Farbendefinition gekommen war, in der Farbentheorie keinen Grund fand, zu einer Undulationstheorie des Lichtes sich bekehren zu lassen. Die Hauptsache jedoch, warum Newton die Undulationstheorie nicht für sich annehmen und noch weniger seiner Schule empfehlen konnte, lag weniger auf optischem Gebiete, als vielmehr in dem Zusammenhange der Naturerscheinungen überhaupt und vor allem in der angenommenen Unmöglichkeit, die Existenz eines alle Weltenräume erfüllenden Aethers mit seiner theoretischen Mechanik der Himmelsbewegungen zu vereinigen. Und selbst wenn Newton als Optiker der Undulationstheorie günstiger gesinnt gewesen wäre, als er es in Wirklichkeit wohl war, so hätte er in Rücksicht auf seine mechanische Physik dieselbe doch mit der Existenz des Aethers verwerfen müssen.

Newton hatte ja wirklich im Anfange seiner optischen Untersuchungen an der Emissionstheorie eine theoretische Erklärung der verschiedenen Brechungen, Reflexionen u. s. w. mit Unbehagen vermisst und hatte sich bis zum Jahre 1675 bemüht, diese Unvollkommenheiten zu ergänzen und einen intracorporalen Aether zu diesem Zwecke zu Hülfe zu nehmen. Bei der Abfassung seiner Principien der Naturlehre aber hatte er in den zwischen den Theilen aller Materie als wirkend constatirten Attractionen das Mittel erkannt, jene Eigenthümlichkeiten des Lichtes auch ohne den Aether mit Hülfe der Molekularkräfte zu erklären, und hatte in den fernwirkenden Kräften überhaupt sich Maschinen construirt, mit deren Hülfe er die Wirkungen der Körper auf entfernte Materien auch ohne Vermittelung des Aethers zu deduciren vermochte. Indem er dabei auch eine Wechselwirkung selbst zwischen der Lichtmaterie und den ponderablen Körpern annahm, konnte er dann nicht nur die Gesetze der Reflexion und Brechung, sondern sogar die Eigenthümlichkeiten der Lichtstrahlen beim Durchgange durch zwei doppelbrechende Krystalle wenigstens plausibel machen, und er hielt das den Huygens'schen Theorien, die hier sich machtlos erwiesen, mit besonderer Betonung entgegen. Damit verlor auch hier die Undulationstheorie den augenscheinlichen Vortheil einer grösseren erklärenden Kraft und die mögliche Verwendung der Gravitationsideen in der Emissionstheorie des Lichtes liess diese Theorie als die den Fundamenten der Newton'schen Physik einzig gemässe erscheinen.

Mit den mathematischen Principien der Naturlehre war die nothwendige Voraussetzung der Undulationstheorie, die Existenz des Aethers, in keiner Weise zu vereinigen und darum musste die Undulationstheorie des Lichtes der Emissionstheorie weichen. In den Principien der Naturlehre hatte Newton die Existenz eines Weltenäthers für kaum vereinbar mit seiner Theorie der Himmelsbewegungen erklärt; in den Fragen seiner Optik hatte er die Möglichkeit desselben geradezu verneint. Damit war der Undulationstheorie des Lichtes der Boden entzogen und eine Neigung NEWTON's zu dieser Theorie würde geradezu einen Widerspruch in seinem innersten Wesen bezeugen. Die Entwickelung der NEWTON'schen Kraftideen drängte darauf hin, alle Naturerscheinungen im letzten Grunde aus primitiven Kräften der Materie zu erklären. Diese Kräfte wirkten auf bewegte wie ruhende Materien in gleicher Weise und schon der Einfachheit der Anschauungen wegen musste man dazu kommen, die Materie im Princip als ruhend anzusehen, alle Bewegung also aus der Kraft abzuleiten. Jede physikalische Theorie, welche als Erklärungsfundament nicht eine primitive Kraft, sondern eine primitive Bewegung annahm, musste dieser physikalischen Anschauung als geradezu feindlich erscheinen und schon darum mussten NEWTON und seine Anhänger instinctmässig die Undulationstheorie des Lichtes zu Gunsten der Emissionstheorie verwerfen. Die Undulationstheorie fiel damals nicht sowohl ihrer Unvollkommenheit und Schwächen wegen, sondern durch ihre Unvereinbarkeit mit den fundamentalen Vorstellungen der NEWTON'schen Philosophie. In dieser Hinsicht war der Hass, mit dem die Newtonianer die Undulationstheorie verfolgten, auch nicht ungerechtfertigt. Der Gegensatz ihrer kinetischen Grundlage zu den dynamischen Anschauungen NEWTON's war unübersehbar und wirklich ist es der Sieg der Undulationstheorie gewesen, der in der neueren Zeit die Einheit der dynamischen Anschauung der Materie durchbrochen und der kinetischen Betrachtungsweise nicht nur in der Optik zu ihrem Recht verholfen hat, sondern der auch den Sieg dieser Anschauungen in der gesammten Physik einzuleiten droht.

Die allmählige Ausbildung der Gravitationsvorstellungen drängte NEWTON immer ausschliesslicher der Emissionstheorie des Lichtes zu und darüber kann NEWTON vom Standpunkte der damaligen Zeit aus kein Vorwurf gemacht werden; anders aber ist es mit seinen Versicherungen einer fortdauernden Neutralität zwischen den gegenüberstehenden Hypothesen, die auch in der Optik von Seiten NEWTON's nicht fehlen.

NEWTON will den Lichtstrahl von vornherein weder als Materie noch als Bewegung fassen; er definirt also denselben im Anfange seiner Optik nach altphilosophischem Gebrauche als Etwas, das die Eigenschaft hat, sich geradlinig fortzupflanzen. Später erhält dann dieses Etwas die Fähigkeiten, gebrochen, reflectirt und gebeugt zu werden; und da diese Fähigkeiten in verschiedenen Graden auftreten, so muss es verschiedene solcher Etwas geben, denen diese Fähigkeiten in verschiedenen Graden eigen sind und die von unseren Sinnesorganen als verschieden gefärbte Etwas empfunden werden. Diese Fähigkeiten müssen ihrer Art und ihren Gesetzen nach sorgfältig bestimmt, brauchen aber ihrer Möglichkeit und ihrer materiellen Grundlage nach nicht weiter erklärt zu werden.

Trotz dieser abstracten Definitionen deutet doch Newton in den optischen Fragen selbst darauf hin, und der Wortlaut in dem theoretischen Theile ist schon dieser Deutung angepasst, dass jene Etwas wohl nichts Anderes als direct fortgeschleuderte Materien, Folgen von kleinen Körperchen verschiedener Grösse sein können. Diese Körperchen müssen je nach ihrer Grösse mit verschiedenen Kräften begabt sein, mittelst deren sie auf die Theilchen der dichten Körper verschieden wirken, und diese Kräfte sind jedenfalls als elementare, unveränderliche Fähigkeiten der Lichtmaterien aufzufassen, die nicht etwa aus einer Veränderung von Bewegungen der Lichtmaterie durch die Körper erst erzeugt werden, sondern der Lichtmaterie, und das wird mehrmals ganz besonders betont, von ihrem Ursprunge an eigen sein müssen. Diese Kräfte, als anziehend und abstossend zwischen Lichtkörperchen und dichter Materie wirkend, erzeugen die Brechung, Zurückwerfung und Beugung des Lichtes, können aber nicht in dem ganzen Lichtstrahle in gleicher Weise wirkend sein, sondern müssen, der abwechselnd leichtern Transmission und Reflexion wie der Beugung wegen, in regelmässigen Perioden in der Folge der Lichtkörperchen ihre Natur wechseln. Diese Annahme einerseits unveränderlicher, primitiver Kräfte, die andererseits doch in ewiger Abwechslung ihre Natur in die entgegengesetzte umkehrten, war aber eine so ungeheuerliche, dass Newton selbst in dem theoretischen Theile der Optik auf eine Erklärung jener scheinbaren Umwandlung durch Vibrationen, welche das Licht in den Körpern erregt, hindeutete und damit entschieden ein kinetisches Moment in seine Optik aufnahm. Damit aber waren einerseits die Anwandlungen der Beugung des Lichtes zu den Körpern hin und von den Körpern weg noch immer nicht erklärt, und andererseits mussten die Lichtkörperchen noch weiter zur Erklärung der Polarisation mit ganz neuen Fähigkeiten, nämlich mit vier verschiedenen Wirkungsarten nach vier verschiedenen Seiten hin oder mit vier Polen versehen werden, die aber von magnetischen Polen sich eben durch ihre Vierzahl unterschieden.

Newton hält diese letzteren Ergebnisse seiner Induction für so zwingend, dass er offen erklärt nicht begreifen zu können, wie man ohne sie und ihr Fundament, die Annahme einer Körperlichkeit des Lichtstrahles, die Erscheinungen nur mit Hilfe von Undulationen erklären wolle. Und doch hat sich in der Folge nicht bloss diese Ueberzeugung als irrig erwiesen, sondern es hat sich auch gezeigt, dass selbst die Fundamentalsätze der NEWTON'schen Farbentheorie, die er als reine Resultate der Empirie unabhängig von jeder Hypothese und ihrer Unsicherheit wähnte, doch nach unsern heutigen Erfahrungen nicht mehr als vollkommen richtige Beschreibungen der Erscheinungen gelten können. NEWTON schliesst aus seinen prismatischen Versuchen und vertheidigt in allen Kämpfen mit Einsetzung seiner ganzen Kraft den Satz, dass der weisse Lichtstrahl aus allen möglichen farbigen Strahlen ursprünglich und elementar zusammengesetzt sei. Vollkommen streng aber folgt aus seinen Versuchen doch nur, dass der weisse Lichtstrahl durch Brechung, Beugung u. s. w. in alle möglichen farbigen Strahlen zerlegt werden könne, und in der That ist auch der Satz nach unseren jetzigen Anschauungen nicht mehr in aller Schärfe richtig. Hält man an der Körperlichkeit des Lichtes fest, so ist der Satz allerdings unumstösslich; denn Materien sind wohl zerlegbar, aber nicht wie die Bewegungen in sich unwandelbar, und eine Materie, aus der verschiedene entstehen, muss immer zusammengesetzt sein. Besteht aber der Lichtstrahl aus fortgepflanzten Aetherschwingungen, so ist es nicht richtig, zu sagen, dass die resultirende Schwingung aus den componirenden actuell zusammengesetzt sei, gerade so wenig, als man sagen kann, dass in einer resultirenden Bewegung noch immer die Componenten derselben, oder gar in einer Bewegung alle möglichen Seitenbewegungen schon enthalten seien. Alle die Stösse, die von den einzelnen Instrumenten eines Orchesters auf ein Lufttheilchen ausgeübt werden, erzeugen nur eine, wenn auch eine sehr complicirte Schwingung der Lufttheilchen; diese zusammengesetzte Schwingung mag durch das Ohr wieder in ihre vorigen Componenten zerlegt werden können, aber wirklich existent sind sie einzeln in dem Lufttheilchen doch nicht.

Das Entsprechende wird man auch vom Licht behaupten müssen und damit verliert der Satz von der ursprünglichen Zusammensetzung des Lichtstrahles seine strenge Gültigkeit. Das gleiche Schicksal aber trifft die meisten anderen vermeintlich absoluten Sätze der NEWTON'schen absoluten Theorie. So hat auch der Lichtstrahl, entgegen der Ansicht NEWTON's, nicht von Anfang an schon die vier ungleichen Seiten, kein leuchtender Körper sendet polarisirtes Licht aus, vielmehr ist er bei der Ausstrahlung nach allen Seiten hin gleich beschaffen und erst beim Auftreffen auf durchsichtige Körper wird er in Folge der verschiedenen Elasticität des Aethers polarisirt. Selbst die absolute Unveränderlichkeit des Brechungsexponenten für jeden einzelnen Lichtstrahl, auf die NEWTON als absolut sicheres Fundament die Unterscheidung der verschiedenen Strahlen gegründet hatte, gilt heute nicht mehr für unzweifelhaft, und man hat nach der Entdeckung der anomalen

Dispersion nicht unterlassen anzunehmen, dass die Lichtstrahlen beim Durchgange durch geeignete absorbirende Mittel in der Geschwindigkeit ihrer Vibrationen vermindert und in ihrer Brechbarkeit also herabgesetzt werden können, was allerdings unmöglich wäre, wenn die Brechbarkeit von der Grösse oder Form einzelner Lichtkörperchen abhinge.

Neben diesen hypothetisch-unsicheren Momenten hatte die Emissionstheorie, ganz wie die Undulationstheorie, auch damals schon ihre ungelösten Räthsel und ihre scheinbar unlöslichen Widersprüche, und diese Schwächen blieben auch zu NEWTON's Zeiten nicht ungerügt. HUYGENS z. B. schrieb am 29. Mai 1694, ein Jahr vor seinem Tode, an LEIBNIZ,[1] dass er seine Hypothese gegenüber der NEWTON'schen wohl aufrecht erhalte. Wenn das Licht aus Corpuskeln bestände, welche von der Sonne und von allen Sternen, sowie von allen Gegenständen, die wir sehen, in unser Auge kämen, so müsste nothwendig die Lichtmaterie so ausserordentlich dünn sein, dass die Leere zwischen den Corpuskeln unvergleichlich mehr Raum einnähme als diese selbst; denn ohne das würden die Lichtkörperchen unmöglich von allen Seiten, ohne sich zu zerstören, in unser Auge gelangen können. Wenn aber wirklich die Lichtkörperchen so weit von einander getrennt wären, so könne man sich auf keine Weise die ausserordentliche Geschwindigkeit erklären, mit der dieselben von den leuchtenden Körpern ausgeworfen würden. Ausserdem könne nach der Emissionshypothese niemals die Ursache der gewöhnlichen Brechung und noch viel weniger die der ausserordentlichen Brechung im isländischen Krystall erklärt werden, die er als *sein* Experimentum crucis bezeichnen möchte. Allerdings seien die Experimente NEWTON's über die verschiedene Brechbarkeit der Farben sehr schön und interessant, aber das Wesen der Farben habe derselbe doch in keiner Weise erklärt.

Noch eine Menge anderer Gründe gegen die Emissionstheorie lagen nahe und konnten auch damals kaum übersehen werden. Wenn wirklich die Sonne unaufhörlich nach allen Seiten Lichtmaterie in den Himmelsraum aussendete und seit undenklichen Zeiten ausgesendet hätte, müsste sie nicht durch diese immerwährenden Verluste an Lichtmaterie schon längst erschöpft oder doch der Erschöpfung nahe sein? Müssten nicht beim Durchgange durch sehr enge Oeffnungen die verschiedenen Lichtstrahlen, welche vielfach von sehr weit von einander abstehenden Gegenständen kommen, sich gegenseitig stören und verwirren? Wie soll es denkbar sein, dass die Lichtkörperchen, nachdem sie durch die Poren der durchsichtigen Körper hindurchgegangen, ihren

[1] Leibnizens mathematische Schriften, Band II, S. 176.

Weg wieder in durchaus geraden Linien fortsetzen können? Darf man im Ernste annehmen, dass die oft so dichten durchsichtigen Körper von jedem Punkte aus nach allen Richtungen hin von geradlinigen Kanälen durchzogen sind? Müssten nicht endlich auch alle die vielen Lichtkörperchen, welche von den leuchtenden Gestirnen ausgehen, doch schliesslich dem Laufe der Planeten und Kometen noch viel stärker hinderlich werden und noch störender wirken als das dünne ätherische Medium, welches die Undulationstheorie voraussetzt und das Newton ausdrücklich der himmlischen Bewegungen wegen verwirft?[1]

Obgleich diesen Einwänden von Seiten der Emanationstheorie nicht viel entgegenzusetzen und obgleich damit in Bezug auf Schwierigkeiten die Wage zwischen den beiden Lichttheorien ziemlich im Gleichgewicht war, so haben doch die Schüler Newton's und auch Newton selbst von solchen Einwänden gegen ihre Theorie kaum Notiz genommen und haben nur in immer gleicher Weise die Einwände gegen die Undulationstheorie als absolute negative Instanzen betont. Newton liebte es eben nicht, mit entgegenstehenden wissenschaftlichen Theorien und noch weniger mit wissenschaftlichen Persönlichkeiten sich öffentlich auseinanderzusetzen. Descartes, gegen dessen Lichttheorie in Newton's Optik an manchen Stellen direct die Waffe gekehrt wird, ist nur ein einziges Mal in dem Werke namentlich erwähnt, nämlich als derjenige, welcher zuerst den Regenbogen erklärte, ohne aber die Zerstreuung der Farben dabei ableiten zu können. Hooke wird wieder, wie in der ersten optischen Abhandlung Newton's, nur bei der Beobachtung genannt, dass zwei verschiedenfarbige durchsichtige Flüssigkeiten hintereinandergesetzt undurchsichtig erscheinen können und dass zwei verschieden gefärbte durchsichtige Gläser beim Hintereinandersetzen eine Mischfarbe geben. Selbst von Huygens wird trotz der Abhandlung von 1690 nur erwähnt, dass er die Höfe um Sonne und Mond, sowie die Nebenhöfe erklärt, dass er das sogenannte Luftfernrohr erfunden, und endlich dass er die Erscheinungen am isländischen Krystall beschrieben, aber vergeblich versucht habe, dieselben zu seiner vollen Befriedigung aus der Undulationstheorie abzuleiten.

Was aber der Meister unterlassen, das hielten die Schüler nicht für werth nachzuholen; und so konnte es kommen, dass selbst ein so geniales Werk eines Physikers ersten Ranges, wie der Traité de la lumière von Huygens, viel länger als ein Jahrhundert gänzlich unbeachtet blieb, ein in der Geschichte der

---

[1] Diese Einwürfe gegen die Emanationstheorie hat Euler in seinen Briefen an eine Deutsche Prinzessin zusammengestellt. (Deutsche Uebersetzung von Kries, Leipzig 1792, Band I, S. 98—107.)

Physik glücklicher Weise sehr seltenes Beispiel. Leibniz allerdings erkannte noch in einem Briefe vom 11. April 1692[1] die erfolgreiche Erklärung der ausserordentlichen Brechung im Doppelspath als einen Beweis für die Richtigkeit der Huygens'schen Theorie an, und in einem anderen Briefe vom 22. Juni 1694[2] rühmte er die Huygens'sche Zusammensetzung der Lichtwellen aus Elementarwellen als die richtigste Grundlage für die Ableitung des Brechungsgesetzes. Aber schon s'Gravesande, obgleich specieller Landsmann von Huygens und Herausgeber seiner nachgelassenen Werke, einer der berühmtesten Experimentalphysiker seiner Zeit, erwähnt in seinen 1720 in erster und 1725 in zweiter Auflage erschienenen Elementen der Physik die Huygens'sche Undulationstheorie überhaupt nicht mehr, und der ganze optische Theil des Werkes ist nichts weiter als eine Umschreibung der Optik Newton's.[3] Zwar bemüht auch er sich sehr ernstlich, die Neutralität zwischen den entgegengesetzten Lichttheorien nach Newton'scher Art zu wahren, und steht nicht an, die Wesenheit des Lichtes für unbekannt zu erklären; doch aber constatirt er gleich darauf, dass das Licht, nachdem es durch eine enge Oeffnung gegangen, seine ursprüngliche Richtung durchaus beibehält und sich nicht nach den Seiten ausbreitet, welche Eigenschaft mit der Wellenbewegung unvereinbar erscheine. Auch der andere berühmte holländische Experimentalphysiker des 18. Jahrhunderts, der sorgfältig citirende und auf allen Gebieten belesene Musschenbroeck weiss den gemeinschaftlichen Landsmann Huygens nicht besser als s'Gravesande seinen optischen Verdiensten nach zu würdigen. Auch er hält es in seinem grossen zweibändigen Werke von 1762, Introductio ad philosophiam naturalem,[4] kaum für nöthig, Huygens zu widerlegen. Er bemerkt in Betreff der Wesenheit des Lichtes nur, dass manche Philosophen wegen der ausserordentlichen Feinheit des Lichtes angenommen hätten, der Lichtstoff sei ein Mittelding zwischen Materie und Nichtmaterie, jedoch mit Unrecht, denn das Licht sei ein wirklicher Körper. Dann versichert er, ganz wie vorher s'Gravesande, dass man, bei der durchaus gradlinigen Fortpflanzung des Lichtes und dem Fehlen einer seitlichen Ausbreitung an dem Gange eines Lichtstrahles, Huygens und einigen anderen berühmten Physikern

---

[1] Leibnizens mathematische Schriften, Berlin 1850, Band II, S. 133.

[2] Ibid., S. 182.

[3] Elémens de Physique demontrez mathématiquement, et confirmez par des experiences, aus dem Lateinischen übersetzt, Leyden 1746, T. II, p. 115 u. f.

[4] Introductio ad Philosophiam naturalem, Leyden 1762, T. II, S. 679 u. f.

nicht beistimmen dürfe, wenn dieselben behaupteten, dass das Licht sich wie die Töne in der Luft, oder die Wellen im Wasser fortpflanzten. Das Merkwürdigste aber ist vielleicht, dass MUSSCHENBROECK in dem grossen Werke, in dem er vom frühesten Alterthume bis zur Abfassungszeit alle möglichen Autoritäten und ihre Schriften sorgfältig citirt, die HUYGENS'sche Abhandlung De la lumière, so viel ich gesehen, an keiner Stelle, jedenfalls aber nicht bei der eben hervorgehobenen Widerlegung der Undulationstheorie, ausdrücklich anführt oder auch nur andeutet.

Das Verhalten der beiden holländischen Experimentalphysiker ist typisch für das Verhalten der Optiker überhaupt gegenüber der Undulationstheorie bis weit in unser Jahrhundert hinein. Entweder man schwieg gänzlich über sie, oder man wiederholte fast ohne alle Veränderung die Einwürfe NEWTON's gegen dieselbe, oder man verlangte schliesslich, als schon die Anerkennung dieser Theorie nicht mehr gut zu umgehen war, noch vorher eine Zurückführung der Wellenbewegungen auf die von der NEWTON'schen Philosophie überall vorausgesetzten primitiven Kräfte der Materie. Ganz deutlich tritt diese letzte Forderung bei einem der letzten Anhänger der Emissionstheorie des Lichtes, bei dem berühmten französischen Physiker BIOT hervor, der in seinem Précis élémentaire de Physique expérimentale von 1818 über die Undulationstheorie sich folgendermaassen ausspricht.[1] Das Princip der Interferenzen ist bis jetzt das einzige, durch welches man die besonderen Umstände, welche bei der Beugung vorkommen, zu erklären vermocht hat, und begünstigt insofern das Undulationssystem. Geht man jedoch in alle Einzelheiten dieser Erklärung gründlich ein, so wird man finden, dass sie vielmehr eine Darstellung der Erscheinung als eine auf strenge mechanische Principien sich stützende Theorie derselben gewährt. Es würde deshalb eine schöne und wichtige Entdeckung sein, diese Erscheinung mit der Ansicht von der Materialität des Lichtes in Uebereinstimmung zu bringen, welche schon über die Bewegungen des Lichtes in so vielem anderen Bezug so klare Begriffe und so genaue Maassbestimmungen an die Hand gegeben hat. Hierzu würde erforderlich sein, die Art von Kräften auszumitteln, welche die Theilchen der Körper auf die Lichtmolecule äussern müssen, um sie so zu beugen, wie es zur Entstehung der Farbenstreifen nöthig ist, und dies unabhängig von der chemischen Beschaffenheit dieser Körper bloss je nach der Gestalt der sie begrenzenden Ränder. Dies aber scheint sehr schwierig; und es ist wahrscheinlich, dass, wenn es solche Kräfte giebt, ihre Charaktere verschieden

[1] Lehrbuch der Experimental-Physik, von J. B. BIOT, übersetzt von FECHNER, Leipzig 1825, Band IV, S. 96—97.

von allen denen sind, welche uns die gewöhnlichen Erscheinungen der Brechung und Zurückwerfung darbieten.

Diese merkwürdige Beharrungskraft der Emissionstheorie stammte zum Theil wohl aus der Person ihres Urhebers, zum grösseren Theil aber jedenfalls aus dem Charakter des wissenschaftlichen Systems, das durch Newton begründet wurde, und musste darnach mit der grösseren Festigung und weiteren Verbreitung dieses Systems sich selbst immer mehr vergrössern. Der Name Newton bedeutete im ganzen achtzehnten Jahrhundert nicht mehr eine einzelne Person, sondern ein wissenschaftliches System, eine ganze Weltanschauung. Der Name Newton's identificirte sich nach und nach mit der rein dynamischen Auffassung aller natürlichen Ursachen und wurde symbolisch für den Gegensatz gegen die kinetische Erklärung der Naturvorgänge, die in Descartes sich verkörperte. Wenn man in der Optik alle der Newton'schen Theorie nicht günstigen Erscheinungen nach und nach immer mehr vernachlässigte, so geschah das nicht aus einem persönlichen Uebelwollen oder einer persönlichen Nichtachtung seiner Gegner, sondern darum, weil man durch eine specielle Rücksichtnahme auf solche Erscheinungen eine ganz verkehrte, der gesunden Entwickelung der Wissenschaft schädliche Anschauung zu fördern gefürchtet hätte. Jede dynamische Idee wurde nun nach und nach an sich schon zu einem sicheren wissenschaftlichen Gesetz, jede kinetische Erklärungsweise von selbst zu einer vagen, unsicheren, ja phantastischen Hypothese. Gar manche der in diesem Jahrhundert erschienenen Werke enthalten selbst in ihrem Register unter dem Stichwort Hypothese die stehende Phrase, dass Hypothesen in der Physik zu verwerfen seien.[1] Und doch war das achtzehnte Jahrhundert, die Entwickelungszeit der physikalischen Imponderabilien, alles in allem gerechnet, kaum ärmer nicht nur an guten, sondern auch an schlechten Hypothesen als andere Jahrhunderte der modernen Wissenschaft.

---

[1] Newton, Optice, Lausannae et Genevae 1740, Index: Hypotheses ex philosophia experimentali rejiciendae. Introductio ad Philosophiam Naturalem, Auctore Petro van Musschenbroeck, Lugduni Batavorum 1762, Tomus II, Index rerum: Hypotheses ex Physica sunt proscribendae.

II. Theil. Die Gravitation als elementare Kraft jeder Materie.

I. Kapitel. Von der Optik bis zur zweiten Ausgabe der mathematischen Principien der Naturlehre.

1704—1713.

Die Herausgabe der Optik bildet einen Markstein in der äusseren Entwickelung der Newton'schen Physik. In den Principien der Naturlehre hatte Newton seine Neutralität gegenüber den entgegengesetzten Anschauungen vom Wesen der Schwerkraft so vielfach und energisch betont, auch alle weiter gehenden physikalischen Consequenzen so wenig beachtet und noch weniger ausgebeutet, dass man den vereinzelten Ansturm gegen das Descartes'sche Weltsystem nicht allzu tragisch, jedenfalls nicht als principiell unausgleichbar auffasste. Man bemühte sich erfolgreich, Newton's Werk als eine rein mathematische Speculation zu betrachten und zu preisen, und glaubte immer noch, die Descartes'schen Anschauungen durch passende Umgestaltungen mit den Newton'schen Resultaten vereinigen zu können, um so mehr als man die schwer erkennbaren Grundgedanken Newton's und häufig auch seine mathematischen Speculationen weder verstanden hatte, noch sich überhaupt Mühe gab, sie zu verstehen.

Zwar hatten schon Bentley und Whiston in ihren physikotheologischen Werken die abstracte mathematische Kraft Newton's ganz physikalisch als eine elementare Urkraft der Materie gedeutet; auch hatten schon einzelne junge Physiker in ihren Vorlesungen begonnen, die Newton'schen Principien physikalisch weiter auszunützen; aber die Lehren der ersteren wurden als theologisch von den Physikern doch nicht für voll erkannt, und die Deductionen der anderen vermochten nur auf ziemlich kleine Kreise von Schülern zu wirken. Einen allgemein internationalen und schnellen Erfolg konnten die Newton'schen Ideen erst haben, wenn Newton entweder selbst oder durch berufene, in der wissenschaftlichen Welt schon anerkannte Vertreter die physikalische Natur und die physikalisch-reformirende Kraft seiner Principien der Naturlehre deutlicher vor Augen führte, d. h. wenn er die mathematische Neutralität aufgab und die eigene Parteifahne gegenüber der Cartesianischen Phalanx sichtbar entfaltete. In dieser Beziehung that die Optik, die durch den Ruhm ihres Autors schnell über die ganze gelehrte Welt verbreitet wurde, mit ihrem hypothetischen Anhange den ersten folgenschweren Schritt. Die Fragen dieses Werkes gehen, wenn auch immer nur in bedingter Weise, gründlich auf die physikalisch-principiellen Grundlagen der Naturerscheinungen ein, und dabei tritt nicht bloss der Gegensatz gegen die Cartesianische Anschauungsweise, sondern auch die eigene Ueberzeugung von der elementaren Natur der Kraft als einer letzten Ursache der physikalischen Erscheinungen deutlich genug hervor.

In den Principien der Naturlehre hatte Newton die Hypothese der Descartes'schen Wirbel nur auf astronomischem Gebiete bekämpft und in ihr unbesiegbare Schwierigkeiten gegenüber den Ergebnissen seiner mathematischen Deductionen gefunden. Die Beziehung auf Gott als den Schöpfer des Universums, der die Fixsterne so weit von einander gestellt hat, dass ihre gegenseitige Anziehung unmerklich ist, erscheint dabei als eine ziemlich äusserliche, und nur versteckt ist angedeutet, dass eine blinde mechanische Nothwendigkeit, wie Descartes sie als Ursache alles Geschehens denkt, keine Veränderung in der Natur hervorbringen kann, sondern dass alle zeitliche und örtliche Verschiedenheit der Dinge nur von der Weisheit eines nothwendig existirenden höheren Wesens herrühren muss. Auch folgt diesen Sätzen gleich wieder die Versicherung, dass über die Ursache der Schwere nichts entschieden werden solle.

In den Fragen der Optik aber verwirft Newton nicht bloss speciell die Cartesianische Wirbeltheorie, sondern erklärt den Aether selbst, auf den alle kinetischen Theorien sich stützen müssen, zur Erklärung der optischen Erscheinungen für nutzlos, bei der Erklärung der himmlischen Bewegungen aber für schädlich und somit für absolut zu verwerfen. Er wendet sich dann auch mit nicht zu verkennender Anspielung gegen die Philosophen, die alles mechanisch erklären und jede nicht mechanische Ursache in die Metaphysik verweisen wollen. Er sagt ganz klar, dass man die Erscheinungen allerdings aus ihren Ursachen mechanisch ableiten solle, aber doch nur so weit ableiten könne, bis man auf eine letzte Ursache stosse, für die eben keine mechanische Ursache mehr aufzufinden sei; und er sagt offen, dass für ihn die letzte aller Ursachen nur ein unkörperliches, lebendiges, intelligentes, allgegenwärtiges Wesen sein könne, das in letzter Instanz alles verstehe und alles regiere. Newton stellt zwar sogleich auch diesen Schluss noch wieder in Frage, indem er zugiebt, dass nicht jeder richtige Schritt in der Naturphilosophie auf die letzte physikalische Ursache führen müsse, sondern auch nur eine Annäherung an diese bedeuten könne; immerhin aber war durch die Art, wie aus der Existenz der Gravitation direct auf einen persönlichen Regierer der Welt geschlossen wurde, deutlich sichtbar, dass NEWTON zunächst an einem directen göttlichen Ursprung der materiellen Attractionen für seine Person nicht zweifelte.

Dadurch erhielt dann auch der Angriff NEWTON's gegen DESCARTES ein ganz anderes, weil principielles Gewicht. Zum ersten Male trat klar hervor, dass die NEWTON'schen Ideen die uneingeschränkte Geltung für die gesammte Physik und damit eine Herrschaft beanspruchten, mit der eine Anerkennung DESCARTES'scher Ideen absolut nicht verträglich war. Dadurch erst wurden die Cartesianer und alle Freunde derselben auf den Ernst der drohenden Gefahr aufmerksam, und von dieser Zeit an begann langsam der Kampf derselben gegen den Newtonismus sich zu verschärfen. Zu dieser Verschärfung trugen freilich auch die Schüler und enthusiastischen Anhänger, vor allem unter seinen Landsleuten, ein gutes Theil bei, indem sie sich mit einer gewissen Exclusivität gegen alle Andersdenkenden abzugrenzen versuchten, die NEWTON'schen Ideen als absolut unangreifbar, als geniale Offenbarungen bezeichneten und NEWTON als ihre einzige wissenschaftliche Autorität, sowie seine Methode als die ausschliesslich wahre und doch absolut neue verehrten und feierten.

Der Erste und Eifrigste, der den neuen Propheten urbi et orbi verkündete, der kühnste, aber auch unvorsichtigste Parteigänger NEWTON's, ein muthiger Vorkämpfer, aber zu Zeiten auch ein wahres enfant terrible, war, wie schon bemerkt, der junge Oxforder Professor der Physik JOHN KEILL. Derselbe veröffentlichte im Jahre 1702 eine „Einleitung in die wahre Physik",[1] in welcher er so absprechend über die Leistungen der bisherigen Physiker urtheilte, dass selbst die sonst nur objectiv referirenden Leipziger Acta Eruditorum sich ziemlich spöttisch über das Werk ausliessen.[2] KEILL nahm diese vermeintliche Bosheit natürlich sehr übel und hat dieselbe den Mitarbeitern der Acta Eruditorum nicht vergessen.

Die Vorrede zu der Einleitung in die wahre Physik

---

[1] Introductio ad veram physicam seu lectiones physicae, Oxford 1702.

[2] Acta Eruditorum, November 1703, p. 504—510. Der Anfang der Recension lautet: Wenn schon der Titel des Werkes den Namen der wahren Physik sichtbar an der Stirne trägt, so sehen wir gleich auch in der Vorrede, wie schwer der berühmte Autor sich über die verkehrte Philosophie gewisser Physiker beklagt.

beginnt gleich mit einer scharfen Auseinandersetzung des neuen Standpunktes des Verfassers. Obgleich in unseren Tagen, so sagt KEILL, die mechanische Philosophie hoch gefeiert wird und berühmte Bearbeiter erhalten hat, so wird doch in den Schriften der meisten Physiker kaum eine mechanische Philosophie ausser dem Namen gefunden.[1] Denn an die Stelle wahrhafter mechanischer Principien setzt man die Formen, Zwischenräume und Bewegungen von Corpuskeln, die man niemals sehen kann und fordert den Glauben an die Wunder einer subtilen Materie, die allen Naturgesetzen widerspricht. Und selbst wenn man diese Postulate zugeben wollte, so würden die Folgerungen noch immer nicht mit der Natur übereinstimmen, wie man an der Erklärung der Schwere leicht zeigen kann. Abgesehen nämlich davon, dass diese Philosophen keine Ursache wissen, warum der angenommene ätherische Wirbel der Erde ewig seine Bewegung um diese behalten sollte, so genügt derselbe auch nicht zur Ableitung der irdischen Schwere. Denn ist die Geschwindigkeit der Wirbelbewegung an der Erdoberfläche gleich der Rotationsgeschwindigkeit der Erde, so wird, nach der HUYGENS'schen Formel berechnet, die dadurch erzeugte centrifugale Beschleunigung der Körper an der Erdoberfläche nur $^1/_2$ Fuss in der Secunde und nicht der Beschleunigung der Schwere entsprechend 15 Fuss. Wäre aber auch wirklich einmal die Geschwindigkeit des Wirbels genügend gross gewesen, um die Schwere daraus erklären zu können, so müsste sie sich doch längst mit der Rotationsgeschwindigkeit der Erde ausgeglichen haben. Lassen wir aber auch diese Schwierigkeit noch bei Seite, so folgt aus der Bewegung des ätherischen Wirbels um die Achse der Erde immer noch nicht die Bewegung der schweren Körper nach dem Mittelpunkte der Erde, sondern nur senkrecht gegen diese Achse. Und wollte man, um dem zu entgehen, annehmen, dass die Wirbelbewegung der kleinsten ätherischen Theilchen nach allen möglichen Richtungen in allen möglichen grössten Kreisen geschähe,[2] so würde wieder nicht zu begreifen sein, wie durch einen Punkt gleichzeitig alle möglichen ätherischen Theilchen nach allen möglichen Richtungen hindurchgehen könnten. Endlich die grösste Schwierigkeit. Rührt die Schwere der Körper von den Stössen der Partikel einer ätherischen Materie her, so muss sie proportional sein der Anzahl der Partikel, welche den Körper in einer gegebenen Zeit treffen; diese Anzahl aber wieder ist proportional der Oberfläche des schweren Körpers und das widerspricht direct dem sicheren Naturgesetz,

---

[1] Das geht natürlich auf die Physik der Cartesianer.

[2] Das war die HUYGENS'sche Abänderung der DESCARTES'schen Hypothese. Vergl. S. 235 dieses Werkes.

das die Proportionalität der Schwere mit der Masse des Körpers fordert.[1]

Alle diese Irrthümer entspringen sichtbar aus dem Grunde, dass Leute zu philosophieren wagen, die der Geometrie unkundig sind und von denen, weil sie das Fundament aller Physik, die Geometrie, vernachlässigen, eben nichts anderes als Hallucinationen zu erwarten sind.[2] Der Anführer dieser Philosophen ist Descartes, der, obschon er ein grosser Geometer war und ausdrücklich versicherte, er werde alles mechanisch erklären, doch in seiner Philosophie, damit sie dem unwissenden Haufen gefalle, von der Geometrie keinen Gebrauch gemacht hat und an den wahren mechanischen Gesetzen so weit als möglich vorbei gegangen ist. Die wahren mechanischen Philosophen aber sind der göttliche Archimedes, darnach Roger Bacon und Cardanus, endlich Galilei, Torricelli, Pascal, Huygens, Boyle, Wallis, Halley und Newton, der berühmteste von Allen.

Ohne Zweifel, um die Gemüther seiner Leser weiter würdig vorzubereiten, so meint der Referent in den Acta Eruditorum, behandelt Keill in der ersten Lection des Werkes, vor dem Eintreten in die systematische Darstellung, noch die Methode des Philosophirens und unterscheidet darnach vier zeitlich auf einander folgende Perioden in der Physik, nämlich die geometrische (vertreten durch die Platoniker und Pythagoreer), die peripatetische, die experimentelle und endlich die moderne mechanische, deren eigentlicher Vertreter natürlich Newton ist. Die Lectionen enthalten sonst nichts weiter Besonderes und geben die Sätze der Mechanik ganz nach Newton's Principien der Naturlehre, bis etwa zu den Wurfbewegungen.

In ähnlicher Weise veröffentlichte einige Jahre später Keill als Fortsetzung des ersten Werkes auch eine „Einleitung in die wahre Astronomie", aus deren Vorrede wir nur die folgende charakteristische Stelle hervorheben. In unserem Zeitalter, sagt hier Keill, und in unserem Britannien erstand der göttliche Mann J. Newton, der ausser unzähligen anderen Entdeckungen den Ursprung und die Quelle der himmlischen Bewegungen erschloss und jene legem catholicam erkannte, welche

---

[1] Dieser Einwurf, der von Newton selbst herrührt, ist von seinen Schülern immer als besonders schwerwiegend bezeichnet worden.

[2] Joannis Keill, Introductiones ad veram Physicam et veram Astronomiam, Ed. noviss., Leyden 1739, p. 8: Omnes errores ex hoc fonte promanasse videntur, quod homines ignari Geometriae philosophari aussi sunt, et rerum naturalium causas reddere. Quid enim aliud praeter hallucinationes ab iis exspectandum, qui Geometriam totius physicae fundamentum neglexerunt et ignotis naturae viribus per Geometriam tantum aestimandis, ipsius tamen operationes, methodo regulis mechanicis minime congrua explicare sunt egressi.

der allmächtige und allweise Schöpfer durch das ganze System der Natur ausgoss, nämlich dass alle Körper sich gegenseitig im umgekehrt quadratischen Verhältniss ihrer Entfernungen anziehen.[1]

Grösseren originellen Werth als diese beiden Werke hatte eine Abhandlung KEILL's vom Jahre 1708 über die Gesetze der Attraction,[2] weil KEILL damit eine vollständige Moleculartheorie nach NEWTON'schen Ideen zu geben versuchte und damit einen dankenswerthen Schritt in der weiteren Entwickelung der NEWTON'schen Physik vorwärts that. Die Abhandlung stützt sich auf drei Axiome, von denen das letzte ausdrücklich als eine Erfahrungsthatsache bezeichnet wird. Diese Axiome sagen: 1. dass ein leerer Raum existirt, 2. dass jede Quantität bis in's Unendliche theilbar ist, und 3. dass die Theilchen aller Materie anziehende Kräfte ausüben. Aus ihnen zieht KEILL Lehrsätze, die zwar kurz erläutert werden, für deren Beweise er aber auf ein späteres grösseres Werk verweist, das nie erschienen ist. Nach diesen Lehrsätzen sind die Theile solcher Flüssigkeiten, wie Wasser, Luft u. s. w., welche einander berühren, nicht absolut solid, sondern erst aus anderen kleineren Theilen zusammengesetzt, die noch leere Räume zwischen sich lassen. Nur die letzten oder kleinsten Theile müssen bei allen Körpern als durchaus solid, d. h. ohne leere Zwischenräume, angenommen werden. Aus diesen Partikeln erster Zusammensetzung wachsen die Partikel zweiter Ordnung zusammen, und so fort, bis durch eine letzte Zusammensetzung erst der Körper selbst entsteht, der viele Poren oder leere Zwischenräume enthält.

Sir ISAAC NEWTON entdeckte durch Beobachtung der Erscheinungen, dass wechselseitig zwischen allen Partikeln der Materie anziehende Kräfte wirken, die den Quadraten der Entfernungen umgekehrt proportional sind. Aus diesen Kräften entspringt die Schwere, welche alle irdischen Körper gegen die Erde zieht, so dass das Gewicht der Menge der Materie proportional ist. Durch diese anziehenden Kräfte, deren erster Entdecker er war, erklärte NEWTON in wundervollster Weise alle Bewegungen der Planeten und Kometen. Der Verfasser der vorliegenden Abhandlung aber, indem er die göttlichen Entdeckungen des scharfsinnigsten Mannes

---

[1] Introductiones ad veram Physicam et veram Astronomiam, Ed. noviss., Leyden 1739, p. 217: .... Sed in nostra tandem aetate, et in nostra Britannia exortus est vir plane Divinus ISAACUS NEWTONUS, qui praeter alia inventa innumera, originem et fontem motuum coelestium reclusit, et legem illam Catholicam deprehendit, quam Omnipotens et Sapientissimus Creator per totum universae Naturae Systema diffudit. Scil. quod Corpora omnia se mutuo trahunt, in reciproca distantiarum a se invicem ratione duplicata.

[2] Phil. Trans., no. 315, p. 97; auch Phil. Trans. abridg., 3. ed., vol. IV, Pt. I, p. 353.

vielfach überdachte, kam auf den Gedanken, dass ein dem NEWTON'schen ganz ähnliches Princip auch auf die Erklärung der irdischen Erscheinungen angewendet werden könnte. Nach manchen oft wiederholten Experimenten theilte er seine Gedanken vor ungefähr fünf Jahren NEWTON mit, von dem er hörte, dass dieser schon vor langer Zeit zu denselben Resultaten gekommen sei. Einiges davon veröffentlichte NEWTON am Ende seiner Optik; da aber nicht anzunehmen ist, dass der grosse Mann jetzt diese Studien noch weiter verfolgt, so will KEILL nun mit seinen Sätzen nicht länger zurückhalten.[1]

Ausser der Anziehungskraft, durch welche die Planeten und Kometen in ihren Bahnen gehalten werden, giebt es, so wird nun angenommen, noch eine andere attractive Kraft in der Materie, durch welche die verschiedenen Theile, aus welchen die Körper bestehen, einander wechselseitig anziehen. Diese Kraft kann durch eine Menge von Experimenten nachgewiesen werden und ebenso folgt aus der Erfahrung, dass sie sich mit der Entfernung stärker als nach dem quadratischen Verhältniss vermindert; ob aber dieses Verhältniss cubisch oder biquadratisch oder noch höher ist, muss vor der Hand zweifelhaft bleiben. Wenn die Theilchen eines Körpers mit einer solchen Kraft begabt sind, die in einem höheren als quadratischen Verhältniss mit wachsender Entfernung abnimmt, so wird die Anziehung, welche dieser Körper auf ein äusseres Partikel ausübt, das ihn berührt oder ihm wenigstens sehr nahe ist, unendlich viel grösser sein, als wenn dieses Partikel eine endliche Entfernung von demselben Körper hat.

KEILL citirt zu diesen letzteren Sätzen nur die achtzigste und einundneunzigste Proposition aus den Principien NEWTON's. Zieht man aber die ganzen Lehrsätze von achtzig bis einundneunzig aufmerksam in Betracht, so ist gar nicht zu verkennen, dass NEWTON schon die Wirkungen von Körpern auf Theilchen, die aus grösserer Entfernung bis zur gegenseitigen Berührung sich nähern, unter Voraussetzung verschiedener Kraftgesetze nur darum betrachtet hat, um eine Attractionskraft in der Materie zu constatiren, die in grösserer Entfernung unendlich klein ist, in sehr kleiner Ent-

[1] Vergl. Phil. Trans. abr., vol. IV, pt. I, p. 354: After frequently revolving in my Mind the Divine Discoveries of the most sagacious Man, I fell at last upon this Thought, that a certain Principle might be apply'd, not unlike to this of NEWTON's, to the Explaining of the Terrestrial Phenomena. And these Thoughts of mine about five Years ago I open'd to Mr. NEWTON, and I understood him, that he had long ago observed the same Things that I had found. Mr. NEWTON proposed some Queries relating to this attractive Force, at the End of his Opticks, published in Latin about two Years ago . . . At present I shall barely propose some Theorems, which I may here after farther enlarge upon, and give their Demonstrations in a just Volume.

fernung oder beim Contact aber eine sehr merkliche Grösse erreichen könnte. Newton vermeidet zwar auch hier jede physikalische Anwendung, doch muss man, wenn man Proposition 85 mit den Aeusserungen aus der Optik zusammenhält, ihn wohl als denjenigen bezeichnen, der zuerst die Cohäsion durch eine Attraction erklärt hat, die in einem stärkeren als dem quadratischen Verhältniss der Entfernung wirkt. Keill darf darnach nur das Verdienst einer näheren Ausführung der Newton'schen Idee, nicht aber, wie es öfters geschieht, die Priorität des Gedankens zuerkannt werden.

Nachdem Keill noch darauf aufmerksam gemacht hat, dass die neue Anziehungskraft, weil sie in endlicher Entfernung verschwindend klein ist, die Bewegungen der himmlischen Körper nicht beeinflussen kann, fährt er dann fort, diese Cohäsionskraft weiter zu charakterisiren. Da die Kraft nur beim Contact in erheblicher Stärke wirkt, so muss der Zusammenhang zwischen einem Körper und einem berührenden Corpuskel und damit auch der Zusammenhang zweier Körper der Grösse der Berührungsfläche proportional sein. Einen Beweis dafür geben die Adhäsionsplatten; auch die Natur der Flüssigkeiten erklärt sich damit übereinstimmend durch die kugelförmige Gestalt der kleinsten Theilchen, die nur wenig Berührungspunkte bieten. Da aber doch auch entferntere Theile noch etwas zur Oberflächenanziehung beizutragen vermögen, so hängt diese gegenseitige Adhäsion der Körper und eines äusseren Partikels nicht von ihren Grössen oder Massen, sondern nur von ihren Dichtigkeiten ab. Wenn die Textur eines Körpers so beschaffen ist, dass die Theilchen letzter Composition durch einen äusseren Druck oder Schlag nur wenig bewegt werden und nicht in neue Contacte mit anderen Theilchen kommen, so werden sie nach Aufhören des äusseren Druckes bald zu ihrem ursprünglichen Contacte und damit wird auch der Körper wieder zu seiner früheren Form zurückkehren. In diesem Falle nennen wir die Körper elastisch, im entgegengesetzten unelastisch.

Die Attraction der Theilchen der Körper kann bei verschiedenen Körpern sehr verschieden sein, denn sie hängt (wie man leicht aus den Newton'schen Deductionen dieser Anziehungen ableitet), sowohl von der Vertheilung der Poren in diesen Theilen, wie auch von der Gestalt derselben ab. Salze sind Körper, deren letzte Theilchen stärker anziehende Kräfte besitzen, aber durch grosse Zwischenräume getrennt sind. Wenn in diese letzteren die stark angezogenen Wassertheilchen hineinstürzen, so lösen sie die Salztheilchen aus ihrem Zusammenhange und führen eine vollständige Mischung oder Auflösung des Salzes herbei. Schwere Körper nähern sich durch die Oberflächenanziehung viel langsamer als kleine, weil dabei nur die nächsten Theilchen wirken. Daher kommt es, dass chemische Wirkungen nur zwischen Lösungen eintreten, deren Theile schon in kleinere zertheilt sind. Wenn zwei Corpuskeln in einer Flüssigkeit schwimmen und einander mit einer grösseren Kraft anziehen, als dies die Flüssigkeitstheilchen unter sich thun, so werden sie aufeinanderstossen. Sind dabei die Corpuskeln elastisch, so werden sie darnach auseinanderprallen, wieder zusammenstossen u. s. w. Dabei können diese Schwingungsbewegungen, da die Anziehungskräfte sie immer beschleunigen, so schnell werden, dass sie auch sichtbar werden. Wenn die einander anziehenden Partikel sich berühren, ist keine Bewegung möglich; die Partikel müssen dazu erst in eine kleine Entfernung gebracht sein; ist aber diese Entfernung zu gross, so hört mit dem Verschwinden der anziehenden Kraft auch die Bewegung auf. Hieraus folgen die Erscheinungen der Gährung und des Aufbrausens, auch das Sprudeln und Wallen beim Eingiessen von Wasser in Vitriolöl; denn die salzartigen Theilchen werden durch das Eindringen des Wassers etwas von einander entfernt. Das stärkere Aufbrausen aber, welches entsteht, wenn man in die letztere Mischung Feilspähne von Stahl wirft, erklärt sich aus der Elasticität des letzteren. Auch ist nun leicht zu ersehen, warum einige Flüssigkeiten stärker lösend wirken als Wasser.

Wenn unelastische Partikel in einer Flüssigkeit aufeinander wirken, so werden sie nicht von einander abprallen, sondern Klumpen bilden, die niedersinken und einen Niederschlag ergeben, wenn ihr specifisches Gewicht grösser ist als das der Flüssigkeit. Haben dabei die in der Flüssigkeit schwimmenden Partikel an einzelnen ihrer Punkte grössere Anziehungskraft als an anderen, oder bieten sie an solchen Stellen grössere Berührungsflächen dar, so werden sich die Partikel in geometrischer Regelmässigkeit zu Figuren ordnen und krystallisiren. Legt sich zwischen je zwei Flüssigkeitstheilchen ein Partikel, dessen Enden mit stärkeren Anziehungskräften begabt sind, so wird die Flüssigkeit in einen festen Körper übergehen, sie wird gefrieren. Sendet irgend ein Körper eine grosse Menge von Ausdünstungen aus, deren anziehende Kräfte besonders stark sind, so werden dieselben, wenn sie auf einen leichten Körper treffen, die Gravitation desselben überwinden und ihn zu sich hin und dann von ihren dünneren zu ihren dichteren Theilen und zuletzt zu dem Körper hinziehen, von dem sie ausgehen. Dadurch können viele der elektrischen Erscheinungen erklärt werden.

Darnach könnte man meinen, dass diese anziehenden Kräfte eines Körpers seiner specifischen Schwere proportional sein müssten, doch ist leicht einzusehen, dass die letzten Partikel einer Materie wohl sehr gedrängt gelagert sein können, ohne dass doch die Gesammtwirkung derselben nach aussen eine entsprechend starke ist.

So mögen nun, damit schliesst KEILL, viele andere Erscheinungen der Natur nach denselben Principien erklärt werden, wie das Aufsteigen des Saftes in Kräutern und Bäumen, die bleibenden und bestimmten Formen der Blätter und Blüthen, ihre besonderen Kräfte u. s. w. Auch manche andere täglichen Vorgänge des thierischen Körpers, besonders diejenigen, welche Beziehung zu den Bewegungen von Flüssigkeiten und Aussonderungen haben, mögen von denselben Kräften abhängen, und darum könnte von hier aus auch die Theorie der Krankheiten und die Wirkung der Medicinen leicht abgeleitet werden.

Die Abhandlung KEILL's zeigt deutlich, dass die berühmte Regel „Hypothesen bilden wir nicht“ selbst in der NEWTON'schen Schule schon ihre zahlreichen Ausnahmen hatte, dass die neue, dynamische Philosophie im Grunde genommen der unbewiesenen Voraussetzungen nicht weniger bedurfte und in solchen Annahmen nicht schüchterner war als die Cartesianische oder die kinetische Philosophie. Auch hat KEILL für seine angeblichen Lehrsätze die dazu gehörigen und förmlich versprochenen Beweise ebenso wenig erbringen können, wie die Cartesianer die angenommenen Formen und Bewegungen der kleinsten Theile der Materie jemals direct nachzuweisen vermocht haben. Fast könnte man darnach versucht sein, die kinetischen und dynamischen Theorien nur als verschiedene Stufen einer im Grunde doch einheitlichen Naturanschauung aufzufassen, Stufen, die abwechselnd bald da, bald dort bequemere und weiter führende Wege eröffnen, die aber beide schliesslich gleich viel auf Hypothesen angewiesen sind, und denen beiden die gleiche Berechtigung und der gleiche Nutzen für die Entwickelung der Wissenschaft zugesprochen werden muss.

Die KEILL'sche Abhandlung ist für die Entwickelung der NEWTON'schen Physik wichtiger geworden, als man nach der fast gänzlichen Vergessenheit, der sie anheimgefallen,[1] meinen sollte. Sie proklamirte noch offener als die NEWTON'sche Optik den Anspruch der NEWTON'schen Philosophie auf die Herrschaft in der gesammten Physik, und sie erwies auch deutlich genug, dass die in der Astronomie nnd Mechanik schon so fruchtbar gewordene NEWTON'sche Kräfteanschauung in der Physik, vor allem in der Molecularphysik, mindestens ebensoviel leisten könne, als der Cartesianismus es bis jetzt vermocht hatte. Die Theorie der Elasticität fester Körper war dabei den Principia mathematica gegenüber, die absolut nichts darüber enthalten, ganz neu und hat sich in ihrem Grunde bis heute erhalten; ziemlich

---

[1] LASSWITZ in seiner verdienstvollen Geschichte der Atomistik z. B. nimmt auf diese Abhandlung KEILL's gar keine Rücksicht.

dasselbe gilt von der Theorie der Lösungen und der chemischen Verbindungen. In der Theorie der Elektricität bilden die Ausflüsse allerdings auch bei KEILL noch einen bloss umgebildeten Rest des Cartesianismus. Da aber diese Ausflüsse hier nicht, wie bei den Cartesianern, durch ihre Bewegungen, sondern nur durch ihre Kräfte wirken, so bleibt doch auch in ihnen die Grundidee der NEWTON'schen Physik gewahrt. Sehr merkwürdig und wohl zu beachten ist wieder, wie in der Optik NEWTON's, die Lehre von den vielfachen Stufen der Zusammensetzung der Partikel der Körper. Nimmt man die Anzahl der Stufen unendlich gross, nimmt man jedes Partikel der Materie immer wieder als zusammengesetzt an, so ist damit die unendliche Theilbarkeit der Materie ausgesprochen und der alten philosophischen Feindschaft gegen die Atomistik der Grund entzogen. NEWTON und KEILL konnten diesen letzten Schritt, gegen den die neuere Physik wenigstens ideell nichts mehr einzuwenden hat, für sich nicht thun, da man vor KANT die nothwendige Unbegrenztheit aller Progressionen in der menschlichen Verstandeserkenntniss noch nicht erkannt hatte. KEILL wie NEWTON nahmen darum, trotzdem sie eine unbestimmt vielfache Zusammengesetztheit der Corpuskeln ausdrücklich constatirt hatten, doch noch letzte untheilbare Atome in aller Materie an, entsprechend der Meinung, überall für die Ursache der physikalischen Bewegungen eine letzte Ursache in der Physik selbst aufzeigen zu müssen. Unverändert endlich hat die Physik bis heute, und das ist noch das bekannteste, wenn auch nicht originellste Verdienst der KEILL'schen Abhandlung, die Vorstellung der Molecularkräfte nach NEWTON-KEILL'scher Art beibehalten, oder wenigstens beizubehalten gestattet; denn die monistische Annahme, dass die Molecularkräfte mit der Gravitation identisch seien, muss doch noch immer mehr als wünschenswerthes Ideal, denn als wirkliche Grundlage der Theorie angesehen werden.

Die stärkere Betonung des physikalischen Werthes der NEWTON'schen Ideen, die directe Verwerfung des Cartesianismus und seiner elementaren Constitution der Materie, die Forderung einer völligen Umgestaltung der Fundamente der Physik, alle diese durch die NEWTON'sche Schule nun immer mehr an die Oeffentlichkeit tretenden Momente brachten zwar die principielle Bedeutung der NEWTON'schen Philosophie zu allgemeinster Erkenntniss, veranlassten aber damit auch eine immer wachsende Reaction gegen diese Principien, ein wieder stärkeres Betonen und ein zäheres Festhalten der Cartesianischen Vorstellungen und endlich sogar ein entschiedeneres principielles Ablehnen der NEWTON'schen Reformen als logischer wie physikalischer Rückschritte zu alten, längst besiegten scholastischen Absurditäten selbst von Seiten solcher Physiker, die auch mit DESCARTES nicht in allen Punkten einverstanden waren. Wer nicht für uns ist, der ist wider uns, diese Devise der NEWTON'schen Schule begann allmählich die ganze physikalische Welt in zwei feindliche Lager zu theilen, zwischen denen eine ruhige Neutralität kaum möglich war, und der principielle Kampf zwischen dem Cartesianismus und dem Newtonismus begann auf der ganzen Linie.

CHRISTIAN WOLF griff 1709 in seiner Aerometrie[1] scharf den Beweis an, den KEILL in seiner Introductio ad veram physicam für die Existenz des leeren Raumes ganz nach NEWTON gegeben hatte, und bezeichnete denselben als einen Paralogismus. KEILL vertheidigte sich in einem Briefe an WOLF, der in dem Januarhefte der Acta Eruditorum[2] vom Jahre 1710 abgedruckt wurde, indem er seinen Beweis noch einmal eindringlicher wiederholte. Die Menge der Materie in einem Körper sei dem Gewichte desselben proportional. Da nun die Gewichte von gleichen Raumtheilen bei verschiedenen Stoffen, wie Kork und Blei, ganz verschieden seien, so müssten auch in gleichen Raumtheilen verschiedener Stoffe ganz verschiedene Mengen von Materie sich befinden; die Räume müssten also bei verschiedenen Stoffen ganz verschieden mit Materie gefüllt und also auch in den verschiedenen Körpern in grösserem oder geringerem Maasse leer sein. WOLF erwiderte darauf im folgenden Monat ebenfalls in den Acta Eruditorum.[3] Man müsse in den Körpern zwei Arten von Materie unterscheiden, eine cohärente, welche nie vom Körper zu trennen, und eine interlabente, welche die erstere frei durchdringe und nicht sperrbar sei. Nur die Menge der ersteren werde durch das Gewicht gemessen, darum aber gerade könne man aus einem geringeren specifischen Gewicht nicht auf eine grössere Leere, sondern nur auf einen stärkeren Gehalt an interlabenter Materie schliessen. Damit stimme auch die Vorstellung von der NEWTON'schen Gravitation. Denn wenn die cohärente Materie schwer sein, d. h. nach einem bestimmten Ort hinstreben solle, so müsse etwas vorhanden sein, durch dessen Thätigkeit die Materie getrieben werde. Wenn eine schwere Materie existiren solle, so müsse es auch eine schwermachende Materie geben, die selbst nicht schwer sein könne, und dies sei eben diejenige, die er die interlabente genannt habe. Die Schwere als eine primitive, durch keine physikalische Ursache hervorgerufene Kraft bezeichnen,

---

[1] Aerometriae Elementa, in quibus Aeris vires ac proprietates juxta methodum Geometrarum demonstrantur, Leipzig 1709.

[2] Acta Eruditorum, Januar 1710, p. 11—15: JOH. KEILL A. M., Epistola ad clar. virum Christ. Wolfium.

[3] Ibid., Februar 1710, p. 78—80: C. W. Responsio ad Epistolam viri clar. JOH. KEILL, Actis Mensis Januarii p. 11 insertam.

das könne nur derjenige, welcher die qualitates occultae wieder in die Physik zurückführen, oder wie das gemeine Volk alles, was nicht mit seinen Ursachen den Sinnen direct offen liege, aus der unmittelbaren Einwirkung Gottes ableiten wolle.[1]

Auch in Frankreich, wo man den Cartesianismus selbst in der Astronomie officiell wenigstens nie aufgegeben hatte, begann man nun gegen den Newtonismus ernstlich mobil zu machen und zu Gunsten des Cartesianismus stärker zu rüsten. PHILIPPE VILLEMOT veröffentlichte schon im Jahre 1707 ein mit vielem Beifall aufgenommenes Werk Nouveau Système ou Nouvelle Explication du Mouvement des Planètes,[2] worin er die DESCARTES'sche Wirbeltheorie mit den NEWTON'schen Gravitationsideen zu vereinigen und die KEPLER'schen Gesetze aus dieser Vereinigung zu deduciren suchte. Er spricht sich in der Vorrede charakteristisch für die damalige Stimmung folgendermaassen aus. Wenngleich schon bei den Alten LEUCIPPUS von Wirbeln des Aethers gesprochen, so sei doch DESCARTES der Erste gewesen, welcher die Gesetze der Mechanik zur Erklärung der himmlischen Bewegungen angewendet habe. Leider habe derselbe dasjenige ganz unberücksichtigt gelassen, was von KEPLER schon in seinem Werke über den Planeten Mars und in seinem Auszug aus der Copernikanischen Astronomie über die physischen Ursachen der Himmelsbewegungen gesagt worden sei; vielleicht nur darum, weil er diese physikalischen Ideen von KEPLER doch noch für unsicher und in ihrer Wahrheit zu wenig nachgewiesen gehalten habe. Diese fehlende Begründung der KEPLER'schen Gesetze will also VILLEMOT nun auf Grund des DESCARTES'schen Systems nachholen.

Von den NEWTON'schen Principien sagt er, dass ihm das Werk allerdings in die Hände gefallen sei, aber zu spät, um dasselbe noch bei der Abfassung seiner Abhandlung gebrauchen zu können; die Aufsätze von LEIBNIZ über die Mechanik der Himmelsbewegungen erwähnt er merkwürdiger Weise gar nicht. Trotzdem aber versucht er, ganz ähnlich wie dieser, die KEPLER'schen Gesetze aus einem Zusammenwirken von kreisförmigen

---

[1] . . . . Scilicet gravitatem esse vim primitivam nemo affirmabit, nisi qui qualitates occultas in Physicam postliminio retroducere aut cum vulgo ad nutum Dei immediatum provocare sustinuerit, ubi causae phaenomenorum a sensu remotae. Etenim ex Metaphysicis satis superque notum est, nihil esse possibile, cujus non aliqua detur ratio, cur possibile est. Quare cum certa materiae quantitas ad punctum aliquod continuo nitatur, et nisi impediatur, actu descendat; hujus conatus h. e gravitatis, aliqua detur causa necesse est.

[2] Nouveau Système ou nouvelle Explication du Mouvement des Planètes, Lyon 1707; Referat in den Acta Eruditorum, 1709, p. 365—369.

Wirbelbewegungen mit gradlinigen Bewegungen nach dem Centrum abzuleiten. Er geht dabei von der Voraussetzung aus, dass die Centrifugalkräfte solcher Körper, welche in einer homogenen Flüssigkeit mit verschiedenen Geschwindigkeiten primäre Circulationen machen, unter sich gleich sein müssen. Unter primären Circulationen sind hierin solche Bewegungen in einer homogenen Flüssigkeit verstanden, deren Geschwindigkeiten weder vermehrt noch vermindert werden können, ohne dass die Körper vom Centrum sich entfernen oder sich demselben nähern. Die Voraussetzung selbst wird durch die Bemerkung erläutert, dass die Centrifugalkräfte augenscheinlich den Widerständen gleich sind und also in einer homogenen Flüssigkeit mit den letzteren auch selbst gleich sein müssen. Aus der Voraussetzung wird dann der Fundamentalsatz der ganzen Theorie abgeleitet, dass nämlich bei solchen primären Circulationen die beschriebenen Umfänge der verschiedenen Bahnen sich umgekehrt verhalten wie die Quadrate der Geschwindigkeiten der Bewegungen. Und mit Hülfe dieses Satzes erhält VILLEMOT endlich, unter der neuen Voraussetzung einer mit der Entfernung veränderlichen Dichte des ätherischen Mittels, in dem sich die Körper bewegen, die Proportionalität der dritten Potenzen der Radien mit den Quadraten der Umlaufszeiten oder das dritte KEPLER'sche Gesetz.

Bald nach dem Erscheinen des Werkes von VILLEMOT veröffentlichte Mr. BOMIE in den Memoiren der Pariser Akademie[1] eine Abhandlung, worin er der VILLEMOT'schen Arbeit grosses Lob spendete, sich aber gegen die Folgerung gleicher Centralkräfte aus der Gleichheit der Dichte und damit des Widerstandes erklärte, weil ja der Widerstand nur gegen die Tangentialbewegung im Kreise gerichtet sei und also die Dichte der Flüssigkeit nichts mit der Entfernung vom Centrum zu thun habe. BOMIE betont, dass das Fundamentalprincip VILLEMOT's ganz auf die Idee der Centripetal- oder Centrifugalkräfte gegründet sei, von welcher HUYGENS die erste Entdeckung gegeben, welche NEWTON dann gründlicher behandelt und für welche VARIGNON endlich die ganz allgemeine Berechnung gelehrt habe. Er leitet dann auf eigene Weise die HUYGENS'sche Formel für die Centrifugalkraft und die entsprechenden Lehrsätze NEWTON's ab und zeigt, wie man durch diese Sätze ebenfalls zum Fundamentalsatze von VILLEMOT kommt.

In den beiden Abhandlungen von VILLEMOT, wie von BOMIE ist von einer besonderen Feindschaft gegen NEWTON noch nichts zu merken, ebenso wenig wie von einer besonderen Anerkennung desselben oder einer Verwerfung des DESCARTES'schen Systems;

---

[1] Mémoires de l'Academie Royale des Sciences, Paris 1707, p. 477.

vielmehr zeigt man sich noch immer einer Vereinigung der beiden entgegenstehenden Systeme geneigt. Die Führung der Planeten um die Sonne durch Aetherwirbel und die Regelung ihrer Entfernung durch Centralkräfte scheint noch immer eine beliebte Vorstellung zu sein, mit der sich wohl eine gleichzeitige Hochschätzung DESCARTES' und NEWTON's vertrug. GIOVANNI POLENI veröffentlichte sogar noch im Jahre 1712 einen Dialogus de vorticibus coelestibus,[1] worin er eine Demonstration der Planetenbewegung in diesem Sinne gab und DESCARTES, VILLEMOT, NEWTON, SAURIN, LEIBNIZ und HUYGENS in einer Reihe hinter einander als Autoritäten auf diesem Gebiete aufzählte.

Scharf dagegen sprach sich um dieselbe Zeit schon der Pariser Akademiker I. SAURIN[2] wieder für DESCARTES und gegen die NEWTON'sche Auffassung der Schwere aus. Als physikalische Ursache einer Bewegung ist nach SAURIN nur der Stoss einer bewegten Materie zu denken und nur aus diesem Princip oder gar nicht ist die Schwere zu erklären. Da wir nun absolut keine anderen Körper zu beobachten vermögen, welche die schweren Körper beim Fall in Bewegung setzen könnten, so sind wir gezwungen, als Ursache dieser Bewegung eine subtile Materie anzunehmen, deren Theile ihrer Kleinheit wegen sich unserer Beobachtung entziehen. In der That ist aus tausend anderen Wirkungen bekannt, dass unsere Erde allseitig von einer solchen subtilen Materie umgeben ist. Diese Materie umkreist die Erde mit einer ausserordentlichen Geschwindigkeit und erhält dadurch eine immense Centrifugalkraft. Die schweren Körper, welche die Bewegung nicht mitmachen können und also diese Centrifugalkraft nicht haben, müssen darnach von der subtilen Materie gegen die Erde hin gedrängt werden. So weit erklärt sich SAURIN mit HUYGENS einverstanden. Der Unterschied ist nur der, dass HUYGENS die Theilchen der subtilen Materie nach allen Richtungen hin grösste Kreise um die Erde beschreiben lässt, während SAURIN die DESCARTES'sche Ansicht vertheidigen will, nach der die Theilchen alle in demselben Sinne parallel zum Aequator die Erde umkreisen.

Den einen Einwurf, dass nach dieser Theorie die schweren Körper nicht zu dem Erdmittelpunkte, sondern gegen die Erdachse hin getrieben werden müssten, hat SAURIN schon im Jahre 1703 in der zweiten Nummer des Journal des Savans beseitigt. Den anderen Einwurf, dass bei einer Bewegung der sub-

---

[1] Padua 1712; Referat in Acta Eruditorum, September 1712, p. 420—428.

[2] Mémoires de l'Academie Royale des Sciences, Paris 1709, p. 131: Examen d'une difficulté considerable proposé par M. HUGHENS contre le Systême Cartesien sur la cause de la Pesanteur.

tilen Materie in parallelen Kreisen auch die schweren Körper in die Umläufe der ersteren mit hineingerissen werden und also ebenfalls ein Centrifugal-, nicht Centripetalbestreben erlangen müssten, will SAURIN jetzt wenigstens durchprüfen, wenn ihm auch eine vollständige Widerlegung noch nicht gelingen sollte. HUYGENS hat bewiesen, dass die Umwälzungsgeschwindigkeit der subtilen Materie, wenn sie ihren Zweck erfüllen soll, mindestens 17 mal grösser sein muss, als die Umdrehungsgeschwindigkeit der Erde. Zieht man nun MARIOTTE's Versuche über die Kräfte bewegter Wasser- und Luftmassen zu Rathe, so würde man allerdings zu dem Resultate kommen, dass der Effect der subtilen Materie, wenn er in Bezug auf die Körper auf der Erdoberfläche unmerklich werden sollte, bei gleicher Geschwindigkeit zum wenigsten drei oder vier Millionen mal geringer sein müsste, als der der Luft; eine Annahme, die allerdings recht fraglich erscheint. SAURIN hat zuerst versucht, den specifischen Widerstand der Flüssigkeit trotz verhältnissmässig grosser Dichte doch genügend gering anzunehmen, aber er erkennt an, dass NEWTON's Untersuchungen über den Widerstand der Flüssigkeiten dem hindernd gegenüberstehen. Deswegen hält er jetzt für besser, die Poren der schweren Körper so weit und die Theilchen der subtilen Materie so klein vorauszusetzen, um ohne Weiteres folgern zu können, dass die subtile Materie sich ohne merkliche Reibung und somit auch ohne merkliche Kraftübertragung durch die schweren Körper hindurch bewege.

Wer eine solche Erklärung nicht annehmen wolle, der möge bedenken, dass wir auch in vielen anderen Gebieten der Physik, wie allgemein in den menschlichen Erkenntnissen, noch manche andere Unwahrscheinlichkeiten und Unklarheiten ohne Lösung hinnehmen müssen,[1] und dass die Annahme einer Unmerklichkeit der seitlichen Wirkung der bewegten subtilen Materie auf die schweren Körper an der Erdoberfläche auch aus anderen astronomischen Beobachtungen gefolgert werden kann. Ein besonderer Grund spricht jedenfalls noch für die Annahme einer Bewegung der subtilen Materie um die Erde, die mehr als 17 mal schneller ist, als die Umdrehungsgeschwindigkeit der Erde. Nach DESCARTES schwimmen nämlich die Planeten und Planetoiden in den Wirbeln ihrer Centralkörper und haben dieselbe Rotationsgeschwindigkeit wie diese Wirbel an der betreffenden Stelle. Die Umlaufszeiten und damit die Umlaufsgeschwindigkeiten der Planeten aber sind

---

[1] Il semble qu'il n'y aurait pas d'autre parti à prendre, que de la digerer cette absurdité, comme on est obligé d'en digerer tant d'autres dans la plûpart des sujets de Physique, et generalement dans presque tous les objets de nos connoissances. (Memoires de l'Academie, Paris 1709, p. 144.)

nach dem dritten KEPLER'schen Gesetze von ihrer Entfernung von der Sonne abhängig. Berechnet man nun nach diesem Gesetze aus der Umlaufsgeschwindigkeit des Mondes die Umlaufsgeschwindigkeit eines anderen angenommenen Planetoiden und somit die des Erdwirbels an der Erdoberfläche, so findet man dieselbe richtig 17 mal schneller als die Umlaufsgeschwindigkeit der Erde.

Schliesslich berührt SAURIN noch den Haupteinwand NEWTON's gegen die Wirbeltheorie des DESCARTES, dass nämlich ein in einer Flüssigkeit rotirender Körper wie die Sonne, jene selbst mit in Bewegung setzen und die Bewegungen der Himmelskörper so reguliren müsste, dass die Umlaufszeiten den Quadraten der Entfernungen vom Rotationscentrum proportional würden, was aber mit dem dritten KEPLER'schen Gesetze absolut nicht zu vereinigen sei. Diesen Einwand weist SAURIN am Ende seiner Abhandlung mit charakteristischen Worten zurück, denen man nicht ganz Unrecht geben kann. „Der Einwand NEWTON's, sagt er, verdankt seine Kraft nur der willkürlichen Annahme, dass die Flüssigkeit des Wirbels vollständig uniform und überall gleichflüssig und dass der Reibungswiderstand der Geschwindigkeit proportional sei. Nimmt man aber an, dass der flüssige Zustand der Flüssigkeit sich mit der Entfernung vom Centrum in gleichem Verhältniss vermehrt oder dass der Widerstand stärker wächst als im einfachen Verhältniss der Geschwindigkeit, so wird man ohne Schwierigkeit zu einer Uebereinstimmung mit dem dritten KEPLER'schen Gesetz kommen. Das ist auch der Sorgfalt NEWTON's nicht entgangen, vielmehr hat er es ausdrücklich angemerkt; aber er begnügt sich mit der Behauptung, dass Annahmen wie die letzteren nicht logisch sein würden, und zieht es vor, die Schwere als eine den Körpern inhärente Eigenschaft zu betrachten und so die berüchtigten Ideen der verborgenen Eigenschaften und der Attraction wieder einzuführen. Wir dürfen uns nicht schmeicheln, dass unsere physikalischen Untersuchungen jemals die Wissenschaft von allen Schwierigkeiten befreien werden; aber festhalten sollten wir immer an klaren mechanischen Principien als Grundlagen der Untersuchungen. Verlassen wir diese, so erlischt auch das Licht noch, das wir haben könnten, und wir fallen von neuem in die Finsternisse der Peripatetiker zurück, vor denen der Himmel uns behüten möge."[1]

---

[1] Il ne faut pas nous flatter que dans nos recherches de Physique nous puissions jamais nous mettre au dessus de toutes les difficultez; mais ne laissons pas de philosopher toûjours sur des principes clairs de Méchanique; si nous les abandonnons, toute la lumière que nous pouvons avoir est éteinte, et nous voilà replongez de nouveau dans les anciennes ténèbres du Peripathetisme, dont le Ciel nous veüille préserver. (Mémoires de l'Academie, Paris 1709, p. 148.)

Der Widerstand, welchen die Idee der Gravitation als einer primitiven oder elementaren Kraft aller Materie fand, konnte die Schule NEWTON's nicht abhalten, diese Idee weiter zu verbreiten und jeden Vermittelungsvorschlag, der die Kraft als Phänomenon wohl anerkennen, aber ihr Wesen aus materiellen Bewegungen ableiten wollte, als verächtliche Schwäche, die nur dem Ruhm der neuen Physik schaden könne, zu verwerfen. Der Meister leuchtet durch eigenes Licht, der Schüler aber, insofern er nur Schüler ist, strahlt in reflectirtem und hat darum ein stärkeres Interesse als selbst der Meister daran, das Licht seiner Sonne durch keine, sei es noch so schwache Wolke trüben zu lassen.

Der junge Oxforder Professor der Chemie JOHN FREIND hatte vom Jahre 1704 (dem ersten Jahre seiner Professur) an Vorlesungen über Chemie gehalten, in denen er die chemischen Erscheinungen ganz nach NEWTON's Ideen durch Anziehungskräfte der Materie und nicht cartesianisch durch Bewegungen ätherischer Medien erklärte. Er hatte diese Lectionen im Jahre 1709 [1] drucken lassen und wurde derentwegen, da er natürlich auch die chemischen Kräfte ohne irgend welche Bedenken als primitive angenommen hatte, in den Acta Eruditorum ziemlich hart mitgenommen. Darauf veröffentlichte FREIND im Jahre 1711 eine Erklärung in den Philosophical Transactions,[2] die ihres offenen, sehr selbstbewussten Tones wegen für die Ansichten der NEWTON'schen Schule um diese Zeit besonders charakteristisch ist und die wir hier kurz ausziehen wollen.

Als ich meine chemischen Lectionen, so heisst es, veröffentlichte, hatte ich eine Ahnung, dass ich bei den Chemikern Anstoss erregen würde. Denn ich war ein unbekannter Autor und hatte mir kühn vorgenommen, eine nützliche Kunst von jenen Fabeln und Phantastereien zu befreien, welche dieselbe lange verdunkelt hatten. Doch zweifelte ich nicht, dass diejenigen, welche Achtung vor der Wahrheit haben, so ehrlich sein würden einem Schriftsteller zu danken, der Neues in diesem Theile der Wissenschaft vorbrachte und als der erste diese Wissenschaft auf gesunde und unbestreitbare Principien zurückführte. Aber die Sache fiel anders aus, als ich erwartete. Denn die Herausgeber der Leipziger Acta kümmerten sich nicht um die Experimente, welche ich vorgebracht, noch um die Art, durch welche ich diese Experimente auf Naturgesetze zurückzuführen versucht hatte, sondern versuchten die Principien selbst zu stürzen, die so lange für sicher erachtet worden sind und von denen meine ganze

---

[1] Praelectiones chymicae, Amsterdam 1709.

[2] Phil. Trans., no. 331, p. 330; Phil. Trans. abr., vol. V, pt. I, p. 428.

Erklärung der chemischen Dinge abhängt. Dies thun sie, ohne einen Bericht über mein Buch zu geben und verlassen damit ihr eigentliches Gebiet, denn diese schmierenden Indexmacher prätendiren ja nur Inhaltsauszüge zu geben und das Urtheil den Lesern zu überlassen.[1]

Zur Begründung einer chemischen Theorie wendete ich die Principien und die Methode an, welche NEWTON, der Fürst der Mathematiker und Philosophen, eingeführt hat: der grosse Mann, der nach seinem eigenen, vortrefflichen Genius uns den sicheren Weg zur Verbesserung der Wissenschaft gelehrt, der die Naturerkenntniss auf solch' strenge Gründe gestützt, mit einer solchen Anzahl von neuen Entdeckungen bereichert, dass er mehr zu ihrer Erleuchtung und Auslegung gethan hat, als alle Philosophen aller Nationen.[2] Ich werde darum in wenig Worten die Theorie dieses gelehrtesten Mannes, welche die Herausgeber der Acta nicht zu kennen scheinen, auseinandersetzen, die falschen Begriffe der letzteren aufzeigen und beweisen, dass gegen ihre eigenen Principien mehr zu sagen ist, als gegen diejenigen NEWTON's.

Die Cartesianer und fast alle, welche sich selbst als Meister der mechanischen Philosophie bekennen, beginnen immer mit der Aufstellung von Hypothesen oder Fictionen, die nirgends ausser in ihrer Einbildung existiren. NEWTON aber geht den entgegengesetzten Weg; er erdichtet nichts, er setzt nichts Unsicheres voraus, er nimmt nichts für zugestanden an, was nicht durch Experiment oder Beobachtung bekannt und Allen nach dem Gebrauch ihrer Sinne unzweifelhaft ist. Aus solchen Principien zieht er mit mathematischer Genauigkeit alle seine Schlüsse. Aus den Bewegungen der Himmelskörper hat er eine Kraft nachgewiesen, die, mit der Schwere identisch, zwischen aller Materie nach dem umgekehrt quadratischen Verhältniss der Entfernungen wirkt. Diese Anziehung mögen die, denen es gefällt, eine qualitas occulta nennen, auch ich glaube, dass sie immer verborgen bleiben wird;

---

[1] Phil. Trans. abr., vol. V, pt. I, p. 428: And surely these their cavils are the less to be tolerated, because on this account they go out of the Limits of their Province. For all that these scribbling Indexmakers pretend to do, is in a compendious Way to relate simply and faithfully what is contain'd in a Treatise, but to leave the Iudgment of the Reader free and unbiass'd.

[2] For a Foundation of the Theory of Chemistry, I assumed the Principles, and the Method of arguing from them, which NEWTON, the Prince of Mathematicians and Philosophers, has introduced: which great Man, by his own excellent Genius, has taught us a sure Way for the Improvement of Physics, and has fix'd natural Knowledge on such weighty Reasons, has enrich'd it with such a Number of new Discoveries, that he has done more to illustrate and explain it than all the Philosophers of all Nations. (Phil. Trans. abr., vol. V, pt. I, p. 428.)

jedenfalls habe ich bis jetzt noch nicht bemerkt, dass einer der Herausgeber der Acta so scharfsinnig in der geheimen Philosophie gewesen wäre, dass er uns hätte erklären können, durch welche Mittel und durch welche mechanische Kraft die Natur jene Anziehung wirklich hervorbringt. Aber wie verborgen auch diese Naturkraft in Betreff ihrer Ursache sein mag, so kann sie doch niemals eine Fiction oder eine Hypothese genannt werden, was nach dem eigenen Bekenntniss der Herausgeber der Acta von ihren Principien ausgesagt werden muss; denn durch unwiderlegliche Argumente hat Newton nachgewiesen, dass jene Naturkraft ebenso sicher existirt, wie die Sonne und die Planeten selbst. In gleicher Weise hat derselbe Newton durch fortdauernde Beobachtung und überzeugende Experimente die verschiedene Brechbarkeit der Lichtstrahlen entdeckt und darnach die bewundernswerthe Natur des Lichtes und der Farben so klar gelegt, dass man anerkennen muss, dass vor ihm dieser Theil der Optik nur in sehr flüchtiger und oberflächlicher Weise behandelt worden ist.

Aus alledem geht sicher hervor, dass nach der wahren Methode der Naturwissenschaft zuerst die Natur und die Kräfte der Körper durch eine Menge von Experimenten ergründet werden müssen. In dieser Weise erforschte Archimedes die Gesetze der Mechanik und Hydrostatik, ohne die Ursache der Gravitation oder der Fluidität festzusetzen, bestimmte Galilei die Gesetze des Falles, der Wurf- und der Pendelbewegung, ohne Hypothesen über die Ursachen der Schwere zu geben, und auf diese Weise haben die Mathematiker auf Grund der Gesetze der Reflexion und Refraction die grössten Fortschritte in der Optik gemacht, ohne dass ihnen die wahre Ursache dieser Erscheinungen nur im geringsten bekannt gewesen wäre. Wenn man der Autorität der Herausgeber der Acta irgend welches Gewicht beilegen wollte, so müssten die Entdeckungen aller dieser genialen Männer völlig verworfen werden, weil sie von Kräften der Körper ausgegangen, deren Ursprung und Ursachen noch immer gleichmässig unbekannt sind. Selbst der gelehrte Wolf hat in seiner Aerometria aus der Schwere der Luft viele Naturerscheinungen erklärt, ohne eine mechanische Ursache dieser Schwere anzugeben.

Jedenfalls hat Newton von allen Physikern am meisten in der Erforschung der Schwere geleistet, indem er zeigte, dass sie von einer Anziehungskraft herrührt, welche sich nach allen Seiten hin durch alle Materie verbreitet.[1] Und doch belegen die Heraus-

---

[1] Newton has gone furthest of any in promoting this Gravity, which we know to be a sensible Quality. For he shews it to arise from an attractive Force, which propagates itself on all Sides through all Matter. (Phil. Trans. abr., vol. V, pt. I, p. 430.)

geber der Acta diese Kraft mit dem Namen einer Erdichtung. Newton hat unwiderleglich die Art der Attraction demonstrirt, welche in der planetarischen Welt herrscht, und ich sehe nicht, dass etwas Vernünftiges diesen Demonstrationen entgegengesetzt worden wäre. Dass aber auch die andere Art der Attraction, welche in einem stärkeren als dem quadratischen Verhältniss mit wachsender Entfernung abnimmt, wirklich existirt und in den kleinsten Corpuskeln ihre Macht zeigt, das kann ich durch mehr Experimente nachweisen, als Wolf für die Schwere der Luft beibringen kann. Es ist durch Experimente sicher festgestellt, dass alles Licht, wenn es an den Kanten fester Körper vorüber geht, gegen diese hingezogen wird. Wo jemals Action ist, da existirt nothwendig auch Reaction; desswegen ist als sicher anzunehmen, dass diese Attraction auch durch alle Materie sich verbreitet und aller Materie inhärent ist, wenn sie auch nur zwischen den kleinsten Partikeln mehr bemerkbar wirkt, wie der scharfsinnige Physiker Dr. Keill deutlich gezeigt hat.

Jene Leute von den Acta Eruditorum sagen: „Wenn solche Dinge wie die Attraction einmal zugelassen werden und eine Licenz für Dichtungen in der Wissenschaft gegeben wird, so werden auch Andere noch andere verborgene Eigenschaften der Materie erfinden, die absolut unerklärbar sind, und wir werden allmählich zu den alten Refugien der Unwissenheit zurückkehren. Wenn einmal eine Anziehungskraft, eine Sympathie in der leblosen Materie zugegeben wird, warum sollte z. B. nicht gleicherweise auch eine Abstossungskraft, eine Antipathie erlaubt werden?“ Aber die Anziehungskraft ist bei uns nur erlaubt, weil sie durch augenscheinliche Experimente aufgezeigt wird; sie ist nicht eine Sache der Meinung, erfunden um andere Erscheinungen zu erklären, sondern ist selbst ein Phänomenon und durch die Natur selbst festgestellt. Wenn die Herausgeber der Acta wünschen, das Princip der Attraction bis zu seiner Quelle zurück zu verfolgen, so mögen sie thun, wie ihnen gefällt; Newton wird ihnen diesen Ruhm lassen. Ihm genügt es, wenn man ihn wegen seiner Unterlassung der Lösung eines Problemes entschuldigt, welches er für sehr verwickelt und sehr schwierig hält.

Ich weiss wohl, dass der gelehrte Leibniz, welchen die Herausgeber der Acta als eine Art von Gottheit verehren, in seiner mit dem prächtig klingenden Namen Dynamik bezeichneten Abhandlung uns sehr klar gesagt hat, dass thätiges Streben oder lebendige Kraft die innerste Natur der Körper bilden. Eine solche Kraft ist aber, wenn ich ihn richtig verstanden habe, doch absolut nichts Anderes als die gegenseitige Anziehung, welche nach uns allen Körpern eingepflanzt ist. Wenn Leibniz'ens Ansicht von der Materie richtig ist, so dürfen wir mit ebensoviel

Recht nach der Ursache der Ausdehnung und der Solidität fragen als nach der Ursache des attractiven Princips, das aller Materie inhärent ist. Nehmen wir das letztere als nothwendig an, so müssen alle Wirkungen, welche wir in der Weltmaschine bemerken, nothwendig ihrem Ursprunge nach bloss aus der Constitution der Materie abzuleiten sein. Aber die innere Natur der Körper ist mir so wenig bekannt, dass ich weit davon entfernt bin zu behaupten, jene Kraft wäre der Materie nothwendig inhärent, und gehörte ebenso zu ihr wie die Ausdehnung und die Solidität. Diese Meinung scheint vielmehr so wenig gesichert, dass die Argumente, welche man gegen sie vorbringen könnte, kaum aufzuzählen und noch weniger zurückzuweisen sind.

Da aus der Bewegung aller Körper augenscheinlich ist, dass eine gegenseitige Anziehungskraft in aller Materie existirt, und da wir diese Kraft trotzdem nicht für nothwendig inhärent der Materie, noch auch für mechanisch erklärbar halten, so meine ich, wir machen uns keiner Unsinnigkeit schuldig und verstossen nicht gegen die wahre Wissenschaft, wenn wir diese Kraft auf den Willen Gottes zurückführen und sie als ein Gesetz annehmen, durch welches die ganze Weltmaschine regulirt und gelenkt und die Harmonie und Correspondenz aller Körper bewahrt wird. Wer ein solches Gesetz nicht annimmt, sondern behauptet, dass das ganze Geschäft der Natur sich durch mechanische Mächte von selbst vollziehe, und das nicht bloss in Betreff der nächsten, sondern auch der entferntesten Ursachen, der wirkt schliesslich nicht anders als Epikur, d. h. er rottet den Begriff Gottes, der doch alle Dinge durch seine Vorsehung regiert, aus dem Geiste des Menschen aus und überliefert nur Argumente den Atheisten und Gottlosen.

Was wir auch über diese Anziehungskraft sagen mögen, so ist kein Zweifel, dass die Natur der Dinge zu ihrer Erhaltung ein actives Princip erfordert. Denn wenn auch der Schöpfer gleich bei der Schöpfung die Körper noch mit Bewegung begabt hätte, so könnten sie doch, wenn sie später ganz sich selbst überlassen wären, ihre Wechselwirkungen nicht immer wieder so constant in einer gewissen Zeit vollenden, wie dies wirklich geschieht. Der scharfsinnige Leibniz begegnet diesem Einwand sehr elegant durch die Erklärung, dass der Trieb zu wirken in dem Charakter der Substanzen selbst liege. Aber wie auch diese Kraft festgesetzt wird, welche durch ihre Einflüsse alle Dinge bewegt und anregt, zuletzt muss sie doch nothwendigerweise in eine verborgene Eigenschaft aufgelöst werden, denn bis hierher hat man noch immer nur vergeblich nach einer solchen letzten Ursache gesucht, die von dem göttlichen Willen verschieden wäre. Einige, welche sich für sehr scharfsinnig in mechanischen Dingen halten, haben diese

Kraft in den Aether oder. eine sehr feine Flüssigkeit gesetzt. Was aber ist es, so muss man dann fragen, das diesen Aether in solch unaufhörlicher Bewegung erhält, und wie kommt es, dass die entgegengesetzten Bewegungen nicht einander zerstören? Was rüstet diese Bewegung mit solchen Fähigkeiten aus, dass jede ihre eigene Aufgabe in richtiger Weise vollendet?

Wenn wir diese Aetherhypothese zulassen wollten, würde es bald offenbar werden, dass sie mehr verborgene Eigenschaften voraussetzt, als durch sie Erscheinungen überhaupt erklärt werden können. Wie viel rationeller geht, damit verglichen, doch NEWTON vor. Er erfordert nicht mehr, als dass ihm ein einziges, sehr einfaches und durch vielfältige Experimente bestätigtes Princip zugegeben werde; von hier aus thut er Wunder.

Die Herausgeber der Acta zeigen in ihren Bemühungen sehr deutlich, wie dunkel eigentlich die Hypothese von dem Aether ist. Sie behaupten, dass alle diese Dinge genügend erklärt werden könnten und zum Theil bereits erklärt wären, ohne die verborgene Qualität der Attraction, welche die wahren Principien der Philosophie zu nichte mache und uns zu dem alten Chaos zurückführe. Sie nehmen also an, dass die Materie in viele Partikel zertheilt sei, welche von gewissen magnetischen Sphären aus einer subtileren Flüssigkeit umgeben wären, durch deren Bewegungen sie, ähnlich wie bei Magneten, einander anzögen oder abstiessen, oder in eine passende Lage sich ordneten, so oft sie Freiheit der Bewegung erlangten. Dem gegenüber aber möchte ich wissen, was es für uns Verborgeneres geben kann als den Magnetismus, und davon abgesehen, durch welche Kräfte die Atmosphären untrennbar mit den Partikeln verbunden bleiben, wodurch die Atmosphären in Bewegung versetzt und erhalten werden, welcher Art diese Bewegungen sein sollten u. s. w. Es kann keine sicherere Zuflucht für die Unwissenheit geben als diese Fictionen einer subtilen Materie und einer magnetischen Kraft. Jedermann muss erkennen, wie phantastisch und unsicher diese Dinge sind, denn was diese subtile Flüssigkeit ist, und ob sie existirt oder nicht, das kann weder irgend eine Beobachtung noch eine Deduction lehren.

Mag der Leser sich darüber entscheiden, ob die Waffen der Dialektik, welche die Herausgeber der Acta gegen die wahre oder NEWTON'sche Philosophie richten, nicht vielmehr gegen ihre eigene schwache Weise des Philosophirens zu wenden sind. Alle Dinge, welche sie mit Ostentation als sicher und gewiss vorbringen, sind eitel und erdichtet und durch kein Experiment bestätigt. Und selbst wenn wir ihre Fictionen zugeben wollten, so sind sie mit so viel Dunkelheit und Unklarheit verbunden, dass es leichter ist die Natur der Sympathie, Antipathie und der Antiperistasis zu verstehen als sie. In jener Hypothese der Wirbel, der sie so überaus freundlich gesinnt erscheinen, bringen sie keinen Grund dafür vor, warum die flüssige Materie sich in gekrümmter Bahn um einen Mittelpunkt bewegen sollte, obgleich doch alle Körper naturgemäss in geraden Linien sich bewegen. Und wodurch wird denn verhindert, dass die verschiedenen Wirbel in ihren Bewegungen sich gegenseitig stören? Wie können sich die Kometen durch solche Wirbel hindurch bewegen und doch in ihren Bahnen den Bewegungsgesetzen der Planeten folgen? Mit dieser Wirbelhypothese verwickeln sich diese philosophischen Künstler in solche Fallstricke, dass sie nie wieder aus denselben sich frei machen können, und doch beruht darauf ihre ganze Art von Philosophie. Wenn sie irgend eine Erscheinung zu erklären unternehmen, so liegt ihre subtile Materie bereit zu bewirken, was ihnen gefällt, aber in einer Weise und durch Bewegungen, welche selbst völlig unbekannt und unerklärbar sind. Wie unähnlich und weit verschieden davon ist die wahre Methode der Wissenschaft. In dieser wird nichts angenommen, was nicht durch augenscheinliche Experimente als der Natur der Dinge entsprechend erwiesen ist, und obgleich die Ursache und der Ursprung des Princips, welches wir gebrauchen, uns verborgen ist, so können wir doch daraus eine Menge Dinge, welche uns überall aufstossen, ableiten. Jedenfalls erfordert es die Art eines aufrichtigen Philosophen zuerst die Kräfte der Körper durch Experimente kennen zu lernen und darnach, wenn dieselben sorgfältig untersucht und festgestellt sind, klar und deutlich zu zeigen, welche anderen Effecte nothwendig aus ihnen folgen.

Freind's Streitschrift gegen die Herausgeber der Acta Eruditorum schiesst weit über das Ziel hinaus und bekämpft Ansichten der Gegner, welche dieselben nie gehabt, auf Grund von Lehrsätzen, die dieselben niemals bestritten. Es ist leicht zu sehen, dass Freind damit nicht bloss den Referenten seines Werkes, sondern mit ihm zugleich auch die principiellen Gegner der Newton'schen Philosophie überhaupt, vor allem Leibniz und seine Anhänger treffen wollte. Freind kennzeichnet die Newton'sche Attraction als ein Phänomenon, das durch Beobachtung festgestellt sei. Als solches bekämpften aber auch die Leipziger die Attraction nicht, sondern erkannten sie vielmehr mit den Newton'schen Gesetzen ausdrücklich an. Was ihnen wissenschaftlich unmöglich erschien, das war nur die Annahme dieser Attraction als einer elementaren Urkraft der Materie, für die eine weitere Ursache nicht gesucht zu werden brauche und nicht gefunden werden könne. Was man ihnen dabei höchstens zum Vorwurf machen könnte, wäre nur, dass sie der Forschung nach dieser Ursache zu viel Werth beilegten und Newton's Constatirung der

Attraction als eines Phänomenons zu wenig in ihrer Wichtigkeit würdigten.

Newton hatte sich immer so weit zurückgehalten, dass er die phänomenale Sicherheit der Attraction zwar so kräftig als möglich betonte, aber die Entscheidung über das Wesen und die Ursache derselben von sich aus ablehnte. Freind bezeichnet zwar auch zuerst noch die Gravitation als ein Phänomenon, geht aber dann weiter und identificirt Newton's wahre Philosophie geradezu mit der Lehre von der Schwere als einer letzten, directen Ursache göttlichen Ursprungs. In dieses System werden dann selbst die von Newton wohl angedeuteten, aber doch nicht reell behaupteten Molecularkräfte, die in einem höheren als quadratischen Verhältniss mit der Entfernung abnehmen, ohne weiteres eingefügt, so dass auch die Angriffe gegen diese besonderen Kräfte als direct gegen Newton selbst gerichtet aufgefasst werden. Nach Freind's Darstellung sind diese Molecularkräfte ebenso sicher nachgewiesene Erscheinungen wie die kosmischen Attractionen, die Newton aus den Bewegungen der Himmelskörper abgeleitet hatte, und Freind scheint die einen wie die anderen in gleicher Weise für elementare, göttlich angeordnete Wirkungen der Materie zu halten.

Wie weit Newton den spöttischen, aggressiven Ton seines jungen Anhängers gegen alte verdiente Gelehrte, wie Leibniz, um diese Zeit billigte, das wissen wir nicht; wir finden nirgends eine Aeusserung von ihm darüber. Nur darauf können wir für etwaige Schlüsse aufmerksam machen, dass in den Philosophical Transactions der Royal Society neben einem kurzen Bericht über die chemischen Lectionen von Freind auch dieser Angriff oder diese Vertheidigung Freind's abgedruckt, dass aber in die abgekürzte Wiederauflage der Transactions nur die letztere Abhandlung und zwar in extenso aufgenommen wurde. Newton war zur Zeit beider Drucke Präses der Royal Society und die gekürzte Ausgabe der Transactions ist ausdrücklich mit seinem Imprimatur versehen. Uebrigens stimmen die Aeusserungen Freind's, abgesehen von den persönlichen Angriffen, so vollständig mit den Andeutungen Newton's in der Optik überein, dass man Freind's Ausführungen ganz als eine weitere Umschreibung Newton'scher Sätze ansehen kann.[1]

---

[1] Die Praelectiones Chymicae von Freind waren in sehr schmeichelhafter Weise Newton gewidmet. Freind's Vertheidigung gegenüber dem Referat in den Acta Eruditorum wurde am 15. November 1711 in der Sitzung der Royal Society gelesen. Die Versammlung votirte dem Verfasser ihren Dank und ordnete die Veröffentlichung des Aufsatzes in den Philosophical Transactions an. (Vergl. Edlestone, Correspondence, p. 212.)

Die Herausgeber der Leipziger Acta Eruditorum, die allerdings seit dem Erscheinen der optischen Fragen in den Jahren 1704 und 1706 die NEWTON'schen Ideen von der Existenz des Leeren in der Welt und der materiellen Attraction als einer primitiven Urkraft erst gelegentlich und dann absichtlicher bekämpften, bemühten sich dabei doch angelegentlichst den Meister von seiner Schule zu trennen und alle Angriffe auf die vorkämpfenden Schüler zu beschränken. In einem Berichte vom Mai 1711[1] über MARTIN LISTER's Schrift De humoribus (London 1709) z. B. sprechen sie ihre Freude darüber aus, dass der berühmte Arzt die von einigen Engländern wenig glücklich erneute Lehre von den anziehenden Kräften der Materie und besonders die Begründung derselben durch JOHN KEILL zurückweise, obgleich dieser sich dabei auf die Autorität des grossen NEWTON zu stützen suche; denn eher sei wohl der Widerspruch als die Einwilligung NEWTON's gegenüber den Deductionen KEILL's zu erwarten. Jedenfalls habe der scharfsichtige Meister die anziehende Kraft nie als eine primitive oder als eine qualitas occulta, sondern immer nur als ein Phänomenon zugelassen, so wie man allgemein von der Schwerkraft oder von magnetischen und elektrischen Kräften spreche.

Dieselbe Ansicht wiederholten die Acta Eruditorum im nächsten Jahre in einem Berichte[2] über die Schrift Facies ac Pulchritudo Chymiae ab affictis maculis purificata (Leyden 1710), in welcher der Professor der Chemie und Medicin LE MORT die Ideen FREIND's bekämpfte. Auch in ihrer Erwiederung[3] auf die Streitschrift FREIND's, die im Juni 1713 erschien, blieben die Herausgeber auf diesem Standpunkte stehen. Wir bekämpfen, so heisst es hier wieder, die attractive Kraft nur, so weit sie für eine primitive Kraft gehalten wird, lassen sie aber als Phänomenon ohne Bedenken zu. Mit welchem Rechte freilich FREIND diese Kraft als eine schon lange für sicher anerkannte bezeichnet, ist uns unverständlich; denn vor dem Erscheinen der lateinischen Ausgabe der NEWTON'schen Optik von 1706 war wenigstens in Deutschland nichts davon bekannt. Selbst unter den Engländern wird die Kraft von Manchen, wie MARTIN LISTER z. B., für ein prekäres Princip gehalten, und unter den Ausländern haben wir bis jetzt Niemand gefunden, welcher das neue System

---

[1] Acta Eruditorum, Mai 1711, p. 216—224.

[2] Ibid., December 1712, p. 543.

[3] Ibid., Juni 1713, p. 307—314: Responsio ad Imputationes JOHANNIS FREINDII in Transactionibus Anglicanis, no. 331, p. 330. p. 307: Probe autem notandum est, nos impugnasse vim attractricem, quatenus pro vi primitiva habetur, non quatenus ut phaenomenon admittitur.

der attractiven Kräfte physikalisch gut geheissen hat, wohl aber Viele, die es bekämpfen.

Je mehr man aber bestrebt war, eine Differenz zwischen den Ansichten des Meisters und seiner Schule zu constatiren, je mehr man sich bemühte, den Verdacht der revolutionären physikalischen Ideen vom Meister auf die Schüler abzuwälzen, desto mehr musste man erwarten und verlangen, den Meister selbst über die Sache zu hören und die Entscheidung NEWTON's, des bei der Sache am meisten Betheiligten, selbst zu vernehmen. Diese Entscheidung konnte aller Voraussicht nach nicht ausbleiben, wenn NEWTON, wovon viel die Rede war, eine neue Ausgabe seiner Principien der Naturlehre veranstaltete, und darum erwartete die gelehrte Welt diese Ausgabe schon seit Jahren mit immer wachsender Spannung.

Ehe wir aber zur Geschichte dieser zweiten Auflage übergehen, wollen wir nur noch im Vorübergehen der Versuche der NEWTON'schen Schule gedenken, die Principien des Meisters auch auf das Gebiet des Magnetismus zu übertragen und die Abhängigkeit der magnetischen Kraft von der Entfernung festzustellen. BROOK TAYLOR und FRANCIS HAWKSBEE wurden im Jahre 1712 von der Royal Society mit solchen Experimenten beauftragt. Man stellte eine Magnetnadel im magnetischen Meridian auf und brachte über der Mitte der Nadel einen Magnetstein so an, dass dessen Achse senkrecht auf der Achse der Magnetnadel stand. Die Entfernungen der Nadel und des Magnetsteines wurden dann von einem Fuss bis auf neun Fuss vergrössert und die dazu gehörigen Ablenkungen der Nadel beobachtet. Doch schienen den Experimentatoren selbst die Resultate so wenig versprechend, dass sie weitere Schlüsse über die Natur der Kraft nicht zogen und die Tabellen ohne Commentar veröffentlichten.[1] Uebrigens hatte NEWTON früher selbst schon rohe Versuche zur Bestimmung des Gesetzes der magnetischen Kraft angestellt und auch eine Bemerkung darüber in den Principien veröffentlicht.[2]

2. Kapitel. Die zweite Ausgabe der mathematischen Principien der Naturlehre.

Die erste Auflage der NEWTON'schen Principien war bald vergriffen; schon im Anfang der neunziger Jahre soll es schwer

[1] Phil. Trans., no. 335, p. 506; Phil. Trans. abr., vol. IV, pt. II, p. 295: Experiments concerning the Proportion of the Loadstone at different Distances, by F. HAWKSBEE. — Phil. Trans., no. 344, p. 294; Phil. Trans. abr., vol. IV, pt. II, p. 297: An Account of an Experiment to discover the law of the Magnetical Attraction, by B. TAYLOR.

[2] Vergl. S. 215 dieses Werkes.

gehalten haben, noch Exemplare der Schrift zu erlangen. Auch dachte man bereits 1692 an eine neue Ausgabe und Fatio de Duillier war eifrig bemüht, der Herausgeber derselben zu werden. Indessen mögen damals anscheinend nothwendige, und doch augenblicklich nicht zu bewerkstelligende Verbesserungen die Wiederauflage des Werkes verhindert haben, wenigstens deuten darauf die Verhandlungen mit Flamsteed hin. Gegen das Ende der neunziger Jahre wurden Newton's Arbeiten für die neue Auflage durch die Uebernahme des Amtes an der Königlichen Münze zurückgedrängt und im Anfange des neuen Jahrhunderts brachte die nun endlich erfolgende Ausgabe der Optik abermals eine Unterbrechung. Gleich darauf aber wurden die Arbeiten für die Vollendung der Mondtheorie in vollem Ernste aufgenommen, und schon im October 1709 bekam Cotes einen grossen Theil des Manuskriptes der zweiten Auflage zur Fertigstellung für den Druck in seine Hände. Der verantwortliche Herausgeber des Werkes war wieder nicht Newton selbst, sondern sein theologischer Verehrer Richard Bentley, der jedenfalls von Newton's Arbeit nicht mehr verstand, als er in seinen Vorlesungen über den Atheismus verwerthet hatte. Der eigentliche Sachverständige war der junge Professor der Astronomie an der Universität Cambridge, Roger Cotes, ein genialer Gelehrter, den Newton vor allem rühmte, von dem er die höchsten Erwartungen öffentlich aussprach und der auch diese Erwartungen innerhalb seines kurzen Lebens (1682—1716) nicht Lügen gestraft hat. Cotes führte mit Newton und Bentley über die Herstellung der zweiten Auflage eine umfangreiche Correspondenz, die Edlestone im Jahre 1850 zum erstenmale veröffentlichte.[1]

Die Sammlung beginnt mit einem Briefe Bentley's vom 21. Mai 1709, worin dieser Cotes auf den baldigen Empfang des Manuskriptes der Principien vorbereitet. Am 18. August desselben Jahres mahnt Cotes an die Absendung, und am 11. October erhält er endlich einen grossen Theil des Manuskriptes mit einem Briefe Newton's zugeschickt. Er solle sich, so heisst es in diesem Briefe, nicht die Mühe machen, alle Beweise des Werkes durchzuprüfen, denn es werde doch unmöglich sein, alle Fehler desselben zu eliminiren. Er möge nur das verbessern, was ihm beim Ueberlesen als offenbar aufstosse, und er werde damit doch noch mehr Arbeit haben als man ihm eigentlich zumuthen dürfe.

Von diesem Zeitpunkte an bis zum 15. April 1710 aber ist eine Lücke in dem Briefwechsel, verursacht wahrscheinlich durch das Verlorengehen von Briefen, was man um so mehr bedauern

---

[1] Correspondence of Sir Isaac Newton and Prof. Cotes ... by Edlestone, London 1850.

muss, als in dieser Zeit mit dem zweiten Buch des Werkes auch das berühmte Scholium über die Erfindung der Differentialrechnung durch LEIBNIZ und NEWTON wieder abgedruckt wurde, das NEWTON später in der dritten Auflage durch ein anderes ersetzte.[1] Die Uebersendung des Manuskriptes scheint sonst regelmässig fortgeschritten zu sein, nur mit grösseren Zwischenräumen vom 27. Oktober 1710 bis 24. März 1711 und vom 28. Juli 1711 biz 2. Februar 1712, deren letzterer vielleicht durch den Kampf NEWTON's mit FLAMSTEED, sowie durch den von KEILL begonnenen Streit um die Entdeckung der Infinitesimalrechnung verursacht wurde. Am 2. März 1713 schreibt NEWTON, dass er zuerst beabsichtigt, einen grösseren Excurs über die anziehenden Kräfte der kleinsten Theile der Körper zuzugeben, dass er aber bei weiterem Nachdenken (vielleicht wegen des Ansturmes der LEIBNIZ'schen Schule gegen diese Kräfte) es vorgezogen habe, nur einen kurzen Paragraph über diesen Theil der Philosophie einzufügen.[2]

Mit einem Briefe BENTLEY's an COTES vom 5. März 1713 beginnen dann die Verhandlungen über eine von COTES zu verfassende Vorrede zu dem Werke. Ich erinnere Euch mit Sir ISAAC's Erlaubniss, schreibt BENTLEY, an das, was wir über einen alphabetischen Index und eine von Euch unterzeichnete Vorrede abgesprochen haben; bitte macht das für den Druck fertig. COTES erkundigt sich darauf am 10. März bei BENTLEY über die Art, in welcher die Vorrede verfasst werden soll. In Betreff der Vorrede, sagt er, möchte ich gern von Sir ISAAC wissen, in welchem Sinne er dieselbe geschrieben wünscht. Ihr wisst, dass das Werk im Auslande mit einiger Ungunst aufgenommen worden ist, deren Ursache leicht errathen werden kann. Das vor kurzem auf Anordnung der Royal Society veröffentlichte Commercium epistolicum enthält solch unzweifelhafte Beweise von Mr. LEIBNIZ'ens Mangel an Aufrichtigkeit, dass ich nicht das mindeste Bedenken tragen werde, die volle Wahrheit in dieser Sache auszusprechen, wenn es für passend gehalten wird. Einige seiner Abhandlungen, wie sein Tentamen de Motuum Coelestium causis,[3] verdienten eine scharfe Rüge. Falls Sir ISAAC will, dass etwas der Art gethan wird, so würde es mir lieb sein, wenn er (während ich jetzt mit der Herstellung der Inhaltsangabe beschäftigt bin) die Sache überlegen und in einigen Noten angeben wollte, was er am meisten der Erwähnung für werth hält. Ich sage dies für den Fall, dass ich bestimmt bin, die Vorrede zu schreiben, halte es aber für viel rathsamer, dass Ihr oder Er oder Ihr Beide die-

[1] EDLESTONE, Correspondence, p. 7.
[2] Ibid., p. 147.
[3] Siehe S. 231 dieses Werkes.

selbe, während Ihr in London seid, verfasst. Ihr könnt Euch darauf verlassen, dass ich Eure Sätze als meine eigenen anerkennen und vertheidigen werde, wenn sich dazu Gelegenheit bieten sollte.

Auf diesen Brief antwortete Bentley nach einer Unterredung mit Newton umgehend am 12. März.[1] Was den Schluss Eures Briefes betrifft, sagt Bentley, worin Ihr eine Vorrede vorschlagt, die hier verfasst und doch von Euch vertreten werden soll, so wollen wir denselben Eurer Bescheidenheit zuschreiben. Aber besteht darauf nicht weiter, sondern geht selbst an die Ausarbeitung. Ihr wisst, dass die Vorrede enthalten soll: 1. einen Bericht über das Werk selbst, 2. einen Bericht über die Verbesserungen, welche die neue Ausgabe bringt, und im Uebrigen habt Ihr Sir Isaac's Einwilligung, noch weiter anzufügen, was Euch in Betreff des Streites über die erste Erfindung der neuen Analysis geeignet dünkt. Ihr seid selbst Meister darin und bedürft keines weiteren Winkes. Wenn die Vorrede fertig ist, dann sollt Ihr mein und Sein Urtheil über etwaige Verbesserungen haben. Nur halten wir beide es für rathsam, den Namen von Leibniz nicht zu erwähnen und alle Vorwürfe zu unterlassen, denn sonst werdet Ihr hören, nicht dass es unwahr, aber dass es roh und unhöflich sei. Cotes erklärt sich darauf in einem Briefe vom 18. März[2] mit allem einverstanden, was man ihm geschrieben, und hat sich demgemäss die Sache schon zurechtgelegt. Er will dem Bericht über das Buch und die Verbesserungen der zweiten Auflage nur noch einiges Weitere über die in dem Werke gebrauchte Methode des Philosophirens und die Unterschiede derselben von der des Descartes beifügen, und zwar in populärer Manier, damit es allgemein verstanden werden könne. Indem er darnach kurz seinen Weg andeutet, kommt er aber bei dem ersten Corollarium zu der fünften Proposition des dritten Buches auf eine Schwierigkeit. Sie liegt, sagt Cotes, in den Worten „Et cum attractio omnis mutua sit". Ich bin überzeugt, dass diese Worte richtig sind, wenn die Anziehung im eigentlichen Sinne verstanden werden soll, andernfalls dürften sie falsch sein. Denken wir uns z. B. zwei Kugeln *A* und *B*, welche in einer gewissen Entfernung von einander auf eine Tafel gesetzt sind und von denen die eine *B* durch eine unsichtbare Hand gegen die andere in Ruhe bleibende bewegt wird. Ein Dabeistehender, welcher die Bewegung, aber nicht jene Ursache beobachtet, wird dann schliessen, dass die Kugel *B*

---

[1] Edlestone, Correspondence, p. 150, Letter XXIX, Bentley to Cotes, 12. März 1713. Der Eingang des Briefes lautet: I communicated your Letter to Sir Isaac, who happened to make me a visit this morning and we appointed to meet this Evening at his House, and there to write you an Answer.

[2] Ibid., p. 151, Letter LXXX, Cotes to Newton, 18. März 1713.

nach dem Centrum von *A* hinstrebt und wird deswegen die Kraft der unsichtbaren Hand als eine Centripetalkraft betrachten, welche als eine eigentliche und reelle Anziehung zwischen *A* und *B* wirkt. Aber der auf Grund des Axioms „Attractio omnis mutua est" erfolgende Schluss, dass die Kugel *A* sich auch gegen die Kugel *B* bewegen und die beiden Kugeln in einem gemeinsamen Gravitationscentrum zusammentreffen müssten, würde doch falsch sein. Ich würde erfreut sein, wenn Ihr mir diese Schwierigkeit lösen wolltet; die Lösung könnte dann auf dem letzten Blatte Eures Buches oder als ein Addendum auf die Tafel der Druckfehler gebracht werden. So lange aber nicht der betreffende Einwand gehoben ist, würde ich nicht wagen, jemandem entgegen zu treten, welcher behauptete, dass Ihr doch Hypothesen zuliesset (that You do Hypothesim fingere), denn es scheint, als ob Ihr stillschweigend voraussetztet, dass die attractiven Kräfte in dem Centralkörper ihren Sitz haben.[1] — Was den Handel mit Leibniz anbetrifft, so möchte Cotes nur einer Aeusserung desselben aus einem Briefe vom 10. Februar 1711[2] entgegentreten, nach der Newton mit seiner Theorie der Gravitation das Gebiet der mechanischen Ursachen ganz verlassen und schon wieder zu Wundern und verborgenen Qualitäten seine Zuflucht genommen haben solle. Die neuen mathematischen Methoden endlich, auf die das Werk Newton's gebaut ist, möchte Cotes noch genauer auseinandersetzen und die Fremden mit der Wahrheit über die Entdeckung dieser Methoden bekannt machen, wieder ohne Newton oder Leibniz namentlich zu bezeichnen.

Newton antwortete am 28. März 1713[3] vor allem auf die von Cotes erhobenen Bedenken. Die Schwierigkeit, sagt er, welche Ihr in den Worten „Et cum Attractio omnis mutua sit" findet, fällt, wenn Ihr bedenkt, dass gerade so, wie man in der

---

[1] Edlestone, Correspondence, p. 153.

[2] Der Brief Leibniz'ens ist an Nic. Hartsoeker gerichtet, der immer ein Gegner der Newton'schen Ideen war; er ist abgedruckt (nach Cotes) in den Memoirs of Literature, vol. II, no. 18, die auch in London durch Baldwin in Warwick-Lane verkauft werden. Namentlich ist Newton darin nicht bezeichnet.

[3] Edlestone, Correspondence, p. 154—156, Letter XXXI, Newton to Cotes, 28. März 1713: The Difficulty you mention ... is removed by considering that as in Geometry the word Hypothesis is not taken in so large a sense as to include the Axioms and Postulates, so in Experimental Philosophy it is not to be taken in so large a sense as to include the first Principles or Axioms which I call the laws of motion. These Principles are deduced from Phaenomena and made general by Induction: which is the highest evidence that a Proposition can have in philosophy. And the word Hypothesis is here used by me to signify only such a Proposition as is not a Phaenomenon nor deduced from any Phaenomenon but assumed or supposed without any experimental proof.

Geometrie bei den Axiomen und Postulaten den Namen Hypothese ausschliesst, dieses Wort auch in der Experimentalphilosophie nicht in einem so allgemeinen Sinne angenommen werden darf, dass es diejenigen ersten Principien und Axiome noch umfassen kann, welche ich Gesetze der Bewegung genannt habe. Diese Principien sind aus Erscheinungen abgeleitet und durch Induction verallgemeinert und sind so von der höchsten Gewissheit, welche eine Proposition in der Philosophie erlangen kann. Das Wort Hypothese wird von mir in meinem Buche nur gebraucht, um solche Propositionen zu bezeichnen, welche nicht von Erscheinungen abgeleitet, sondern ohne irgend einen experimentellen Beweis angenommen worden sind. Die wechselseitig gleiche Anziehung ist aus dem dritten Bewegungsgesetz (von der Gleichheit der Wirkung und Gegenwirkung) gefolgert. Wenn ein Körper einen anliegenden anziehen könnte und würde dabei nicht ebenso viel durch den andern angezogen, so würde der angezogene Körper den andern vor sich hertreiben und beide würden mit beschleunigter Geschwindigkeit bis in infinitum sich fortbewegen, entgegen dem ersten Bewegungsgesetz. Newton fügt dann doch noch einen Satz bei, der auf dem letzten Blatte des Werkes eingeschoben werden soll und der den Sinn des Wortes Hypothese in der obigen Weise erläutert.

In einem nächsten Briefe vom 31. März 1713, dem letzten, der über die Ausgabe der Principien zwischen Newton und Cotes gewechselt wurde, kommt Newton nochmals auf die Gegenseitigkeit der körperlichen Anziehung zurück und behauptet, sie sei ebenso sicher inducirt, wie das der Fall sei bei der Undurchdringlichkeit, der Beweglichkeit der Körper, den Gesetzen der Bewegung u. s. w. Darnach sendet Newton noch eine eigene kurze Vorrede mit einer Aufzählung der Veränderungen, welche er bei dieser neuen Ausgabe vorgenommen, weil er gehört habe, dass Johann Bernoulli seine Theorie der Wurfbewegung in widerstehenden Mitteln in den Acta Eruditorum angreifen will, und er selbst nicht der Falschheit beschuldigt werden möchte. Endlich folgt der für Cotes wohl nicht ganz angenehme Schlusssatz: Wenn Ihr irgend eine weitere Vorrede schreiben wollt, so darf ich dieselbe nicht sehen, denn ich weiss, dass man mich für dieselbe verantwortlich machen wird.[1]

Cotes scheint schliesslich doch nicht ganz mit Newton's Auffassung des Wortes Hypothese übereingekommen zu sein; denn in seiner Vorrede lässt er selbst in der Experimentalphilosophie Hypothesen ausdrücklich zu, wenn auch entsprechend der

[1] If you write any farther Preface, I must not see it, for I find that I shall be examined about it.

NEWTON'schen Optik nur als Fragen, über deren Wahrheit noch zu entscheiden ist. Der Streit um die Erfindung der neuen Analysis wurde entgegen früheren Vorsätzen, vielleicht weil NEWTON jede Verantwortung ablehnte, nicht erwähnt. Eine Durchsicht der Vorrede hatte aber doch, trotz der Weigerung NEWTON's, wenn auch nicht durch ihn selbst, so doch durch seinen philosophischen Beirath SAMUEL CLARKE stattgefunden. COTES schreibt darüber an CLARKE im Juni 1713,[1] dass er seinen Brief empfangen habe und herzlich für die Verbesserung der Vorrede, besonders aber für seine Meinung in Betreff der Stelle danke, wo es scheine, als ob die Gravitation als eine den Körpern wesentliche Eigenschaft beschrieben werde. Er sei ganz der Meinung CLARKE's, dass diese Stelle nur Anlass zu spitzfindigem Tadel gegeben haben würde, und habe sie darum sogleich getilgt. Schliesslich bittet COTES, an NEWTON seine besten Empfehlungen zu übermitteln und zu sagen, dass der Druck des Buches nun vollendet sei.

Am 27. Juli überreichte NEWTON ein Exemplar der neuen Ausgabe der Königin, die davon wohl nicht viel Genuss gehabt haben mag. Er selbst hatte, wie schon bemerkt, nur eine sehr kurze, nicht mehr als einige Zeilen umfassende Vorrede geschrieben. Die Vorrede von COTES dagegen war eine wirkliche Ergänzung des Werkes, indem sie über die Theorie der Kräfte und zur Vertheidigung der Methode dasjenige beibrachte, was NEWTON in dem Buche selbst nicht einmal anzudeuten gewagt hatte. So erlebte die Welt das merkwürdige Schauspiel, dass das von dem grossen, nunmehr schon einundsiebzigjährigen Physiker geschriebene Buch von einem Theologen herausgegeben und in seinen höchsten und allgemeinsten Zwecken von einem jungen, kaum dreissigjährigen Gelehrten eingeführt wurde.

Man kann die Physiker, sagt COTES in seinem Vorwort, in drei Klassen eintheilen, die erste bilden die Peripatetiker, welche behaupten, dass die einzelnen Wirkungen aus den besonderen Naturen der einzelnen Körper entspringen, deren Ursachen sie aber nicht weiter angeben. Da sie sich durchaus bei den Namen der Dinge, nicht bei den Dingen selbst aufhalten, kann man sagen, dass sie eine gewisse philosophische Sprechweise erfunden, nicht aber Philosophie selbst gelehrt haben.

Die Anderen, die allerdings den unnützen Mischmasch von Worten wegwerfen, behaupten, die allgemeine Materie sei homogen und alle den Körpern eigenthümliche verschiedene Bildung entspringe aus einfachen, leicht erkennbaren Beziehungen der sie zusammensetzenden Theilchen. Das ist zwar ein Fortschritt; da sie

---

[1] EDLESTONE, Correspondence, Letter LXXXIII, COTES to SAM. CLARKE, 25. Juni 1713.

sich aber erlauben beliebige unbekannte Gestalten, Grössen, Lagen und Bewegungen der Theilchen vorauszusetzen und ausserdem noch gewisse verborgene Flüssigkeiten annehmen, welche die Poren der Körper frei durchziehen und von verborgenen Bewegungen getrieben werden, so gerathen sie in Träumereien, die der wahren Einrichtung der Dinge nicht mehr entsprechen. Wer seine Speculationen auf Hypothesen gründet, wird, wenn er gewissenhaft nach mechanischen Gesetzen fortschreitet, wohl eine Fabel, vielleicht eine elegante und schöne, aber doch nur eine Fabel aufbauen.

Die dritte Art von Naturforschern, die sich zur Experimentalphysik bekennt, will auch aus möglichst einfachen Principien die Ursache aller Dinge erkennen, nimmt also als Princip etwas an, das noch nicht in den Erscheinungen sich gezeigt hat; Hypothesen werden also auch hier ersonnen, aber man nimmt dieselben hier nur als Fragen, über deren Wahrheit erst geurtheilt werden soll, in die Physik auf.[1] Man verfährt daher nach einer zweifachen Methode, analytisch und auch synthetisch. Die Kräfte der Natur und ihre einfachen Gesetze leitet man aus einigen ausgewählten Erscheinungen mittelst der Analysis ab, und leitet daraus mittelst der Synthesis die Beschaffenheit aller übrigen Erscheinungen her. Diese Erforschungsart ist jene bei weitem beste, welche vor den übrigen anzuwenden unser berühmter Verfasser für würdig und verdienstlich hielt. Er stellte als berühmtes Beispiel derselben die mit Glück aus dem Gesetze der Schwere abgeleitete Erklärung des Weltsystems auf. Dass die Kraft der Schwere allen Körpern inne wohne, hatten die Einen vermuthet, die Anderen gedacht; er aber als der Erste und Einzige vermochte es, ihr Dasein mittelst der Erscheinungen zu erweisen und ihr durch ausgezeichnete Speculationen eine feste Grundlage aufzubauen.[2]

Ich weiss wohl, dass auch einige Männer von bedeutendem Namen, in gewissen Vorurtheilen mehr als billig befangen, diesem neuen Principe ungern beigestimmt und selbst Unerwiesenes dem

[1] Philosophiae naturalis principia mathematica, editio secunda, auctior et emendatior, Cambridge 1713, Editoris Praefatio: Relinquitur adeo tertium genus, qui Philosophiam scilicet Experimentalem profitentur. Hi quidem ex simplicissimis quibus possunt principiis rerum omnium causas derivandas esse volunt; nihil autem Principii loco assumunt, quod nondum ex Phaenomenis comprobatum fuerit. Hypotheses non comminiscuntur, neque in Physicam recipiunt, nisi ut Quaestiones de quarum veritate disputetur. Duplici itaque Methodo incedunt, Analytica et Synthetica.

[2] Ein Vergleich der Abhandlungen von Cotes und von Keill liefert ein gutes Beispiel für den Unterschied einer freien und einer rein schülerhaften Aufnahme der Ideen des Meisters.

Erwiesenen vorgezogen haben. Den Ruf dieser Männer anzugreifen, liegt mir fern, ich will vielmehr Dir, wohlwollender Leser, nur mit wenigen Worten dasjenige auseinander setzen, woraus Du Dir selbst ein nicht ungünstiges Urtheil ableiten kannst.

Cotes entwickelt darnach in grossen Zügen mit Klarheit und Bestimmtheit die Ideen, welche zur Bestimmung der irdischen Schwere als einer zwischen den Theilen der Materie wirkenden, der Quantität der Materie proportionalen Kraft, zur Identificirung derselben mit der Schwere des Mondes und der Attraction der Planeten gegen die Sonne, zur Entdeckung ihrer Abhängigkeit von der Entfernung und endlich zu ihrer Ausdehnung auf Kometen und alle himmlischen Körper, also auf irdische wie himmlische Materien geführt haben. Er setzt darnach die Gravitation als eine allgemeine Eigenschaft aller Materie an Sicherheit der Existenz den Eigenschaften der Ausdehnung, Beweglichkeit und Undurchdringlichkeit vollkommen gleich. Da alle Körper, sagt Cotes, welche sich auf der Erde oder am Himmel befinden, und an denen man Beobachtungen oder Versuche anstellen kann, schwer sind: so wird man allgemein behaupten müssen, dass die Schwere allen Körpern zukomme. Die Ausdehnung, Beweglichkeit und Undurchdringlichkeit sind nur durch Versuche bekannt und ganz auf dieselbe Weise hat man auch die Schwere kennen gelernt. Alle Körper, welche wir beobachtet haben, sind ausgedehnt, beweglich und undurchdringlich; und hieraus schliessen wir, dass alle Körper, auch die nicht beobachteten, ausgedehnt, beweglich und undurchdringlich sind. Ebenso sind alle beobachteten Körper schwer, und hieraus schliessen wir auf die Schwere aller Körper, auch derjenigen, welche wir nicht beobachtet haben. Wollte Jemand behaupten, die Fixsterne seien nicht schwer, weil man ihre Schwere noch nicht wahrgenommen hat, so könnte man aus demselben Grunde die Behauptung aufstellen, dass sie weder ausgedehnt, noch beweglich, noch undurchdringlich seien. Unter den ursprünglichen Eigenschaften aller Kräfte findet entweder die Schwere statt, oder es finden ebenso wenig die Ausdehnung, Beweglichkeit und Undurchdringlichkeit statt.

Ich höre, dass manche Physiker diese Schlüsse nicht billigen und, ich weiss nicht was, von verborgenen Eigenschaften murmeln. Diesen erwidert man leicht, dass diejenigen Ursachen keine verborgenen sind, deren Dasein durch Beobachtungen auf's Deutlichste erwiesen wird, sondern nur diejenigen, deren Existenz verborgen oder erdichtet, aber noch nicht erwiesen ist. Die Schwere wird daher keine verborgene Ursache der Erscheinungen am Himmel sein, indem aus den Erscheinungen selbst dargethan worden ist, dass sie wirklich existire. Obgleich man durch beständige Verknüpfung der Ursachen vom Zusammengesetzten zum

Einfachen fortzuschreiten pflegt, kann man doch nicht weiter kommen, sobald man zur einfachsten Ursache gelangt ist. Von der letzteren kann keine mechanische Erklärung gegeben werden; denn wäre eine solche möglich, so wäre diese Ursache eben noch nicht die einfachste. Manche halten die Schwere für unnatürlich und nennen sie ein beständiges Wunder. Sie wollen sie daher verwerfen, da in der Physik aussernatürliche Ursachen nicht stattfinden. Bei der Widerlegung dieses durchaus thörichten Einwurfes, welcher die ganze Naturforschung umstösst, zu verweilen, ist kaum der Mühe werth. Entweder leugnen sie, dass die Schwere allen Körpern innewohnt, was doch nicht geleugnet werden kann. Oder sie halten sie deshalb für aussernatürlich, weil sie aus anderen Beziehungen der Körper als aus mechanischen Ursachen entspringt. Da aber sicher ursprüngliche Beziehungen der Dinge existiren, die nicht von anderen abhängen, also nicht mechanisch sind, so muss man sich wohl hüten, dieselben aussernatürlich zu nennen.

Einigen gefällt diese ganze Physik des Himmels deshalb weniger, weil sie den Meinungen von Cartesius zu widerstreiten und damit kaum zu vereinigen scheint. Diese mögen an ihrer Ansicht Freude finden, jedoch müssen sie auch billig handeln und anderen die Freiheit nicht versagen, welche sie selbst für sich in Anspruch nehmen. Es wird daher mindestens erlaubt sein, Newton's System, welches uns wahrer erscheint, für uns beizubehalten und zu gebrauchen und den durch Erscheinungen dargethanen Ursachen lieber zu folgen als gänzlich erdichteten und noch nicht erwiesenen.

Zur wahren Forschung gehört es, die Natur der Dinge aus wirklich existirenden Ursachen abzuleiten und die Gesetze aufzusuchen, nach denen der hohe Weltschöpfer die schönste Ordnung hergestellt hat, nicht aber diejenigen, mit Hülfe deren er dasselbe auch gekonnt, wenn es ihm eben nur beliebt hätte. Dieselbe Bewegung des Zeigers kann in Uhrwerken entweder aus einem angehängten Gewichte oder aus einer inwendig eingeschlossenen Feder entspringen. Wenn das zerlegte Uhrwerk sich wirklich mit einem Gewichte construirt zeigt, so wird man denjenigen auslachen, welcher sich eine Feder gedacht hat und durch eine so voreilig erdachte Hypothese die Bewegung des Zeigers erklären wollte. Ein ungefähr ähnliches Urtheil muss man über diejenigen Naturforscher fällen, welche den Himmel als mit einer gewissen sehr lockeren Materie ausgefüllt und eine beständige Wirbelbewegung derselben angenommen haben. Und wenn sie auch durch ihre Hypothesen den Erscheinungen auf's Genaueste Genüge leisten könnten, so dürften sie doch nicht behaupten, ein wahres Natursystem vorgetragen und die wahren Ursachen der

Himmelsbewegungen gefunden zu haben; wofern sie nicht die Existenz dieser oder wenigstens die Nichtexistenz anderer Ursachen völlig nachgewiesen hätten. Wenn daher gezeigt ist, dass in der Natur eine wechselseitige Anziehung aller Dinge wirklich stattfindet, wenn ferner auch gezeigt ist, nach welcher Weise man alle Bewegungen am Himmel durch diese Anziehung erklären kann, so muss der Einwurf, dass diese Bewegungen trotzdem durch Wirbel erklärt werden müssten, selbst wenn wir die Möglichkeit der letzteren zugegeben hätten, doch eitel und wahrhaft lächerlich sein.

Wir geben aber nicht einmal diese Möglichkeit zu. Wenn die Planeten und Kometen durch Wirbel um die Sonne geführt würden, so müssten die fortgeführten Körper und die sie zunächst umgebenden Theile der Wirbel mit derselben Geschwindigkeit und nach derselben Richtung sich bewegen; sie müssten dieselbe Dichtigkeit und dasselbe Beharrungsvermögen, im Verhältniss der Menge ihrer Materie, besitzen. Es ist aber bekannt, dass sich Planeten und Kometen, während sie sich in derselben Gegend des Himmels befinden, mit verschiedenen Geschwindigkeiten und nach verschiedenen Richtungen bewegen. Da dies durch einen Wirbel nicht erklärt werden kann, so muss man entweder gestehen, dass nicht alle Himmelskörper durch die Wirbelmaterie fortgeführt werden, oder erklären, dass ihre Bewegungen nicht durch einen und denselben Wirbel, sondern durch mehrere Wirbel dirigirt werden, welche unter einander verschieden sind und denselben Raum um die Sonne durchwandern.

Wenn sich aber mehrere Wirbel in demselben Raume bewegen und sich wechselseitig durchdringen, so muss man mit Recht fragen, wie es möglich sei, dass diese Bewegungen unverändert erhalten, und nicht im mindesten durch die Einwirkung der entgegenstehenden Materie während so vieler Jahrhunderte gestört worden sind. Da aber auch jede Ursache einfacher sein muss als ihre Wirkung und da alle diese erdichteten Bewegungen zusammengesetzter und schwieriger zu erklären sind, als jene wahren von Newton entdeckten Bewegungen der Planeten und Kometen, so scheint es mir wahrlich unnütz, diese Fabeln in die Physik aufzunehmen.

Galilei hat gelehrt, dass die Abbiegung von der geraden Linie, welche ein geworfener und in einer Parabel sich bewegender Stein erleidet, aus der Schwere des Steines gegen die Erde, also aus einer verborgenen Eigenschaft entspringt. Ein anderer pfiffigerer Physiker wird freilich eine andere bessere Ursache dafür angeben. Er wird eine lockere Materie erdichten, welche weder durch das Gesicht, noch durch das Gefühl, noch durch irgend einen Sinn wahrgenommen wird. Er wird behaupten, dass diese

Materie sich nach verschiedenen Richtungen und mit verschiedenen, häufig entgegengesetzten Geschwindigkeiten bewegt und dass sie, nicht aber die Schwere, den Stein nach der Oberfläche der Erde hintreibt. Wer sollte dann nicht den höchst scharfsinnigen Geist dieses Philosophen bewundern, der aus mechanischen Ursachen, nämlich der Materie und der Bewegung, die Erscheinungen der Natur erklärt, so dass auch der grosse Haufen es begreifen kann? Und wer wird dann nicht jenen guten GALILEI verspotten, der mit so grossen mathematischen Hülfsmitteln die glücklicher Weise aus der Naturlehre längst verbannten verborgenen Eigenschaften der Körper auf's neue wieder einzuführen versucht hat?

Die Zahl der Kometen ist sehr gross und ihre Bewegungen erfolgen ganz regelmässig, indem sie dieselben Gesetze befolgen, denen die Planeten bei ihren Bewegungen unterworfen sind. Sie kommen von allen Seiten her und gehen nach allen Theilen des Himmels hin; sie durchwandern ganz frei die Gegenden der Planeten und schreiten oft gegen die Ordnung der Zeichen fort. Diese Erscheinungen werden auf's sicherste durch die astronomischen Beobachtungen bestätigt und können nicht durch Wirbel erklärt werden; ja diese Bewegungen können nicht einmal mit Wirbelbewegungen zusammen bestehen. Jener ganze Theil des Sonnenwirbels, der in der Nähe der Erdbahn liegt, wird, weil er die Erde bewegt, eine Dichtigkeit und also auch eine Trägheit besitzen müssen, welche nicht kleiner als die der Erde ist. Daraus würde dann auch ein so ungeheurer Widerstand für die Bewegungen der Kometen entspringen, dass dieselben, wenn nicht ganz aufgehoben, so doch sehr stark gestört werden müssten. Es geht aber aus der ganz regelmässigen Bewegung der Kometen sicher hervor, dass dieselben in ihrem Laufe nirgends auf eine Materie stossen, welche irgend eine Kraft zu widerstehen oder irgend eine Dichtigkeit in bemerkbarem Masse besitzt. Man müsste demnach schliessen, dass die Himmelsflüssigkeit, obgleich sie die Planeten bewegen soll, doch eine Wirkung auf andere in ihr befindliche Körper nicht ausüben könne.

Sollten Manche der Materie so sehr ergeben sein, dass sie auf keine Weise einen von Körpern leeren Raum zugeben wollten, so müssten sie doch wenigstens den Zweck einer solchen alle Räume erfüllenden Flüssigkeit erweisen. Entweder könnten sie dann sagen, dass diese Einrichtung einer überall mit Materie erfüllten Welt aus dem Willen Gottes zu dem Zweck hervorgegangen sei, damit in dem sehr feinen, alles durchdringenden und erfüllenden Aether ein überall gegenwärtiges Hülfsmittel für die Operationen der Natur vorhanden sei. Dies kann jedoch nicht behauptet werden, weil durch die Erscheinungen der Kometen gezeigt worden ist, dass dieser Aether keine Wirkung ausübt. Oder sie könnten sagen, dass der Aether von Gott zu irgend einem unbekannten Zwecke erschaffen worden sei, mit welchem unsinnigen Argumente sich aber jede andere unbegründete Idee ebenso vertheidigen liesse. Endlich könnten sie noch behaupten, dass der Aether gar nicht aus dem Willen Gottes, sondern ohne Zweck aus irgend einer blinden Naturnothwendigkeit hervorgegangen sei. Damit aber müssten sie endlich in den schmutzigen Bodensatz der unreinen Heerde versinken, die da träumt, dass alles durch das Fatum, nicht aber durch die Vorsehung regiert werde, dass die Materie immer und überall durch ihre eigene Nothwendigkeit existirt habe und dass sie unbegrenzt und ewig sei. Setzt man das wirklich voraus, so wird man die Materie auch überall gleichförmig annehmen müssen, weil die Mannigfältigkeit der Formen durchaus der Nothwendigkeit widerstreitet. Ebenso wird man sie unbewegt zu denken haben. Denn wenn man sie nothwendigerweise nach irgend einer bestimmten Richtung und mit einer gegebenen Geschwindigkeit bewegt dächte, so würde man sie ebenso nothwendig auch nach einer anderen Richtung und mit einer anderen Geschwindigkeit bewegt denken können. Jedenfalls also konnte die durch die schönste Mannigfaltigkeit der Formen und Bewegungen ausgezeichnete Welt niemals anders als aus dem freien Willen des alles vorhersehenden und alles beherrschenden Gottes hervorgehen.

Aus dieser Quelle allein sind alle jene sogenannten Naturgesetze hervorgegangen, in denen man wohl viele Spuren von weiser Ueberlegung, aber keine von einer Nothwendigkeit wahrnimmt. Wir dürfen aber jene Gesetze nicht aus ungewissen Vermuthungen abzuleiten versuchen, sondern müssen uns bemühen, dieselben durch Beobachtungen und Versuche kennen zu lernen. Wer die Principien der Naturlehre und die Gesetze der Dinge finden zu können glaubt, indem er sich allein auf die Kraft seines Geistes und das innere Licht seiner Vernunft stützt: der muss entweder annehmen, die Welt sei ohne Freiheit aus einer blossen Nothwendigkeit hervorgegangen, oder er muss der Meinung sein, dass er, ein elendes Menschlein, aus sich selbst einzusehen vermöge, was der Schöpfer in seiner Weisheit als das Beste für die Welt erkannt hat. Eine gesunde und wahre Naturlehre gründet sich auf die Erscheinungen der Dinge, welche uns, selbst wider unseren Willen und widerstrebend, zu solchen Principien führen, dass man in ihnen deutlich die besten Rathschlüsse und die höchste Herrschaft des weisesten und mächtigsten Wesens wahrnimmt. Diese Principien werden aber deshalb nicht weniger zuverlässig sein, weil sie vielleicht einigen Gelehrten weniger willkommen erscheinen. Solchen Menschen mögen sie immerhin als Wunder und verborgene Eigenschaften gelten, an denen sie keinen

Gefallen finden; allein diese boshafter Weise ihnen beigelegten Namen darf man nicht aus Versehen auf die Dinge selbst übertragen, wenn man nicht zuletzt erklären will, dass die Naturlehre nothwendigerweise zum Atheismus führen müsse.

Bei rechtschaffenen und billigen Richtern wird immer die Forschungsweise gelten, welche sich auf Versuche und Beobachtungen gründet. Diesen wird man kaum ausdrücken dürfen, welche Erleuchtung und Würde aus dem vorzüglichen Werke unseres Verfassers hervorgehen muss. Sein besonders glücklicher Geist, durch den er die schwierigsten Aufgaben löst und zu Zielen fortschreitet, zu denen der menschliche Geist sich kaum zu erheben hoffte, wird von allen denjenigen bewundert und anerkannt werden, welche tiefer in diesen Dingen bewandert sind. Nachdem er den Riegel fortgeschoben, eröffnete er uns den Zugang zu den schönsten Mysterien der Dinge. Derjenige müsste blind sein, der aus der besten und weisesten Einrichtung der Welt nicht sogleich die unbegrenzte Weisheit und Güte des allmächtigen Schöpfers ersehen und thöricht derjenige, welcher es nicht gestehen wollte.

Newton's ausgezeichnetes Werk wird immer der sicherste Schutz gegen die Angriffe der Gottlosen sein, und nirgends wird man glücklicher als aus diesem Köcher Geschosse gegen die gottlose Schaar entnehmen können. —

Wer da gehofft hatte, dass die zweite Ausgabe des Newton'schen Werkes volle Klarheit über dessen Ansichten bringen würde, der musste sich nach dem Erscheinen derselben enttäuscht fühlen. Denn nicht bloss dass Newton die Herausgabe und die Vertheidigung des Werkes vollständig Anhängern und Schülern überliess; auch die Vorrede des jungen Astronomen und Physikers zu dem Hauptwerke des alten Meisters wurde von entgegengesetzten Seiten ganz entgegengesetzt beurtheilt und ist bis auf heute entgegengesetzt beurtheilt worden. Während die Einen in ihr nichts anderes als die eigenen Ideen Newton's finden konnten, wollten die Anderen darin nur Privatäusserungen von Cotes erblicken, durch welche Newton's Ideen in einer von dem Meister selbst nicht gebilligten, einseitigen Weise dargestellt würden. Absolut sicher ist jedenfalls darüber nichts auszumachen, denn Newton hat weder in dem Werke noch jemals später, selbst bei naheliegenden Gelegenheiten, seines Verhältnisses zu der Vorrede von Cotes direct gedacht. Aus dem regen Verkehr aber zwischen Cotes und Newton, sowie zwischen Cotes und Bentley und Clarke muss man schliessen, dass der Erstere wenigstens nichts aussprechen wollte und auch nichts auszusprechen brauchte, was er nicht der Billigung Newton's für sicher hielt, und bei dem grossen Talent, das Cotes in dieser Vorrede wie sonst in wissenschaftlicher Beziehung unleugbar gezeigt hat, kann man schwer annehmen, dass er sich in seiner Darstellung so sehr weit von der Wahrheit entfernt haben sollte. Das Höchste, was man zugeben könnte, ist vielleicht nur, dass der junge enthusiastische Schüler in schrofferer, einseitigerer Weise mit autoritativer Sicherheit aussprach, was dem Meister selbst noch unsicher und nur von höherer Wahrscheinlichkeit schien.

Cotes erscheint als der bei weitem fähigste der jungen Anhänger Newton's und über die meisten Mitglieder der Newton'schen Schule an Tiefe und Allgemeinheit der Auffassung bedeutend erhaben. Gerade darum wirkte es um so verblüffender, dass er noch schroffer als die anderen Anhänger Newton's vor ihm die elementare Natur der Attraction betonte und den Cartesianismus von der Wurzel aus verurtheilte; dass er die Gravitation mit aller Bestimmtheit als eine reale Anziehung charakterisirte, die aus keiner weiteren mechanischen oder physikalischen Ursache abgeleitet werden könne, sondern direct auf die Kraft des Schöpfers und Erhalters des ganzen Universums zurückgeführt werden müsse; ja dass er jeden, der die Ursache der Gravitation weiter zu erforschen suchte, für einen Gottesleugner und seine Wissenschaft für einen Irrweg erklärte, der zum Versinken in den Sumpf und Schmutz des Atheismus nothwendig führe.

Damit man auch nicht ohne Weiteres Klarheit in der Sache dadurch schaffte, dass man Newton mit seinen Schülern ganz identificirte, so sind in dieser zweiten Auflage trotz der Cotes'schen Vorrede alle die Stellen der ersten Auflage stehen geblieben, in denen Newton ausdrücklich versichert, dass er mit seinem mathematisch entwickelten Begriffe der Gravitation nicht eine wirkliche Anziehung behaupten wolle, sondern den Physikern frei lasse, für diese Gravitation eine mechanische Ursache noch zu suchen. Späterhin ist Newton nur noch nebenbei einige Male auf dieses Thema zurückgekommen.

In einem Briefe an Abbé Conti vom 26. Februar 1716,[1] der als eine Antwort auf einen Brief von Leibniz auch für diesen mit bestimmt war und auf dessen Angriffe erwiderte, tritt Newton etwas mehr aus seiner Neutralität heraus. Leibniz verdrehe, so sagt er da, die Bedeutung der Worte; er nenne Vorgänge Wunder, welche im gewöhnlichen Laufe der Dinge geschähen, bezeichne Eigenschaften als qualitates occultae, wo doch nur die Ursachen, nicht aber die Eigenschaften selbst unbekannt seien, und verstehe unter der menschlichen Seele etwas, was in keiner Weise den Körper beleben könne. Nicht die von Gott angeordnete Attraction

[1] Horsley, Newtoni Opera, vol. IV, p. 597; auch Recueil de diverses Pièces sur la Philosophie . . . par Mrs. Leibniz, Clarke, Newton . . . Amsterdam 1720, tome II, p. 16.

der Körper, wohl aber die praestabilirte Harmonie von Körper und Geist, welche Leibniz lehre, sei ein immerwährendes veritables Wunder und widerspreche der täglichen Erfahrung von der Freiheit des menschlichen Willens. Leibniz bevorzuge seine Hypothesen gegenüber von Argumenten, welche inductiv aus Erfahrungen abgeleitet seien; und er verlange die Zulassung derselben ohne vorherige Begründung durch Experimente, anstatt vor der Hand nur Fragen aufzustellen, die erst nach sorgfältiger experimenteller Prüfung in der Physik zugelassen werden könnten.

Endlich hat Newton noch einmal kurz vor seinem Tode über seine philosophischen Ansichten sich ausgelassen, aber wieder nicht unter eigener Verantwortung. Der zweiten Ausgabe des von der Royal Society herausgegebenen Commercium Epistolicum vom Jahre 1725 ist eine nicht unterzeichnete lange Vorrede[1] beigegeben, die aber nach allgemeiner Meinung von Newton selbst herrührt[2] und folgendermaassen argumentirt. Die Physik Newton's sei in den Principien der Naturlehre wie in der Optik Experimentalphysik; sie lehre über die Ursachen der Dinge nicht mehr, als durch Experimente bestätigt werden könne. Deshalb scheide Newton in seiner Optik die Dinge, welche durch Experimente bewahrheitet werden könnten, von denen, welche bis dahin unsicher bleiben müssten, und füge nur Einiges von dem letzteren am Ende der Optik frageweise an. Aus der gleichen Ursache habe er auch an verschiedenen Stellen seiner Principien wie der Optik betont, dass er dic Attraction der Materie nur als eine Erscheinung constatire, deren Ursache unbekannt sei. Dessenungeachtet hätten ihm die Herausgeber der Acta Eruditorum (1714, März, pag. 141, 142) den Vorwurf gemacht, dass er eine mechanische Ursache der Schwere negire, und Leibniz habe ihm vorgerückt, dass er die Schwere als eine wesentliche Eigenschaft der Körper und damit als eine qualitas occulta oder als ein Wunder betrachte. Auf diese Weise versuche man die Mitmenschen zu überreden, dass Newton's Urtheils- und Geistesschärfe nur gering seien und dass er darum nicht eine so schwierige Sache wie die Infinitesimalrechnung erfunden haben könne. Richtig sei allerdings, dass die Behandlung der Philosophie bei Newton und Leibniz eine sehr verschiedene sei. Der Erste schreite nur soweit vor als die Evidenz der Erscheinungen und der Experimente es zulasse und halte an, wo diese fehle; der Andere aber quelle von Hypothesen über und proponire dieselben nicht als Sätze, welche zu prüfen, sondern als solche,

---

[1] Horsley, Newtoni Opera, vol. IV, p. 492—495.
[2] Brewster, Life of Newton, vol. II, p. 75.

die mit geschlossenen Augen gläubig anzunehmen seien. Der Erste, da er aus Mangel an Erfahrungen die Ursache der Gravitation nicht sicher angeben könne, enthalte sich der Entscheidung, ob dieselbe mechanisch sei oder nicht; der Andere aber erkläre die Schwere, wenn sie keine mechanische Ursache habe, für ein immerwährendes Wunder. Der Erste schreibe es nicht in bestimmter, sondern nur in fragender Weise der Macht des Schöpfers zu, dass die kleinsten Theile der Materie absolut hart seien; der Andere leite diese Härte ohne weiteres aus gewissen zusammenkommenden Bewegungen ab. Der Erste wage nicht zu entscheiden, ob die willkürliche Bewegung des Menschen rein mechanisch sei oder nicht; der Andere bejahe das erstere kühnlich, indem er seine Hypothese der prästabilirten Harmonie construire, nach der der Geist niemals auf den Körper wirkt. Der Erste erkläre, dass Gott (in dem wir leben, weben und sind) in der Welt überall zugegen sei; der Andere schildere diesen Gott als eine überweltliche Intelligenz. Der Erste verlange von den Philosophen, dass sie von den Erscheinungen und Experimenten zu deren Ursachen und weiter wieder zu deren Ursachen fortschreiten, bis sie zur ersten Ursache gelangen; der Andere aber bezeichne alle Actionen der ersten Ursache, alle der Natur durch den Willen Gottes eingeprägten Gesetze, als perpetuelle Wunder und verborgene Qualitäten und wolle sie darum aus der Philosophie verbannt wissen. Alles das sei allerdings wichtig genug, dass man reiflich und ernstlich darüber nachdenke.

Alles in Allem genommen, erfahren wir über Newton's letzte Ideen von dem Wesen der physikalischen Dinge auch aus diesen Aeusserungen nicht mehr, als dass er da, wo er ex officio spricht, über das Wesen der Naturkräfte nichts bestimmen und keinen Physiker hindern will, dieselben aus weiteren physikalischen Ursachen, wie Bewegungen oder Anderem, abzuleiten; dass er aber, allerdings nur fragender Weise, doch zu bedenken giebt, ob es in der Philosophie erlaubt werden dürfe, mechanische Ursachen der Kräfte vorauszusetzen, deren experimentelle Verification nicht möglich sei, und ob man nicht in der wahren Wissenschaft gezwungen sei die Naturkräfte als letzte physikalische Ursachen anzunehmen, deren Existenz in der Materie dem Willen und dem Wirken des Schöpfers und Regierers der Welt direct zugeschrieben werden müsse.

Die Schule Newton's gab in menschlich richtiger Weise, auf die Autorität des göttlich-verehrten Meisters hin, die officielle Neutralität desselben, die auch immer nur nach gegnerischen Angriffen kräftiger wieder aufgelebt war, gänzlich auf. Sie hielt sich an seine, mit der sicheren Erwartung allgemeiner Zustimmung, frageweise geäusserten Ansichten, erklärte darnach jeden Physiker, der davon abwich, für einen in der Irre wandelnden Philosophaster — und ist von dem Meister niemals desavouirt worden. Wir müssen diese ganze, immerhin räthselhafte Entwickelung noch etwas genauer im Zusammenhange betrachten.

---

3. Kapitel. Die wahre physikalische Methode und die Causa gravitatis.

NEWTON hat sich in seiner ganzen Gelehrtenlaufbahn nicht nur als ein wissenschaftliches Genie, sondern auch als eine Schulebildende Kraft ersten Ranges bewährt. Nicht nur, dass seine Schüler und Nachfolger ihn als höchste wissenschaftliche Autorität, als ein directes Geschenk des Himmels, als einen von Gott zur Erleuchtung der Menschheit gesandten Propheten verehrten, mit dem verglichen alle früheren, wie alle späteren wissenschaftlichen Grössen gleich Nichts zu achten seien: sie machten sich auch seine Ideen ihrem Inhalt, ihrer Form, wie ihrer Begrenzung nach so zu eigen, dass sie in ihren Schriften an den wichtigsten Stellen meist wörtlich mit dem Meister übereinstimmten, und dass sie auch dessen Andeutungen und nur vermuthungsweise ausgesprochene Meinungen wie sichere canonische Urtheile und Gesetze aufnahmen. Und selbst als in neuerer Zeit das stolze Gebäude der NEWTON'schen Philosophie an einzelnen Stellen zu wanken begann und auch in einzelnen Theilen gestürzt wurde, da meinten noch die ersten Angreifer, obwohl Männer von höchstem wissenschaftlichen Range unter ihnen waren, sich für ihre Ansichten auf die reine Autorität NEWTON's berufen und ihr Vorgehen dadurch rechtfertigen zu müssen, dass sie die herrschende Lehre der NEWTON'schen Schule als eine missverständliche, den eigentlichen Anschauungen des Meisters nicht entsprechende darstellten und als Zweck ihrer Reform nur die Wiederherstellung der reinen Lehre des grossen wissenschaftlichen Reformators angaben.

In diesem Sinne sprach sich, wie schon bemerkt, bereits LEONHARD EULER, der grosse Mathematiker, in seinen Briefen an eine deutsche Prinzessin[1] über die Annahme der Attraction als einer primitiven Kraft aus. Diese Meinung, sagt er, ist besonders von englischen Physikern vertheidigt worden, die sich vermuthlich durch den Ausdruck Anziehung, dessen sich NEWTON bedient hatte, verleiten liessen. Aber ich habe schon wiederholentlich erinnert, dass man ihm mit Unrecht eine solche Meinung

---

[1] L. EULER's Briefe über verschiedene Gegenstände der Naturlehre, deutsche Uebersetzung von FR. KRIES, Leipzig 1793, Band II, p. 45 u. 101. S. auch S. 251 dieses Werkes.

beilegt. Jedenfalls meinte er nicht, dass es zwischen den Körpern wirklich so etwas wie ein Seil gäbe, woran sie einander zögen; sondern das Wort Anziehung war ihm nichts weiter als ein Ausdruck um eine augenfällige Eigenschaft der Körper zu bezeichnen, die er nicht erklären wollte. — In der neuesten Zeit hat sich CLERK MAXWELL, der in seinem berühmten Werke Ueber Electricität und Magnetismus[1] alle fernwirkenden Kräfte verwirft, in ähnlicher Weise erklärt. Die Lehre von der directen (unvermittelten) Wirkung in die Ferne, sagte er im Februar 1673 in einem Vortrage,[2] darf nicht als ihren Urheber den Entdecker der allgemeinen Gravitation für sich in Anspruch nehmen. Sie wurde zuerst von ROGER COTES in seiner Vorrede zu den „Principien“ behauptet, welche er bei Lebzeiten NEWTON's herausgab. Und als die naturwissenschaftlichen Principien NEWTON's in Europa Wurzel fassten, waren es vielmehr die Anschauungen von COTES als diejenigen von NEWTON, welche die am meisten herrschenden wurden.

Für diese Auffassung von der Stellung NEWTON's zur Idee der Gravitation haben dann ohne Ausnahme diejenigen Physiker sich erklärt, welche in der neuesten Zeit die Wege der dynamischen Physik verlassen und kinetische Betrachtungsweisen auf's Neue eingeführt haben. Am schärfsten spricht sich dabei wohl FRIEDR. ALB. LANGE gegen eine Zurückführung der Idee einer Actio in distans auf NEWTON aus. „Die jetzt herrschende Annahme, sagt er in seiner Geschichte des Materialismus (4. Aufl., Iserlohn 1882, S. 225), einer Wirkung in die Ferne hielt man (zur Zeit NEWTON's) einfach für absurd. NEWTON machte davon keine Ausnahme. Wiederholt erklärt er im Laufe seines grossen Werkes, dass er die unbekannten physikalischen Ursachen der Schwere aus methodischen Gründen bei Seite lasse, aber an ihrem Vorhandensein nicht zweifle. So bemerkt er z. B., dass er die Centripetalkräfte als Anziehungen betrachte, obgleich sie vielleicht, wenn wir uns der Sprache der Physik bedienen wollten, richtiger Anstösse genannt werden müssten. Ja als der Eifer seiner Anhänger dazu überging, die Schwere für eine Grundkraft der Materie zu erklären (womit dann jede weitere mechanische Erklärung aus dem Stosse imponderabler Theilchen abgeschnitten wurde), sah sich NEWTON veranlasst, noch im Jahre

---

[1] Treatise on Electricity and Magnetism, London 1873; in's Deutsche übersetzt Lehrbuch der Electricität und des Magnetismus, Berlin 1883.

[2] On action in distans, Proceedings of the Royal Institution, Februar 1873; nach Principien einer electro-dynamischen Theorie der Materie, von ZÖLLNER, Leipzig 1876, S. XXIX.

1717 in der Vorrede zur zweiten Auflage seiner Optik ausdrücklich gegen diese Anschauung zu protestiren.“

Zu dem ungeheuren Ansehen, das sich NEWTON innerhalb seiner Schule, wie schliesslich innerhalb der ganzen gelehrten Welt erwarb, wirkten natürlich ebensowohl innere zufällige Umstände, wie äussere persönliche Gründe mit. An der Wende des Jahrhunderts hatte sich NEWTON's äussere Stellung wie mit einem Schlage verändert. Seine Ernennung zum Meister der Königlichen Münze machte ihn zu einem der höchsten und einflussreichsten Beamten des Königreiches und die Besoldung gewährte dem einfachen Gelehrten die Mittel, ein grosses Haus zu führen, das zu einem Sammelpunkt der Geistes-, wie auch der Geburtsaristokratie in London wurde. Die Präsidentschaft der Royal Society, deren Geschäfte NEWTON bis zu seinem Tode mit grösster Gewissenhaftigkeit geführt hat, sicherte ihm den dominirenden Einfluss in allen wissenschaftlichen Discussionen, welche die gelehrte Welt seines Vaterlandes bewegten. Seine Bekanntschaft mit den regierenden Kreisen liess auch in praktischen Fragen seinen Beifall als sehr wünschenswerth erscheinen. Ein langes, über das gewöhnliche Maass weit hinaus währendes Leben endlich und eine, wenn auch zarte, so doch dauernde Gesundheit erlaubte ihm, die Früchte seiner Arbeiten vollständig zu reifen und zu ernten und liess ihn persönlich noch alle seine zeitgenössischen wissenschaftlichen Gegner überdauern. Noch am 1. Juli 1725 präsidirte NEWTON, nun mehr als achtzigjährig, der Royal Society, um einen französischen Gast, den Erzieher LUDWIG's XV., den gelehrten Abbé ALARI zu ehren,[1] und er hat nominell erst am 2. März 1727 zum letzten Male den Vorsitz geführt. Aber vom Jahre 1725 an konnte er doch seine Geschäfte in der Münze nicht mehr besorgen und seit 1726 musste er sich auf ärztliche

[1] EDLESTONE (Correspondence, p. LXXVIII) erzählt nach Lettres Historiques de Bolingbroke, Paris 1808, vol. I, p. 155: Während der zwei Monate, die Abbé ALARI in London (1725) zubrachte, besuchte er die Universität Cambridge, sowie den grossen NEWTON, welcher in der Hauptstadt Englands die allgemeine Achtung von Europa und als Intendant der Königlichen Münze 50 000 Livres Rente genoss. Als Abbé ALARI um 9 Uhr Morgens NEWTON aufsuchte, begann dieser das Gespräch mit der Erzählung, dass er 83 Jahre alt sei. Da der Abbé in der Lectüre griechischer und lateinischer Autoren sehr bewandert war, so gefiel er dem alten Gelehrten und wurde zum Dinner behalten. NEWTON war geizig, die Mahlzeit abscheulich, die Getränke, die er seinem Gaste vorsetzte, nur geschenkte Weine von Palma und Madeira. Nach dem Dinner führte er den Gast in die Royal Society und liess ihn zu seiner Rechten sitzen. Gleich nach Beginn der Sitzung schlief NEWTON ein. Abbé ALARI musste noch mit NEWTON in seine Wohnung zurückkehren und dort bis 9 Uhr Abends bleiben.

Anordnung jeder geistigen Arbeit enthalten. Er starb am 20. März 1727 und wurde in der Ruhmeshalle Englands, in der Westminster-Abtey begraben; die Zipfel des Leichentuches trugen als Mitglieder der Royal Society Glieder der höchsten Aristokratie Englands, den Lord-Oberkanzler an der Spitze. Das Monument, welches ihm seine Erben[1] im Jahre 1731 in der Abtei errichteten, charakterisirt in seiner Aufschrift die allgemeine Werthschätzung richtig und treffend: Hier ruht Sir Isaac Newton, welcher als der Erste mit fast göttlicher Geisteskraft die Bewegungen und Formen der Planeten, die Bahnen der Kometen und die Fluth des Meeres durch die von ihm entwickelte Mathematik bestimmte, die Verschiedenheit der Lichtstrahlen, sowie die daraus hervorgehenden Eigenthümlichkeiten der Farben, welche vor ihm Niemand auch nur geahnt hatte, erforschte, die Natur, die Geschichte wie die heilige Schrift fleissig, scharfsinnig und zuverlässig erklärte, die Majestät des höchsten Gottes durch seine Philosophie darlegte und in evangelischer Einfachheit der Sitten sein Leben vollbrachte. Es dürfen sich alle Sterbliche beglückwünschen, dass eine solche und so grosse Zierde des menschlichen Geschlechts ihnen geworden ist. — 1755 liess der berühmte Optiker Robert Smith auf seine Kosten in der Vorhalle des Trinity College in Cambridge eine lebensgrosse Marmorstatue Newton's errichten, welche die Aufschrift trug: Er überragte an Geist das Geschlecht der Menschen. — Die stolzeste Inschrift, zwei Verse Pope's, endlich liess Edmund Turner, der 1732 die Newton'schen Besitzungen in Whoolsthorpe von den Erben gekauft hatte, im Geburtszimmer Newton's eingraben:

Natur und ihre Gesetze lagen verborgen in Nacht,
Gott sprach: Es werde Newton — und Alles ward Licht.[2]

Weniger als bei anderen Persönlichkeiten erschienen solche Aeusserungen den Landsleuten Newton's ihm gegenüber als dichterische Uebertreibungen und näher als gewöhnlich kamen sie der allgemeinen Ueberzeugung. Die wissenschaftlichen und gesellschaftlichen Kreise Englands waren in ihrer strengeren Religiosität dem Descartes'schen System und seinen starren mechanischen

---

[1] Newton's persönliche Hinterlassenschaft, ausser den Familienbesitzungen in Whoolstorpe und Suthern und einigen Besitzungen in Weltshire und Kensington, die er schon vor seinem Tode an Verwandte übergeben hatte, betrug 32 000 £; seine Erben waren vier Neffen und vier Nichten. Mr. Conduitt, der Mann von Catharina Burton, wurde sein Nachfolger als Director der Münze; er sammelte Materialien für eine Lebensbeschreibung Newton's, die aber nicht vollendet wurde. Fontenelle bediente sich dieser Materialien für die Eloge Newton's in der Pariser Academie.

[2] Nature and Nature's laws lay hid in night,
God said „Let Newton be", and all was light.

Consequenzen nie hold gewesen. Mit Freuden nahm man deshalb die NEWTON'sche Theorie auf, welche die Cartesianische bekämpfte, und von der BENTLEY schon in seinen Vorlesungen von 1692 dem grossen Publicum klar gemacht hatte, dass sie das Dasein eines persönlichen, intelligenten Schöpfers, Erhalters und Regierers der Welt aus der Natur mathematisch sicher nachweise. Das entzündete den englischen Patriotismus zu Gunsten NEWTON's, so dass schon im Anfange des Jahrhunderts in London Personen aus allerlei Ständen die NEWTON'sche Philosophie studirten und als die wahre vertheidigten, und dass selbst die Ladies die Lehren NEWTON's unter ihren ebenso gnädigen wie mächtigen Schutz nahmen.

Dieser Patriotismus wurde für NEWTON in der Ausbreitung des Systems zu einer um so grösseren Hülfe, als eben um diese Zeit die Engländer nicht bloss in starkem nationalen Aufschwung begriffen waren, sondern sich auch anschickten, die Führung in wissenschaftlicher Beziehung zu übernehmen. Allerdings trug NEWTON selbst zur Erlangung dieser Führerschaft sehr viel, vielleicht das meiste bei; doch aber lässt sich kaum denken, dass zu einer anderen Zeit und in einem anderen Lande ein Mann sich jemals wieder eine so grosse wissenschaftliche Autorität erringen könnte, wie sie NEWTON thatsächlich besass; eine Autorität, bei welcher man ihn allgemein nicht bloss in fremden, sondern auch in eigenen Angelegenheiten als obersten und unanfechtbaren Richter ohne Widerrede anerkannte.

NEWTON war allerdings eine wissenschaftliche Individualität erster Grösse. Er war von keinem gemeinen, kleinlichen Ehrgeiz ergriffen; ihn trieb nicht die Sucht mit wohlfeilen Mitteln der Masse zu imponiren; ihn erfüllte nicht das Verlangen, in allen Dingen mitzureden und überall sein Licht leuchten zu lassen; ihn übermannte weder die Ungeduld vor der Erreichung des Zieles, noch trieb ihn jemals die Angst, im Wettbewerb zu spät zu kommen; ihn schreckte keine Schwierigkeit der Aufgaben, die in seinem Wege lagen, aber er besass auch die Kraft der Entsagung gegenüber solchen Arbeiten, die seinen Anlagen nicht entsprachen; er verfügte über die Energie, seine Gesundheit, seine ganze Zukunft, seinen Genuss des Lebens an die Erreichung eines gesteckten Zieles zu wagen, und ein gütiges Geschick liess ihn seine Opfer nicht umsonst bringen. Dabei beruhte seine Grösse nicht sowohl in der Lösung gestellter Aufgaben, als vielleicht noch mehr in der Erfassung der Aufgaben selbst. Die Art, wie er die Aufgaben nach allen Seiten wendete, wie er ihre weittragende Bedeutung, ihre Beziehungen zu unzähligen anderen Problemen, ihre Fruchtbarkeit in der Ausbildung neuer Theile der Wissenschaft nicht eigentlich breit darlegte, sondern auf Grund seiner Arbeiten von den Einsichtigen errathen und weiter ausführen liess: diese Thätigkeit zeigte seine Genialität, seine Meisterschaft, seine Herrscherkraft im stärksten Glanze.

Wie ein Strahl hellsten Lichtes selbst fuhr in die Zänkereien über die Natur der Farben, in die Mischung aus Licht und Dunkelheit die Lehre NEWTON's von der originellen Natur der Farben, von der elementaren Zusammensetzung des weissen Lichtes aus verschiedenfarbigen Strahlen und von der Trennung oder Sonderung dieser Strahlen durch die Brechung oder auch die Beugung. An seinen klaren, genial erdachten und sorgfältig ausgeführten Experimenten prallten alle Angriffe der Gegner ab, und NEWTON hatte zur Abwehr meist nur die Aufforderung an seine Gegner nöthig, sich so viel Geschicklichkeit zu erwerben, dass sie diese Experimente mit dem nöthigen Erfolg ausführen könnten.

Mit ähnlichem, allerdings weniger augenblicklichem, aber desto mehr nachhaltigem Erfolge löste NEWTON durch seine Erkenntniss der kosmischen Verbreitung der Schwerkraft, sowie ihrer Abhängigkeit von der Entfernung und der Masse die verwickelten Probleme der Himmelsmechanik. Die vielen Abweichungen der Planetenbewegungen von den KEPLER'schen Gesetzen hatten allen Versuchen einer mathematischen Bestimmung so sehr getrotzt, dass selbst bedeutende Geister, wie LEIBNIZ, sie für unfassbare Unregelmässigkeiten der Natur anzunehmen geneigt waren. Nun zeigten sich diese Abweichungen von ebenso festen kosmischen Gesetzen beherrscht, wie die normalen Bewegungen selbst und auf Grund dieser von NEWTON entdeckten und mathematisch fixirten Gesetze gelang nach und nach die Vorausbestimmung, wie die rückwärtige Ableitung aller kosmischen Erscheinungen in so vollkommener, mit den Beobachtungen übereinstimmender Weise, dass von nun an die Mathematik thatsächlich als die Herrscherin aller Weltvorgänge geschildert werden durfte.

Mochten in kleineren Kreisen, in engeren Gebieten einzelne hervorragende Geister auch schon vor NEWTON mathematisch bestimmte Gesetze festgestellt haben, die eine Vorausberechnung gewisser Naturvorgänge erlaubten, so betraf das doch mehr oder weniger nur die Ergebnisse einzelner Experimente, welche unter engen, künstlichen, mit Sorgfalt bewachten Bedingungen angestellt wurden. Die vorhersagende Macht der Mathematik schien dabei mehr oder weniger doch immer noch nur auf die Folgen der unter und durch den Willen des Menschen hervorgerufenen Ereignisse beschränkt. NEWTON aber unterwarf durch seine Gesetze der Mathematik ein Gebiet, das von dem Einfluss des Menschen vollständig unabhängig, ihm doch in ungeheuerster räumlicher und zeitlicher Ausdehnung insofern unterthan wurde, als er nun für alle Fernen des Raumes und der Zeiten das Eintreten der

Erscheinungen mit mathematischer Sicherheit voraus berechnen konnte. Und selbst wenn im weiteren Verlaufe der Wissenschaft noch andere Gebiete natürlicher Erscheinungen, wie das Gebiet der Optik vor allem, mathematischer Vorausberechnung zugänglich geworden sind; das erste, glänzendste, auch den Laien einleuchtende und das ganze bürgerliche Leben beeinflussende Beispiel einer solchen fruchtbaren Theorie hat doch NEWTON gegeben. Wo der Gedanke einer Weltformel auftaucht, die alle Naturerscheinungen umfassend auch alle vor- und rückwärts zu berechnen erlaubt, da stützt sich derselbe und wird noch heute vor allem gegründet auf NEWTON's mechanische kosmische Theorie.

Die Anwendung der Mathematik auf die Naturerscheinungen ist zweifacher Art. Auf der ersten Stufe ist die Mathematik nur Messkunst, sie bestimmt die Grössenverhältnisse der beobachteten Erscheinungen, ihre räumlichen und zeitlichen, sowie ihre Bewegungsgrössen. In dieser Anwendung gehört sie zur empirischen oder Experimentalphysik, welche nur behaupten kann, dass die Erscheinungen, wenn sie ganz unter den früher beobachteten Bedingungen auftreten, auch wieder dieselben mathematischen Verhältnisse zeigen werden. Die zweite Stufe setzt diese erste voraus. Indem auf Grund der Beobachtungsresultate eine Definition, ein Begriff vom Wesen der Erscheinungen gebildet wird, vermag die mathematische Deduction nicht bloss die früheren Beobachtungen von sich aus wieder zu reproduciren und so die Definition vom Wesen der Sache zu verificiren, sie vermag auch weiter zu bestimmen, wie die Erscheinungen sich unter neuen Bedingungen gestalten müssen, und so das Eintreten neuer, noch nicht beobachteter Vorgänge vorherzusagen. Diese zweite mathematische Disciplin nennen wir mathematische oder theoretische Physik. NEWTON's Optik ist ein lehrreiches Beispiel für die erste Art; für die zweite Art geben die NEWTON'schen Principien der Naturlehre ein Beispiel von einer Allgemeinheit und Grossartigkeit, wie es bis heute noch nicht übertroffen worden ist. Es ist nicht Sache des Zufalles, sondern in der Natur der Dinge wohl begründet, dass NEWTON diese neue physikalische Disciplin mit der Entwickelung einer theoretischen Astronomie eingeführt hat. Einestheils lag hier das Bedürfniss einer mathematischen Vorausberechnung der Erscheinungen immer besonders nahe und anderentheils waren die Probleme hier, wo nur sehr vereinzelt in ungeheuren Entfernungen von einander verhältnissmässig kleine und darum als punktförmig anzunehmende Körper sich bewegten, für den Anfang wenigstens am einfachsten.

Die Weite der NEWTON'schen Probleme, die dauernde Fruchtbarkeit der neuen Wege, die er eröffnete, selbst das theilweise

Unvollendete und Dunkle seiner Arbeiten, alles das bot für eine persönliche Schule des Meisters starke Anziehungs- und Haltepunkte. Alle seine Werke waren voll von neuen, überraschenden Problemen, regten zu neuen Arbeiten, zur Fortsetzung oder doch wenigstens zu Commentaren an; und bis auf die neueste Zeit haben sich seine Principien als eine fast unerschöpfliche Fundgrube für neue Aufgaben erwiesen. In dieser Beziehung zeigte sich Newton ganz als ein königlicher Bauherr, der vielen Arbeitern Beschäftigung verschaffen konnte, und darum hatten auch seine Schüler wohl ein Erfahrungsrecht für sich, wenn sie behaupteten, dass erst der Meister durch seine Methode ihnen den richtigen Weg zur Erforschung der Natur gezeigt habe.

Doch darf dabei der Ausdruck Methode, den allerdings die Schüler Newton's mit Vorliebe gebrauchten, nicht in einem ganz wörtlichen Sinne genommen werden; denn Newton hat in der Physik kein neues wissenschaftliches Verfahren erfunden, sondern nur die seit Galilei wohlbekannte induktiv-deduktive Methode auf grösserem Gebiete mit sicherster Virtuosität angewendet. Wenn die Anhänger Newton's verlangten, dass man die wahre wissenschaftliche oder Newton'sche Methode annehmen solle, so hiess das eigentlich nichts weiter, als dass man bei aller Naturerklärung denselben Ausgangspunkt, dieselben Definitionen der Materie und der Kraft, dieselben Anschauungen von der Natur des Lichtes und der Farben u. s. w. anzunehmen und die Möglichkeit einer jeden anderen hiervon abweichenden Anschauung als unwissenschaftlich zu negiren habe. Gerade in dieser Geschlossenheit und auch Einseitigkeit der Anschauungen lag ein grosses Moment der Stärke und Ausbreitungsfähigkeit der Newton'schen Schule, das um so stärker wirkte, als der Meister hierin mit seiner Schule ganz einstimmig war. Denn das sichere Vertrauen in die eigene Arbeit, die Ueberzeugung von der Vortrefflichkeit und der Richtigkeit des verfolgten Weges, die leise Verachtung nicht bloss aller abweichenden Ansichten, sondern auch aller anderen Versuche zur Erreichung desselben Zieles, die mehr oder weniger verhüllte Ironie, mit der alle nicht auf demselben Grund und Boden gewachsenen Arbeiten behandelt wurden und die die Schule Newton's charakterisirten, sie stammten doch alle, bis zu einem gewissen Grade, von dem Meister selbst her; und auch der im Kampfe immer wachsende Bekehrungseifer und Fanatismus der Newtonianer entsprang doch nur der Fortentwickelung einer schon dem Meister eigenthümlichen Anlage.

Newton war ein innerlich starker, aber für äussere Widerstände sehr empfindlicher Charakter. In schwerster, sinnverwirrender, alle Lebenskräfte völlig absorbirender Arbeit führte er die Lösung seiner Probleme durch, erwog und berücksichtigte er alle

Instanzen für und wider, beseitigte er die letzteren oder modificirte er seine Arbeit nach ihnen, wenn sie sich standhaft erwiesen, und nichts gelangte davon an die Oeffentlichkeit, bevor er nicht für sich in voller Klarheit und Offenheit den Kampf mit seinem Material durchgefochten und siegreich beendet hatte. Waren aber einmal alle Schwierigkeiten für ihn selbst genügend überwunden, hatte er allen aufgestiegenen Einwürfen zu seiner Zufriedenheit entsprechen können, und hatte er die gefestigten Resultate als von ihm erkannte Wahrheiten bereits dem wissenschaftlichen Publikum vorgelegt, dann war auch für ihn die Discussion gänzlich geschlossen. Fremde, von anderen Gelehrten erhobene Einwürfe, von anderen Philosophen bemerkte, vermeintliche Schwierigkeiten berührten ihn dann nicht mehr, da sie entweder schon vorher von ihm als nicht gerechtfertigt erkannt waren, oder von einem Standpunkt aus gemacht wurden, den er schon vorher verworfen. Streitigkeiten mit Gegnern, die seine innere Arbeit nicht kannten, waren nicht nur nutzlos, sondern auch schädlich, weil sie ihn an weiterer nothwendiger Arbeit, an der weiteren Verfolgung seiner wissenschaftlichen Pläne verhinderten. Die Gegner selbst aber, besonders wenn sie von anderen Standpunkten ausgingen als NEWTON selbst und nicht seine Gedanken zu errathen, sondern nur ihre eigenen geltend zu machen suchten, erschienen immer als sehr empfindliche Störer und Schädiger, ja zuletzt sogar als übelwollende Feinde, die nicht nur das Errungene in Gefahr bringen, sondern auch weitere Erfolge verhindern wollten.

In den ersten optischen Abhandlungen, die von 1672 bis 76 erschienen, giebt NEWTON noch einzelne Andeutungen über den Gedankengang, der ihn bei seinen Versuchen geleitet hat. Er deutet noch Vermuthungen an, die sich nicht bewahrheitet, und geht weit genug auf die Ansichten seiner Gegner ein, um zu zeigen, dass sie sich bis zu einem gewissen Grade mit seinen Entdeckungen vereinigen lassen. Aber schon der letzte Disput mit LUCAS endet damit, dass NEWTON bei aller Anerkennung doch das Eingehen auf die Experimente desselben für bedeutungslos erklärt und die Prüfung auf sein Experimentum crucis zu beschränken empfiehlt, weil dieses für sich allein schon entscheidend sei. Von da an verschwindet die genetische Art der Veröffentlichung mehr und mehr, und an ihre Stelle tritt die logisch-mathematische Gliederung, die bei der genialen Sicherheit der NEWTON'schen mathematischen Deductionen keine anderen Angriffspunkte als auf dem kleinen Felde der Postulate und Definitionen bot. Und selbst auf diesem Gebiete versuchte NEWTON noch allen Streit dadurch zu umgehen, dass er wenigstens in einzelnen officiellen Aeusserungen jedem anderen Forscher die besondere Begründung der Axiome und der Definitionen vollkommen freistellte. Wo dann NEWTON doch noch weitere Fingerzeige über seine Ansichten vom Wesen der Erscheinungen zu geben beabsichtigte, da bemühte er sich dieselben in Corollarien oder in besonderen, vielleicht nach dem Beispiel von ARISTOTELES[1] eingeführten Fragen unterzubringen, so dass er einer directen Verantwortlichkeit immer überhoben blieb.

Seine Anhänger und Nachfolger nahmen allerdings diese so verklausulirten Sätze als vollkommen gleichwerthig mit den in canonischer Form ausgesprochenen an und hielten sich an die von dem Meister nur angedeuteten Ideen ganz so gebunden, als ob dieselben vollkommen demonstrirt worden wären.

Noch bei Lebzeiten des Meisters entschied sich die NEWTON'sche Schule überall für bestimmte Hypothesen über die Natur der Dinge, auch da, wo NEWTON selbst Neutralität versprochen, wenn auch nicht ganz gehalten hatte. Die NEWTON'schen Ideen wurden durchaus verallgemeinert und ausgebreitet, die entgegenstehenden Hypothesen verdrängt, die Gegner der neuen Entwickelung, die Anhänger des Bestehenden mit grösster Rücksichtslosigkeit angegriffen, jede abweichende Ansicht mit Spott überschüttet: und alles das entlockte dem Meister gerade so wenig ein Wort des Tadels wie ein Wort der Billigung oder der Aufklärung. Nur aus der Fortdauer der Gunst, in der selbst die eifrigsten und hitzigsten Schüler bei dem Meister blieben, darf man vielleicht auf eine Zustimmung desselben zu ihrem kühnen Vorgehen schliessen.

Diese Unzugänglichkeit, diese Verschlossenheit NEWTON's, sein Abscheu vor jeder öffentlichen Discussion, die andeutungsweise Behandlung gerade der streitigsten Punkte sind die Ursachen geworden, dass man von Anfang an die NEWTON'schen Schriften durch Commentare zu ergänzen versucht hat, und dass man trotz aller solcher Versuche doch an einigen Punkten zur Klarheit über die wirkliche Meinung NEWTON's nicht hat kommen können. Die drei wichtigsten dieser Punkte sind: die Meinung NEWTON's über die wahre physikalische Methode und den Gebrauch der Hypothesen, dann die Entscheidung zwischen der Emanations- und der Undulationstheorie des Lichtes und schliesslich die eigentliche Meinung NEWTON's von der Natur der Gravitation und der Attraction der Materie überhaupt. Ueber NEWTON's Verhältniss zu den entgegengesetzten optischen Theorien haben wir uns schon ausführlich verbreitet, so bleibt uns hier nur noch eine nähere

---

[1] ARISTOTELES hat in seinen Quaestiones Mechanicae schon eine Sammlung von Fragen gegeben, die ebenfalls die Antwort in hypothetischer Form in sich enthalten.

Besprechung des ersten und dritten der oben bezeichneten Punkte übrig. Beginnen wir mit der Betrachtung der Hypothese.

Gleich in seinen ersten optischen Abhandlungen, wie in dem nachfolgenden Kampfe mit Hooke und den Holländern betonte Newton mit äusserstem Nachdruck, dass seine Entdeckungen nur auf sichere Experimente gegründet und nichts weiter als sorgfältige Schlüsse aus diesen seien, dass also seine ganze Methode durchaus experimentell inductiv vorwärts gehe, nach der Art wie Francis Bacon sie gelehrt und Robert Boyle mit so grosser Enthaltsamkeit in seinen Schriften sie beobachtet habe. Die Hypothese verwarf er dabei noch nicht geradezu und wollte sie auch anderen Gelehrten nicht verwehren; aber die Beschäftigung mit Hypothesen erschien ihm doch immer nur komisch und den deductiv aus solchen gezogenen Theorien mochte er neben den Ergebnissen der Induction durchaus keinen Platz gönnen. Die wahre Methode der Naturforschung, hiess es hier schon, besteht nur aus Beobachtung, Experiment und Induction. Diese Feindschaft gegen die Hypothese verdichtete sich dann in den Principia mathematica in den viel bewunderten Ausruf: Hypotheses non fingo! Trotzdem aber trat gerade hier in weiter Ausdehnung, ja als Grundlage des ganzen Werkes, die Deduction zur Induction hinzu, und die Mathematik wurde gerade hier nicht nur als eine messende, Raum und Grössenverhältnisse bestimmende Kunst, sondern als eine deductive Wissenschaft gebraucht, die aus einfachen Voraussetzungen neue, vorher verborgene Eigenschaften der Erscheinungen ohne jede weitere Erfahrung ableitet. In der Clarke'schen Vorrede zur lateinischen Ausgabe der Optik wurden die beiden naturwissenschaftlichen Methoden ganz unabhängig nebeneinandergestellt, die empirisch-inductive, für welche die Optik, und die mathematisch-deductive, für welche die Principia mathematica grossartige Musterbeispiele gegeben hätten; ausdrücklich aber wurde wieder versichert, dass Newton sich niemals auf vage Hypothesen, sondern nur auf sichere Experimente verlasse und berufe, wie das alle wahren Philosophen gethan hätten. Aber auch diese wahren Philosophen, die schon vor Newton die richtige physikalische Methode gebraucht, wurden bald vergessen. Enthusiasten wie Keill und Freind schrieben bald darauf ihrem Meister nicht mehr eine schon längst bekannte, sondern vielmehr eine ganz neue naturwissenschaftliche Methode zu, die sich von den bis dahin benutzten Methoden besonders dadurch unterscheiden sollte, dass sie vollkommen sicher und unfehlbar war, weil sie jedes hypothetische Element absolut verabscheute und ausschloss.

Die Ansicht von der Nichtigkeit der Hypothese, die sich hier vor allem aus dem Gegensatz zur Cartesianischen Physik entwickelte, ist dann in der NEWTON'schen Schule und damit in der ganzen nachfolgenden Physik die herrschende geblieben. Zwar stimmten auch damals schon einzelne Physiker nicht ganz mit dieser Ansicht überein, und kein Geringerer als COTES bemerkt ausdrücklich, dass Hypothesen auch hier ersonnen würden, nur nehme man sie nicht als Axiome, sondern nur als Fragen, über die noch zu discutiren sei, in die Physik auf. Auch der Herausgeber der dritten Auflage der Principien, HENRY PEMBERTON, schildert in seiner Einleitung in die Philosophie NEWTON's[1] diese wieder als eine methodisch neue, rein inductive, also hypothesenfreie Wissenschaft. Einige wenige Philosophen ausgenommen, sagt er, die einer vernünftigen Methode nachgingen und dadurch das Glück hatten, einige Lichtstrahlen aufzufangen, mittelst deren sie die Ursachen einiger weniger Phänomene enthüllten, haben doch diejenigen, welche die Physik schrieben, diese Wissenschaft so abgehandelt, als ob sie zu verstehen geben wollten, dass sie selbst aller Hoffnung, jemals zum geringsten Grade von Gewissheit zu gelangen, gänzlich entsagt hätten. Ihre Gewohnheit war Vermuthungen für wahr zu halten, wenn dieselben mit den Erscheinungen nur einen Schein von Uebereinstimmung zeigten. Die Beweise in der Naturwissenschaft können allerdings nicht so streng sein, wie die in der Mathematik; aber das was man fordern muss, ist, dass man die rechte Mitte halte zwischen der Vorliebe für Vermuthungen und Hypothesen, die wir bekämpft haben, und der Praetension alle Sachen mit mathematischer Strenge beweisen zu sollen. Die ganze Philosophie ist auf die Methode der Induction begründet. Unser Autor giebt derselben neue Stärke durch das unbestreitbare Princip, dass jedes Resultat der Induction, trotz aller Hypothesen, so lange in der Wissenschaft zugelassen werden muss, bis neue Beobachtungen ihm widersprechen.

Dabei war aber die allgemeine physikalische Methode, die inductiv-deductive, nicht bloss von genialen Physikern schon mit durchschlagendem Erfolge angewendet, sondern auch in ihrer Ausführung wie in ihrem Werthe schon vollkommen klar dargestellt worden. HUYGENS z. B. hatte sich in der Vorrede zu seinem Traité de la lumière von 1690 schon in ganz vollendeter Weise über diese Methode der Physik ausgesprochen. Man wird, sagte er,[2] in diesem Werke Beweise finden, welche allerdings eine so grosse Gewissheit wie diejenigen der Geometrie nicht gewähren,

---

[1] View of Sir Isaac Newton's philosophy, London 1728; übersetzt in's Französische als Elémens de la Philosophie Newtonienne, Amsterdam 1755, p. 4 und 28.

[2] Abhandlung über das Licht, von CHRIST. HUYGENS, herausgegeben von LOMMEL, Leipzig 1890, S. 4.

ja in dieser Beziehung sich sogar sehr davon unterscheiden, weil hier die Principien sich erst durch die Schlüsse bewahrheiten, welche man daraus zieht, während die Geometer ihre Sätze aus unanfechtbaren Grundsätzen beweisen. Die Natur der behandelten Gegenstände bedingt dies. Doch ist es dabei gleichwohl möglich bis zu einem Wahrscheinlichkeitsgrade zu gelangen, der sehr oft einem strengen Beweise nichts nachgiebt. Dies ist nämlich dann der Fall, wenn die Folgerungen, welche man unter Voraussetzung dieser Principien gezogen hat, vollständig mit den Erscheinungen im Einklang sind, welche man aus der Erfahrung kennt; besonders dann, wenn deren Zahl gross ist, und mehr noch, wenn man neue Erscheinungen sich ausdenken und voraussehen kann, welche aus der gemachten Annahme folgen, und findet, dass dabei der Erfolg unserer Erwartung entspricht. Wenn nun alle diese Wahrscheinlichkeitsbeweise bei den Gegenständen, welche zu behandeln ich mir vorgenommen habe, zusammenstimmen, wie sie es nach meinem Dafürhalten wirklich thun, so muss dieser Umstand den Erfolg meiner Forschungsweise in hohem Maasse bestätigen, und es ist kaum möglich, dass die Dinge sich nicht nahezu so verhalten, wie ich sie darstelle.

Diesen goldenen Worten gegenüber, die vollkommen auch auf die Principia mathematica passen, ist es wirklich schwer erklärlich, wie die NEWTON'sche Schule die wahre physikalische Methode allein auf NEWTON zurückführen, und wie NEWTON selbst den Werth der durch mathematische Deduction genügend verificirten Hypothesen so ganz verkennen oder wenigstens bei seiner Verwerfung der Hypothese so ganz übersehen konnte. Augenscheinlich beruhte dieselbe, soweit sie nicht ein blosser Nachhall der Lehren BACON'S war, der als Nichtmathematiker den Werth der Hypothese allerdings nie begriffen hat, in erster Linie darauf, dass NEWTON unter Physik immer nur Experimentalphysik verstand und die theoretische Physik ganz der Mathematik zuwies. Darnach war die Physik eine rein inductive Wissenschaft, die nicht weiter reichte als bis zu den Inductionsschlüssen, die aus den Beobachtungen gezogen waren. Die Deduction war ganz der angewandten Mathematik oder theoretischen Physik vorbehalten, die aber auch keiner Hypothesen bedurfte, weil sie eben in jenen Inductionsresultaten vollkommen sichere Fundamente für ihre Deductionen besass.

NEWTON übersah. bei solchen methodischen Bemerkungen zweierlei, was allerdings seiner Schule gerade verhängnissvoll wurde: nämlich einerseits, dass auch der Inductionsschluss nicht mehr reine Erfahrung und in seiner Gültigkeit vor allem insofern unsicher ist, als ihm die Ausschliesslichkeit der Geltung, die Nothwendigkeit fehlt; andererseits aber, dass auch der beste Inductionschluss niemals allein vollständig befriedigen kann, weil er zwar viele gleichzeitige Erscheinungen unter räumliche und zeitliche Gesetze ordnet, aber niemals das Wesen der Erscheinungen selbst trifft und noch weniger erschöpft. Beide Schwächen zeigen sich in NEWTON's Optik. Er hat darin Theorien als absolut sicher gegeben, die sich uns längst als arge Täuschungen erwiesen haben, und er hat die theoretische Optik, indem er die Deduction ganz ausschloss, in ihrer Entwickelung für lange Zeit stark gehindert. Die Optik des grossen Meisters zeigt zwar den mathematischen Sinn ihres Urhebers in den feinen Bestimmungen der quantitativen Verhältnisse; eine mathematische Theorie der Erscheinungen aber ist an keiner Stelle in ihr enthalten. Auch die ganze NEWTON'sche Schule hat es nie zu einem eigentlich mathematischen Erfolge in der Optik gebracht; vielmehr trat ein solcher erst dann ein, als durch die Annahme der Undulationstheorie dem Wesen des Lichtes eine bestimmte Definition gegeben und dadurch der Deduction eine bestimmte Grundlage geboten wurde.

Die Sicherheit der Induction und Deduction sind von der gleichen Ordnung; denn beide sind nicht Gegensätze, sondern einander nothwendig ergänzende, einander nach oben oder nach unten fortsetzende methodische Factoren unserer Erkenntniss. Die auf Beobachtung und Experiment gegründete Induction giebt die einfachste gesetzmässige Beschreibung der Erscheinungen, und auf Grund von Inductionsschlüssen wird die Hypothese über das Wesen der Erscheinungen zusammengesetzt. Aus diesem hypothetisch allgemeinen Begriff der Erscheinungen leitet dann die Deduction mit Hülfe der Mathematik die Einzelerscheinungen ab, einestheils um neue Erscheinungen überhaupt zu entdecken, anderentheils um durch Vergleichung der berechneten mit den beobachteten Erscheinungen die Hypothese zu verificiren.

Richtig ist es, dass das Resultat der Deduction mit der Richtigkeit der Hypothese steht und fällt. Aber die Hypothese selbst kann nur falsch werden, wenn die vorhergegangene Induction falsch oder zum wenigsten unvollständig ist. Die Fehler der Hypothese sind streng genommen doch nur Fehler der Induction. Und umgekehrt kann auch die Sicherheit und Vollständigkeit der Induction nicht besser erprobt werden als durch eine möglichst allgemeine Verification einer auf ihrem Grunde errichteten Theorie. Demgemäss hält man wirklich in der heutigen Wissenschaft die Entwickelung auf keinem Gebiete eher für richtig abgeschlossen als bis man auf Grund des gesammelten inductiv geordneten Materials zu einer Anschauung vom Wesen der Erscheinungen gekommen ist, die durch Resultate der Deduction in beliebig vielfacher Weise verificirt werden kann; d. h.

die inductive Experimentalphysik bedarf nach unserer heutigen Anschauung eine Ergänzung durch die deductive theoretische Physik, wenn sie als vollendete Wissenschaft anerkannt sein will.

Es kommt für eine richtige Entscheidung über die Berechtigung der Hypothese alles darauf an, dass man sich darüber verständigt, was eigentlich unter Hypothese zu verstehen ist. Dem Wortlaut nach ist die Hypothese ein Vordersatz, aus dessen angenommener Gültigkeit ein anderer, ein Schlusssatz folgt. Dementsprechend bezeichnet man in der Mathematik mit dem Namen der Hypothesis die Zusammenfassnng sämmtlicher als bekannt vorausgesetzter Eigenschaften eines Raumgebildes, aus deren Annahme neue Eigenschaften desselben abgeleitet werden sollen. In der Mathematik liegt das Hauptgewicht auf der Demonstration des Neuen, um die Realität der Annahmen kümmert man sich dabei nicht. In den Naturwissenschaften aber ruht umgekehrt das Hauptinteresse nicht auf der Deduction, die mehr mathematisch als physikalisch ist, sondern auf der realen Gültigkeit der Hypothesis, ohne welche die ganze mathematische Deduction keine Naturwissenschaft, sondern ein Phantasiegebilde hervorzaubern würde. Jede Deduction setzt einen nicht deducirten Anfang voraus. In der Mathematik nennt man solche Voraussetzungen Axiome oder Definitionen oder Postulate, in der Physik bezeichnet man sie als Hypothesen; in Wirklichkeit sind sie in allen Fällen nichts weiter als Definitionen von dem Wesen der Erscheinungen, die man mathematisch oder überhaupt deductiv behandeln will.

Jede physikalische Hypothese ist ein Versuch das Wesen der Erscheinungen zu definiren, das ist an sich klar. Auf der anderen Seite aber ist ebenso leicht nachzuweisen, dass alle Definitionen, selbst die mathematischen, wenn sie auf Naturdinge angewendet werden, hypothetisch sind und dass sie niemals anders, als auf Grund von Inductionen gebildet werden können. Um das zu erweisen, brauchte man nur zu untersuchen, auf welche Weise solche Definitionen entstehen, und woher sie eigentlich stammen. Von vornherein wäre es ja wohl denkbar, dass man die Definitionen nur auf Grund unserer allgemeinen Anschauungen von Raum und Zeit und Bewegung, im Uebrigen aber ganz willkürlich wählte, dass man aus diesen Definitionen die Eigenschaften und Gesetze der Erscheinungen deductiv bestimmte und dann durch erfahrungsmässige Verification die Richtigkeit der Definitionen zu beweisen suchte. Gewiss könnte man ohne jede Rücksicht auf die Wirklichkeit Phantasiegebilde definiren, könnte durch philosophische oder mathematische Deduction alle Eigenschaften derselben erforschen und darnach erst nachsehen, ob die Eigenschaften dieser Phantasiegebilde mit den Eigenschaften der natürlichen Dinge genau übereinstimmten. Fände sich dann, dass dies letztere in sehr vielen oder besser in beliebig vielen zu constatirenden Fällen zuträfe, so würde dadurch auch die Congruenz der Phantasieconstruction mit der Natur und die reale Existenz der Hypothese sicher erwiesen sein.

Nach dieser Methode vorzugehen, hatte Descartes in seinen Principien der Philosophie angeblicher Weise sich vorgenommen, weil er meinte, dadurch am ehesten den Streitigkeiten aus dem Wege gehen zu können. Aber abgesehen davon, dass dieser Vorsatz gar nicht ernsthaft zu nehmen war, weil Descartes doch von vornherein seine Hypothesen der Natur möglichst anzupassen versucht hatte, so hat er auch mit diesem Kunstgriff den beabsichtigten Zweck an keiner Stelle erreicht und Newton nur mehr als nöthig Gelegenheit gegeben, seine Hypothesen mit ironischer Missachtung zu behandeln.

Mag auch mancher fanatische Gegner der Hypothesen sich die Methode der hypothetischen Deduction vielleicht nach der obigen Weise vorstellen; in Wirklichkeit wird dieselbe doch in dieser Einseitigkeit niemals angewendet werden, weil kein ernster Forscher es so dem Zufall überlassen kann, ob eine langwierige deductive Arbeit reale Resultate liefert oder nur auf ein mehr oder weniger geistreiches Spiel mit monströsen Phantasiegebilden hinausläuft. Somit bleibt schliesslich für eine reale Definition der Naturkörper, auch wenn derselben noch eine Verification durch die Deduction in Aussicht steht, doch als Grundlage nur die Erfahrung, d. i. die Beobachtung und das Experiment übrig. Auch der grösste Hypothesenvirtuos, um einen Ausdruck Newton's zu gebrauchen, muss das Instrument der Induction, wenn er nicht ohne alle Aussicht auf Erfolg hazardiren will, entweder selbst mit höchster Virtuosität anwenden, oder er muss es wenigstens verstehen, die Inductionsresultate Anderer mit richtiger Kritik für sich auszuwählen; ganz abgesehen davon, dass ja Niemand zur Bildung physikalischer Hypothesen etwas Anderes als Bestandtheile der Erfahrung zur Verfügung hat.

Nachdem so nachgewiesen, dass keine Definition und keine Hypothese anders als auf Grund einer inductiven Empirie gebildet werden kann, bleibt uns noch zu untersuchen, ob nicht auf der anderen Seite aus der Erfahrung durch gute Induction Definitionen der Naturdinge und Naturerscheinungen erhalten werden können, in denen nichts Hypothetisches mehr sich findet. Das aber muss entschieden verneint werden. Die Erfahrung (Beobachtung sowohl als Experiment) giebt immer nur Einzelfälle; die Definitionen aber sollen, wie die aus ihnen abgeleiteten Gesetze, allgemein gültig sein. Um das zu erreichen, werden die Beobachtungen und Experimente möglichst oft wiederholt, und aus der dabei constatirten Uebereinstimmung wird dann inductiv auf die allgemeine Gültigkeit der erhaltenen Resultate geschlossen. Aber mag man auch dieselbe Eigenschaft an demselben Dinge noch so oft beobachtet haben, so ist damit doch niemals gewiss, dass diese Eigenschaft demselben Dinge unter allen Umständen und ebenso wenig, dass sie allen Dingen derselben Art immer in gleicher Weise zukommt, wenn auch die Wahrscheinlichkeit mit der Zahl der Beobachtungen immer grösser wird. An Beispielen dafür, dass Inductionen, die man lange Zeit und allgemein für absolut sicher angesehen, sich schliesslich doch als nicht ganz richtig erweisen, ist kein Mangel. Millionenfältig hatte man beobachtet, dass die Sonne am Morgen über unseren Horizont heraufstieg, abends unter denselben hinuntersank; trotzdem aber sind wir jetzt der entgegengesetzten Ansicht, dass nicht die Sonne sich gegen unseren Horizont, sondern umgekehrt dieser sich gegen die Sonne bewegt.

Definitionen der Naturdinge enthalten immer mehr als die blosse sinnliche Erfahrung. Unsere Sinneswahrnehmungen geben immer nur einzelne Eigenschaften; sie sind sämmtlich nur hervorgerufen durch Bewegungen, die von den verschiedenen Sinnen in besonderer, eigenthümlicher Weise aufgefasst werden. Dass bestimmte solche Eigenschaften einem Dinge und dass dieselben Eigenschaften immer demselben Dinge angehören und dessen Wesen ausmachen, das kann nur inductiv aus der vielfachen vereinten Beobachtung dieser Eigenschaften erschlossen werden, und dieser Schluss wird zwar durch die immer wiederkehrende Beobachtung derselben Eigenschaftenvereinigung immer wahrscheinlicher, aber doch niemals absolut sicher und völlig irrthumsfrei. Selbst die mathematischen Definitionen erhalten, sobald die mathematischen Sätze auf Naturkörper angewandt werden sollen, insofern hypothetischen Charakter, als ihre Gültigkeit für die betreffenden physikalischen Körper nur erfahren, aber nicht deducirt werden kann. Unsere Definitionen physikalischer Erscheinungen können niemals das Wesen derselben ganz erschöpfen, sonst wäre unsere Erkenntniss an dieser Stelle vollkommen und eine weitere Entwickelung nicht mehr möglich. Die Begriffe, welche wir uns von den Erscheinungen bilden, drücken zwar für den jetzigen Stand unserer Erfahrung das Wesen der Erscheinungen aus, aber insofern bei weiterer Beobachtung die Sinne uns doch immer weiteres Material über die Erscheinungen zuführen, insofern unsere Erfahrung sich ohne Ende weiter entwickelt, insofern können auch die Definitionen den Erscheinungen nie vollständig adäquat und also nie vollkommen abgeschlossen sein. Die Beschränktheit wie die Entwickelungsfähigkeit der menschlichen Erkenntniss bedingen, dass wir unsere Definitionen von den Naturerscheinungen niemals in ihrer Angemessenheit direct nachzuweisen, sondern nur mit grösserer oder geringerer Wahrscheinlichkeit vorauszusetzen im Stande sind.

Die Definition einer Naturerscheinung soll das gesammte zu Gebote stehende empirische Material umfassen; sie wird aber vielleicht doch nach der Individualität des Definirenden von verschiedenen Seiten ausgehen, und verschiedene Personen werden darnach für dieselben Erscheinungen bei demselben Erfahrungsmaterial zu verschiedenen Definitionen kommen, die sich vielleicht sogar widersprechen. Der eine wird vielleicht auf verschiedene Materien zurückführen, was der Andere nur durch verschiedene Bewegungen einer Materie erklärt. Jede Definition muss alle Erfahrungsmomente berücksichtigen, aber je nach dem verschiedenen Gewicht, das man den einzelnen Momenten beilegt, wird man vielleicht in einzelnen Fällen zu entgegengesetzten Definitionen kommen, ohne dass man nach dem derzeitigen Stande der Erfahrung sicher entscheiden könnte, welches die bessere ist. Der theoretische Physiker und der Philosoph werden mehr die Momente betonen, welche die Erscheinungen unter einander verbinden, ihre Definitionen werden leicht zu allgemein werden; umgekehrt wird der Experimentalphysiker mehr geneigt sein, den unterscheidenden Momenten nachzugehen und leicht zu specielle Definitionen bilden, von denen aus ein Zusammenhang der Erscheinungen nicht mehr zu erkennen ist.

Aus alledem geht hervor, dass in keiner physikalischen Definition hypothetische Elemente geleugnet werden können, und dass physikalische Definition und physikalische Hypothese im Grunde genommen gleichbedeutende Ausdrücke sind. Man könnte allerdings sich vorsetzen, dass man Definition und Hypothese nach dem Grade der Wahrscheinlichkeit unterscheiden wolle, der ihnen nach dem zu Grunde liegenden Erfahrungsmaterial zukäme, und vielfach mag man auch das Wort Hypothese, wie das bei Newton zu sein scheint, in einem dementsprechenden Sinne gebraucht haben. Aber auch dann ist doch ein scharfer Unterschied zwischen beiden Begriffen nicht zu constatiren und nur in extremen Fällen würde man vielleicht einig darüber werden können, welches der Worte Hypothese oder Definition man gebrauchen solle. Sowie aber Definition und Hypothese in ihrer Bedeutung zusammenfallen, so muss auch der feindliche Gegensatz zwischen inductiver und deductiver Methode schwinden und beide können nur zwei einander ergänzende Theile einer einzigen physikalischen Methode bilden. Die Induction zieht zuerst aus dem angesammelten Erfahrungsmaterial die allgemeinen Schlüsse, auf deren Grund die Hypothese oder Definition des Wesens der Erscheinungen gebildet wird. Die Deduction leitet dann aus dieser Hypothese neue

Eigenschaften ab, deren Bestätigung durch die Erfahrung die hypothetische Sicherheit der Induction bis zu annähernd absoluter Sicherheit ergänzt. Keine der beiden methodischen Hälften besitzt für sich allein so viel Sicherheit, dass sie der anderen ganz entbehren könnte. Zwar betont der Physiker je nach seiner Beschäftigung und Anlage mehr die eine oder die andere Hälfte der methodischen Reihe. Der Experimentalphysiker hält gern die Sammlung der Erfahrungen, die inductive Verwerthung derselben zur Beschreibung und Definirung der Erscheinungen für das Wichtigste und Sicherste; der theoretische Physiker aber legt den Hauptwerth auf eine fruchtbare Deduction und die dadurch mögliche empirische Verification der zu Grunde gelegten Hypothese. Die grösste naturwissenschaftliche Sicherheit aber kann doch nur erlangt werden durch die vereinigte Arbeit beider.

Die Hypothese kann niemals aus der Physik, auch nicht durch den Machtspruch eines Genies wie Newton, verbannt werden. Wenn man keine Hypothesen, sondern nur Definitionen und Axiome in der Wissenschaft zulassen will, so kann das schliesslich nichts weiter heissen, als dass alle schwachen und falschen Hypothesen verbannt sein sollen. Eine Hypothese ist falsch und schlechthin zu verwerfen, wenn sie in einzelnen Theilen der Erfahrung oder den Verstandesgesetzen widerspricht. Eine Hypothese ist schwach und deswegen allerdings bedenklich, wenn sie nicht alles derzeitig zu Gebote stehende empirische Material berücksichtigt. Aber zwischen einer schwachen und einer guten Hypothese existiren unzählige Uebergänge, und selbst eine schwache Hypothese kann durch eine geniale Verification der deductiv aus ihr gezogenen Resultate zu einer recht sicheren Theorie werden. Induction und Deduction ergänzen nicht bloss, sondern ersetzen sogar einander, theilweise wenigstens, in der Sicherung der Wissenschaft.

Halten wir daran fest, dass die Hypothesen nichts weiter sind als Versuche das Wesen der Erscheinungen, d. h. die mehr oder weniger umfassenden Einheiten des Materiales unserer Anschauung, zu definiren, so geht daraus von selbst hervor, dass alle diese Definitionen, die nur dem jeweiligen Stande der Naturerkenntniss entsprechen, mit der Entwickelung der Wissenschaft selbst sich entwickeln und verändern müssen. So wenig unsere menschliche Erkenntniss jemals die ganze Natur erfassen wird, ebenso wenig kann jemals eine Definition auch nur das Wesen eines einzigen Naturkörpers ausschöpfen. Unsere Definitionen werden immer nur mehr oder weniger einzelne Eigenschaften der Erscheinungen umfassen können, sie werden also immer nur Annäherungen, allerdings mit der Entwickelung der Erkenntniss immer weitergehende Annäherungen an die Wirklichkeit sein. Diese Annäherung kann von verschiedenen, ja von entgegengesetzten Seiten her geschehen, der Lauf der Entwickelung kann dahin treiben, dass man plötzlich den einen Weg der Annäherung verlässt und den entgegengesetzten einschlägt. Herrschende Hypothesen können dadurch gestürzt werden, ja scheinbar in ihr Gegentheil umschlagen; deswegen wäre es doch nicht richtig zu sagen, dass die verlassenen Hypothesen unwahr oder vollständige Irrthümer gewesen seien. Jede Hypothese ist richtig, wenn sie das betreffende Material der derzeitigen Anschauung vollständig umfasst. Sieht man aber auch von Irrthümern in der empirischen Grundlage, wie in der verificirenden Deduction ab, so kann eine Hypothese schon dadurch unrichtig werden, dass die wachsende Erfahrung über sie hinausschreitet und sie das neu hinzutretende Material der Anschauung nicht mehr zu umfassen vermag. Dann muss die veraltete Definition durch eine neuere, allgemeinere oder tiefere ersetzt werden und erst wenn das gelungen, dann darf man sagen, dass die bisherige Wahrheit durch eine neue aufgehoben worden ist. Zu einer schädlichen Unwahrheit, einem vollen Irrthum aber kann die Hypothese nur dadurch werden, dass sie trotz des Fortschreitens der Erkenntniss über ihre Zeit hinaus als gültig und der Wahrheit entsprechend festgehalten wird.

Einer solchen Gefahr ist die Wissenschaft um so mehr ausgesetzt, je weniger die Physiker das Wesen der Definition richtig zu verstehen und ihre hypothetische Natur zu beurtheilen vermögen. Die übertrieben abfällige Beurtheilung, welche manche physikalischen Theorien, nachdem sie gefallen sind, erfahren, zeugt dafür, dass ein richtiges Verständniss der physikalischen Entwickelung nicht überall vorhanden ist. Wie in jeder Entwickelungsreihe eine spätere Entwickelungsstufe die früheren Stufen nicht absolut negirt, sondern vielmehr in neuer Gestaltung noch in sich enthält, so nimmt auch jede neue Hypothese eine Menge Bestandtheile der früheren in sich auf und bedeutet oft, trotz einer total veränderten Ausdrucksweise, thatsächlich doch nur eine leichte Modification und Erweiterung der früheren. Wenn der Mathematiker z. B. eine natürliche krumme Linie als einen Kreis behandelt hat und findet bei genaueren Untersuchungsmethoden, dass diese Curve gar kein Kreis, sondern eine Ellipse von sehr geringer Excentricität ist, so braucht er darum seine früheren Untersuchungen doch nicht ganz aufzugeben oder gar für Verirrungen zu erklären, sondern dieselben nur entsprechend seiner eingehenderen Erkenntniss zu modificiren, um sie direct für die neuen Untersuchungen verwerthen zu können.

Der Mathematiker gebraucht sogar sehr häufig Hypothesen, von denen er weiss, dass sie mit dem Wesen der Erscheinung sich nicht ganz decken, dass sie vielmehr nur näherungsweise zutreffen, und die er doch zur Ermittelung richtiger Resultate zu benutzen versteht. Er ersetzt die Stücke von Curven durch Stücke von geraden Linien oder Kreisen oder Parabeln; er identificirt Funktionen, die ihrer wirklichen Form nach unfassbar und nur gewissen Eigenschaften nach bekannt sind, mit bekannten Potenzreihen oder anderen leichter zu behandelnden Reihen und kommt mit diesen, nicht die Wahrheit selbst enthaltenden, sondern nur dem wahren Wesen nahekommenden Hypothesen zu Resultaten, die bis auf jede geforderte oder mögliche Grenze der Wahrheit sich annähern. Man könnte das Wesen eines natürlichen Dinges geradezu mit einem Stück einer krummen Linie vergleichen, von der wohl einige Eigenschaften erforscht, aber deren vollständiges Bildungsgesetz uns noch unbekannt wäre und auch immer unbekannt bleiben würde. Wir müssten vielleicht, um weitere Gesetzmässigkeiten der betreffenden Curve zu deduciren, dieselbe zuerst als gerade Linie annehmen; dann mit wachsender Erkenntniss dürften wir einsehen, dass sie einem Kreisbogen oder einem Stück eines Kegelschnittes oder endlich einem Theile einer beliebig complicirten Potenzlinie näher käme; ja man könnte vielleicht, um verschiedene Eigenschaften der Curve zu erforschen, mit der Hypothese freiwillig wechseln und einmal die Curve als Potenzlinie, das andere Mal als Sinuslinie z. B. ansehen: immer würde man mit steigender Anschmiegung der hypothetischen Curve an die wahre auch den wahren Gesetzen der letzteren näher kommen; trotzdem aber könnte man doch nicht sagen, dass mit dem Ergreifen der neuen Hypothese die alte zur absoluten Unwahrheit geworden wäre, denn die neue kann ebenso wenig im absoluten Sinne für wahr angenommen werden als die alte. Oder denken wir, um noch anschaulicher zu werden, uns vor die Aufgabe gestellt, den Inhalt des Kreises zu berechnen. Die einfachste Annäherung an die Lösung geschieht durch die Hypothese, dass der Kreis identisch ist mit dem eingeschriebenen regulären Sechseck. Zeigt sich diese Lösung mit wachsender Erfahrung als ungenau, so identificiren wir den Kreis mit dem eingeschriebenen Zwölfeck, dann fortschreitend mit dem Vierundzwanzigeck, Achtundvierzigeck u. s. w. Jede weitere Hypothese führt uns näher zum wahren Inhalt des Kreises, der doch aber niemals zu erreichen ist. Jede folgende Hypothese ist besser als die vorhergehende und hebt nothwendig diese auf. Falsch wäre es, wenn man an irgend einer Stelle, vielleicht bei dem Eintausendvierundzwanzigeck, sagen wollte, jetzt habe man die volle Wahrheit erreicht und alle vorhergehenden Annahmen seien lächerliche Irrthümer; denn jede folgende Annäherung enthält die vorige in sich und fügt nur ihrerseits noch eine kleine Fläche hinzu. Ja man könnte hier an jeder Stelle der einen Hypothese eine andere, von ihr ganz verschiedene gegenüberstellen, die denselben Grad der Annäherung an die Wahrheit ergäbe und also gerade so wahr wäre als die erstere, indem man den Kreis nicht durch eingeschriebene, sondern durch die umgeschriebenen regulären Vielecke definirte.

Die Anwendung des Gleichnisses auf die Theorie der physikalischen Hypothesen ist klar; zwei Sätze aber wären daraus besonders hervorzuheben: erstens, jede Hypothese, die nicht schon in ihrer Entstehung falsch ist, die nur durch die fortschreitende Entwickelung beseitigt wird, enthält in sich einen Theil der Wahrheit, der in die folgenden Hypothesen mit übernommen wird; und zweitens, jede gute Hypothese, wenn sie auch zu ihrer Zeit die Naturerscheinungen noch so richtig erklärte, kann dadurch zu einer schlechten werden, dass sie von ihren Anhängern gegen den Fortschritt der Entwickelung auch dann noch gehalten wird, wenn sie längst die neuen gesammelten Erfahrungen nicht mehr zu fassen vermag. Gute Illustrationen zu diesen Sätzen bieten gerade die Theorien, welche ihrer Zeit am meisten vergöttert und nach ihrer Zeit am meisten verlästert wurden, wie die Theorie der natürlichen Bewegungen des Aristoteles und die optische Theorie von Newton.

Newton's Schlachtruf „Hypothesen bilde ich nicht", mit dem er den Cartesianern und ihren Gesinnungsgenossen entgegentrat, dürfen wir dahin verstehen, dass er so schlecht begründete Hypothesen wie die Cartesianischen nicht bilden mochte, und dass er seine inductiv erschlossenen und vollständig begründeten Axiome, Definitionen und Bewegungsgesetze nicht mit dem ihm verdächtigen Namen der Hypothesen bezeichnen lassen wollte. Dass diese Definitionen indessen doch weiter nichts waren als für ihre Zeit recht wahrscheinliche Hypothesen, ersieht man beispielsweise ebenso leicht aus dem Charakter der ersten Definitionen, die der Optik voranstehen, wie aus der nicht wegzuleugnenden Thatsache, dass sie zum guten Theile schon längst durch andere, die Newton theilweise für unmöglich erklärt hatte, ersetzt sind. Wollte man aber Newton aus dieser Vergänglichkeit seiner Theorien einen Vorwurf machen und ihm vorhalten, dass er Unveränderliches versprochen und doch nur Veränderliches gegeben habe, so müsste man dabei auch hinzusetzen, dass ihm damit doch nichts widerfahren sei, was nicht durch die fortschreitende Entwickelung natürlich bedingt wäre, und dass selbst seine scheinbar am weitesten abirrende Hypothese von den verschiedenen Anwandlungen der Lichtstrahlen doch in unserer Lichttheorie, wenn auch in anderer Form und anderer Auffassung, noch fortlebt, nämlich in den verschiedenen Phasen der Aetherschwingungen, die wir als Licht empfinden.

Man muss auch bei Newton sehr wohl zwischen dem objectiven wissenschaftlichen Forscher und dem scharfen, streitbaren Polemiker unterscheiden. Newton's wissenschaftliche Arbeiten sind an allen Stellen gute Beispiele einer sicheren nicht nur, sondern auch einer weittragenden wissenschaftlichen Methode; seine Polemik aber entsprach dieser Thätigkeit nicht ganz und war nicht selten einseitiger und engherziger, als man bei seiner Geistesgrösse hätte erwarten sollen. Jedenfalls war sie durch den Trieb der Selbsterhaltung gegen den Ansturm der immer zahlreichen und hypothetisch oft viel weiterausgreifenden Gegner stark beeinflusst und sicher wurde sie durch die steten Kämpfe, die Newton um seine Entdeckungen führen musste, nicht wenig verschärft. Dass Newton für seine Person die nur bedingte Sicherheit seiner Definitionen und Axiome wohl erkannte, lässt sich aus der erst in der dritten Ausgabe der „Principien“ eingefügten vierten Regel zur Erforschung der Natur, wonach man die inductiv erschlossenen Sätze so lange entweder genau oder nahezu genau für wahr halten muss, als nicht andere Erscheinungen eintreten, durch welche sie grössere Genauigkeit erlangen oder Ausnahmen unterworfen werden, mit ziemlicher Sicherheit schliessen.

Mit der gänzlichen Negirung aller Hypothesen hing der letzte der vorher erwähnten dunklen Punkte in der Physik Newton's, seine Anschauung von der Schwere und ihrer Ursache, eng zusammen.

Drei Ansichten standen und stehen sich heute noch in Betreff der sogenannten Newton'schen Attraction unvereint gegenüber. Nach Cotes, der die Ansichten der Newton'schen Schule am klarsten und folgerichtigsten entwickelte, sind alle Attractionen, deren es nach ihrer verschiedenen Abhängigkeit von der Entfernung viele verschiedene geben kann, Wirkungsfähigkeiten, die aller Materie von Natur eigenthümlich sind. Diese Wirkungen geschehen auf alle Entfernungen hin unvermittelt von Materie zu Materie, sie haben physikalisch genommen keine weiter zurückliegenden Ursachen, sondern geschehen direct durch den Willen des Schöpfers, der die Materie mit diesen Wirkungsfähigkeiten erschaffen hat und noch erhält. Wer die Möglichkeit solcher Wirkungen leugnet, der muss auch den Schöpfer selbst leugnen.

Dieser theistischen Erklärung der Attraction setzten die Cartesianer und Anhänger der kinetischen Physik eine andere entgegen, die man im Gegensatz zu jener gern eine mechanische nannte. Nach ihnen ist es die Aufgabe der Physik zu allen Erscheinungen die gemeinschaftlichen natürlichen Ursachen aufzusuchen, nur dadurch wird der Zusammenhang der Erscheinungen begreiflich und die Folge derselben erklärlich. Lässt man aber für die Attraction der Theile der Materie keine physikalische

Ursache zu, führt man dieselbe direct auf göttliche Einwirkung zurück, so hört an dieser Stelle der natürliche Zusammenhang der Dinge auf und der wissenschaftlichen Forschung wird mitten im Gebiete der augenfälligsten Erscheinungen eine zugleich unnöthige, unbegreifliche und völlig willkürliche Grenze gesetzt. Aufgabe der Wissenschaft ist es, die Werke des Schöpfers zu begreifen; die unvermittelte Anziehung der Sonne auf Millionen von Meilen entfernte Himmelskörper wird aber um nichts leichter verständlich dadurch, dass wir dieselbe auf eine anerschaffene Eigenschaft der Materie zurückführen. Die Möglichkeit, dass ein Körper einen anderen, entfernten unmittelbar zu sich heranziehen könne, müsste zu der Annahme führen, dass in der leblosen Natur ebenso Willen und Empfindung existire, wie in dem lebendigen, beseelten Organismus. Das aber würde die volle Rückkehr zu der glücklich abgethanen peripatetisch-scholastischen Philosophie mit allen ihren verschiedenen Antipathien und Sympathien in der Materie bedeuten. Um einen solchen Rückschritt zu vermeiden, bleibt nichts Anderes übrig, als die Ursache der Gravitation nicht in der schweren Materie selbst zu suchen, sondern dieselbe nach ausserhalb zu verlegen und die Schwere durch immerwährend, ohne Unterbrechung fortdauernde Bewegungen einer äusserst subtilen und darum für uns unsichtbaren, nicht schweren Materie zu erklären, die mit ihren Bewegungen alle Räume zwischen den schweren Materien ausfüllt.

Zwischen diese beiden extremen Ansichten schiebt sich als dritte diejenige Auffassung der Schwere ein, die Newton selbst in seinen rein theoretischen Schriften immer wieder hervorgehoben und die seitdem immer unter den Physico-Mathematikern zahlreiche Anhänger gezählt hat. Darnach soll die Gravitation nur als Erscheinung, als Phänomenon, aus den Bewegungen der Körper erschlossen und nur als Erscheinung in ihren Gesetzen erforscht werden. Ein weiteres Eingehen auf das Wesen dieser Erscheinung, eine Entscheidung über die Ursache derselben wird dabei ausdrücklich verweigert.

Leider ist diese das Problem vereinfachende Ansicht nicht so leicht festzuhalten, als es scheint, und von Newton bis auf heute hat es doch auch die Anhänger dieser Ansicht immer dahin gedrängt, sich für eine der weitergehenden beiden ersten Anschauungen wenigstens zu interessiren. Es ist eben leichter gesagt als gethan, sich nur auf die Welt der Erscheinungen zu beschränken und alle Meinungen über den inneren ursächlichen Zusammenhang, das eigentliche Wesen der Erscheinung zu unterdrücken. Die Sprache ist für so feine Unterscheidungen eines phänomenalen und eines metaphysischen Sinnes der Worte nicht gemacht. Wenn man nicht immer Umschreibungen mit unbestimmten Ausdrücken wie „dasjenige, welches“ u. s. w. anwenden will, so werden die Leser und Hörer bald den gebrauchten Substantiven eine substantielle, reale Bedeutung unterlegen und schliesslich wird der Autor selbst, ohne dass er es will und merkt, seinen substantivirten Bezeichnungen nicht den zuerst vorausgesetzten feineren phänomenalen, sondern den gröberen realen Sinn beilegen und so agiren, als ob seine rein qualitativen Bezeichnungen eine wesentliche, existentielle Bedeutung hätten.

So ist es auch NEWTON ergangen und trotz der mehrfachen Versicherungen, dass er über das Wesen der Gravitation nichts entscheiden wolle, hat man doch immer wieder eine bestimmte Meinung über dieses Wesen aus seinen Schriften herausgelesen. Ja, da er nicht eine Meinung aussprechen wollte, hat man ihm bei den entgegengesetzten Parteien auch beide Meinungen zugeschrieben, und noch heute, wie zu seiner Zeit, muss man sich fragen, welches denn nun als seine wirkliche persönliche Ansicht in dieser Sache anzunehmen sei.

Vollständig klar und bestimmt geht aus NEWTON's Aeusserungen hervor, dass er eine kinetische, oder auch nur eine physikalische Erklärung der Schwere als einer durch ein Zwischenmedium vermittelten Wirkung nicht für möglich hielt. Den Cartesianischen Wirbelerklärungen der Schwere und der Himmelsbewegungen hatte NEWTON schon in den Principien die reale Möglichkeit mit aller Entschiedenheit abgesprochen. Aber auch die vielen zu damaliger Zeit unternommenen Verbesserungsversuche machte er dadurch erfolglos, dass er ihnen das Fundament, die Existenz einer alle Räume erfüllenden ätherischen Materie durch seine Untersuchungen über die Widerstände, welche eine solche Materie den himmlischen Bewegungen entgegensetzen musste, gänzlich vernichtete. Man hätte dem allerdings entgegenhalten können, dass hierdurch nicht die Unmöglichkeit des Aethers überhaupt, sondern nur die Unmöglichkeit einer von uns noch messbaren Dichte desselben bewiesen werde. Man hätte auch anführen dürfen, dass NEWTON doch selbst einen Lichtstoff zulasse, der überall wie das Licht verbreitet sein und somit ebenso wie der Aether die Planetenbewegungen hindern müsse. Aber NEWTON hatte auch dafür schon eine Erklärung gegeben, dass nämlich seine feinen Lichtkörperchen viel zu dünn im Raume ausgesäet seien, als dass ihr Widerstand merklich werden könne, während der Cartesianische Aether, der den Raum vollständig erfülle, unter allen Umständen einen verhältnissmässig grossen Widerstand entwickeln müsse.

Abgesehen aber von dieser Verneinung des Aethers führte NEWTON noch einen anderen, fast stärkeren Grund in's Feld, der nach dem damaligen Stande der Physik alle kinetischen Theorien der Schwere unfehlbar schlagen musste. Will man alle physikalischen Kräfte auf Bewegungen der Materie als letzte Ursachen zurückführen, so muss man, um die Fortdauer des Universums zu sichern, die Bewegungen in ihrem Bestande als ebenso unzerstörbar wie die Materie selbst annehmen. In der That hatten schon die Atomistiker des Alterthums, EPIKUR an ihrer Spitze, die Unzerstörbarkeit der Bewegung proclamirt, weil sie sonst auf keine Weise die Fortdauer des Lebens in der Welt erklären konnten. LUCREZ spricht dies in seinem Lehrgedicht von der Natur der Dinge in fast moderner Weise aus:

> Niemals war das Gesammte des uranfänglichen Stoffes
> dichter zusammengedrängt, noch mehr von einander gelockert,
> denn er vermehret sich nicht, auch geht Nichts unter von selbem.
> Drum ist auch die Bewegung, in welcher die Körper des Urstoffs
> jetzt sich befinden, darin schon längst vorhanden gewesen
> und wird ferner auch noch statthaben auf ähnliche Weise.
> Keine Gewalt ist fähig, die Summe der Dinge zu ändern.
> Wo wär' etwas, wohin auch nur ein Theilchen des Urstoffs
> könnt' aus dem All entfliehn? Wo könnten auch wieder die neuen
> Kräfte sich bilden, zu dringen in's All und zu ändern der Dinge
> ganze Natur und deren Bewegung umzugestalten?
> Uebrigens setz' es dich nicht in Verwunderung, dass die Gesammtheit,
> während die Urelemente sich unaufhörlich bewegen,
> in vollkommener Ruhe sich gleichwohl scheint zu befinden,
> ausgenommen, was mittelst der eignen Kraft sich beweget.
> Weit ja von unseren Sinnen entfernt liegt alle Natur der
> Urelemente; daher, da diese du selber zu sehen
> nimmer vermagst, muss auch die Bewegung dir sich entziehen.[1]

Die Aristotelische Lehre von den Seelen der Dinge, von ihren bestimmten Trieben zu bestimmten Bewegungen brachte diese Lehre in Vergessenheit; aber DESCARTES, der wieder jene Triebe durchaus negirte, griff auch sogleich auf den antiken Satz von der Erhaltung der Bewegung zurück. Leider konnte er zu diesem Satze nicht auf physikalischem, sondern nur auf metaphysischem Wege gelangen und musste zum Beweise desselben auf den Schöpfer der Welt als Quelle aller Bewegungen recurriren, dessen unveränderliche Vollkommenheit auch die Unveränderlichkeit der Summe aller Bewegungen in der Welt verbürge. Das aber hatte den weiteren Nachtheil, dass nun noch unklar blieb, was denn eigentlich bei der ewigen wechselseitigen Umwandlung von Bewegungen als constant und unveränderlich anzusehen sei. DESCARTES entschied sich für die Menge der Bewegung oder das Product aus der Menge der bewegten Materie und ihrer Geschwindigkeit; LEIBNIZ aber ersetzte später diese Bewegungs-

---

[1] T. LUCRETIUS CARUS, Von der Natur der Dinge, übersetzt von W. BINDER, Stuttgart 1868, Buch II, v. 294—299, 303—314.

quantität durch die Kraft der Bewegung oder, wie er sagte, durch die lebendige Kraft, die dem Product aus der Menge der Materie und dem Quadrat der Geschwindigkeit proportional ist. Der grosse Streit, welcher sich darnach zwischen den Cartesianern und Leibniz über die Schätzung der Kräfte entspann, zog seine Nahrung vor allem aus der Idee von der Erhaltung der Kraft und war darum nicht an sich ein Wortstreit, wie D'Alembert ihn bezeichnete, sondern wurde das erst, nachdem man das Gesetz von der Erhaltung der Bewegung wieder ganz aufgegeben hatte. Wirklich versuchte man auch schon damals das Princip von der Erhaltung der Kraft als ein correctives Princip zu gebrauchen, an dem man die Richtigkeit anderer physikalischer Sätze abschätzen könne. Von diesem Standpunkt aus wandte sich z. B. Francis Willoughby im Jahre 1669 gegen die Gesetze, welche Christopher Wren und Huygens kurz vorher für den Stoss elastischer Körper aufgestellt hatten. Nach diesen Regeln, sagt er, müsse man annehmen, dass die Summe der in der Welt enthaltenen Bewegungen sich immerwährend verändere und zwar sowohl wachse wie auch abnehme. Das aber erscheine so paradox, dass es ohne ganz unzweifelhafte Experimente in der Wissenschaft nicht zugelassen werden könne.[1] Wren erklärte darauf, dass ihm diese Folgerung keineswegs entgangen sei, dass aber alle seine Experimente dieselbe bestätigt und keins ihr widersprochen habe.

Leibniz, der zwar nicht die Constanz der Bewegungsmenge, wohl aber der lebendigen Kraft bei allen Umwandlungen der Bewegungen lehrte, befand sich dabei gerade in entgegengesetzter Lage wie Willoughby. Nach seinem Maass gemessen, war die Constanz der Bewegung beim Stosse elastischer Körper theoretisch klar, dafür aber musste er die unleugbaren Verluste an lebendiger Kraft beim Stosse unelastischer Körper als scheinbare nachweisen und er that das in keiner anderen Weise als die moderne Physik es noch heute thut. Man wirft mir vor, sagt er wörtlich, dass unelastische Körper beim Zusammenstoss von ihrer Kraft verlieren. Ich muss dem widersprechen. Es ist wahr, dass die Körper in Bezug auf ihre Massenbewegung verlieren, aber der Verlust wird nur auf die inneren Theile derselben übertragen, ist also nur scheinbar. Die Kräfte werden nicht zerstört, sondern unter die Moleküle der Körper vertheilt. Das aber heisst jedenfalls nicht Kräfte verlieren, sondern entspricht nur der Einwechselung von kleinem Geld gegen grosses.[2]

---

[1] Birch, History of the Royal Society, vol. II, p. 381, Sitzung vom 10. Juni 1669.

[2] Recueil de diverses Pièces sur la Philosophie, Amsterdam 1720, p. 135: On m'objecte que deux Corps mols ou nonélastiques con-

NEWTON, der zwar nicht wie ARISTOTELES ursprüngliche Kräfte in der Materie direkt proklamirte, aber doch dieselben mindestens nicht ausschloss, hatte darum auch nicht wie DESCARTES und seine Anhänger ein nothwendiges Interesse daran, die Erhaltung der Bewegungen als ein nothwendiges Fundament der ganzen Physik vorauszusetzen. Und da auch keine Experimente oder Beobachtungen oder aus ihnen gezogene Inductionsschlüsse zur Annahme jenes Gesetzes drängten, so erklärte er dasselbe, alle metaphysischen Deductionen bei Seite lassend, für durchaus unbegründet und schied es dadurch für mehr als ein Jahrhundert vollkommen aus der Physik aus. Damit aber wurde auch den kinetischen Theorien der Kräfte das Fundament entzogen, welches zu ihrer Möglichkeit absolut nothwendig schien. NEWTON machte nachdrücklich darauf aufmerksam, dass beim Zusammenstoss unelastischer Körper immer Bewegung verschwindet und dass das letztere, weil Naturkörper niemals vollkommen elastisch sind, bei allen Zusammenstössen von Körpern statt haben muss. Er betonte, dass keinerlei Mittheilung von Bewegung jemals geschehe, ohne dass die dabei stattfindende Reibung einen Theil der Bewegung vernichte, und er erwähnte beispielsweise, dass selbst in Flüssigkeiten jede Bewegung nach und nach von selbst verlösche, wenn sie nicht von Zeit zu Zeit erneuert werde. Darnach glaubte er, entgegengesetzt wie LEIBNIZ und DESCARTES, den allgemeinen Satz aufstellen zu können, dass die gesammte Kraft der in der Welt vorhandenen Bewegungen zu keiner Zeit dieselbe bleiben könne, sondern dass vielmehr mit jeder in der Welt stattfindenden Bewegung die Grösse der Bewegungssumme sich stetig vermindern müsse. Damit aber hielt er weiter für ausgemacht, dass das Universum nie durch Bewegungen allein, sondern nur durch thätige Principien oder Kräfte zu existiren vermöge, welche die immer verlorengehenden Bewegungen zum Theil wenigstens wieder ersetzen.

Es existirt nur ein Satz, aus welchem man auf eine Neigung NEWTON's zu einer mechanischen Erklärung der Schwere schliessen könnte, und den hat man auch in neuerer Zeit vielfach in solcher Absicht erwähnt. Das ist die allerdings wunderbare Stelle aus den Briefen an BENTLEY, die NEWTON auch später noch wiederholt hat: „Dass die Gravitation der Materie wesentlich,

---

courant entre eux, perdent de leur force. Je réponds que non. Il est vrai, que les Tout la perdent par rapport à leur mouvement total; mais les parties la reçoivent, étant agitées intérieurement par la force du concours. Ainsi ce défaut n'arrive qu'en apparence. Les Forces ne sont point détruites, mais dissipées parmi les parties menues. Ce n'est pas les perdre, mais c'est faire comme font ceux qui changent la grosse Monnaye en petite.

inhärent und anerschaffen sein sollte, so dass ein Körper auf einen anderen in jeder Entfernung durch den leeren Raum ohne Vermittelung von Etwas wirken könnte, wodurch die Action und Kraft von dem einen zum anderen geleitet wird, das ist nach meinem Dafürhalten eine so grosse Absurdität, dass kein Mensch, welcher in philosophischen Dingen eine genügende Denkfähigkeit hat, darauf verfallen kann. Die Gravitation muss durch ein Agens, welches constant nach gewissen Gesetzen wirkt, verursacht sein." Wer aber daraus auf eine offene Anerkennung eines schwermachenden Aethers von Seiten NEWTON's schliessen wollte, der übersieht die Fortsetzung des obigen Satzes: „Ob aber dieses Agens materiell oder immateriell ist, das habe ich der Ueberlegung meiner Leser überlassen," und der übersieht, dass NEWTON nach der Art seines religiösen Charakters, wie nach der Art, in welcher er sich am Schlusse seiner Principien und am Schlusse seiner Optik über die lebendige Wirksamkeit Gottes in der Welt ausspricht, nicht an eine materielle, mechanische, sondern nur an eine immaterielle, göttliche Vermittelung der Attractionswirkungen im Universum denken konnte. Hat NEWTON an jener Stelle es noch seinen Lesern überlassen, ob sie sich die Vermittelung der Actio in distans materiell oder immateriell denken wollen; so hat er an diesen Orten es klar genug ausgesprochen, dass er als letzte Ursache alles Geschehens in der Welt sich niemals eine blinde, mechanische Nothwendigkeit, sondern einen intelligenten, überall thätigen Schöpfer der Welt denken mochte.

In der That hat auch der Empfänger des betreffenden Briefes, BENTLEY, die Aeusserungen NEWTON's ganz in dem letzteren Sinne, d. h. zu Gunsten seiner Widerlegung des Atheismus aufgefasst. Entweder, so argumentirte er, ist die Vermittelung der Gravitation materiell oder immateriell; da aber eine materielle Vermittelung der Wechselwirkungen der Körper absolut nicht nachzuweisen ist, so muss nothwendig ein göttlicher Schöpfer, Erhalter und Regierer in der Welt existiren. Er nahm darnach jene Sätze NEWTON's in seine Sermones wörtlich auf, und hat jedenfalls kein Arg gehabt, dass dieselben gegen ihn gewendet werden könnten.

Ebenso wenig wie die Behauptung einer nothwendigen Vermittelung der Gravitation kann die Negirung derselben als einer wesentlichen Eigenschaft der Materie, die NEWTON 1717 noch einmal ostensiv wiederholte, als ein Beweis für den Glauben an eine mechanische Ursache der Schwere angesehen werden. LEIBNIZ und seine Anhänger hatten damals geltend gemacht, dass man die Ursache der Gravitation niemals in den schweren Körpern selbst, sondern nur ausserhalb derselben in einer besonderen, schwermachenden Materie suchen dürfe. NEWTON nahm darnach Veranlassung zu betonen, dass auch er die Schwere mit der Materie nicht nothwendig verbunden denke. Und in der That war das von seinem Standpunkte aus mindestens ebenso leicht anzunehmen, als von dem des Leibniz. Denn wenn ein intelligenter, freiwirkender Schöpfer die Ursache der Gravitation war, so musste ganz selbstverständlicher und nothwendiger Weise angenommen werden, dass er die Materie auch ohne Gravitation oder mit beliebig anderen Kräften, die nach beliebig anderen Gesetzen wirken, erschaffen konnte. Gehört zu den constitutionellen und damit nothwendigen Eigenschaften der Materie auch die Anziehungskraft nach dem umgekehrten Verhältniss der Entfernung, so ist der Schöpfer weiter im Getriebe der Natur macht- und nutzlos und der Weltmechanismus ist im Newton'schen System gerade so wenig wie im Descartes'schen zu leugnen. Darum trennt Newton die constitutiven und wesentlichen Eigenschaften der Materie, wie Undurchdringlichkeit, Beweglichkeit und Beharrung, sorgfältig von der Attraction derselben, die der Schöpfer in freier Wahl der Materie beilegte und in ihr wirksam erhält.

Im Uebrigen zeigt die ganze Art der Einführung und Untersuchung der Gesetze der Schwere, dass Newton nie im Ernste an eine mechanische Vermittelung der Attraction zweier entfernter Körper gedacht hat. Er dürfte sonst z. B. nicht die Annahme abstossender Kräfte in der Materie so schmucklos und nachlässig durch die blosse Redensart einführen, dass eine anziehende Kraft wie jede algebraische positive Grösse bis zur Null abnehmen könne und also bei Fortsetzung dieser Abnahme sich in ihr Gegentheil verkehren, d. h. zu einer negativen Anziehung oder zu einer Abstossung werden müsse. Denn die Umkehrung des Vorzeichens ist eben nur bei mathematischen Grössen allgemein denkbar, bei vielen physikalischen Grössen jedoch ganz unmöglich; und gerade die Abnahme der Gravitation mit Vergrösserung der Entfernung bedingt, dass diese Kraft wenigstens sich in keiner Entfernung in ihr Gegentheil verkehren kann.

Für die Abneigung gegen eine materielle Vermittelung der Schwere spricht ebenso die Art, wie Newton, in späteren Jahren wenigstens, die vor und nach ihm so viel hervorgehobene Analogie der Abnahme der Lichtintensität mit der der Schwerkraft, wie es scheint, grundsätzlich vermied. Nur einmal in einem Briefe an Halley vom Juli 1686, in welchem er sein frühes Erfassen der quadratischen Proportion nachweisen wollte, deutete er auf einen Zusammenhang der quadratischen Abnahme der Gravitation mit der sphärischen Ausbreitung derselben hin. Halley gebrauchte dann auch in seiner vorläufigen Ankündigung der Entdeckung Newton's vom Jahre 1686 die Ausbreitung der Gravitation vom Centrum auf immer wachsenden Kugelflächen ausdrücklich zur Begründung des NEWTON'schen Attractionsgesetzes. Darnach aber mit der vollen Entwickelung der Idee der Gravitation als einer allgemeinen Eigenschaft aller Materie verschwand dieser so anschauliche und bestechende Gedanke für einige Zeit aus den Schriften der Engländer gänzlich, und weder NEWTON noch seine nächsten Schüler haben je wieder Gebrauch davon gemacht.

Nimmt man die Gravitation als die Wirkung einer Emanation der Körper, die sich von ihnen nach allen Richtungen in geraden Linien ausbreitet, oder auch als die Wirkung zahlreicher Impulse einer ätherischen Materie, welche von allen Seiten gegen die Körper hin wirkt, so ist damit das NEWTON'sche Kraftgesetz natürlich bestimmt und das einzig mögliche. Negirt oder vernachlässigt man aber jede physische Ursache der Gravitation, nimmt man dieselbe für eine der Materie vom Schöpfer und Gesetzgeber der Natur direkt eingeprägte Qualität, so muss man auch zugeben, dass die Freiheit des Herrn jedes beliebige Kraftgesetz hätte wählen können. Nur aus der verschiedenen Zweckmässigkeit der verschiedenen Kraftgesetze für die Ordnung des Universums könnte man dann errathen, warum der Schöpfer gerade das quadratische Gesetz für die Regelung des Weltlaufes auserwählt hätte.

Allein von diesem Gesichtspunkte aus sind die sorgfältigen und äusserst schwierigen Untersuchungen NEWTON's über die Bewegungen zu verstehen, die unter der Geltung anderer Attractionsgesetze als des quadratischen geschehen. Ja, diese Untersuchungen könnten für sich allein schon genügendes Zeugniss geben, dass NEWTON bei seinen Erörterungen der Gravitation immerwährend die direkte Einrichtung derselben durch den Schöpfer im Auge hatte. Nachdem NEWTON in den früheren Abschnitten seiner Principien bewiesen, dass die elliptische Bewegung der Himmelskörper die quadratische Abnahme der überall im Universum wirksamen Kräfte mit der Entfernung nothwendig bedingt, wäre die weitere Untersuchung der unter anderen Kraftgesetzen entstehenden Bahncurven und eigenthümlichen Bewegungen in einer Naturlehre ganz unnöthiger Luxus gewesen, wenn nicht der Autor auch solche Gesetze bei der Schöpfung für möglich gehalten und mit seinen Untersuchungen nur das Verständniss für die Zweckmässigkeit der getroffenen Wahl des Schöpfers hätte beweisen wollen.

In diesem Sinne commentirte MAUPERTUIS in den Memoiren der Pariser Akademie von 1732[1] die betreffenden Abschnitte

[1] Sur les loix de l'attraction, Mémoires de l'Académie Royale, Paris 1732, p. 343—362.

des ersten Buches der NEWTON'schen Principien. Nicht nur bemühte er sich hier, die dort von NEWTON gegebenen Sätze über die Anziehung sphärischer Körper auf äussere und innere Punkte unter der Geltung verschiedener Anziehungsgesetze noch klarer als NEWTON abzuleiten, er versuchte zugleich auch aus dessen Principien nachzuweisen, dass das indirekt quadratische Verhältniss der Anziehung zur Entfernung hinsichtlich der Constitution der Körper einen Vorzug vor allen anderen Kraftgesetzen besitze, und er gedachte damit augenscheinlich nur die nicht ausgesprochenen Gedanken NEWTON's selbst auszusprechen. Die einzigen Körper, so folgert MAUPERTUIS, welche nach allen Seiten hin gleiche Anziehungskräfte ausüben, sind die kugelförmigen, und der einzig bestimmte Punkt in diesen, auf welchen man ihre Entfernungen beziehen kann, ist ihr Centrum. Nimmt man, wie es ja nicht anders denkbar, an, dass der Schöpfer die Einheit der Wirkung in der Materie erhalten wollte, so musste das Anziehungsgesetz so gewählt werden, dass dasselbe in gleicher Weise für die Corpuskeln der Materie, wie für die Körper selbst gelte und dass also die Anziehung eines sphärischen Körpers durch die Anziehung seines Centrums ersetzt werden könnte. Wird dieser metaphysische Vorzugsgrund, ohne den man die Körper in Bezug auf die Anziehungen niemals als Einheiten zu behandeln vermöchte, angenommen, so sind dadurch eine Menge von Anziehungsgesetzen mit mathematischer Sicherheit ausgeschlossen, bei denen das Kraftgesetz, das zwischen den Corpuskeln wirkt, nicht auf die Körper selbst übertragbar ist.[1] Dann bleiben überhaupt nur zwei Anziehungsgesetze als möglich übrig, dasjenige, nach welchem die Kraft der Entfernung direkt, und dasjenige, nach welchem sie dem Quadrat der Entfernung umgekehrt proportional ist. Das erstere gilt ganz allgemein, von Körpern und von Molekülen, für jeden äusseren und inneren angezogenen Punkt. Das letztere aber gilt den Körpern und Molekülen gemeinsam nur für äussere Punkte, denn nur für solche wird die Anziehung einer massiven Sphäre wieder wie bei Molekülen dem Quadrat der Entfernung umgekehrt proportional, während sie für innerhalb der Sphäre gelegene Punkte der Entfernung direkt proportional ist. Und doch kann als allgemeines Wirkungsgesetz der Materie nur das indirekt-quadratische in Frage kommen; denn erstens darf man doch nicht annehmen, dass die Wirkungen mit der Entfernung von den Ursachen wachsen, und zweitens wäre bei dem Wachsthum der Anziehung mit der Entfernung das Neben- und Aussereinander der Körper kaum zu verstehen; auch erscheint für Naturkörper eine vollkommene Analogie der inneren und äusseren

[1] Mémoires de l'Académie Royale, Paris 1732, p. 347.

Wirkungen gar nicht angemessen, da man doch, bei den letzten Theilen der Materie wenigstens, eine Wirkung auf einen inneren Punkt gar nicht voraussetzen kann. Daraus geht klar hervor, dass der Schöpfer und Herrscher aller Dinge sehr wohl besondere Gründe dafür haben konnte, die indirect quadratische Proportionalität der Kraft mit der Entfernung bei der Schöpfung als die beste anzunehmen, wenn er überhaupt der Materie eine gesetzmässig wirkende Anziehung einprägen wollte.[1]

Dafür, dass NEWTON die Gravitation als eine directe Anordnung und Wirkung des Schöpfers betrachtete, spricht endlich auch die Thatsache, dass gerade die intimsten seiner Schüler, die Herausgeber seiner Werke, alle die gleiche Ansicht betonten. Von COTES haben wir das schon ausführlicher berichtet. Von CLARKE, dem Uebersetzer der Optik und NEWTON's philosophischem Beirathe im Kampfe gegen LEIBNIZ, gilt das ebenso. Selbst in der dritten Ausgabe seiner Uebersetzung der ROHAULT'schen Physik[2] betont er, dass die Ursache der Schwere keine materielle sein könne, weil die Wirkung einer solchen nicht der Masse, sondern der Oberfläche der Körper proportional sein müsse, dass aber die Attraction der Materie auch nicht als eine directe Wirkung in die Ferne, sondern nur als die Wirkung einer gewissen immateriellen Ursache angenommen werden dürfe, welche die Materie immerwährend nach gewissen Gesetzen bewege und lenke. HENRY PEMBERTON, der sich in seinen Anfangsgründen der Newtonschen Physik als ein strenger Anhänger der Lehren BACON's zeigt, betonte doch auch, dass Gott bei der Schöpfung der Materie alle die wesentlichen Eigenschaften beilegen musste, durch welche sie erst tauglich wurde, seinen Zwecken zu entsprechen.[3] Wenn er dann nachdrücklich darauf aufmerksam machte, dass NEWTON es ausdrücklich offen gelassen habe, ob die Schwere zu den wesentlichen Eigenschaften der Materie zu rechnen

---

[1] Mémoires de l'Académie Royale, Paris 1732, p. 348: Si donc le Créateur et l'Ordonnateur des choses avoit voulu établir quelque loi d'attraction dans la matière, on vit et l'on va voir encore mieux par la théorie suivante, que toutes les loix n'auroient pas dû lui paroître égales. En effet, s'il avoit fait un choix il y aurait eu sans doute des raisons pour ce choix. Je sens la témérité qu'il y aurait à croire pouvoir pénétrer de tels mystères; mais tout peut être proposé, pourvû qu'on ne lui donne pas plus de poids qu'il n'en a.

[2] Vergl. Jacobi Rohaulti Physica. Latine vertit, recensuit et annotationibus, ex Illustrissimi Isaaci Newtoni Philosophia maximam partem haustis, amplificavit et ornavit SAMUEL CLARKE. Editio tertia, London 1710. Bericht hierüber in Acta Eruditorum 1713, p. 444—448. S. auch S. 273 dieses Werkes.

[3] Elémens de la Philosophie Newtonienne, Amsterdam 1755, p. 21 u. ff.

sei, so findet sich doch in dem ganzen Werke keine Stelle, wo er auf die Möglichkeit einer anderen als immateriellen Vermittelung der Schwere auch nur hingedeutet hätte. SAMUEL HORSLEY aber, der Herausgeber der Gesammtwerke NEWTON's, schloss[1] gerade aus der NEWTON'schen Abweisung der Schwere als einer wesentlichen Eigenschaft der Materie, dass die Ursache der Schwere nicht selbst materiell sein könne, sondern direct göttlichen Ursprungs sein müsse. NEWTON habe allerdings die Anziehungs- wie Abstossungskräfte der Materie durch mechanische Gesetze absolut festgestellt; aber er habe dieselben nicht wie früher durch Neigungen und Abneigungen erklärt, die der Materie ihrer Natur nach eigenthümlich seien, sondern durch eine gleichsam unkörperliche Ursache, die zwar den Sinnen unmerklich, aber dem Geiste offenbar sei, und er habe offen ausgesprochen, dass nach seiner Meinung dies alles durch Gott bewirkt werde.[2]

Diese Ansicht NEWTON's vom Wesen der Schwerkraft hat sich aus dem Gegensatz zu DESCARTES direct mit seinen erfolgreichen Untersuchungen über das Gesetz der Schwere entwickelt. Es ist nicht richtig, wenn man behaupten will, dass NEWTON auch nach der Abfassung seiner Principien noch einer vermittelten Wirkung der Attraction günstiger gewesen sei und erst mit zunehmendem Alter, vor allem nach der nervösen Krankheit der neunziger Jahre, einer gewissen religiösen Schwärmerei und damit auch der Annahme eines directen göttlichen Ursprungs der Schwere sich zugewandt habe. Denn einestheils stammen solche Aeusserungen NEWTON's, welche auf eine immaterielle Ursache der Schwere hindeuten, nicht erst aus seinen letzten Lebensjahren, sondern finden sich schon in den Principien und wiederholen sich darnach von Zeit zu Zeit; und andernfalls kann man auch nicht zugeben, dass die religiösen Speculationen NEWTON's erst mit seinem Alter begonnen hätten und einer schon bald nach seiner Krankheit sich zeigenden Altersschwäche zuzurechnen wären. Wir haben bereits erwähnt, dass NEWTON sich noch in jüngeren Jahren über theologische und biblische Streitfragen mit anderen Gelehrten schon sehr lebhaft mündlich und schriftlich unterhalten hat, und höchst wahrscheinlich stammen alle seine theologischen Schriften, die in seinen letzten Lebensjahren oder nach seinem Tode theilweise gegen seinen Willen veröffentlicht

---

[1] Newtoni Opera, Tom. I, Dedicatio ad Regem, p. III.

[2] Appetentiam illam et fugam non corporibus ipsis naturalem statuit; non cum Epicuro aeternam, eandem tamen fortuitam; non à Veterum quorundam Amore et Odio, Juniorum Sympathiâ et Antipathiâ profectam; sed à causa quâdam incorporeâ, quae, ut sensus nostras maximé lateat, intellectum tamen et mentis acum haud fugit A Deo utique haec omnia proficisci palam vociferatus est.

wurden, aus seinem kräftigsten Lebensalter, vielleicht sogar aus der Zeit der ersten Abfassung seiner Principien. Es ist auch diese Beschäftigung mit theologischen Dingen in jenem Zeitalter durchaus nichts Besonderes; wir finden sie ebenso wie bei NEWTON auch bei BOYLE und anderen bedeutenden Naturwissenschaftlern. In einer Zeit, wo man die Bibel selbst in naturwissenschaftlichen Dingen noch als sichere Autorität ansah, wo man die Weissagungen derselben noch möglichst wörtlich zu nehmen und zu erklären pflegte; in einer Zeit, wo der junge Protestantismus von jedem seiner Anhänger in Glaubenssachen eine eigene Ueberzeugung auf Grund gewissenhafter Prüfung forderte, da musste auch jeder versuchen mit den Schwierigkeiten, die der Bibeltext nach allen Richtungen so reichlich bietet, sich auf seine Weise auseinanderzusetzen, und NEWTON hat das nicht mehr, als seiner Zeit, seiner Glaubensrichtung und seiner geistigen Kraft entsprach, gethan. Von seinen chronologisch-historischen Arbeiten, die allerdings biblische Daten manchmal in merkwürdig naiver Weise anwenden, die aber auch den so fruchtbaren Gedanken, astronomische Rechnungen zur Bestimmung historischer Daten zu benutzen, zum ersten Male aufgriffen und illustrirten, sagt NEWTON in einer Abhandlung vom Jahre 1725 ausdrücklich, dass sie noch in Cambridge gemacht seien und ihm zur Erfrischung gedient hätten, wenn er müde von anderen Arbeiten gewesen sei.[1] Mit den theologischen Speculationen, die vielfach nicht sehr weit von diesen Arbeiten ab lagen, mag es sich ähnlich verhalten haben. Jedenfalls hat NEWTON selbst bei Lebzeiten von seinen theologischen Untersuchungen nichts veröffentlicht und auch keine Erlaubniss zu einer solchen Veröffentlichung gegeben, ein starker Rechtsgrund dagegen, dass man diese Privatmeinungen mit seinen sonstigen wissenschaftlichen Arbeiten in einen bestimmten ungünstigen Zusammenhang bringt.

In der That blieb NEWTON, wenn wir genau zusehen, auch auf wissenschaftlichem Gebiete nichts Anderes übrig, als die Attraction der Materie direct auf den Schöpfer aller Dinge zurückzuführen. Den Aether als Vermittler der Gravitationswirkungen hatte er auf optischem wie auf mechanischem Gebiete als unmöglich nachgewiesen; die Bewegungen hatte er für zu vergänglich erklärt, um die Veränderungen der Naturerscheinungen aus ihnen allein abzuleiten; damit war jede mögliche physikalische Ursache der Gravitation beseitigt und es blieb für die Verbindung der Naturkörper, für die Vermittelung ihrer Wechselwirkungen nur noch das metaphysisch-religiöse Moment, in letzter Instanz Gott selbst, übrig. NEWTON erklärte es als eine Hauptaufgabe

[1] Phil. Trans. abr., vol. VI, pt. IV, p. 4.

der Physik die gesetzmässigen Ursachen der Erscheinungen aufzufinden und darnach von Ursache zu Ursache aufwärts schreitend die letzte Ursache aller natürlichen Wirkungen aufzusuchen, die jedenfalls nicht mehr physikalisch, sondern direct auf den Schöpfer zurückzuführen sei. Da sich nun für die Gravitation keine physikalische oder mechanische Ursache in der Natur selbst auffinden liess, welche aller Prüfung Stand hielt, so war damit von selbst die Schwere als eine letzte Ursache und der Herrscher der Welt selbst als der Autor gekennzeichnet.

Darnach dürfte man sich billig nur verwundern, warum Newton nicht offen seine Meinung von der elementaren Natur und dem directen göttlichen Ursprung der Schwere bekannt hat, warum er diese Meinung immer nur errathen liess, und warum er in einzelnen Aussprüchen vom Anfang an bis zuletzt betonte, dass er über die Ursache der Schwere nichts entscheiden wolle, sondern die Untersuchungen über diese Ursache ganz den Physikern überlasse. Wie schon bemerkt, mag die Hauptursache dieses verwirrenden Gebahrens in seinem eigenthümlichen Charakter begründet gewesen sein, der es ihm, trotz der offenbaren Nachtheile, über alles wünschenswerth erscheinen liess unter seiner speciellen Verantwortung nur anscheinend Unumstössliches zu geben und alle hypothetischen Grundlagen seiner Anschauungen mehr errathen oder von seinen Schülern unter deren eigener Verantwortung aussprechen zu lassen. Indessen ist es doch wahrscheinlich, dass noch ein anderer Grund bei der Zurückhaltung mitwirkte, mit der sich Newton über die Natur der Gravitation äusserte, denn auch in der Reihe von Schlüssen, die zur Behauptung einer direct schöpferischen Ursache der Gravitation führte, war noch eine Lücke, die vielleicht Newton schon selbst gefühlt hat.

Wenn es als die Aufgabe der Naturwissenschaft erkannt wird, zu allen Naturerscheinungen die Ursachen zu suchen, so ist damit nach unseren heutigen Anschauungen schon bestimmt, dass diese Aufgabe eine unendliche und die Kette ihrer Schlüsse eine immer fortlaufende ist, in der ein Endglied nicht bestimmt werden kann. Die Ursache einer Erscheinung, wenn sie eine physikalische sein soll, muss wieder eine Erscheinung sein, für die abermals eine Ursache aufzusuchen ist. Wo wir in der Natur auf eine Erscheinung treffen, für die wir zur Zeit keine Ursache entdecken können, da müssen wir ausdrücklich an ihrer Auffindbarkeit für die Zukunft im Ideal wenigstens festhalten. Eine letzte Ursache kann in der Naturwissenschaft wenigstens nur insofern constatirt werden, als sie zur Zeit noch eine letzte erkannte ist; eine absolut letzte Ursache mit ihr zu proclamiren, das würde das für alle wissenschaftliche Erkenntniss nothwendige fundamentale Gesetz von Ursache und Wirkung und damit die Wissenschaft selbst an dieser Stelle aufheben. Wollte man irgendwo in der Naturwissenschaft eine Ursache als eine letzte bezeichnen, für die keine andere physikalische Ursache aufzufinden, sondern nur eine nicht in Erscheinung tretende metaphysische causa anzugeben sei, so müsste man an diesem Punkte die Entwickelung der Wissenschaft für beendet, für absolut und für alle Zeit als abgeschlossen erklären und der menschlichen Erkenntniss eine erkennbare Schranke setzen, d. h. man müsste das Unerkennbare für erkannt, das ewig Unbestimmbare für völlig bestimmt ausgeben. Eine letzte Ursache in der Reihe der natürlichen Ursachen und Wirkungen vorauszusetzen ist ein nothwendiges Bedürfniss der menschlichen Vernunft und die Naturwissenschaft kann sie dabei sicher nicht hindern; aber ebenso sicher ist es auch, dass die Naturwissenschaft auf ihrem Gebiete niemals eine letzte Ursache aufdecken oder die Ursache irgend einer physikalischen Erscheinung als eine letzte bezeichnen kann.

Diese Betrachtungen, die uns nach den kritischen Untersuchungen unserer Erkenntniss durch Kant völlig gewohnt und einleuchtend sind, störten allerdings die Zeitgenossen Newton's noch recht wenig, und allgemein war man damals gewöhnt, da, wo man den Faden der theoretischen Erkenntniss abreissen sah, Gott als letzte Ursache hilfreich eingreifen zu lassen. Auch Newton hatte jedenfalls in dieser Beziehung keine philosophischen Skrupel und hielt es vielmehr, wie viele seiner Zeitgenossen, für eine berechtigte Forderung der Religion, Gott grob anschaulich überall an das Ende der Naturwissenschaft als letzte Quelle aller Erkenntniss zu setzen. Aber selbst dann war noch immer gerade bei der Gravitation, wo viele eine physikalische Ursache aufzeigen zu können vermeinten, die Charakterisirung als letzte Ursache recht unsicher. Selbst der tief religiös angelegte Newton musste sich doch sagen, dass wie überhaupt kein Mensch, auch er nicht die Macht und die Weisheit Gottes jemals ganz durchschauen könne; gerade dem gläubigen Gottesverehrer musste es immer zweifelhaft bleiben, ob Gottes Wirken in der Natur wirklich so klar und mechanisch zu Tage treten könne, wie das bei der Gravitation der Fall sein müsste. Gerade ein Geist von der Grösse Newton's durfte nicht ohne starke Zweifel behaupten, dass Gott nicht Mittel und Wege haben könnte, die Attraction der Körper anders als durch ein directes Eingreifen zu vermitteln, gerade er konnte unmöglich vergessen, dass Gott doch Materien und Bewegungen genug zu Gebote stehen dürften, um die Wechselwirkung zwischen den Körpern mittelbar auf eine Weise zu leiten, die zur Zeit auch dem genialsten Physiker noch unentdeckbar bleiben musste. Wir haben kein directes Anzeichen dafür, wie weit Newton dergleichen Gedanken in sich verborgen gehalten; nur indirect und schwach könnte dafür die Thatsache sprechen, dass Newton wohl die Nothwendigkeit von letzten Ursachen auch für die Naturwissenschaft behauptet, aber doch an keiner Stelle solche Ursachen bestimmt bezeichnet oder gar direct ausgesprochen hat, dass die Gravitation eine solche letzte Ursache sei. Die innerste Meinung Newton's ist wohl am besten in der 28. Frage seiner Optik ausgedrückt, wo Newton es als das Wesen der wahren Naturphilosophie ausspricht, von der anscheinenden Wirkung auf die Ursache und von dieser wieder auf ihre Ursache solange zurückzugehen, bis endlich die erste Ursache erreicht wird, die gewiss nicht mehr mechanisch sei: wo er aber am Schluss wieder sehr vorsichtig hinzusetzt, dass jeder richtige Schritt, auch wenn er nicht direct die erste Ursache erreichen sollte, doch wissenschaftlich hochzuschätzen sei.

Ziehen wir noch einmal die Summe, so erhalten wir als Newton's Anschauungen über die Schwere folgende Sätze. Alle Theilchen der unseren Sinnen zugänglichen Materie und alle Körper bewegen sich so, als ob sie einander im directen Verhältniss der Massen und im umgekehrt quadratischen Verhältniss der Entfernungen anzögen. Diese gegenseitige Einwirkung der Körper aufeinander ist keine actio in distans, keine unmittelbare Wirkung in die Ferne, sondern durch irgend ein Agens vermittelt, über das eine sichere Entscheidung noch nicht zu fällen ist. Da jedoch eine Materie, die geeignet wäre diese Vermittelung zu übernehmen, nicht gefunden werden kann, so ist dieses vermittelnde Agens höchst wahrscheinlich ein immaterielles, höchst wahrscheinlich Gott selbst; wobei jedoch wiederum zweifelhaft bleibt, ob Gott diese Vermittelung direct oder indirect bewirkt, wenn auch das erstere am meisten Wahrscheinlichkeit für sich hat. Daraus folgt endlich noch von selbst, dass diese Wechselwirkung in aller Materie nicht eine wesentliche, nothwendige Eigenschaft derselben, wie Undurchdringlichkeit und Beweglichkeit, sondern eine vom Schöpfer ihr in voller Freiheit in der Weise, wie es ihm zweckmässig und förderlich schien, zuertheilte Qualität ist.

III. Theil. Die Entdeckung der Analysis des Unendlichen. Streit mit Leibniz.

Wie wir schon mehrfach bemerkt, erhob sich der allgemeine Widerstand gegen die NEWTON'sche Lehre von der Schwere nicht gleich, nachdem er seine mathematischen Untersuchungen über die Gesetze der Schwere gegeben, sondern erst, nachdem er und seine Schüler alle bisherigen Erklärungen derselben negirt und eine directe göttliche Einrichtung der Gravitation proclamirt hatten; also erst nach der Optik vom Jahre 1704 und noch mehr nach der zweiten Herausgabe der Principien vom Jahre 1713 an. Um diese Zeit aber combinirte sich mit diesem Kampfe noch ein anderer, kaum minder wichtiger, der Kampf um die Entdeckung der höheren Analysis, und beide Kämpfe griffen, als von denselben Parteien zur selben Zeit ausgefochten, vielfach ineinander über und beeinflussten einander, nicht besänftigend, sondern erhitzend. Wir würden NEWTON's wissenschaftlicher Stellung nicht vollständig gerecht werden und seinen Charaktereigenthümlichkeiten würde die Beleuchtung von einer sehr charakteristischen Seite aus fehlen, wenn wir seiner Verdienste um die Entdeckung der Analysis des Unendlichen und des Streites um dieselbe, der mit einer auf wissenschaftlichem Gebiete nie vorher und nie nachher wieder dagewesenen Erbitterung geführt worden ist, hier keine Erwähnung thäten. Doch wollen wir bei unserer Betrachtung ein tieferes Eingehen auf das eigentlich mathematische Gebiet[1] so viel als möglich vermeiden und mehr das hervorheben, was für die Beurtheilung des Charakters der Streitenden, wie für das Verständniss ihrer ganzen wissenschaftlichen Anschauung von Wichtigkeit ist. Vielleicht werden wir gerade von dieser Seite her auf manche Lichter treffen, die bei der Beurtheilung des Streites sonst häufiger übersehen worden sind.

Die beiden Theile der Analysis des Unendlichen, die Differential- und die Integralrechnung, haben ganz verschiedene, weit

[1] Hierfür sehe man nach CANTOR, Vorlesungen über die Geschichte der Mathematik, Band II und III.

auseinander liegende Anfänge, aus deren bewusster Vereinigung eben erst die Wissenschaft der allgemeinen Analysis hervorgegangen ist. Als selbstständige, von der Differentialrechnung unabhängige Disciplin erwuchs die Integralrechnung aus der Quadratur und Cubatur nicht gradlinig und eben begrenzter Raumgebilde. Im weitesten Sinne kann man darnach dieselbe allerdings auf ARCHIMEDES und seine Exhaustationsmethode zurückführen. Deutlicher und bestimmter aber trat dieselbe erst bei BONAVENTURA CAVALIERI in seiner Geometria indivisibilibus continuorum nova quadam ratione promota vom Jahre 1635[1] hervor, der die Flächen der ebenen Figuren aus einer unendlichen Anzahl von Strecken, die Volumina der Körper aus einer unendlichen Anzahl von ebenen Flächen zusammengesetzt dachte und als Princip aussprach, dass die Summen dieser Graden[2] oder Ebenen für verschiedene Raumgebilde dieselben Verhältnisse hätten, wie die Inhalte dieser Gebilde selbt.

Dieses Princip des CAVALIERI wurde dann mehrfach zur Quadratur der Curven, besonders auch der Cycloide, benutzt. JOHN WALLIS entwickelte in seiner Arithmetica universalis seu nova methodus inquirendi in curvilineorum quadraturam vom Jahre 1655 dieses Verfahren schon zu einer Methode von ziemlicher Allgemeinheit, indem er für alle Curven von der Form $y = ax^{\frac{n}{m}} + bx^{\frac{q}{p}}$ die Summirung direkt ausführte. Er zerlegte zu dem Zwecke die betreffenden Flächen durch Parallellinien in Streifen, die er als Rechtecke aus einer Ordinate und der Abscissendifferenz annahm. Für die Addition benutzte er dann die Regeln, dass die Summe einer beliebigen, aber sehr grossen Anzahl aufeinanderfolgender ganzer Zahlen dividirt durch das Product aus der höchsten Zahl und der Anzahl gleich $^1/_2$, die Summe der Quadrate der Zahlen dividirt durch das entsprechende Product gleich $^1/_3$, die Summe der Cuben dividirt durch das Product gleich $^1/_4$ u. s. w. ist. Um darnach z. B. den Inhalt eines von der Ordinate, der zugehörigen Abscisse und dem betreffenden Bogen einer Curve $y = ax^2$ begrenzten Flächenstückes zu berechnen, theilt man die Abscisse x in n gleiche, aber sehr kleine Theile l, so dass $nl = x$ wird, und findet damit für den gesuchten Flächen-

---

[1] Vergl. CANTOR, Vorlesungen über die Geschichte der Mathematik, Band II, S. 759—776.

[2] CANTOR (Vorlesungen, II_{768}) macht darauf aufmerksam, dass nach den Exercitationes geometricae (Bologna 1647) von CAVALIERI diese Graden auch als Durchschnittslinien der gegebenen Figur mit einer im Flusse begriffenen Ebene (planum motum seu fluens) angesehen werden können. Nach NEWTON sind diese Graden die Fluxionen der ebenen Figur.

inhalt F die Summe $F = al^2 \cdot l + a \cdot (2l)^2 \cdot l + a \cdot (3l)^2 \cdot l \; . \; . \; . \; a \cdot (nl)^2 \cdot l$
oder $F = al^3 (1 + 2^2 + 3^2 \; . \; . \; . \; n^2)$.

Hierin ist nach den Sätzen von WALLIS $1 + 2^2 + 3^2 \; . \; . \; . \; n^2 = \frac{1}{3} n \cdot n^2$

und somit endlich $F = al^3 \cdot \frac{1}{3} n \cdot n^2 = \frac{1}{3} a \cdot l^3 \cdot n^3 = \frac{1}{3} ax^3$. Auch auf Gleichungen, die Potenzen mit gebrochenen Exponenten enthalten, vermochte WALLIS durch eine Art von Interpolation seine Methode noch auszudehnen, nur negative Exponenten zeigten sich absolut hinderlich.[1] NIC. MERCATOR gelang es dann im Jahre 1668 wenigstens noch Hyperbeln oder Gleichungen von der Form $y = x^{-1}$ und $y = a(b + cx)^{-1}$ dadurch zu quadriren, dass er die Brüche ausdividirte und wieder das Verfahren von WALLIS anwandte.

An diese Arbeiten, denen die ganze mathematische Welt ein eifriges, thätiges Interesse zuwandte, schlossen sich auch die ersten Arbeiten NEWTON's über die Analysis des Unendlichen an. In der That war schon durch die Arithmetica universalis von WALLIS der Gedanke der Integration in der Form der Quadraturen vollständig gegeben und das Problem der Integration durch Reihen so gestellt, dass in den einzelnen Fällen nur noch die Summirung der Reihen übrig blieb. Aber eben diese Summirung zeigte sich so schwierig, dass sie selbst für die einfachsten Probleme nur mit Mühe durchgesetzt werden konnte und im Allgemeinen unlösbar schien. Darum blieben die Fortschritte dieser Methode so lange verhältnissmässig gering, bis man die Integration als eine umgekehrte oder indirekte Rechnungsart betrachten und ihre Aufgaben allgemeiner im Zusammenhange mit der direkten Rechnungsart, der Differentialrechnung, behandeln lernte.

Diese direkte Rechnungsart hatte sich um diese Zeit ebenfalls schon bis zu einem gewissen Grade entwickelt und begann nun von sich aus schneller vorwärts zu schreiten. Ihre Entwickelung hatte allerdings erst um die Mitte des siebzehnten Jahrhunderts nach der Erfindung der analytischen Geometrie mit dem Tangentenproblem und den damit zusammenhängenden Aufgaben der Maxima und Minima begonnen, aber die Geschwindigkeit der Entwickelung war darnach eine um so grössere geworden. Die Aufgabe, an irgend eine Curve durch irgend einen bestimmten Punkt eine Tangente zu legen, leitete direkt auf das sogenannte

---

[1] Die Arithmetica infinitorum ist wieder abgedruckt in WALLIS, Opera Mathematica, vol. I, p. 355—478, Oxford 1695. Dort (p. 357) sagt er über sein Verhältniss zu CAVALIERI: Nempe inde sumit ortum haec nostra Methodus ubi Cavallerii Methodus Indivisibilium desinit . . . Exeunte Anno 1650 incidi in Torricellii scripta Mathematica ubi inter alia Cavallerii Geometriam Indivisibilium exponit. Cavallerium ipsum nec ad manum habui, et apud Bibliopolas aliquoties frustra quaesivi.

Triangulum characteristicum, und dieses wieder führte mit Nothwendigkeit zur Definition des Differentialquotienten. Zu ebendemselben Ziele aber drängte auch die Behandlung der Maximal- und Minimalaufgaben, da diese sich leicht als Specialfälle der Tangentenaufgaben erweisen liessen. Schon im Jahre 1615 nämlich hatte KEPLER in seiner Nova stereometria doliorum[1] darauf aufmerksam gemacht, dass die Zu- und Abnahme der Ordinaten einer Curve in einer unendlich kleinen Entfernung von einem Maximum oder Minimum gleich Null, die Tangente also in einem Maximal- oder Minimalpunkte der Abscissenaxe parallel sein müsse.

Die Tangentenaufgabe hatte gleich DESCARTES in seiner Geometrie von 1637 als ein Fundamentalproblem gestellt.[2] Den Gebrauch des Unendlichkleinen aber umging er dabei scheinbar noch dadurch, dass er die Bestimmungsgrössen der Tangente in einer quadratischen Gleichung entwickelte, deren Wurzeln er dann gleich setzte. Der Erste, welcher mit allgemeinem Erfolge verschwindend kleine Grössen zur arithmetischen Lösung dieser Probleme gebrauchte und dadurch die gemeinsame Wurzel der Tangenten- und der Maximalprobleme ganz klar legte, war PIERRE FERMAT, der vom Jahre 1638 an in Briefen eine Maximalmethode beschrieb, die auch zur Bestimmung der Tangenten angewandt werden konnte und von ihm angewandt wurde.[3]

Um den Maximal- oder Minimalwerth einer Function zu finden, setzte er in dieselbe statt der Veränderlichen A den wenig abweichenden Werth $A+E$ ein, nahm dann gemäss der obigen KEPLER'schen Bemerkung die beiden Functionalwerthe für A und $A+E$ als annähernd einander gleich an, strich auf beiden Seiten der so gebildeten Gleichung die gleichen Glieder, kürzte beide Seiten durch E, setzte darauf E geradezu der Null gleich und berechnete aus der verbleibenden Gleichung den Werth von A, welcher dem gesuchten Maximal- oder Minimalwerthe der Function entspricht. Ein principiell gleiches Verfahren gebrauchte FERMAT zur Bestimmung der Subtangente eines bestimmten Curvenpunktes, aus der die Tangente selbst constructiv leicht erhalten wird.

---

[1] Opera Kepleri, ed. FRISCH, vol. IV, p. 607, 622 u. a.

[2] Geometria à Renato des Cartes, Amsterdam 1683, p. 40: Modus generalis inveniendi lineas rectas, quae secent datas curvas, vel earum contingentes, ad angulos rectos. — DESCARTES bestimmte statt der Tangente die Normale, indem er den Kreis, welcher die Curve in zwei Punkte schneidet, zum Krümmungskreis werden liess. In einem Briefe von Mitte Mai 1638 aber deutete er auch auf die Ableitung der Tangente aus der Sehne hin, deren Schnittpunkte zusammenfallen. (CANTOR, Vorlesungen, II. Band, S. 778).

[3] CANTOR, Vorlesungen über die Geschichte der Mathematik, Band II, p. 782 u. ff.

Bezeichnet man jetzt die Subtangente mit A und den Unterschied der Abscissen des Berührungspunktes x und eines sehr benachbarten Curvenpunktes mit E, so erhält man (vergl. Fig. 21) aus der Aehnlichkeit der Dreiecke $T\,M'\,P'$ und $T\,M\,P$, die von der Tangente, den Abscissen und den Ordinaten der betreffenden Punkte gebildet werden, wenn man als Tangente die Sehne der beiden Punkte nimmt und die Gleichung der Curve mit $y = F(x)$ bezeichnet, leicht die Proportion $A : A + E = F(x) : F(x+E)$ und damit die Gleichung $A \cdot F(x+E) = (A+E) \cdot F(x)$. Hebt man hier nach der Entwickelung von $F(A+E)$ die gleichen Glieder auf beiden Seiten, kürzt wieder beide Seiten durch E und setzt dann E gleich Null, so resultirt direkt aus der bleibenden Gleichung die Subtangente A.

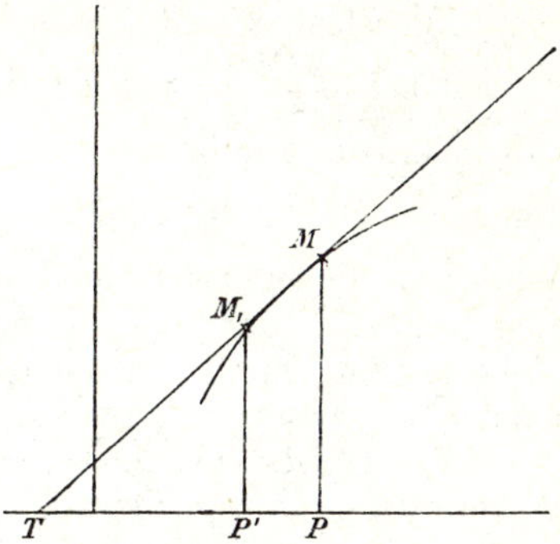

Fig. 21.

Wie man sieht, stimmt FERMAT's Methode für jene beiden Specialprobleme in dem Grundgedanken mit der Differentialrechnung vollständig überein; praktisch aber war das Verfahren damals noch ziemlich eng begrenzt durch die Schwierigkeit, die Functionen von Summen, wie $F(x+E)$, in Reihen zu entwickeln, deren Glieder nach den Potenzen eines Summanden wie E fortschreiten. Für den Fortschritt erschien also hier die Auflösung der Functionen in Reihen ebenso als ein Fundamentalproblem, wie umgekehrt bei der Quadratur der Curven die Summirung der Reihen, die Zusammenfassung derselben in eine einheitliche Function, als Hauptaufgabe sich herausgestellt hatte. So erschien das Problem der Reihen, von dem aus auch schon der Zusammenhang der Quadraturen mit den Maximal- und Tangentialmethoden als inverser Aufgaben leicht zu erkennen war, als das tiefste und vor allem zu lösende Problem, und von hier aus haben NEWTON und die englische Schule überhaupt ihren Ausgangspunkt für den Fortschritt genommen.

Von anderer, besonders holländischer Seite aus bemühte man sich mehr das FERMAT'sche Verfahren auf eine kürzere mechanische Form zu bringen. Um die Maximalmethode machte sich in dieser Beziehung JOHANN HUDDE, späterer Bürgermeister von Amsterdam, im Jahre 1658[1] verdient. Für die Auffindung der

[1] In einem vom Februar 1658 datirten Briefe, der in SCHOOTEN's Ausgabe der Geometrie des Descartes (Amsterdam 1683) p. 507—516 abgedruckt ist.

Maxima oder Minima ganzer rationeller Functionen mit einer Unbekannten gab er folgende kurze Vorschrift. Man multiplicire jedes Glied mit der Dimension seiner Unbekannten, vernachlässige alle bekannten Glieder und setze die Summe aller übrigbleibenden Producte gleich Null; die so erhaltene Gleichung giebt den Werth der Unbekannten, für welchen die Function selbst einen grössten oder kleinsten Werth erhält. Ist also z. B. der Ausdruck $3ax^3 - bx^3 - \frac{2b^2a}{3c}x + aab$ zu einem Maximum zu machen, so erhält man zur Bestimmung des betreffenden Werthes der Unbekannten x direkt die Gleichung $9ax^2 - 3bx^2 - \frac{2b^2a}{3c} = 0$. Auch für gebrochene Functionen einer Unbekannten und selbst für den Fall, dass der zum Maximum zu machende Functionalwerth mit der Unbekannten durch eine unaufgelöste rationale Gleichung verbunden ist, wusste HUDDE sein Verfahren brauchbar zu machen.

Die Tangentenmethode bildete in ähnlicher Weise ISAAC BARROW, der Lehrer NEWTON's, weiter aus. Er führte in seinen Lectiones geometricae von 1670[1] die kleinen Differenzen der Ordinaten, wie der Abscissen zweier, einander sehr naher Curvenpunkte (also die LEIBNIZ'schen Differentiale dy und dx ohne deren Namen[2]) in die Betrachtung ein und benutzte bei seinen Ableitungen die annähernde Aehnlichkeit der Dreiecke, die einerseits aus diesen Differenzen und der Sehne (d. i. das von LEIBNIZ so genannte Triangulum characteristicum) und andererseits aus der Tangente, Subtangente und Ordinate gebildet sind. Die Berechnung der Subtangente t fasste er dann in drei Regeln, die nach unserer heutigen Bezeichnungsweise so lauten: 1) Man ersetze in der Gleichung der Curve x und y durch $x + dx$ und $y + dy$ und lasse in der Entwickelung alle Glieder weg, welche dx und dy in einer höheren als ersten Potenz oder auch als Produkt enthalten. 2) Man tilge ebenso auf beiden Seiten der Gleichung alle Glieder, welche weder dx noch dy enthalten. 3) Man setze für dx endlich t und für dy ebenso y und löse die verbleibende Gleichung nach t auf. Hat man z. B. die Gleichung $x^3 + y^3 = r^3$, so erhält man noch 1) $x^3 + 3x^2dx + y^3 + 3y^2dy = r^3$; nach 2) wird daraus $3x^2dx + 3y^2dy = o$; nach 3) erhält man $x^2 . t = - y^3$ und endlich $t = -\frac{y^3}{x^2}$.[3]

---

[1] Lectiones Geometricae: In quibus (praesertim) Generalia Curvarum Linearum Symptomata declarantur, London 1670. Die Methode der Tangenten findet sich in der zehnten Lection, p. 75.

[2] Diese unendlich kleinen Differenzen werden von BARROW auch schon mit festen Zeichen, nämlich a und e bezeichnet.

[3] BARROW's Exemplum II auf p. 82.

Diesem Verfahren gab zwei Jahre später, also im Jahre 1672, Baron DE SLUSE aus Lüttich eine noch kürzere, noch mehr mechanische Form, die natürlich nur für ganze rationale Funktionen galt, in denen die Variablen getrennt waren.[1] Seine Vorschriften lauten: 1) Man tilge die Glieder der Gleichung, welche keine Unbekannte enthalten, und setze die Glieder mit x auf die rechte, die mit y auf die linke Seite der Gleichung. 2) Man multiplicire jedes Glied mit dem Exponenten der Potenz von y oder x, welche in diesem Gliede enthalten ist. 3) Man setze in allen Gliedern auf der linken Seite statt eines Faktors x den Faktor a, der die Subtangente bezeichnet; dann bestimmt die erhaltene Gleichung die Subtangente a. So wird z. B. aus $m^2y^2 + n^2x^2 = m^2n^2$, nach 1) $n^2x^2 = - m^2y^2$, nach 2) $2n^2x^2 = - 2m^2y^2$, nach 3) $2n^2ax = - 2m^2y^2$ und endlich $a = - \frac{m^2y^2}{n^2x}$. SLUSE giebt noch eine Modification der Regel für den Fall, dass die Variabeln nicht getrennt sind. Kommen nämlich in einem Gliede beide Variabeln wie in $x^3 = by^2 - xy^2$ vor, so setzt man bei der Transposition das entsprechende Glied beidemal, also $x^3 + xy^2 = by^2 - xy^2$, betrachtet aber dann auf der einen Seite nur die eine, auf der anderen Seite nur die andere Variabele als wirklich variabel und verfährt wie vorher, so dass man also $3x^2a + y^2a = 2by^2 - 2xy^2$ und $a = \frac{2by^2 - 2xy^2}{3x^2 + y^2}$ erhält. SLUSE hatte in dem Briefe, in welchem er der Royal Society seine Abhandlung mittheilte, sein Verfahren ohne Begründung gegeben. Auf Wunsch der Royal Society liess er diese Begründung noch nachfolgen;[2] dieselbe bestand nur aus den folgenden drei Sätzen: 1) Die Differenz zweier Potenzen von gleichem Grade dividirt durch die Differenz ihrer Grundzahlen giebt die verschiedenen Glieder der um Eins niederen Potenz des Binomiums dieser Basen, z. B. $\frac{x^3 - y^3}{x - y} = x^2 + xy + y^2$. 2) Die Potenz eines Binomiums enthält ein Glied mehr als der Exponent beträgt. 3) Der Werth eines Verhältnisses wird durch Kürzen der Glieder mit derselben Zahl nicht verändert. Diese Sätze zeigen trotz ihrer Kürze doch deutlich, dass SLUSE gerade so wie BARROW zuerst den Quotienten der Differenzen sehr nahe gelegener Ordinaten und Abscissen bildete und dann die nahe gelegenen Ordinaten und Abscissen ganz zusammenfallen liess, so dass aus $\frac{y^3 - x^3}{y - x} = y^2 + yx + y^2$

---

[1] DE SLUSE hatte seine Abhandlung an OLDENBURG geschickt, der sie am 29. Januar 1673 in der Royal Society verlas; sie wurde in Phil. Trans., no. 90, p. 513 (Phil. Trans. abr., vol. I, p. 19) gedruckt.

[2] Phil. Trans., no. 95, p. 6059 u. no. 97, p. 6126; Phil. Trans. abr., vol. I, p. 22.

schliesslich die Grösse $3y^2$ wurde. Er entwickelte also den Differentialquotienten schon in der später gewöhnlichen Weise und unterschied sich bloss dadurch von den Begründern der Analysis des Unendlichen, dass er Differentialquotienten nur auf das eine Specialproblem anzuwenden verstand und seine weitere Bedeutung vielleicht nicht einmal ahnte.

Auch auf die verwickeltsten Aufgaben der Analysis des Unendlichen, auf das Gebiet der Differentialgleichungen war man um diese Zeit schon gestossen, hatte aber, wie natürlich, trotz mannigfacher Bemühungen principielle allgemeine Fortschritte hier noch so gut wie gar nicht gemacht. Die Beschäftigung mit der Bestimmung der Tangenten für jede gegebene Curve führte zur Stellung der umgekehrten Aufgabe, nämlich, aus gegebenen Eigenschaften der Tangente die Curve selbst zu suchen. Solche Aufgaben, die man damals ganz folgerichtig unter dem Namen der inversen Tangentenprobleme zusammenfasste, finden sich zuerst in einem Briefe von Flor. de Beaune vom Jahre 1639[1] und wurden von da an mehrfach behandelt.

Man hat früher vielfach die Erfindung der Analysis des Unendlichen zu einseitig, ohne Rücksicht auf die historische Entwickelung, nur im Hinblick auf die beiden eigentlichen Entdecker derselben, Newton und Leibniz, behandelt und hat dadurch die Sache in ein falsches Licht gestellt. Gleich allen grossen Fortschritten in der Wissenschaft ist auch die Analysis des Unendlichen nicht, wie Pallas Athene aus dem Haupte des Zeus, aus dem Geiste eines einzelnen Autors plötzlich entsprungen, sondern sorgfältig vorbereitet, langsam gewachsen und endlich nach mühevollen Versuchen Vieler durch die Kraft des Genius in seinem allgemeinen Wesen und seiner weittragenden Bedeutung an's Licht gebracht worden. Grosse wissenschaftliche Entdeckungen sind niemals schnelle Improvisationen, sondern langsam reifende Früchte, das lässt sich gerade aus den vielen Prioritätsstreitigkeiten schliessen, die an die meisten dieser Entdeckungen sich angeknüpft haben. Wer da glaubt, die Entstehung der Analysis des Unendlichen auf einen Urheber ohne Vorläufer zurückführen zu müssen, der wird zwischen Newton oder Leibniz nicht nur zu wählen haben, sondern auch den einen oder den anderen für einen heuchlerischen Plagiator und lügnerischen Betrüger erklären müssen. Wer aber nicht bloss die Geschichte der einzelnen Geistesgrössen, sondern vielmehr die Geschichte der Wissenschaften selbst studirt, der wird auch unschwer den Versicherungen der beiden Männer von der Unabhängigkeit und Originalität ihrer Entdeckungen den Glauben schenken dürfen, den solche Grössen beanspruchen können.

---

[1] Cantor, Vorlesungen, Band II, S. 781.

Und gerade hier kann das um so eher geschehen, als wirklich der Ausgangspunkt dieser beiden Entdecker ein ganz verschiedener gewesen zu sein scheint. Indem wir ihre Wege dabei kurz verfolgen, halten wir uns ausschliesslich an ihre eigenen Veröffentlichungen, Schriften und wohl beglaubigten Briefe, vernachlässigen aber die nachgelassenen Manuskripte, weil uns bei der Unsicherheit der oft nachträglich erst bewirkten, im Original auch wohl ganz fehlenden Datirung, bei der Unsicherheit, wie man solche unfertige Ideen verstehen und wie weit man sie als Vorausnahmen des Folgenden annehmen soll, eine richtige Werthschätzung derselben objectiv nicht möglich und von subjectiven Bedingungen zu abhängig erscheint.

Wir haben früher erwähnt, dass alle NEWTON'schen Entdeckungen bis in die Zeit seines frühesten Studiums in Cambridge zurückweisen und nur als spätere Ausführungen sehr früh gefasster Ideen erscheinen. Dies ist natürlich auch bei seinen Untersuchungen über die Analysis des Unendlichen der Fall, auf die er wohl ebenso wie bei seinen optischen Entdeckungen direct durch seinen Lehrer und Gönner BARROW geführt wurde. Doch ging NEWTON in seiner ersten hierher gehörigen Arbeit, die er BARROW im Jahre 1669 mittheilte und die den Titel De analysi per aequationes numero terminorum infinitas führte, nicht von dessen Tangentenmethode, sondern von den Arbeiten der Quadratur, wie JOHN WALLIS sie geliefert hatte, aus.

Diese Abhandlung lehrt im ersten Kapitel die Quadratur einfacher Curven von der Form $y = ax^{\frac{m}{n}}$ durch die Formel: Fläche $= \frac{an}{m+n} x^{\frac{m+n}{n}}$. Im zweiten Kapitel wird die Quadratur zusammengesetzter Curven auf die Quadratur der einzelnen Glieder, aus denen die Curvengleichung besteht, zurückgeführt. Im dritten und vierten Capitel wird vorgeschrieben, dass man bei noch complicirteren Gleichungen vor der Quadratur die Brüche und Wurzeln in Potenzreihen auflösen und auch wo nöthig unentwickelt gegebene Gleichungen der beiden Coordinaten nach einer Unbekannten auflösen soll. So erhält man z. B. aus

$$y = \frac{aa}{b+x} \text{ die Gleichung}$$

$$y = \frac{a^2}{b} - \frac{a^2x}{b^2} + \frac{a^2x^2}{b^3} + \ldots \text{ und darnach}$$

$$\text{Fläche } = \frac{a^2x}{b} - \frac{a^2x^2}{2b^2} + \frac{a^2x^3}{3b^3} + \ldots;$$

oder aus $y^3 + axy + x^2y - a^3 - 2x^3 = 0$

die Gleichung $y = x + \frac{a}{4} + \frac{a^2}{64x} + \frac{131a^3}{512x^2} + \frac{509a^4}{16384x^3} + \ldots$ und

damit Fläche $= \frac{x^2}{2} + \frac{ax}{4} + \boxed{\frac{a^2}{64x}} - \frac{131a^3}{512x} - \frac{509a^4}{32768x^2} + \ldots$, wobei das Zeichen $\boxed{\frac{a^2}{64x}}$ die Fläche andeuten soll, die aus dem Gliede $\frac{a^2}{64x}$ entspringt, die aber noch nicht in einer Formel angegeben werden kann. Im fünften Capitel giebt NEWTON die allgemeinen Vorstellungen, nach denen die Quadratur geschieht. Er denkt die Flächen der Curven entstanden durch das Fortrücken der Ordinaten von dem Anfangs- bis zum Endpunkt der Curve, so dass also die Fläche in der Weise des CAVALIERI als die Summe aller Ordinaten aufgefasst wird. Die einzelnen Ordinaten nennt er in diesem Sinne die Momente der Fläche. Das sechste Capitel handelt von der Rectification der Curven. Aus der Aehnlichkeit des Triangulum characteristicum mit dem Tangentendreiecke wird das Moment des Kreisbogens (vom Durchmesser 1) zu $\frac{1}{2\sqrt{x-x^2}}$ berechnet, dieser Ausdruck in einer Reihe

$$\frac{1}{2}x^{-1/2} + \frac{1}{4}x^{1/2} + \frac{3}{16}x^{3/2} + \ldots$$

entwickelt und daraus der Bogen selbst nach den vorigen Regeln durch die Reihe $x^{1/2} + \frac{1}{6}x^{3/2} + \frac{3}{40}x^{5/2} + \ldots$ gegeben. Das siebente Capitel behandelt Probleme, die durch Umkehrung der vorher erhaltenen Reihen gelöst werden. Das achte Capitel giebt weitere

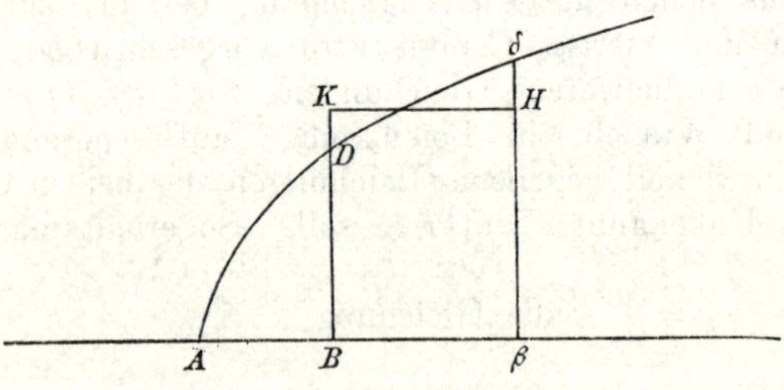

Fig. 22.

Betrachtungen über die Reihen. Das neunte Capitel wendet die vorige Methode der Reihen auf die damals sogenannten mechanischen Curven an, d. s. solche Curven, die nicht durch algebraische Gleichungen dargestellt werden können. Im zehnten Capitel folgt endlich neben einigem Andern der Beweis für die erste Regel zur Quadratur der einfachen Curven. Sei, so heisst es, die Fläche $ABD = z$, $AB = x$, $B\beta = o$, $BK = v$, und das Rechteck $B\beta HK = o \cdot v = B\beta\delta D$, so ist $A\beta = x + o$ und $A\delta\beta = z + o \cdot v$. Setzen wir nun beispielsweise in der Gleichung $\frac{2}{3} x^{3/2} = z$ für x und z bezüglich die Werthe $x + o$ und $z + o \cdot v$ ein, so erhalten wir, wenn wir vorher noch quadriren, aus $\frac{4}{9} x^3 = z^2$ die neue Gleichung $\frac{4}{9}(x^3 + 3x^2 \cdot o + 3x \cdot o^2 + o^3) = z^2 + 2z \cdot o \cdot v + (o \cdot v)^2$, und hieraus kommt nach Wegstreichen der gleichen Glieder, Kürzen mit o und nachherigem Weglassen der Glieder, die darnach noch o enthalten, $\frac{4}{9} \cdot 3x^2 = 2zv$ oder $x^{1/2} = v$. Die Formel $z = \frac{2}{3} x^{3/2}$ giebt also richtig die Fläche für die Curve, deren Gleichung $v = x^{1/2}$ ist. In entsprechender Weise wird dann allgemein bewiesen, dass $z = \frac{n}{m+n} a x^{\frac{m+n}{n}}$ die Flächenformel der Gleichung $v = a x^{\frac{m}{n}}$ ist.

Barrow sandte diese Abhandlung Newton's, ohne dessen Namen zu nennen, am 31. Juli 1669 an John Collins, dem er dieselbe schon am 20. Juli mit den Worten[1] angekündigt hatte, dass einer seiner Freunde, der für solche Dinge ausserordentlich beanlagt sei, ihm eine Abhandlung übergeben habe, worin er die Dimensionen der Curven in ähnlicher Weise berechne, wie das Mercator für die Hyperbel gethan, nur in mehr allgemeiner Weise.

Nachdem ihm Collins seinen Beifall gemeldet, gab Barrow in einem Briefe vom 20. August dann auch den Namen des Verfassers mit weiteren rühmenden Bemerkungen: Er sei erfreut, dass Collins Gefallen an der übersandten Abhandlung gefunden, der Verfasser heisse Newton und sei Fellow des Trinity-College, zwar noch sehr jung und erst im zweiten Jahre Magister, aber von einem ausserordentlichen Genie. Collins könne die Abhandlung mittheilen, wem er wolle.[2] Collins sandte das Original der Abhandlung zurück, behielt aber eine Copie derselben für sich. Diese fand Will. Jones später, lange nach dem Tode von Collins, unter dessen Papieren, verglich sie mit dem Original

[1] Commercium epistolicum D. Johannis Collins et Aliorum, London 1712, p. 1.

[2] Ibid., p. 2.

und gab sie im Jahre 1711 mit Einwilligung NEWTON's heraus, wie wir annehmen müssen, ohne Veränderung ganz mit dem alten Originale stimmend.[1]

Die ganze Abhandlung zeigt noch kaum die Spuren einer neuen grossen Entdeckung; von den späteren Kunstausdrücken NEWTON's enthält sie noch nichts als den Namen Moment, der allerdings auf die Vorstellungen der Fluxionsrechnung schon hindeutet. Sie erscheint als eine sinnreiche Anwendung der bekannten Methode von WALLIS auf gebrochene und irrationale Functionen und hat ihr Verdienst in den mannigfachen neuen und überraschenden Reihenentwickelungen, die sie enthält. Mehr als das scheint man nach BARROW's Worten auch damals nicht in derselben gesehen oder geahnt zu haben. Wohl aber tritt der Gedanke des neuen Calcüls als einer Fluxionsrechnung deutlicher schon in den nächsten grösseren Arbeiten, die bis zum Jahre 1671 geschrieben sein sollen, hervor. Aus Briefen, die NEWTON um diese Zeit an COLLINS, mit dem er nun viel correspondirte, richtete, geht hervor, dass um das Jahr 1670 eine neue Auflage von KINKHUYSEN's Algebra vorbereitet wurde, und dass NEWTON beabsichtigte, derselben eine Abhandlung über die Methode der Fluxionen und Quadraturen anzufügen.[2] Doch wurde er damals durch andere Geschäfte, vor allem durch die optischen Arbeiten, von der Ausführung seiner Absicht abgehalten[3] und kam nie wieder dazu, die beabsichtigte Abhandlung zu vollenden. Erst gegen Ende seines Lebens, als PEMBERTON ihn zur Herausgabe der Schrift drängte, soll NEWTON zur Vollendung derselben entschlossen gewesen sein; doch starb er, ehe er seinen Entschluss ausführen konnte. Das Werk erschien erst 1736 unter dem Titel The Method of Fluxions and infinite series, nach drei verschiedenen Handschriften NEWTON's zusammengestellt und sehr stark commentirt durch JOHN COLSON. HORSLEY druckte

---

[1] COLLINS starb im Jahre 1683; WILLIAM JONES ist 1675 geboren, er war zuerst Kaufmann, gründete aber später eine mathematische Schule in London. Die Abhandlung NEWTON's erschien unter dem Titel Analysis per quantitatum series, fluxiones ac differentias, London 1711; sie wurde gleich im nächsten Jahre in dem Commercium epistolicum der Royal Society, p. 3—20, und später von HORSLEY in den Werken NEWTON's wieder abgedruckt.

[2] Während des Jahres 1670 schreibt NEWTON häufig über diese Einfügungen an COLLINS. Nach einem Briefe vom 11. Juli möchte er aber auf dem Titel nicht namentlich bezeichnet sein; es dürfte nach den Worten Nunc e Belgico Latine versa vielleicht gesagt werden et ab alio authore completata. (EDLESTONE, Correspondence, p. XXII.)

[3] Am 20. Juli 1671 schreibt NEWTON an COLLINS, dass er fürchte, keine Zeit übrig zu behalten, um vor dem Winter noch einmal auf die Discussion der unendlichen Reihen zurückzukommen.

dasselbe in seiner Ausgabe der Werke NEWTON's, Band I, p. 391—506 unter dem Titel Geometria analytica ab.

In dieser Abhandlung ist allerdings der Gedanke einer Analysis des Unendlichen als einer Fluxionsrechnung ziemlich klar ausgesprochen. Die variablen Grössen werden schon als Fluenten, die verhältnissmässigen Geschwindigkeiten ihres Wachsthums als Fluxionen bezeichnet, und die letzteren werden auch von den ersteren durch übergesetzte Punkte unterschieden. Der Begriff und damit auch das Zeichen der Fluxionen behält übrigens, um das gleich hier zu betonen, bei NEWTON immer etwas Unbestimmtes, da die Fluxion $\dot{x}$ nach dem Obigen einen Differentialquotienten bezeichnet, bei dem aber die unabhängige Variable, nach der differentiirt wird, unbestimmt bleibt. Dieselbe Unbestimmtheit haftet natürlich auch der NEWTON'schen Bezeichnung $o \cdot \dot{x}$ des unendlich kleinen Increments oder des Differentials von x an. Zwar hat später LAGRANGE in seinem Calcul des fonctions für die erste Ableitung der Functionen ein dem NEWTON'schen $\dot{x}$ ganz entsprechendes Zeichen $f^1(x)$ gebraucht, aber wenn er das Increment der Function mit $f^1(x)dx$ bezeichnet, giebt er dabei doch die Variable x, nach welcher abgeleitet ist, ganz bestimmt an, während bei der NEWTON'schen Bezeichnungsweise $o\dot{x}$ diese Variable noch immer ganz unbezeichnet bleibt. Die NEWTON'sche Fluxion ist nicht eine bestimmte Geschwindigkeit, sondern eine Geschwindigkeit, gemessen an dem Fliessen einer ganz beliebigen Grösse. Ueber diese Unklarheit in der Bezeichnung ist NEWTON's Fluxionsrechnung nie hinausgekommen.

Die Geometria analytica giebt zuerst eine Theorie der Reihenentwickelungen, darauf folgt die Fundamentalaufgabe der Differentialrechnung in den deutlichen Worten: Das Verhältniss der Fluxionen zu finden, wenn durch eine Gleichung eine Relation zwischen den Fluenten gegeben ist.[1] Die Lösung der Aufgabe ist dann in den weiteren Vorschriften enthalten: 1) Man ordne die Glieder der Gleichung einmal nach Potenzen der einen und ein anderes Mal nach Potenzen der anderen fliessenden Grösse; 2) man multiplicire dann die Ausdrücke mit arithmetischen Progressionen, deren Glieder den Potenzexponenten entsprechen; 3) man multiplicire weiter die Ausdrücke bezüglich mit $\frac{\dot{x}}{x}$ und $\frac{\dot{y}}{y}$; 4) man

[1] Hier, wo nur das Verhältniss der Fluxionen gesucht wird, fällt die oben erwähnte Unbestimmtheit, die übrigens auch da verschwindet, wo die unabhängige Variable durch die Natur der Sache bestimmt ist, gänzlich weg, weil aus dem Verhältniss $\dot{x} : \dot{y}$ das Increment der unbestimmten Variablen sich heraushebt, oder weil hier das Wachsen des y direct an dem von x oder umgekehrt gemessen wird, ohne dass noch eine andere Variable nöthig wäre.

setze endlich die Summe der so erhaltenen Ausdrücke gleich Null und berechne aus der entstehenden Gleichung das Verhältniss der Fluxionen. So erhält man z. B. aus:

$$x^3 - ax^2 + axy - y^3 = o,$$

nach 1) $x^3 - ax^2 + axy - y^3 \qquad - y^3 + axy - ax^2 + x^3,$

„ 2) $3x^3 - 2ax^2 + 1 . axy - o \cdot y^3 \qquad - 3y^3 + 2 . o + 1 . axy + o \cdot (- ax^2 + x^3),$

„ 3) $3\dot{x}x^2 - 2\dot{x}ax + \dot{x}ay \qquad - 3\dot{y}y^2 + a\dot{y}x,$

„ 4) $3\dot{x}x^2 - 2\dot{x}ax + \dot{x}ay - 3\dot{y}y^2 + a\dot{y}x = o$, und endlich

$$\dot{x} : \dot{y} = 3y^2 - ax : 3x^2 - 2ax + ay.$$

Darnach folgt die Umkehrung des Fundamentalproblems, nämlich die Aufgabe: Aus einer gegebenen Relation der Fluxionen fliessender Grössen, die Relation der Fluenten selbst zu finden, deren Lösung durch die Umkehrung des vorhergehenden Beispiels illustrirt wird. Von den Fundamentalaufgaben werden dann auch schon eine Menge von Anwendungen gemacht, wie zur Auflösung einiger einfacher Differentialgleichungen, zur Bestimmung der Maxima und Minima (y wird ein Maximum, wenn $\dot{y} = o$), zur Lösung des Tangentenproblems (Subtangente : $y = \dot{x} : \dot{y}$), zur Bestimmung der Krümmung, sowie der Flexionspunkte der Curven, endlich zuletzt auch zur Ausführung von Quadraturen und Rectificationen.

Die Abhandlung enthält so ziemlich alles, was Newton principiell in der Fluxionsrechnung erreicht hat, und es lässt sich nicht leugnen, dass in ihr der Grundgedanke des neuen Calcüls klar genug dargelegt wäre, um Newton den Ruhm des Erfinders zu sichern. Indessen ist die Arbeit gerade für Newton's Ansprüche auf das Recht des ersten und alleinigen Erfinders von geringem Werth, einestheils weil dieselbe zu ihrer Zeit kaum jemand bekannt geworden und anderentheils, weil dieselbe bei ihrer späteren Veröffentlichung aus mehreren Manuskripten von unsicherer Datirung zusammengesetzt worden ist.[1] Zur Charakterisirung der Newton'schen Vorstellungen um die siebziger Jahre des siebzehnten Jahrhunderts ist diese Abhandlung gewiss sehr

---

[1] Wir haben Cantor's Vorlesungen über Geschichte der Mathematik, Bd. III, Abth. I, Leipzig 1894, in welchen die Anfänge der neuen Analysis bei Newton und Leibniz enthalten sind, erst in die Hände bekommen, nachdem das Vorstehende niedergeschrieben war; umso erfreulicher und umso wichtiger erscheint uns die Uebereinstimmung der Ergebnisse. Cantor weist an der entsprechenden Stelle (S. 171) noch auf die mehrfachen Uebereinstimmungen zwischen der Geometria analytica oder der Methodus fluxionum von Newton und dem Horologium oscillatorium (1673) von Huygens hin (Behandlung der Krümmungs-

werthvoll; für die Datirung seiner Erfindung gegenüber den Ansprüchen Anderer aber darf man in erster Linie nicht diese Arbeiten, sondern nur die um diese Zeit geschriebenen Briefe in Betracht ziehen, die uns im Original noch erhalten und in ihrer ursprünglichen Fassung noch bekannt sind. Auch die Newtonsanhänger haben vor allem solche Briefe gegen Leibniz in's Feld geführt und er selbst hat besonders zwei seiner Briefe an seinen Correspondenten Collins vom 10. December 1672 und 24. Oktober 1676 hervorgehoben, um aus ihnen seine Priorität zu erweisen; sie vor allem müssen wir deshalb etwas näher betrachten.

Der Brief an Collins vom 10. December 1672,[1] anscheinend in Folge der Veröffentlichung der Tangentenmethode von Sluse geschrieben, zeigt an, dass Newton ebenfalls eine Tangentenmethode gefunden, und giebt dafür ein Beispiel ohne Beweise. Bezeichne man nämlich die Coordinaten eines Curvenpunktes mit x und y und bestehe zwischen beiden die Gleichung

$$x^3 - 2x^2y + bx^2 - b^2x + by^2 - y^3 = 0,$$

so solle man, um die Tangente zu finden, die Glieder der Gleichung einmal nach x und das andere Mal nach y ordnen und diese Ausdrücke mit Progressionen von Zahlen entsprechend den Potenzen von x bez. y multipliciren. Das letzte Produkt sei dann der Zähler, das erste (mit Weglassung eines Factors x) der Nenner eines Bruches

$$\frac{-2x^2y + 2by^2 - 3y^3}{3x^2 - 4xy + 2bx - b^2},$$

welcher der Subtangente gleich sei. Das sei aber bei ihm, so fügt Newton nun hinzu, nur ein Specialfall einer allgemeineren Methode, welche es nicht bloss ermögliche, die Tangenten selbst bei geometrischen und mechanischen Curven zu construiren, sondern

---

mittelpunkte der beiden Curven, die auch Huygens genauer behandelt; Gebrauch der Huygens'schen cycloidalen Pendelaufhängung, Rectification der Evoluten bekannter Curven.) „Uns kommt, sagt Cantor, ein solcher sich fortsetzender Zufall mehr als überraschend vor. Wir können die Vermuthung nicht unterdrücken, Newton habe diese Stellen der Methodus fluxionum erst geschrieben, nachdem er das Horologium oscillatorium gelesen hatte. . . . Wie viel später als 1673 die Veränderungen vorgenommen wurden, wie weit sie sich erstreckten, darüber ist uns jede Auskunft unmöglich und nur eine Folgerung bleibt bestehen: wenn die Methodus fluxionum nach 1671 Veränderungen erfuhr, so fällt damit ihre Beweiskraft für das Wissen Newton's in jener frühen Zeit.“

[1] Der Brief ist abgedruckt in Commercium epistolicum, p. 29—30.

auch weiter lehre die Curven zu quadriren, zu rectificiren, ihre Schwerpunkte zu finden etc. Auch leiste die Methode bei den Problemen der Maxima und Minima ganz dasselbe, wie die Methode von HUDDE, selbst wenn irrationale Funktionen gegeben seien, indem sie dieselben in unendliche Reihen auflöse. — Der Brief ist augenscheinlich eine Ankündigung der Ergebnisse, welche NEWTON durch die vorher erwähnten mathematischen Arbeiten bis zu dieser Zeit erlangt hatte, nur mit Unterdrückung der Sätze, in welchen die Fundamente der directen wie der umgekehrten Fluxionsrechnung klar in Aufgaben ausgesprochen werden, und mit Weglassung aller Kunstausdrücke und Kunstzeichen. Er erscheint als zur Wahrung der Priorität der Entdeckung geschrieben, mit der Absicht, doch nichts Wesentliches davon zu verrathen. Trotzdem ist gerade dieser Brief vielfach, auch von NEWTON selbst, gegen LEIBNIZ und sein Erfinderrecht angeführt worden. Mit Unrecht, wie mir scheint; denn es ist noch dazu ziemlich sicher, dass LEIBNIZ den Brief nicht vor der letzten Hälfte des Jahres 1676 und auch dann nur im Auszuge erhalten hat, zu einer Zeit, wo schon bei LEIBNIZ die Fundamente seiner Differentialrechnung sich soweit entwickelt hatten, dass der Brief ihn kaum mehr fördern konnte.

Wie bekannt, ging der junge sechsundzwanzigjährige LEIBNIZ auf Veranlassung seines Gönners, des Barons VON BOINEBURG, Ministers des Kurfürsten von Mainz, im Mai 1672[1] nach Paris, theils um für BOINEBURG am dortigen Hofe thätig zu sein, theils um dort die Studien von dessen Sohne zu überwachen. Zwar starb sein Gönner schon am Ende des Jahres 1672 und seine Stellung in Paris wurde damit bald hinfällig. Doch blieb LEIBNIZ trotzdem eigener Studien wegen in Paris und kehrte erst einige Jahre später nach Deutschland zurück. Die Empfehlungen des kurmainzischen Ministers hatten dem jungen LEIBNIZ in günstigster Weise die beste Gesellschaft und die Kreise der berühmtesten Gelehrten geöffnet. Im Anfange des Jahres 1673 begab sich LEIBNIZ mit einer ausserordentlichen kurmainzischen Gesandtschaft auf einige Monate nach London und bemühte sich auch dort die berühmtesten Gelehrten, vor allem die Mitglieder der Royal Society[2] und deren Secretär OLDENBURG, mit welchem er schon seit 1670 correspondirte, persönlich kennen zu lernen. Die persönliche Bekanntschaft von COLLINS aber scheint er bei diesem Aufenthalt

---

[1] GUHRAUER, Biographie von G. W. Leibniz, Breslau 1846, I. Theil, S. 105.

[2] LEIBNIZ zeigte am 22. Januar 1673 in der Royal Society seine Rechenmaschine vor und wurde daraufhin am 18. April 1673 zum Mitglied der Gesellschaft erwählt. (GUHRAUER, Biographie von Leibniz, Theil I, S. 170; BIRCH, History of the Royal Society, vol. III, p. 73.)

in London noch nicht gemacht zu haben, wie C. J. Gerhardt aus einem Briefe von Oldenburg an Leibniz mit Sicherheit schliesst.[1] Im Anfang März 1673 wieder nach Paris zurückgekehrt, beschäftigte sich nun Leibniz besonders eifrig weiter mit mathematischen Problemen, wobei ihn der berühmte Huygens auf's Kräftigste unterstützte. Während der Briefwechsel mit Oldenburg bis 1672 hauptsächlich physikalische Fragen behandelt hatte, wandte er sich von da an vor allem mathematischen Theorien zu. Die erste gereifte Frucht dieser Arbeiten ist die berühmte Reihe für den Flächeninhalt des Kreises (vom Durchmesser 1) $\frac{1}{1} - \frac{1}{3} + \frac{1}{5} - \frac{1}{7} \ldots$, die Leibniz in der Mitte des Jahres 1674 an Oldenburg mittheilte und die dieser dann in seinen Philosophical Collections, No. 7, pag. 204, veröffentlichte.[2] Von der neuen Analysis ist in dem Briefwechsel bis 1676 nur einmal die Rede, nämlich in einem Briefe Oldenburg's an Leibniz vom 8. December 1674,[3] worin der Erstere eben über jene Entdeckung Leibniz'ens sich folgendermaassen ausspricht. Was Leibniz von den Fortschritten in der Ausmessung der Curven behaupte, möge sich so verhalten; doch müsse er ihm mittheilen, dass Gregorius und auch Newton eine Methode hätten, die sowohl für mechanische, wie für geometrische Curven, wie für den Kreis genüge, so dass, wenn die Coordinaten einer Curve bekannt seien, man mit Hülfe jener Methode die Länge, die Fläche, den Schwerpunkt, die Dimensionen des zugehörigen Rotationskörpers u. s. w. finden könne. Die nächsten Sätze aus einem Briefe Leibniz'ens an Oldenburg vom 30. März 1675[4] geben wohl die Antwort auf diesse Aeusserungen: Du schreibst, dass Euer Newton eine Methode habe, alle Quadraturen, wie alle Ausmessungen der Oberflächen und der Volumina der Rotationskörper auszuführen, wie auch die Schwerpunkte aufzufinden, annäherungsweise nämlich, wie ich es verstehe. Wenn diese Methode allgemein und bequem ist, verdient sie jedenfalls beachtet zu werden und ich zweifle nicht, dass sie des sehr ingeniösen Autors würdig sein wird.

Aus diesen Aeusserungen Leibniz'ens, wie aus den obigen von Oldenburg, darf man wohl sicher schliessen, dass von den Arbeiten Newton's bis Ende des Jahres 1674 Leibniz'en direct oder indirect nichts zugekommen war, nichts ausser dem Gerücht, dass Newton eine neue allgemeine Methode zur Lösung vieler

---

[1] Leibnizens mathematische Schriften, Berlin 1849, Bd. I, S. 5.
[2] Phil. Trans. abr., vol. I, p. 16.
[3] Leibnizens mathematische Schriften, Berlin 1849, Band I, S. 56.
[4] Ibid., S. 58.

Probleme der Curvenlehre erfunden habe. Directe Mittheilungen von NEWTON'schen Abhandlungen erhielt LEIBNIZ durch COLLINS, jedenfalls zum erstenmale im Jahre 1676, kurz bevor er selbst noch einmal nach London kam und dort die persönliche Bekanntschaft von COLLINS machte. LEIBNIZ hatte sich in der zweiten Hälfte des Jahre 1676 entschlossen, einem Rufe des Herzogs JOHANN FRIEDRICH von Hannover als Bibliothekar und Rath Folge zu leisten; er nahm seinen Rückweg von Paris über London und Holland nach Hannover. In London hielt er sich diesmal, wie COLLINS an NEWTON berichtet, nur eine Woche während des Monats October des Jahres 1676 auf, im November war er in Amsterdam und besuchte dort HUDDE, gegen Ende December traf er in Hannover ein.[1]

Es ist nicht anzunehmen, dass LEIBNIZ bei diesem kurzen Aufenthalte in London genügende Zeit gehabt habe, um direct einen tieferen Einblick in die Papiere von COLLINS zu nehmen und so für seine mathematischen Studien viel zu profitiren. Der kurze Besuch bei COLLINS diente wohl nur dazu, die Verbindungsfäden fester zu knüpfen und die Fortsetzung der wechselseitigen Mittheilungen weiter zu sichern.[2] In der That sandte OLDENBURG sehr bald solche Mittheilungen wieder an LEIBNIZ, die uns in dem Briefwechsel zwischen LEIBNIZ und OLDENBURG erhalten sind. Nur ein dunkler Punkt bleibt dabei, ob nicht LEIBNIZ bei seinem Besuche von COLLINS die Copie irgend einer NEWTON'schen Abhandlung direct zu genauerer Einsicht mitbekommen hat. Der Sachlage nach könnte es sich dabei nur um die NEWTON'sche Schrift De Analysi per aequationes numero terminorum infinitas handeln und in der That hat GERHARDT[3] unter LEIBNIZ'ens Handschriften Excerpta ex tractatu Newtoni Msco. De Analysi gefunden, auf dem ein Zeitvermerk über den Empfang fehlt. Dass aber LEIBNIZ diesen Tractat nicht vor der eben behandelten Zeit empfangen, wird auch daraus wahrscheinlich, dass er in jenen Excerpten die NEWTON'schen Formeln schon mit seinen eigenen Bezeichnungen, wie z. B. dem Integralzeichen $\int \overline{y}$, umschreibt. Die Kenntniss dieses Manuscriptes

[1] GUHRAUER, Biographie von Leibniz, Breslau 1846, Theil I, S. 170—188.

[2] COLLINS schreibt am 5. März 1677 über diesen Besuch an NEWTON und erwähnt dabei, dass LEIBNIZ ihm einige Schriften zurückgelassen habe, von denen er Copien sehr bald an NEWTON senden werde. (GERHARDT, Leibnizens mathematische Schriften, Band I, p. 147; WALLIS, Opera, vol. III, p. 646). BOSSUT (Hist. des math., Paris 1810, T. II, p. 73) bemerkt zu dem letzten Satze: „Ce passage et plusieurs autres grands morceaux de cette lettre ont été supprimés dans le Commercium epistolicum.

[3] Leibnizens mathematische Schriften, Berlin 1849, Bd. I, p. 7.

würde dann für LEIBNIZ auch nicht mehr bedeuten als die Kenntniss der folgenden Briefe NEWTON's.

Wie erwähnt, hatte OLDENBURG in einem Briefe vom December 1674 LEIBNIZ auf eine neue Methode der Quadrirung der Curven aufmerksam gemacht, worauf LEIBNIZ im März 1675 anerkennend antwortete. Er mag sich darnach bemüht haben, von NEWTON direct über diese Methode, die auch mit seinen Arbeiten über Quadrirung durch Reihen zusammenzutreffen schien, Näheres zu erfahren.[1] Die erste Mittheilung, die er darauf von NEWTON erhielt, war einem Brief OLDENBURG's vom 26. Juli 1676[2] angeschlossen, der so schnell in LEIBNIZ'ens Hände kam, dass er schon am 27. August für denselben danken konnte. Der Brief OLDENBURG's giebt zahlreiche Mittheilungen über Reihenentwickelungen englischer Mathematiker wie COLLINS, GREGORY u. A., ohne dass dabei das Thema der neuen NEWTON'schen Analysis berührt wird. Eingeschoben ist nur an einer Stelle die Abschrift[3] des viel beredeten Briefes von NEWTON an COLLINS vom 10. December 1672 über die Tangentenmethode, aber ohne das bestimmte Beispiel einer Tangentenableitung, welches im Original enthalten ist.[4]

Der angefügte Brief NEWTON's[5] an LEIBNIZ ist vom 13. Juni 1676 datirt. Wieviele Verdienste, so sagt hier NEWTON, auch die Bescheidenheit des LEIBNIZ den englischen Mathematikern in den Briefen, die ihm OLDENBURG geschickt habe, an der Aufsehen erregenden Entwickelung der Theorie der unendlichen Reihen zuschreibe, so hege er doch keinen Zweifel, dass jener ebenso weit, wenn nicht noch weiter gekommen sei.[6] Weil aber

---

[1] Darauf deutet wohl OLDENBURG's entschuldigende Aeusserung in dem nächsten Briefe hin, wonach er die Mittheilungen erst so spät habe senden können, weil das nicht von ihm, sondern mehr von den Freunden, vor allem COLLINS und NEWTON abgehangen habe, die doch auch nicht ganz Herren ihrer Zeit wären.

[2] Leibnizens mathematische Schriften, Berlin 1849, Theil I, p. 88.

[3] Ibid., p. 91—92.

[4] Man hat darüber gestritten, ob LEIBNIZ doch einmal den ungekürzten Brief, also mit dem Tangentenbeispiel, empfangen hat; in der zweiten Ausgabe des Commercium epistolicum wird behauptet, dass der ungekürzte Brief an LEIBNIZ abgesandt worden. Es ist jedenfalls nicht zu constatiren, dass LEIBNIZ denselben empfangen hat; es kommt aber auch nichts darauf an, da das NEWTON'sche Tangentenbeispiel wesentlich nicht mehr bietet, als die in den Philosophical Transactions veröffentlichte Tangentenmethode von SLUSE. (Vergl. EDLESTONE, Correspondence, p. XLVII; Newtoni Opera, Tom. IV, p. 510.)

[5] Leibnizens mathematische Schriften, Berlin 1849, Theil I, p. 100—113

[6] Ibid., p. 100.

Leibniz zu wissen verlange, was die Engländer in dieser Sache geleistet und weil er selbst vor einigen Jahren sich damit beschäftigt habe, so wolle er Einiges von dem Seinigen senden. Die Brüche würden von ihm durch Division, die Wurzelgrössen durch das Ausziehen der Wurzel in unendliche Reihen verwandelt, wobei man ganz so verfahre, wie bei den entsprechenden Rechnungen mit Decimalbrüchen. Das seien die Fundamente seiner Reductionen, doch werde das Wurzelausziehen sehr viel durch das folgende Theorem abgekürzt. Es sei nämlich

$$\overline{P+PQ}|^{\frac{m}{n}} = P^{\frac{m}{n}} + \frac{m}{n} A Q + \frac{m-n}{2n} B Q + \frac{m-2n}{3n} C Q \;.\;.\;, \text{ wo}$$

$$A = P^{\frac{m}{n}},\; B = \frac{m}{n} A Q,\; C = \frac{m-n}{2n} B Q \text{ u. s. w. zu setzen sei,}$$

die Zahl $\frac{m}{n}$ aber ebensowohl ganz, wie gebrochen, ebensowohl positiv, wie negativ angenommen werden könne. Dieser allgemeine binomische Lehrsatz, den Newton ohne jeden Beweis giebt, wird an mehreren Beispielen erläutert, dann werden verschiedene, sehr interessante Anwendungen des Satzes, auch einige sonstige Reihenentwickelungen noch angefügt; von der neuen Analysis aber ist auch hier mit keinem Worte die Rede.

Der neue Calcül wurde erst in einem folgenden, vom 24. October 1676[1] datirten Briefe Newton's berührt oder besser gestreift, den Leibniz ebenfalls durch Oldenburg's Vermittelung erhielt. Dieser Brief aber gelangte erst spät an seine Adresse, da Leibniz um die Zeit, als der Brief an Oldenburg kam, bereits nach Deutschland unterwegs und Oldenburg ungewiss über die etwaigen Schicksale der Sendung war. Erst am 2. Mai 1677 schreibt dieser an Leibniz, dass er ihm nun den Brief Newton's in Abschrift übersende, das Original aber zurückbehalte.[2]

Der Brief Newton's beginnt mit der Versicherung, dass er die Briefe von Leibniz und Tschirnhausen mit grossem Vergnügen gelesen habe; sehr fein in der That sei die Methode von Leibniz, durch die er zu convergenten Reihen komme, dieselbe würde das Ingenium des Autors genügsam zeigen, selbst wenn derselbe nichts Anderes geschrieben hätte; aber auch was sonst in dem Briefe enthalten wäre, beweise, dass man von Leibniz wohl das Grösste erwarten könne. Nach dieser Einleitung beginnt Newton wieder mit der Theorie der Reihen und erzählt: dass er durch das Studium der Werke von Wallis auf dieses Thema gekommen sei; dass er schon in der Zeit, in welcher die Loga-

---

[1] Leibnizens mathematische Schriften, Theil I, p. 122—146.
[2] Ibid., p. 151.

rithmotechnica (1668) von MERCATOR erschienen, durch einen Freund eine Abhandlung an COLLINS mitgetheilt und darin gezeigt habe, wie man die Flächen und Längen aller Curven und die Oberflächen und Inhalte der Körper bestimmen könne, und dass er diese Methode dort durch verschiedene Reihen veranschaulicht habe; auch habe er dabei nicht verwehrt, dass COLLINS alles das, was er von ihm erfahren, wieder öffentlich mittheilte.[1] Vor nunmehr fünf Jahren, als er auf Zureden der Freunde einen Tractat über die Brechung des Lichtes und der Farben zu veröffentlichen begonnen, habe er dann auch wieder angefangen über die Reihen weiter nachzudenken, habe darnach auch wieder eine Abhandlung über dieselben verfasst und beabsichtigt, dieselbe mit seinen optischen Arbeiten zugleich herauszugeben.[2] Die Streitigkeiten aber, die sich direct an diese optischen Arbeiten angeknüpft, hätten ihn davon zurückgehalten und er sei auch bis heute nicht wieder auf das Thema zurückgekommen. Es fehle besonders noch der Theil, in welchem er beabsichtigt hätte, die Lösung der Probleme zu erklären, die nicht auf Quadraturen zurückgeführt werden könnten. Uebrigens nähmen in jenem Tractate die unendlichen Reihen keinen allzu grossen Raum ein. Er habe vielmehr noch eine Menge Anderes beigelegt, darunter auch die Methode Tangenten zu ziehen, welche SLUSIUS vor zwei oder drei Jahren mitgetheilt habe. SLUSIUS und er seien aber von verschiedenen Seiten her zu derselben gekommen. So wie er vorwärts gehe, bedürfe die Sache keines Beweises, denn von seinem Fundamente aus könne gar Niemand die Tangenten anders ziehen, wenn er nicht vom rechten Wege abweichen wolle. Seine Methode werde auch nicht gehindert durch Wurzeln, oder davon, dass beide Unbekannten unentwickelt in der Gleichung enthalten seien, vielmehr könne auch dann ohne weitere Reduction der Gleichung die Tangente sofort gefunden werden. Auf dieselbe Weise verhalte sich die Sache bei den Problemen der Maxima und Minima und einigen anderen Aufgaben, von denen er noch nicht spreche. Auch das Fundament dieser Operationen wolle er lieber, weil er die Erklärung derselben noch nicht geben könne, unter den Zeichen

---

[1] Das bezieht sich natürlich auf die Abhandlung De Analysi per aequationes numero terminorum infinitas.

[2] NEWTON hat richtig der ersten Ausgabe seiner Optik zwei mathematische Abhandlungen angehängt, eine Aufzählung der Curven dritter Ordnung und eine Untersuchung über die Quadratur der Curven. Die letztere Abhandlung ist jedenfalls ein Theil der hier erwähnten Niederschriften. Vollständig sind dieselben in COLSON's Method of Fluxions von 1736 benutzt und auch in HORSLEY's Newtoni Opera sind sie abgedruckt. Da diese Arbeiten aber vor 1704 die Hände NEWTON's nicht verlassen haben, so hat LEIBNIZ auch vorher jedenfalls nichts von ihnen gesehen.

6*a cc dae* 13*e ff* 7*i* 3*l* 9*n* 4*o* 4*q rr* 4*s* 8*t* 12*vx* verbergen.[1] Hierauf folgen Beispiele für die Anwendung des neuen Princips auf die Quadratur verschiedener Curven, aber ohne dass dabei der Algorithmus oder überhaupt der Gang der Rechnung nur irgendwie angedeutet würde. Zuletzt nach abermaligen zahlreichen Reihenentwickelungen und Beispielen für die Umkehrung der Reihen kommt NEWTON noch auf das sogenannte inverse Tangentenproblem und die Differentialgleichungen zu sprechen, deutet aber hier seine Methode nur in einem noch viel schlimmeren Räthsel, in einer viel complicirteren Buchstabenversetzung als früher an. Mit dem Wunsche, die Anwendung der LEIBNIZ'schen Methode auf Gleichungen kennen zu lernen, die Potenzen mit gebrochenen oder gar irrationalen Exponenten enthalten, schliesst der in der GERHARDT'schen Ausgabe des Briefwechsels volle 22 Octavseiten umfassende Brief.[2] LEIBNIZ beantwortete den NEWTON'schen Brief, wie er selbst sagt, direct nach dem Empfange desselben, am 21. Juni 1677.[3] Er pflichtete NEWTON bei, dass die SLUSE'sche Tangentenmethode noch nicht vollkommen sei, und betonte, dass er selbst schon vor langer Zeit das Tangentenproblem allgemeiner durch die Differenzen der Coordinaten be-

[1] Die Auflösung dieses Räthsels gab erst WALLIS im Jahre 1693 im zweiten Bande seiner Opera mathematica, p. 391, wo er mit Erlaubniss von NEWTON dessen Fluxionsmethode auseinandersetzte, in den Worten: Data aequatione quotcunque fluentes quantitates involvente, fluxiones invenire, et vice versa. (Die Fluxionen fliessender Grössen zu finden, wenn eine Gleichung zwischen den fliessenden Grössen selbst gegeben ist, und umgekehrt.) An jener Stelle finden sich auch zum ersten Male die punktirten Buchstaben zur Bezeichnung der Fluxionen in einem gedruckten Werke gebraucht.

[2] NEWTON zeigte auch bei dieser Gelegenheit wieder, dass er es nicht liebte, über seine noch nicht vollendeten Arbeiten zu correspondiren. In einem für OLDENBURG bestimmten Postscriptum zu dem obigen Briefe spricht er die Hoffnung aus, dass das Geschriebene LEIBNIZ genügen möge, damit er nicht nöthig habe, noch mehr über das Thema zu schreiben. Er habe jetzt Sachen im Kopfe, die es ihm zur Zeit sehr unwillkommen erscheinen liessen, wenn er gezwungen würde, über jene Dinge wieder nachzudenken. EDLESTONÉ, Correspondence, p. LI). Zwei Tage nach diesem Briefe, am 26. Oktober 1676 schrieb er nochmals an OLDENBURG und bat, OLDENBURG möge selbst etwaige Härten des Briefes mildern, die LEIBNIZ verletzen könnten. Als Postscriptum folgte hierzu die Bitte, dass OLDENBURG doch keines von seinen mathematischen Papieren drucken lassen möge ohne seine specielle Erlaubniss einzuholen. (EDLESTONE, Correspondence, p. 257.)

[3] Leibnizens mathematische Schriften, Berlin 1849, Theil I, p. 154. Der Anfang des an OLDENBURG gerichteten Briefes lautet: Accepi hodie literas Tuas diu expectatas cum inclusis Neutonianis sane pulcherrimis; quas plus semel legam cum cura ac meditatione, quibus certe non minus dignae sunt quam indigent. Nunc pauca, quae festinante oculo obeunti incidere, e vestigio annotabo.

handelt habe.[1] Bezeichne nämlich dy die Differenz zweier ganz nahe liegender Ordinaten und ebenso dx die der entsprechenden Abscissen, so sei durch dy/dx der Winkel der Tangente mit der Achse und damit die erstere selbst bestimmt. Durch Entwickeln der Binome erhalte man sehr leicht $d\overline{y^2} = 2\,ydy$, $d\overline{y^3} = 3\,y^2dy\ldots$, $d\overline{yx} = ydx + xdy$, $d\overline{y^2x} = 2\,xydy + y^2dx$, und darnach folge aus der Gleichung $a + by + cx + dyx + ey^2 + fx^2 + gy^2x + hyx^2 \ldots = 0$ der Differentialquotient

$$-\frac{dy}{dx} = \frac{c + dy + 2fx + gy^2 + 2hxy\ldots}{b + dx + 2ey + 2gxy + hx^2\ldots}.$$

Das stimme soweit noch, sagt Leibniz, mit der Methode von Sluse überein, aber seine Methode reiche weiter und werde ebenfalls nicht durch irrationale Quantitäten aufgehalten; denn aus $d\overline{x^z} = zx^{z-1}\,d\overline{x}$ folge leicht auch $d\sqrt[2]{x} = \frac{1}{2}x^{-1/2}\,d\overline{x}$ und schliesslich sogar $d\sqrt[3]{a + by + cy^2} = \dfrac{bd\overline{y} + 2\,cyd\overline{y}}{3\sqrt[3]{a + by + cy^2}}$.[2] Was Newton über die Construction der Tangenten verborgen habe, das scheine ihm nicht weit von dem oben Gegebenen entfernt zu sein. Und wenn Newton hinzufüge, dass durch dasselbe Princip auch die Quadraturen leicht ausführbar würden, so bestärke ihn das in seiner Meinung von der Differenzenmethode, da ohne Zweifel immer jene Figuren quadrirbar seien, deren Ordinaten man als die Differentiale einer anderen Gleichung ansehen könne. Auch über Integrale und Differentialgleichungen verbreitet sich hier Leibniz weiter als Newton vorher in seinem Briefe. Während aber Leibniz in den ersten Theilen seines Schreibens, entgegen dem Verheimlichungsverfahren Newton's, seinen Algorithmus und sein Verfahren ganz offen ohne Hinterhalt preisgegeben hat, findet sich in diesem Theile ebenfalls der Algorithmus verdeckt. Das Integralzeichen wird ausdrücklich nur in Worten umschrieben, während Gerhardt[3] bezeugt, dass der Entwurf der Briefe die Summationszeichen ∫ enthält, jedoch nur eingeklammert und damit für den Abschreiber als "Auszulassendes" bezeichnet.

---

[1] Leibnizens mathematische Schriften, Berlin 1849, Theil I, p. 154: Et jam a multo tempore rem tangentium longe generalius tractavi, scilicet per differentias ordinatarum.

[2] So steht bei Gerhardt, p. 156, statt $d\sqrt[3]{a+by+cy^2} = \dfrac{bd\overline{y} + 2cd\overline{y}}{3\sqrt[3]{(a+by+cy^2)^2}}$; da $d\overline{x^{1/3}} = \dfrac{dx}{3\sqrt[3]{x}}$ vorausgeht, kann man nicht auf einen Druckfehler, sondern muss auf ein Missverständniss von Leibniz schliessen.

[3] Leibnizens mathematische Schriften, Theil I, p. 159.

Mit diesem Briefe und einem ganz kurzen Schreiben vom 12. Juli 1677 endete für lange Zeit der Verkehr von LEIBNIZ mit den Engländern auf diesem Gebiete, besonders wohl darum, weil noch in diesem Jahre der Verkehrsvermittler OLDENBURG starb. Die erste Periode des NEWTON-LEIBNIZ'schen Handels über die Erfindung der Analysis des Unendlichen, soweit sich derselbe nur in brieflichen Mittheilungen an Freunde und Fachgenossen abspielte, erscheint damit als abgeschlossen und der zweite Abschnitt, die Periode der Veröffentlichungen, beginnt. Es erscheint wichtig noch einmal kurz zusammenzufassen, was die beiden genialen Entdecker bis jetzt für sich erreicht hatten.

Sicher hat NEWTON seit dem Ende der sechziger Jahre versucht, sowohl die WALLIS'sche Methode der Quadraturen zu verallgemeinern, als auch die Vereinigung dieser mit der Tangentenmethode des FERMAT in einem allgemeineren Calcüle zu bewirken. Er hat zu dem Zwecke die Theorie der Reihen mit vielem Genie und grossem Erfolg bearbeitet und besonders durch das Aussprechen des binomischen Lehrsatzes ein breites Fundament für die neue Methode gelegt. Die Ziele und Resultate der neuen Analysis gab er in den Mittheilungen an seine Freunde, wie zuletzt in den Briefen an LEIBNIZ auch vollständig an; die Definition des Wesens, wie das Verfahren der Methode aber hielt er sorgfältig verborgen und den Algorithmus des neuen Calcüls, wenn er solchen zu jener Zeit schon vollendet ausgebildet hatte, vermied er sogar bei diesem beschränkt öffentlichen Gebrauch. NEWTON hatte bis zu dieser Zeit seine Methode als eine Geheimlehre behandelt, und als eine solche, um dem Genie dienlich zu sein, war sie auch genügend ausgebildet; für den Gebrauch der Allgemeinheit aber, als eine objective Wissenschaft, war sie ihrer unklaren Formlosigkeit nach in keiner Weise geeignet.

LEIBNIZ dagegen hatte jedenfalls vor dem Jahre 1672 und vielleicht bis zum Jahre 1674 nicht an die neue Analysis und ihre Aufgaben gedacht. Ob dann die Gerüchte von NEWTON's Untersuchungen der unendlichen Reihen und die betreffende Mittheilung OLDENBURG's vom Jahre 1674 oder ob das Studium der Abhandlungen von FERMAT, WALLIS, BARROW, HUDDE und SLUSE ihn angeregt haben, nun seinerseits einer allgemeinen Methode zur Lösung der so viel ventilirten Probleme nachzuforschen, das ist nicht mehr zu entscheiden; die ganze Form der LEIBNIZ'schen Entwickelungen spricht jedenfalls mehr für das letztere als das erstere. LEIBNIZ kann nach allen Umständen, nach der Art des Briefwechsels zwischen ihm, OLDENBURG, COLLINS und NEWTON, nach dem Tone vor allem, in welchem er 1677 an NEWTON schreibt, NEWTON'sche Abhandlungen über die neue Analysis vor dem 26. Juli 1676 weder im Original noch in Abschrift kennen gelernt haben; und wenn das der Fall wäre, so hätten sie ihm, abgesehen von den Reihenentwickelungen, für die Idee eines neuen Calcüls nicht mehr geboten, als die Schriften von FERMAT, WALLIS, BARROW, HUDDE und SLUSE. Auf den sehr ausführlichen Brief NEWTON's aber vom 24. October 1676 den Aufbau der neuen Analysis durch LEIBNIZ zurückführen zu wollen, das erscheint darum unmöglich: weil erstens NEWTON auch in diesem Briefe das Wesen seiner neuen Rechnung noch unter einem unlösbaren Räthsel verhüllt hat, und weil zweitens LEIBNIZ in seiner directen Antwort auf diesen Brief schon eine so weit entwickelte Darstellung seines neuen Calcüls giebt, dass man, selbst wenn man eine Lösung des NEWTON'schen Räthsels seinerseits annehmen wollte, doch die Entstehung des Calcüls in der Zeit zwischen Brief und Antwort nicht annehmen könnte. Alles in allem bleibt also nur der Schluss, dass LEIBNIZ seine Methode der Infinitesimalrechnung zwischen 1674 und 1676 ausgebildet und dass er dazu von NEWTON vorher nicht mehr erfahren hat, als was auch diesem die von FERMAT, WALLIS, BARROW, SLUSE und HUDDE geförderte Entwickelung der Analysis geboten hatte.[1]

Darnach bleibt kein anderer Entscheid als der, dass NEWTON und LEIBNIZ, soweit das bei dem gemeinsamen historischen Fundamente der Entwickelung möglich ist, zwei von einander unabhängige Erfinder und Förderer der Analysis des Unendlichen gewesen sind. NEWTON hat den Gedanken zuerst erfasst und so weit ausgebildet, dass er selbst die neue Methode zur Lösung seiner Aufgaben gebrauchen konnte. LEIBNIZ dagegen hat vielleicht von NEWTON bei der Entwickelung der Funktionen in Reihen manches gelernt; den ursprünglichen Gedanken der neuen Analysis aber, den NEWTON verbarg, muss LEIBNIZ originell und unabhängig gefunden haben. Jedenfalls hat er seine Methode in eigener origineller, von NEWTON ganz verschiedener Art so prin-

---

[1] CANTOR (Vorlesungen über Geschichte der Mathematik, III. Band, 1. Abth., Leipzig 1894, S. 176) setzt, indem er die nachgelassenen Manuscripte von LEIBNIZ berücksichtigt, die Erfindung der eigenthümlichen Bezeichnungsweise desselben spätestens in den November 1675, was mit der Darstellung von GERHARDT in seiner Geschichte der Mathematik übereinstimmt. LEIBNIZ hat Manuscripte hinterlassen, aus denen man die allmähliche Entwickelung seiner Bezeichnungsweise erkennen kann. Eines derselben, vom 11. November 1675 datirt, enthält für das Differential von x, statt des vorher gebrauchten Symbols $\frac{x}{d}$, das definitive $d\overline{x}$. An der Datirung dieses Manuscripts zeigt sich ein Umänderungsversuch (die 5 ist in eine 3 umgewandelt), den man auf LEIBNIZ selbst zurückführt. Gerade ein solcher Versuch aber, für den übrigens ein bestimmter Zweck absolut nicht aufzufinden ist, würde, wenn man ihn auch LEIBNIZ wirklich zuschreibt, das Datum vom 11. November 1675 für jene Abhandlung ganz sicherstellen.

cipiell umfassend und so allgemein verständlich und anwendbar ausgebildet, dass die weitere Entwickelung dieser Wissenschaft streng genommen auf ihn allein zurückzuführen ist. NEWTON hatte sich ein persönliches Handwerkszeug construirt, das er allerdings mit höchster Virtuosität gebrauchte. LEIBNIZ aber hat eine neue objective Wissenschaft gegeben, deren Klarheit und augenscheinliche Fruchtbarkeit bald die Menge der Gelehrten zu eifriger Mitarbeit an der Weiterbildung derselben anspornte.

Dem Verhältniss der Coordination entspricht auch in dieser Zeit das Benehmen der beiden grossen Entdecker noch durchaus und von einem feindlichen Wettstreit zeigt der Briefwechsel noch keine Spur. LEIBNIZ vergleicht ohne irgend eine Spur von Unsicherheit seine Methode mit derjenigen, die NEWTON in Andeutungen verborgen, und NEWTON selbst lässt keine Spur von der Absicht einer Anschuldigung gegen LEIBNIZ blicken. Er betonte allerdings schon damals, dass seine Methode aus früherer Zeit stamme, im Uebrigen aber konnte er dieselbe nicht für verrathen halten, sonst hätte er dieselbe nicht in Räthsel einzukleiden gebraucht. Vor der Hand hielten beide grossen Concurrenten ihr Pulver trocken; sie versuchten wohl beide stillschweigender Weise in der Entwickelung des erfassten Gedankens und in der Vollendung der neuen Disciplin einander zu übertreffen, bis zum Jahre 1684 aber wurde an keinem Orte, weder in England noch in Deutschland, wieder etwas von der neuen Methode gehört.

In diesem Jahre erschien dann endlich in den Acta Eruditorum[1] die erste Druckschrift LEIBNIZ'ens über die Analysis des Unendlichen, wie GERHARDT[2] nachweist, weil LEIBNIZ glaubte, dass TSCHIRNHAUSEN, dem er Manches anvertraut hatte, ihm in der Veröffentlichung zuvorkommen könnte. In dieser kurzen Abhandlung giebt er die Differentiale der Funktionen, ganz wie in seinem Briefe an NEWTON von 1677, nur fügt er hier als neu das Differential des Quotienten

$$d\overline{\frac{v}{y}} = \frac{-v d\overline{y} + y d\overline{v}}{y^2}$$

bei. Dann deutet er in einigen Beispielen den Gebrauch seines Algorithmus an; zuerst in Betreff der Discussion der Curven oder der Funktionen. Wenn dv (das Differential der Ordinate v) $= 0$ ist, so ist die Ordinate ein Maximum oder ein Minimum und die Tangente parallel der Abscisse etc. Wenn dv im Verhältniss zu dx unendlich gross ist, so liegt die Tangente senkrecht zur Ab-

[1] Acta Eruditorum, October 1684, p. 467—473: Nova methodus pro maximis et minimis, itemque tangentibus, quae nec fractas nec irrationales quantitates moratur: et singulare pro illis calculi genus.

[2] GERHARDT, Geschichte der Mathematik, München 1877, S. 157.

scissenachse u. s. w. Ob die Curve der Achse die concave oder convexe Seite gekehrt, das wird erkannt an dem Vorzeichen des Differentials von dem Differential dv oder an dem Vorzeichen von ddv; wo $ddv = 0$, da hat die Curve einen Wendepunkt. Weiter zeigt LEIBNIZ, welchen Weg ein Lichtstrahl verfolgen muss, um von einem Punkte eines brechenden Mediums zu einem Punkte eines anderen Mediums auf leichteste Weise zu gelangen, beweist also in FERMAT'scher Art das Brechungsgesetz. Schliesslich löst er die BEAUNE'sche Aufgabe, nämlich die Curve zu finden, deren Subtangente constant ist, nach der neuen Methode in wenig Worten.

Zwei Jahre später, im Jahre 1686,[1] gab LEIBNIZ auch die ersten Andeutungen über die Integralrechnung, die er aber hier noch als calculus summatorius oder tetragonisticus oder auch als methodus tangentium inversa bezeichnet. Den Namen Integral übernahm LEIBNIZ erst 1690 von JACOB BERNOULLI. Doch schlägt LEIBNIZ hier schon für die allgemeine Methode, welche die Differential- und die Summationsrechnung als einzelne Zweige umfasst, die zweckmässige Bezeichnung als einer Analysis des Unendlichen vor. Dementsprechend betont er auch die inverse Natur der Integralrechnung viel stärker und klarer als NEWTON, bei dem eher die Quadratur als directe und die Berechnung der Fluxion als indirecte Rechnungsart erschien. Wie Potenzen und Wurzeln, sagt LEIBNIZ, im gewöhnlichen Calcül, so seien bei ihm Summen und Differenzen oder die Zeichen $\int$ und d einander reciprok, so dass man ohne weiteres jede Quadratur einer Curve ausführen könne, wenn nur die Ordinate der Curve als ein Differential einer anderen Funktion bekannt wäre. Auch die Benutzung der Integrale für die Aufstellung der Gleichungen der Curve und die Discussion derselben deutet er an, indem er die Gleichung der Cycloide in der Form

$$y = \sqrt{2x - x^2} + \int \frac{dx}{\sqrt{2x - x^2}}$$

gibt und dabei betont, dass diese Gleichung die Relation zwischen den Ordinaten und Abscissen der Cycloide ebenso bestimmt darstelle und ebenso zur Ableitung der Eigenschaften dieser Curve dienen könne, wie jede andere Gleichung ohne Integrale.

Seine erste Abhandlung von 1684 hatte LEIBNIZ ohne jede Bezugnahme auf die Verdienste seiner Vorgänger gegeben und selbst NEWTON, mit dem er doch 1676 über das Thema correspondirt, war unklugerweise darin nicht erwähnt. Jetzt erst, in

---

[1] Acta Eruditorum, Juni 1686, p. 292—300: G. G. L. De Geometria Recondita et Analysi Indivisibilium atque infinitorum.

der zweiten Abhandlung, liess LEIBNIZ nach einigen ausgewählten Beispielen aus der Integralrechnung zum Schluss einige Bemerkungen zur Geschichte des neuen Calcüls folgen, damit es, wie er sagt, nicht scheine, als wolle er sich aneignen, was Anderen zugehöre. Zuerst in der Neuzeit hätten GALILEI und CAVALIERI die Methode des ARCHIMEDES vervollkommnet, mehr noch aber hätte das Triumvirat FERMAT, CARTESIUS und GREGOR S. VINCENT geleistet. Ueber diese hinaus seien dann HUGENIUS und WALLIS vorgeschritten, und es sei nicht unwahrscheinlich, dass diese den Nachfolgern VAN HEURET, NEIL und WREN die Veranlassung zur ersten Rectification einer Curve gegeben hätten. Ihnen seien JACOB GREGORY, BARROW und NIC. MERCATOR gefolgt, welch' letzterer, so viel er (LEIBNIZ) wisse, die erste Quadratur mit Hülfe der unendlichen Reihen zu stande gebracht habe. Zu denselben Erfindungen sei aber NEWTON nicht nur ganz unabhängig gelangt, sondern er habe auch allgemein die Methode so weit vollendet, dass eine Herausgabe seiner Arbeiten, die er bis jetzt noch unterlassen, ohne Zweifel einen neuen Zugang zu einem grossen Fortschritt und Gewinn in dieser Wissenschaft eröffnen würde.

Nachdem in solcher Weise LEIBNIZ nach jahrelangem Zögern endlich seine neue Methode trotz ihrer Unvollkommenheit veröffentlicht hatte, nahm nun auch NEWTON Veranlassung mit seinen Errungenschaften etwas mehr hervorzutreten. Zwar veröffentlichte er noch immer keine zu diesem Zwecke besonders verfasste Schrift; dazu hätte ihm wohl seine alles absorbirende Thätigkeit für die Principia mathematica keine Zeit gelassen; aber er benutzte wenigstens die Gelegenheit, in diesem Werke einige ganz kurze Andeutungen seiner neuen Methode zu geben. Wie schon bemerkt, vermied NEWTON auch im Anfange dieses Buches noch die Anwendung der neuen Analysis. Er gab hier vielmehr als Ersatz derselben einen Abschnitt über die ersten und letzten Verhältnisse veränderlicher Grössen, d. h. über die Verhältnisse von gegebenen endlichen Grössen, wenn diese von unendlicher Kleinheit an zu wachsen beginnen, oder bis zu unendlicher Kleinheit abnehmen.[1]

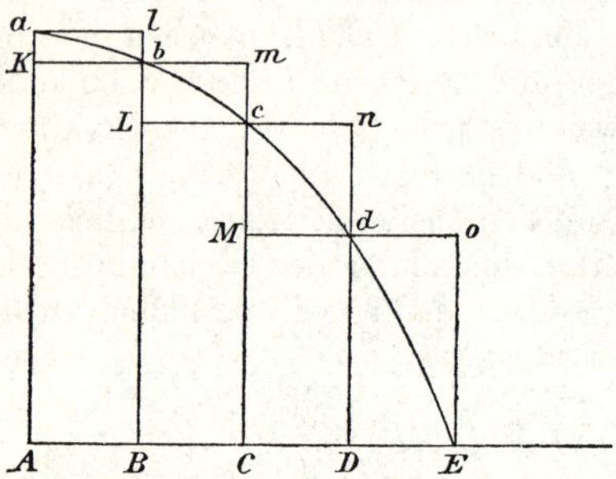

Fig. 23.

[1] Philosophiae naturalis principia mathematica, edit. secunda, Cambridge 1713, p. 24.

Die wichtigsten dieser Sätze sind die folgenden: Werden in der beliebigen Figur *AacE*, welche durch die geraden Linien *Aa*, *AE* und die Curve *acE* begrenzt ist, beliebig viel Parallelogramme *Ab*, *Bc*, *Cd* etc. beschrieben, fügt man hierauf die Parallelogramme *aKbl*, *bLcm*, *cMdn* etc. hinzu, und denkt sich darnach die Breite $AB = BC = CD$ etc. dieser Parallelogramme bis in's Unendliche vermindert und zugleich ihre Anzahl bis in's Unendliche vermehrt, so wird zuletzt die eingeschriebene Figur gleich der umschriebenen, gleich der krummlinigen Figur. Sind zweien solcher Figuren wie vorhin zwei Reihen solcher unendlich schmalen Parallelogramme eingeschrieben und sind nicht nur die Anzahlen sondern auch die letzten Verhältnisse der einzelnen Parallelogramme in beiden Figuren einander gleich, so stehen auch die ganzen Figuren zu einander in demselben Verhältniss. Das letzte Verhältniss des Bogens, der Sehne und der Tangente ist das der Gleichheit. Zieht man von einem beliebigen Punkte *R* aus nach

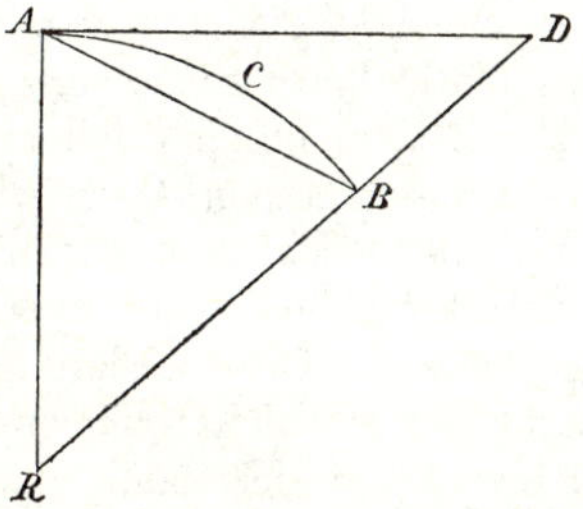

Fig. 24.

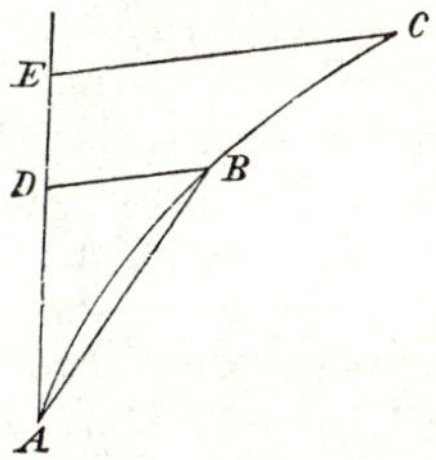

Fig. 25.

den Endpunkten eines Bogens *AB* gerade Linien und verlängert die eine *RB* derselben bis zum Durchschnitt mit der durch den anderen Endpunkt *A* gezogenen Tangente *AD*, so wird die letzte Form der Dreiecke *ACBR*, *ABR* und *ADR* einander ähnlich und das letzte Verhältniss der Dreiecke ist das der Gleichheit. Daher kann bei jedem die letzten Verhältnisse betreffenden Beweise jede dieser Linien statt der anderen gesetzt werden. Ist durch den Punkt *A* einer Curve *ABC* die Grade *ADE* gezogen und sind *BD* und *CE* einander parallel, so ist das letzte Verhältniss der Dreiecke *ADB* und *AEC* das quadratische Verhältniss ihrer Seiten. Die Wege, welche ein Körper durch eine regelmässige Kraft beschreibt, stehen im Anfange der Bewegung im quadratischen Verhältniss der Zeiten. Ist in irgend einem Punkte *A* eine Tangente an eine Curve *AB* gelegt und verbindet man einen beliebigen Punkt *D* der Tangente mit einem beliebigen Punkte *B* der Curve, so ist das letzte Verhältniss der Verbindungslinie *BD* das quadratische der Sehne *AB* u. s. w.

Ueber die Begründung und die Bedeutung dieser Methode sagt Newton selbst am Schlusse des betreffenden Abschnittes der „Principien“: Ich habe diese Lehrsätze vorausgeschickt, um künftig der weitläufigen Beweisführung mittels des Widerspruches, nach der Weise der alten Geometer, überhoben zu sein. Die Beweise werden nämlich kürzer durch die Methode der untheilbaren Grössen. Da aber die Methode des Untheilbaren etwas anstössig (durior) ist und daher für weniger geometrisch gehalten wird, so zog ich es vor, die Beweise der folgenden Sätze auf die letzten Summen und Verhältnisse verschwindender und auf die ersten werdender Grössen zu begründen, und deshalb habe ich die Beweise jener Grenzen mit möglichster Kürze vorausgeschickt. Durch sie wird dasselbe geleistet, was man durch die Methode des Untheilbaren erlangt, und wir werden um so sicherer uns der bewiesenen Principien bedienen können.

Man ersieht aus diesen Sätzen, dass Newton die Schwierigkeiten, die im Begriff des Unendlichkleinen liegen, recht hoch schätzte, und dass ihm selbst als einem Geometer der alten Schule die Argumentation durch das Untheilbare nicht ganz recht war. Er mochte darum lieber statt der unendlich kleinen Momente der veränderlichen Grössen die momentanen Geschwindigkeiten ihres Wachsens einführen und so durch den Begriff der continuirlichen Bewegung der Schwierigkeit, die in der unendlich kleinen Grösse liegt, aus dem Wege gehen. Diesen Plan hat er dann in seiner Fluxionsrechnung, auch wieder nicht ohne manche Nachtheile, durchgeführt; hier aber begnügt er sich damit, das Untheilbare nicht als gegeben, sondern immer nur als entstehend, als ein Moment im Flusse des Werdens zu definiren. Seine charakteristischen Worte über diesen Punkt lauten: Wenn ich in der Folge manchmal Grössen als aus kleinen Theilen bestehend betrachten, oder statt gerader unendlich kleine krumme Linien annehmen sollte, so wünsche ich, dass man darunter nicht untheilbare, sondern verschwindend kleine theilbare, nicht Summen und Verhältnisse bestimmter Theile, sondern die Grenzen der Summen und Verhältnisse verstehen, und dass man den Kern solcher Beweise immer auf die Methode der vorhergehenden Lehrsätze zurückführen möge. Man könnte den Einwurf machen, dass es kein letztes Verhältniss verschwindender Grössen gebe, indem dasselbe vor dem Verschwinden nicht das letzte sei, nach dem Verschwinden aber überhaupt kein Verhältniss mehr stattfinde. Aus demselben Grunde könnte man aber auch behaupten, dass ein nach einem bestimmten Orte strebender Körper keine letzte Geschwindigkeit habe; diese sei, bevor er den bestimmten Ort erreicht habe, nicht die letzte, nachdem er ihn erreicht hat, existire sie garnicht mehr. Die Antwort ist leicht. Unter der letzten

Geschwindigkeit versteht man weder diejenige, mit welcher der Körper sich bewegt, ehe er den letzten Ort erreicht hat, noch auch die nachher stattfindende, sondern die letzte Geschwindigkeit ist genau diejenige, mit welcher der Körper den Ort berührt und mit welcher die Bewegung endigt. Auf gleiche Weise hat man unter dem letzten Verhältniss verschwindender Grössen dasjenige zu verstehen, mit welchem sie verschwinden, nicht aber das vor oder nach dem Verschwinden stattfindende. Ebenso ist das erste Verhältniss entstehender Grössen dasjenige, mit welchem sie entstehen; die erste und letzte Summe diejenige, mit welcher sie anfangen oder aufhören zu sein (entweder grösser oder kleiner zu werden). Es könnte auch behauptet werden, wenn die letzten Verhältnisse verschwindender Grössen gegeben wären, werde auch ihre letzte Grösse gegeben und es bestehe so jede Grösse aus untheilbaren Stücken, wovon EUKLID im zehnten Buche seiner Elemente das Gegentheil erwiesen hat. Dieser Einwurf stützt sich jedoch auf eine falsche Voraussetzung. Jene letzten Verhältnisse, mit denen die Grössen verschwinden, sind in der Wirklichkeit nicht die Verhältnisse der letzten Grössen, sondern die Grenzen, denen die Verhältnisse fortwährend abnehmender Grössen sich beständig nähern und denen sie näher kommen, als jeder angebbare Unterschied beträgt, welche sie jedoch niemals überschreiten und nicht früher erreichen können, als bis die Grössen in's Unendliche verkleinert sind.

Durch seine Methode der letzten Verhältnisse löste NEWTON aber nur die Aufgaben, welche in das Gebiet der Differentialrechnung gehörten, die Integralrechnung umging er dadurch, dass er statt des Integrals stets die Fläche der Curve einführte, deren Gleichung er als Funktion behandelte. So ward es ihm möglich, ohne eine Kunstsprache des neuen Calcüls und ohne jeden neuen Algorithmus die schwierigen Aufgaben seines Werkes zu lösen, die selbst nach der vollkommenen Entwickelung des neuen Calcüls keine leichten geworden sind. Nur an einer Stelle, wo die Behandlung des Widerstandes der Flüssigkeiten besondere Schwierigkeiten bereitete, führte er den neuen Calcül ausdrücklich ein, drängte aber den Inhalt desselben in den einzigen Lehrsatz zusammen: Das Moment (Differential) einer Genita (Function) erhält man, indem man das Moment jeder einzelnen erzeugenden Grösse in ihren Exponenten und Coëfficienten multiplicirt und die entstandenen Producte addirt.[1] Als Genita werden dabei ausdrücklich nur Grössen bezeichnet, welche durch Addiren, Sub-

[1] Philosophiae naturalis principia mathematica, 2. Ausg., Cambridge 1713, p. 224. Als Coëfficient ist hier der Quotient aus der Function und der erzeugenden Grösse zu nehmen.

trahiren, Multiplication, Division oder Wurzelausziehung entstanden sind. Momente sind die augenblicklichen Incremente oder Decremente der in einem beständigen Fluss wachsenden oder abnehmenden Grössen. Man hat unter ihnen also, sagt NEWTON, die eben entstehenden Anfänge endlicher Grössen zu verstehen und betrachtet in diesem Lehrsatze nicht die Grösse der Momente, sondern ihr Verhältniss, wenn sie eben entstehen. Es kommt auf dasselbe hinaus, ob man statt der Momente entweder die Geschwindigkeiten der Zu- und Abnahme (welche man auch Bewegungen, Veränderungen und Fluxionen der Grössen nennen kann), oder beliebige endliche Grössen versteht, welche jenen Geschwindigkeiten proportional sind.

NEWTON erläutert seine Regel durch einzelne Beispiele. Bezeichnet man die Momente der Grössen $A, B, C \ldots$ bezüglich mit $a, b, c \ldots$, so ist das Moment von $AB = Ab + aB$, das Moment des Productes $ABC = ABc + ACb + aBC$, die Momente der Potenzen A^2, A^3, $A^{1/2}$, $A^{1/3}$, A^{-1}, A^{-2} sind bezüglich

$$2aA,\ 3aA^2,\ \frac{1}{2}aA^{-1/2},\ \frac{1}{3}aA^{-2/3},\ -aA^{-2},\ -2aA^{-3}.$$

Eine andere sinnbildliche Bezeichnung der Momente als durch die kleinen Buchstaben hat NEWTON hier nicht gegeben; die punktirten Buchstaben zur Bezeichnung der Fluxionen fehlen gänzlich und auch der Name Fluxionen wird nicht gebraucht. Warum NEWTON diese Beziehungen auf seine neue Analysis hier mehr verbarg als darlegte, ist nicht zu entscheiden; vielleicht widerstrebte es ihm, seine noch nicht vollendeten Ideen öffentlich mitzutheilen, vielleicht kam ihm nichts darauf an, Anderen das Studium seines Werkes zu erleichtern, vielleicht glaubte er noch immer trotz des Briefwechsels mit LEIBNIZ seine Entdeckung der neuen Methode so lange verborgen halten zu können, bis er selbst dieselbe allein zur Vollendung gebracht, vielleicht fürchtete er wirklich neue Streitigkeiten in Betreff dieser neuen, in ihrer fundamentalen Begründung den alten Geometern gegenüber schwierigen Methode, vielleicht wirkten alle diese Gründe zusammen. Einem Charakter wie NEWTON ist in dieser Beziehung auch Seltsames zuzutrauen.

LEIBNIZ hatte den Verdiensten NEWTON's um die neue Rechnung in seiner Arbeit von 1686 die verdiente Ehre gegeben. NEWTON revanchirte sich jetzt in einem Scholium seines Werkes in correcter Weise.[1] In Briefen, sagt er, welche ich vor etwa zehn Jahren mit dem sehr gelehrten Mathematiker G. G. LEIBNIZ

---

[1] Philosophiae naturalis principia mathematica, 2. Ausg., Cambridge 1713, p. 226.

wechselte, zeigte ich demselben an, dass ich mich im Besitz einer Methode befände, nach welcher man Maxima und Minima bestimmen, Tangenten ziehen und ähnliche Aufgaben lösen könne, und zwar lasse sich dieselbe ebenso gut auf irrationale, als auf rationale Grössen anwenden. Indem ich die Worte versetzte, welche meine Meinung (wenn eine Gleichung mit beliebig vielen veränderlichen Grössen gegeben ist, die Fluxionen zu finden und umgekehrt)[1] aussprachen, verbarg ich dieselbe. Der berühmte Mann antwortete mir darauf, er sei auf eine Methode derselben Art verfallen und theilte mir die seinige mit, welche von meiner kaum weiter abwich, als in der Form der Worte und Zeichen, den Formeln und der Idee der Erzeugung der Grössen.

Dass aus NEWTON's kurzen Andeutungen über seine Fluxionsrechnung keine rasche Aufnahme der Analysis des Unendlichen erwuchs, ist nicht schwer zu begreifen; jedoch auch LEIBNIZ'ens Arbeiten von 1684 und 1686 fanden kein so schnelles Verständniss, als man nach dem Vorhergegangenen vielleicht hätte erwarten dürfen. Selbst der geniale, allerdings nun schon sechzigjährige HUYGENS, dem LEIBNIZ in seinen Briefen vielfach über die neue Methode sprach, brauchte längere Zeit, um den Werth derselben einzusehen. Am 21. Juli 1690[2] fragte LEIBNIZ an, ob HUYGENS schon die Abhandlungen über die Differentialrechnung in den Acta Eruditorum gesehen habe. Er (LEIBNIZ) unterwerfe darin der Analyse Probleme, die DESCARTES selbst davon ausgenommen habe, und dies werde möglich durch die Untersuchung der Differenzen der wachsenden Grössen und rückwärts durch Summirung der Incremente derselben, so dass $\int d\overline{y} = y$, $\int\int d\overline{d\overline{y}}$ u. s. w. sei. Mit Hülfe dieser Zeichen erhalte man auch leicht für die Cycloide die Gleichung

$$y = \sqrt{2ax - x^2} + \int a\,dx : \sqrt{2ax - x^2}$$

und zur Bestimmung der Tangente derselben die weitere Proportion $dy : dx = (2a - x) : \sqrt{2ax - x^2}$. HUYGENS antwortete am 24. August 1690,[3] dass er die Abhandlungen gesehen, aber ziemlich dunkel gefunden habe; doch wolle er nun dieselben sorgfältiger studiren. Am 9. October 1690[4] schreibt er dann, dass er die Methode jetzt verstehe und auch sehr nützlich finde, dass ihm aber die von ihm selbst gebrauchte gleichwerthig erscheine.

---

[1] S. Brief NEWTON's an LEIBNIZ vom 24. October 1676, S. 442 dieses Werkes.

[2] Leibnizens mathematische Schriften, Berlin 1850, Band II, p. 41.

[3] Ibid., p. 44.

[4] Ibid., p. 46.

Leibniz setzte darauf am 13. October 1690 die Vortheile seiner Bezeichnungsweise mit vollem, richtigem Bewusstsein ihres Werthes noch einmal klar auseinander. Er kommt dabei auch auf den Werth seiner Zeichen im Vergleich mit den von Newton gebrauchten in einer Weise zu sprechen, dass man annehmen muss, er habe damals noch nicht Newton's Bezeichnungsweise der Fluxionen durch punktirte Buchstaben, sondern nur die Bezeichnung der Momente durch kleine Buchstaben gekannt, wie Newton sie in seinen Principien angewandt hatte. — Ich begreife sehr leicht, schreibt er an Huygens, dass Sie eine Methode haben, die meinem Calcül der Differenzen gleichwerthig ist; denn was ich dx und dy nenne, kann man auch durch irgend welche andere Zeichen ausdrücken. Doch glaube ich, dass meine Zeichen vor anderen willkürlich gewählten gewisse Vorzüge haben, gerade so, wie es zweckmässiger erscheint die Potenzen von x durch x^2, x^3 u. s. w. als durch beliebig gewählte Buchstaben m, n u. s. w. zu bezeichnen. In vielen Fällen, wo mehrere veränderliche Grössen und verschiedene Grade von Differenzen vorkommen, werden Zeichen der Differenzen wie die meinigen, die zugleich die veränderlichen Grössen, auf die sie sich beziehen, wie auch den Grad der Differenz angeben, kaum zu entbehren sein. Ich sehe, dass Newton sich der kleinen Buchstaben zur Bezeichnung der Differenzen bedient; wenn aber Differenzen von Differenzen oder noch höhere Grade vorkommen, so erscheint es doch zweckmässiger, sich solcher Zeichen zu bedienen, die für alle Grade von Differenzen in entsprechender Weise anwendbar sind. — Trotzdem schrieb Huygens am 4. Februar 1692[1] nochmals ziemlich skeptisch in Betreff des Werthes des neuen Algorithmus. Das, was Sie mir sagen, heisst es in dem Briefe, in Bezug auf die Wirkung Ihres Calculus differentialis in den Untersuchungen über die Cycloide, scheint mir, um die Wahrheit zu gestehen, wenig glaubhaft. Sie verschaffen dem Calcül eine neue Bequemlichkeit, aber Sie geben keine neuen Erfindungsmittel für die Lösung ausserordentlicher Probleme, Sie geben nicht mehr als Vieta durch seine Buchstabenrechnung gegeben hat.

Der Beweis indessen, dass Huygens sich doch in dem Werth und der Tragweite des neuen Calcüls irrte, konnte von Leibniz nun doch ziemlich schnell geführt werden; denn er erhielt vom Anfange der neunziger Jahre an die thatkräftige Unterstützung junger Gelehrter, die an mathematischem Genie den Entdeckern der neuen Analysis selbst jedenfalls nicht nachstanden. Noch am 15. December 1687[2] hatte sich Jacob Bernoulli

---

[1] Leibnizens mathematische Schriften, Band II, p. 127.
[2] Gerhardt, Geschichte der Mathematik, München 1877, S. 159.

brieflich um genauere Auskunft über den neuen Calcül an LEIBNIZ gewendet, der aber einer langen Reise wegen den Brief bis in's Jahr 1690 unbeantwortet liess.[1] BERNOULLI gab die Sache deswegen nicht auf, sondern arbeitete sich allein so weit vorwärts, dass er im Jahre 1690 die von LEIBNIZ vorgelegte Aufgabe von der Isochrone,[2] d. i. der Linie, auf der ein schwerer Körper in gleichen Zeiten gleiche Höhen durchfällt, schon mit Hülfe des neuen Calcüls lösen konnte, während HUYGENS und merkwürdigerweise auch LEIBNIZ[3] die Aufgabe noch nach alter synthetischer Weise gelöst hatten. BERNOULLI's Arbeit wurde noch weiter dadurch wichtig, dass er am Ende derselben den Mathematikern das Problem der Kettenlinie vorlegte,[4] dessen Lösung sich gewissermaassen zu einem Probestück für die Infinitesimalrechnung gestaltete. Während man aber noch an der Lösung dieser Aufgabe arbeitete, erschienen in der ersten Hälfte des Jahres 1691 in den Acta Eruditorum[5] von JACOB BERNOULLI schon wieder zwei neue Arbeiten, in denen er mit Hülfe der Infinitesimalrechnung die Rectification und die Quadratur der parabolischen und der logarithmischen Spirale, wie der loxodromischen Linie gab und auch von der Krümmung der Curven im Allgemeinen handelte.

Die Lösung der Kettenlinie sandte HUYGENS am 26. März 1691 in Chiffern ein und rieth LEIBNIZ, wie JAC. BERNOULLI an das Gleiche zu thun, damit man nicht daran zweifeln könne, dass jeder der unabhängige Autor seiner Lösung wäre.[6] Auch die offenen Lösungen erschienen schon im Juni 1691 in den Acta Eruditorum, und zwar die von BERNOULLI pag. 274, die

[1] Die Reise, welche von Herbst 1687 bis Juni 1690 währte, ging nach Süddeutschland, Oesterreich und Italien. Sie wurde auf Anordnung des Herzogs von Hannover wegen der Vorstudien für die Geschichte des Hauses Braunschweig, jedenfalls aber auch verschiedener diplomatischer Geschäfte halber unternommen.

[2] Acta Eruditorum, Mai 1690, p. 217. BERNOULLI gebrauchte in dieser Arbeit zum ersten Male das Wort Integral. p. 218: „$dy\sqrt{bby-a^3} = dx\sqrt{a^3}$. Ergo et horum Integralia aequantur, np.

$$\frac{2bby-2a^3}{3bb}\sqrt{bby-a^3} = x\sqrt{a^3}.\text{“}$$

[3] Ibid., 1689, p. 195.

[4] Ibid., 1690, p. 219: Problema vicissim proponendum esto: Invenire, quam curvam referat funis laxus et inter duo puncta fixa libere suspensus. Sumo autem, funem esse lineam in omnibus suis partibus facillime flexilem.

[5] Ibid., Januar 1691, p. 13: Specimen calculi differentialis in dimensione Parabolae helicoidis etc. Juni 1691, p. 282: Specimen alterum calculi differentialis in dimetienda Spirali Logarithmica, Loxodromis Nautarum etc.

[6] Leibnizens mathematische Schriften, Band II, p. 87.

von LEIBNIZ pag. 277 und die von HUYGENS pag. 281; die letztere war nach eigener Methode, die ersteren aber waren durch die Infinitesimalrechnung gefunden. BERNOULLI hatte als Lösung die Differentialgleichung $dy = \frac{a dx}{\sqrt{2ax + x^2}}$ erhalten, die er nicht integriren, durch die er aber doch die Curve discutiren konnte. Die Uebereinstimmung der Lösungen stärkte das Vertrauen in den neuen Calcül. Auch HUYGENS erkannte darnach die Sicherheit und Vortheile desselben an,[1] und forderte bald darauf LEIBNIZ auf, ein Werk über die verschiedenen Anwendungen der Analysis des Unendlichen zu schreiben, ein Werk, das man von ihm eher als von jedem Anderen erwarten müsse.[2]

Im Jahre 1692 fing auch der jüngere Bruder JACOB BERNOULLI'S, JOHANN, an, sich vornehmlich der Ausbildung der Integralrechnung zu widmen. In 59 mathematischen Lectionen über die Integralrechnung, die er für den Marquis DE L'HOSPITAL schrieb, behandelte er die Kettenlinie, die Isochrone, die Epicycloide, die Brennlinien, die Evoluten u. s. w.; auch schied er deutlich die einfache Integralrechnung von der inversen Tangentenmethode, d. i. der Theorie der Differentialgleichungen. 1693 gab LEIBNIZ[3] und 1694 JOHANN BERNOULLI verschiedene neue Reihenentwickelungen für die Integrale; LEIBNIZ fügte auch den Integralen schon die willkürliche Constante bei. 1696 legte JOHANN BERNOULLI den Mathematikern das Problem der Brachystochrone[4] vor, dessen Lösungen NEWTON,[5] LEIBNIZ[6] und JACOB BERNOULLI[7] im nächsten Jahre veröffentlichten. In diesem Jahre fand JOH. BERNOULLI auch noch das so lange ungelöst gebliebene Integral der einfachen algebraischen Funktion $\int \frac{dx}{x} = lgx$.[8] Das Problem von

---

[1] Leibnizens mathematische Schriften, Band II, p. 99—100.

[2] Ibid., p. 175.

[3] Acta Eruditorum, 1693, p. 178: Suppl. Geometriae Practicae, seu Methodus generalissima per series infinitas. MERCATOR, sagt LEIBNIZ, habe unendliche Reihen durch Division, NEWTON durch Radication erhalten, er versuche solche Reihen durch Voraussetzung ihrer Existenz und nachträgliche Bestimmung ihrer Coëfficienten zu erlangen.

[4] Ibid., Juni 1696, p. 269.

[5] NEWTON'S Lösung ist abgedruckt Phil. Trans., no. 224, p. 384, Januar 1697; Phil. Trans. abridg., vol. I, p. 463. NEWTON sagt da, dass er die Aufgabe erst den Tag vor der Lösung empfangen; die letztere ist nur in Worten, ohne jede algebraische Ableitung gegeben.

[6] Acta Eruditorum, 1697, p. 201. LEIBNIZ findet für die Curve $dy/dx = \sqrt{x(2b-x)}$ und erkennt daran die Cycloide.

[7] Ibid., 1697, p. 211.

[8] Ibid., 1697, p. 125: Principia Calculi exponentialium seu percurrentium.

der Brachystochrone erzeugte leider einen Bruderzwist zwischen den BERNOULLI's, der weite Kreise zog und bedauerlich ausartete, der jedoch die Entwickelung der neuen Wissenschaft selbst mächtig förderte. Die Acta Eruditorum aber brachten während der neunziger Jahre des endenden Jahrhunderts fast ausschliesslich mathematische Arbeiten aus dem Gebiete der neuen Analysis, und das waren nicht wenige.

Berührten diese Arbeiten immer nur die Spitzen der Wissenschaft, weil jeder der Mitarbeiter, die Ableitungen mehr versteckend als darstellend, nur die Resultate seiner Untersuchungen gab und so die Methode der neuen Analysis mehr ein Geheimmittel der Wissenden blieb, so änderte sich dies mit dem Jahre 1696, wo der Marquis DE L'HOSPITAL ein vollständiges Lehrbuch der Differentialrechnung[1] veröffentlichte, welches in seinen verschiedenen Theilen die Regeln des Differentiirens, die Construction der Tangenten, das Aufsuchen der Maxima und Minima, der Inflexionspunkte und Wendepunkte, der Evoluten, der Brennlinien, der Einhüllenden, der unbestimmten Werthe $^0/_0$ und $\frac{\infty}{\infty}$ u. s. w. ganz auf der Basis der LEIBNIZ'schen Anschauung und Bezeichnungsweise lehrte und damit die Differentialrechnung der allgemeinen Benutzung und Bewunderung zugänglich machte.

Damit aber änderte sich dann auch ganz natürlicher Weise der Standpunkt, welchen NEWTON der ganzen Bewegung gegenüber einnahm, die ja zum grössten Theile auch sein Eigenthum, alleiniges oder gemeinschaftliches, vermeintliches und wirkliches berührte und die nun seinen Rechten direct bedrohlich wurde, ja seine Verdienste ganz in Vergessenheit zu bringen drohte. Drei Wege blieben dem gegenüber einzuschlagen. Entweder NEWTON bearbeitete nun auch von seiner Seite und auf seine Weise das Gebiet so, dass Niemand seine Verdienste übersehen und denen von LEIBNIZ nachstellen konnte, oder er machte auf seine früheren und frühesten Arbeiten nachträglich aufmerksam und brachte dieselben jetzt noch zur allgemeinen Kenntniss, oder endlich, er ging radikal zu Werke, bestritt den Antheil des LEIBNIZ an der Entdeckung überhaupt und führte auch die Arbeiten des letzteren in ihrem Grunde auf die seinigen als ihre Quelle zurück. Leider hat NEWTON diese drei Wege alle nacheinander eingeschlagen.

L'HOSPITAL hatte in der Vorrede zu seiner Analyse die Entwickelung der Tangentenmethode von DESCARTES an durch FERMAT und BARROW geschildert und hatte dann über LEIBNIZ besonders hinzugefügt:[2] „Dieser gelehrte Geometer hat da angefangen, wo

[1] Analyse des Infiniment Petits, pour l'intelligence des lignes courbes, par Mr. LE MARQUIS DE L'HOSPITAL, Paris 1696.

[2] Analyse des Infiniment Petits, 2. ed., Paris 1715, p. IX.

die Anderen aufgehört haben. Sein Calcül hat ihn in bis dahin unbekannte Gebiete geführt, und er hat daselbst Entdeckungen gemacht, welche das Erstaunen der geschicktesten Mathematiker Europas wachrufen. Die Herren Bernoulli sind die ersten gewesen, welche die Schönheit dieses Calcüls bemerkt haben; sie haben ihn so vervollkommnet, dass sie Schwierigkeiten überwinden konnten, an welche man sich vorher nicht gewagt haben würde." Dann erst, nachdem er den Plan seines Werkes auseinandergesetzt, kam er auch auf Newton zu reden: „Wir sind", sagte er, „noch dem gelehrten Newton die Würdigung schuldig, wie sie Leibniz selbst ihm hat zu Theil werden lassen; dass Newton nämlich einen Calcül ähnlich der Differentialrechnung gefunden hat, wie es aus dem ausgezeichneten Buche Phil. nat. princ. Math. von 1687 hervorgeht, das fast ganz auf diesen Calcül begründet ist. Aber die Bezeichnungsweise von Leibniz macht seinen Calcül viel leichter und schneller, abgesehen davon, dass er in vielen Fällen von einer wunderbaren Kraft ist".[1] Diese Art der Anerkennung konnte Newton schwerlich genügen.

Newton hatte bis zu der Zeit, wo durch die Eingriffe der Bernoulli's die Infinitesimalrechnung sich so mächtig entwickelte, nichts über diesen Calcül veröffentlicht als den einen Lehrsatz, der in den Principia mathematica enthalten ist. Jetzt bot ihm in der Mitte der neunziger Jahre Wallis bei der Herausgabe seiner mathematischen Werke die Gelegenheit weitere Ausführungen über seine Errungenschaften zu geben. Bevor aber durch diese Veröffentlichungen die Periode der geschichtlichen Erörterungen über die Erfindung der Analysis des Unendlichen eingeleitet wurde, machte Leibniz noch einmal den Versuch, in persönlichem brieflichen Verkehr mit Newton einen directen Austausch der Meinungen herbeizuführen. Leibniz schrieb am 17. März 1693 aus unbekannter Veranlassung, vielleicht weil er beginnende Kämpfe schon damals ahnte und denselben zuvorkommen wollte, an Newton ungefähr in folgender Weise:[2] Ich habe bei gegebener Gelegenheit öffentlich bekannt, wie grossen Dank Dir meiner Meinung nach die Mathematik und alle Naturwissenschaften schuldig sind. Durch Deine Reihen hast Du die Mathematik bewundernswerth gefördert und in den „Principien" auch Deine Macht über die neue Analysis dargelegt. Ich meinerseits habe versucht durch bequeme Zeichen, welche Summen und Differenzen darstellen, die höhere Geometrie der Analysis zu unterwerfen und habe dabei einigen Erfolg gehabt. Jetzt erhoffe ich von Dir die Lösung noch bedeutenderer Aufgaben, wie die Be-

---

[1] Analyse des Infiniment Petits, 2. ed., Paris 1715, p. XIV.
[2] Leibnizens mathematische Schriften, Band I, p. 168.

stimmung der Curven aus gegebenen Eigenschaften ihrer Tangenten durch zweckmässige Quadraturen u. s. w. Bewundernswerth ist auch Deine Ableitung der elliptischen Bahnen der Planeten aus einer Gravitation und einer trajectorischen Bewegung; und wenn ich auch eher glauben möchte, dass alle diese Bewegungen durch eine kreiselnde Flüssigkeit bewirkt werden, so vermindert das doch Dein Verdienst nicht. Was HUYGENS gegen Dich in dem Anhange zu seiner Schrift De lumine[1] vorgebracht hat, kennst Du jedenfalls und ich würde gern Deine Meinung darüber hören. Auch was Du über die HUYGENS'sche Erklärung der Ausstrahlung und Brechung des Lichtes denkst, möchte ich gern wissen, da Du ja selbst uns die Lehre von den Farben und der Brechung des weissen Lichtes gebracht hast. Vor allem möchte ich Dir durch mein Schreiben meine Zuneigung, die das Stillschweigen so vieler Jahre nicht ertödten konnte, beweisen, möchte aber nicht Deine Arbeiten durch leere und überflüssige Briefe unterbrechen. NEWTON antwortete darauf nach etwas längerer Pause am 26. October 1693[2] in entgegenkommender Weise: Es ist mir unangenehm, dass ich Deinen Brief bis gestern vergessen hatte, da ich Deine Freundschaft sehr hoch schätze und Dich seit vielen Jahren als einen der grössten Geometer dieses Jahrhunderts achte, was ich auch bei jeder gegebenen Gelegenheit ausgesprochen habe. Denn obgleich ich philosophischen und mathematischen Briefverkehr so sehr als möglich vermeide, so möchte ich doch nicht, dass unsere Freundschaft durch Stillschweigen sich vermindere. Unser WALLIS hat jetzt seiner Algebra, die neulich erschienen ist, Einiges aus den Briefen eingefügt, die ich ehemals an Dich geschrieben habe. Er forderte dabei von mir, dass ich die Methode, welche ich damals in versetzten Buchstaben Dir verheimlichte, nun offen darlegte und ich habe das so kurz, als ich konnte, gethan. Ich hoffe, dass ich dabei nichts geschrieben habe, was Dir missfällt, und bitte um Mittheilung, wenn das doch der Fall sein sollte, weil ich mir doch lieber Freunde mache als mathematische Erfindungen.[3] Was HUYGENS gegen mich sagt ist scharfsinnig, die Sonnenparallaxe scheint kleiner und die Fortpflanzung des Schalles geradliniger, als ich glaubte: dass eine subtile Materie dagegen die himmlischen Räume erfüllt, kann ich nicht zugeben, denn die himmlischen Bewegungen sind zu regelmässig, als dass sie aus Wirbeln hervorgehen könnten und diese könnten die ersteren nur stören. Aber wenn jemand zeigen sollte, dass die Gravitation mit den Gesetzen

---

[1] Siehe S. 236 dieses Werkes.

[2] Leibnizens mathematische Schriften, Band I, p. 170.

[3] Ibid., ibid.

der himmlischen Bewegungen durch eine subtile Materie erklärt werden könnte, die auch die Bewegungen der Planeten und Kometen durchaus nicht störte, so würde ich dem durchaus nicht entgegen sein.[1] Die Ursachen der Farben glaube ich ganz sicher entdeckt zu haben, sehe aber von der Veröffentlichung derselben ab, um jeden Streit zu vermeiden. Das wollte ich Dir mittheilen, um Deine Freundschaft mir so viel als möglich zu erwerben.

Leibniz machte keinen Versuch, den Briefwechsel weiter fortzusetzen, vielleicht deshalb, weil Newton im Anfange des Briefes nicht unterlassen, seiner Abneigung gegen litterarischen Verkehr deutlich genug Ausdruck zu geben, vielleicht aber auch darum, weil er bald auch aus anderen Anzeichen fühlte, dass eine Entfremdung zwischen ihm und Newton doch nicht zu umgehen sei.

Als Wallis im Jahre 1693 seinen Tractatus de Algebra, Historicus et Practicus in lateinischer Uebersetzung als zweiten Band[2] seiner Opera Mathematica neu herausgab, fügte er demselben auch eine Doctrina Serierum Infinitarum ulterius a. D. Newtono promota[3] an, worin er besonders Auszüge aus den Briefen Newton's abdruckte. Doch wichen dieselben von den Copien, die Leibniz erhalten, ziemlich stark ab. Statt der Räthselsätze erschienen hier zum erstenmal die Auflösungen derselben. Die Ableitungen der Fluxionen waren in klaren Regeln angegeben und die Fluxionen von x, y und z deutlich durch Punkte, also durch $\dot{x}$, $\dot{y}$ und $\dot{z}$ bezeichnet, was alles in den Briefen an Leibniz, wenigstens nach Gerhardt's Abdruck, fehlte. Dazu war besonders betont, dass Newton diese Studien schon um das Jahr 1664 oder 1665 unternommen,[4] aber verschiedene Jahre hindurch, anderer Arbeiten wegen, unterbrochen habe. Am Schlusse hiess es dann ganz kurz, dass dieser Fluxionsmethode sowohl die Differentialmethode von Leibniz, als auch die ältere, welche Isaac Barrow in seinen Lectiones Geometricae auseinander gesetzt, ähnlich seien. Auch im ersten Bande seiner Werke, der dem zweiten im Jahre 1695 nachfolgte, betonte Wallis nochmals, dass er die Methode der Fluxionen nur nach Briefen geschildert habe, die Newton schon vor zehn Jahren für Leibniz geschrieben,

[1] Leibnizens mathematische Schriften, Band I, p. 171: At interea siquis gravitatem una cum omnibus ejus legibus per actionem materiae alicujus subtilis explicuerit et motus Planetarum et Cometarum ab hac materia non perturbatos iri ostenderit, ego minime adversabor.

[2] John Wallis, De Algebra Tractatus, Historicus et Practicus. Cum variis Appendicibus, partim prius editis Anglice, partim nunc primum editis. Operum Mathematicorum Volumen alterum. Oxford 1693.

[3] Ibid., p. 368.

[4] Ibid., ibid.

und dass dessen Differentialrechnung der Fluxionsmethode jedenfalls in der Sache ähnlich, wenn auch in der Form von ihr verschieden sei.

Für den dritten Band seiner Opera, der erst im Jahre 1699 erschien, aber sammelte WALLIS wieder neues geschichtliches Material, um dann in diesem Bande eine ganze Sammlung[1] von Briefen über die Differentialrechnung abdrucken zu lassen. WALLIS scheint ein starkes historisches Interesse gehabt zu haben und vor allem seine Algebra enthält sehr reiches, schätzbares Material. Dabei zeigt sich aber doch recht sichtbar das Bestreben, den Ruhm seiner Landsleute in erster Linie zu retten und ein starkes patriotisches Gefühl klingt häufiger, als wohl recht ist, hindurch. In diesem Sinne hatte er schon in der ersten Ausgabe seiner Algebra sich bemüht, nachzuweisen, dass ein grosser Theil der Cartesianischen Geometrie einem posthum erschienenen Werke THOMAS HARRIOT's fast wörtlich entnommen sei, und hatte diese Meinung gegen Angriffe mit Ausdauer, aber ohne richtigen Erfolg vertheidigt.[2] Auch in einem Briefe an NEWTON vom Jahre 1695, in welchem er diesen zur Herausgabe seiner Arbeiten über die Fluxionsrechnung auffordert, lässt sich dieser scharfe nationale Eifer nicht verkennen. Ich höre von Mr. CASWELL, sagt WALLIS,[3] dass Ihr Euer Buch über das Licht vollendet habt. Wenn es, wie ich vernehme, Englisch geschrieben ist, so gebt es doch heraus, wie es ist, und lasst diejenigen, welche es lesen wollen, Englisch lernen. In Holland wünscht man, nach Nachrichten von dort, dass Ihr Eure Arbeiten über die neue Analysis veröffentlichen möchtet, weil Eure Ideen von den Fluxionen dort mit grossem Beifall unter dem Namen des Calculus differentialis von LEIBNIZ verbreitet werden. Ich erhielt diese Nachricht erst, als mein Buch schon im Druck war, und konnte deswegen nur eine

---

[1] JOH. WALLIS, Operum Mathematicorum Volumen tertium, Oxford 1699. P. 615—708: Epistolarum quarundam collectio, Rem Mathematicam spectantium.

[2] WALLIS behauptete in der ersten Ausgabe seiner Algebra (London 1685), dass der grösste Theil der Cartesianischen Geometrie in der 1631 posthum erschienenen Artis analyticae praxis von THOMAS HARRIOT (Oxford 1560 — London 1621) enthalten sei. In einem Briefe an SAM. MORLAND, der Beweise verlangt hatte, gab er 1688 die Belegstellen für seine Meinung an. JOH. PRESTITUS (JEAN PRESTEL, Mathematiker in Angers?) behauptete aber in seinen Elementen der Mathematik von 1689, dass WALLIS nur vage Vermuthungen aus Neid und Eifersucht gegen die Franzosen ausspreche; auch BOILLETUS wandte sich in seiner Vita Cartesii gegen WALLIS. Dieser machte in der neuen Ausgabe der Algebra demgegenüber nochmals auf die von ihm angegebenen Belegstellen aufmerksam. (Vergl. Acta Eruditorum, Juni 1696, p. 249 bis 259, Referat über die Opera math. von WALLIS.)

[3] EDLESTONE, Correspondence, p. 300: Brief von WALLIS an NEWTON vom 10. April 1695.

kurze Notiz über die Fluxionen einfügen. Ihr sorgt für Eure Ehre und die der Nation nicht so, wie Ihr solltet, wenn Ihr werthvolle Entdeckungen so lange zurückhaltet, bis andere den Ruhm für sich in Anspruch nehmen, der Euch gebührt. — LEIBNIZ aber schrieb über die Algebra von WALLIS noch am 22. Juni 1694 ganz vertrauensvoll an HUYGENS.[1] Er beabsichtige ein Werk über die Infinitesimalrechnung zu schreiben, bei dem er auch die Arbeiten anderer Gelehrten, wie der Brüder BERNOULLI und des Marquis DE l'HOSPITAL, natürlich unter Anerkennung ihrer Verdienste berücksichtigen wolle. Auch wäre es ihm lieb, wenn ihm NEWTON's Arbeiten, wie sie WALLIS jetzt in seiner Algebra veröffentlicht habe, dabei dienen könnten. Da er aber nicht wisse, wann er das Werk zu Gesicht bekommen werde, so möge ihm HUYGENS doch die betreffenden Stellen daraus abschreiben lassen. Es sei ihm dabei nicht so sehr um die Reihenentwickelungen als um die inverse Tangentenmethode zu thun. Am 14. September 1694[2] kam er dann nochmals auf das letztere Thema zurück und meinte merkwürdiger Weise, WALLIS habe ja wohl von NEWTON's Methode ziemlich kalt gesprochen und dieselbe als aus der von BARROW ziemlich leicht abzuleiten dargestellt. Nach Vollendung einer Sache sei es eben leicht zu sagen: Das hätten wir auch gekonnt.

Das Referat aber über die beiden ersten Bände der Opera mathematica des WALLIS in den Acta Eruditorum vom Juni 1696 (p. 249—259), macht ihm doch schon den Vorwurf, dass auch in diesen Bänden Licht und Schatten zwischen Engländern und Fremden durchaus nicht richtig vertheilt seien. WALLIS selbst, so heisst es dort, bekenne, dass ihm von den Acta Eruditorum, in welchen ein grosser Theil der Abhandlungen über den Calcül des LEIBNIZ enthalten, sehr wenig bekannt gewesen sei; das sei jedenfalls auch die Ursache davon, dass der Differentialmethode in der Algebra nicht so viel Raum vergönnt werde, als sie es wohl verdiene. Uebrigens müsse dabei jedenfalls noch bemerkt werden, dass NIC. MERCATOR, der zuerst eine Quadratur mit Hülfe einer unendlichen Reihe gegeben und den WALLIS den Briten zurechne, aus Holstein stamme und also ein Deutscher sei, wenn er auch lange in England gewohnt habe.

WALLIS sandte daraufhin am 1. December 1696[3] einen Brief an LEIBNIZ, worin er vor allem auf diese Recension antwortete. Er möchte jedenfalls nicht, dass LEIBNIZ, den er hoch schätze, in irgend einer Weise verletzt würde. Er habe von den mathe-

---

[1] Leibnizens mathematische Schriften, Band II, p. 179.
[2] Ibid., p. 193.
[3] WALLIS, Opera math., vol. III, Oxford 1699, p. 653.

matischen Arbeiten LEIBNIZ'ens nur zwei gesehen, darunter keine von denen über die Analysis des Unendlichen. Nicht einmal den Namen Calculus differentialis habe er vorher gehört; erst als seine beiden Volumen schon gedruckt gewesen, habe ein Freund ihn daran erinnert, dass in Belgien eine Methode gelehrt werde, welche mit der Fluxionsmethode NEWTON's zusammenfalle. Darnach habe er doch noch den Hinweis auf die Methode von LEIBNIZ eingeschoben. Bei seinem Alter von über achtzig Jahren dürfe man wohl entschuldigen, wenn er nicht alles kenne. Er habe gehört, dass LEIBNIZ mit NEWTON durch Vermittelung OLDENBURG's Briefe gewechselt habe; leider habe er dieselben nicht zu Gesicht bekommen können, weil OLDENBURG lange gestorben und NEWTON's Papiere zum guten Theile verbrannt seien. Er möchte diese Briefe noch herausgeben, wenn LEIBNIZ ihm Copien von denselben anvertrauen wolle. Dass OLDENBURG Bremenser und MERCATOR Holsate gewesen, wisse er recht gut; er habe darum von ihnen nicht Nostrates, sondern nur Apud nos gesagt und in der That hätten dieselben ja auch ihre wissenschaftlichen Arbeiten in England ausgeführt. LEIBNIZ antwortete darauf am 29. März 1697[1], dass bei seinen verschiedenen Reisen und mannichfaltigen Geschäften die Briefe, welche er mit OLDENBURG gewechselt und unter denen sich auch die von NEWTON befänden, so zerstreut oder auch verloren worden seien, dass er dieselben in kürzerer Zeit jedenfalls nicht senden könne. Trotzdem gelang es WALLIS in ziemlich kurzer Zeit die Briefe zu erhalten. Schon am 31. October 1697[2] konnte er an LEIBNIZ melden, dass er mit seinen Schriften einiges Weitere von NEWTON und dann auch, wenn LEIBNIZ es nicht verbiete, einige von dessen Briefen herausgeben möchte, welche (aus dem Nachlasse von COLLINS) in seine Hände gelangt und werth seien, dass sie nicht verloren gingen. LEIBNIZ antwortete am 24. März 1698.[4] Zwar könnte er wohl billiger Weise verlangen, dass WALLIS ihm die zu veröffentlichenden Briefe vorher mittheile, doch glaube er die Sache ganz dem Urtheil von WALLIS überlassen zu dürfen. Wenn jetzt, wie es ihm wahrscheinlich sei, seine früheren jugendlichen und ungeordneten Briefe gegen die Veröffentlichungen von WALLIS sehr abstechen und mehr dem Ruhme Anderer als seinem eigenen dienlich sein möchten, so sei er doch bereit, auch auf diese Gefahr hin der

[1] WALLIS, Opera math., vol. III, p. 672.
[2] Ibid., p. 687.
[3] Dieser Klammerzusatz ist erst in einem Auszug eines Briefes von WALLIS an LEIBNIZ vom 1. December 1696 eingeschaltet, der in dem Commercium epistolicum der Royal Society (p. 99) im Jahre 1712 abgedruckt wurde.
[4] WALLIS, Opera math., vol. III, p. 687.

Autorität von Wallis und dem allgemeinen Besten dienlich zu sein. Wallis sendete darauf am 22. Juli 1698 [1] das Verzeichniss und eine Inhaltsangabe der Briefe und schrieb im Uebrigen die Unsicherheit von Leibniz über die Zweckmässigkeit der Veröffentlichungen seiner Bescheidenheit zu. Leibniz erklärte darauf am 29. December 1698 [2] nochmals, alles der Entscheidung von Wallis überlassen zu wollen. An demselben Tage aber, am 16. Januar 1699, [3] an welchem er diesen Brief empfing, meldete Wallis schon, dass er sich sehr über die endgültige Zustimmung von Leibniz freue, da schon fast Alles von den betreffenden Sachen gedruckt sei.[4] Es wäre allerdings wohl, so heisst es dann weiter, die Methode von Leibniz viel klarer und besser dargestellt worden, wenn dieser selbst alle seine Briefe über diese Angelegenheit gesammelt und veröffentlicht hätte. Da aber Leibniz dazu eingestandenermaassen die Zeit fehle, so habe er gemeint, wenigstens das herausgeben zu sollen, was in seine Hände gelangt sei, damit es nicht verloren gehe.

Es erscheint immerhin etwas eigenthümlich, das Wallis bei Herausgabe seiner mathematischen Werke so viel Werth auf die Veröffentlichung eines Briefwechsels legte, der sich in der Hauptsache zwischen Newton und Leibniz und zum grössten Theile schon vor fast zwanzig Jahren abgespielt hatte. Dass dabei eine Beeinflussung der öffentlichen Meinung zu Gunsten Newton's das Hauptziel, die Schilderung der Verdienste von Leibniz mindestens Nebensache war, ist nicht zu leugnen, und wir werden noch sehen, dass auch manche Anhänger von Leibniz die Sache so aufgefasst haben. Leibniz [5] selbst aber betonte seinen Freunden gegenüber, dass Wallis die Erlaubniss für den Abdruck der Briefe ausdrücklich bei ihm nachgesucht und dass er dieselbe auch gegeben, weil Wallis die Veröffentlichung derselben für nützlich gehalten und er ja die Wahrheit nicht zu fürchten habe In der That muss man die Handlungsweise von Wallis wenigstens insoweit correkt finden, als er das gesammelte Material ohne irgend welche vorgreifende oder gar verdächtigende Aeusserungen veröffentlicht und die Entscheidung dem Urtheil des Einzelnen ganz überlassen hat.

Dabei wurde aber doch die Kluft zwischen den Newton'schen und Leibniz'schen Anhängern nach und nach immer grösser.

---

[1] Wallis, Opera math., vol. III, p. 688.
[2] Ibid., p. 691.
[3] Ibid., p. 693.
[4] Literas tuas gravissimas, Hannoverae datas Dec. 27. 1698 accepi hodie. Et quidem opportune; quando reliquae, quas de tuis habeo, fere omnes jam sunt impressae.
[5] Leibnizens mathematische Schriften, Band II, p. 337.

Trotzdem der LEIBNIZ'sche Algorithmus ausserhalb Englands schon allgemein als der bequemere und zweckmässigere anerkannt und gebraucht wurde, nahmen die Engländer denselben doch nicht an, sondern begannen vielmehr ihre eigenen Arbeiten aus dem Gebiete der höheren Analysis ausschliesslich in der unentwickelten Bezeichnungsweise NEWTON's zu veröffentlichen.

Von ABRAHAM DE MOIVRE erschien im März 1695 in den Philosophical Transactions eine erste Arbeit aus dem Gebiete der Fluxionsrechnung, die Abhandlung Ueber den Gebrauch der Fluxionen bei der Lösung geometrischer Aufgaben.[1] Die Abhandlung sollte die Quadratur ebener Curven, die Oberflächen- und Volumberechnung der Rotationskörper, die Rectification der Curven und die Bestimmung des Gravitationscentrums lehren. Ausdrücklich wurde die ganze Bestimmung auf die Sätze zurückgeführt, die der grosse NEWTON auf Seite 251 bis 253 seiner Philosophischen Principien, über die momentanen Zunahmen und Abnahmen von Grössen, welche in immerwährendem Flusse begriffen sind, gegeben habe, und speciell darauf, dass das Moment irgend einer Potenz $A^{\frac{n}{m}}$ nach NEWTON gleich $\frac{n}{m} a A^{\frac{n}{m}-1}$ sei. Die Fluxionen der Coordinaten x und y wurden dabei mit $\dot{x}$ und $\dot{y}$ bezeichnet und die Fluxion der Fläche als das Produkt aus der Ordinate und der Fluxion der Abscisse, die Fluxion eines Rotationskörpers als das Produkt aus der kreisförmigen Basis und der Fluxion der Abscisse, die Fluxion eines Bogens als die Hypotenuse eines rechtwinkeligen Dreiecks mit den Fluxionen der Coordinaten als Katheten u. s. w. charakterisirt. Aus den Fluxionen wurden dann rückwärts auch die Fluenten, die fliessenden Grössen selbst, abgeleitet, eine weitere sinnbildliche Veranschaulichung aber oder ein neuer Kunstausdruck wurde nicht weiter eingeführt.

Zwei Jahre später behandelte DAVID GREGORY in methodisch ganz gleicher Weise, nach demselben Algorithmus die Eigenschaften der Kettenlinie;[2] erfuhr aber dabei in den Acta Eruditorum vom Februar 1699 einen scharfen Tadel, weil er nur bewiesen, was andere schon sieben Jahre vorher gefunden und veröffentlicht hätten. GREGORY antwortete[3] darauf mit wohlthuender Mässigung, dass jene grossen Männer, wie HUYGENS,

---

[1] Phil. Trans., no. 216, p. 52, März 1695; Phil. Trans. abr., vol. I, p. 36—41.

[2] Phil. Trans., no. 231, p. 637, August 1697; Phil. Trans. abr., vol. I, p. 41.

[3] Phil. Trans., no. 259, p. 419, December 1699; Phil. Trans. abr., vol. I, p. 53.

LEIBNIZ und BERNOULLI, ihre Mittheilungen über die Kettenlinie allerdings vor ihm, aber noch ohne Beweise gegeben hätten und dass es doch auch eine wissenschaftliche That sei, wenn er diese Beweise nachhole. In beiden Arbeiten, in der von MOIVRE wie in der von GREGORY aber war von der Differentialrechnung und ihrem Erfinder LEIBNIZ mit keinem Worte die Rede.

NEWTON selbst fügte im Jahre 1704 seiner Optik zwei mathematische Tractate an, in deren einem De Quadratura curvarum er nun, zwanzig Jahre nach der ersten Veröffentlichung von LEIBNIZ, die Theorie seiner Fluxionsrechnung selbst auseinandersetzte. Ueber den Zweck der Veröffentlichung sagt er dabei: „In einem Briefe, welchen ich im Jahre 1676 an LEIBNIZ schrieb und der von Dr. WALLIS veröffentlicht worden ist, erwähnte ich eine Methode, durch welche ich einige allgemeine Lehrsätze über die Quadratur krummer Linien gefunden hätte, indem ich sie mit Kegelschnitten oder anderen einfachen passenden Figuren verglich. Einige Jahre vorher lieh ich auch ein Manuscript aus, das dergleichen Sätze enthielt. Da ich nun seitdem Einiges angetroffen habe, welches aus jenem Manuscript abgeschrieben war, so habe ich diese Gelegenheit ergriffen dasselbe zu veröffentlichen, indem ich eine Einleitung vorausschickte und einen Zusatz über die Methode noch anfügte". Natürlich gebrauchte auch KEILL bei seinen Arbeiten über die Centripetalkräfte[1] im Jahre 1708 ausschliesslich die Fluxionsrechnung und ebenso wandte sie BROOK TAYLOR um dieselbe Zeit bei seinen Untersuchungen über das Oscillationscentrum[2] und die Gesetze schwingender Saiten ohne jeden Hinweis auf die Differentialrechnung an. TAYLOR schrieb dann auch im Jahre 1715, wieder einundzwanzig Jahre nach dem ersten Lehrbuch der Differentialrechnung von L'HOSPITAL, das erste Lehrbuch der Fluxionsrechnung unter dem Titel Methodus incrementorum directa et inversa.

Doch waren die nicht geringen Verdienste dieser Gelehrten und ihrer Arbeiten niemals gross genug, um die Entwickelung der LEIBNIZ'schen Analysis durch die Fluxionsrechnung einholen oder auch nur erreichen zu lassen. Es war darum nicht mehr als natürlich, dass man sich nun auf der NEWTON'schen Seite

---

[1] Phil. Trans., no. 317, p. 174; Phil. Trans. abr., vol. IV, pt. I, p. 359: The Laws of the Centripetal Force, by Dr. JOHN KEILL. — Phil. Trans., no. 340, p. 91; Phil. Trans. abr., vol. IV, pt. I, p. 367: The Inverse Problem of Centripetal Forces, by Dr. JOHN KEILL.

[2] Phil. Trans., no. 337, p. 11; Phil. Trans. abr., vol. IV, pt. I, p. 384: To find the Center of Oscillation, by Dr. B. TAYLOR. — Phil. Trans., no. 337, p. 26; Phil. Trans. abr., vol. IV, pt. I, p. 391: Of the Motion of a Stretch'd String, by Dr. Br. TAYLOR.

mehr und mehr befliss die Priorität der Fluxionsrechnung zu betonen und NEWTON als ersten Erfinder LEIBNIZ gegenüber zu stellen. In der That erschien noch in demselben Jahre 1699, in welchem WALLIS die NEWTON'schen und LEIBNIZ'schen Briefe aus den siebziger Jahren in extenso abdruckte, eine Schrift aus dem Kreise der Anhänger NEWTON's, in welcher NEWTON als der erste und alleinige Erfinder der Infinitesimalrechnung direct proklamirt und LEIBNIZ ziemlich deutlich des Plagiats beschuldigt wurde. Der Autor der Schrift war der Genfer NICOLAS FATIO DE DUILLIER, Schweizer Resident in London und Mitglied der Royal Society, der sich vorher in den Niederlanden aufgehalten und dort mit HUYGENS, wie darnach auch mit LEIBNIZ bekannt geworden war. Dieser Gelehrte war schon einmal im Anfange der neunziger Jahre mit LEIBNIZ in leise Differenzen gerathen. Er behauptete nämlich damals im Besitz einer Methode zur Lösung des inversen Tangentenproblems zu sein und HUYGENS, mit dem er noch im Briefwechsel stand, regte an, dass LEIBNIZ seine Entdeckungen auf diesem Gebiete mit ihm austausche.[1] LEIBNIZ sandte auch daraufhin eine Abhandlung an HUYGENS, in der er die Probleme bis auf Integrationen zurückführte, die er aber natürlich nicht immer ausführen konnte. HUYGENS hielt diese Zurückführung nicht für genügend und sprach die Vermuthung aus, dass LEIBNIZ seine Methode nicht vollständig mitgetheilt habe. Da nun aber FATIO seine Methode nicht gleicherweise in einzelnen Stücken geben könne, so bitte er LEIBNIZ, doch die Arbeit wenigstens in ihrem Haupttheile ganz zu schicken.[2] LEIBNIZ erklärte darauf am 7. Januar 1692,[3] dass eben die Zurückführung der inversen Tangentenmethode auf Quadraturen als die Lösung des Problems angesehen werden müsse, und dass jene mitgetheilte Arbeit so vollständig als nöthig gewesen sei. Uebrigens wünsche er nun nicht mehr, dass seine Methode gegen die von FATIO ausgetauscht würde. Trotzdem schrieb HUYGENS am 15. März 1692[4] nochmals, dass FATIO nun doch noch eingewilligt habe, dass seine inverse Tangentenmethode an LEIBNIZ mitgetheilt würde, wenn LEIBNIZ es noch wünsche. FATIO glaube überdies, dass auch NEWTON über diese Materie alles und noch viel mehr wisse, als er oder LEIBNIZ gefunden haben könne. LEIBNIZ aber schloss am 11. April 1692[5] diese Discussion mit

---

[1] Leibnizens mathematische Schriften, Band II, p. 109: Brief von HUYGENS an LEIBNIZ vom 16. November 1691. FATIO war damals eben erst nach England gegangen.

[2] Ibid., p. 113: HUYGENS an LEIBNIZ, den 1. Januar 1692 (p. 115).

[3] Ibid., p. 122.

[4] Ibid., p. 131.

[5] Ibid., p. 133.

den kurzen Worten: Er sei dem Herrn FATIO für sein Anerbieten verbunden, möchte ihm aber keine weitere Mühe verursachen. Er wolle auch gern glauben, dass NEWTON ebenfalls sehr weit in dieser Materie vorgeschritten. Aber da jeder seine besonderen Wege gehe, so habe auch er vielleicht einige besondere Ideen, auf die jener noch nicht gerathen sei. — Damit war diese Sache noch ohne einen directen Zusammenstoss, wenn auch vielleicht nicht ohne eine bleibende Verstimmung der Geister vorläufig abgethan.

FATIO hatte sich durch die Absage LEIBNIZ'ens doch wohl beleidigt gefühlt und trug ihm das nach. Als LEIBNIZ und JOH. BERNOULLI ihn im Jahre 1696 bei der Stellung des Problems der Brachystochrone nach seiner Meinung nicht gebührend berücksichtigt, nämlich ihn nicht wie NEWTON speciell zur Lösung aufgefordert hatten, nahm er es im Jahre 1699 auf sich, den Kampf für NEWTON und gegen LEIBNIZ offen zu beginnen. DE L'HOSPITAL schrieb darüber am 13. Juli 1699[1] an LEIBNIZ: Ich habe soeben ein englisches Buch von FATIO, über die Neigung, welche den Mauern für die beste Aufstellung der Obstbäume gegeben werden soll, erhalten. Diesem Buch ist eine lateinische Schrift angehängt, in welcher dieser Autor es auf Sie abgesehen zu haben scheint. Dies bestimmt mich, Ihnen diese Schrift zu schicken, damit Sie darnach thun, was Sie für zweckmässig halten. . . . Ich weiss nicht, ob Sie davon unterrichtet sind, dass WALLIS einen dritten Band seiner mathematischen Werke veröffentlicht hat, in welchen er einige Briefe von NEWTON und Anderen aufgenommen, wie ich glaube, in der Absicht dem letzteren die Erfindung von Ihrem Calcul differentiel zuzueignen, den NEWTON Fluxionsrechnung nennt. Es scheint mir, dass die Engländer auf alle Weise den Ruhm dieser Erfindung auf ihre Nation zu übertragen suchen.

Die erwähnte kleine lateinische Schrift von FATIO führt den Titel Lineae brevissimi descensus investigatio geometrica duplex[2] (London 1699); über die Erfindung der neuen

[1] Leibnizens mathematische Schriften, Band II, p. 336.

[2] Siehe auch HORSLEY, Newtoni Opera, vol. IV, p. 576 u. 609 (statt 617). Der vollständige Titel der Abhandlung lautet: Lineae brevissimi descensus Investigatio Geometrica duplex, cui addita est Investigatio Geometrica solidi rotundi, in quo minima fiat resistentia, London apud JOH. TAYLOR, 1699. In den Acta Eruditorum, November 1699, p. 510, erschien ein Referat, worin betont wurde, dass BERNOULLI die Aufgabe vorgelegt und einzelnen Mathematikern speciell übersandt habe, dass er aber damit doch nicht andere Gelehrte habe ausschliessen wollen. Auch ein Brief JOH. BERNOULLI's selbst vom 7. August 1699 wurde in den Acta Eruditorum (1699, p. 513) abgedruckt, worin dieser seiner Verwunderung über den Ton der Abhandlung des FATIO Ausdruck gab und

Analysis heisst es da: Vielleicht fragt LEIBNIZ, woher mir der Calcül, welchen ich gebrauche, bekannt geworden sei. Die Fundamente desselben und viele Regeln habe ich sicher durch eigene Kraft im April 1687 und den darauf folgenden Jahren gefunden, zu welcher Zeit noch Niemand ausser mir selbst jene Art des Calcüls gebraucht hatte. Auch würde mir derselbe nicht weniger bekannt sein, wenn LEIBNIZ selbst noch nicht geboren wäre. Er möge sich anderer Schüler rühmen, mich kann er gewiss nicht zu ihnen zählen. Das ist jedenfalls genügend aus dem Briefwechsel zu ersehen, den ich ehemals mit HUYGENS geführt habe.[1] Dagegen bin ich durch die Evidenz der Sachen gezwungen anzuerkennen, dass NEWTON der erste und älteste Erfinder dieses Calcüls ist. Woher etwa LEIBNIZ, der zweite Erfinder des Calcüls, seine Ideen entlehnt hat, darüber will ich das Urtheil denen überlassen, die die Briefe und anderen handschriftlichen Arbeiten NEWTON's gesehen haben. Weder das Stillschweigen des bescheidenen NEWTON, noch die unruhige Geschäftigkeit des LEIBNIZ, der sich selbst die Erfindung dieses Calcüls aller Orten zurechnet, dürfen diejenigen täuschen, welche die Entwickelung der Sache selbst mit erlebt haben.

LEIBNIZ benahm sich diesem groben Angriff gegenüber ebenso würdig, wie geschickt. Er schrieb sehr ruhig am 7. August 1699[2] an L'HOSPITAL als Antwort auf den vorerwähnten Brief: Ich danke Ihnen sehr für die Uebersendung des Tractats von FATIO, der für mich so viel Interesse hat. Es zeigt sich darin viel Leidenschaft. Ob das Neid ist, oder Wetteifer, oder etwas Anderes, weiss ich nicht. Wenn er so lange von der Sache gewusst hat, warum hat er seine Kenntnisse nicht früher mitgetheilt? Wenn man Lobsprüche einernten will, muss man sie auch wirklich verdienen und nicht bloss die Fähigkeiten dazu zeigen. Ich zweifle überhaupt noch ein wenig an diesem vorgeblichen Können und Wissen vor unseren Mittheilungen. Vielleicht entdeckt FATIO doch noch Schwierigkeiten in den Aufgaben, die wir gestellt haben. Denn das, was er fertig gebracht hat, beweist noch nichts. Ich hoffe, dass NEWTON die Ausdrücke von FATIO nicht billigen wird; er kennt die Wahrheit besser. WALLIS hat vorher meine Einwilligung für die Veröffentlichung meiner alten Briefe verlangt und hat hinzugefügt, dass ich streichen könnte, was ich für passend halten würde. Aber da ich von der

---

erklärte, dass er an FATIO seine Aufgabe schon darum nicht direct habe senden können, weil er seinen Aufenthaltsort gar nicht gewusst habe. Er habe NEWTON die Aufgabe gerade darum geschickt, damit dieser sie anderen Gelehrten mittheilen könne.

[1] Siehe S. 469 dieses Werkes.

[2] Leibnizens mathematische Schriften, Band II, p. 337.

ganz nackten Wahrheit nichts zu fürchten habe, habe ich geantwortet, dass er veröffentlichen könnte, was er für richtig halte. Da die Entrüstung von FATIO mich kaum berührt, werde ich ohne viel Aufregung antworten.

LEIBNIZ veröffentlichte auch wirklich in den Acta Eruditorum von 1700[1] eine sehr gemässigte Antwort. Da er FATIO niemals, so heisst es da, etwas zu Leide gethan, so sei er über den heftigen Angriff sehr verwundert und sehr im Zweifel gewesen, ob er denselben beantworten solle oder nicht. Weil er jedoch nicht möchte, dass man sein Stillschweigen als Verachtung auslege, wo sich FATIO als Mitglied der Royal Society auf dem Titel bezeichnete, der er selbst seit langen Jahren anzugehören die Ehre habe, so wolle er Folgendes bemerken. Er könne sich absolut nicht denken, dass NEWTON das Vorgehen von FATIO billige, und er wolle darum nicht einem Streite mit diesem berühmten Mann nahe treten, für den er bei jeder Gelegenheit eine tiefe Verehrung bezeugt hätte. NEWTON habe ja auch selbst in seinen „Principien" öffentlich ausgesprochen, dass sie beide nichts von einander entlehnt hätten. Als er im Jahre 1684 seine Differentialrechnung bekannt gegeben, sei er schon seit ungefähr acht Jahren im Besitz derselben gewesen. Um diese Zeit habe NEWTON ihm allerdings angezeigt, dass er eine Tangentenmethode kenne, die nicht durch irrationale Grössen in der Anwendung unmöglich werde, aber er habe nicht entscheiden können, ob diese Methode die Differentialrechnung sei, um so weniger als HUYGENS, der sicher die letztere nicht kannte, doch entschieden den Besitz einer Tangentenmethode versicherte, die dieselben Vortheile wie die NEWTON'sche biete. Das erste Werk der Engländer, in welchem die Differentialrechnung auf bestimmte Weise dargestellt worden, sei die Algebra von WALLIS, die erst im Jahre 1693 erschienen sei. Darnach aber wolle er sich ganz auf das Zeugniss und die Billigkeit NEWTON's selbst verlassen.

FATIO suchte in den Acta Eruditorum zu erwidern; da aber die Redacteure diese Erwiderung, um Streitigkeiten zu vermeiden, nicht aufnahmen,[2] und da auch die Engländer FATIO nicht weiter unterstützten, so blieb für diesmal der Friede öffentlich wenigstens noch weiter gewahrt. Bei NEWTON aber erhielt

---

[1] Acta Eruditorum, Mai 1700, p. 198—208: G. G. L. Responsio ad Dn. Nic. Fatio Duillierii Imputationes. Accessit nova Artis Analyticae promotio specimine indicata; dum Designatione per Numeros assumtitios loco literarum Algebra ex Combinatoria Arte lucem capit.

[2] Ibid., März 1701, p. 134. Da die Herausgeber der Acta, wie sie sagen, sich zum Princip gemacht, Streitigkeiten zu vermeiden, die mehr die Personen, als die Sache betreffen, so drucken sie aus einem Briefe FATIO's vom 30. August 1700 nur die Lösungen der Aufgaben ab. Diese

sich FATIO dauernd so sehr in Gunst, dass die Freunde, als FATIO um das Jahr 1707 in die Händel der Camisards (fanatischer protestantischer Schwärmer, die aus den Cevennen getrieben waren und sich vielerlei Wunderthaten, auch der Erweckung der Todten, rühmten) tief mit verwickelt wurde, fürchteten, dem Meister möge dasselbe passiren.[1]

Indessen war der Aufschub des Kampfes doch nur eine Galgenfrist. Im Jahre 1705 erschien in den Acta Eruditorum ein kurzes Referat von den Abhandlungen über die Classification der Curven dritter Ordnung und über die Quadratur der Curven, die NEWTON seiner Optik von 1704 angehängt hatte. Dasselbe war, wie das in den Acta Sitte, ohne Unterschrift des Autors, dürfte aber sicher von LEIBNIZ herrühren.[2] Dass LEIBNIZ mit dieser Veröffentlichung, bei dem zugespitzten Verhältniss zwischen ihm und NEWTON, eine Unklugheit begangen, darf unbedenklich zugegeben werden, dass er aber damit eine bewusste Böswilligkeit den Verdiensten NEWTON's gegenüber ausgeübt, muss man bei unparteiischer Betrachtung ebenso verneinen.

Der geniale Autor, sagt LEIBNIZ, schickt, bevor er zur Schilderung der Quadratur der Curven kommt, eine kurze Vorrede voraus; zum besseren Verständniss derselben möge Folgendes dienen. Wenn irgend eine Grösse continuirlich, z. B. wie eine Linie durch die Bewegung eines Punktes, wächst, so werden die momentanen Incremente, welche durch das Wachsthum hervorgebracht werden, Differentiale genannt, nämlich Differenzen zwischen der anfänglichen Grösse und der durch die Bewegung erzeugten. Daraus entsprang der Calculus differentialis und der reciproke Calculus summatorius, deren Elemente von dem Erfinder G. G. LEIBNIZ in diesen Actis gegeben worden und deren verschiedentlicher Gebrauch sowohl von ihm selbst, wie auch von den Brüdern BERNOULLI und von dem Marquis DE L'HOSPITAL gelehrt worden sind. Für diese LEIBNIZ'schen Differenzen wendet nun NEWTON

Nichtaufnahme der Vertheidigung FATIO's wurde später in dem von der Royal Society herausgegebenen Commercium epistolicum, p. 107 registrirt und auch der Angriff des FATIO auf LEIBNIZ wurde an dieser Stelle wieder abgedruckt.

[1] FATIO kam damals mit in's Gefängniss und an den Pranger, wurde später aber wieder freigelassen.

[2] In dem Exemplar der Acta Eruditorum, welches auf der Pauliner Bibliothek in Leipzig sich findet, sind (wie auch bei manchen Exemplaren auf anderen Bibliotheken) bei vielen Artikeln die Namen der anonymen Autoren nachträglich dazu geschrieben. Das betreffende Referat trägt dort den Namen LEIBNIZ. (GUHRAUER, Biographie von Leibniz, Breslau 1846, I. Band, p. 311.) LEIBNIZ aber hat die Autorschaft nie zugestanden.

das Wort Fluxionen an,[1] und er hat diesen Begriff sowohl in seinen Principien, wie auch nachher in seinen anderen Schriften immer mit glänzendem Erfolge angewendet. — In dieser Weise fuhr dann Leibniz weiter fort die Newton'schen Bezeichnungen und Methoden, denen er im Uebrigen grosses Lob spendete, durch seine eigenen Zeichen und Methoden, wie das Unbekannte durch das Bekannte zu erklären.

Diese allerdings etwas merkwürdige Art der Anzeige eines Newton'schen Werkes, in welcher Anfangs wenigstens mehr von Leibniz als von Newton die Rede war, nahmen die Engländer gewaltig übel. Newton selbst machte, allerdings erst später, nachdem der Streit schon seine Höhe erreicht hatte, Bemerkungen zu der Schrift, in der er jene Aeusserungen von Leibniz als eine directe Anklage des Plagiats gegen sich charakterisirte.[2] Ich erfand also, sagt er, die Fluxionsmethode nicht, wie ich in jener Einleitung behauptete, in den Jahren 1665 und 1666; sondern erst später, nachdem Leibniz in seinem Briefe vom 21. Juni 1677 mir seine Differentialmethode mitgetheilt hatte, begann ich statt dieser Methode meine Fluxionsmethode anzuwenden und habe das seitdem immer weiter so gethan.

Das steht nun jedenfalls nicht in der Abhandlung von Leibniz. Es ist ja richtig, dass er die Newton'schen Fluxionen durch seine Differentiale erläuterte, aber dazu hatte er insofern Veranlassung, als den Lesern der Acta diese Bezeichnungsweise entschieden näher lag und verständlicher war als die Fluxionsmethode. Darnach sollte der Satz, dass Newton statt der Differentiale Fluxionen gebrauche und immer gebraucht habe, sicher keine zeitliche Priorität der Differentiale andeuten, und die Beschuldigung eines Plagiats kann ein Unparteiischer jedenfalls nicht aus dem Leibniz'schen Referate herauslesen. Es ist richtig, dass das Herbei- und Vorziehen der Differentialrechnung zur Erklärung der Fluxionsrechnung selbst einem weniger empfindlichen Charakter als Newton als ein bewusstes Verdunkeln seiner Verdienste und somit als ein schweres Unrecht erscheinen konnte.[3] Leibniz hätte

---

[1] Pro differentiis igitur Leibnitianis D. Newtonus adhibet, semperque adhibuit fluxiones, iisque tum in suis Principiis Naturae Mathematicis, tum in aliis postera editis eleganter est usus.

[2] Brewster, Life of Newton, vol. II, p. 41. Das Commercium epistolicum der Royal Society von 1712 enthält schon p. 108 die Anmerkung zu dem im Auszug abgedruckten Referat der Acta Eruditorum: Sensus verborum est quod Newtonus Fluxiones Differentiis Leibnitianis substituit; id est quod Leibnitius Author primus fuit hujus Methodi et Newtonus eandem a Leibnitio habuit, substituendo Fluxiones pro Differentiis.

[3] Auch nichtenglische Forscher, wie z. B. Guhrauer (Biographie von Leibniz, Theil I, S. 311) wollen in den betreffenden Sätzen von

lieber das Referat über die NEWTON'sche Arbeit einem anderen Gelehrten übergeben, ein Hervorheben seiner Concurrenzmethode dabei aber jedenfalls unterlassen sollen; doch ist kaum fraglich, dass der letzte Grund des Streites nicht ein persönlicher, sondern vielmehr ein sachlicher, nämlich die schnelle Ausbildung der Differentialrechnung gegenüber der schwachen Entwickelung der Fluxionsrechnung und dass damit der Kampf ein kaum zu vermeidender war.

In einer Arbeit über die Gesetze der Centralkräfte,[1] die im Jahre 1708 in den Philosophical Transactions erschien, beschuldigte der Oxforder Professor JOHN KEILL, der eben in diesem Jahre Mitglied der Royal Society geworden war, LEIBNIZ direct der Fälschung, und zwar in einem eingeschobenen Absatze, der ohne jeden Zusammenhang und damit ohne jede reelle Veranlassung in der Arbeit stand. Der Absatz lautet vollständig und wörtlich: Alle diese Dinge folgen aus der jetzt so berühmten Methode der Fluxionen, deren erster Erfinder ohne Zweifel Sir ISAAC NEWTON war, wie das Jeder leicht feststellen kann, der jene Briefe von ihm liest, die WALLIS zuerst veröffentlicht hat. Dieselbe Arithmetik wurde dann später von LEIBNIZ in den Acta Eruditorum veröffentlicht, der dabei nur den Namen und die Art und Weise der Bezeichnung wechselte.[2]

Der Angriff war offenbar unsinnig, denn LEIBNIZ konnte doch nicht einen Namen und eine Bezeichnung wechseln, die NEWTON auch in den angeführten Briefen nicht gegeben, sondern in unlösbaren Räthseln verborgen hatte. LEIBNIZ aber scheint diesmal der Bösartigkeit des Angriffs gegenüber doch von der nöthigen Gemüthsruhe verlassen worden zu sein. Während er bei den früheren Angriffen sich klug zurückgehalten hatte, beging er diesmal den schwer begreiflichen Fehler, sich als Mitglied der Royal Society bei dieser Gesellschaft über das Mitglied KEILL zu beklagen und so die NEWTON'schen Kreise als Richter in eigener Sache anzurufen. Der Band der Philosophical Transactions für 1708 und 1709, in welchem die Abhandlung KEILL's enthalten war, wurde erst 1710 herausgegeben. Gleich nachdem er denselben empfangen hatte, schrieb LEIBNIZ an HANS SLOANE,[3] den damaligen Secretär der Royal Society, um sich bei der Ge-

LEIBNIZ eine Beschuldigung NEWTON's als Plagiarius erblicken und datiren von jenem Referat der Acta Eruditorum ab den Beginn des Kampfes um die höhere Analysis. Dieselben übersehen bei der letzteren Behauptung jedenfalls den Angriff FATIO's auf LEIBNIZ vom Jahre 1699.

[1] Phil. Trans., no. 317, p. 174; Phil. Trans. abr., vol. IV, pt. I, p. 359: The Laws of the Centripetal Force, by Dr. JOHN KEILL.

[2] Ibid., p. 365.

[3] Commercium epistolicum, p. 109: LEIBNIZ an SLOANE, 4. März 1711.

sellschaft über die Behandlung, welche er durch KEILL erfahren, zu beschweren. So viel er wisse, hätten die Royal Society und ihr berühmter Präsident NEWTON selbst den früheren Angriff des FATIO DUILLIERIUS gegen ihn gemissbilligt, und doch erneuere KEILL jetzt dessen verleumderische Anklage. Niemand wisse besser als NEWTON, dass die Beschuldigung falsch sei, denn sicher habe er (LEIBNIZ) niemals den Namen Fluxionsmethode gehört, noch mit seinen Augen vorher die Zeichen, welche NEWTON jetzt gebrauche, gesehen. Ihm erscheine es billig, wenn die Royal Society selbst ihm Genugthuung verschaffe und KEILL veranlasse, dass dieser öffentlich den beleidigenden Sinn seiner Worte widerrufe.

LEIBNIZ glaubte jedenfalls, dass die Royal Society mit NEWTON an der Spitze nicht wagen würde, den Angreifer direct in ihren Schutz zu nehmen und die Angriffe selbst zu vertreten. Aber hierin täuschte er sich gewaltig, und verschiedene Anzeichen hätten ihn auch längst darauf aufmerksam machen können, dass die Stimmung der englischen Kreise gegen ihn jedenfalls nicht die einer unbedingten Verehrung oder gar einer opferwilligen Freundschaft war.

Gemäss der Darstellung, welche EDLESTONE[1] nach den Reports der Royal Society giebt, entwickelte sich die Sache in dieser Gesellschaft folgendermaassen. In der Sitzung vom 22. März 1711 wurde LEIBNIZ'ens Brief verlesen und SLOANE beauftragt zu antworten. NEWTON war damals noch etwas beunruhigt über KEILL's Angriff. Nachdem ihn dieser aber in einem Briefe vom 3. April 1711[2] und darnach auch in der Sitzung der Royal Society vom 5. April auf den angeblich ehrenrührigen Bericht LEIBNIZ'ens über seine Quadraturen von 1705, sowie auf die schlechte Behandlung aufmerksam gemacht hatte, die FREIND's chemische Attractionstheorie und seine (KEILL's) Abhandlungen soeben in den Acta Eruditorum erfahren hatten, wendeten sich seine Ansichten. NEWTON gab noch in derselben Sitzung vom Präsidentenstuhle der Gesellschaft aus einen kurzen Bericht über seine Erfindung und speciell über die erste Zeit der Entwickelung derselben, was bei den mehr als vierzig Jahren, die seitdem vergangen sein sollten, gewiss keine leichte Aufgabe war.

---

[1] EDLESTONE, Correspondence, p. LXXII.

[2] Der Brief ist in mancher Beziehung lehrreich; er zeigt, dass NEWTON nicht ganz freiwillig, sondern theilweise getrieben durch seine Unterfeldherren in den Kampf ging, und dass dabei nicht bloss mathematische Gründe, sondern auch Differenzen in den physikalischen Ansichten mitwirkten. KEILL übersendet dabei NEWTON erst die betreffenden Bände der Acta Eruditorum und macht ihn auf die zu beachtenden Stellen besonders aufmerksam. (S. BREWSTRR, Life of Newton, vol. II, p. 44.)

In der nächsten Sitzung am 12. April vervollständigte NEWTON diese Angaben und KEILL wurde veranlasst, einen Bericht über diese Sache aufzusetzen, der die Rechte des Präsidenten wahrte. Dieser Bericht KEILL's[1] wurde in der Sitzung vom 24. Mai 1711 genehmigt und der Secretär SLOANE beordert, eine Copie davon mit einem Briefe an LEIBNIZ zu schicken, welch letzterer ebenfalls noch ausdrücklich am 31. Mai von der Gesellschaft gebilligt wurde. KEILL modificirte in diesem Berichte seine Angriffe insofern, als er behauptete, seine Worte hätten nicht andeuten sollen, dass LEIBNIZ den Namen von NEWTON's Methode und die Form seiner Bezeichnung vor seinen Veröffentlichungen gekannt habe, aber er präcisirte nun nicht weniger beleidigend den Sinn derselben dahin, dass NEWTON, der erste Erfinder der Fluxions- oder der Differentialrechnung, in seinen beiden Briefen an LEIBNIZ vom Jahre 1676 die Principien seiner Rechnung so genügend verständlich für einen scharfen Geist angedeutet hätte,[2] dass LEIBNIZ jedenfalls die Principien seines Calcüls daraus ableitete oder wenigstens ableiten konnte.

Merkwürdigerweise begnügte sich der hochberühmte LEIBNIZ in seinem Kampfe gegen den wenig bekannten KEILL nicht mit einer kurzen, würdigen Zurückweisung des Angriffs und einer einfachen Darstellung der Sachlage der Oeffentlichkeit gegenüber, wozu ihm ja genug Wege zur Verfügung standen, sondern versuchte noch einmal seine Beschwerde gegen KEILL bei der Royal Society durchzusetzen. Er schrieb am 29. December 1711[3] abermals an HANS SLOANE und beklagte sich darin auf's Neue über den letzten Brief KEILL's, der schlimmer noch wäre als seine früheren Aeusserungen. Vergeblich habe dieser zur Entschuldigung seiner Angriffe eine Provocation durch die Acta Eruditorum behauptet, denn in dem betreffenden Aufsatze sei gegen Niemand eine Ungerechtigkeit begangen worden, sondern jeder hätte nur empfangen, was ihm gebühre.[4] Er habe die Differentialrechnung jedenfalls einige Jahre vor ihrer Veröffentlichung, nämlich 1675 oder noch früher, unabhängig erfunden. Schliesslich verlangte er wiederholt von der Royal Society, dass sie die eitlen und ungerechten Auslassungen KEILL's, der als ein homo novus

---

[1] Commercium epistolicum, p. 110—118.

[2] Ibid, ibid.: Hoc solum innuebam D. Newtonum fuisse primum Inventorem Arithmeticae Fluxionum, seu Calculi Differentialis; eum autem in duabus ad Oldenburgum scriptis Epistolis, et ab illo ad Leibnitium transmissis, indicia dedisse perspicacissimi ingenii viro satis obvia; unde Leibnitius principia istius calculi hausit, vel saltem haurire potuit.

[3] Ibid., p. 118.

[4] Frustra ad Exemplum Actorum Lipsiensium provocat, ut sua dicta excuset; in illis enim circa hanc rem quicquam cuiquam detractum non reperio, sed potius passim suum cuique tributum.

von der Entwickelung der Sache ja gar nichts wissen könne, zum Stillschweigen bringe. NEWTON selbst müsse ja KEILL's Gebahren missbilligen und werde gewiss gern seine Meinung über diese Materie sagen.

Dieser Brief LEIBNIZ'ens wurde am 31. Januar 1712 in der Royal Society verlesen und dann NEWTON übergeben, der besonders über die Behauptung LEIBNIZ'ens erzürnt gewesen sein soll, dass in den Acta von 1705 nur Jedem das gegeben sei, was ihm gebühre.

In der Royal Society begann man darnach mit einer Haupt- und Staatsaction. Nachdem SLOANE in einer Sitzung vom 7. Februar nochmals über LEIBNIZ'ens Briefe berichtet, wurde am 6. März zur Prüfung der vorhandenen, die Erfindung der Infinitesimalrechnung betreffenden Papiere ein besonderes Comittee niedergesetzt, das zuerst aus ARBUTHNOT, HILL, HALLEY, JONES, MACHIN und BURNET bestand und dem später noch ROBARTES, BONET, DE MOIVRE, ASTON und BROOK TAYLOR zugewählt wurden. Die grosse Mehrzahl dieser Personen waren natürlich Schüler und jüngere Anhänger NEWTON's; einige davon aber waren kaum imstande mathematische Fragen mit Sachkenntniss zu beurtheilen. Das Comittee erstattete schon am 24. April einen ausführlichen schriftlichen Bericht, und die Royal Society beschloss denselben mit so grosser Eile als nur möglich unter Aufsicht von HALLEY, JONAS und MACHIN drucken zu lassen. Am 8. Januar 1713 wurden bereits einige Copien des Berichtes der Royal Society vorgelegt und jedem Mitgliede des Comittees ein Exemplar zur Prüfung übergeben. Am 29. Januar beschloss man durch Ballotage die Kosten auf die Kasse der Royal Society zu übernehmen und wies zu dem Zwecke HALLEY 22 £ an. Es sollten zunächst nur an alle Universitäten, wie an ausgezeichnete Personen je ein Exemplar des Berichts versandt werden; aber es scheint doch, als ob auch einige Exemplare des Berichts verkauft worden wären; denn in der Sitzung vom 17. Juni 1713 wurden ausdrücklich 25 complete Exemplare an den Buchhändler JOHNSON in Haag zu bestimmtem Preise überlassen.

Die Brochure führte den Titel Commercium epistolicum D. Johannis Collins et Aliorum de Analysi promota: jussu Societatis regiae in lucem editum, Londini, Anno 1712. Als Veranlassung für das Erscheinen derselben wurde die Thatsache angegeben, dass die Herausgeber der Acta Eruditorum im Januar 1705 LEIBNIZ als den ersten Erfinder der Differentialrechnung proclamirt und von NEWTON behauptet hätten, er habe für die Entwickelung der neuen Analysis nichts weiter gethan, als anstatt des Ausdrucks Differenzen den andern Fluxionen zu setzen. Zur Widerlegung dieser angeblichen Behauptung hatte das Comité, in ähnlicher Weise wie früher WALLIS in seinen Opera mathematica, nur vollständiger, den alten Briefwechsel zwischen COLLINS, NEWTON, LEIBNIZ, BARROW, WALLIS, OLDENBURG und JAMES GREGORY wieder abdrucken lassen und einzelne kurze Bemerkungen daran geknüpft. Am Ende der Schrift wurden dann aus dem gesammelten Materiale die folgenden Schlüsse gezogen.[1] 1. LEIBNIZ hat im Briefwechsel mit COLLINS gestanden, der nach seiner Gewohnheit bereitwillig die Untersuchungen von NEWTON und GREGORY mittheilte. 2. Als LEIBNIZ zum ersten Male in London war, behauptete er zwar eine neue Differenzenmethode zu haben, aber Dr. PELL zeigte ihm, dass diese Methode schon in einem Buche MOUTON's gedruckt sei;[2] von der eigentlichen Differentialrechnung findet sich bei LEIBNIZ vor seinem Briefe an NEWTON vom 21. Juni 1677 keine Spur, und dieser Brief ist erst fast ein Jahr nach dem Briefe NEWTON's an LEIBNIZ vom 24. October 1676 geschrieben.[3] 3. NEWTON besass die neue Methode, wie aus der Abhandlung De Analysi per aequationes hervorgeht, schon vor dem Jahre 1669. 4. Die Differential- und die Fluxionsrechnung sind methodisch identisch. „Aus diesen Gründen, so schliesst das Commercium, halten wir NEWTON für den ersten Erfinder und sind der Meinung, dass KEILL, indem er dasselbe behauptete, in keiner Weise ungerecht gegen LEIBNIZ gewesen ist."

Ein Auszug aus dem Commercium epistolicum wurde in den Philosophical Transactions abgedruckt[4] und erschien darnach auch in's Französische übersetzt besonders unter dem Titel Extrait du Livre intitulé Commercium epistolicum. In diesem Auszuge wurden die Ansprüche NEWTON's

---

[1] Commercium epistolicum, p. 120.

[2] GUHRAUER (Biographie von Leibniz, Theil I, S. 126) sagt über diesen Fall: Er (LEIBNIZ) befand sich eines Tages bei BOYLE (es war der 2. Februar 1673), wo sich ein vorzüglicher Mathematiker, Namens PELL, eingefunden hatte. Die Rede kam auf Zahlen, und im Laufe des Gespräches erwähnte LEIBNIZ, er besitze eine Methode, mit Hülfe einer gewissen Art Differenzen, welche er Differentiae generatrices nannte, die Glieder einer jeden stetig wachsenden oder abnehmenden Reihe zu summiren. (Es handelte sich um die Summirung der arithmetischen Reihen höherer Ordnung mit Hülfe der Differenzenreihen.) Als LEIBNIZ seine Theorie auseinandergesetzt hatte, fiel PELL ein: Diese Formel sei seit längerer Zeit von dem berühmten französischen Mathematiker REGNAUD in Lyon bekannt gemacht und in dem 1670 erschienenen Buche Mouton's Observationes diametrorum solis et lunae apparentium ausgeführt. LEIBNIZ hörte den Titel dieses Buches zum ersten Male.

[3] Aber LEIBNIZ hatte diesen Brief NEWTON's erst kurz vor dem 21. Juni 1677 erhalten. Siehe S. 442 u. 444 dieses Werkes.

[4] Phil. Trans., no. 342, p. 173—224; Phil. Trans. abr., vol. IV, pt. I, p. 172.

gegenüber denen von Leibniz mit noch grösserer Schärfe verfochten als in dem Buche selbst. Ein zahlreiches Comittee aus Herren verschiedener Nationalitäten sei von der Royal Society gebildet worden, um die alten Briefe und Abhandlungen zu prüfen, und diese Herren hätten sich über das Folgende geeinigt. Newton habe nach den vorliegenden Papieren die Fluxionsrechnung noch vor dem Jahre 1669 erfunden, Leibniz aber die Differentialrechnung nicht vor dem Jahre 1677 gehabt. Wallis habe das im zweiten Bande seiner Werke im Jahre 1695 auch ausgesprochen und Leibniz nichts dagegen erinnert, sondern für sich nur in Anspruch genommen, dass er die Methode im Jahre 1677 ebenfalls gekannt. Als dann Fatio im Jahre 1699 geradezu die Behauptung aufgestellt, dass Leibniz der zweite Erfinder des Calcüls, Mehreres von Newton, dem seit Jahren als ersten Erfinder anerkannten, entlehnt haben möge, habe der erstere in seiner Antwort auch zugegeben, dass dem letzteren die Priorität zukomme, und habe für sich nur vertheidigt, dass auch er die Methode unabhängig gefunden hätte. Erst dann habe Leibniz seine Ansprüche gesteigert, als mit dem Tode von Wallis der letzte der alten Gelehrten verschwunden sei, die noch mit dem bekannt gewesen wären, was sich vor 40 Jahren zwischen den Engländern und Leibniz zugetragen hätte. Im October 1703 sei Wallis gestorben und im Januar 1705 sei dann Leibniz mit seinen Ansprüchen als alleiniger Erfinder der neuen Analysis hervorgetreten.

Man muss zugeben, dass dieser Bericht des Comittees das Menschenmögliche leistete in der Kunst, die Sache zu Gunsten der einen Partei darzustellen und alles das zu übersehen, was zum Vortheil der anderen Partei sprechen konnte. Der Streit sollte angeblich zwischen Leibniz und Keill stattfinden, in Wirklichkeit aber war es ein Prioritätsstreit zwischen Newton und Leibniz, und Keill war nichts weiter als der Rufer im Streit. Die Fluxionsmethode sollte nur von Einigen gewissermaassen ausnahmsweise Differentialrechnung genannt worden sein; aber in Wirklichkeit war die Fluxionsmethode nur den Engländern einigermaassen bekannt, während die Differentialrechnung von allen Gelehrten ausserhalb Englands mit immer grösserer Anerkennung und grösserem Erfolg gebraucht wurde. Als die Veranlassung zum Streit wurde ein Artikel Leibniz'ens vom Jahre 1705 angegeben, aber ein früherer Angriff auf Leibniz von Fatio, dem Freunde Newton's, der dem Keill'schen in keiner Weise an Heftigkeit, sondern nur an Erfolg nachstand, wurde dabei ganz ausser Acht gelassen. Leibniz sollte in der Recension von 1705 behauptet haben, er sei der erste Erfinder der Differentialrechnung gewesen und Newton hätte nur den Ausdruck Fluxion an die Stelle von Differential gesetzt. Das aber lässt sich nur mit einiger Böswilligkeit indirect aus den Bemühungen LEIBNIZ'ens ableiten, die Fluxionen seinen Landsleuten durch die bekannteren Differentiale mit einiger Autoreneitelkeit zu erklären. Wenn man LEIBNIZ einen Vorwurf zu machen hat, so kann es nur der sein, dass er überall bei Behandlung der Differentialrechnung sich selbst zu sehr in den Vordergrund stellte und zu viel von seiner Methode und seiner Entdeckung sprach; wo es mindestens klüger gewesen wäre, die eigene Person zurückzuhalten und den berechtigten Concurrenten ausdrücklich die gebührende Ehre zu geben. Auch darf man nicht unerwähnt lassen, dass die Acta Eruditorum, die als ganz von LEIBNIZ inspirirt galten, selbst bei ziemlich weit hergeholten Gelegenheiten, wie bei der Mechanik der Himmelsbewegungen, nicht unterliessen der Verdienste LEIBNIZ'ens rühmend zu gedenken, während sie in letzterer Zeit ziemlich scharf gegen den sogenannten NEWTON'schen Begriff der Attraction als unmittelbarer Wirkung in die Ferne vorgegangen waren. Wenn aber das Committee schliesslich den späten Beginn des Streites noch besonders darauf zurückführte, dass vor dem Tode von WALLIS ein solcher Streit von LEIBNIZ'scher Seite gar nicht zu führen gewesen, so folgte es dabei wieder mehr einem eigenen Bedürfniss als den Forderungen der Thatsachen. Nach der Ansicht des Committee soll WALLIS ein besonders genauer Kenner der Anfänge der höheren Analysis gewesen sein, dessen unbequeme Zeugenschaft LEIBNIZ sehr habe fürchten müssen. Dass jedoch WALLIS noch im Jahre 1696 freimüthig erklärt hatte, mit der Entwickelung und dem Wesen der Differentialrechnung eben erst und kaum mehr als dem Namen nach bekannt geworden zu sein, dass er das schon damals mit seinem Alter entschuldigt hatte, dass LEIBNIZ dem WALLIS auf dessen Verlangen die Veröffentlichung der alten Briefe anheimgestellt, ausdrücklich mit dem Zusatze, dass er nichts zu verheimlichen habe, dass WALLIS umgekehrt dem LEIBNIZ auch bei dieser Gelegenheit noch seine volle Werthschätzung als Mathematiker ausgesprochen hatte: von diesen Thatsachen macht das Committee absolut keinen Gebrauch.

LEIBNIZ sah wohl mit diesen Schritten der von NEWTON als Präsidenten geleiteten Royal Society alle Brücken für abgebrochen an, und glaubte darnach der Selbsterhaltung wegen auch seinerseits alle Rücksichten bei Seite setzen zu müssen. Ganz kurze Zeit nach dem Versandt des Commercium epistolicum der Royal Society wurde ein aus vier Quartblättern bestehendes Flugblatt[1] weit verbreitet, das ohne Bezeichnung des Druckers

[1] Einem Commercium epistolicum der Göttinger Universitätsbibliothek ist dieses Flugblatt angebunden.

oder des Druckortes nur das Datum 29. Juli 1713 trug und das wahrscheinlich von LEIBNIZ selbst verfasst ist. Darin wird gesagt, dass LEIBNIZ, der sich eben in Wien aufhielt, das neulich in England herausgegebene Libell, worin NEWTON als der erste Erfinder der Differentialrechnung gefeiert worden, noch nicht gesehen, dass es aber nothwendig erscheine, demselben sobald als möglich entgegenzutreten. Niemand könne leugnen, dass LEIBNIZ die neue Ars analytica, nachdem er sie lange geheim gehalten, zuerst veröffentlicht und mit Hülfe von Freunden ausgebildet, dass NEWTON erst mehrere Jahre nachher dieselbe Kunst mit veränderten Namen und Bezeichnungen vorgebracht und dass er bei dieser Gelegenheit nichts gegen LEIBNIZ zu sagen gewagt habe. LEIBNIZ hätte allerdings, weil er die Redlichkeit anderer nach seiner eigenen schätzte, gerne geglaubt und ausgesprochen, dass NEWTON einen Calcul ähnlich der Differentialrechnung zu haben scheine; jetzt solle diese Gefälligkeit gegen ihn gewandt werden. Der Verfasser wolle, da er wegen zu vieler Arbeit die Sache nicht genug discutiren könne, sich auf das Urtheil eines der ersten und in dieser Sache erfahrensten Mathematiker berufen, der in einem Briefe vom 7. Juni 1713[1] folgendermassen schreibe. Es scheine, dass NEWTON ziemlich früh die neue Theorie ausgebildet und angewandt habe, dass er aber in jener Zeit zu einem allgemeinen Algorithmus und festen Calcul noch nicht gekommen sei. Als ein sicheres Zeichen dafür dürfe man nehmen, dass NEWTON die Buchstaben x und y mit den darüber gesetzten Punkten, die er jetzt für dx, ddx, d^3x, dy, ddy etc. setze, noch nicht in seinem Briefwechsel mit COLLINS, ja noch nicht einmal in seinen Principien von 1687 gebrauche, sondern immer in der Weise der älteren und gleichzeitigen Mathematiker Alles ohne sichere Analysis durch Strecken darstelle. Die Bezeichnung der punktirten Buchstaben erscheine zum erstenmale im dritten Volumen der Opera von WALLIS, viele Jahre nachdem die Differentialrechnung schon aller Orten geschätzt gewesen sei. Ferner erkenne man die noch mangelhafte Entwickelung der NEWTON'schen Fluxionstheorie um das Jahr 1687 auch daraus, dass er in seinen Principien für die Ableitung der höheren als der ersten Fluxionen eine falsche Regel gebe.

---

[1] Der Brief ist von JOHANN BERNOULLI an LEIBNIZ gerichtet und später in dem Commercium philosophicum et mathematicum virorum celebr. Got. Gul. Leibnitii et Joh. Bernoullii, Lausanne und Genf 1745, vol. II, p. 308 ohne Kürzung abgedruckt worden. BERNOULLI tadelt darin die Weise, in welcher LEIBNIZ des Plagiats vor einem Tribunal angeklagt wird, das auch die Ankläger und Zeugen mit enthält. Er bittet trotzdem, seinen Namen nicht in den Handel zu mischen, was freilich nach dem Erscheinen des Flugblattes nicht mehr durchführbar war.

Die letztere Aeusserung bezieht sich darauf, dass Newton in den Principien von 1687 eine Regel angedeutet[1] und in der Abhandlung De quadratura von 1704 bestimmter angeführt hatte, wonach die höheren Fluxionen von z^n den einzelnen Gliedern der Reihe

$$(z+o)^n = z^n + n \cdot o \cdot z^{n-1} + \frac{n^2-n}{2} o \cdot o z^{n-2} + \frac{n^3 - 3n^2 + 2n}{6} o \cdot o \cdot o \, z^{n-3} \dots$$

gleichzusetzen seien. Newton hat später durch Keill den in der Regel liegenden Irrthum mit einem Druckfehler erklären lassen, durch welchen ein ut ausgefallen sei, so dass man nicht lesen müsse, die Glieder jener Reihe seien die Fluxionen, sondern sie seien wie die Fluxionen (d. h. verhielten sich wie die Fluxionen). Johann Bernoulli aber zeigte, dass auch damit die Schwierigkeiten noch nicht ganz gehoben seien.[2]

Darnach sei nun deutlich, so fährt das Flugblatt direct weiter fort, dass Newton nur darum nicht zufrieden sei mit dem Ruhme das Unendlichkleine synthetisch in der Form von Linien gebraucht zu haben, weil er auch die Erfindung der neuen Analysis, der Differentialrechnung, die von Leibniz zuerst ausgebildet worden sei, für sich in Anspruch nehmen wolle. Zwar müsse man anerkennen, dass er durch Schmeichler, die von der älteren Entwickelung nichts wüssten, mit dazu angetrieben werde, doch aber sei das jetzige Benehmen bei Newton selbst nichts Ungewohntes, denn in ganz ähnlicher Weise, wie er das hier beabsichtige, habe er doch schon Hooke und Flamsteed, den Einen seiner Hypothese über die Planetenbewegung, den Anderen seiner astronomischen Beobachtungen und Messungen beraubt.

Das Flugblatt, wie die folgenden Ereignisse, zeigten, dass mit dem Spruche des freiwilligen englischen Gerichtshofes die Sache noch lange nicht abgethan war. In Deutschland standen natürlich die Acta Eruditorum, als angesehenste wissenschaftliche Zeitschrift, ganz auf Leibniz'ens Seite, und seine Schüler, Johann Bernoulli an ihrer Spitze, griffen insofern wenigstens sehr nützlich für Leibniz ein, als sie die Anhänger Newton's, vor allem den dreisten Keill, mit Kraft und Erfolg bekämpften. Auch in Frankreich fand der Angriff Newton's kaum bei Jemandem Billigung, wenn man sich auch noch hütete, persönlich in den Streit mit hineingezogen zu werden. Varignon, das angesehenste

---

[1] Philosophiae naturalis principia mathematica, 2. Ausg., Cambridge 1713, p. 235.

[2] Acta Eruditorum, Juli 1716, p. 296: Epistola pro eminente Mathematico, Dn. Johanne Bernoullio, contra quendam ex Anglia antagonistam scripta.

Mitglied der Pariser Akademie der Wissenschaften, schrieb ausdrücklich an Johann Bernoulli:[1] Auch er sei sehr unzufrieden mit dem erbärmlichen Streite, den Keill soeben gegen Leibniz erregt habe. Auch ihm scheine es, dass das Commercium epistolicum nichts weiter bewiesen habe, als Newton's Bekanntschaft mit dem Unendlichkleinen um die Mitte der siebziger Jahre, nicht aber den Besitz einer neuen Methode um diese Zeit, wie Leibniz sie im Jahre 1684 bekannt gemacht und wie Newton sie dann selbst drei Jahre später in seinen Principien veröffentlicht habe.

Mit der Zeit scheint denn auch für Keill die Sache ungemüthlich geworden zu sein. Newton sah sich nunmehr gezwungen, ihn direct zu unterstützen und die geplanten Vertheidigungen oder Angriffe mit ihm direct zu berathen, was er sonst bei ähnlichen Gelegenheiten stets vermieden hatte. Keill hatte 1713 im Mai-Juniheft des Journal littéraire, das in Haag erschien, auf Grund des Commercium epistolicum einige Bemerkungen über Newton's Briefe von 1672 und 1676 und den Streit um die neue Analysis überhaupt veröffentlicht. Im November-Decemberheft des Journals wurde darnach auch, jedenfalls auf Veranlassung von Leibniz, das Flugblatt vom 29. Juli 1713 abgedruckt. Auf diese Veranlassung hin schrieb Newton an Keill am 2. April 1714.[2] Es frage sich, ob man nicht auf den Leibniz'schen Artikel im Journal littéraire antworten sollte, wo unter anderem auch einige Briefe aus dem Commercium epistolicum in ihrer Echtheit angezweifelt würden. Wenn Keill das meine, so wolle er innerhalb einer oder zweier Posten seine Gedanken über das Subject niederschreiben; Keill könne sie dann mit den seinigen vergleichen und eine Antwort aufsetzen, wie sie ihm gut dünke. Seinen (Keill's) Namen brauche er dabei nicht zu nennen, auch könne er Englisch oder Latein schreiben und Mr. Johnson (dem Herausgeber oder Verleger des Journals) die Uebersetzung in's Französische überlassen.

Nach Keill's zusagender Antwort folgte dann schon am 20. April[3] die versprochene Darstellung Newton's, die als Grundlage für die Beantwortung des Leibniz'schen Flugblattes dienen sollte. Es sei jetzt klar, dass Joh. Bernoulli es sei, dessen Brief in dem Flugblatt vom 29. Juli gegen ihn angeführt werde. Es scheine aber besser, ihn nicht mit dem Namen, sondern nur

---

[1] Commercium philosophicum et mathematicum, Lausanne und Genf 1745, vol. II, p. 323: Johann Bernoulli an Leibniz, 9. September 1713.

[2] Edlestone, Correspondence, p. 169.

[3] Ibid., p. 170.

als den „grossen Mathematiker“ schlechthin zu bezeichnen. Man suche Streit mit ihm (NEWTON) zu beginnen und es wäre klüger, die Gegner ohne jede Provocation damit noch offener hervortreten zu lassen. Wenn man ihm vorwerfe, dass er für seine Methode zuerst keinen festen Calcul und keine bestimmte Bezeichnungsweise besessen habe, so sei das unrichtig oder unnöthig, da er alle nothwendigen Begriffe bestimmt bezeichnet habe und da die Methode doch auch ohne Symbole bestehen könne. Auch habe er seine gewissen Bezeichnungen von den frühesten Zeiten an gerade so wie noch jetzt gebraucht: die punktirten Buchstaben für die Fluxionen der Fluenten, die in Quadrate eingeschlossenen Buchstaben für die Fluenten der Fluxionen und endlich das Symbol o (entweder ausdrücklich bezeichnet oder stillschweigend vorausgesetzt), um durch $o \cdot \dot{x}$ das unendlich kleine Moment der Fluxion anzudeuten. Wenn man ihn beschuldige, dass er noch in seinen Principien die höheren Fluxionen falsch angegeben,[1] so übersehe man dabei, dass er dort gar nicht von Fluxionen gesprochen, sondern nur die Methode der unendlichen Reihen angewandt und die Glieder der letzteren angegeben habe.

KEILL sandte darauf einen Vorschlag zur Erwiderung ein, den NEWTON in weiteren Briefen verbesserte. Der auf Grund dieser Anweisungen und des beigegebenen Materials von KEILL verfasste Artikel erschien in dem Juli-Augustheft des Journal littéraire von 1714. Er enthält eigentlich wie auch die Briefe NEWTON's das Zugeständniss, dass NEWTON auf einen bequemen Algorithmus und eine allgemeine Methode niemals grossen Werth gelegt und nie sich ernstlicher darum bemüht hat. Ebenso ist der Einwand BERNOULLI's in Betreff der falschen Regel zur Auffindung der höheren Fluxion mehr bei Seite geschoben als entkräftet. Endlich zeigen die Briefe NEWTON's deutlich, dass jetzt wenigstens nicht mehr KEILL, sondern NEWTON selbst die treibende und lenkende Kraft in dem Kampfe war, und dass die vornehme, über den Parteien erhabene Stellung NEWTON's, die man ihm gerne zugeschrieben hat, wohl niemals vorhanden gewesen ist. Für das letztere ist jedenfalls auch der folgende Brief HALLEY's an KEILL vom 3. October 1715[2] charakteristisch: „Wir haben, sagt HALLEY, eine französische Uebersetzung von dem Berichte gedruckt, der in den Transactions über das Commercium epistolicum gegeben ist, um ihn nach auswärts zu senden. Sir ISAAC wünscht, dass er im Journal littéraire abgedruckt wird und s'GRAVESANDE (Mitherausgeber des Journals)

[1] Von der Abhandlung De quadratura, wo die Sache noch etwas anders liegt, ist hier nicht die Rede.

[2] EDLESTONE, Correspondence, p. 184.

will das besorgen. Indessen mag er es nicht auf eigene Verantwortung thun und schlägt deshalb vor, dass Ihr Mr. JOHNSON in Haag brieflich bittet, die betreffende Uebersetzung aufzunehmen, weil sie den ganzen Stand des Streites zwischen Euch und LEIBNIZ klarstellt. Sir ISAAC mag darin selbst nichts thun, aus Gründen, die ich Euch nicht zu sagen brauche. Er hat deshalb mich beauftragt, an Euch, der Ihr sein erklärter Ritter in diesem Streite gewesen seid, zu schreiben.“ Der Bericht erschien darnach in der gewünschten Weise im siebenten Volumen des Journal littéraire.

Von englischer Seite vor allem hat man LEIBNIZ die Anonymität seiner Streitartikel häufig zum schweren Vorwurf gemacht und mindestens eine Charakterschwäche LEIBNIZ'ens daraus ableiten wollen. Dem gegenüber darf man nicht übersehen, dass auch die NEWTON'sche Partei ebenfalls nicht ihre wahre Flagge führte. Darüber, dass alle Angriffe gegen LEIBNIZ, die von Freunden und Schülern NEWTON's ausgingen, der Billigung NEWTON's sicher und von ihm aus direct oder indirect gelenkt waren, darüber kann nach dem Vorhergehenden kaum ein Zweifel herrschen. LEIBNIZ aber wie seine Anhänger haben sich in ihrer Vertheidigung gerade dadurch in sehr ungünstiger Position lange Zeit befunden, dass sie glaubten, NEWTON von seinen Vorkämpfern trennen und alle Angriffe nur gegen die letzteren richten zu müssen, weil sie meinten, dass der erstere doch mit diesen nicht ganz übereinstimme.

Bald wurde übrigens auch NEWTON durch die Macht der Thatsachen gezwungen, in die Arena selbst ganz offen herabzusteigen. JOHN CHAMBERLYNE, königlicher Historiograph und Mitglied der Royal Society, machte am Anfange des Jahres 1714 bei den beiden Gegnern einen wohlgemeinten Versöhnungsversuch.[1] LEIBNIZ antwortete darauf noch von Wien aus am 28. April.[2] Er sei sehr dankbar für das gütige Anerbieten, dass CHAMBERLYNE ein gutes Einvernehmen zwischen NEWTON und ihm vermitteln wolle, aber nicht er sei es, welcher dasselbe unterbrochen habe. Er habe sich die Angriffe KEILL's immer nur aus dem Uebelwollen dieser Persönlichkeit allein erklärt, ohne den geringsten Argwohn, dass auch die Royal Society oder NEWTON selbst daran theil haben könnten. Aus diesem Grunde habe er sich an NEWTON, der ja die Entwickelung der Analysis genau

---

[1] C'étoit vouloir accorder deux Riveaux qui se disputoient une même Maîtresse, ou deux Conquerans qui aspiroient au même Empire. (Recueil de diverses Pieces . . . . par Mrs. LEIBNIZ, CLARKE, NEWTON etc., Amsterdam 1720, T. I, p. L.)

[2] Recueil de diverses Pieces . . . . par Mrs. LEIBNIZ, CLARKE, NEWTON etc., Amsterdam 1720, T. II, p. 116.

kenne, um Satisfaction gewandt, habe aber nie, wie man die Sache nachträglich gedreht, daran gedacht, sich gewissermaassen der Jurisdiction der Royal Society zu unterwerfen. Und selbst wenn dies geschehen, so hätte man ihm doch Nachricht geben und auch seine Gründe anhören sollen, anstatt nur eine Partei zu vernehmen. Aber er glaube auch nicht, dass das gefällte Urtheil als ein Spruch der Royal Society angesehen werden dürfe. NEWTON habe, um ihn zu discreditiren, im Namen der Royal Society das Buch nach Deutschland, Frankreich und Italien geschickt; aber er halte nicht dafür, dass diese Schmach, die man einem der ältesten Mitglieder der Gesellschaft, das auch derselben noch keine Schande gemacht, angethan habe, irgendwie Billigung finden werde. Wenn CHAMBERLYNE die Sache beilegen könne, so solle es ihn freuen; er habe immer gelehrte Streitigkeiten verabscheut. — Hierauf antwortete NEWTON, nachdem CHAMBERLYNE ihm den Brief eingesendet, am 11. Mai 1714[1] folgendermaassen. Trotz seines schwachen Verständnisses der französischen Sprache ersehe er doch aus dem Briefe von LEIBNIZ, dass dieser glaube, die Royal Society und er selbst hätten ihm die schuldige Gerechtigkeit nicht widerfahren lassen. Aber was FATIO im Jahre 1699 gegen LEIBNIZ vorgebracht, das habe dieser gethan ohne das geringste Zuthun von ihm. Dagegen habe LEIBNIZ im Jahre 1705 ihn selbst angegriffen, indem dieser zu verstehen gegeben, dass die Fluxionsrechnung von der Differentialrechnung entlehnt sei. KEILL habe ihn vertheidigt, ohne dass er eher davon gehört, als bis zur ersten Beschwerde von LEIBNIZ. Wenn man ihm etwas Unrechtes nachweisen könne, so wolle er gern Genugthuung geben. Aber er könne nicht leugnen, was wahr sei, und glaube nicht, dass die Royal Society LEIBNIZ irgendwie Unrecht gethan habe.

Auf die in dem LEIBNIZ'schen Briefe enthaltene Beschwerde gegen die Royal Society erklärte die Gesellschaft am 20. Mai,[2] dass sie sich damit nicht zu beschäftigen brauche, da der Brief nicht direct an sie gerichtet, und da sie selbst bei dem Streite, obgleich auf ihre Anordnung hin das Material veröffentlicht worden sei, doch keinen Entscheid gegeben habe. CHAMBERLYNE sandte eine Copie des Beschlusses mit dem Briefe von NEWTON und der Erwiderung von KEILL, die im Journal littéraire abgedruckt wurde, an LEIBNIZ, worauf dieser am 28. August[3] nochmals erwiderte. Er danke CHAMBERLYNE vielmals für die Mühe, die

---

[1] Recueil de diverses Pieces, Amsterdam 1720, T. II, p. 121.
[2] Ibid., T. I, p. LIII u. T. II, p. 123.
[3] Recueil de diverses Pieces . . . par Mrs. LEIBNIZ, CLARKE, NEWTON etc., Amsterdam 1720, T. II, p. 123. LEIBNIZ war damals noch immer in Wien.

dieser sich gegeben, und freue sich, dass die Royal Society den Bericht ihres Committee nicht als eine Entscheidung der Sache ansehe. Es scheine ihm auch, als ob sich in dem Briefwechsel mit OLDENBURG und COLLINS noch nicht veröffentlichte Briefe finden müssten, die ihn angingen. Er möchte wünschen, dass auch diese noch auf Anordnung der Royal Society gedruckt würden. Wenn er wieder nach Hannover zurück sei, werde er vielleicht von seiner Seite ein Commercium epistolicum veröffentlichen. — Vor allem die letzten Sätze dieses Briefes verdrossen NEWTON, und er erklärte in der Sitzung der Royal Society am 11. November,[1] in welcher der Brief derselbe verlesen wurde, dass diese Sätze beleidigend für die Mitglieder des Committee der Gesellschaft seien, weil darin behauptet werde, dass sie keine unparteiische Auswahl unter den ihnen übergebenen Papieren getroffen hätten. Er habe seinerseits, so fügte er noch hinzu, an der Abfassung des Berichtes über den alten Briefwechsel absolut keinen Antheil genommen und den Commissären völlig freie Hand gelassen; er glaube darnach auch nicht, dass es LEIBNIZ anstehe, selbst persönlich ein Commercium epistolicum zu veröffentlichen.

NEWTON wünschte nun, besonders in Hinblick auf die letzten Aeusserungen von LEIBNIZ, das gesammte ihm zu Gebote stehende schriftliche Material nochmals der Prüfung einer Commission von möglichster Bedeutung zu unterbreiten. Dazu diente ihm wieder ein wissenschaftlicher Freund, der italienische Abbé CONTI, der um diese Zeit in London lebend und bei den höchsten Herrschaften beliebt, schon auf Vorschlag NEWTON's zum Mitglied der Royal Society erwählt und so in die NEWTON'schen Kreise eingeführt worden war. Dieser lud denn auch eine glänzende Versammlung von fremden Gelehrten, aber auch Gesandten und Ministern zusammen und legte ihnen die vorhandenen Documente vor. Diese Würdenträger wussten natürlich nichts gegen den Bericht des Comités der Royal Society einzuwenden, waren aber doch der Ansicht, die besonders der Hannöversche Minister VON KIELMANNSEGGE aussprach, dass der Streit am besten durch einen directen Briefwechsel zwischen den Nächstbetheiligten NEWTON und LEIBNIZ selbst zu erledigen sei.

Abbé CONTI hatte sich im Jahre 1715 in einer wissenschaftlichen Streitsache um Auskunft an LEIBNIZ gewandt, worauf dieser im November oder December desselben Jahres in einem Briefe antwortete. In der Nachschrift dieses Briefes[2] lässt sich LEIBNIZ auch des längeren über seinen Kampf mit den Engländern aus.

---

[1] EDLESTONE, Correspondence, p. XXXVIII. Recueil de diverses Pieces, T. I, p. LIV.

[2] Recueil de diverses Pieces, T. II, p. 3.

Ich bin entzückt, sagt er unter anderem, dass Sie in England sind, denn es giebt da sehr geschickte Leute und man kann da manches profitiren; aber sie möchten gern allein als Erfinder angesehen werden und das gelingt ihnen augenscheinlich nicht. Es scheint jedenfalls nicht, als ob NEWTON die Bezeichnung und den Mechanismus der Infinitesimalrechnung vor mir gehabt hätte, wie das BERNOULLI sehr überzeugend nachgewiesen hat. Unser Streit geht um die Erfindung des Differentialcalcüls und meine Gegner werfen sich auf die Entwickelung der Reihen, bei der NEWTON mir allerdings sicher voraus ist; doch aber hatte ich zuletzt auch eine allgemeine Methode der Reihen gefunden und brauchte nicht mehr auf seine Entwickelungen zurückzugreifen. Bis zu meiner zweiten Reise nach England hatte ich nichts von dem Briefwechsel zwischen COLLINS, NEWTON und GREGORY gesehen, wie die Briefe zwischen OLDENBURG und mir zeigen. Erst bei meinem zweiten Aufenthalt in England liess mich COLLINS einen Theil seiner Briefe sehen und ich bemerkte, dass auch NEWTON da seine Unwissenheit in manchen Sachen, vor allem bei der Ausmessung gewisser Curven gestand, was man aber in dem Commercium epistolicum unterdrückt hat. Ich bin betrübt darüber, dass ein so bedeutender Mann wie NEWTON so viel auf die Schmeichler hört, die ihn mit mir entzweien wollen. Auch seine Philosophie erscheint mir ein wenig seltsam und ich glaube nicht, dass sie sich Anerkennung erringen wird. Uebrigens wundere ich mich sehr, dass die Anhänger NEWTON's nicht bessere Zeichen davon geben, dass ihnen der Meister eine fruchtbare Methode überliefert hat. Ich bin mit meinen Schülern glücklicher gewesen. Um noch ein wenig unseren englischen Analysten an den Puls zu fühlen, bitte, geben Sie ihnen, als von Ihnen selbst oder von einem Freunde kommend, das Problem auf: Eine Curve zu finden, welche eine Schaar von Curven bestimmter Art, wie z. B. alle Hyperbeln mit demselben Scheitel und demselben Mittelpunkt, alle unter rechten Winkeln schneidet.

NEWTON zeigte zuerst wenig Neigung der von der CONTI'schen Versammlung gegebenen Anregung zu folgen und mit LEIBNIZ persönlich in Verhandlungen einzutreten. Erst als auch der königliche Hof von einem solchen Schritte sich ausdrücklich Erfreuliches versprach, liess er sich dazu bestimmen und schickte unter dem 26. Februar 1716 einen Brief für LEIBNIZ an CONTI[1] zur Uebersendung. Sie wissen, heisst es darin, dass das Commercium epistolicum alte Papiere enthält, die auf den Streit zwischen LEIBNIZ und KEILL Bezug haben; sie wurden durch ein Committee aus zahlreichen distinguirten Personen verschiedener

[1] Recueil de diverses Pieces, Amsterdam 1720, T. II, p. 16.

Nationalität gesammelt und auf ausdrückliche Ordre der Royal Society gedruckt. Leibniz hat bis heute verweigert, darauf zu antworten, wohl wissend, dass man gegen Thatsachen nicht angehen kann. Als Vorwand für sein Schweigen gab er zuerst an, dass er das Buch nicht gelesen, dann, dass er keine Zeit habe, es zu prüfen. Statt dessen erschien am 29. Juli 1713 ein verleumderischer anonymer Brief, in welchem ein Schreiben eines angeblichen Mathematikers[1] eingeschlossen war. Keill hat darauf geantwortet, aber Leibniz ist wieder die Antwort schuldig geblieben, weil er nun den Engländern nicht dies Vergnügen gönnen will. Statt dessen versucht er mich in philosophische Streitigkeiten zu verwickeln und legt mir Aufgaben vor, die absolut keine Beziehung zu der streitigen Sache haben. Leibniz beklagt sich über eine parteiische Behandlung durch das Committee, das Sachen in dem Commercium ausgelassen, die von meiner Unwissenheit zeugten. Aber der betreffende Brief findet sich abgedruckt auf Seite 74 des Commerciums; und wenn Leibniz bekennt, dass er denselben gesehen, so bekennt er auch, dass er im October 1676 schon Kenntniss von meiner Methode der Fluxionen bekommen hat. Wenn Leibniz sich nicht selbst widersprechen will, so muss er wenigstens das zugeben, was er schon vor mehr als 15 Jahren von meiner Erfindung anerkannte. — Newton zählt hiernach in ausführlicher Weise alle die Stellen aus den Briefen und Abhandlungen Leibniz'ens auf, in denen dieser früher in zuvorkommender, höflicher Weise ausgesprochen hatte, dass auch Newton eine Infinitesimalmethode ähnlich seiner Differentialmethode habe. Der Brief schliesst endlich mit den nach dem Vorgehen von Keill doch merkwürdigen Worten: Aber da Leibniz vor einiger Zeit gegen mich die Anklage als Plagiator erhoben hat, so ist es, falls er darauf besteht, nach allen geltenden Regeln, an ihm dieselbe zu beweisen, wenn er nicht der Verleumdung schuldig erscheinen will. Er hat sich bis jetzt damit begnügt, an diejenigen, mit denen er im Briefwechsel steht, Briefe voll Verleumdungen, Klagen und Reflexionen zu schreiben, welche nichts beweisen. Aber er ist der Angreifer und muss darum beweisen, wessen er mich anklagt.

Conti's Begleitschreiben zu diesem Briefe liess keinen Zweifel darüber, dass er vollständig für die Newton'sche Seite gewonnen war. Er wolle in die Streitigkeiten zwischen Leibniz und Keill, oder besser Newton, so sagt er,[2] nicht eintreten, sondern nur Thatsachen berichten, die er gesehen und gehört habe. Er habe

---

[1] Mathématicien, ou prétendu Mathématicien.

[2] Recueil de diverses Pieces, vol. II, p. 12; auch abgedruckt in Phil. Trans., no. 359, p. 923; Phil. Trans. abr., vol. IV, pt. I, p. 162.

in der Royal Society die Originale der Briefe des Commercium Epistolicum gesehen; ferner einen kurzen Brief an NEWTON von LEIBNIZ (17. März 1693) und endlich ein altes Manuskript, das NEWTON vor langer Zeit an BARROW gesendet und das JONES neuerdings veröffentlicht habe. Das dürfte jedenfalls genügen, um, alle fremden Disgressionen bei Seite lassend, zu prüfen, wer von Beiden, NEWTON oder LEIBNIZ, die Fluxions- oder Infinitesimalrechnung vor dem anderen hatte. Es ist wahr, so heisst es direct, Ihr veröffentlichtet die Rechnung zuerst; aber NEWTON hatte sehr deutliche Winke davon in seinen Briefen vor Euch gegeben. Das ist durch das Commercium und den Auszug daraus nun vollkommen bewiesen, was ist Eure Antwort darauf? Eure Freunde erwarten dieselbe mit viel Ungeduld[1] und sie meinen, dass Ihr eine solche nicht vermeiden könnt, wenn nicht gegenüber KEILL, so doch gegenüber NEWTON selbst, der Euch dazu in dem beiliegenden Briefe direct auffordert. Sr. Majestät dem König hat es gefallen, mich mit der Berichterstattung über alles, was zwischen Euch und NEWTON vorgefallen, zu beauftragen; ich habe das nach besten Kräften gethan und ich wünschte, dass es für Euch Beide gute Folgen haben möchte. . . . Eure Aufgabe ist mit geringer Mühe und in sehr kurzer Zeit sowohl in Oxford als in London gelöst worden. Ueber die Philosophie möchte ich erst ein andermal sprechen. Wir müssen vorher über die Methode des Philosophirens übereinstimmen und sorgfältig unterscheiden zwischen der Philosophie von NEWTON selbst und den Folgerungen, welche Manche sehr schnell daraus ziehen wollen.

LEIBNIZ sandte hierauf eine lange Auseinandersetzung für NEWTON an CONTI.[2] Sie haben, sagt er, jedenfalls aus Liebe zur Wahrheit, Sich zu einer Art von Cartellträger NEWTON's gemacht. Ich mochte mich in keinen Handel mit den Sturmläufern[3] einlassen, die er gegen mich ausgesandt hat, weder mit dem directen Ankläger, noch mit dem Commercium Epistolicum, noch mit der heftigen Vorrede zur zweiten Ausgabe seiner Principien. Aber da NEWTON selbst im Felde erscheinen will, werde ich mich ihm gerne stellen.[4] Ich war sehr erstaunt zu hören, dass NEWTON mich als Ankläger darstellt, wo ich doch von ihm immer nur in sehr verbindlicher Weise gesprochen habe. Die

---

[1] Es ist nicht klar, wer diese Freunde sind.

[2] Recueil de diverses Pieces, Amsterdam 1720, T. II, p. 48.

[3] Des enfans perdus.

[4] Am 13. April 1716 schreibt LEIBNIZ an JOH. BERNOULLI: NEWTON ist jetzt, da ich KEILL keiner Antwort würdigte, selbst in die Arena herabgestiegen und hat an den Abbé CONTI einen Brief geschrieben, den dieser mir zugeschickt hat. (Commercium phil. et math., Lausanne 1745, vol. II, p. 375.)

Worte in den Acta Eruditorum von 1705 kann man doch unmöglich als Anklage des Plagiats gegen Newton nehmen, und wenn man sich darüber beklagt hätte, würde ich sicher volle Genugthuung gegeben haben; aber entweder haben Verleumder Newton verhetzt, oder er selbst hat nur einen Anlass zum Streit gesucht. Ein mir ergebener Freund hat dann eine Schrift veröffentlicht, die Newton verleumderisch nennt; aber diese Schrift ist nicht schärfer als das, was man gegen mich vorgebracht hat, und Newton hat also kein Recht, sich zu beklagen. Wenn man tadelt, dass der Autor und der Druckort in der Schrift nicht genannt sind, so kennt man doch wohl den Schreiber des in derselben enthaltenen Briefes, den Newton als einen angeblichen Mathematiker bezeichnet, obgleich ihn alle Welt als einen Mathematiker ersten Ranges anerkennt. Die in dem Commercium epistolicum abgedruckten Briefe enthalten nicht ein Wort, welches meine Erfindung der Differentialrechnung in Zweifel stellen könnte; statt der letzteren spricht man darum viel von der Entwickelung der Reihen, wo man Newton dann die Priorität zuschreibt. Wollte ich alles zurückweisen, so würde ich Mühe haben Vorwürfe zu vermeiden, wie sie ein solches Verfahren verdiente, und ich trage kein Verlangen darnach, der Welt ein öffentliches Schauspiel zu geben. Was meine angebliche Absicht betrifft, ihn in philosophische Streitigkeiten zu verwickeln, so habe ich, abgesehen von ganz privaten Briefen, einiges von meinen Principien gegeben, ohne aber die seinigen anzugreifen. Und wenn ich Aufgaben vorgelegt habe zur Lösung, so denke ich, dass wir Beide, Newton und ich, in unserem Alter uns darum nicht zu bemühen brauchen, dass wir aber Freunde genug haben, die uns dabei vertreten können. Ich leugne nicht, dass ich bei meinem zweiten Aufenthalt in London bei Collins Papiere von Newton gesehen, aber was ich darin ebensowenig als in dem Commercium bemerkt habe, das ist eine Erklärung der Fluxionsrechnung von Newton. Newton will, dass ich ihm noch dasselbe Verdienst um die Analysis zugestehe, das ich ihm vor fünfzehn Jahren zugestanden habe, aber dann ist er gleicherweise verpflichtet, mir noch jetzt die Erfindung der Differentialrechnung zuzuerkennen, wie er sie mir in seinen Principien von 1687 zuerkannt hat. Als ich zum ersten Male in England war, hatte ich noch nicht die geringste Kenntniss von den Reihen, wie sie Mercator gegeben hatte. Ich interessirte mich nur für die Eigenthümlichkeiten der Zahlenreihen und wandte für die Summirung die Differenzenreihen an. Collins lernte ich damals nicht kennen, obgleich man malitiöser Weise das Gegentheil angedeutet hat. Huygens weihte mich dann erst in Paris in diese Materie der höheren Geometrie ein und darnach gelang mir die arithmetische Quadratur des Kreises, die ich 1674 an OLDENBURG mittheilte. Weder HUYGENS noch ich wussten damals schon etwas von den Reihen GREGORY's oder NEWTON's. Aus den Briefen OLDENBURG's, in denen er mich darauf aufmerksam machte, sieht man auch, dass früher davon zwischen uns nicht die Rede gewesen. Ich war damals noch etwas neu in der Sache und kannte auch noch keine Methode der Wurzelausziehung durch Reihen, aber ich fand bald die allgemeine Methode der arbiträren Reihen und kam bald darnach auch zu meinem Differentialcalcül. Nicht aber die Fluxionen von Linien, sondern die Anwendung der Differenzenreihen auf Grössen, welche continuirlich wachsen, haben mich dazu geführt und ich glaube, dass dies der der Analysis am meisten angemessene Weg ist. Jedenfalls ist der geometrische Calcül der Fluxionen nur ein Specialfall des allgemeinen analytischen Calcüls der Differenzen. Ich habe zur Redlichkeit NEWTON's ein so grosses Zutrauen gehabt, dass ich ihm auf's Wort geglaubt habe; aber da ich sehe, dass er auf Anklagen eingeht, deren Falschheit ihm bekannt ist, muss ich anfangen an jener zu zweifeln. Ich kann nicht wissen, ob meine Briefe vor vierzig Jahren so geschrieben sind, wie sie heute veröffentlicht werden; aber ich halte für möglich, dass ich bei dem zerstreuenden Aufenthalte in Paris OLDENBURG um Beweise für Sachen gebeten habe, die ich leicht selbst hätte finden können. NEWTON hat bemerkt, dass dasjenige, was ich 1677 an OLDENBURG geschrieben, sich leicht aus der Tangentenmethode von BARROW ableiten lasse. Da nach seinem eigenen Geständniss in den Principien seine Methode der meinigen ganz ähnlich ist, so gilt von ihr dasselbe. Wir brauchen uns aber beide darüber nicht zu grämen, da sehr viele Leute das Buch von BARROW gelesen und doch die Methode nicht gefunden haben. Wenn indessen doch Jemand von BARROW profitirt haben soll, so kann dies nur NEWTON sein, der unter ihm studirt, nicht ich, der ihn nie gekannt hat. Ich weiss heute nicht mehr, ob ich seiner Zeit die Stelle bemerkt habe, wo WALLIS sagt, dass NEWTON seine Fluxionsmethode schon 1665 oder 1666 erfunden habe. Aber wenn ich es bemerkt hätte, würde ich ihm auf's Wort geglaubt haben, und Niemand könnte das gegen mich benutzen. Ich weiss nicht, ob NEWTON alles billigt, was seine Anhänger gegen mich geschrieben haben; aber ich stimme ganz mit ihm überein, wenn er sagt, dass derjenige, welcher eine solche Anklage vorbringt, ohne sie zu beweisen, sich der Verleumdung schuldig macht.

In einer speciell für CONTI bestimmten Nachschrift zu diesem Briefe versichert LEIBNIZ nochmals, dass er auch nicht die geringste Spur der Differential- oder Fluxionsrechnung in den alten Briefen NEWTON's habe entdecken können, ausgenommen den

Brief vom 24. October 1676, wo dieselbe aber auch nur in einem Räthsel gegeben sei. Das Räthsel habe NEWTON zehn Jahre später, jedoch nicht so aufgelöst, dass es nun Alles sage, was man verlangen könne. Wenn er selbst in seinen Briefen gethan habe, als enthalte das Räthsel die ganze Theorie, so habe man sich allerdings an seine Worte gehalten, aber seine Redlichkeit sehr schlecht anerkannt. CONTI benachrichtige ihn, dass JONES noch einen neuen Brief von ihm an NEWTON abgedruckt habe, er möge ihm doch auch sagen, wo das geschehen. Wenn CONTI behaupte, dass die Engländer die gestellte Aufgabe sehr schnell gelöst, so möchte er annehmen, dass diese Lösung nur eine specielle, für einige leichte Fälle passende, sein werde. Ganz besonders erstaunlich aber sei ihm, dass CONTI über die NEWTON'sche Philosophie erst sprechen wolle, nachdem man sich über die Methode des Philosophirens geeinigt. Ob es denn in London etwa eine andere Logik gäbe als in Hannover? — LEIBNIZ hatte seinen Brief, um einen sicheren Zeugen für dessen Inhalt zu gewinnen, an PIERRE RÉMOND DE MONTMORT, der Mitglied der Pariser Akademie und auch der Royal Society war, nach Paris gesendet und gebeten, denselben nach der Kenntnissnahme an CONTI zu übermitteln. Am 14. April[1] aber gab LEIBNIZ an CONTI auch noch directe Nachricht von der Absendung der Antwort und bemerkte nun positiv, dass die Lösung seiner Aufgabe, welche den Engländern angeblich so leicht geworden, keine allgemeine, sondern nur die eines Specialfalles sei. So hoffe ich, schloss er den Brief, dass Sie die Güte haben werden, den Einflüsterungen meiner Gegner nicht zu viel zu glauben, besonders, wenn sie Ihnen einreden wollen, dass unsere Aufgaben so leicht für sie zu lösen wären.

Mit diesen Briefen war für LEIBNIZ der Kampf zu Ende; er starb, ohne Weiteres über die Angelegenheit veröffentlicht zu haben, am 14. November 1716. Der Streit hatte ihm die Früchte seiner genialen Entdeckung noch im späten Alter fast ganz geraubt und seine letzten Lebensjahre in ärgster Weise verbittert. Aber auch NEWTON konnte eines Sieges selbst nach dem Tode seines grossen Gegners nicht froh werden, denn für ihn bedeutete dieser Tod kaum einen Stillstand oder eine Abschwächung des Streites. Einerseits setzte er selbst mit noch wachsender Erbitterung den Kampf um die allgemeine Anerkennung als erster Erfinder der Fluxionsrechnung bis an sein Lebensende fort, und andererseits verweigerten die Anhänger der LEIBNIZ'enschen Differentialrechnung mit nicht geringerer Hartnäckigkeit die Verleugnung ihres Meisters. Ja geniale Mathematiker ersten Ranges,

---

[1] Phil. Trans. abr., vol. IV, pt. I, p. 163.

wie JOHANN BERNOULLI, führten die Entwickelung der Differentialrechnung nach LEIBNIZ'schem Muster mit einem Glanze weiter, gegen den die ganze mathematische Schule NEWTON's nicht aufkommen konnte.

Im Juli 1716 erschien in den Acta Eruditorum eine Epistola pro Eminente Mathematico Dn. Joanne Bernoulli contra quendam ex Anglia antagonistam scripta, welche die englischen Mathematiker des NEWTON'schen Kreises auf's schärfste angriff und ihr Können auf's stärkste anzweifelte. Der Brief beginnt mit der Bemerkung, dass JOH. BERNOULLI die Integralrechnung aus eigener Kraft gefunden und dieselbe vor allen anderen Gelehrten weiter ausgebildet habe. Trotzdem aber erkenne er seinerseits an, dass LEIBNIZ schon vor ihm im Jahre 1686 Beispiele dieser Rechnung für solche Fälle gegeben, wo man die Integrale durch einfache Umkehrung der Differentiale finden könne; und andererseits habe LEIBNIZ auch nie darnach getrachtet, seine (d. i. BERNOULLI's) Verdienste zu schmälern oder gar zu leugnen. Ganz anders werde es leider in dem Streite gehalten, der gegenwärtig zwischen Engländern und Deutschen über den ersten Erfinder der Infinitesimalrechnung geführt werde. Die Frage sei von ähnlicher Art und gleichem Werth, als wenn man bei einem Baue nur darüber streite, wer den ersten Stein dazu gelegt, aber sich nicht um denjenigen bekümmere, der das Gebäude selbst errichtet und vollendet. Darnach wendet sich der Brief gegen die frivolen Anklagen, welche ein gewisser Engländer (natürlich KEILL) gegen BERNOULLI erhoben, ein Engländer, der für nichts Interesse habe, was nicht von seinem Abgotte stamme, und der Alles an diesem, Gutes und Schlechtes, mit gleichem Eifer vertheidige. — Die Erklärungen, welche KEILL (auf den Wunsch NEWTON's) in dem Journal littéraire gegen den Brief des berühmten Mathematikers, wie er in dem Flugblatte vom 29. Juli 1713 enthalten war, veröffentlicht hatte, werden hiernach ausführlich besprochen und nachdrücklich widerlegt. Die Epistel schliesst mit der Mahnung an den englischen Antagonisten, erst die eigenen Erfindungen aufzuzeigen, mit welchen er selbst die Wissenschaft bereichert habe, bevor er sich zum Richter über die Erfindungen Anderer aufwerfe. Aber bis jetzt habe man nichts weiter von ihm gesehen, als was er von seinem NEWTON und von Anderen abgeschrieben und mit Unterdrückung der Namen zusammengestellt

[1] Acta Eruditorum, Juli 1716, p. 296. JOH. BERNOULLI hat selbst diese Epistel zu seiner Vertheidigung geschrieben, CHR. WOLF und LEIBNIZ hatten dieselbe in die Acta Eruditorum einrücken lassen und dabei überall, bis auf eine vergessene Stelle, die erste Person des Schreibenden in die dritte umgeändert.

habe. Die letztere üble Angewohnheit sei übrigens bei ihm nicht vereinzelt, vielmehr habe er dieselbe mit anderen Engländern, wie CHYNAE, DES HAYES, TAYLOR u. s. w. gemeinsam.

KEILL's Antwort, die von NEWTON corrigirt und gebilligt worden, war seiner eigenen Neigung, wie dem Tone BERNOULLI's entsprechend, derb und deutlich; sie endete mit den charakteristischen Worten: Wenn jemand aber meinen sollte, dass Ihr zu streng behandelt worden wäret, so gebe er sich die Mühe, Euren Brief, das würdige Ergebniss Eures Genius, zu lesen, und dann mag er urtheilen, ob Ihr diese Behandlung verdient habt oder nicht. — Trotz solcher Kraftäusserungen vermochte schiesslich KEILL doch nicht den Sieg an seine Fahnen zu fesseln. KEILL war mit JOH. BERNOULLI zuerst über das inverse Problem der Centralkräfte in einen wissenschaftlichen Streit gerathen. BERNOULLI hatte getadelt, dass NEWTON bei der Demonstration der Bahncurven für das umgekehrt quadratische Kraftgesetz diese Curven der Art nach als Kegelschnitte ohne weiteres angenommen habe, und hatte darnach selbst eine von jeder besonderen Annahme freie Demonstration der Bahncurve gegeben. KEILL nahm diesen Tadel seines Meisters natürlich für seine Person übel; und wenn BERNOULLI die Demonstration NEWTON's als eine verworrene bezeichnet und die seinige als eine einfachere hingestellt hatte, so bemühte sich KEILL in den Philosophical Transactions von 1713[1] umgekehrt zu zeigen, dass NEWTON's Beweise die einfacheren und die BERNOULLI'schen die mehr verworrenen seien. Doch fand er dabei wenig Beifall. Bald nach dieser Zeit kam KEILL auf den unglücklichen Gedanken, die Art BERNOULLI's selbst nachzuahmen und seinerseits dem Gegner eine Aufgabe vorzulegen, deren Lösung diesen in Verlegenheit bringen sollte.

NEWTON hatte die Wurfcurve in einem Mittel bestimmt, dessen Widerstand der Geschwindigkeit einfach proportional ist. KEILL meinte nun, dass die Bestimmung der Curve für einen Widerstand proportional dem Quadrat der Geschwindigkeit eine genügend schwierige Aufgabe für BERNOULLI wäre. Aber dieser löste nicht nur diese Aufgabe in kürzester Frist, sondern forderte nun selbst von seinem Gegner die ganz allgemeine Bestimmung der Wurfcurve bei einem Widerstande, der proportional irgend einer beliebigen Potenz der Geschwindigkeit ist. KEILL war augenscheinlich auf diesen Gegenzug nicht vorbereitet und hat, trotz aller öffentlichen Anreizungen BERNOULLI's, die Lösung der Aufgabe weder allein, noch mit Hülfe seiner Freunde, weder in kurzer Frist, noch überhaupt jemals beibringen können. Schliesslich

---

[1] Phil. Trans., no. 340, p. 91, November 24, 1713; Phil. Trans. abr., vol. IV, pt. I, p. 367.

wurde er so erregt durch die spöttischen Angriffe und verächtlichen Aeusserungen, mit denen BERNOULLI keineswegs geizte, dass, gerade so wie einst LEIBNIZ gegen ihn, er nun selbst gegen dessen Freund die Hülfe der Royal Society anrief, die ihn aber diesmal im Stiche liess.[1] Es war in einer Sitzung vom 28. Mai 1719, der NEWTON präsidirte, wo KEILL sich über BERNOULLI's höhnische Angriffe beklagte und die Royal Society aufforderte, ihren Abscheu gegen eine solche Art des Vorgehens auszusprechen. Der Präsident ordnete an, dass die Erledigung der Sache verschoben würde, bis der Secretair der Gesellschaft, EDMOND HALLEY, wieder in London anwesend sei und man nähere Erkundigungen eingezogen hätte. Doch ist in den Büchern der Gesellschaft nichts über den weiteren Verfolg dieser Angelegenheit zu finden. KEILL starb im September 1721, ohne im Kampfe gegen BERNOULLI auch nur einen Vortheil errungen zu haben.

Nicht besser erging es einem anderen, jedenfalls verdienstvolleren Anhänger NEWTON's, nämlich BROOK TAYLOR. TAYLOR hatte sich den Unwillen BERNOULLI's vor allem durch sein Lehrbuch der Fluxionsrechnung, die Methodus incrementorum von 1715 zugezogen, weil er da allerdings, wie die Acta Eruditorum[2] ausdrücklich hervorheben, in der Vorrede noch die Verdienste von WALLIS und CAVALIERI gerühmt, aber in dem Werke selbst keine Namen, ausser dem von NEWTON, unter den Förderern der Analysis des Unendlichen genannt hatte. Zwar konnte BERNOULLI die Arbeiten TAYLOR's nicht mit derselben nachlässigen Verachtung wie die von KEILL behandeln, aber doch behielt die Einfachheit und Eleganz seiner Lösungen in ihrer klaren LEIBNIZ'schen Bezeichnungsweise überall über die Dunkelheit der TAYLOR'schen Arbeiten die Oberhand.

Auch sonst ging in dem Streite nach LEIBNIZ'ens Tode nicht alles nach dem Wunsche NEWTON's. Der berühmte FONTENELLE erklärte zwar in der Eloge LEIBNIZ'ens, die er als Präsident der

---

[1] Nach EDLESTONE, Correspondence of Sir Isaac Newton, p. 187, hat KEILL gar nicht beabsichtigt, sein Problem öffentlich vorzulegen, sondern dasselbe nur in einem Privatbriefe an BROOK TAYLOR mit der Bemerkrung ausgesprochen, BERNOULLI thäte besser, sich mit solchen praktischen Problemen zu beschäftigen. TAYLOR soll dann das Problem ohne Wissen KEILL's an RÉMOND DE MONTMORT und dieser an BERNOULLI gesendet haben. Wie gereizt die Stimmung der BERNOULLI's gegen KEILL war, ersieht man aus einem Briefe TAYLOR's an KEILL vom 26. April 1719 (EDLESTONE, Correspondence, p. 235), worin dieser eine Botschaft von NICOLAUS BERNOULLI (JOHANN BERNOULLI's Neffen) ausrichtet. Er acceptire das Versprechen KEILL's, ihm für jede Unwahrheit, die er KEILL nachweisen könne, fünf Pistolen zu geben; er müsse darnach mindestens zwanzig Pistolen erhalten.

[2] Acta Eruditorum, Juli 1716, p. 292.

Pariser Akademie veröffentlichte,[1] dass er zwischen diesem Cäsar und diesem Pompejus, zwischen Leibniz und Newton, eine Entscheidung nicht treffen wollte, zeigte aber doch durch die Art seiner Aufzählung der Thatsachen, dass er ganz auf Leibniz'ens Seite stehe, und bemerkte ausdrücklich, dass man ein Plagiat dieses Forschers der ganzen Entwickelung seines Calculs nach nicht im Ernste für möglich halten könne.[2] Ja er machte noch besonders darauf aufmerksam, dass Newton lange Zeit zur Entwickelung der Leibniz'schen Ideen, ohne jede Reclamation stillgeschwiegen, dass er seinerzeit Leibniz'ens Verdienste um den neuen Calcul ausdrücklich anerkannt, und dass er erst Jahrzehnte nach den ersten Veröffentlichungen von Leibniz den Kampf um die Priorität begonnen habe.

Bei dieser Sachlage erschien es zweckmässig, die Entwickelung der Newton'schen Fluxionsrechnung noch persönlicher darzustellen, als das im Commercium epistolicum geschehen war, und nicht nur zu zeigen, wie dieselbe in Briefen an die Oeffentlichkeit getreten, sondern auch wie sie sich nach den Privatpapieren Newton's darstellte. Zu diesem Zwecke verfasste das Mitglied der Royal Society Joseph Raphson eine Geschichte der Fluxionsrechnung, die erst 1717, ein oder zwei Jahre nach seinem Tode, erschien, und die von Newton mit eigenen Bemerkungen über die Zeit seiner Entdeckungen, sowie auch mit nachträglichen Erwiderungen auf Leibniz'ens letzten Brief vom 9. April ausgestattet war. Darin sagt sich nun Newton von der Anerkennung, die er Leibniz in dem berühmten Scholium der Principien bewahrt hatte, in folgender merkwürdigen Weise los.[3] Was das Scholium, so heisst es, im zweiten Buche der Principien betreffe, welches so viel gegen ihn gewendet worden sei, so sei das keineswegs damals geschrieben worden, um die Erfindung der Methode Leibniz ohne Weiteres zu überlassen, sondern im Gegentheil um diese Erfindung für sich selbst in Anspruch zu nehmen. Ob Leibniz dann die Methode nach ihm erfunden oder von ihm entlehnt habe, das sei von absolut keiner Wichtigkeit, denn ein zweiter Erfinder habe kein Anrecht auf die Erfindung (second inventors have no right).

Das war allerdings ein ganz directer, kaum zu übersehender Widerspruch mit den Rechtsgrundsätzen, die Newton selbst vor

---

[1] Histoire de l'Académie Royale des Sciences, Paris 1716, p. 94—128.

[2] Ibid., p. 112: En general il faut des preuves d'une extrême évidence pour convaincre un homme tel que lui d'être Plagiaire le moins du monde, car c'est-là toute la question . . . Les gens riches ne dérobent pas, et combien M. Leibniz l'était-il?

[3] Abgedruckt in Horsley, Newtoni Opera, vol. IV, p. 616.

Jahren über das Erfinderrecht in dem Streite mit HOOKE entwickelt hatte. Dort spottete und schalt er darüber, dass Jemand, der nur eine unausgebildete Idee von der Gravitation gehabt, sich ein Verdienst ihm gegenüber zuschreiben wolle, der in schwerem Bemühen die Theorie der Gravitation entwickelt und vollendet habe. Hier aber bei der Differentialrechnung soll es nach ihm nicht auf die vollendete Arbeit, sondern einzig auf die erste Idee ankommen und das Nachfolgende soll für das Erfinderrecht von gar keiner Bedeutung mehr sein. Es kann nicht sehr wunder nehmen, wenn auch diese Auslassungen nicht die erwartete oder gewünschte Wirkung thaten. Noch am 26. August 1721 berichtete CONTI in einem Briefe an TAYLOR aus Paris über den geringen Erfolg seiner Bemühungen zu Gunsten NEWTON's. So sehr er unaufhörlich bestrebt sei, die Franzosen zu Gunsten NEWTON's und der englischen Physiker aufzuklären, so wenig vermöge er ihnen die wahre Natur von Sir ISAAC's Methode begreiflich und ihnen einleuchtend zu machen, wie die ersten und letzten Verhältnisse der werdenden und verschwindenden Quantitäten zu denken seien.[1]

Ein charakteristisches Zeichen dafür, dass man die parteiische Einseitigkeit der NEWTON'schen Schule und ihre geringe Kenntniss der thatsächlichen Entwickelung der gegnerischen Ideen in Frankreich sehr wohl erkannte, ist ein Brief, den RÉMOND DE MONTMORT, der mit beiden Parteien befreundet blieb, am 18. December 1718 an TAYLOR schrieb.[2] Ich glaube, sagt MONTMORT, dass Sie bei der Abfassung Ihrer vortrefflichen Methodus incrementorum noch sehr wenig über die Geschichte der neuen Erfindung unterrichtet waren und ich meine, dass Sie es selbst heute noch nicht genügend sind. Jedenfalls hat mich der folgende Satz von Ihnen ungemein erstaunt: „Was den Erfinder und Vervollkommner der Methode betrifft, so kenne ich keinen ausser NEWTON. Ich weiss, dass Einige sich mit gutem Erfolg mit der Methode beschäftigt und dieselbe wohl verstanden haben; aber ich habe immer NEWTON nicht nur als Erfinder, sondern auch als den grössten Meister derselben erkannt." Ich denke wie Sie über die Grösse NEWTON's, aber ich muss die Meinung bekämpfen, als ob durch NEWTON und nicht durch LEIBNIZ und BERNOULLI der neue Calcül der Allgemeinheit überliefert worden wäre. Das ist ein thatsächlicher Irrthum, und es scheint mir besser, wenn ich als Freund Sie warne, aus nationalem Eifer die Regeln der Billigkeit zu vergessen und Ihren Feinden Gelegenheit zu Angriffen zu geben. Ich will hier nicht die Rechte NEWTON's als des ersten

---

[1] EDLESTONE, Correspondence, p. 235.
[2] BREWSTER, Life of Newton, vol. II, App. XXIII, p. 511—515.

Erfinders der Infinitesimalrechnung prüfen, aber ich möchte Ihnen im Detail zeigen, warum nur LEIBNIZ und BERNOULLI als die wahren Begründer derselben gelten dürfen. — MONTMORT weist dann Schritt für Schritt nach, wie LEIBNIZ und BERNOULLI der gelehrten Welt die neue Rechnung erklärt und zu ihrer Benutzung angeleitet haben, wie NEWTON zwar gezeigt, dass er selbst das neue Instrument ebenso wie LEIBNIZ und BERNOULLI gekannt und anzuwenden verstanden, wie er aber niemals der Oeffentlichkeit seine Erfindung klar und verständlich mitgetheilt hat, und schliesst dann mit den folgenden Worten: Man kann in seiner Art nichts schöneres und besseres finden, als was NEWTON in der Abhandlung De quadratura curvarum veröffentlicht hat. Aber die Abhandlung kam zu spät; nicht so sehr für NEWTON, dessen Ruhm nicht mehr vergrössert werden konnte, als vielmehr für einige seiner Landsleute, die fremdes Verdienst bei der Entwickelung der neuen Wissenschaft nicht anerkennen mögen.

Die jüngeren Mathematiker aus NEWTON's Kreise hatten, wie MONTMORT richtig andeutet, ohne genügende historische Kenntnisse nur auf die Autorität NEWTON's hin seine Priorität in der Entwickelung der Infinitesimalrechnung behauptet. Sie waren gerade darnach wenig geschickt, ihre Behauptungen sachkundigen Angriffen gegenüber in überzeugender Weise zu vertheidigen, und so wurde NEWTON durch die Macht der Thatsachen im Verlaufe des Streites immermehr dazu getrieben, seine Vertheidigung selbst in die Hand zu nehmen, und in der That concentrirte sich seine Thätigkeit in den letzten Jahren seines Lebens, wie beherrscht von einer fixen Idee, fast ganz auf dieses Gebiet.

VARIGNON hatte die Eloge LEIBNIZ'ens an NEWTON gesandt. Dieser antwortete darauf ganz gemässigt, dass FONTENELLE zwar sehr unparteiisch gewesen sei, aber doch einige Missverständnisse, jedenfalls wegen ungenügender Information, begangen habe, und fügte dann gleich die seiner Ansicht nach richtigen Informationen bei. In einem Briefe vom 26. September 1721[1] aber, in welchem er sich bei VARIGNON für die Uebersendung der französischen Uebersetzung seiner Optik bedankte, kam er nochmals ausführlicher auf den Handel zurück. BERNOULLI habe ihm jetzt einen Brief geschrieben, worin er sich gegen die Urheberschaft des Flugblattes vom 29. Juli 1713 verwahrt habe. KEILL dränge dazu, diese Zuschrift zu veröffentlichen, er aber habe sie bisher nur privatim an Bekannte mitgetheilt. MOIVRE habe ihm auch gesagt, dass BERNOULLI sein Bild wünsche. Aber ehe dieser Wunsch erfüllt werde, müsse BERNOULLI vorher öffentlich anerkennen: dass er (NEWTON) die Methode der Fluxionen und Momente be-

---

[1] BREWSTER, Life of Newton, vol. II, App. XXI, p. 496—501.

reits im Jahre 1672 gehabt, dass er in der ersten Proposition des Buches von den Quadraturen, welche WALLIS 1693 abgedruckt, und ebenso 1686 in dem zweiten Buche der Principien die wahre Regel für das Differentiiren der Differentiale gegeben, dass er im Jahre 1672 die Formel für die Krümmung der Curven gekannt, und dass er endlich bereits im Jahre 1669, als er die Analysis per Series geschrieben, die Methode des genauen Quadrirens der Curven gehabt habe, bei denen eine solche Quadratur überhaupt möglich sei. Wenn BERNOULLI alles das zugegeben haben werde, so solle aller Streit beendet sein, und er (NEWTON) werde nicht leicht sein Bild verweigern. — Ein Jahr nach diesem Briefe sandte NEWTON auch eine als Manuscript gedruckte zweite Ausgabe des Commercium epistolicum an VARIGNON und bat um gefällige Durchsicht und Correctur; doch vermied es VARIGNON in seiner Antwort augenscheinlich, eine Betheiligung seinerseits an dem Streite auch nur vermuthen zu lassen.

Der erwähnte directe Briefwechsel BERNOULLI's mit NEWTON war durch ein Schreiben des Ersteren vom 15. Juli 1719[1] eröffnet worden, worin er sich für die Uebersendung von NEWTON's Optik bedankte. BERNOULLI, wie immer bemüht, NEWTON von seinen kampflustigen Anhängern zu trennen, versicherte NEWTON darin seiner unwandelbaren Achtung als des grössten lebenden Physikers und Mathematikers und lehnte ausdrücklich die Autorschaft des Flugblattes vom 29. Juli 1713 ab. In einem späteren Briefe vom 21. December 1719, wo er den Streit mit TAYLOR zu mildern suchte und sich nur die erste hypothesenfreie Lösung des inversen Problems der Centripetalkräfte vorbehielt, fragte er nebenbei mit an, ob seine Ausschliessung aus den Listen der Royal Society auf Beschluss der Gesellschaft oder nur auf Veranlassung ihres Secretärs erfolgt sei, und scheint darnach wenigstens von NEWTON die Auskunft erhalten zu haben, dass die Auslassung seines Namens aus den Listen der Mitglieder nur auf einem Irrthum der Person beruhen könne, welche die Listen copirt hätte. Der Briefwechsel erlosch um das Jahr 1723, wo NEWTON mehr und mehr den Verkehr mit der Aussenwelt aufgab, ohne weitere Folgen.

Die neue Auflage des Commerciums, welche NEWTON in dem einen Briefe an VARIGNON angedeutet hatte, erschien im Jahre 1725. Sie enthielt ausser dem früheren Inhalte noch die Briefe, welche NEWTON mit LEIBNIZ und CONTI im Jahre 1716 gewechselt, die Bemerkungen NEWTON's zu LEIBNIZ'ens letztem

---

[1] BREWSTER, Life of Newton, vol. II, App. XXII, p. 502. Die Antworten NEWTON's auf die Briefe BERNOULLI's hat auch BREWSTER nicht auffinden können.

Briefe, was aber Alles schon in RAPHTON's History of Fluxions abgedruckt war, und ausserdem noch einen neuen, sehr langen Vorbericht, der jedenfalls von NEWTON selbst herrührte und welcher alle seine Ansprüche mit grösster Schroffheit wiederholte. Neues oder gar Entscheidendes über die Entwickelung des Calculs brachte auch diese zweite Auflage des Commerciums nicht; ein objectives Bedürfniss für das Erscheinen derselben war jedenfalls nicht vorhanden gewesen.

Im folgenden Jahre 1726 wurde dann bei der neuen dritten Ausgabe der Principien auch das längst desavouirte Scholium, das LEIBNIZ'ens Verdienste offen anerkannte, durch ein anderes ersetzt, das von LEIBNIZ absolut nichts erwähnte. „In einem an unseren Landsmann COLLINIUS gerichteten Briefe vom 10. December 1672, so hiess es nun, beschrieb ich eine Methode der Tangenten, welche meiner Vermuthung nach mit der, damals noch nicht veröffentlichten, Methode von SLUSIUS identisch sei. Ich fügte folgende Bemerkung hinzu: »Dies ist ein besonderer Fall oder vielmehr ein Zusatz zu einer allgemeinen Methode, welche sich nicht nur auf die Construction von Tangenten an alle geometrischen oder mechanischen Curven und anderer, auf Curven sich beziehender gerader Linien erstreckt, sondern auch auf die Lösung anderer schwieriger Arten von Aufgaben über die Krümmung, Quadratur, Rectification, die Schwerpunkte der Curven u. s. w., und sie beschränkt sich nicht (wie die Methode von HUDDENIUS über Maxima und Minima) bloss auf diejenigen Gleichungen, welche frei von irrationalen Grössen sind. Diese Methode habe ich jener anderen eingefügt, nach welcher ich die Gleichungen behandele, indem ich sie auf unendliche Reihen reducire.« Soweit jener Brief. Diese letzten Worte beziehen sich auf eine Abhandlung, welche ich im Jahre 1671 über diesen Gegenstand geschrieben habe.“[1]

Man hat in guter Absicht versucht, die Umänderung des alten Scholium dem jungen Herausgeber der dritten Ausgabe der Principien, Dr. PEMBERTON, ganz allein anzurechnen, weil man den grossen NEWTON dieses gehässigen Schrittes fast zehn Jahre nach dem Tode seines Gegners nicht für fähig halten mochte. Doch entspricht das einerseits keineswegs dem thatsächlichen Einflusse, den NEWTON immer auf die Herausgabe seiner Werke ausgeübt hat, und andererseits hat man unter den Manuscripten NEWTON's mehrere eigenhändige Entwürfe zu dem neuen Scholium aufgefunden, wodurch jene Vermuthung von

[1] HORSLEY, Newtoni Opera, T. II, p. 280. WOLFERS (Math. Princ. der Naturlehre, Berlin 1872, S. 246) hat fälschlicher Weise das quantitas surda mit unbekannte statt irrationale Grösse übersetzt.

selbst hinfällig wird. Vielleicht wäre auch das alte Scholium schon in der zweiten Ausgabe des Werkes weggeblieben, wenn der betreffende Theil desselben nicht schon gedruckt gewesen wäre, ehe der Streit um die Differentialrechnung sich offen entwickelt hatte.

Die Schriften von 1725 waren die letzten wissenschaftlichen Leistungen NEWTON's; seit 1726 enthielt er sich jeder geistigen Arbeit. Noch vor dem Feldherrn aber waren schon dessen alte Soldaten und Vorkämpfer gestorben oder kampfunfähig oder doch kampfunwillig geworden. Der begabteste unter ihnen, COTES, hatte sich an dem mathematischen Streite überhaupt nur noch wenig betheiligt und war schon 1716 gestorben. KEILL, der kampfeslustigste Legat des Oberfeldherrn, war ihm 1721 gefolgt. TAYLOR, der mit MOIVRE die Fluxionsrechnung am erfolgreichsten zur Lösung geometrischer und physikalischer Probleme verwandte, hielt sich seit den Briefen von RÉMOND DE MONTMORT ziemlich zurück. HALLEY, der älteste Anhänger NEWTON's, der noch bei der Abfassung des Commercium epistolicum an erster Stelle mitgewirkt hatte, war seit dem Jahre 1720 mit der Uebernahme der Greenwicher Sternwarte durch eigene amtliche Arbeiten wohl ganz in Anspruch genommen. Neuer mathematischer Nachwuchs war kaum vorhanden; MACLAURIN griff erst später erfolgreich in die Entwickelung der Fluxionsrechnung ein.

Selbst den Abfall früherer Anhänger und Gehülfen musste NEWTON noch erleben. Abbé CONTI, der sich als Vermittler der letzten Briefe zwischen NEWTON und LEIBNIZ ganz auf die Seite des ersteren gestellt hatte, schlug, bald nachdem er den Aufenthalt in London mit dem in Paris vertauscht, nach der Ansicht NEWTON's wenigstens, aus einem Anhänger gänzlich in das Gegentheil um. Charakteristisch ist jedenfalls ein Brief, den CONTI aus Paris am 22. Mai 1721[1] an TAYLOR schrieb. Ich habe, so sagt er, den Brief an LEIBNIZ über die Fluxionsrechnung damals NEWTON vorgelesen und MOIVRE hat denselben verbessert, wie auch einige Stellen eingefügt. LEIBNIZ wurde darüber sehr aufgebracht und rechtfertigte sich in Briefen an mich, die ich ohne weiteres NEWTON auslieferte. NEWTON schrieb darauf eine Erwiderung und liess sie mit meinen LEINNIZ'schen Briefen in der Histoire des fluxions drucken, ohne mir nur davon Mittheilung zu machen. Ich weiss nicht, was seitdem vorgegangen ist, aber man sagt mir, dass NEWTON sich beklage, ich hätte ihn in den Streit mit LEIBNIZ verwickelt. Ich habe die Vorwürfe der Deutschen ertragen, ich habe versucht, NEWTON's Partei in Frankreich zu halten, wo man nicht so sehr für ihn ist als er denkt. Trotzdem versucht man, aus mir unbekannten Gründen mich mit

---

[1] BREWSTER, Life of Newton, vol. II, p. 432.

ihm zu verfeinden. Ich habe ihn immer verehrt und ihm ohne Interesse die Wahrheit gesagt; wenn man aber mit den Anklagen fortfährt, so werde ich nicht umhin können, die Geschichte der Vorgänge zu veröffentlichen, und die Allgemeinheit wird daraus sehen, dass ich wenigstens mich nicht in den Streit gemischt habe, um mir einen Namen zu machen.

Newton aber sprach sich nochmals im Juli 1725 [1] sehr bitter über den früheren Gehülfen aus, den er wohl nicht ungerechtfertigter Weise in dem Verdachte hatte, ein ihm privatim überlassenes Manuscript in Paris ohne seine Erlaubniss zum Druck befördert zu haben. Abbé Conti, sagt er, kam im Frühjahr 1715 nach England. Er gab vor mein Freund zu sein, unterstützte aber Leibniz in seinen Bemühungen, mich in neue Streitigkeiten zu verwickeln, und hat seitdem in Frankreich sich ganz in derselben Weise betragen ... Wie er endlich in Italien gewirkt hat, das ist aus den Angriffen klar, die einer seiner Freunde [2] von dort aus gegen meine optischen Experimente gerichtet hat, obgleich dieselben in Frankreich durchaus mit Erfolg wiederholt worden sind. Aber ich hoffe, dass diese Dinge . . . die letzten Anstrengungen dieser Art sein werden.

Es war ein seltsam unerquicklicher Streit zwischen zwei Heroen, den wir da eben geschildert haben, so gross und so gewaltig in seinem Objecte, so heftig und so erbittert in seiner Führung, und doch so ärmlich und so gänzlich nichtig in seinen wissenschaftlichen Ergebnissen und so absolut ohne positives Resultat, wie er kaum in der Wissenschaft jemals vor- oder nachher geführt worden ist. Der gleichzeitige Bruderzwist, der im Hause Bernoulli sich bei der Behandlung der isoperimetrischen Probleme erhob, mag moralisch bedauerlicher gewesen sein, aber an wissenschaftlichen Erfolgen war er gerade so gross und fruchtbar, als der andere Streit klein und erbärmlich war. Die Thatsachen, die dem letzteren zu Grunde lagen, waren lange vor dem eigentlichen Beginne desselben vollkommen klargestellt. Durch die Veröffentlichungen von Wallis in der Gesammtausgabe seiner Werke war constatirt worden, dass Newton den Gedanken der Fluxionsrechnung spätestens im Anfang der siebziger Jahre in nuce schon erfasst und Niemand hatte das bestritten. Ebenso

---

[1] Phil. Trans., no. 389, p. 315; Phil. Trans. abr., vol. VI, pt. IV, p. 4.

[2] Das bezieht sich auf die Angriffe Rizzetti's (wahrscheinlich Venetianer wie Conti), der erklärte, alle optischen Versuche Newton's wiederholt und alle nicht ganz richtig gefunden zu haben. Desaguliers widerlegte ihn an Newton's Statt mit leichter Mühe. (S. Phil. Trans., no. 374, p. 206 und no. 406, p. 596, November 1722 und August 1728; Phil. Trans. abr., vol. VI, pt. I, p. 124—140.)

war bekannt, dass NEWTON im Jahre 1676 zwei Briefe an OLDENBURG zur Mittheilung an LEIBNIZ geschickt, worin er kund gegeben, dass er für gewisse Zwecke einen neuen Calcul habe, dessen Charakteristik er aber unter einem Räthsel verborgen. Es war ferner bekannt, dass dann LEIBNIZ als Antwort im Jahre 1677 seinen Calcul mit einer formell schon abgeschlossenen, endgültig gebliebenen Bezeichnungsweise an NEWTON so offen als möglich mitgetheilt hatte. Endlich war anerkannt, dass NEWTON in seinen Principien von 1687 zwar die Grundsätze der Fluxionsrechnung durchweg mit folgenreicher Genialität, aber doch in einer Weise angewandt, die in ihrer Formlosigkeit nur auf sein geniales Verständniss zugeschnitten, anderen Mathematikern kaum verständlich war; während LEIBNIZ dagegen seit 1684 dem neuen Calcul gerade die adäquate Form gegeben hatte, mit Hülfe deren die neue Analysis durch LEIBNIZ selbst, durch die BERNOULLI's, wie durch die Gelehrten der Pariser Akademie L'HOSPITAL, VARIGNON u. A. in so ungemeiner Schnelligkeit zur allgemeinen Wissenschaft sich entwickeln konnte.

Man darf sich billig wundern, wie unter diesen Umständen überhaupt ein Streit zwischen zwei so hochberühmten und hochbetagten Männern, wie NEWTON und LEIBNIZ, möglich war. Zwei Punkte waren es vorzüglich, deren Mangel an Klarheit die Handhaben zum Kampfe boten. Der eine betraf das Verhältniss der Fluxionsrechnung zur Differentialrechnung, der zweite die immer zweifelhafte Werthschätzung der verschiedenen Stadien des Erfindungsprocesses. Es konnte kein Zweifel darüber sein, dass die Differentialrechnung durch zahlreiche geniale Förderer seit ihrer ersten Veröffentlichung im Jahre 1684 bis zum Jahre 1704, also in ihren ersten zwei Decennien, colossale Fortschritte gemacht hatte, während die Fluxionsrechnung nur unter den Engländern sich Freunde erworben, die aber an Kraft mit den ersteren sich nicht messen konnten. Waren die Fluxions- und die Differentialrechnung wesentlich verschiedene Methoden, so waren die Gebiete LEIBNIZ'ens und NEWTON's getrennt und ein Grenzstreit nicht gut möglich. Dann aber stand NEWTON mit seiner noch kaum bekannten und verarbeiteten Methode für die damalige Zeit weit hinter LEIBNIZ zurück und das schien den Verdiensten NEWTON's um die erste Idee der Erfindung nicht zu entsprechen.

Diese unangenehme Sachlage zu ändern mussten also die auffälligen Unterschiede in der Bezeichnung, der eigenthümliche Algorithmus der Differentialrechnung, der Mangel eines solchen in der Fluxionsrechnung für unwesentlich und die Differentialbezeichnung als schnell fertiges Beiwerk erklärt werden. In dieser Beziehung war es geradezu ein Fehler, dass LEIBNIZ die NEWTON'sche Methode durch seine Differentialmethode erläuterte und dadurch die beiden gewissermaassen identificirte; ein Fehler, den die Engländer klug benutzten, indem sie nun ihrerseits die Identität der Fluxionsrechnung ebenso hartnäckig behaupteten, als die Deutschen und die Franzosen sich gegen eine Identificirung wehrten. In der That, sind Fluxions- und Differentialrechnung vollkommen gleich, so kann man der Natur der Sache nach nur einen, jedenfalls nur einen ersten Erfinder annehmen; dann darf es, wenn die Sache auf die Spitze getrieben wird, allerdings nicht mehr heissen NEWTON und LEIBNIZ, sondern nur NEWTON oder LEIBNIZ, und dann muss mit voller einseitiger Bestimmtheit der einen Persönlichkeit die Palme zu- und der anderen abgesprochen werden. Mit dieser Zuspitzung aber verliert die Frage den eigentlich mathematisch-wissenschaftlichen Charakter und nimmt eher den eines juridischen Processverfahrens an. Es ist die Sache objectiver Geschichtsschreibung, die Mitwirkung der einzelnen Forscher an der Entwickelung der Wissenschaft nach bestem Können darzustellen und das Material für eine kritische Abwägung ihrer Verdienste zu geben. Niemals aber kann es sich bei der Beurtheilung wissenschaftlicher Erfindungen darum handeln, nach der Art eines Patentgerichtshofes, dem Einen alle Rechte zuzusprechen und den Anderen mit allen seinen Ansprüchen abzuweisen.

Von diesem Gesichtspunkte aus kann es nicht zweifelhaft sein, dass NEWTON durch seine auf die Spitze getriebene Behauptung der vollen Identität der Fluxions- und Differentialrechnung, wie durch seine einseitige Betonung des Rechtes des ersten Erfinders nicht nur den Streit begonnen, sondern auch zu einem unfruchtbaren und innerlich unwahren gemacht hat. Nicht dass wir damit NEWTON den Vorwurf einer bewussten Falschheit und Unwahrheit machen wollten; wir glauben vielmehr, dass auch NEWTON in dem ganzen Streite einer durchaus gewissenhaften Ueberzeugung gefolgt ist. Wir nehmen aber das ganze Verhalten NEWTON's in dieser Sache als ein neues Zeichen für die durchaus subjective Natur dieses Mannes, der durch die völlige Versenkung in die eigenen Ideen und die fast übermenschliche Arbeit für dieselben die Fähigkeit verloren hatte, fremde Ideen in ihrer Entwickelung richtig zu verstehen und fremdes Verdienst neben seinem eigenen richtig zu würdigen.

IV. Theil. Der endliche Sieg der Newton'schen Physik.

Man hat viel darüber gesprochen, ob LEIBNIZ nicht bei ruhigerem, fortdauernd vorsichtigem Betragen den Kampf um die Differentialrechnung hätte vermeiden können, und vielfach ist diese Frage ohne Weiteres bejaht worden. Es kann auch kein Zweifel darüber herrschen, dass LEIBNIZ auf den ersten, nicht sehr weittragenden Angriff KEILL's nicht hätte zu antworten brauchen, und dass damit der ganze Angriff so ziemlich in's Wasser gefallen wäre; ob aber dadurch der Streit überhaupt umgangen worden, das ist noch sehr die Frage und kaum wahrscheinlich. Mit den sich entwickelnden Ansprüchen der NEWTON'schen Ideen auf die ausschliessliche Herrschaft in der Physik wurde der Kampf gegen alle diejenigen unvermeidlich, welche sich nicht von Anfang an auf den Boden dieser Ideen stellten, gegen diejenigen sowohl, welche an den herrschenden DESCARTES'schen Anschauungen festhalten wollten, wie auch gegen diejenigen, welche hofften, durch eine Fortentwickelung dieser Anschauungen den neuen physikalischen Erfahrungen genügen zu können. In der That hatten sich schon seit dem Erscheinen der NEWTON'schen Optik von 1704 die Anzeichen davon so deutlich gemehrt, dass die Anti-NEWTON'schen Physiker die Ansprüche der neuen Propheten nach und nach zu begreifen und darnach ihre Vertheidigungsstellung zu festigen oder selbst zum Angriff überzugehen begannen. LEIBNIZ und seine philosophischen Freunde waren zwar immer bemüht gewesen, die NEWTON'sche Attraction als Phänomenon ausdrücklich gelten zu lassen, gegen die stärkere Hervorhebung des elementaren Charakters derselben durch die Schule NEWTON's aber hatten sie sich schon ganz energisch gewendet und dadurch sich den Zorn derselben zugezogen. Auf physikalischem Gebiete war der Kampf nicht zu vermeiden, denn hier handelte es sich um den Sturz einer ganzen, geltenden Weltanschauung durch eine neue. Bei der durch einen solchen Kampf erzeugten Verbitterung aber war auch kaum zu erwarten, dass auf einem anderen, nicht einmal weitab liegenden Gebiete, wie dem der Differentialrechnung, eine gegenseitige unparteiische Anerkennung der Verdienste der beiden Prätendenten noch möglich sein werde, selbst dann nicht, wenn nicht die eine Partei in der Verehrung ihres Meisters so exclusiv gewesen wäre, als es die englische thatsächlich war.

In der That begann der physikalische Kampf zwischen den beiden Parteien fast zu derselben Zeit wie der eben geschilderte mathematische und beide Kämpfe verflochten sich immerwährend mit einander. Ja, man darf getrost behaupten, dass der mathematische Streit nie so grosse Bedeutung erlangt, und dass man den Angriffen der englischen Partei niemals soviel Gewicht beigelegt haben würde, wenn es nicht der grosse Physiker gewesen wäre, der an der Spitze dieser Partei stand. Die folgende Schilderung des physikalischen Kampfes der Newtonianer gegen die herrschende Physik wird an den mathematischen Streit mannigfach erinnern.

Merkwürdig ist die nationale Abgrenzung, welche bei diesen wissenschaftlichen Kämpfen in ganz hervorragender Weise uns entgegentritt. Hatten in dem Streite um die Differentialrechnung die Deutschen und die deutschen Schweizer vor allem den Kampf geführt, so waren es in dem physikalischen Kampfe besonders die Franzosen, die ihren Landsmann Descartes gegen den Engländer Newton zu schützen versuchten. Damit aber nahm auch die Art des Kampfes in den beiden Fällen eine sehr verschiedene Form an. Die Deutschen waren durch die Drangsale ihres grossen Krieges so gelähmt, dass sie zwar durch einzelne wissenschaftliche Grössen die Continuität ihrer wissenschaftlichen Entwickelung wahren, aber doch nicht das Gewicht einer geeinten grossen Masse für ihre Ansicht in die Wagschale werfen konnten. Die im Jahre 1684 gegründeten Acta Eruditorum haben zwar ihren Zweck, den deutschen Gelehrten für die Besprechung wissenschaftlicher Arbeiten einen Mittelpunkt zu gewähren, redlich erfüllt; an geistigem Gewicht aber konnten sie gegen die einheitlich geleiteten Schriften der Pariser Akademie und der Royal Society nicht aufkommen. Der Kampf der deutschen Mathematiker gegen die Engländer war darum fast nur aus Einzelkämpfen der Helden zusammengesetzt.

Der physikalische Krieg dagegen, den die Franzosen mit den Engländern führten, glich dem Massenkampfe zweier grossen Heere, die von den Akademien der Länder als den Generalstäben planmässig geführt wurden. Doch waren auch hier die Kräfte nicht ganz gleich vertheilt. Die französische Akademie der Wissenschaften war zwar im Jahre 1699 neu organisirt und vom König freigebig ausgestattet worden; doch hatte sie durch die mit dem Alter wachsende religiöse Unduldsamkeit des Königs bedeutende Mitglieder wie Huygens und Römer u. A. verloren, und besass darnach keine autoritative Persönlichkeit mehr, die sich auch nur annähernd Newton hätte gegenüberstellen lassen. Schon darum musste der wissenschaftliche Streit, der sich zwischen Engländern und Franzosen entspann, zum Nachtheil der Franzosen sich entscheiden. Seine grosse Allgemeinheit und Stärke aber erhielt der Kampf nicht bloss dadurch, dass die Franzosen in DESCARTES den Compatrioten gegenüber dem Engländer zu schützen hatten, sondern auch darum, weil dem Franzosen der klare Cartesianische Begriff der Materie als einer nur ausgedehnten und undurchdringlichen Substanz und der physikalischen Ursache als einer leicht anschaulichen Bewegung ihrem ganzen Charakter nach angemessener sein musste, als der mystisch angehauchte NEWTON'sche Begriff einer ohne jede Vermittelung ganz unanschaulich durch alle Fernen wirkenden Materie, deren Kräfte mit ihren directen Beziehungen auf den Weltenschöpfer der französischen Aufklärungsphilosophie noch besonders verdächtig erscheinen mussten. Doch wurde die Führung des Kampfes auf physikalischem nie so persönlich wie auf mathematischem Gebiete. Man beschränkte sich von französischer Seite mehr darauf, das Eindringen der feindlichen Theorien zu verhindern und die eigenen zu halten, als man sich bemüht hätte, die gegnerischen zu vernichten. Man versuchte dem Gegner mehr das Wasser abzugraben, als dass man ihm persönlich zu Leibe ging.

Grosse wissenschaftliche Differenzen beginnen ihre Ausgleichung gern an kleinen, unbedeutenden, aber besonders klaren gegensätzlichen Theorien. Ein solches Angriffsobject, das von dem Zusammenhang mit der Hauptdifferenz nach und nach fast ganz losgelöst wurde, bildete für Franzosen und Engländer die Frage nach der Gestalt der Erde. Wie wir gesehen, hatten sowohl HUYGENS wie NEWTON aus der Theorie der Centralkräfte auf eine Abplattung der Erde an den Polen geschlossen, die thatsächlichen Messungen aber schienen zuerst auf das gerade Gegentheil hinzuweisen. PICARD's Gradmessung von 1669—70 war auf einen kleinen Bogen beschränkt geblieben, und er selbst hatte die Fortsetzung derselben zur besseren Sicherung der Resultate angerathen. Daraufhin wurde die Messung eines Meridianbogens durch ganz Frankreich geplant und von DOMENIQUE CASSINI und PHILIPPE DE LA HIRE (1684), dann von DOMENIQUE und JACQUES CASSINI und MARALDI (1700 und 1701) und endlich von JACQUES CASSINI, MARALDI und GABRIEL PHILIPPE DE LA HIRE (1718) mit vieler Sorgfalt durchgeführt. Schon nach Vergleichung der ersten Messungen mit den früher unternommenen hatte der Strassburger Arzt EISENSCHMIDT im Jahre 1691[1] gefolgert, dass die Meridiangrade von Süden nach Norden an Länge abnähmen. Dieses Resultat wurde durch die späteren

[1] Diatribe de figura telluris elliptico-sphaeroïde, Strassburg 1691.

genaueren und ausgedehnteren Messungen scheinbar bestätigt und vor allem von den beiden CASSINI in den Memoiren der Pariser Akademie[1] lebhaft und hartnäckig vertheidigt.

BOSSUT behauptet in seiner Geschichte der Mathematik,[2] man habe dabei zuerst geglaubt, dass auf einem abgeplatteten Sphäroïd eine solche Abnahme der Längengrade nach den Punkten der Abplattung hin statt haben müsse, und habe nur, auch nachdem man den Irrthum eingesehen, aus falschem Ehrgeiz an dem nun theoretisch unwahrscheinlich gewordenen Resultate festgehalten. Doch ist eine solche, den Gelehrten der Pariser Academie gegenüber beschämende Annahme zur Erklärung der Thatsachen nicht nöthig. Die Lehre von der eiförmigen Gestalt der Erde erschien damals durchaus nicht so seltsam, als sie uns jetzt vorkommt. BURNET hatte in seiner Telluris Theoria sacra von 1681 die Eiform der Erde ausdrücklich seiner Theorie des ursprünglichen Laufes der Flüsse auf der primitiven Erde zu Grunde gelegt,[3] und CASSINI versäumte nicht, in seiner Abhandlung von 1713 über die Figur der Erde die BURNET'sche Ableitung dieser Eiform mitzutheilen.[4] War aber diese Eiform zu irgend einer Zeit für die Erde festgestellt, so durfte man, selbst wenn man die abplattende Kraft der Erdrotation zugab, doch immer eine solche, wenn auch kleinere Verlängerung des Polardurchmessers auch für die Jetztzeit noch annehmen.[5] Unter allen Umständen aber durften die Franzosen gerade NEWTON gegenüber sich auch entgegen theoretischen Schwierigkeiten auf die Sicherheit ihrer empirischen Resultate berufen.

Indessen wurde es doch, als das Ansehen der NEWTON'schen Theorie immer höher stieg, den Pariser Academikern um ihre Empirie bange und sie beschlossen nach gut wissenschaftlicher Art, was die Engländer bis dahin wohl beabsichtigt, aber nicht

---

[1] De la Figure de la Terre par M. CASSINI, Mémoires de l'Academie Royale, Paris 1713, p. 188—200. La difference entre l'axe de la Terre et le diametre de l'Equateur fera donc la deux cens soixante et deuxième partie de ce diametre, plus grande de la moitié que celle que M. HUYGENS a déterminée, et à peu-prés de même que celle de M. NEWTON, mais en sens contraire (p. 198).

[2] Histoire des Mathématiques, Paris 1810, T. II, p. 271.

[3] Telluris Theoria sacra, London 1681, p. 193.

[4] Mémoires de l'Academie Royale, Paris 1713, p. 191.

[5] MAIRAN machte (Mémoires de l'Academie Royale, 1720) ausdrücklich die Bemerkung, dass ein ursprünglich oblonges Sphäroïd durch die Rotation nur zu einem weniger oblongen, aber doch nicht zu einem abgeplatteten zu werden brauche. Eine Uebersicht über die betreffenden Theorien und eine Widerlegung vom englischen Standpunkte aus giebt DESAGULIERS, A dissertation concerning the figure of the earth; Phil. Trans., no. 386, p. 201; no. 387, p. 239; no. 388, p. 277; Januar, März und Mai 1725; Phil. Trans. abr., vol. VI, pt. I, p. 320—357.

durchgeführt hatten, die Messungen noch einmal in grösstem Maassstabe aufzunehmen. Im Jahre 1735 ging auf Anregung der Academie eine Commission, bestehend aus GODIN, BOUGUER und CONDAMINE, zum Zwecke der Gradmessungen nach Peru, und im folgenden Jahre eine andere, zusammengesetzt aus MAUPERTUIS, CLAIRANT, CAMUS und LE MONNIER, der sich der Astronom CELSIUS aus Upsala anschloss, nach Lappland. Die letzteren kehrten schon nach einer Abwesenheit von nur 15 bis 16 Monaten nach Frankreich zurück. MAUPERTUIS als Vorsteher der Commission wartete auch die Rückkehr der ersten Commission gar nicht ab, sondern veröffentlichte ohne Weiteres das Resultat seiner Messungen allein, nach welchem ein Längengrad unter dem Polarkreise um mehr als 350 Toisen länger war als ein Längengrad im mittleren Frankreich, und schloss daraus ohne jede Unsicherheit auf eine Abplattung der Erde an den Polen. So erfreut indessen auch die Anhänger NEWTON's von diesem Vorgehen waren, so wenig waren die Academiker gewillt, schon jetzt sich als geschlagen zu bekennen. MAUPERTUIS hatte sich bereits 1732 durch seinen freundlichen Commentar einiger Abschnitte der NEWTON'schen Principien des Newtonianismus stark verdächtig gemacht. Man warf ihm nun Voreingenommenheit vor; man wies auf seine Eitelkeit hin,[1] die ihn verleite, sich voreilig als Entdecker einer auffallenden Neuigkeit feiern zu lassen; man betonte, dass der gemessene Bogen nur 57 Minuten lang, dass er unter ungünstigen Umständen in einem wilden Lande bei grosser Kälte gemessen sei und hoffte im Uebrigen auf ein angenehmeres Resultat von der anderen nach Peru gesandten Commission. Diese hatte bei ihren Arbeiten mit besonderen Schwierigkeiten zu kämpfen gehabt und kehrte erst nach einer Abwesenheit von ungefähr sieben Jahren nach Frankreich zurück. MAUPERTUIS aber scheint es während der Zwischenzeit doch nicht so ganz sicher zu Muthe gewesen zu sein, denn man erzählt sich von ihm die spöttische Aeusserung, die Peruaner würden nach ihrer Rückkunft wohl auch mehr um die Figur be-

---

[1] MAUPERTUIS hatte sich im Costüm eines Lappen malen lassen, wie er sich auf die Erdkugel stützt, gleichsam als wollte er dieselbe in die Form einer Orange zusammenpressen. VOLTAIRE, der damals in dem Enthusiasmus für NEWTON mit MAUPERTUIS übereinstimmte, hatte als Unterschrift für den nach jenem Gemälde verfertigten ‚Kupferstich die Verse gedichtet:

> Ce globe mal connu, qu'il a su mesurer
> Devient un monument où sa gloire se fonde:
> Son sort est de fixer la figure du monde,
> De lui plaire et de l'éclairer.

MAUPERTUIS wurde l'aplatisseur de la terre genannt. (BOSSUT, Hist. des Mathématiques, T. II, p. 275.)

sorgt sein, die sie selbst spielten, als um die der Erde. Indessen war doch aus den Briefen der Aequatorialcommission bereits vor ihrer Rückkehr die Thatsache wahrscheinlich geworden, dass auch ihre Messungen für die Abplattung sprechen und die Meridiangrade in Peru also kürzer ausfallen würden als in Frankreich. Cassini de Thury, der Sohn von Jacques Cassini, und der Abbé la Caille hatten darnach auch schon in den Jahren 1739 und 1740 eine erneute Prüfung der Gradmessungen in Frankreich vorgenommen und constatirten in einem Werke von 1744, dass die grössere Menge der gemessenen Längengrade von Süden nach Norden zunehme und dass also eine Abplattung der Erde wahrscheinlich sei, ein Resultat, welches im Jahre 1749 durch das Werk Sur la figure de la terre von Bouguer, der auch das Material der Aequatorcommission verarbeitete, zur Gewissheit erhoben wurde.

Was nun den eigentlichen Gegensatz zwischen den kinetischen Anschauungen von Descartes und den dynamischen von Newton betrifft, so haben wir gesehen, wie Joseph Saurin schon im Jahre 1709 des Gegensatzes der Anschauungen sich vollkommen bewusst, mit Eifer Descartes gegen Newton vertheidigte. Wir haben ebenso erwähnt, dass die Referenten der Acta Eruditorum, obgleich sie die Gravitation als mathematische Grösse immer anerkannten, doch von Keill und Freind in heftigster Weise angegriffen wurden, nur weil sie Gott als directen Vermittler aller Kraftwirkungen in der Materie nicht ebenso gläubig anerkennen wollten. Auch Leibniz, der ja in der Auffassung der Kraft viele Berührungspunkte mit Newton hatte, erregte bald den Zorn der Newtonianer, indem er sich in seiner Theodicee von 1710 gegen jede unmittelbare Wirkung in die Ferne erklärte. Allerdings haben seit einiger Zeit die neueren Philosophen, so sagt Leibniz bei der Besprechung der Abendmahlslehre,[1] die unmittelbare natürliche Einwirkung eines Körpers auf einen anderen, von ihm entfernten Körper verworfen, und ich bekenne, dass ich ganz ihrer Meinung bin. Allein diese Wirkung in die Ferne ist vor Kurzem in England von dem vortrefflichen Herrn Newton wieder zu Ehren gebracht worden. Der berühmte Herr Locke hat darauf erklärt, dass er, nachdem er das Buch des Herrn Newton gelesen, das zurücknehme, was er selbst in seinem Versuche über den menschlichen Verstand in Uebereinstimmung mit der Ansicht der Neueren ausgesprochen habe, nämlich dass ein Körper unmittelbar auf einen anderen nur durch Berührung mit seiner Oberfläche und durch Fortstossen vermittels seiner

---

[1] Die Theodicee von G. W. Leibniz, in's Deutsche übersetzt von R. Habs, Leipzig 1883, p. 101—102.

eigenen Bewegung einwirken könne: er erkennt vielmehr an, dass Gott dem Stoffe Eigenschaften verleihen könne, die eine Wirkung in die Ferne zur Folge haben.

Wie weit die Aufregung der Engländer gegen die Deutschen und Franzosen wegen des Widerstandes der Letzteren gegen die neue Lehre von der Kraft um das Jahr 1711 schon gestiegen war, ersieht man aus dem Briefwechsel selbst so ruhiger Newtonianer wie Jones und Cotes. Er habe, schreibt der Erstere am 25. October 1711 [1] an den Letzteren, nichts Neues zu melden, als dass die Deutschen und Franzosen Sir Isaac's Philosophie in heftigster Weise angegriffen hätten und entschlossen schienen, bei Descartes zu beharren. Keill, als einer der Betheiligten, habe es unternommen zu antworten und auch Freind wolle ihre Sache vertheidigen. Da er (Jones) nicht wisse, ob Cotes die ganze Sache kenne, sende er ihm dabei das Material. Jedenfalls zeigten sich diejenigen am meisten zu Angriffen gegen Newton's Lehren geneigt, die sie am wenigsten verstünden. — Cotes dankt in einem Briefe vom 11. November 1711 [2] für die Mittheilung und Sendung und erklärt sachlich noch schärfer als Jones, dass seiner Meinung nach die Newton'sche Philosophie gar keiner Vertheidigung bedürfe, besonders, wenn sie von den Cartesianern angegriffen würde.

Trotz solcher Reibungen aber war doch das Referat über die zweite Auflage der Principien der Naturlehre in den Acta Eruditorum [3] sehr ruhig und entgegenkommend gehalten. Nach einer Angabe der Veränderungen, welche bei der zweiten Ausgabe des unvergleichlichen Werkes des grossen Mannes eingetreten seien, wird als besonders bemerkenswerth bezeichnet, dass Newton auch in dieser Auflage, da wo er die Rudimente der Differentialrechnung nach seiner Weise auseinander setze, nicht in Abrede gestellt, dass der berühmte Leibniz die Fundamente dieses Calcüls ihm schon mitgetheilt hätte, als er selbst seine Erfindungen noch sorgfältig verheimlicht habe. Darnach werden nur einige Einzelheiten des Werkes noch in ruhiger Weise besprochen. Im dritten Buche schliesse Newton aus der Thatsache, dass die Schwere an keinem Körper vermehrt oder vermindert werden könne, dass die Gravitation für eine allgemeine Eigenschaft aller Körper und zwar sicherer als die Undurchdringlichkeit zu erachten sei, weil die letztere keinesfalls wie die Gravitation auch an himmlischen Körpern constatirt werden könne. Als die Ursache der Schwere werde der Aetherwirbel verworfen und in einer neuen Hypothese ein gewisser feiner Spiritus eingesetzt, der, wie das

---

[1] Edlestone, Correspondence, p. 210.

[2] Ibid., p. 211.

[3] Acta Eruditorum, März 1714, p. 131—142.

hylarchische Princip von HEINRICH MORUS, alle dichten Körper durchdringe und ihre gegenseitige Annäherung bewirke. Die regelmässigen Bewegungen der Planeten könnten nämlich nicht aus mechanischen Ursachen erklärt werden, sondern müssten ihre Existenz dem Rathschluss und der Macht eines intelligenten Wesens verdanken. Die Gravitation speciell könne nicht mechanisch verursacht sein, weil sie nicht nach dem Verhältniss der Oberflächen, sondern nur nach dem Verhältniss der Mengen der Materie wirke. Die Ursache der Gravitation werde auch nicht unter den Erscheinungen gefunden, und Hypothesen räume NEWTON in der Experimentalphilosophie keinen Platz ein. Doch aber, so schliesst der Berichterstatter, erscheine es wohl gleichwerthig, ob man die wechselseitige Anziehung aller Corpuskeln, wie die sonstigen physischen Kraftwirkungen durch einen feinen Spiritus oder durch eine subtile Materie, den Cartesianischen Aether, bewirkt denke.

Schärfer aber erklangen die Töne, nachdem der Kampf um die Differentialrechnung in voller Stärke entbrannt war und NEWTON und LEIBNIZ sich persönlich gegenüber getreten waren. Im November 1715 schrieb LEIBNIZ an die Prinzessin von Wales, frühere Kronprinzessin von Hannover,[1] einen Brief[2] gegen die NEWTON'sche Physik, in dem er besonders folgende Punkte hervorhob. Die natürliche Religion, sagt er, scheine in England stark im Sinken begriffen. Viele hielten die Seelen und Gott selbst für körperlich und LOCKE zweifle jedenfalls an der Unvergänglichkeit der Seele. NEWTON halte den Raum für das Organ, dessen sich Gott zum Empfinden der Dinge bediene; wenn aber Gott die Dinge nicht unmittelbar wahrnehme, so seien sie auch nicht von ihm allein abhängig und könnten nicht seine Schöpfungen sein. Auch hegten NEWTON und seine Anhänger die heitere Meinung, dass Gott die Welt wie eine Uhr von Zeit zu Zeit aufziehen oder gar repariren müsse, wenn sie nicht ganz stehen bleiben solle. Er (LEIBNIZ) aber meine, dass dieselbe Kraft und Stärke in der Welt immer erhalten bleibe und nur gemäss den Naturgesetzen und einer vorher bestimmten Ordnung zwischen den Materien sich umwechsele. Er glaube darnach, dass Gott nicht Wunder nöthig habe, um die Welt zu erhalten, sondern Wunder nur wirke zu Werken der Gnade. Jede andere Meinung erscheine ihm sehr niedrig gegenüber der Weisheit und der Macht Gottes.

---

[1] Das Haus Hannover hatte im Jahre 1714 nach dem Tode der Königin ANNA den englischen Thron bestiegen. LEIBNIZ sprach mehrere Male die Absicht aus, seinem Herrn nach London zu folgen, unterliess das aber schliesslich seines hohen Alters wegen oder auch darum, weil man ihn dazu nicht ernstlich aufforderte.

[2] Recueil de diverses Pièces sur la Philosophie, Amsterdam 1720, T. I, p. 3.

Die Prinzessin von Wales, die als nunmehrige englische Prinzessin Ursache hatte, den berühmten NEWTON zu schonen und jeden Schein einer Parteilichkeit für LEIBNIZ zu vermeiden, gab den Brief an NEWTON mit dem Wunsche, dass die beiden berühmten Gelehrten ihre Differenzen direct ausgleichen möchten. Von NEWTON'scher Seite wurde darauf beschlossen, dass CLARKE an NEWTON's Stelle mit LEIBNIZ in die Discussion eintreten sollte. Der erstere wies dann in einer ersten Replik[1] die Hauptpunkte des Briefes von LEIBNIZ in folgender Weise zurück. Der nicht zu leugnende Rückgang der natürlichen Religion, sagte er, sei die Folge der materialistischen Philosophie, der aber gerade die mechanische Philosophie NEWTON's feindlich gegenüber stehe. LOCKE zweifle allerdings an der Unmaterialität der Seele, aber NEWTON folge ihm darin keineswegs. NEWTON habe auch nicht behauptet, dass Gott die Dinge durch den Raum empfände, sondern dass er an allen Orten Alles durch seine unmittelbare Gegenwart bemerke. Endlich sei Gott kein menschlicher Arbeiter, der die Welt wie eine Maschine verfertigt und sie dann verlassen habe. Wer da meine, dass die Welt ohne Intervention Gottes bestehen könne, der müsse bald dazu kommen, das Bestehen der Welt von Ewigkeit her anzunehmen und den Schöpfer ganz zu verwerfen. Gott müsse immer als der Erhalter, d. h. der Herr der primitiven und bewegenden Kräfte der Welt angesehen werden, wenn nicht Materialismus und Fatalismus herrschend werden sollten.

Dem gegenüber vertheidigte LEIBNIZ in einer zweiten Zuschrift nochmals seine vorherigen Aeusserungen und ging dann näher auf die Anschauungen von den Ursachen der natürlichen Dinge ein. Das Princip der Identität genüge, sagt er, nur für die Demonstrationen in der Mathematik; in der Physik müsse nothwendig noch ein anderes Princip hinzukommen, das sei das des zureichenden Grundes. Nur durch die Nothwendigkeit der Folge von Ursache und Wirkung könne das Dasein Gottes wie auch die Existenz der Kraft begründet werden, und nur durch das Princip vom zureichenden Grunde sei der Zusammenhang der Naturerscheinungen überhaupt zu verstehen.

CLARKE ging in seiner zweiten Erwiderung[3] vor allem auf diesen Einwand ein. Es sei wahr, gab er zuerst zu, dass nichts in der Welt existire und nichts in seiner besonderen Weise existire, ohne dass für diese Existenz und ihre besondere Art ein genügender Grund vorhanden sei. Ohne Ursache könne sicher keine

---

[1] Recueil de diverses Pièces, p. 6.
[2] Ibid., p. 12.
[3] Ibid., p. 20.

Wirkung existiren. Aber eine solche genügende Ursache sei oft der einfache Wille Gottes. Denn wenn man eine Materie anschaue, geschaffen an einem Orte, und eine andere ähnliche Materie an einem anderen sonst gleichen Orte, so könne man für diese verschiedene Existenz der beiden Materien keinen anderen zureichenden Grund geben, als eben den Willen Gottes. Wollte man aber auch das Wirken Gottes dem Princip vom zureichenden Grunde unterwerfen, so würde damit die Freiheit Gottes aufhören.

Darauf entgegnete wieder LEIBNIZ in einer dritten Zuschrift.[1] Man gebe also jetzt zu, dass nichts in der Welt ohne genügenden Grund existire, aber man wolle als solchen Grund auch einfach den Willen Gottes annehmen. Das widerspreche jedoch der Weisheit und Güte des Schöpfers, die nicht in absoluter Willkür, sondern ebenfalls nach Gründen handele. Wenn CLARKE ferner meine, dass natürlich und übernatürlich nicht für Gott, sondern nur für uns verschieden seien, so irre er ebenfalls. Uebernatürlich sei das, was über die Kräfte aller Creaturen hinausgehe. Wenn Gott z. B. einen freien Körper rund um ein festes Centrum sich bewegen lassen wollte, ohne Einwirkung irgend einer anderen Ursache, so wäre das nur durch ein Wunder möglich und auf natürliche Weise niemals erklärbar.

Dem widersprach CLARKE in einer dritten Replik.[2] Wenn die von LEIBNIZ beschriebene Bewegung, wie die der Planeten um die Sonne, immerwährend im gewöhnlichen Laufe der Dinge vor sich ginge, dann dürfe man dieselbe keineswegs als ein Wunder bezeichnen. Ein Wunder würde eine solche Bewegung nur sein, wenn sie sehr selten und ganz aussergewöhnlich wäre, wie die Ruhe eines schweren Körpers in der Luft ohne äusseren Halt. Wollte man jede Wirkung, die nicht aus den natürlichen Kräften der Materie abgeleitet werden könne, ein Wunder nennen, so müsste man auch alle Bewegungen der Thiere zu diesen rechnen.

In einer vierten Zuschrift[3] negirte LEIBNIZ die Existenz des leeren Raumes und der Atome und kam bei der wiederholten Discussion des Wunders auch auf die Möglichkeit der Mittheilung von Bewegungen und den Begriff seiner prästabilirten Harmonie. Nach seiner Theorie sei es nicht nöthig, dass die Seelen auf die Körper wirkten, weil diese nach der von Gott eingesetzten Harmonie von selbst dem Willen jener sich anbequemten. Gott könne allerdings der Natur neue Kräfte zuführen, aber das geschehe nur

---

[1] Recueil de diverses Pièces, T. I, p. 30.
[2] Ibid., p. 48.
[3] Ibid., p. 49.

auf übernatürlichem Wege; denn wenn Gott dazu in den natürlichen Lauf der Dinge eingreifen müsste, so könne man seine Schöpfung nicht anders als unvollkommen nennen.

Dagegen erwiderte CLARKE in einer vierten Replik,[1] dass durch jede wirkliche Einwirkung auf einen Körper demselben auch eine neue Kraft zugefügt werde. Wollte man also die Mittheilung einer neuen Kraft nur auf übernatürlichem Wege zugestehen, so müssten alle Actionen als übernatürliche und der Mensch als eine reine Maschine gleich einer Uhr bezeichnet werden. Die Anziehung eines Körpers auf einen entfernten ohne irgend ein vermittelndes Medium wäre kein Wunder, wohl aber ein Widerspruch in sich; denn ein Körper könne nicht da wirken, wo er nicht ist. Aber dieses Medium, das die Anziehung vermittelt, sei vielleicht unsichtbar und untastbar und nicht mechanischer Natur und doch dürfte man die regelmässige und beständige Action desselben natürlich nennen.

Gegen diese Sätze, die die NEWTON'schen Kraftideen in ihrem tiefsten Grunde blosslegen, wendet sich nun LEIBNIZ in einem letzten langen Briefe.[2] Er habe durchaus nicht gesagt, dass jede Mittheilung einer neuen Kraft an einen Körper übernatürlich sein müsse, denn eine solche komme ja sehr häufig in der Natur vor. Nur verliere dabei der eine Körper gerade so viel als der andere gewinne. Er aber habe nur solche Mittheilungen von Kräften als übernatürlich bezeichnet, bei denen kein entsprechender Verlust zu constatiren sei, bei denen also das Universum als Ganzes seine Kraft vermehre. In diesem Sinne habe er auch gesagt, dass die Seele nicht auf den Körper wirken könne, denn durch eine solche Einwirkung würde eben dem Universum neue Kraft zugeführt werden. Man habe ihm entgegengehalten, dass das Universum immerwährend, bei jedem Zusammenstosse unelastischer Körper zum Beispiel, an Kraft verliere, die immer wieder ersetzt werden müsste. Er bestreite aber das Erste durchaus. Denn was bei dem unelastischen Stosse die ganzen Körper an Kraft verlören, das werde dabei von den inneren Theilen derselben an Bewegung und damit an Kraft gewonnen. Die Kräfte würden nicht zerstört, sondern nur auf die kleinen Theilchen zerstreut, das heisse nicht sie verlieren, sondern das bedeute nur so viel, als das Umwechseln von grosser Münze in kleine.[3] Freilich müsse man dabei, wie er auch sonst gezeigt habe, die Quantität der Bewegung von der Quantität der Kraft unterscheiden. Zwischen den Wirkungen Gottes, die neue Kräfte dem Universum geben

---

[1] Recueil de diverses Pièces, T. I, p. 76.
[2] Ibid., p. 82.
[3] Siehe S. 411 dieses Werkes.

könnten und über alle Naturkräfte hinausgingen, und zwischen den Wirkungen der Naturkörper, deren Gesetze Gott gegeben, sei eine grosse Kluft. Darum könne man eben Anziehungen zwischen den Körpern im eigentlichen Sinne als natürliche Wirkungen nicht zulassen, sondern müsse damit auf Absurditäten, in die Dunkelheit der verborgenen Qualitäten u. s. w. zurückkommen. Er finde es ausgezeichnet, dass man ihm zugäbe, eine unvermittelte Anziehung sei ein Widerspruch. Wer sei nun aber der Vermittler? Etwa Gott? Das wäre ein Wunder, wenn es nur jemals eines gegeben hätte. Oder vielleicht gewisse immaterielle Substanzen, oder gewisse spirituelle Ausstrahlungen, oder irgend ein Accidens ohne Substanz, oder sonst etwas Anderes? Man bezeichne dieses Mittel als unsichtbar, untastbar und nicht mechanisch. Man könnte mit demselben Rechte dazufügen: unerklärbar, unbegreiflich, ohne Grund und ohne Beispiel. Aber man bezeichne dasselbe doch als natürlich, weil es regelmässig und constant wirke; er jedoch behaupte, dass nichts natürlich sein könne, was sich nicht durch die Natur der Dinge erklären lasse.

CLARKE konnte darauf in seiner fünften Replik[1] nicht viel mehr vorbringen, als was er schon früher gesagt hatte. In den Vorstellungen von der Mittheilung der Bewegungen zeigte sich eben LEIBNIZ den Engländern CLARKE und NEWTON entschieden überlegen. Es sei, sagt CLARKE (um die Erklärung LEIBNIZ'ens von der Umwandlung der Massenbewegung in Molecularbewegung auszuschliessen), schon durch die inactive Natur der Materie klar, dass bei allen Wechselwirkungen in derselben active Kraft verbraucht werden müsse. Jedenfalls gehe beim Aufeinandertreffen absolut harter und trotzdem unelastischer Körper jedesmal active Kraft verloren, ohne dass man das Verschwinden derselben sonstwie erklären könne, und darum schon sei ein neuer Ersatz von Aussen nöthig. — Gegenüber den LEIBNIZ'schen Angriffen auf den Begriff der Attraction zieht sich dann CLARKE wieder auf die Erklärung derselben als Phänomenon zurück und verlässt also den vorgeschobenen Posten auf dem Gebiete der immateriellen Medien. Er habe formell und bestimmt erklärt, dass die Ausdrücke Gravitation und Attraction nur Erscheinungen, nicht aber deren Ursachen bezeichnen sollten. Als Erscheinungen seien Gravitation und Attraction erfahrungsmässig sicher; und es müsse sehr seltsam erscheinen, wenn LEIBNIZ zu derselben Zeit diese Begriffe für unbegreiflich erkläre, wo er selbst die Anerkennung einer so seltsamen Hypothese verlange, wie die von der prästabilirten Harmonie.

---

[1] Recueil de diverses Pièces, T. I, p. 182.

Leider brach der Briefwechsel an dieser interessanten Stelle mit dem Tode von LEIBNIZ ab. Er wurde auch von den Anhängern LEIBNIZ'ens direct nicht wieder aufgenommen; nur holten sich von dieser Zeit an die Gegner der NEWTON'schen Physik ihre stärksten Waffen mit Vorliebe aus diesem Briefwechsel. Dass derselbe aber auf der englischen Seite nicht von CLARKE allein herrührte, sondern dass NEWTON mindestens sehr stark dabei betheiligt war, ersieht man sowohl aus dem genialen Wurf dieser Deductionen, als auch aus einer Vergleichung derselben mit Aeusserungen NEWTON's an anderen Stellen, wie auch direct aus Entwürfen NEWTON's zu diesen Repliken, die unter seinen Manuscripten noch vorhanden sind. Allgemein wird übrigens, was auch wir schon bemerkt, als eine Folge dieser Discussionen bezeichnet, dass NEWTON in der zweiten englischen Ausgabe seiner Optik ausdrücklich die Schwere von den constitutiven, d. i. wesentlichen Eigenschaften der Körper ausschloss und in neu aufgenommenen Fragen seine früheren Untersuchungen über die Aethertheorien einfügte, wenn auch nur, um dieselben gleich darauf wieder endgültig zu verwerfen.

Die Franzosen waren übrigens auch mit LEIBNIZ'ens Auffassung der Kraft noch lange nicht einverstanden, sie war ihnen immer noch zu dynamisch und ihre Abweichungen von den DESCARTES'schen Ideen waren ihnen immer noch zu gross. FONTENELLE sprach das in seiner Eloge von Leibniz im Jahre 1716 sehr charakteristisch aus. LEIBNIZ hatte zwar die unvermittelte Wirkung eines Körpers auf einen entfernten als unbegreiflich verworfen, aber er hatte dabei doch anerkannt, dass man das Wesen der Materie in DESCARTES'scher Weise aus der Ausdehnung allein nicht ableiten könne und dass man in jeder Materie wenigstens einen eigenen Trieb zur Bewegung annehmen müsse. Das sei aber,[1] sagt nun FONTENELLE, ganz die berühmte dunkele Entelechie des ARISTOTELES, aus der die Scholastiker die substantiellen Formen, die jeder Substanz natürlichen Kräfte gemacht hätten. Die Kräfte der Materie seien nach LEIBNIZ zweifache, ein natürlicher Trieb zur Bewegung und ein Widerstand gegen jede von Aussen andringende Bewegung. Ein Körper könne zwar in Ruhe scheinen, wenn der Widerstand der umgebenden Körper seine Bewegung hindere, aber der Antrieb zur Bewegung bleibe trotzdem in ihm. DESCARTES habe scharfsinnig gesehen, dass trotz der unaufhörlichen Zusammenstösse und trotz der sehr verschiedenen Bewegungen der Körper doch eine bleibende Grösse dabei vorhanden sein müsse, und er habe die Quantität der Bewegung, das Product aus Masse und Geschwindigkeit, für eine

---

[1] Histoire de l'Académie Royale, Paris 1716, p. 107—108.

solche gehalten. Leibniz habe dafür die Kraft gesetzt, welche durch das Product aus der Masse und der Höhe gemessen werde, auf welche die Kraft die Masse heben könne, und habe auf diese Annahme seine Dynamik gegründet. Er sei deshalb von den Cartesianern stark angegriffen worden und habe sich mit vielem Eifer vertheidigt; doch scheine es nicht, als ob seine Meinung gesiegt habe. Die Materie sei noch bisher ohne Kraft, zum wenigsten ohne active Kraft geblieben und die Entelechie ohne Anwendung. Wenn aber Leibniz, so schliesst Fontenelle mit deutlichem, malitiösem Hinweise auf Newton den Absatz, die letztere nicht wieder habe einsetzen können, so scheine es kaum glaublich, dass sie sich jemals werde wieder zu erheben vermögen.

Die Entwickelung der Dinge ging längere Zeit ihren ruhigen Gang ohne besonderen Eclat weiter. Die Engländer reformirten für sich die gesammte Physik nach den Ideen Newton's und die Franzosen mit den übrigen Nationen blieben dabei, alle neu auftretenden physikalischen Erscheinungen dem Cartesianischen System einzureihen und nach diesem zu erklären. Den seltsamen wissenschaftlichen Zustand, der hierdurch hervorgebracht wurde, hat uns Voltaire in seinen Briefen über die Engländer auf Grund von Reisen in England, die er in den zwanziger Jahren ausführte, mit genialer Lebendigkeit geschildert. Ein Franzose, sagt er,[1] welcher nach London kommt, findet die Dinge in der Philosophie, wie überhaupt, sehr stark verändert. Er hat die Welt gefüllt verlassen und findet sie nun leer. In Paris sah er das Universum aus lauter Wirbeln einer feinen Materie zusammengesetzt, in London ist nichts davon zu bemerken. Bei uns ist es der Druck des Mondes, welcher die Meeresfluth verursacht, bei den Engländern strebt das Meer selbst nach dem Monde hin. In Frankreich thut die Sonne nichts in dieser Sache, dort trägt auch sie ihr Theil dazu bei. Bei uns Cartesianern geschieht Alles durch eine Impulsion, welche man kaum versteht; bei Newton wirkt statt dessen eine Attraction, deren Ursache man auch nicht besser kennt. In Paris bildet man sich ein, dass die Welt aussehe wie eine Melone, in London ist sie auf zwei Seiten abgeplattet. Für einen Cartesianer ist das Licht in der Luft existent; nach den Newtonianern kommt es in sechs und einer halben Minute von der Sonne zu uns. Unsere Chemie wirkt Alles durch Säuren, Alkalien und eine subtile Materie, die englische schafft Alles durch Attractionen. Selbst das Wesen der Dinge ist total verändert; wir stimmen mit den Engländern weder in der Definition der

---

[1] Oeuvres complètes de Voltaire, Paris 1879, Mélanges I, Lettres Philosophiques, Lettre XIV: Sur Descartes et Newton, p. 127.

Seele, noch der Materie überein. DESCARTES versichert, dass Seele und denkende Substanz identisch sind; LOCKE beweist so ziemlich das Gegentheil. DESCARTES versichert, dass die Materie nur in der Ausdehnung besteht; NEWTON fügt dazu noch die Dichte. Das sind ernste Gegensätze. Der berühmte NEWTON, der Zerstörer des Cartesianischen Systems, starb im März des Jahres 1727. Er lebte geehrt von seinen Landsleuten und wurde begraben wie ein König, der der Wohlthäter seiner Unterthanen gewesen ist. Man hat hier die Eloge Newton's, die FONTENELLE in der Academie gegeben, mit Begierde gelesen. Man erwartete davon eine feierliche Erklärung der Ueberlegenheit der englischen Philosophie, und als man statt dessen sah, dass FONTENELLE sogar DESCARTES mit NEWTON zu vergleichen wagte, empörte sich die ganze Royal Society. Sehr weit davon entfernt, dass man sich bei dem Urtheil FONTENELLE's beruhigt hätte, hat man vielmehr seinen Discours sehr stark kritisirt.

Dabei aber stand VOLTAIRE schon ganz auf NEWTON's Seite und er hat zu seinem endlichen Siege in Frankreich sehr viel beigetragen. Dementsprechend sagt er am Schlusse jenes Briefes,[1] nach einer eingehenderen Vergleichung NEWTON's und DESCARTES': Ich glaube nicht, dass man in Wahrheit seine (DESCARTES') Philosophie irgendwie mit derjenigen von NEWTON vergleichen kann: Die erste ist ein Versuch, die zweite ein Meisterwerk; aber diejenige, welche uns auf den Weg der Wahrheit gewiesen hat, gilt vielleicht derjenigen gleich, die uns an das Ziel gebracht. DESCARTES gab den Blinden Augen, so dass sie nicht bloss die Fehler der Alten, sondern auch ihre eigenen deutlich erkennen können.

Aber auch die gelehrte Welt Frankreichs, die Academie an ihrer Spitze, wurde nach und nach aus der sicheren Position einer völligen Nichtbeachtung der NEWTON'schen Consequenzen auf astronomischem und physikalischem Gebiete fast unbewusst herausgetrieben, besonders dadurch, dass ihre Mathematiker immer zahlreicher dazu übergingen, bei der mathematischen Behandlung physikalischer Probleme den unbequem zusammengesetzten cartesianischen Hypothesen die einfachen, für die mathematische Verwendung geradezu geschaffenen Kraftvorstellungen NEWTON's vorzuziehen. Seit dem Tode NEWTON's besonders fühlte sich die Academie dazu getrieben, astronomisch-physikalische Arbeiten zu veranlassen, die der Welt zeigen sollten, dass der Cartesianismus für die mathematische Behandlung ebenso leicht zugänglich und fruchtbar wäre als der Newtonismus, die aber in Wirklichkeit, eben weil sie nur auf diesen gemünzt waren, das Gegentheil von dem bewirkten, was sie bewirken sollten, und zum Siege des

[1] Oeuvres complètes, Mélanges I, p. 132.

Newtonismus führten. Solchen Problemen widmete die Academie in den zwanziger und dreissiger Jahren des achtzehnten Jahrhunderts einen guten Theil ihrer jährlichen Preisaufgaben, und dass sie dabei mit Vorliebe Themata zur Bearbeitung stellte, welche die Newton'sche Naturphilosophie im letzten Grunde ungelöst lassen und deren Grundlagen sie mit der Schöpfung der Welt als gegeben annehmen musste, ist nur natürlich.

Für das Jahr 1728 wurde so als Preisaufgabe eine physikalische Erklärung der allgemeinen Ursache der Schwere gegeben. Der schwäbische Theolog, Philosoph und Mathematiker Bilfinger, der damals Professor in St. Petersburg war, erhielt den Preis. Er stellte die Schwere als die Resultante der Centripetalkräfte zweier Wirbel dar, die, um das gemeinsame Centrum der Erde kreisend, sich rechtwinkelig kreuzten. Die Aufgabe für das Jahr 1730 verlangte die Erklärung der elliptischen Form der Planetenbahnen und der Lagenveränderung ihrer grossen Achsen. Johann Bernoulli, der den Preis erhielt, behandelte das Thema ganz cartesianisch und versuchte auch noch nebenbei die von Newton gegen die Wirbeltheorie gerichteten Einwände zu entkräften. Die Preisaufgaben für 1732 und 1734 betrafen die physische Ursache der Neigungen der Planetenbahnen gegen den Sonnenäquator und der Verschiedenheit dieser Neigungen. Der Preis wurde zwischen Vater und Sohn Bernoulli getheilt. Der Erstere nahm diesmal als Ursache der Schwere Ströme von Materie an, welche sich von allen Punkten der Peripherie eines Wirbels nach dem Centrum ergössen; der Letztere liess die Ursache der Centripetalkraft unerörtert und setzte nur zur Erklärung der wenig abweichenden Neigungen der Bahnen noch eine Sonnenatmosphäre voraus, die mit der Sonne um ihre Achse rotire.

Auch sonst bemühten sich die Mitglieder der Academie auf dem Felde der Astronomie sowohl, wie auf dem der Physik den Cartesianismus zu halten und alle Aufgaben nach diesem Systeme ebenso vollkommen wenigstens wie die Newtonianer zu lösen. Privat de Molières versuchte von 1729 an wieder in mehreren Abhandlungen die Einwürfe Newton's gegen die Wirbeltheorie zu entkräften und bemühte sich in seinen durchaus nicht ohne Geist geschriebenen Leçons de physique von 1733, die mit Enthusiasmus verbreitet und viel benutzt wurden, die ganze Physik im Cartesianischen Sinne zu vollenden. Ein Schüler von ihm, der Abbé La Corgue de Launoy, bemühte sich auch im Jahre 1743 in einem Abriss der Physik des Abbé Molières das System der kleinen Wirbel[1] noch weiter zu vertreten. Jacques Cassini

[1] La Corgue de Launoy: Principes du Système de petits tourbillons ou Abrégé de la physique de l'abbé Molières, Paris 1743. Ueber die Bedeutung der „kleinen Wirbel" s. S. 525 d. W.

schrieb in den Jahren 1735 und 1736 zwei Abhandlungen, um das Genügen der cartesianischen Theorie zur Erklärung der Planetenbewegung zu zeigen. Ja der alte FONTENELLE, der sich wie die alte Garde nie ergab, veröffentlichte noch im Jahre 1752 eine Theorie der Cartesianischen Wirbel, als er selbst schon fünfundneunzig Jahre zählte. Aber alle diese Bemühungen vermochten den erstrebten Zweck nicht zu erreichen und schlugen von selbst in ihr Gegentheil um.

Als im Jahre 1740 die Academie das Problem der Ebbe und Fluth als Preisaufgabe stellte, musste sie drei Abhandlungen, von DANIEL BERNOULLI, MACLAURIN und EULER, krönen, welche alle drei die Attraction im Sinne NEWTON's als Grundlage der Theorie annahmen. Und als sie dazu, um wenigstens den Schein zu retten, noch einen vierten überzähligen Preis für den Cartesianischen Bewerber, den Jesuit CAVALLERI, zulegte, hatte sie nicht bloss den Spott der Engländer, sondern auch den Unwillen der eigenen Landsleute zu ertragen.[1] Ja in der Academie selbst ging mit der Zeit die Einstimmigkeit in der Verwerfung NEWTON's verloren und die feindlichen Ideen drangen in das eigene Lager ein. Die alten Mitglieder zwar, soweit sie nicht etwa, wie FONTAINE, als reine Mathematiker oder Empiriker sich neutral hielten, waren, wie MAIRAN, RÉAUMUR, die CASSINIS u. s. w., mit FONTENELLE an der Spitze, nicht zu bekehrende Cartesianer; aber die jüngsten Mitglieder, MAUPERTUIS und CLAIRAUT vor allem, begannen schon Anfangs der dreissiger Jahre in die Bahnen NEWTON's einzulenken. Wie schon erwähnt, commentirte MAUPERTUIS im Jahre 1732 mit ernster Vertiefung in den Geist des Werkes zwei Abschnitte der NEWTON'schen Principien der Naturlehre, und obgleich er sich rückhaltslos an NEWTON anschloss, wurde seine Abhandlung doch in den Memoiren der Academie gedruckt.[2] CLAIRAUT ging gegen das Jahr 1740 ganz offen dazu über, in seinen Arbeiten die NEWTON'schen Vorstellungen als Grundlagen des mathematischen Calculs zu verwenden. In seinem berühmten Werke von 1743, Figure de la terre, tirée des lois de l'hydrostatique,[3] worin er zuerst die Gestalt frei rotirender Flüssigkeitsmassen bestimmte, um daraus auf die Gestalt der Erde zu schliessen, setzte er schliesslich doch in den

---

[1] BOSSUT, Histoire des mathématiques, T. II, p. 360.

[2] MAUPERTUIS hatte sich im Jahre 1728 längere Zeit in London aufgehalten und war dort als ein Anhänger NEWTON's zum Mitglied der Royal Society gewählt worden. (MAUPERTUIS. Rede von E. DU BOIS-REYMOND, Leipzig 1803, S. 17.)

[3] Ein Bericht über das Werk, das CLAIRAUT schon in einzelnen Theilen in der Academie gelesen, ist enthalten in Histoire de l'Académie Royale des Sciences, Paris 1742, p. 86—104.

Flüssigkeitstheilchen eine Anziehungskraft, ganz gleich der NEWTON'schen, voraus, wenn er auch vorher den Cartesianern zu Gefallen mehrere verschiedene Hypothesen über die Ursache der Schwere in Betracht gezogen hatte.

Dabei bemühte man sich freilich, den Cartesianern die Pille noch dadurch etwas zu versüssen, dass man wieder auf die NEWTON'sche Objectivität zurückzugehen und die Gravitation nur als eine mathematische Fiction darzustellen versuchte. Die Histoire de l'Académie drückt sich in dem Berichte über die vorerwähnte Abhandlung von MAUPERTUIS über dieses Thema folgendermaassen aus.[1] Es bedurfte des grossen Genius und der grossen Autorität NEWTON'S, um die Attraction wieder in die Physik einzuführen, woraus sie DESCARTES und seine Nachfolger oder besser alle Philosophen unter allgemeiner Zustimmung verbannt hatten. Sie kehrt indessen ein wenig verkleidet zurück; denn wenn man will, ist es keineswegs die Attraction im eigentlichen Sinne, vielmehr ist es nur ein Name, welchen man einer unbekannten Ursache giebt, deren Wirkungen sich überall fühlbar machen, Wirkungen, welche man vergleicht und betrachtet, um wenigstens ihre Weise kennen zu lernen, wobei man erwartet, dass einmal ihre Natur selbst sich erkennbar zeigen werde. Unter dieser Idee und mit dieser weisen Behutsamkeit stellen NEWTON und seine Schüler diese Anziehung dar. — Und in der Abhandlung selbst sagt MAUPERTUIS über dieselbe Sache:[2] Ich untersuche keineswegs, ob die Attraction mit der gesunden Philosophie übereinstimmt, oder ihr widerspricht. Ich behandle sie hier nur als Geometer, d. h als eine Eigenschaft, deren Erscheinungen, wie sie sonst auch beschaffen, berechenbar sind, weil man sie betrachtet als gleichmässig vorhanden in allen Theilen der Materie und wirkend im Verhältniss ihrer Quantität. — Auch dem Berichte[3] über das vorerwähnte Werk von CLAIRAUT ist eine ähnliche Verwahrung beigegeben. Man muss, heisst es, dieses Princip NEWTON'S nach der Art der Geometer, wie NEWTON selbst, verstehen, d. h. als ein einfaches Phänomen, ohne sich um die Ursache, ob dieselbe Anziehung oder Antrieb, zu kümmern. Der Calcul beschäftigt sich nur mit den gegebenen Grössen, den Thatsachen, welche aus den Beobachtungen resultiren.

Auch diese Rücksicht auf die Cartesianer hörte bald auf und bald sprach man von der Anziehungskraft der Materie als einer originellen Eigenschaft derselben ohne jegliche „weise Behutsamkeit“. Noch im Jahre 1740 schrieb auch von Frankreich aus

---

[1] Histoire de l'Académie Royale, Paris 1732, p. 112.
[2] Mémoires de l'Académie Royale, Paris 1732, p. 343.
[3] Histoire de l'Académie Royale, Paris 1742, p. 100.

der 22jährige PIERRE SIGORGNE (später Professor der Physik und correspondirendes Mitglied des Instituts von Frankreich) dem Cartesianismus den förmlichen Absagebrief. Dass Physiker einer niederen Ordnung (so sagt er in einer Abhandlung, die in den Philosophical Transactions[1] abgedruckt wurde), welche nur die Aussenseite der Dinge betrachten, hartnäckig die Wirbel vertheidigen, ist meiner Ansicht nach nicht zu verwundern, da die Idee derselben dem Geiste zuerst gut einleuchtet und wahrhaft mechanisch zu sein scheint. Dass aber auch Personen, die mit den Tiefen der Geometrie wie den Höhen des Calculs wohl bekannt sind, fähige Akademiker, die ohne Unterlass dem Studium der Natur obliegen, sich kopflos in diese Begriffe eintauchen, um dieselben pro aris et focis zu halten, ist für mich eine Sache unbegreiflichen Erstaunens. Es ist lange ausgesprochen worden, dass die Wirbel, je mehr sie vervielfältigt und zertheilt werden, umso kleinlicher und kindlicher erscheinen, und das ist auch die Meinung der guten Cartesianer unserer Tage. Da aber die grossen Wirbel denselben Ursprung wie die kleinen[2] haben, so ist hier kein Unterschied zwischen gross und klein, und wir haben das Recht, die grossen Wirbel ebenso zu verwerfen, wie die Cartesianer es mit den kleinen thun. Aus solchen Gründen habe ich mich entschlossen, die Wirbeltheorie zu bekämpfen. Leider muss ich bekennen, dass bei uns, zur Schande der Nation, der Parteigeist in dieser Sache so stark herrschend ist, dass einige Gelehrte, denen ein tiefes Studium das Unzulängliche der Wirbeltheorien zur Erklärung der himmlischen Erscheinungen gezeigt hat, doch nicht wagen, ihre Gedanken darüber zu veröffentlichen. Da aber gegenwärtig das System der kleinen Wirbel frei angegriffen wird, so nehme ich mir das Recht, auch die grossen zu verwerfen, und gedenke zu zeigen, dass die mechanische Bildung eines Wirbels unmöglich ist, dass der Wirbel, wenn er geformt wäre, doch keine lange Dauer haben könnte, und dass endlich die Wirbel zur Erklärung der Erscheinungen nicht genügend sind.

Im Jahre 1741 erfolgte dann die Abdankung des 84jährigen FONTENELLE als ständigen Secretärs der Pariser Akademie, und damit war der Widerstand der letzten gelehrten Gesellschaft gegen den Newtonismus gebrochen, obgleich der Nachfolger MAIRAN noch immer ein persönlicher Gegner desselben war. Es war von

---

[1] A Physico-mathematical Demonstration of the Impossibility and Insufficiency of Vortices, Phil. Trans., no. 457, p. 409, Juli 1740; Phil. Trans. abr., vol. VIII, pt. II, p. 378.

[2] Die grossen Wirbel sind die kosmischen, welche die Bewegungen der Himmelskörper hervorbringen, die kleinen Wirbel sind diejenigen, welche die Bewegung der Körper auf der Erde verursachen, die also in letzter Instanz zu Molecularwirbeln werden müssen.

Anfang an ein aussichtsloser Kampf gewesen, den die Cartesianischen Physiker gekämpft hatten. Gegen die einfache mathematische Abstraction einer Kraft, die nichts weiter als das Gesetz der Wirkung repräsentirte, vermochten die mathematisch so schwer fassbaren Wirbel bei der damaligen Entwickelung der Wissenschaft nicht zu concurriren. Der Cartesianismus aber schien von dieser Zeit an aus den Naturwissenschaften bis auf die Wurzel ausgerottet; er wurde, wie früher das Wort Scholastik, ein Allgemeinbegriff alles Schlechten, ein Inbegriff alles naturwissenschaftlich Unfruchtbaren, ein abschreckendes Beispiel phantastischen Philosophirens, ein Popanz, mit dem man grosse und kleine wissenschaftliche Kinder schreckte. Es gab forthin in der Physik keinen Standpunkt ausserhalb des Newtonianismus mehr und diesem konnte nichts mehr gefährlich werden als das, was auf seinem eigenen Boden und in seinen eigenen Reihen sich entwickelte. Newton war fortan nicht mehr ein blosser genialer Gelehrter, der naturwissenschaftliche Entdeckungen zur Nachprüfung hinterlassen, sondern ein Prophet, der den Gläubigen directe Offenbarungen übermittelt hatte.

Schlussbetrachtung.

Die fast göttliche Autorität, welche NEWTON's Lehren in dem ersten Jahrhundert nach ihrem Auftreten genossen, hat sich in den letzten fünfzig Jahren stark vermindert und die Verehrung NEWTON's ist stellenweise in das Gegentheil verkehrt worden. Statt eines genialen Reformators, eines originellen Begründers der wahren Wissenschaft hat man in ihm nur noch einen zwar sehr fleissigen, aber doch höchst mittelmässig begabten Forscher sehen wollen, der ein gänzlich verfehltes System der Optik zur Geltung gebracht, der nur aus den KEPLER'schen Gesetzen die schon darin enthaltene Idee der Gravitation ausgezogen und für seine Erfindung ausgegeben, und der endlich eine noch ziemlich verworrene Vorstellung von der Infinitesimalrechnung gehabt habe. Müssten wir nothwendig uns für eine der extremen Meinungen entscheiden, so würden wir trotz unserer oft entgegengesetzt scheinenden Ausführungen sicher nicht die letztere wählen.

Es ist immer misslich, geistige Grössen ihrem Werthe nach vergleichen und ihrer Grösse nach ordnen zu wollen. Trotzdem darf man doch sagen, dass, Alles in Allem betrachtet, NEWTON an geistiger Kraft und Schärfe so weit über das gewöhnliche menschliche Maass hinausgeragt hat, wie weit wir das nur je an einem gottbegnadeten Menschen erfahren haben. Wenn wir in der vorliegenden Arbeit uns bemüht haben, neben den Momenten seiner Grösse auch die Unvollkommenheiten, die Fehler und die menschlichen Schwächen an NEWTON hervorzuheben, so geschah das nicht, weil wir ihn auf irgend eine Weise in seiner Bedeutung herabsetzen wollten, sondern nur darum, weil uns eine Berücksichtigung dieser menschlichen Erdenreste für das Verständniss der wissenschaftlichen Arbeiten NEWTON's selbst und noch mehr für die Beurtheilung der Entwickelung der Wissenschaften nach NEWTON nothwendig erschien.

Wir gehören nicht zu denen, welche jeden Einfluss einer grossen Autorität in den Wissenschaften für schädlich und die Beugung unter eine solche unter allen Umständen für schimpflich halten. Wir glauben auch nicht, dass jeder gelehrte Arbeiter ohne Weiteres dazu berufen ist, die Wissenschaft für sich selbst von Grund aus neu aufzubauen: wir meinen nicht, dass jeder Naturphilosoph sich seine eigene, von allen anderen abweichende Naturanschauung zurechtmachen müsse; ja, wir halten es sogar für schädlich, wenn jeder Experimentalphysiker oder jeder Physico-Mathematiker sich bei jeder Gelegenheit seine besondere Idee von dem Wesen der Materie zurechtlegt. Wir glauben vielmehr, dass jede gewisse Entwickelungsperiode bis zu einem hohen Grade wissenschaftlich unfruchtbar bleiben muss, in der es nicht einer Autorität gelingt, bestimmte, klar definirte Ideen über die Fundamentalbegriffe der Wissenschaft zur sicheren allgemeinen Herrschaft zu bringen. Auf die Dauer aber, wenn diese Herrschaft über ihre Zeit und Entwickelungsepoche hinaus unverständig festgehalten wird, muss jede übermächtige Autorität hindernd auf die Entwickelung der Wissenschaft einwirken, weil ihr schädlicher Einfluss, der auch die gesunde Weiterentwickelung unmöglich macht, mit der Zeit von selbst in steigendem Maasse wächst.

Es kann eine Zeit lang auf die Autorität eines genialen Geistes hin sehr wohl eine hypothetische Theorie als sichere Grundlage für die Erklärung der physikalischen Erscheinungen angenommen werden. Wenn aber die Nachwelt an dieser Theorie trotz der über sie hinausschreitenden Erkenntniss auf die blosse Autorität des alten Meisters hin festhält und über dieser Autorität das Hypothetische und damit Wandelbare der einmal gebildeten Fundamentalanschauungen ganz vergisst, ja, sie wohl geradezu als Waffe gegen die fortschreitende Erkenntniss gebraucht, dann, aber auch erst dann, wird der autoritative Glaube zum Aberglauben. Alle unsere naturwissenschaftlichen Fundamentalbegriffe haben nur eine gewisse zeitliche Wahrheit, die sich mit der Zeit in Unwahrheit umwandelt, deren frühere Wahrheit aber trotzdem nicht verkannt werden darf. Einerseits ist so zum Beispiel sicher, dass Aristoteles für seine Zeit ein richtiges umfassendes System der Naturerklärung schuf, dessen zeitliche Wahrheit man mit Recht nicht bestreiten kann. Andererseits muss man anerkennen, dass der Aristotelische Scholasticismus in seinem Glauben an den Aristotelismus immer mehr zum Aberglauben wurde, je weiter die Zeit fortschritt. Scholasticismus aber mit seinen schädlichen Folgen ist nicht an den Aristotelismus gebunden, sondern scheint die letzte nothwendige Wirkung jeder übermächtigen, schulebildenden Autorität zu sein; ihm ist bis zu einem gewissen Grade auch die Newton'sche Schule zum Opfer gefallen, wenn auch dieser Newton'sche Scholasticismus aus Mangel an Zeit sich nicht zur Höhe des mittelalterlichen entwickeln konnte. Nicht mit Unrecht wird man auf diesen Scholasticismus, der in der Nähe des Schulestifters immer am stärksten wirkt, die merkwürdige Thatsache zurückführen, dass die directe NEWTON'sche Schule gerade in den Gebieten, die NEWTON besonders gefördert hatte, in der Astromechanik und der gesammten mathematischen Physik, die Führung für längere Zeit an Kreise abgeben musste, die der Wirkungssphäre des Meisters ferner gestanden hatten, und seinem Einflusse nicht so stark unterworfen gewesen waren.

Dieser schädliche Scholasticismus lässt sich wirksam nur durch eine unparteiische, eingehende geschichtliche Betrachtung bekämpfen, die auch in den Theorien des Meisters überall die persönlichen, zeitlichen und räumlichen Momente aufdeckt und damit das Hypothetische und das Wandelbare in denselben aufzeigt. Eine solche historische Kritik kann auch, richtig verstanden, nicht dem Ansehen des Meisters selbst schädlich werden; vielmehr festigt sie dieses nur umsomehr, je sorgfältiger sie die hypothetischen Elemente von den unwandelbaren Errungenschaften trennt und dem Rückschlage zuvorkommt, der mit dem Sturze der hypothetischen Ideen auch die nie vergehenden Verdienste des Meisters und seine historische Grösse gänzlich zu vernichten oder doch wenigstens zu verdunkeln droht.

In diesem Sinne und nur in dieser Absicht haben wir im Vorstehenden überall die Schilderungen der persönlichen Verhältnisse und menschlichen Schwächen NEWTON's in die Betrachtungen der wissenschaftlichen Arbeiten mit hineingenommen und haben seine Streitigkeiten, die sich in privaten, persönlich gehaltenen Briefen viel bösartiger als in wissenschaftlichen, für die Veröffentlichung bestimmten Werken abspiegeln, an's Licht gezogen. Der Hochschätzung und Verehrung der geistigen Grösse haben wir damit keinen Eintrag thun wollen und dürften das auch nicht verübt haben, wenn nur unser Zweck, die Geistesgrösse überall als eine wahre, d. h. menschliche Grösse darzustellen, nicht allzu arg verfehlt worden ist.

NEWTON ist mit Kämpfen in das wissenschaftliche Leben getreten und mitten im Kampfe ist er aus demselben geschieden; dass er manche von diesen Kämpfen hätte vermeiden, andere mildern können, ist sicher. Viel aber ist an diesen Kämpfen seine Natur und ganze Entwickelung Schuld gewesen, und schwer genug hat er gerade bei der Eigenheit seiner Natur durch dieselben gelitten und gebüsst. Der Geschichtschreiber der Wissenschaft ist kein persönlicher Richter. Uns bleibt bei dem grossen Manne doch nur die Bewunderung seiner weit über alles gewöhnliche Maass hinausragenden Geisteskraft und seiner aufopfernd kräftigen, von der Jugend bis in's höchste Alter unverminderten Arbeitsfähigkeit und Arbeitswilligkeit. Von seiner Philosophie, die für die Ewigkeit gearbeitet, absolut unveränderliche Wissenschaft sein sollte, sind manche Theile schon gefallen und andere werden im Laufe der Zeit noch folgen. Mag aber der Strom der Entwickelung auch über die Theorien und Begriffe NEWTON's hinwegrauschen; von seinen unübertrefflichen Beobachtungen, seinen fast absolut sicheren Messungen und unfehlbaren mathematischen Entwickelungen wird doch für alle Zeit so viel übrig bleiben, dass wir mit getroster Zuversicht den Faustischen Ausruf auf ihn anwenden können: Es wird der Ruhm von seinen Erdentagen nicht in Aeonen untergehen!

Namenregister.

Sachregister.